催化剂载体制备及应用技术

（第二版）

朱洪法　编著

石油工业出版社

内 容 提 要

本书比较系统地介绍了催化剂载体的作用原理、物理化学性质及制备方法。具体内容包括：载体的晶体结构及表面化学、固体酸碱、负载活性组分方法、凝胶及其制备等基础知识，并分别介绍了氧化铝、分子筛、活性炭、硅胶、硅酸铝、硅藻土、膨润土、纳米载体材料、二氧化钛及其他载体材料的结构、制备方法及其在催化领域中的应用。

本书可供从事石油化工、精细化工及生物化工的科研、生产部门的技术人员及高等学校、中等专业学校有关师生阅读。

图书在版编目（CIP）数据

催化剂载体制备及应用技术/朱洪法编著. —2版.

北京：石油工业出版社，2014.10

ISBN 978-7-5183-0365-6

Ⅰ. 催…

Ⅱ. 朱…

Ⅲ. ①催化剂载体－制备
　　②催化剂载体－应用

Ⅳ. TQ426.65

中国版本图书馆CIP数据核字（2014）第210811号

出版发行：石油工业出版社

（北京安定门外安华里2区1号　100011）

网　　址：www.petropub.com

编辑部：（010）64523735　发行部：（010）64523620

经　销：全国新华书店

印　刷：北京中石油彩色印刷有限责任公司

2014年10月第1版　2014年10月第1次印刷

787×1092毫米　开本：1/16　印张：27.5

字数：710千字

定价：98.00元

（如出现印装质量问题，我社发行部负责调换）

版权所有，翻印必究

第二版前言

载体与催化活性组分及助催化剂共同构成现代多相反应用工业催化剂的三个基本要素。载体不仅起着固体催化剂中负载活性组分及助催化剂的作用，赋予催化剂机械强度，具有适宜的形状、粒度和有效的孔结构及比表面积。载体还起着调整金属粒子的特性、影响其吸附和反应性质、为反应提供酸性中心，在与金属发生强相互作用时，还可在金属与氧化物界面上形成新的催化官能团。大多数固体催化剂是先制备出载体，再用各种方法将活性组分负载在载体上。所以，载体是制备各种用途催化剂关键的一步，它基本上确定了催化剂的某些物化性质，如强度、细孔结构及比表面积等。无论在炼油、石油化工、精细化工、高分子化工、化肥及环境保护等各种类型催化剂的研究及开发中，催化剂载体的选择及制备方法已越来越受到催化工作者的重视。

目前，国内已出版的有关催化剂专著已不少，但多数偏重于催化原理、催化反应过程、催化剂设计或某一专业的催化剂论述。本书是国内第一部关于催化剂载体专著，也是目前唯一全面介绍各种类型载体用途及制法的书籍。本书第一版出版以来，受到催化剂研制及生产者的广泛欢迎。在本书再版时，对全书内容作了适当取舍及更新，并增补催化剂载体的相关内容。

参加本书编写的还有中国海洋石油总公司的刘丽芝、中国石油大学（华东）的孙亚楠、中国石化石油化工科学研究院的刘畅。

由于可用于制造催化剂的载体材料种类很多，涉及面广，书中不妥及错误之处在所难免，敬请读者批评指正。

编者

2014 年 5 月

第一版前言

在现代石油化工及化学工业中，90%以上的化学反应是通过催化剂实现的。新能源开发、资源综合利用、环境污染整治、新工艺技术的开发都离不开催化剂和催化技术。催化技术与催化科学已成为当代石油化工和化学工业的基石与支柱，催化科学已成为化学学科的前沿领域。

我国催化剂的研制，在新中国成立前还是空白，随着石油化工的发展，经过几十年的努力，催化剂的研制及生产都取得了很大成绩。许多催化剂已基本实现了自给，部分催化剂还出口国外。

催化剂的品种及数量很多，无论是炼油、石油化工或精细化工所使用的固体催化剂，都需要使用载体，载体的性能对催化剂活性、选择性、传热与传质性能，以及使用寿命和降低生产成本等都有很大影响；而且，载体在整个催化剂的研制开发中，往往又是费时及技术难度较大的一个环节。选择和制备出一种好的载体往往需要有多方面的知识。

国内外关于催化剂载体的制备理论、方法及其应用，往往都散见于有关催化剂制备的文献中，专著甚少。为适应催化技术及催化学科的发展，本书从实用角度出发，较全面而系统地介绍有关催化剂载体的作用原理、物理化学性质、制备方法及国内外有关催化剂载体的生产及应用情况。在介绍基础知识之后，还分别介绍氧化铝、分子筛、活性炭、硅胶、硅酸铝、硅藻土、膨润土、二氧化钛、纳米载体材料和其他载体材料的结构、性质、制备方法，以及在催化领域中的应用，供科研、生产及教育部门从事催化剂研制和生产的同志们参考。

参加本书编写的还有朱玉霞、张晶同志。

由于催化剂载体品种多、涉及范围广，加之作者水平有限，书中错误和不妥之处在所难免，敬请读者批评指正。

编者

目　录

第1章　载体的作用及种类 (1)
1.1　工业催化剂的分类 (1)
1.2　固体催化剂的组成 (2)
1.3　载体的作用 (4)
1.4　载体与金属活性组分的相互作用 (9)
1.5　催化剂载体的种类 (10)
1.6　载体性质与催化剂性能的关联 (16)
1.7　杂质含量对载体作用的影响 (17)

第2章　催化剂载体的研制及生产概况 (19)
2.1　各类催化剂载体的使用情况 (19)
2.2　国外催化剂及载体的生产公司类型 (19)
2.3　国外催化剂载体生产厂 (21)
2.4　国内催化剂载体生产厂 (25)

第3章　粉体颗粒的表征及力化学性质 (29)
3.1　概述 (29)
3.2　粒径及粒度分布 (30)
3.3　粉体的摩擦特性 (34)
3.4　粉体的力化学性质 (35)

第4章　载体的物理性质及对催化活性的影响 (37)
4.1　密度 (37)
4.2　空隙率 (39)
4.3　载体的孔结构 (40)
4.4　比表面积 (44)
4.5　机械强度 (46)
4.6　载体孔结构的形成方法 (48)
4.7　载体孔结构对催化剂性能的影响 (51)

第5章　载体的晶体结构 (56)
5.1　概述 (56)
5.2　晶系和晶面 (57)
5.3　晶体中的原子堆积 (59)
5.4　晶体的键型及分类 (61)
5.5　晶体制备 (64)
5.6　晶体的不完整性 (66)

第6章　催化表面化学 (69)
6.1　概述 (69)

6.2　固体表面的真实结构……………………………………………………………（69）
　6.3　固体表面的吸附作用……………………………………………………………（73）
　6.4　固体表面改性……………………………………………………………………（81）
第7章　固体酸碱及其催化性质………………………………………………………（84）
　7.1　酸碱的定义………………………………………………………………………（84）
　7.2　固体酸碱…………………………………………………………………………（86）
　7.3　酸中心类型测定方法……………………………………………………………（87）
　7.4　酸强度及碱强度…………………………………………………………………（88）
　7.5　酸量和碱量………………………………………………………………………（91）
　7.6　载体的酸碱结构…………………………………………………………………（94）
　7.7　固体超强酸与超强碱……………………………………………………………（102）
第8章　胶体及其制备…………………………………………………………………（106）
　8.1　分散体系的分类…………………………………………………………………（106）
　8.2　溶胶………………………………………………………………………………（107）
　8.3　单分散溶胶的制备………………………………………………………………（108）
　8.4　胶体粒子的电荷…………………………………………………………………（109）
　8.5　胶体粒子的结构…………………………………………………………………（110）
　8.6　亲液胶体与疏液胶体……………………………………………………………（112）
　8.7　溶胶的稳定性……………………………………………………………………（112）
　8.8　胶凝作用与胶溶作用……………………………………………………………（114）
　8.9　稳定剂……………………………………………………………………………（115）
　8.10　凝胶的形成及其性质……………………………………………………………（115）
　8.11　凝胶的老化………………………………………………………………………（117）
　8.12　凝胶的洗涤………………………………………………………………………（118）
　8.13　凝胶的干燥………………………………………………………………………（119）
第9章　载体负载活性组分的方法……………………………………………………（121）
　9.1　浸渍法……………………………………………………………………………（121）
　9.2　共沉淀法…………………………………………………………………………（131）
　9.3　离子交换法………………………………………………………………………（132）
　9.4　混合法……………………………………………………………………………（133）
　9.5　喷涂法……………………………………………………………………………（134）
　9.6　均相催化剂的负载化……………………………………………………………（134）
第10章　载体的成型……………………………………………………………………（145）
　10.1　载体颗粒的形状和大小…………………………………………………………（145）
　10.2　影响载体成型强度的因素………………………………………………………（147）
　10.3　成型助剂…………………………………………………………………………（149）
　10.4　各种载体成型方法………………………………………………………………（153）
第11章　载体的热处理…………………………………………………………………（154）
　11.1　概述………………………………………………………………………………（154）
　11.2　干燥………………………………………………………………………………（154）

11.3 焙烧 ……………………………………………………………… (158)

第12章 氧化铝 ……………………………………………………………… (164)
12.1 概述 ……………………………………………………………… (164)
12.2 氢氧化铝的分类及制法 ………………………………………… (184)
12.3 氧化铝的分类和晶体结构 ……………………………………… (209)
12.4 氧化铝的孔结构 ………………………………………………… (213)
12.5 氧化铝的表面性质 ……………………………………………… (220)
12.6 氧化铝的改性 …………………………………………………… (223)
12.7 负载超强酸的氧化铝 …………………………………………… (225)
12.8 氧化铝在催化过程中的应用 …………………………………… (226)

第13章 分子筛 ……………………………………………………………… (235)
13.1 概述 ……………………………………………………………… (235)
13.2 分子筛的命名 …………………………………………………… (242)
13.3 分子筛的结构 …………………………………………………… (243)
13.4 分子筛合成机理 ………………………………………………… (250)
13.5 分子筛合成方法 ………………………………………………… (255)
13.6 分子筛的吸附特性 ……………………………………………… (264)
13.7 分子筛的离子交换性能 ………………………………………… (267)
13.8 分子筛的催化特征及催化活性中心 …………………………… (269)
13.9 分子筛作催化剂载体的应用示例 ……………………………… (274)

第14章 活性炭 ……………………………………………………………… (280)
14.1 概述 ……………………………………………………………… (280)
14.2 活性炭的种类 …………………………………………………… (283)
14.3 活性炭的制备方法及制炭理论 ………………………………… (284)
14.4 炭分子筛的制法 ………………………………………………… (291)
14.5 活性炭的微晶结构 ……………………………………………… (293)
14.6 活性炭的细孔结构 ……………………………………………… (295)
14.7 活性炭的表面化学结构 ………………………………………… (297)
14.8 活性炭的吸附性质及吸附机理 ………………………………… (300)
14.9 活性炭作催化剂载体的应用 …………………………………… (302)
14.10 活性炭性能的高功能化 ………………………………………… (304)

第15章 硅胶 ………………………………………………………………… (308)
15.1 概述 ……………………………………………………………… (308)
15.2 硅溶胶 …………………………………………………………… (309)
15.3 硅胶的主要种类 ………………………………………………… (310)
15.4 硅胶作催化剂载体的应用 ……………………………………… (314)
15.5 硅胶的制备方法 ………………………………………………… (318)
15.6 二氧化硅气凝胶的制备 ………………………………………… (326)
15.7 硅胶的表面结构及其与催化作用的关系 ……………………… (328)

第16章 硅酸铝 ……………………………………………………………… (332)

16.1	硅酸铝的结构	(332)
16.2	硅酸铝作催化剂载体的应用	(332)
16.3	硅酸铝载体的制备方法	(340)

第17章 硅藻土 (343)

17.1	概述	(343)
17.2	硅藻土的种类	(345)
17.3	硅藻土的化学组成	(346)
17.4	硅藻土的孔结构	(347)
17.5	硅藻土的相组成	(348)
17.6	硅藻土的表面性质	(348)
17.7	硅藻土的热稳定性	(349)
17.8	以硅藻土作载体的催化剂制备方法	(351)

第18章 离子交换树脂 (354)

18.1	概述	(354)
18.2	离子交换树脂的组成	(354)
18.3	离子交换树脂的分类	(355)
18.4	离子交换树脂的合成方法	(356)
18.5	离子交换树脂作催化剂载体的应用	(357)
18.6	酶的树脂法固定比	(360)

第19章 纳米载体材料 (364)

19.1	概述	(364)
19.2	纳米材料在催化领域中的应用	(364)
19.3	纳米材料的结构特征	(366)
19.4	纳米材料的理化性质	(367)
19.5	纳米材料的制备方法	(368)

第20章 二氧化钛 (374)

20.1	概述	(374)
20.2	二氧化钛用作催化剂载体的前景	(374)
20.3	二氧化钛载体的表面酸性	(376)
20.4	超细 TiO_2 的合成	(377)
20.5	$TiO_2 - Al_2O_3$ 及 $TiO_2 - SiO_2$ 复合载体	(380)

第21章 膨润土 (382)

21.1	概述	(382)
21.2	钠基和钙基膨润土	(383)
21.3	膨润土的特性及应用	(384)
21.4	有机膨润土	(385)
21.5	膨润土作催化剂载体的应用——杂多酸在膨润土上的负载化	(386)

第22章 其他载体材料 (389)

| 22.1 | 海泡石 | (389) |

22.2	纤维材料	(391)
22.3	精细陶瓷材料	(395)
22.4	金属载体材料	(396)
22.5	无机膜材料	(397)
22.6	交联黏土及水滑石类阴离子黏土	(400)
22.7	碳化硅	(403)
22.8	金属磷酸盐	(405)
22.9	稀土材料	(406)

第23章 整体式催化剂载体 (413)

23.1	整体式催化剂	(413)
23.2	整体式催化剂载体的分类	(414)
23.3	蜂窝载体的孔道形状及结构表征	(415)
23.4	堇青石陶瓷蜂窝载体	(417)

参考文献 (421)

第1章　载体的作用及种类

1.1　工业催化剂的分类

石油化学工业的发展在很大程度上依赖于催化剂的发展，近年来，除石油炼制、石油化工、精细化工及其他化工过程耗用大量催化剂外，在能源利用、三废治理等方面催化剂也起着越来越重要的作用。催化剂种类很多，用途各异，美国、日本及西欧等国对催化剂有不同的分类方法。根据使用对象不同，我国大致将工业催化剂分成石油炼制催化剂、石油化工（基本有机原料）催化剂、精细化工催化剂、高分子合成催化剂、化肥（无机化工）催化剂、环境保护催化剂及其他催化剂等类别。图1-1示出了工业催化剂的主要分类及相关的主要催化过程。

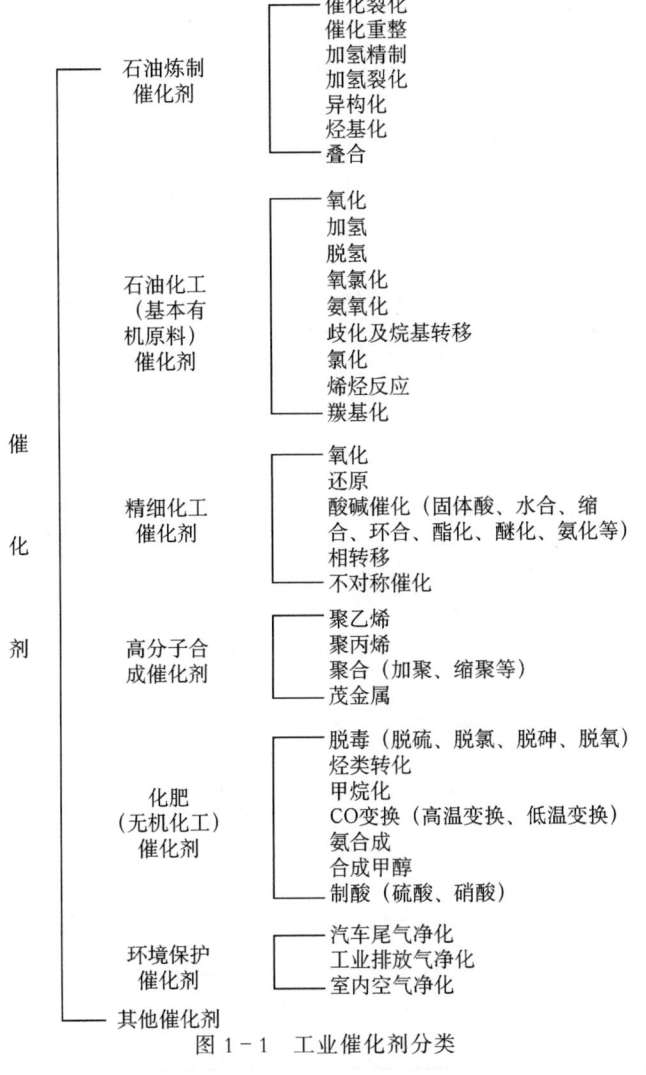

图1-1　工业催化剂分类

根据催化剂与反应物所处的不同状态，催化作用可分为均相催化及多相催化。均相催化是催化剂与反应物处于相同相的催化作用，又可分为气相、固相和液相三类，而工业上主要是液相催化，如乙烯在硫酸作用下水合为乙醇，环氧氯丙烷在碱催化下水解为甘油等。多相催化是指催化剂和反应物处于不同的相，在催化剂界面上引起的催化反应。在多相催化中最重要的是使用固体催化剂，反应物为液相或气相，催化反应在两相间的界面上反应。在上述七大类催化剂中，大多数都是固体催化剂。例如催化裂化、催化重整、加氢裂化、加氢精制、芳烃氧化、氨氧化、乙烯氧氯化、汽车尾气处理等，都是使用固体催化剂的催化过程。

1.2　固体催化剂的组成

固体催化剂一般由活性组分、助催化剂及载体三部分组成，但部分催化剂只有活性组分及载体两部分。选择活性组分是研制催化剂首先要考虑的问题，它对催化剂的活性及选择性起着决定性作用。活性组分确定以后，选择载体则是需要考虑的另一个重要问题。助催化剂与载体的作用有时不太好区分。研究发现，在活性组分中加入少量其他物质（助催化剂）后，催化剂在化学组成、晶体结构、离子价态、酸碱性质、比表面大小、机械强度及孔结构上都可能产生变化，从而大大增加催化剂的活性及选择性，而载体有时候也能起到这种作用。所以一般将催化剂中含量较少（通常低于总量的1/10）而又是关键性的第二组分称为助催化剂。如果第二组分的含量较大，且它所起的作用主要是改进所制备催化剂的物理性能时，就称为载体。表1-1示出了一些催化反应中所用固体催化剂的活性组分、助催化剂及载体。

表1-1　一些催化反应中所用催化剂的活性组分、助催化剂及载体[1,2]

反　应	活性组分	助催化剂	载　体
催化重整	Pt、Pd、Re、Sn、Cr_2O_3、MoO_3、V_2O_5 等	Cl	Al_2O_3
加氢精制	Co、Mo、Ni、W	P_2O_5、F	Al_2O_3、SiO_2
加氢裂化	W、Ni、Mo	P_2O_5	Al_2O_3、SiO_2、沸石
催化裂化	分子筛	稀土金属	高岭土、改性白土
加氢脱硫	Co、Mo、Ni		Al_2O_3、$BaSO_4$、活性炭
烯烃叠合	H_3PO_4、分子筛		硅藻土
C_2加氢除炔	Pd、Ni、Co、Cr	Cu、Mo	Al_2O_3
烷烃异构化	Pt、Pd、Ni、Mo	卤素	Al_2O_3、分子筛
苯加氢	Ni、Pt、Ru、Mo		Al_2O_3
乙烯氧化制环氧乙烷	Ag	碱金属、Mo、W、Cr	Al_2O_3
乙烯气相法合成乙酸乙烯酯	Pd、Au	K、Ba	活性炭、SiO_2
丙烯氧化制丙烯酸	Mo、Bi、Co、Ni、Fe、Te	V、K、P、Si、Ti、Cs	Al_2O_3
丙烯氨氧化制丙烯腈	Mo、Bi、P、Fe、Co	Ce、Mn、Fe、Te	Al_2O_3、SiO_2
正丁烷或苯氧化制顺酐	V、Mo、P	B、Mn、W、Bi、Te、Co、Ti	Al_2O_3、SiO_2

续表

反　　　应	活性组分	助催化剂	载　　体
邻二甲苯或萘氧化制苯酐	V、Ti	K、Nb、Sb、P、K、Na、Cs、Mo、Rb	SiO_2、陶瓷、SiC、TiO_2
CO 及 H_2 合成甲醇	Zn、Cr、Al	V、Mg、Ta、Cd	尖晶石
苯及乙烯合成乙苯	$AlCl_3$、分子筛		分子筛
苯及丙烯合成异丙苯	多磷酸、分子筛		硅藻土
甲苯歧化	丝光沸石、ZSM 与分子筛	F、B	SiO_2、Al_2O_3
乙烯氧氯化	Cu	K、Mg、Ce	Al_2O_3、SiO_2
聚乙烯	Mg、Ti、茂金属	$Al(C_2H_5)_3$	SiO_2
聚丙烯	Ti、Mg、茂金属	有机铝化合物	镁化合物

载体用于催化剂的制备上，原先的目的是为了节约贵重材料（如 Pd、Pt、Au 等）的消耗，即将贵重金属分散负载在体积松大的物体上，以替代整块金属材料使用。另一个目的是使用强度较大的载体可以提高催化剂的耐磨及抗冲击强度。所以，初始的载体是碎砖、浮石及木炭等，只从物理、机械性质及价格低等方面加以考虑，而后在应用过程中发现，不同材料的载体会使催化剂的性能产生很大差异，才开始重视对载体的选择并进行深入的研究。

用作催化剂载体的物质可分为天然物及合成物质两类，天然物质（如浮石、白土、硅藻土、铁矾土及石英等）由于其来源不同在性质上有很大差异，而且它们所具有的比表面积及细孔结构都有限，加上还夹带一些杂质。所以，目前工业催化剂所用载体大部分采用人工合成的物质，有时为了降低成本或某种性能的需要，也在合成物质中混入一定量的天然物质。

目前，用合成物质制备的催化剂载体（如 Al_2O_3、SiO_2、分子筛等）种类已很多，而且用于不同催化剂上有相应的不同制备方法。一般来说，用作催化剂的载体应具备以下条件：

（1）具有能适合反应过程的形状；

（2）有足够的机械强度，以经受反应过程的机械或热的冲击；有足够的抗拉强度，以抵抗催化剂使用过程中逐渐沉积在细孔里的污浊物的破裂作用；对流化床用催化剂载体还需有足够的耐磨强度；

（3）有足够的比表面积及细孔结构，以便能在其表面能均匀支载活性组分，为催化反应提供场所；

（4）有足够的稳定性，以抵抗活性组分、反应物及反应产物的化学侵蚀，并能经受催化剂的再生处理；

（5）不会有任何可以使催化剂中毒的杂质；

（6）导热系数、堆积密度适宜；

（7）制备方便、原料易得、制备时三废排放少。

而在选择及使用载体时，应该首先考虑到以下问题：

（1）所选择的载体是否具有催化活性；

（2）载体是否可能与活性组分发生化学作用。如有作用，这种作用是要求的还是不需要的，产生的影响如何；

（3）活性组分采用什么方式负载在载体上；

(4) 需要的比表面积、孔体积及细孔结构、机械强度、导热性、形状及堆积密度等有关指标的范围。

有些催化剂载体制备过程是十分复杂的,技术难度也较大。因此有些用户往往是向一些专业生产厂订购某种载体。有时由于保密或其他某种原因不能明确提出使用目的,或者难以提出所要求的性能指标时,载体生产厂只能提供多种产品的样品,由使用者多次使用,这样做既费时,收效也不太大。如果使用者能对所选用载体性能要求有基本了解,能更详细的提出所需载体的形状、孔结构、强度等有关数据,生产厂就有可能提供更适用的产品,或者按照用户要求进行试制,见效也就更快。

1.3 载体的作用

载体的机械功能是作为活性组分的骨架,起着分散活性组分并增加催化剂强度的作用。而实验表明,载体除了这种纯粹的机械功能以外,更重要的是它会对催化剂的活性及选择性产生很大影响。例如,在乙烯气相氧化制乙酸乙烯酯的反应中,组成不同的载体及不同焙烧温度进行热处理时,对反应产物收率的影响如表1-2所示。从表中看出,当催化剂的载体组成相同而焙烧温度不同时,1200℃下焙烧的催化剂其乙酸乙烯酯的产率要比900℃下焙烧时高两倍;此外,组成不同的载体都在900℃下焙烧时,其产率也相差两倍。可见,载体对催化剂的性能影响是很大的。

表1-2 不同载体组成及焙烧温度对反应活性的影响

催化剂活性组分	载体组成,%	焙烧温度,℃	乙酸乙烯酯产率 mol/(g·h)×10^3
Pd	Al_2O_3:SiO_2=99:1	900	1.77
Pd	Al_2O_3:SiO_2=90:10	900	0.61
Pd	Al_2O_3:SiO_2=90:10	1200	1.74

同一种催化反应,使用相同活性组分,但选用的载体不同时,所得催化剂活性及产物组成也会有很大差异,表1-3示出了不同载体制得的催化剂对肉桂醛加氢反应速度的影响。又如用羰基铑化合物[$Rh_4(CO)_{12}$]进行$CO-H_2$反应制合成醇的反应,当所采用的金属氧化物载体种类不同时,对反应选择性会产生很大影响,其结果如表1-4所示。

一般情况下,载体的作用在于改进催化剂颗粒的物理性质,如增加催化剂的比表面积及孔体积。但在很多情况下,载体负载活性组分后,活性组分与载体之间发生某种形式的作用,以致活性表面的本质产生改变,这就上面所示例子也能得到启示。载体在催化剂中的作用,有时是十分复杂的,我们将这些作用归结为以下几个方面[3]。

1.3.1 增加有效表面和提供合适的孔结构

催化剂所具有的孔结构及有效表面是影响催化活性及选择性的重要因素。采用适宜的载体及相应的制备方法,可使负载催化剂具有较大的有效表面及适宜的孔结构。一般认为,在多孔性固体催化剂上所进行的催化反应会经历以下步骤:

(1) 呈流体的反应物分子的主体向催化剂外表面方向移动(或扩散),部分反应物分子在催化剂表面发生化学反应;

(2) 未反应的剩余反应物分子继续向催化剂微孔内部移动(或扩散);

（3）在催化剂细孔内部（内表面）发生反应；
（4）生成的产物分子由细孔内部向外移动（或脱附）；

表1-3 不同载体对肉桂醛加氢反应速度的影响①

载 体	甲 醇		乙 醇		乙 酸	
	HC② %	进料速度 mLH_2/min	HC② %	进料速度 mLH_2/min	HC② %	进料速度 mLH_2/min
C	55	18	50	21	73	29
$BaSO_4$	96	17	91	6	60	5
$BaCO_3$	54	12	—③	—③	—③	—③
$CaCO_3$	72	16	95	4	54	11
Al_2O_3	94	17	100	6	77	24
硅藻土	93	14	—	—	99	7
$MgCO_3$	56	12	84	6	35	15

① 200mg 5%的钯载在载体上，2.0mL肉桂醛，50mL溶剂；室温常压；
② 反应终止后，产物中氢化肉桂醛的百分含量；
③ 中毒情况未测定。

表1-4 不同载体对$Rh_4(CO)_{12}$催化剂进行$CO-H_2$反应选择性的影响⑤

金属氧化物载体 M_xO_y	反应温度 ℃	CO转化率② %	生成物的碳效率①，%							
			含氧化合物				烃 类④			
			CH_3OH	C_2H_5OH	CH_3CHO	CH_3COOCH_3	CH_4	C_2	C_3	C_4
ZnO（20g）	220	9.7	95.4	0	0	0	4.6	0	0	0
MgO（20g）	220	25.7	90.5	1.6	0	0	7.8	+	+	+
CaO（20g）	232	8.0	98.3	0.3	0	0	0.9	0	0	0
La_2O_3（20g）	224	36.4	20.2	61.1	+③	+	11.9	0.8	4.4	1.3
Nd_2O_3（20g）	220	27.8	25.2	54.3	+	+	13.7	1.7	3.8	1.0
CeO_2（20g）	238	19.5	10.4	38.8	2.2	+	27.1	6.8	10.2	4.4
TiO_2（20g）	210	45.6	3.9	22.8	+	+	42.2	9.6	14.8	6.8
ZrO_2（20g）	215	23.3	14.8	47.0	0.6	+	34.3	0.8	1.2	0.7
ThO_2（20g）	175	39.5	12.7	39.1	+	+	21.9	2.7	13.2	10.0
SiO_2（5g）	235	13.5	3.0	3.0	—	—	66.7	9.0	13.3	4.7
$\gamma-Al_2O_3$（20g）	250	43.0	+	+	—	—	67.0	12.0	14.0	6.0
WO_3（20g）	200	38.3	0	0	0	0	84.2	6.9	4.8	3.9

① 碳效率 $= iC_i / \sum_{i=1}^{n} iC_i \times 100\%$，$i$ = 生成物分子中的碳数目；② $CO:H_2 = 20:45$；
③ "+"表示0.1%以下；④ $C_2 = C_2H_4 + C_2H_6$；$C_3 = C_3H_6 + C_3H_8$；$C_4 = C_4H_8 + C_4H_{10}$；
⑤ 活性组分$Rh_4(CO)_{12}$为0.10～0.12g，负载在上述各种金属氧化物上制成催化剂。

（5）产物分子从催化剂外表面向流动主体移动（或扩散）。

因此，载体为这种催化反应历程提供适宜的表面及孔道或孔结构时，催化反应就能有效地进行。所以，有些活性组分，如粉状金属镍、金属银等，它们对某些反应虽有活性，但只有当负载于某种有一定孔结构的载体上并经成型后才能付于实用。又如氧化钼及氧化铬是结晶发达容易分散的细粒，如果用适当的方法负载在氧化铝上就能显著提高其催化活性。在这种情况下，加入载体的结果使活性组分有较大的暴露表面、丰富的孔道，使微粒分散强化，增加了比表面积，从而提高本身表面积小的活性组分的催化性能。使用少量的活性组分就能获得同样的表面积和活性，这对于如 Pt、Pd 之类的贵金属来说更有特殊意义。

如上所述，选作催化剂用的载体希望具有适合于该反应物分子进入的细孔结构。如分子筛用作载体时，它不但具有筛分分子的作用，而且本身也具备催化作用，可以做到只使特定分子的反应物分子发生选择催化作用。例如，石油催化裂化采用以稀土金属离子进行阳离子交换制得的分子筛及 $SiO_2 \cdot Al_2O_3$ 作催化剂时，由于反应产生的积炭会附着在催化剂上而使催化剂活性下降，进行催化剂再生时则会产生大量一氧化碳而污染环境。因此，为了使产生的一氧化碳完全氧化，可以在分子筛上负载 Pt，这种 Pt/分子筛催化剂的细孔结构对石油分子的分解活性并不发生影响，但它却能使一氧化碳完全氧化。显然，这也是载体提供合适细孔结构导致的结果。

1.3.2 提高催化剂的机械强度

固体催化剂在使用过程中抵抗摩擦、冲击、受压及由于温度变化、相变等原因引起的各种应力的能力，统称为机械强度或机械稳定性。无论是固定床或流化床用催化剂，都要求催化剂具有一定机械强度。固定床催化剂对强度的要求随反应器类型及使用条件而异，主要考虑催化剂装填、取出时的磨损，因压力变化引起的破坏，因炭析出引起的粉碎以及由于急冷、受热引起破坏等因素。流化床催化剂则要求有很高的耐磨强度。例如萘催化氧化反应，用 V_2O_5 作催化剂，反应是在流化床上进行的强放热反应，反应物在爆炸范围内操作，有发生深度氧化的可能，因此要求催化剂载体具有高度热稳定性及耐磨强度，因此选择比表面较小，或孔隙较大的 SiO_2 作载体，能满足对萘氧化催化剂的性能要求。又如乙烯氧氯化制二氯乙烷催化剂，选 Al_2O_3 作载体比用 SiO_2 具有更好的耐磨强度。

有些催化剂往往需要将活性组分负载于载体后才能使催化剂获得足够的机械强度。机械强度较高的催化剂可以经受颗粒与颗粒、流体与颗粒、颗粒与反应器之间的摩擦，运输、装填过程的冲击，由于压力降、热循环及相变等引起的内应力及外应力，而不显著磨损或破碎。对一些强放热的氧化反应，如邻二甲苯氧化制苯酐催化剂为了使催化剂在使用过程不因高温而碎裂，常使用刚玉、碳化硅等具有很高机械强度及导热性的材料作载体。

1.3.3 提高催化剂的热稳定性

工业上许多催化反应都是在高温条件下进行，如重油加氢裂化、催化燃烧、汽车尾气净化等，这类反应用的催化剂必须具有良好的热稳定性。

不使用载体的催化剂，活性组分颗粒紧密接触。在高温下，由于颗粒相互作用会逐渐聚集增大，使表面积减少，严重时则因烧结而导致活性显著下降。活性组分负载于载体上时，可以将催化剂活性组分的颗粒分散，防止颗粒因受高温而聚集。同时还因提高分散度、增加散热面积和导热系数，有利于热量除去，维持催化剂高温活性。例如，将 Pd 及 Cu 单独用作加氢、脱氢反应的催化剂，反应温度在 200℃ 时，就会发生半熔融和烧结而失去催化活性，如果将这些金属催化剂负载在 Al_2O_3 或 $SiO_2 \cdot Al_2O_3$ 载体上时，由于金属分散度大大提高，即使在 300～500℃ 的高温下长期使用也不发生烧结现象[3]。显然，这是由于载体提高了催化剂的热稳定性，才使催化剂寿命延长。由此例也可看出，选择的载体本身应具有较好的热稳定性，在高温下自身不发生晶相变化，才能保证制得的催化剂有满意的热稳定性。在实用上，多数载体都是导热性能较好的材料。

1.3.4 提供反应活性中心

所谓活性是指某一特定催化剂影响反应速率的程度。而活性中心是指催化剂表面上具有催化活性的最活泼区域。活性中心不是杂乱无章地散布在催化剂表面上，而是呈一定的几何规律。通常认为，固体催化剂不会是以全部物质参加反应，催化作用只是由一小部分特别活动的表面部分引导进行的。以合成氨的铁催化剂为例，表面原子只占全部催化剂的1/200，而活性中心部分却只有1/2000。发生催化反应时，一个反应物分子中的不同原子可能同时被几个邻近的活性中心所吸附。由于活性力场的作用，使分子变形而生成活化络合物。然后活化络合物分子中的键进行重排而形成新的化合物。一般的催化剂，其活性中心形成与载体和性质关系不大，但有些载体，尤其是具有固体酸或固体碱结构的载体也可能提供某种功能的活性中心。以铂重整反应为例。铂重整反应类型很多，例如，正己烷重整反应中包括异构化和加氢、脱氢两种反应。正构烷烃异构化反应可用图1-2来表示。

$$\text{正构烷烃} \underset{\text{Me}}{\rightleftharpoons} \text{正构烯烃} \underset{\text{HA}}{\rightleftharpoons} \text{异构烯烃} \underset{\text{Me}}{\rightleftharpoons} \text{异构烷烃}$$

图1-2 正构烷烃异构化反应

图1-2中Me代表金属催化剂的活性中心，HA代表酸性催化剂活性中心。在铂重整反应中，活性组分常用的是Pt，载体为Al_2O_3。所以，Me是Pt活性中心，HA是Al_2O_3表面活性中心。该反应是在加氢、脱氢活性中心和促进异构化反应的酸性中心上发生，而后者则是由Al_2O_3载体所提供，用酸处理的Al_2O_3就能产生这种功能。载体这种提供活性中心的能力，实际上也常常与催化剂的多功能催化作用相联系。实践也表明，重整催化剂需要具备两种催化物质：一个是缺电子，可以吸附氢离子，以便促进加氢、脱氢反应的物质；另一个是酸性功能促进异构化作用的物质，这种物质与使用的载体有关。在上述反应中活性组分除Pt外，还可使用Pd、Ni等金属，而促进异构化的除Al_2O_3外，还可使用硅酸铝或分子筛。实际反应中，只有当催化剂的活性组分与载体提供的酸性组分之间的比例适当时，催化剂才能发挥最佳效能。

1.3.5 与活性组分作用形成新的化合物[4]

有时，当活性组分负载在载体上后，由于两者的作用或因形成吸附键，部分活性组分与载体间可能形成新的化合物，并对催化活性产生影响。例如，用共沉淀法制取Ni催化剂时。当采用SiO_2作载体，制得的催化剂对 —C≡C— 加氢反应及 —C—C— 加氢分解都有很高活性。当改用Al_2O_3为载体时，催化剂对 —C≡C— 加氢反应仍有很高活性，而对 —C—C— 加氢分解反应的活性很低。使用矿物酸对以Al_2O_3为载体的催化剂进行处理后，它对 —C≡C— 加氢反应仍有很高活性，而对 —C—C— 加氢分解反应几乎没有活性。经过考察发现，用SiO_2作载体的催化剂，活性组分Ni并不与SiO_2形成化合物，Ni以纯金属状态存在，所以对上述两种反应都呈现活性，而使用Al_2O_3作载体的催化剂，部分Ni与Al_2O_3形成了铝酸镍，使得负载的Ni含量减少，所以对 —C≡C— 加氢反应有较高活性，而对 —C—C— 加氢分解反应只稍呈活性。而催化剂用矿物酸处理后，将负载的Ni溶掉而只留下铝酸镍。所以它只对 —C≡C— 加氢反应有活性，而对 —C—C— 加氢分解没有活性，这说明Ni与铝酸镍所呈现的催化活性是不同的。上述例子说明，活性组分负载于载体上而形成新的化合物或固熔体时，所产生的化合形态及晶体结构会造成催化活性的改变。这时候载体的作用与助催化剂的作用相类似，在催化裂化用SiO_2-Al_2O_3及SiO_2·MgO催化剂上都可产生这种现象。关于载体与金属活性组分的相互作用还将在1-4节中作更详细叙述。

1.3.6 减少活性组分用量，降低催化剂生产成本

使用载体可以减小活性组分用量是显而易见的，这对于某些贵金属（如 Ru、Pt、Pd 等）来说，可以大大降低催化剂生产成本。

二氧化硫氧化法制硫酸是工业上最早使用固体催化剂的一个反应，先后使用过 Fe、Pt 及 V 催化剂，目前 V 已成为唯一的催化剂活性组分，载体主要采用硅藻土，V_2O_5 含量只占催化剂总质量的 6%～7% 就可使反应得到很高的收率。

1.3.7 提高催化剂的抗中毒性能

催化剂在使用过程中常会由于各种因素而使催化剂失活，特别是一些金属催化剂，如在反应物中含有能与活性组分发生结合反应，形成稳定的化合物时就会使活性显著下降。例如，烃类蒸汽转化催化剂中的活性组分 Ni 一旦与 S 或 Cl 等相接触则会生成十分稳定的硫化物或氯化物，催化剂的活性就会很快丧失。后来发现，如果将金属活性组分负载在载体上，就可提高催化剂的抗中毒性能。其原因除了由于载体使活性表面增加，降低对毒物的敏感性以外，载体还有分解和吸附毒物的作用。

例如，重油加氢裂化过程采用双功能催化剂，抗氮中毒的能力是加氢催化剂的重要指标之一。早期的催化剂是将 Ni 负载在 SiO_2 - Al_2O_3 载体上，但重油中的氮化物会使催化剂中毒，所以，进行加氢裂化前必须先用 Mo 系催化剂除去氮化物。为了克服这种缺点，联合（石油公司）加氢裂化（法）（Unicracking - JHC）采用的工艺中，采用了将 0.5%Pd 负载在含 H 离子的 Y 型分子筛上制成催化剂，就不会发生由于氮化物的存在而引起催化剂中毒，从而简化了工艺，提高生产效率。

1.3.8 均相催化剂的负载化

均相催化剂与固体催化剂相比较，其优点是：均相催化剂具有较确定的活性部位，金属原子的空间和电子的环境至少在原则上可以任意调节。其主要缺点是需要在损失其含有的金属情况下从反应产物中分离出来，分离步骤既复杂又费时，而且它容易中毒，还腐蚀反应器。如果能将均相催化剂浸载于"支载体"上或用某些方法与其化学键合，就可保持其优点，克服缺点。所以，早在 20 世纪 60 年代就有人研究解决均相催化剂分离回收困难的有效途径，但初期是采用极简单的物理吸附法，由于活性金属原子在反应过程中大量流失，负载化催化剂一般呈现活性低、反应速度慢、对毒物敏感性强等缺陷而未能实现工业应用。

随着催化剂制备技术的发展，对负载化研究又引起重视，认为均相金属催化剂的负载化是设计最佳催化剂的理想形式。因此对以无机多孔性金属物质及聚合物为载体的过渡金属络合物的研究又迅速增加。用作均相催化剂载体化的载体有玻璃、硅胶、分子筛等无机物质，也有苯乙烯树脂、纤维素等有机物质。由于载体在催化剂中有时以络合物的特种配位体的形式存在和结合在一起，所以，它与一般固体催化剂用的载体多少有些区别。为区别起见，有时称它为"支载体"。

随着均相催化剂的负载化技术的发展，人们也更进一步认识到载体的重要作用，使用的载体除具有耐热、耐化学性能外，还必须是易于被反应物渗入，并能与金属原子相互作用产生新的催化性能而又不破坏原有催化活性的物质。目前，以化学键联法制备的"锚联催化剂"已用于烯烃加氢、歧化、聚合及醛化等反应，有些负载化催化剂的活性甚至高于原有均相催化剂的水平[5]。

1.4 载体与金属活性组分的相互作用

在金属催化剂上,载体主要起着负载金属微粒的媒介物作用。催化研究的深入及现代能谱技术的发展提供了固体表面特征及其行为的详细信息,发现载体与金属活性组分的相互作用也是十分重要的现象。如通过载体与金属之间的相互作用发生电子转移或改变金属与载体之间的键合,并通过高分散度使这些效应得到强化,从而有利于反应物分子的活化,改善催化剂的活性、选择性及稳定性。

载体与金属活性组分相互作用的发现,是在将Ⅷ族金属负载在TiO_2载体上,进行H_2吸附量研究时,从不同预处理及吸附量变化,观察到载体与金属之间发生了化学强相互作用,表1-5为以TiO_2为载体的Ⅷ族贵金属的氢化学吸附。以Pt金属为例,负载在TiO_2上的Pt如果只经过较低温度(如200℃)的氢还原,则它的室温氢化学吸附性能是正常的,H/Pt=0.88,接近于1,但如果经过较高温度(如500℃)的氢还原,则H/Pt=0,即氢吸附量为零。但若再经400℃用氧处理,其吸附量又恢复。在不同催化剂的X射线衍射中,金属的衍射线在500℃氢处理后没有什么区别。根据透射电子显微镜观察,Pt粒子均为3nm,Pd、Ir粒子在1nm以下,由此表明,吸附量下降不是由于金属聚集,或由于载体发生烧结而将金属埋在里面。发生这种现象是由于载体与金属粒子发生强化学作用所致[6]。

表1-5 以TiO_2为载体的Ⅷ族贵金属的氢化学吸附

金属,2%(质量分数)	H/M(吸附的氢原子数/金属原子总数)	
	200℃还原	500℃还原
Ru	0.23	0.06
Rh	0.71	0.01
Pd	0.93	0.05
Os	0.21	0.11
Ir	1.60	0.00
Pt	0.88	0.00

载体与金属的相互作用也可用图1-3所示理论模型加以解释。图1-3中的"⊖"表示金属相中的自由电子,通常过渡金属的费米能级比金属氧化物的费米能级高,过渡金属的自由电子浓度远比金属氧化物自由电子浓度大,因此在无外场的情况下,自由电子会从金属相流向载体相。M表示金属相中与载体表面接触的金属原子,M^{n+1}表示载体相金属氧化物表面上的离散金属阳离子。两者强相互作用的结果将导致定域于M^{n+1}位的电子偏向M。

载体中的自由电子和表面阳离子位的定域电子对金属载体作用贡献的相对大小与金属在载体表面上的分散度密切相关。一般来说,金属呈原子大小分散时,金属载体作用主要决定于载体表面阳离子的定域电子;当金属成块状覆盖时,载体中的自由电子将起重要作用;金属呈原子簇分

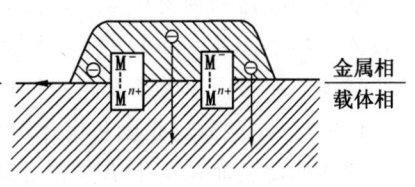

图1-3 载体-金属作用理论模型

散时，两类电子作用兼而有之，但定域电子的贡献比自由电子作用的贡献大。

随着载体与金属相互作用的研究深入发展，一些常规的载体（如 SiO_2、Al_2O_3、TiO_2 等）与金属的作用都已被检验，Ⅷ族过渡金属 Ru、Rh、Pt、Pd、Os 及 Ir 等与过渡金属氧化物 Ta_2O_5、V_2O_3、MnO、Nb_2O_5 及 TiO_2 之间都存在着强相互作用。尽管 MnO 是一个绝缘体，但它同样与金属产生强相互作用[7-9]。

发现载体与金属的强相互作用，不仅在于它所导致的异常氢吸附性能或在这种体系中产生的形貌学上的特点，更重要的是它所引起的或可能引起的催化性质上的变化。

例如，在 CO 加氢合成烃的反应中，TiO_2 负载 Ni 的催化剂，要比 Ni 粉、硅胶负载 Ni 及 Al_2O_3 负载 Ni 的催化剂活性高出 10～100 倍，同时，C_2 以上的饱和烃的选择性显著增加（表 1-6）。产物分布向高分子方向移动的原因，不是由于控制了甲烷的生成，而是碳链生长速度增大的原因。TiO_2 催化体系与其他催化体系相比，由于能够控制 $Ni(CO)_4$ 的生成，所以催化剂的寿命得到改善，这种现象可归结于 Ni 同载体的相互作用，电子从 TiO_2 转移到所负载的金属上，增加了电子从金属到 CO 分子的反馈，促进 CO 的解离。

表 1-6 在 CO-H_2 反应中，负载 Ni 催化剂中载体的作用

催化剂	反应温度 K	CO 转化率,%	生成物分布,%（摩尔分数）				
			C_1	C_2	C_3	C_4	C_5
1.5%Ni/TiO_2	524	13.3	58	14	12	8	7
10%Ni/TiO_2	516	24	50	9	25	8	9
5%Ni/η-Al_2O_3	527	10.8	90	7	3	1	—
8.8%Ni/η-Al_2O_3	503	3.1	81	14	3	2	—
42%Ni/α-Al_2O_3	509	2.1	76	1	5	3	1
16.7%Ni/SiO_2	493	3.3	92	5	3	—	—
20%Ni/石墨	507	24.8	87	7	4	1	—
Ni 粉	525	7.9	94	6	—	—	—

由于强相互作用发生在金属—载体之间，因此，这种作用不仅决定于金属和载体的本质，而且与金属相的分散度及催化剂制备条件（如焙烧温度、活化条件等）有关，而且还可能因反应不同而异。了解载体与金属活性组分的相互作用，有助于找到催化剂引起新活性的原因，并恰当地设计催化剂载体。

1.5 催化剂载体的种类

催化剂载体的种类很多，也没有比较简便的方法对载体进行分类。而且组成相同的同一种载体（如 Al_2O_3、SiO_2 等），采用不同制备方法可以得到不同的孔结构及其他性质。通常可按载体的比表面积大小及相对活性进行分类[1]。

1.5.1 按载体比表面积大小分类

载体的比表面积是指单位质量载体的内外表面积之和，是活性组分分散在载体上产生催化活性的重要衡量指标。所以，常从比表面积这一角度出发，将载体分为高比表面积载体及低比表面积载体两类。图 1-4 示出了按比表面积大小分类的载体名称。表 1-7 是一些常用

载体的比表面积及孔体积。

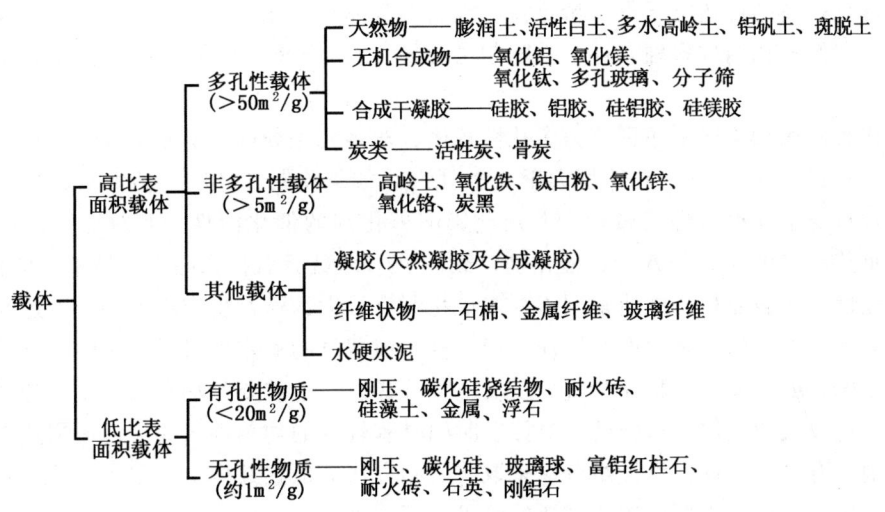

图 1-4 按比表面积分类的载体

表 1-7 一些载体的比表面积及孔体积

来源	载体	比表面积，m^2/g	孔体积，mL/g
合成产品	硅胶	200～800	0.2～4.0
	白土	150～280	0.4～0.52
	γ-Al_2O_3	150～300	0.3～1.2
	η-Al_2O_3	130～390	0.2
	χ-Al_2O_3	150～300	0.2
	α-Al_2O_3	<10	0.03
	硅酸铝		
	低铝	550～600	0.65～0.75
	高铝	400～500	0.80～0.85
	分子筛		
	丝光沸石	550	0.17
	八面沸石	580	0.32
	Na-Y	—	0.25
	活性炭	500～1500	0.3～2.0
	碳化硅	<1	0.40
	氢氧化镁	30～50	0.3
天然产物	硅藻土	2～30	0.5～6.1
	石棉	1～16	—
	浮石	<1	—
	铝矾土	150	0.25
	刚铝石	<1	0.33～0.45
	刚玉	<1	0.08
	耐火砖	<1	—
	多水高岭土	140	0.31
	膨润土	280	0.46

1. 高比表面积载体

高比表面积载体是催化剂载体中用量最多的一类。其特点是比表面积较大，通常为几百平方米每克，高的可达上千平方米每克。常用的载体有氧化铝、硅胶、活性炭、硅酸铝、分子筛等。它们的孔结构多种多样，常随制法而异。表1-8示出了一些高比表面积载体的商品规格示例。

高比表面积载体通常还可分为多孔性载体、非多孔性载体及其他载体。多孔性载体的比表面积通常超过$50m^2/g$，孔体积大于$0.2mL/g$，如氧化铝、硅胶、活性炭、分子筛等。这类载体常自身呈现出酸性及碱性，并由此影响催化剂的催化活性，有时还提供反应活性中心。铂重整反应中的$Pt-Al_2O_3$催化剂，载体Al_2O_3就具有提供酸性活性中心的作用[10]。

多孔性高比表面积载体通常用于要求催化剂有最大活性及稳定性的场合，这时载体可为活性组分提供很大的有效表面并增加其稳定性。但载体的稳定性必须与活性组分的稳定性结合起来考虑。如果反应产物还会进一步反应且选择性又很重要的场合，就宁可选择比表面积较小而孔径较大的载体，这样就会对接触时间具有较好的均匀性。为了使得用这类载体制得的催化剂具有最大活性，活性组分应采取有效的方法分散在载体上。如果活性组分沉积在载体上形成单分子层，表面覆盖所需要的量可用下式来估算：

$$活性组分质量/载体质量 = 10^4 S d^{2/3} M^{1/3} / N^{1/3} \tag{1-1}$$

式中 S——载体的比表面积，m^2/g；

M——活性组分的相对分子质量；

d——活性组分的相对密度；

N——阿伏伽德罗常数。

以$\gamma-Al_2O_3$载在硅胶载体上为例进行计算，设硅胶的比表面积为$200m^2/g$，$\gamma-Al_2O_3$的相对分子质量$M=102$，$d=3.5$，则

$$氧化铝质量/载体质量 = \frac{10^4 \times 200 \times 3.5^{2/3} \times 102^{1/3}}{(6.022)^{1/3}}$$

$$= 0.256$$

制备这类载体时，可以根据不同原料及反应条件采取多种制备方法。氧化铝、氧化镁等无机骨架产物，可以通过其晶体水合物或氢氧化物经共沉淀或热处理制得；活性炭是将炭质原料经过炭化后，再经活化而制得。而膨润土、多水高岭土、斑脱土等可以通过洗涤、酸处理及焙烧等过程进行制备。

非多孔性高比表面积载体通常所采用的物质，是称为颜料的一类物质，包括氧化铁颜料、钛白粉、氧化铬、氧化锌、高岭土及炭黑等。它们的比表面积超过$5m^2/g$，具有亚微粒子的大小。制备时往往需要添加黏结剂，经压片或挤出后，在高温下焙烧成型。

其他载体包括凝胶、纤维状物质及一些水硬水泥，它们的比表面积大小及制备方法彼此间有相当大的区别。

2. 低比表面积载体

低比表面积载体的特点是比表面积较小，又可分为比表面积小于$20m^2/g$的有孔性物质及比表面积小于$5m^2/g$的无孔性物质。表1-9示出了可用作低比表面积载体材料的物理性质。表1-10示出了一些低比表面积载体的商品规格。

表 1-8 高比表面积载体

载体	制造厂及牌号	化学组成 %	形状大小 mm	比表面积 m²/g	孔体积 mL/g	平均孔径 nm	松装密度① g/cm³
SiO₂	水沢化学，Silbead N	Al_2O_3, 2%; Fe_2O_3 少量	球状，φ3.3～4.7	600		2	0.82
	富士デヴイ化学 {ID ソン化学 RD	Al_2O_3, 0.16; Na_2O, 0.10 Al_2O_3, 0.07; Na_2O, 0.03	粒状，各种大小 粒状，各种大小	270 720	1.1 0.4	14 2	(0.40) (0.70)
	日本アエロジル, 200	Al_2O_3, <0.05; Cl<0.025	粉状	200		一次粒径, 16	0.06
Al₂O₃	水沢化学，Neobead	Fe_2O_3, CaO 少量	球状 φ3.3～4.7	210		8	0.91
	水沢化学，Neobead MSC	Fe_2O_3, CaO 少量	球状 φ0.1～0.25	210		8	
	住友化学，KHA	Fe_2O_3, 0.03; Na_2O, 0.28	球状，φ5～9, φ2～6	150～180	0.5～0.6		0.70～0.72
SiO₂–Al₂O₃	触媒化成，低 Al₂O₃	Al_2O_3, 13.5; SiO_2, 86.4	60μm 球状	580	0.73		0.46
	触媒化成，高 Al₂O₃	Al_2O_3, 26.0; SiO_2, 74.0	60μm 球状	490	0.68		0.47
	水沢化学，Silbead W	Al_2O_3, 12; SiO_2, 88	球状，φ3.3～4.7	350		5	0.85
	水沢化学，Neobead D	Al_2O_3, 90; SiO_2, 10	球状，φ3.3～4.7, φ1.6～3.3	330		10	0.56
活性炭	武田药品，粒状白鹭 C	灰分<5%	片状 φ3.7～6.7	1000～1200	0.7～1.0		0.4～0.5
	武田药品，MSC		片状 φ3.3～4.7	510	0.6		0.56
分子筛	联合碳化物公司 4A	Na 型	片状，各种直径	650	0.23（内部）	0.4（有效直径）	(0.69)
	联合碳化物公司 5A	Ca 型	片状，各种直径	650	5（内部）	0.5（有效直径）	(0.69)
	联合碳化物公司 13X	Na 型	片状，各种直径	525	0.28（内部）	1（有效直径）	(0.64)

① 括号内为紧堆密度。

表1-9 可用作低比表面积载体材料的物理性质

名 称	熔点,℃	热膨胀系数 $\times 10^{-6}$/℃	导热系数 W/(m·K)	密 度 g/cm³	耐氧化性 ℃	耐热冲击性[①] ℃
Al_2O_3	2050	8.5	25	3.98		70
BeO(α)	2570	10	180	3.01		70
MgO	2800	14	30	3.57		50
SiO_2	1700	0.5~17[②]	0.2~7[②]	2.27~2.65[②]		
ZrO_2	2550	9	2	5.49~5.60[②]		—
B_4C	2450	4.5	25	2.52	600	800
SiC(β)	2200(升华)	4.5	71	3.21	1500	140
TiC	3250	8.0	29	4.92	600	200
AlN	2100(升华)	5	16	3.26	1400	300
BN	3000	22	14	2.27	900	
Si_3N_4(β)	1900(分解)	3	11	3.19	1400	800
TiN	2900	9	18	5.44	600	—

① 计算公式为 $\sigma_f(1-\mu)/E\cdot\alpha$ (σ_f—耐热冲击强度；μ—泊桑比；E—杨氏模量；α—热膨胀系数)；
② 存在高温变态。

表1-10 低比表面积载体

载体	制造厂	牌号	化学组成 %	形状	尺寸	比表面积 m²/g	气孔率 %	吸水率 %	松装密度 g/cm³
Al_2O_3	Norton Co.	SA201	Al_2O_3 90.4, SiO_2 8.46, Na_2O 0.33	球	各种	<1	39~45	18~24	1.2~1.3
	不二见研磨材	5A01Hi	Al_2O_3 99, SiO_2 0.5, Na_2O 0.1	球、片	各种	<1	45	21	2.3
	不二见研磨材	4A01	Al_2O_3 9.0, SiO_2 9.2, Na_2O 0.3	球、片	各种	<1	40	19	2.3
SiC	不二见研磨材	4C01	SiC 84, Al_2O_3 3.0, SiO_2 12	球、片	各种	<1	40	18	1.9
	东海高热	TS102	SiC 98, Al_2O_3 0.4, SiO_2 0.5	球	2~10mm	0.2~0.5	32~36	14~18	1.9~2.1
	Norton Co.	BC130	SiC 65.8, Al_2O_3 4.7, SiO_2 28.5	片	各种	<1	39~43	22~25	0.96~1.0
SiO_2	Norton Co.	BS131	SiO_2 96, Al_2O_3 3.1, Na_2O 0.16	片	各种	<1	35~39	22~26	0.94~1.0

常用的有孔性低比表面积载体包括刚玉、碳化硅烧结物、耐火砖、硅藻土、金属及浮石等，其比表面积小于 20m²/g。这类载体的特点是具有较高的硬度和导热系数，在高温下具有稳定的结构，常用于活性组分对于所选择的反应是非常活泼的情况。这种情况下，反应物遇到催化剂时，它与催化剂表面碰撞的分子数或反应产物与催化剂表面的碰撞数，常比由平均停留时间计算出来的要大。

刚玉可以通过调整焙烧温度使其比表面积在一定范围内变化。碳化硅烧结物及刚铝石等可以通过无孔的氧化铝和碳化硅经压丸或挤压，然后加热熔合制成，有时还需加入黏结剂或助熔剂。浮石是 Na、K、Ca、Mg、Fe 等物质的无定形硅酸盐，通过酸洗去其中的可溶性物质，或用离子交换的办法可制得载体。硅藻土由无定形的 SiO_2 组成，并含有少量的其他物质，比表面积随产地而异。通过酸处理可达到改善比表面积及孔结构的目的。

多孔的金属制品，如多孔的不锈钢及熔结金属也可作载体。通常是将它们制成薄片状，使反应物能均匀通过孔结构而无过大的压力降。

无孔性低比表面载体包括刚玉、碳化硅、石英、玻璃球等，比表面积约 $1m^2/g$，它们具有很高的硬度及导热系数。这类载体仅用于活性组分是极端活泼的场合，通常在部分氧化及强放热的反应中使用，可以避免发生深度氧化及反应热过度集中。如果用作流化床催化剂载体，容易产生活性组分集中黏附在载体上的现象。

使用低比表面积载体制备催化剂时，大多是先按预定要求制好载体，然后再用适当方法将活性组分分散到载体上。通常，这类载体不会对所负载活性组分的活性产生影响。

1.5.2 按载体物质的相对活性分类[7]

催化剂载体都是一些固体物质，已经知道，一些固体物质典型的活性显示及发生熔融的温度存在以下的规律性：（1）固体典型活性显示的温度顺序为：金属＜氧化物≤硫化物；（2）发生固体熔融的温度为：氧化物＞金属≥硫化物。

为此，依据载体物质的相对活性，可将载体分为两类，一类是非活性载体，它们是具有非缺陷晶体及非多孔聚集态的物质，也包括那些非过渡性绝缘元素或化合物。另一类为相对非活性载体，它们具有寄生的活性，可以抑制或利用。图 1-5 示出了按相对活性分类的一些载体名称。

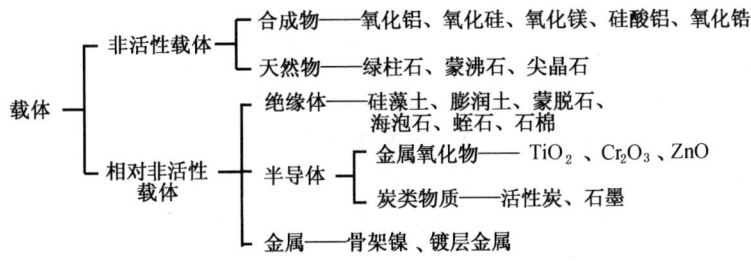

图 1-5 按相对活性分类的载体

属于非活性载体的又可分为合成物及天然物两类。合成物主要为氧化铝、氧化硅、氧化镁、硅酸铝及氧化锆等。它们可以制得较高的纯度，经高温熔结，可以制成疏松粉体、颗粒或块状物，具有低比表面积，能耐高温，用于负载活性极高的活性组分。天然物主要是一些含金属成分的矿石。

相对非活性载体又可分为绝缘体、半导体及金属三类。

（1）绝缘体。绝缘体是一种导电能力小到可忽略不计的固体，是一些无定形或微晶形物质，价数不变而且稳定的金属氧化物常属于这种类型。天然物质有硅藻土、膨润土、蒙脱石、海泡石、蛭石及石棉等，用强酸处理后可以成为强酸性催化剂。

（2）半导体。金属氧化物大都是半导体，它们在足够高的温度下表现出导电性。半导体的导电是由晶体中存在的结构缺陷所引起的，通常形成离子晶格的氧化物具有半导体性质，而具有高熔融温度的半导体氧化物都可用作载体。TiO_2、Cr_2O_3、ZnO 等都是使用广泛的半导体，它们常用作加氢、脱氢及一些非贵金属催化剂的载体。

活性炭、石墨也属于半导体载体，活性炭的比表面积很大，而石墨的比表面积较小。在活化剂（$ZnCl_2$）存在下，部分氧化和高温裂解制得的活性炭，在低温过程中显示有酸性并具有亲水表面，在高温过程中却有酸性和具有疏水表面。

(3) 金属。金属通常都是活性的。通常，金属不用来制作载体，但它们与其他物质相比，具有导热性能好、机械强度高、制造方便等特点。金属对活性组分的黏着性很差，它除去作为一些小面积无孔产品以外，一般是制成多孔性薄片形式。例如，蜂窝状骨架镍和在各种形状的金属板或条上喷涂其他活性金属制成的催化剂。

1.6 载体性质与催化剂性能的关联[11,12]

载体的种类很多，制法及性质各异。所以，不同载体对催化剂的性能会产生不同影响，这些影响是由载体的晶体结构、晶格缺陷、比表面积及孔容积大小、孔径分布、机械强度等因素所引起的。例如，制备 Cr_2O_3-Al_2O_3 时，从磁化率的等温线测定知道，磁化率 χ 随活性组分 Cr_2O_3 在 Al_2O_3 载体上的稀释度的增大而增加（图 1-6），磁化率与活性之间有密切的关系。显然，这种现象的产生是由于载体的晶体结构导致铬离子周围环境发生变化。又如将 Al_2O_3 用 $Mn(NO_3)_2·6H_2O$ 浸渍后再经加热而制得的氧化锰催化剂，从磁化率等温线的测定发现，磁矩随活性组分浓度的变化而改变。随着浓度降低及分散度增加，4 价锰容易转变成 3 价锰，而氧化物则由 MnO_2 转变成 Mn_2O_3。这种原子价的诱导作用，或者说由于载体的作用而产生反常原子价的例子也可以在 Cr_2O_3-Al_2O_3、NiO-Al_2O_3 及氧化铁—金红石等催化剂体系中出现，这说明负载的载体晶体结构使氧化物的本质及活性发生重大改变。正如一些催化反应时，在催化剂表面上发生的某种作用有时比做"黑箱"一样，载体性质与催化剂性能间的关联因素也是十分复杂的。表 1-11 示出了载体性质与催化剂性能间的关联因素。

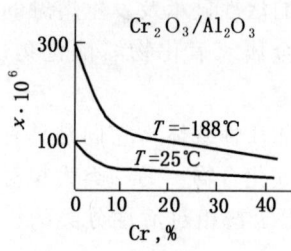

图 1-6　CrO_3 在 Al_2O_3 上的磁化率等温线

表 1-11　载体性质与催化剂性能的关联[1]

催化性能	特性分析	物质结构	操作因素
活　性	活性点	晶　形	原料种类
选择性	表面积	晶粒大小	沉淀方法
寿　命	细孔直径	原子价	pH 值
表观密度	反应机理	导热系数	温　度
破碎强度	温度分布	磁　性	时　间
磨损指数	压　力	表面能	速　度
粒度分布	耐溶剂性	酸碱中心	浓　度
流动性	化学吸附	熔　点	相组成
组　成	物理吸附	晶格缺陷	气　氛
再生条件	耐热性能	化学键	成型方法

载体的破碎强度与催化剂性能间的关联见图 1-7。

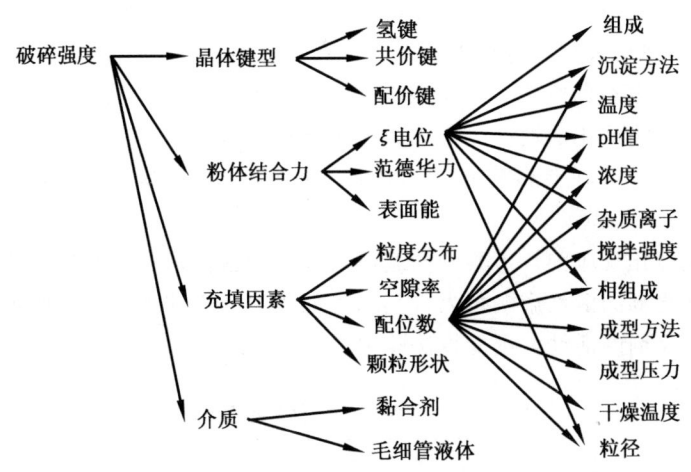

图 1-7 载体的破碎强度与催化剂性能间的关联

下面以低温变换催化剂为例进一步说明这种关联性。

变换催化剂用于使烃类蒸汽转化法以及重油或煤部分氧化法所制得的原料气中 CO 经与水蒸气进行变换反应而生成 CO_2 及 H_2。其基本反应是：

$$CO + H_2O \rightleftharpoons CO_2 + H_2 \qquad \Delta H_{298}^{\ominus} = -41.2 \text{kJ} \qquad (1-2)$$

变换反应是一放热反应，较低的温度有利于化学平衡，但温度过低会影响反应速率。因此在制氢或制氨工艺的变换过程常分为高温变换与低温变换两步进行。高温变换在 350～500℃下进行，低温变换在 180～250℃下进行。

低温变换反应中使用铜系催化剂在 20 世纪 40 年代就已开始，以后虽使用 Zn、Cr 等金属，但 Cu 仍是低温变换反应的主要活性组分，载体主要是 Al_2O_3。载体在 Cu 催化剂中主要起着两种作用：

（1）对铜晶粒具有分散剂及隔离剂的作用，从而起到防止铜晶粒发生高温熔结。高活性的铜催化剂是由大小只有 5～7nm 的铜晶粒聚集而成，这些晶粒之间只有用难熔体（载体）分隔开才能保持其活性，不然经几小时反应后，晶粒就会熔结聚集在一起，导致催化活性迅速下降。

（2）低温变换催化剂在使用前必须用还原气体将 CuO 还原为 Cu，载体的另一作用是在催化剂还原后，赋予催化剂一定的机械强度。

这种现象也可用于解释低温合成甲醇用 Cu 催化剂中的载体所赋予的功能。

因为上述关联因素比较复杂，实际选择及评价某种催化剂载体时，要根据具体情况对某些因素作重点考察。由此也可知，选择和制备出一种性能好的载体涉及多方面知识。它涉及晶体结构、表面化学、物理化学和分析测试等多种学科及技能，要通过制备方法、化学组成、物化性质、表面纹理结构等多方面综合分析，并借助各种现代测试仪器获得与催化剂性能相关联的真实图像。

1.7　杂质含量对载体作用的影响

无论是天然物质或人工合成材料用作催化剂载体，多少都含有各种各样的杂质。其中天然物质，如一些自然界的矿物，其成分十分复杂。而人工合成材料中的一些杂质如 S、Cl、Fe、Na 等是由制备原料或制备过程中产生的，它们有时含量并不多，但却会对制备出的催化剂活性及选择性产生不良影响。如硅胶载体中含杂质 Na 时，就会影响钒催化剂中 V_2O_5 的晶体结构，从而影响催化活性。氧化铝载体中存在的微量 Na_2O 会影响加氢催化剂的活性及选择性，痕量 Fe_2O_3 存在会影响 Al_2O_3 对 H_2 的吸附，硫酸盐或其他阳离子的存在会增加 Al_2O_3 的酸性等。

在异丙苯催化裂化反应中，考察不同载体对催化剂活性影响时发现，载体中杂质含量多少对异丙苯裂化催化剂的活性影响很大，其结果如表 1-12 和表 1-13 所示。因此，如果杂质的存在会降低催化剂的活性，则应设法除去。

表 1-12 各种载体物性和杂质含量

载体	比表面积 m^2/g	晶相	晶粒度 nm	杂质含量，$\mu g/g$										
				Na	Ca	Mg	Fe	Si	Cu	Ni	Cr	Sn	Mn	S
Al_2O_3-A	280.5	γ+少量η	3.07	10	10	10	75	40	10	10	10	10	—	25
Al_2O_3-B	279.2	γ+少量η	4.23	170	2000	200	75	1000	10	10	10	10	10	—
Al_2O_3-C	227.2	η+少量γ	4.53	3660	1000	—	50	1000	10	10	10	10	100	—

表 1-13 异丙苯裂化典型产物组成

载体	Al_2O_3-A	Al_2O_3-B	Al_2O_3-C
反应温度，℃	500	500	500
产品，%			
$H_2+C_2H_4$	11.0	—	—
$C_2H_6+C_2H_4$	0.8	—	—
C_3H_6	11.5	—	—
苯	17.5	—	—
甲苯	2.2	—	—
异丙苯	37.0	100	100
二甲苯	9.3	—	—
多烷基苯	10.7	—	—

第 2 章 催化剂载体的研制及生产概况

2.1 各类催化剂载体的使用情况

美国 Hall 化学公司曾对 90 多家公司进行一年时间的追踪调查,各种载体在催化剂中的使用比例如表 2-1 所示。

表 2-1 各种载体在催化剂中的使用比例

载体名称	使用比例,%
氧化铝	56.8
沸石分子筛	22.2
堇青石	7.94
硅藻土	7.46
活性炭	3.02
硅胶	1.27
硅铝胶	1.16
其他	0.15

由于各地区资源不同以及催化剂的保密性,表 2-1 中数据不一定能完全反映出载体的客观使用情况。但有一点是无疑的,氧化铝在载体中所占的份额最大,这是由于氧化铝所具有的特定结构及性能所造成的,在以后章节中将会详细讨论。

2.2 国外催化剂及载体的生产公司类型[13-16]

尽管催化剂载体的种类很多,有些载体本身也用作催化剂或具有催化性能,如 Al_2O_3、SiO_2 及分子筛等,但研制开发或使用载体最终要与催化剂的应用密切相关。

美国是全球最大的催化剂及载体市场,美国的催化剂及载体的制造厂商大多数附属于大型石油或化工公司,成为其相对独立部门或子公司。有时也会出现一些新组建的独立小公司,但不久就会被大公司所兼并。这种依附于大企业的趋势也是跨国性的,即使是一些合资企业,其股权也不断转移,由合资而转为某些大企业所控制。尽管如此,但也没有一家企业能同时生产炼油、化工及环保三个领域所涉及的主要催化剂及载体。

目前,炼油、化工及环保用的多数催化剂及载体已经大量生产,用户可根据特殊需要在市场上购买,但也有许多催化剂及载体是一些大型石油或化工公司为了公司专用的化工过程所专门研制开发的。

美国的催化剂及载体生产公司大致上可分为以下三类。

2.2.1 大型石油或化工企业兼营催化剂及载体的生产销售业务

Alcoa、Conoco 及 UCC 等大型企业都有专业的催化剂及载体研究开发队伍,除进行应用研究外还进行基础研究。这些企业的催化剂及载体分部除生产本公司内部所需要的产品外，还垄断着某些公司发明的工艺过程中应用的催化剂及载体的专门生产技术并经营生产和销售业务。

Alcoa 全称为 Aluminum Company of America（美国铝业公司），它是 Alcan 铝业公司的子公司，除生产铝产品外，还有铝化合物及其化学品。同时该厂还生产系列氧化铝产品（α-、β-、γ-Al_2O_3 等）及陶瓷催化剂载体。

Conoco 公司全称为 Conoco Chemicals Corp.（科诺科化学品公司）。是大陆石油公司的四个分公司之一，主要生产工业化学品、中间体及塑料，同时也是美国最大的高纯 Al_2O_3 载体的制造商，其产品分为 SB 及 NG 两大类牌号。

UCC 的全称是 Union Carbide Corp.（联合碳化物公司）。它主要生产塑料、工业气体、碳素产品、黏合剂及金属等，也是美国最大的分子筛制造厂商，在 1954 年最早实现合成分子筛工业化的生产厂。

2.2.2 专营催化剂及载体生产和销售业务的公司

这些企业一般都有各自的产品及技术特色，拥有生产某一类催化剂或载体的专门技术。有些公司还兼营"客户催化"业务，即按客户要求订制或委托研制开发某种催化剂或载体。

如 Davison Chemical Div.（戴维森化学公司），它是 W. R. Grace & Co.（格雷斯公司）的一个部门，原本是一独立公司，后被 Grace 公司兼并而成为专门生产催化剂的部门，是美国最大的催化剂生产商之一，生产流化催化裂化、聚烯烃、雷尼镍及汽车尾气净化等多种催化剂。同时还生产 Al_2O_3、SiO_2、分子筛及硅铝胶等多种催化剂载体。

United Catalysts Ins. 简称 UCI（联合催化剂公司），它是 1977 年由 CCI（催化剂与化学品公司）及 Girdler Chemical Inc.（盖德勒化学公司）合并而成。1978 年从 Carborandum Co.（金刚砂公司）购入低比表面积催化剂载体生产技术，1980 年又与其他公司合资建立专门生产分子筛的公司，20 世纪 90 年代又兼并了 Air Products & Chemicals Inc.（空气产品与化学品公司）的加氢处理催化剂业务。该公司在原 Girdler 部分（南厂），建有催化剂及载体的沉淀—洗涤、干燥—焙烧—还原、预成型等三个作业区，还建有从事研究开发的小试及中试装置；而在原 CCI 部分（北厂）则是加氢、氧化、甲烷化、脱氧、氧氯化、合成氨和合成甲醇等催化剂的生产基地，共生产 200 多种型号催化剂。该公司还兼营"客户催化"，可委托承制新的催化剂及载体业务，在"客户催化"中素以保密著称。

2.2.3 在产、销催化剂及载体的同时也兼营工程设计、咨询业务的企业

Haldor Topsφe Inc.（哈尔杜·托普索公司）是丹麦 Topsφe 公司在美的合资子公司。除生产销售制氢、制氨、加氢精制、脱硫、脱氯、脱砷及高温变换等催化剂外，还兼营工程设计、咨询及施工业务。

除美国以外，日本、西欧及其他国家也都有很多催化剂及载体生产企业，它们的生产及经营情况也基本上与上述三种类型相似，只是生产及经营的品种及生产能力大小各有不同而已。

对于较大型的催化剂及载体生产企业，一般都设有研究开发、生产制造、销售服务和新产品试制等部门。研究开发部门配备有不同规模的实验室从事催化剂及载体的制备、改进和放大等研究，并进行分析、质量控制和产品检验等工作；技术服务部门设有技术服务队伍到使用公司产品的工厂去参与开车和运转，了解在工业生产中的使用情况，并解决所产生的技术问题。

2.3 国外催化剂载体生产厂

美国现有催化剂生产厂 130 多家，其中生产炼油催化剂为主的有 19 家，生产化工催化剂为主的 72 家，生产环保催化剂为主的 27 家，生产催化剂载体的 47 家，从事废催化剂回收的 7 家。由于催化剂及载体的研制开发及使用对象的复杂性，无论是炼油、化工或环保催化剂生产厂，都无法全部囊括该行业全部催化剂及载体的研制及生产。大多数企业只是根据自身优势生产炼油或化工中几类催化剂及载体的生产。表 2-2 为美国生产催化剂载体的一些企业。

表 2-2 美国催化剂载体生产厂商

公 司 名 称	所 在 地	产 品 名 称
Acreon Catalyst	休斯敦	重整、异构化、加氢等催化剂及载体
Air Products & Chemicals Inc.	Allentown	裂化、加氢环保等催化剂及载体、Al_2O_3、硅胶
AKZO/Ketjen	Pasadens	裂化、加氢、异构化、脱硫催化剂及载体、硅胶
Alcoa	匹兹堡	脱水催化剂、Al_2O_3 系列
Applied Ceramics Inc.	亚特兰大	陶瓷载体
Barnebey - Cheney	Columbus	活性炭
Blasch Precision Ceramics Inc.	Schenectady	陶瓷载体
Calgon Corp	匹兹堡	活性炭
Camet Co.	Hiram	堇青石、环保催化剂载体
Carborandum Co.	Latrobe	富铝红柱石、Al_2O_3、碳化硅
Catalytic Combustion Corp.	Bloomer	环保催化剂载体
Condea Chemie GmbH	Tucson	系列 Al_2O_3
Conoco Chemicals Corp.	休斯敦	Al_2O_3
Corning Glass Works	康宁公司	玻璃、陶瓷蜂窝载体
Criterion Catalysts	休斯敦	加氢、脱硫、尾气净化催化剂及载体
Davison Chemical Co.	巴尔的摩	裂化、加氢及环保催化剂及载体、硅胶、硅酸铝
Dow Chemical Co.	米德兰	氧化、加氢、脱氢催化剂及载体
Du Pont de Nemours & Co.	威尔明顿	硅胶
Engelhard/Specialty Chemicals Div.	Iselin	分子筛、重整、加氢、氧化催化剂及载体、Al_2O_3、TiO_2
Engelhard/Environmental	Iselin	环保催化剂载体、ZrO_2
Exmet Corp.	Naugatuck	金属载体
Ferro/Thermo Plastics Group	克利弗兰	各种耐热性载体
Fibre - Glass Development Corp.	Dayton	纤维状耐热载体
Hi - Tech Ceramics Inc.	Alfred	耐热陶瓷载体
ICI Americas Ins	Wilmington	活性炭
Inland Packagign	Elizabethtown	普通载体
Jaeger Aerospace Engineering	Costa Mesa	耐热陶瓷载体

续表

公司名称	所在地	产品名称
Johnson Matthey	West Chester	加氢、氧化催化剂及载体
JM/Environment Products Div.	Wayne	环保催化剂及载体
Kaiser Aluminum & Chemicals Corp.	奥克兰	各种 Al_2O_3
Katalistiks International Inc.	Baltimore	分子筛
Koch Engineering Co./Knight Div.	Akrom	耐热陶瓷载体
La Roche Chemicals Inc.	Baton Rouge	Al_2O_3
Mallinckrodt/Calsicat Div.	Erie	加氢、氧化、脱硫催化剂及载体，Al_2O_3
Marble King Inc.	Paden City	玻璃载体
Mobil Chemical Corp.	Richmond	硅酸铝
North American Carbon Co.	Columbus	活性炭
Norton Chemical Process Products	Akrom	Al_2O_3、ZrO_2、硅酸铝、碳化硅、硅胶
PQ Corp	Valley Forge	分子筛
RSE Inc.	Baltimore	活性炭
Ramco International Corp.	Tucker	金属及陶瓷载体
Rhone Poulenc Inc.	Monmouth	Al_2O_3
Selec Corp	Hendersonville	陶瓷耐热载体
Unite Catalyst Inc.	Louisville	Al_2O_3、耐酸铝、$CaAlO_4$、硅胶
Westvaco Corp.	纽约	活性炭
Witco Chemical/Argus Div.	纽约	活性炭
Zeolyst	休斯敦	分子筛

日本催化剂工业起步较慢，加上国内资源缺乏，在原料上要依靠国外，故品种不十分齐全，在技术上引进美国的一些先进生产技术后，经消化吸收后也发展十分迅速，也是唯一自1967年起就逐年公布催化剂产量的国家。许多催化剂及载体已出口到美国及西欧一些国家，而以对东南亚国家的出口最多。日本的催化剂及载体生产厂商有专业生产厂、自产自用型生产厂、兼营型生产厂等几种类型，另外还有一些从事销售的公司。表2-3为日本生产催化剂载体的一些企业。其中大部分企业都兼营其他产品。

表2-3 日本催化剂载体生产厂商

公司日文名称	公司英文名称	产品名称
旭炭素	Asahi Carbon	活性炭
旭硝子	Asahi Glass	玻璃纤维
触媒化成	Catalysts & Chemicals Industries	分子筛、Al_2O_3、SiO_2、硅铝胶
大亚触媒	Dia Catalysts	SiO_2、硅藻土、TiO_2
大日本制药	Danippon Pharmacentica	活性炭
富士化工	Fuji Kako	活性炭、硅胶
富士钛工业	Fuji Titanium Industry	TiO_2
播磨耐火炼瓦	Harima Refractories	耐热载体

续表

公司日文名称	公司英文名称	产品名称
科研药化工	Kakenyaku Kako	活性炭
九州耐火炼瓦	Kyushu Refractories	耐热载体
三菱铝业	Mitsubishi Aluminium	Al_2O_3
三井铝业	Mitsui Aluminium Industry	Al_2O_3
水沢化学工业	Mizusawa Industrial Chemicals	SiO_2、Al_2O_3
森村商事	Morimura Brother	加氢、氧化等催化剂及载体
日本碍子	NGK Insulators	Al_2O_3、环保载体
日挥化学	Nikki Chemical	Al_2O_3、SiO_2、硅铝胶
日本カーボン	Nippon Carbon	活性炭
日本鉱业	Nippon Mining	Al_2O_3
日本触媒化学工业	Nippon Shokubai Kagaku	TiO_2
冈田化学工业	Okada Chemical Industry	Al_2O_3
冈山化成	Okayama Chemical	Al_2O_3
大阪铝业	Osaka Aluminium	Al_2O_3
大阪チタニフム制造	Osaka Titanium Corporation	TiO_2
大阪窑业耐火炼瓦	Osaka Yogyo Firebrick	Al_2O_3、耐热载体
新日本炭素	Shin Nippon Carbon	活性炭
新兴化学工业	Shinko Chemical	Al_2O_3、SiO_2
昭和电工	Showa Denko	Al_2O_3
住友化学	Sumitomo Chemical	Al_2O_3
住友金属工业	Sumitomo Metal Industry	金属载体
住友商事	Sumitomo Shoji	加氢、水合等催化剂及载体
武田药品工业	Takeda Chemical Industries	活性炭
太阳鉱工	Taiyo Koko	Al_2O_3
日本アルミニウム工业	The Nippon Aluminium Mfg	Al_2O_3
チタン工业	Titan Kogyo Kabushiki Kaisha	TiO_2
东北鉱化工业	Tohoku Koka Kogyo	Al_2O_3、尖晶石
东邦チタンウム	Toho Titanium Company Limited	TiO_2
东海化学工业	Tokai Chemical Industries	SiO_2、Al_2O_3、硅铝胶
东海高热工业	Tokai Konctsu Kogyo	Al_2O_3、SiC
东洋カーボン	Toyo Carbon	活性炭
东洋化成工业	Toyo Chemical Industry	硅铝胶
东洋曹达工业	Toyo Soda Manufacturing	分子筛
宇部兴产	Ube Industries	加氢、氧化等催化剂及载体
エニオニ昭和	Vnion Showa	氧化催化剂及载体
和光纯药工业	Wako Pure Chemical Industries	活性炭

　　欧洲是催化剂工业的发祥地，许多催化过程是首先在欧洲实现工业化的。其中催化剂工业比较发达的国家是德国、英国、荷兰、意大利、法国和比利时等国家。虽然这些国家在产

品数量及品种上都比不上美国，但也有一些非常有实力的催化剂厂，它们的产品也销往世界各地。表 2-4 为一些西欧国家生产催化剂载体的企业。

表 2-4 西欧国家催化剂生产厂商

公 司 名 称	所属国家	产品名称
阿克苏化学公司	荷兰	Al_2O_3、SiO_2、硅酸铝
Angler SpA	意大利	Al_2O_3、TiO_2
巴斯夫公司	德国	Al_2O_3、硅胶
拜耳公司	德国	分子筛
Carbonisation et Carbon Actifs	法国	活性炭、分子筛
Chemische Fabrik Vetikon	瑞士	分子筛
Compagnie des Metaux Precieux	法国	Al_2O_3、分子筛
Comptoir Lyon - Alemand Lonyot	法国	Al_2O_3、金属载体
Condea Chemie AG	德国	各种 Al_2O_3
Contoka KV	荷兰	硅胶、分子筛、离子交换剂
Crosfield Catalysts Ltd.	英国	分子筛、SiO_2
Degussa	德国	Al_2O_3、硅酸铝、活性炭
Deutsche Nalco Chemie GmbH	德国	硅胶、分子筛
Dycat International Co.	德国	Al_2O_3
Feldmuehle Grace GmbH	德国	TiO_2、蜂窝载体
Fraventhal/SGP	奥地利	耐热载体
Haldor Topsøe A/S	丹麦	异型载体
Imperical Chemical Industries Ltd.	英国	Al_2O_3
Johnson Matthey & Co. Ltd.	英国	陶瓷载体、蜂窝载体
Kali - Chernie Engelhard Katalystoren GmbH	德国	Al_2O_3
Kataleuna	德国	Al_2O_3
Katalistiks BV	荷兰	分子筛
Laporte Industries Ltd.	英国	Al_2O_3、TiO_2
Montedison SpA	意大利	Al_2O_3
Peter Spence & Son Ltd.	英国	Al_2O_3、分子筛、硅胶
Pro - Catalyse	法国	Al_2O_3
罗纳-普朗克公司	法国	Al_2O_3、硅铝胶
Süd - Chemie AG	德国	膨润土、活性白土
Thann et Mulhouse S. A.	法国	TiO_2
Tioxide Co.	英国	TiO_2、耐热载体
Unikat	奥地利	耐热载体
Uniliq SpA	意大利	分子筛
United Catalysts Europe	比利时	Al_2O_3

此外，加拿大及印度等国家也生产一些催化剂载体，如表2-5所示。

表2-5　其他国家催化剂载体生产厂

公　司　名　称	所属国家	产品名称
Allied Cement Co.	印度	分子筛、Al_2O_3
Aluminium Co. Canada	加拿大	Al_2O_3
Amar Industrial & Fine Chemicals	印度	活性炭
Arora-Matthey	印度	Al_2O_3、金属网
Canadian Carborandum Co.	加拿大	Al_2O_3、碳化硅
Degussa	巴西	Al_2O_3、耐热载体
Johnson Matthey Co.	南非	耐热载体
Norton Co.	加拿大	Al_2O_3、碳化硅
W. R. Grace Australia	澳大利亚	硅胶、分子筛

2.4　国内催化剂载体生产厂

我国催化剂工业起步较晚，自从20世纪70年代开始引进一些大型石油化工装置后，为了对进口催化剂进行消化吸收并努力实现催化剂国产化，一些科研单位及大专院校与工厂协作，对进口催化剂进行剖析、仿制并自制一些催化剂用于进口装置上。经过数十年的努力，催化剂的研制开发及生产已有相当大的一支队伍，不少大型引进装置上使用的催化剂已完全国产化，而且有些催化剂已开始向国外出口。但总体上说，国内生产的催化剂品种及规格要比国外发达国家少得多，部分大型石化装置所使用的催化剂还需进口。对于催化剂载体的研制开发工作，一些科研院所、大专院校及大型石化企业所附属的一些催化剂厂，大都从事与本部门所使用催化剂有关的一些载体进行研制或生产。而专门从事各种催化剂载体系列研究的单位则很少，一些工厂所生产的催化剂载体还比较单纯，其品种及规格还不能满足各种催化剂制备的需要。表2-6示出了国内催化剂生产厂及载体厂。

表2-6　国内催化剂主要生产厂及载体厂

序号	厂　　名	地　　址	主要产品
1	中国石化催化剂长岭分公司	岳阳市云溪区	重整催化剂、催化裂化催化剂、加氢裂化催化剂、加氢精制催化剂、氧化铝干胶和分子筛等
2	中国石化催化剂抚顺分公司	抚顺经济开发区顺飞路85号	加氢裂化催化剂、加氢精制催化剂、异构化及临氢降凝催化剂、渣油加氢处理系列催化剂
3	中国石化催化剂齐鲁分公司	淄博市周村区体育场路1号	FCC、MGG、MIO、DCC、CPP和助剂等六大类别三十多个品种的催化裂化催化剂
4	中国石化催化剂北京奥达分公司	北京市通州区光机电一体化基地新光五街13号	聚乙烯、聚丙烯催化剂、高密度聚乙烯钛基氯化镁载体催化剂和N催化剂等

续表

序号	厂名	地址	主要产品
5	中国石化催化剂北京燕山分公司	北京市房山区丁东路24号	YS系列银催化剂、碳二/碳三选择加氢催化剂
6	中国石化催化剂上海分公司	上海市金山区金一路49号	丙烯腈催化剂、乙苯脱氢催化剂、醋酸乙烯催化剂、甲苯歧化与烷基转移催化剂等
7	中国石化催化剂南京分公司	南京市栖霞区甘家巷	13X空分专用分子筛、脱硫剂、脱氯剂、无热再生分子筛、苯和乙烯烷基化制乙苯系列催化剂
8	中国石化催化剂湖南建长公司	岳阳市云溪区长炼	重整催化剂、烷基化、异构化催化剂、分子筛等
9	中国石化催化剂上海立得公司	上海市金山区金山卫镇钱商大街88号	聚乙烯催化剂、SCG-1系列催化剂、SLH系列催化剂、NTR系列催化剂等
10	北京三聚环保新材料股份有限公司	北京市海淀区人大北路33号大行基业大厦9层	汽、柴油加氢精制催化剂、石蜡加氢精制、润滑油异构脱蜡催化剂、醛加氢催化剂等，分子筛；甲醇合成催化剂、脱硫剂、脱氯剂、脱臭剂、乙烯氧氯化催化剂等
11	温州华华集团	温州市龙湾蒲	汽、柴油加氢精制催化剂、分子筛等
12	中国石油抚顺分公司催化剂厂	抚顺市望花区鞍山路东段2号	汽、柴油加氢精制催化剂、加氢裂化催化剂、重整催化剂、分子筛等
13	山东公泉化工股份有限公司	淄博市临淄区胜利路34号	渣油加氢处理系列催化剂、加氢裂化催化剂、制氢催化剂
14	中国石油兰州石化公司催化剂厂	兰州市西固区玉门街10号	催化裂化催化剂
15	西北化工研究院	西安市临潼区火车站街1号	加氢转化催化剂、变换催化剂、脱硫剂、脱氯剂、脱砷剂等
16	淄博临淄齐茂化工公司	淄博市临淄区南王镇南仇北居	渣油加氢处理催化剂、汽柴油加氢催化剂
17	中国石化北京化工研究院	北京朝阳区北三环东路14号	聚丙烯催化剂、聚乙烯催化剂、C_2气相加氢催化剂、苯酐催化剂、顺酐催化剂、低压羰基合成催化剂
18	西南化工研究设计院	成都市外南机场路445信箱	甲醇合成催化剂、甲醇脱氢催化剂、轻油预转化催化剂、脱氧催化剂、烃类重气转化催化剂
19	天津化工研究设计院	天津市红桥区丁字沽三号路85号	钯催化剂、三效催化剂、活性氧化铝、硅胶、铂脱氧催化剂等
20	山东铝业股份有限公司研究院	淄博市张店区五公里路1号	氧化铝、活性氧化铝、分子筛、氢氧化铝、铝酸钠
21	上海环球分子筛有限公司	上海市闵行经济技术开发区文井路500号	3A、5A分子筛
22	上海汇脂树脂厂	上海市嘉定开发区	各种离子交换树脂、吸附树脂等
23	上海嘉定分子筛厂	上海市嘉定区朱家桥镇北首	镍催化剂、钯催化剂、活性氧化铝、分子筛和硅胶
24	上海浦江分子筛有限公司	上海市金山区金山大道4588号	3A、5A、10X、13X分子筛等
25	上海韶松催化剂厂	上海市松江区新五镇叶新发路1076号	高效脱硫剂、金属钝化剂和锑酸钠等

续表

序 号	厂 名	地 址	主要产品
26	上海树脂厂有限公司	上海市长宁区天山路201号	各类离子交换树脂
27	上海苏鹏实业有限公司	上海市浦东新区高东海徐路1727号	钯催化剂、合成吗啉催化剂、分子筛、催化剂载体等
28	上海新奥分子筛有限公司	上海市沪太路6061号	3A、5A、13X分子筛等
29	南开大学催化剂厂	天津市南开区卫津路44号	降凝催化剂、异构化催化剂、异丙醚催化剂和分子筛等
30	南开大学化工厂	天津市南开区卫津路94号	各类离子交换树脂
31	太原市活性炭厂	太原市小店区刘家堡乡	各类活性炭
32	沈阳市硅胶厂	沈阳市和平区同泽南街1951号	硅胶、硅铝胶、分子筛和活性氧化铝等
33	中石化金陵石化公司烷基苯厂	南京市尧化门	脱氢催化剂、烷基苯磺酸
34	南京正森化工实业有限公司	南京市	活性炭
35	江苏靖江催化剂总厂	靖江市城北郊横港桥	合金催化剂、脱砷催化剂、甲醇催化剂、脱氧剂、钯催化剂、脱氧剂和交换催化剂等
36	姜堰市化工助剂总厂	姜堰市俞垛镇何北村	活性氧化铝载体,分子筛、加氢保护剂等
37	宜兴市兴达催化剂厂	宜兴市宜浦路	脱硫剂、金属钝化剂
38	杭州永盛催化剂有限公司	临安市青山湖街道南环北路6号	活性白土、颗粒白土
39	温州市精晶氧化铝公司	温州市双屿金堡路2号	活性氧化铝、除氟剂
40	浙江衢江区云江活性炭厂	衢州市衢江区庙前乡草鞋岭	活性炭
41	江苏宜兴市诚信化工厂	江苏宜兴市陶都路	脱硫剂、脱氯剂、丙烯脱砷剂和加氢催化剂等
42	姜堰市奥特催化剂载体研究所	江苏姜堰市俞垛镇	环状、齿球形、轮状等氧化铝载体
43	姜堰市天平化工有限公司	江苏姜堰市俞垛镇	活性氧化铝、分子筛和脱氯剂等
44	承德市华净活性炭公司	河北省平泉县城北街	催化剂载体活性炭、石油化工炭等
45	营口市向阳化工厂	辽宁省营口市路南镇江家房村	聚乙烯催化剂、丙烯腈催化剂
46	北京高新利华催化材料公司	北京通州区光机电一体化产业基地兴光三街1号	齿球形氧化铝载体、加氢催化剂等
47	锦州市催化剂厂	辽宁省锦州市凌河区文胜里16号	镍基催化剂
48	宜兴市太湖载体厂	江苏宜兴市大浦镇	三叶草形、圆柱状氧化铝载体和氧化镁载体
49	青岛海洋化工有限公司	青岛市汾阳路12号	粗孔、细孔硅胶

续表

序号	厂 名	地 址	主要产品
50	贵州铝厂	贵阳市白云区龚家寨	活性氧化铝
51	北京光华晶科活性炭有限公司	北京市通州区梨园镇砖厂村	条状及粉状活性炭
52	上海焦化有限公司	上海市龙吴路4280号	条状及粒状活性炭
53	南京无机化工厂	南京市秦淮区江宁路25号	硅胶、分子筛
54	辽宁海泰科技发展有限公司	抚顺经济开发区青台子路38号	石油化工催化剂、净化剂、分子筛、炼油助剂等
55	川化股份有限公司	成都市青白江区团结东路311号	脱硫剂、变换催化剂、甲烷化催化剂等
56	山东迅达化工集团有限公司	淄博市临淄区敬仲工业区17号	加氢催化剂、净化剂、分子筛等
57	凯瑞化工有限公司	河北沧州西留庄工业区	各种离子交换树脂
58	淄博海昌机械有限公司	淄博市临淄区人民路西	齿球形氧化铝、载体加工机械
59	沈阳三聚凯特催化剂有限公司	沈阳经济技术开发区细河八北街10号	炼油催化剂、精制剂、分子筛、氧化铝载体等
60	山东允能催化技术有限公司	东营市河口区公园街北首	氧化铝载体
61	淄博市临淄瑞丰化工厂	淄博市临淄区敬仲工业园35号	活性氧化铝球、干燥剂、硫黄回收催化剂等
62	山西原平恒亿铝业公司	山西原平市循环经济工业园区	氢氧化铝干胶粉、氧化铝载体、干燥剂等
63	山东齐鲁科力化工研究院有限公司	淄博市国家高新技术开发区	制氢系列催化剂、耐硫变换催化剂、硫黄回收催化剂、加氢催化剂
64	南京黄马化工有限公司	南京市栖霞区靖安镇	各种分子筛、柴油降凝催化剂等
65	河南宇新活性炭厂	河南省长葛市视察路7号	活性炭、脱硫剂、分子筛
66	河南省同兴化工有限公司	河南省长葛市双岳路中段	活性炭、脱硫剂、分子筛
67	盘锦南方化学辽河催化剂有限公司	辽宁省盘锦市双台子区红旗大街	合成气催化剂、净化剂
68	淄博鲁源工业催化剂公司	淄博市临淄敬仲工业区	变换催化剂、脱硫剂、脱氯剂等
69	迅能催化剂有限公司	南京沿江工业开发区新华路129号	合成甲醇催化剂、甲烷化催化剂等
70	荆州市大坤催化剂有限公司	荆州市沙市区北京东路97号	系列变换催化剂

第3章 粉体颗粒的表征及力化学性质

3.1 概　　述

自然界存在的物质，以形态来分，可以分为固态、液态和气态三种；而按分散程度和联结程度区分，可把固态物质分为致密体、粉末体和胶体，粉末体介于致密体和胶体之间。通常把粉末颗粒组成的聚集体称为粉末体，简称粉体或粉末。从几何形状来看，通常用的载体有粉状、微球、小球、圆柱体（条状或片状）、环柱体及无规颗粒等。其几何尺寸小至几微米，大到几十毫米。但总起来说，它们大都是粉体颗粒的聚集体，由颗粒与颗粒间的空隙所组成，颗粒可以是单个的晶粒，也可能由多个晶粒互相或紧或松地连在一起。但实际上，粉体颗粒之间的接触是很少的，只有小部分颗粒表面接触，大部分表面被颗粒间的孔隙所隔开（图3-1）。而粉体颗粒的内部结构，除了由材料本身的晶粒结构决定外，也受粉体制造方法的影响。一般说来粉体颗粒内部结构具有以下特点：

（1）粉体颗粒内部通常由各种大小的晶粒组成，所以存在着不同程度的晶体缺陷。例如由于加工硬化，往往会使粉末晶体点阵发生弯曲。产生晶体缺陷的因素很多，在随后的章节中还要详细讨论。

（2）粉体颗粒具有内孔隙，按其大小可分为宏观的、显微的及次显微的，这种孔隙的存在会对粉末的性质产生显著影响。

（3）粉体颗粒具有内部夹杂，因为制备过程中总难免会带入少量杂质，这些杂质会最后少量残存在产品中，它的存在不但会影响载体的性质，也会影响粉体颗粒的结合强度。

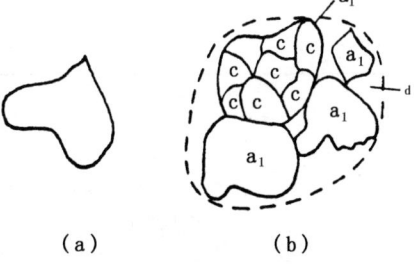

图3-1　粉体颗粒和颗粒聚集体示意图
(a) 单个粉体颗粒；(b) 颗粒聚集体；
a_1—颗粒聚集体中的粉末颗粒；
c—晶粒；d—孔隙

而从粉体的物理性能来看，它又具有以下特点：

（1）粉体具有很高的表面积，例如将边长1cm的立方体分成边长为1mm的小立方体时，则表面积可由$6cm^2$增加到$60cm^2$。因此，粉体颗粒越细，则其表面积越大。表面积大，便具有大的表面能（可参见表8-1）。

（2）粉体颗粒具有各种各样的形状，表面状态有的圆滑，有的凹凸不平。一般说来，经气态或液态转变成的粉末，其颗粒形状易接近球形；而由固态转变成粉末时，颗粒形状多呈不规则形状。图3-2为常见粉体颗粒的形状，其中以球形颗粒表面积最小，树枝状颗粒的表面积最大。

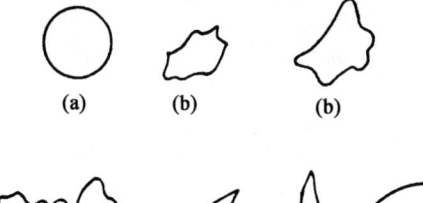
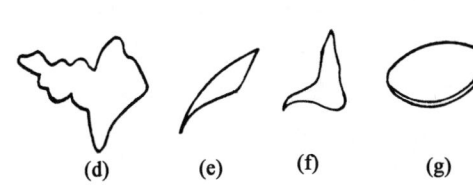

图3-2　粉体颗粒的形状
(a) 球状粉末；(b) 多角形粉末；
(c) 不规则形状粉末；(d) 树枝状粉末；
(e) 针状粉末；(f) 碟状粉末；(g) 片状粉末

（3）粉体颗粒表面活性大，表面易吸附气体和水分而产生所谓吸附气体层。这种过程通常是自发进行的，因为吸附质被吸附在吸附剂（固体）上，能降低吸附剂对于周围介质的表面张力。

（4）由于颗粒内部有孔隙，所以，粉体颗粒的密度一般都比理论密度小。

3.2 粒径及粒度分布

粉体颗粒具有各种形状及大小，而用于载体的粉体颗粒的粒径，小的可以为几微米，大的可达几毫米。对于单个球形颗粒来说，用其直径就能精确地表示出它的体积和外表面积，对于由各种大小粒子组成的粉体，通常用平均粒径来表示。

3.2.1 单个颗粒的粒径

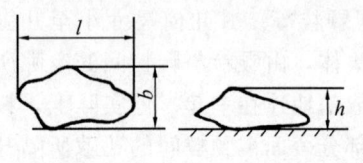

图 3-3 单个颗粒的粒径

粉体颗粒虽然有不固定的形状，但将它放在平面上仍能以某种状态趋于稳定。这时可将在立体三个方面的长度分别定为长径（投影平面上最长的距离）l，短径（与长径方向垂直的最大距离）b 及厚度 h（参见图 3-3）。根据这样定义，对于所有单个颗粒的粒径可以采用表 3-1 所示的各种方法进行计算。

表 3-1 单个粉体颗粒的粒径表示方法

名 称	计算公式
长（轴）径	l
短（轴）径	b
二轴平均径	$(l+b)/2$
三轴平均径（算术平均径）	$(l+b+h)/3$
调和平均径	$3\left(\dfrac{1}{l}+\dfrac{1}{b}+\dfrac{1}{h}\right)^{-1}$
表面积平均径	$\dfrac{(2lb+2bh+2hl)^{\frac{1}{2}}}{6}$
体积平均径	$3lbh(lb+bh+hl)^{-1}$
外接矩形当量直径	$(lb)^{\frac{1}{2}}$
正方形当量直径	$f^{\frac{1}{2}}$
圆当量直径	$(4f/\pi)^{\frac{1}{2}}$
立方体当量直径	$V^{\frac{1}{3}}$
球当量直径	$(6V/\pi)^{\frac{1}{3}}$
斯托克斯（Stokes）直径	$\sqrt{\dfrac{18\mu u_t}{\gamma_s-\gamma}}$

注：f—投影面积；V—颗粒体积；μ—流体黏度；u_t—颗粒终末速度；γ_s—颗粒真密度；γ—流体密度。

这些方法中以长（轴）径、二轴平均径及圆当量直径等方法用得最多。这里引入了当量直径的概念。因为载体大都是片状、柱状或不规则形状,即便是微球、小球型的载体也往往与真正球形有一定差异。所以,为了表示这种非球形颗粒的大小,就采用当量直径来表示,它是在与球形颗粒比较的基础上得出来的。

例如,球当量直径是把与非球形颗粒相等的圆球的直径作为非球形颗粒的当量直径,非球形颗粒的体积为 V,则其当量直径 d_p 为:

$$d_p = (6V/\pi)^{1/3} \tag{3-1}$$

有时,为了表征非球形颗粒的形状与球形颗粒的差异程度,引入了形状系数的概念,并以无量纲数 ϕ_s 表示:

$$\phi_s = \frac{S_s}{S_p} \tag{3-2}$$

式中　S_s——直径为 d_p 的球形颗粒的表面积;

S_p——体积为 V 的非球形颗粒的外表面积。

因为同一体积的几何体的外表面积以球形为最小,所以 S_p 必然大于 S_s。因此,非球形颗粒的 ϕ_s 也必定小于1。柱形、环形等形状比较规则的颗粒,通过其直径及高度可算出体积与外表面积,从而可以算出形状系数。而对不规则形状的颗粒,体积与外表面积通常难以用计算求得,这时可将不规则形状的粉体颗粒填充成固定床,在不同流速下,测定床层所对应的压力降,然后根据求固定床压力降的计算公式求出床层中的平均形状系数 ϕ_s。

3.2.2　粒度测量方法

通常将粉体颗粒的大小称作粒度,对于粉末体而言,粒度是指粉体颗粒的平均大小。习惯上也将粒径和粒度通用。实际上,一种粉体并不是同一粒度的,而是处在一定的粒度范围内。粉体的粗细大小通常可按表3-2所示的级别来区分。

表3-2　粉体级别及其粒度大小

粉末级别	粒度,μm
粗粉体	150～500
中等粉体	40～150
细粉体	10～40
极细粉体	0.5～10
超细粉体	<0.5

颗粒的形状及粒度会对粉体及其制品的性质产生较大影响,因而对其形状及粒度的测量也使用许多方法。筛分法是较为古老的方法,但却也是最为普遍使用的方法。

筛分法用于测定中等颗粒粉体的粒度组成。它是使用一套筛子,按筛网孔径大小依次叠合,从上往下是由大到小。筛网目数就是1英寸筛网上的筛孔数。例如200目就是1英寸筛网上有200个筛孔。目数越大,筛孔孔径越小,也就是说通过的粉体颗粒就越细。制造筛网的技术近来有很大提高,国外可制小到 $5\mu m$ 的筛网。

筛分机可分为电磁振动筛及音波振动筛两种类型。电磁振动筛分机一般用于较粗的颗粒(如大于400目的颗粒),而音波振动筛分机用于更细颗粒。筛分法虽然使用方便,但其结果精度不太高，仅限于测量大颗粒的粒度及粒度分布，而有逐渐被一些专用粒度仪取代的趋势。表3-3示出了测量颗粒粒度的一些主要方法。[17-18]

表3-3 粒度测量方法

方法名称		测量装置	测量结果
筛分法		电磁振动式、音波振动式	粒度分布
直接观察法		放大投影器、图像分析仪（与光学显微镜或电子显微镜相联）	颗粒形状、粒度分布
沉降法	重力	比重计、比重天平、沉降天平光透过式、X射线透过式	粒度分布
	离心力	光透过式、X射线透过式	粒度分布
吸附法		BET吸附仪	平均粒度、表面积
小孔通过法		库尔特粒度仪	个数计量、粒度分布
流体透过法		气体透过粒度仪	平均粒度、表面积
激光法	光衍射	激光粒度仪	粒度分布
	光子相干	光子相干粒度仪	粒度分布

吸附法是用BET法测量颗粒的粒度，由于结果不太准确，一般只用作参考。

流体透过法一般采用空气作流体介质，使其通过粉体料层后，由空气的流速、压力降等参数计算粉体的表面积，然后得到粉体的平均粒径，但得不到粉体的粒度分布。

小孔通过法是通过库尔特粒度仪测量悬浮液中颗粒大小和个数。当悬浮于电解质中的颗粒通过小孔时，会引起电导率的变化，而其变化峰值与颗粒的大小有关。它主要用于需要对颗粒计数的场合，而且只适用于粒度范围较窄的粉体样品。这种方法测量的粒度的下限约为 $0.3\mu m$。

沉降法是由光透过原理与沉降作用相结合的一类粒度仪。根据光源不同，又可分为可见光、激光及X射线等不同类型；按力场不同又分为重力场和离心场两类。

当一束光通过盛有悬浮粒的测量池时，一部分光被反射或吸收，仅有一部分到达光电传感器，后者将光强转变成电信号。由于透过光强与悬浮液的浓度或颗粒的投影面积有关；另一方面，颗粒在力场中沉降，可用斯托克斯定律计算其粒径大小，从而得到累积粒度分布。这种方法在测量过程中伴随着颗粒的分级过程，即大颗粒先沉降，小颗粒后沉降，因此其测量结果的分辨率高，特别是当粒度分布不规则时，本方法更显出其优点。由于这种方法测量范围宽，使用简单，广泛用于科研及工厂中进行粒度分析。使用重力场光透过沉降法测量粒度范围为 $0.1\sim 1000\mu m$，而用离心光透过沉降法测定粒度范围可达 $0.007\sim 1000\mu m$，可用于测量纳米级颗粒。

至于沉降法中的比重计、比重天平及沉降天平等测量法曾一度广泛使用。由于这些方法不适合细颗粒测量，而且测量费时，也逐渐被淘汰。

激光法是近20年发展起来的颗粒粒度测量新方法，常见的有激光衍射法及光子相干法，测量粒度范围为 $0.5\sim 1000\mu m$。其主要特点是适合在线测量，特别适合对喷雾干燥时产生的雾滴粒度分布的测量，其缺点是计算繁琐。其应用不如沉降法广泛。

3.2.3 粒度分布表示方法

粉体中不同粒度区间的颗粒含量称为粒度分布，了解和控制粉体的粒度分布在实际应用有较重要的意义。粒度分布有下述几种表示方法[19]。

1. 列表法

将一定质量的粉末试样（如1500g）放入筛分机的第一层筛子，经振动一段时间后，粉末就被各级筛子按一定范围分成很多粒级，如 a_1、a_2、$a_3 \cdots a_n$ 级产品。而每一粒级其质量所占试样总质量的百分率称为粒级含量，并以字母 β 表示，则每一粒级的质量分别为 β_1、β_2、$\beta_3 \cdots \beta_n$。有时也把各粒级的质量百分率称作产率或重率。

此外，还将大于某一粒度 a 的全部粒级含量之和称作"粗粒累积含量"，用 β_{+a} 表示；而将小于某一粒度 a 的全部粒级之和称作"细粒累积含量"，用 β_{-a} 表示。

列表法是将每个粒级含量或累积含量列成表格来表示粉体或颗粒群的粒度分布，如表3－4所示。这种表示方法的特点是量化特征突出，但变化趋势规律不是很直观。

表3－4 粒度分布表

粒级，mm	质量，g	粒级含量 β，%	粗粒累积含量 β_{+a}，%
12～16	225	15	15
8～12	300	20	35
4～8	450	30	65
2～4	225	15	80
0～2	300	20	100
合计	1500	100	

2. 图示法

图示法是描述粉体粒度分布更常用的方法。它又可分为下面几种方法。

（1）粒度分布矩形图。它是纵坐标为粒级含量，横坐标为粒度（采用对数坐标）绘制而成的分布曲线，如图3-4所示。图中每个矩形面积表示相应粒度级别的含量百分数。

（2）累积分布曲线。它是由横坐标为粒度，纵坐标为细粒累积含量（或粗粒累积含量）所绘制出的曲线。曲线的位置与形状即表示颗粒群的粒度分布。为了使细粒级在横坐标上分散开，横坐标有时用对数坐标，如图3－5所示。

（3）频度分布曲线。这种粒度分布曲线如图3－6所示。其横坐标仍是粒度，而纵坐标为单位粒级含量（在某一粒度下粒级含量的变化率）。可以看出，纵坐标为最大粒度附近的颗粒最多。在两个粒度之间（如4～6mm）的粒级含量，用曲线下的阴影面积表示。

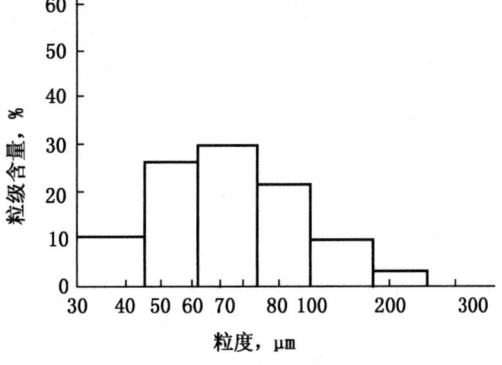

图3－4 粒度分布矩形图

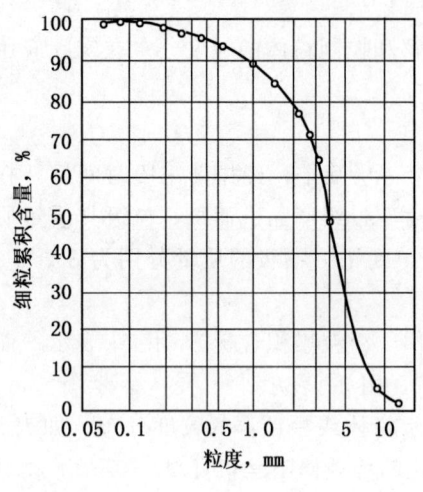

图 3-5 累积分布曲线

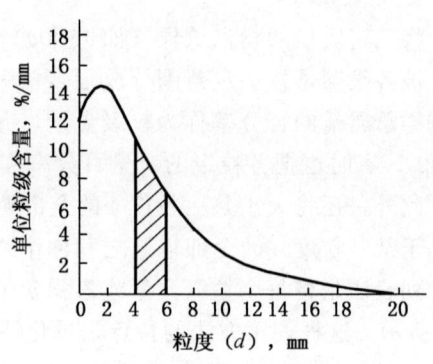

图 3-6 频度分布曲线

3.3 粉体的摩擦特性

粉体的流动性对于载体制备过程中的贮存、给料、筛分、混合及成型等操作都有一定影响。而粉体流动即颗粒群从运动状态变为静止状态所形成的角是表征粉体流动状况及力学行为的重要参数。这种由颗粒间的摩擦力和内聚力所形成的角通称为摩擦角。而依照颗粒运动状态的不同,可分为安息角、内摩擦角、崩溃角等。

3.3.1 安息角

把固体颗粒在水平板上自然堆成堆,颗粒堆的棱线与水平板的夹角 θ 称为安息角,有时也称为自然堆角或休止角(图 3-7)。安息角对粉体的流动性影响最大,安息角相当于流体的"黏度",安息角愈小,粉体的流动性愈好。

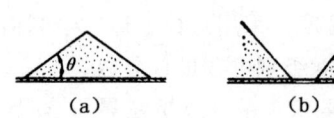

图 3-7 安息角

安息角的大小取决于颗粒之间滑动或滚动的摩擦阻力,也与颗粒的晶型及细度有关,且随固体颗粒流动性的增加而减少。安息角又分为注入角及排出角两种。图 3-7(a)的情况为注入角。如果在颗粒堆的堆轴和水平板的交点处打一小孔,粉体颗粒就会从小孔流出,从而使颗粒的中心形成一个倒圆锥形的孔穴,如图 3-7(b)所示。这个空穴的棱线与水平板的夹角就是排出角 θ'。一般情况下 θ' 与 θ 两值相差不大。表 3-5 示出了一些粉体的安息角。粉体安息角的测量比较简单,只要将粉体自然堆积在托盘上,粉体堆边缘与托盘底部之间的夹角就是安息角。

3.3.2 内摩擦角

粉体层受力小时,其外观并不产生变化。这是由于摩擦力具有相对性,相对于作用力的大小产生了克服它的应力,这两种力是保持平衡的。而当作用力达到某一极限值时,粉体层会突然发生崩坏。所谓内摩擦角是固体颗粒层内静止的颗粒层和沿与静止颗粒层移动的颗粒群相平衡的界面间的夹角,常以 ϕ_i 表示。所以内摩擦角表征了粉体内部颗粒之间的摩擦力。它与安息角在数值上几乎相等。但两者有本质上的区别,安息角是较粗颗粒靠自重运动形成的角，内摩擦角是在外力以规定的密实状态受强制剪切时所形成的角。内摩擦角越大的粉料在料仓内发生堵塞的可能性也越大。

表 3-5 一些粉体的安息角

固体颗粒	松密度 t/m³	θ (°)	固体颗粒	松密度 t/m³	θ (°)
氧化铝（粒状或块状）	1.04	22	氧化铁	0.40	50
氧化铝（球，$d_p = 15mm$）	2.2	43	铁矿石	3.8	40
氧化铝（球，$d_p = 13mm$）	2.03	38	硫酸铅（破碎物）	2.95	45
氧化铝（球，$d_p = 7mm$）	2.07	34	氢氧化钙	—	42
氢氧化铝（破碎物）	0.216	34	木炭（粒状）	0.425	35
石炭（粉状）	0.80	21	黏土（干燥，粗填充）		35
流化裂化催化剂 ($d_p = 0.061mm$)	0.51	32	玻璃球（$d_p = 0.287mm$）	1.47	26
			玻璃球（$d_p = 5.18mm$）	1.36	32
铝矾土（破碎物）	1.09	35	高岭土（粉状）	0.35	45
蓄热器催化裂化催化剂 ($d_p = 4.3mm$)	0.73	35	离子交换树脂 ($d_p = 0.033mm$)		29
焦炭（破碎物）	0.48	28	钢球（$d_p = 8.74mm$）	5.0	33
硫酸铜（破碎物）	1.20	31	氧化锌	0.318	45
萤石（破碎物）	1.60	32	硫黄（破碎物）	0.80	45

3.3.3 崩溃角

崩溃角是堆积状粉体受到震动发生崩溃时的角度，它直观地表示了粉体的喷流特性，崩溃角越小则喷流性越强。

3.4 粉体的力化学性质[20,21]

在化学研究领域中，根据诱发化学反应的能量形式把化学分成许多分支学科，如热化学、光化学及磁化学等。根据这一启示，有些研究者将以机械方式诱发化学反应的学科称为机械力化学。也即粉体在粉碎过程中受冲击、压缩、混合、破碎及研磨等机械操作的能量而使其自身结构发生变化的同时，物理及化学性质也随之变化的过程，称为机械力化学反应。

催化剂载体大多是由粉体经成型、干燥等过程制成，而许多粉体制造也都有粉碎过程。这种粉碎过程产生的机械力化学反应往往被人们所忽视。随着制备载体的粉体物料的超细化，在超细粉碎过程中产生的机械力化学反应尤应予以重视。

粉体在粉磨或超细粉碎过程中因机械作用而引起的机械力化学反应主要表现在以下几个方面。

3.4.1 发生晶体结构变化

许多催化剂载体用的固体粉末颗粒都有一定的晶体结构。在粉碎过程中，颗粒在所施机械力作用下，随着粒子直径变小、比表面积增大，使颗粒的晶体结构也会发生下述几种变化：

(1) 晶型转变。具有多晶型或同质多象的固体颗粒，在常温下因机械力的作用常会发生晶型转变。这种转变是由于粉碎微细化过程中出现无定形化、中间结晶相等状态，使体系自由能增大，形成不稳定相的结果。同时在剪切、弯曲、压缩等力的不断作用下，当其能量超过相转变的结晶作用活化能时，就完成了晶型转变。

(2) 结晶构造变形。对于一些具有层状结构的晶体，由于层间质点的结合力较弱，在粉碎的剪切力作用下，会首先沿层面平行地劈裂开，变成结晶度较低的构造。如果再继续受力，有些颗粒就会最终失去结晶构造，发生整体结晶构造的变化。

(3) 晶格畸变。晶格畸变是指晶体中晶格点阵粒子的排列部分失去周期性而形成的晶格缺陷、晶粒尺寸变小等。发生了畸变的颗粒就得不到理想的 X 射线衍射图。从衍射峰强度和衍射峰的半峰宽，可以定量分析出这种晶格畸变程度。

(4) 晶粒的非晶化。在机械力作用下，有序的晶格结构被破坏，同时发生位错形成等晶体结构无序化，而当撤去机械力作用时，这种现象仍不能恢复时，则称为机械力非晶化。结果，结晶颗粒表面的结晶构造受到强烈破坏而形成非晶态层。随着粉碎继续进行，非晶态层增厚，最后导致全部结晶颗粒无定形化[22]。

3.4.2　发生区域化学反应

在粉磨过程中，在粉体粒子局部承受较大应力或反复应力作用区域可以产生分解反应、溶解反应、水合反应、氧化还原反应、金属和有机化合物的聚合反应以及因溶化和固相反应等。而与一般的化学反应不同，机械力化学反应同温度无关，其反应主要是由粉体粒子间相互作用发生的。

3.4.3　发生物理化学性质变化

随着颗粒减小及上述变化的发生，固体颗粒的物理化学性质自然也会发生变化。这种变化主要表现在溶解度和溶解速率的提高、密度减小、颗粒表面的吸附能力增大、离子交换或置换能增强、产生电荷、生成游离基和表面自由能发生变化等。

根据上述粉体的力化学性质，在催化剂及载体的活化研究上也引起人们注意。例如，试验发现，在制备丙烯醛氧化用的催化剂 V_2O_5—MoO_3—Al_2O_3 时，对 V_2O_5、MoO_3 及 Al_2O_3 三组分单独混合制备的催化剂，与上述三组分湿式粉磨混合制成的催化剂进行比较时，后者的催化活性显著提高，反应转化温度后者比前者可以降低 40～50℃。

此外，依据粉体在粉磨过程发生的机械力化学反应，在对催化剂载体表面改性提高其使用功能上也有重要意义。

第4章 载体的物理性质及对催化活性的影响

4.1 密度

4.1.1 松（堆）密度

催化剂载体的密度是指单位体积内含有的粉体（或颗粒）质量，即：

$$\gamma = \frac{m}{V} \tag{4-1}$$

式中 γ——密度，g/cm³；
$\quad m$——粉体（或颗粒）质量，g；
$\quad V$——粉体（或颗粒）体积，cm³。

一般情况下，载体的主要容积特性是松（堆）密度及摇实体积。松（堆）密度就是松散装填的载体单位体积的质量。而摇实体积就是用振动的方法使载体密实后，一定数量载体所占有的最小体积。而由摇实体积计算所得的密度即为紧堆密度。

松（堆）密度常用图 4-1 所示的密度测定法进行测定。漏斗底下有一孔径为 0.2～0.3mm 的格网。用手擦拭粉末使其沿倾斜 45°的玻璃挡板流入下部的接受容器中。粉末松装成突起尖形，然后沿容器刮平。这种方法只适合于测定粉状载体。

松（堆）密度用下式计算：

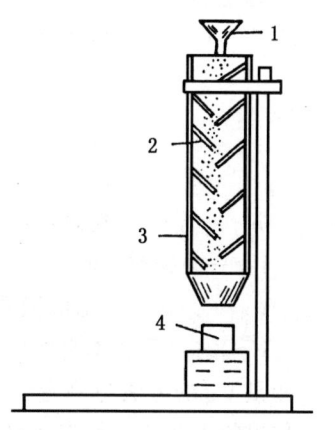

图 4-1 松（堆）密度测定法
1—粉末漏斗；2—玻璃挡板；
3—玻璃测定器；4—接受容器

$$\gamma_{松} = \frac{W_2 - W_1}{V} \tag{4-2}$$

式中 $\gamma_{松}$——松（堆）密度，g/cm³；
$\quad W_1$——接受容器质量，g；
$\quad W_2$——装有粉末的接受容器质量，g；
$\quad V$——接受容器的体积，cm³。

摇实体积的测定方法，是将装满到量筒中的一定量粉末（如 10g）试样，经手工或机械振动后压缩到不变时的体积。

工业上为了方便起见，也可用下述简单的方法来测定载体的紧堆密度。

测量时将已经烘干处理的载体分多次（如 5～6 份）装入有适当体积的量入式玻璃量筒内。每装一次，将量筒底部在橡皮桌面上以倾斜 45°角轻轻蹾 10 次左右。依次把余下的样品装至量筒的刻度处（如 100mL、500mL 或 1000mL 刻度处）。最后蹾 10 次至刻度不变为止。测定样品体积后就可按式（4-2）类似进行计算紧堆密度 $\gamma_{紧}$。

$$\gamma_{紧} = \frac{G_2 - G_1}{V} \tag{4-3}$$

式中 $\gamma_{紧}$——紧堆密度，g/cm³；
G_2——量筒及载体的样品质量，g；
G_1——量筒质量，g；
V——读出的载体体积，cm³。

为了减少测定误差，对 $\phi 3$mm 以下的球、条状、片状或粉状载体，可选用 100mL 的量筒进行测定；对 $\phi 3 \sim 6$mm 的球、条状、片状载体选用 500mL 量筒，而对 $\phi 6 \sim 9$mm 的球、条状或片状载体可选用 1000mL 的量筒。

4.1.2 堆密度、颗粒密度、骨架密度和视密度

催化剂载体大都是一些多孔性颗粒，这种多孔性颗粒的外观体积实际上是由堆积时颗粒内部实际所占体积、颗粒与颗粒之间的空隙体积以及颗粒本身所具有的骨架这三项组成。所以，以不同的体积除质量时，所得密度的概念也就不同。

1. 堆密度

将式（4-1）中的体积 V 用 $V_{堆}$ 表示时，所得的密度即为堆密度 γ_b：

$$\gamma_b = \frac{m}{V_{堆}} = \frac{m}{V_{空} + V_{孔} + V_{骨架}} \tag{4-4}$$

式中 m——粉体（或颗粒）质量，g；
$V_{空}$——颗粒之间的空隙体积，cm³；
$V_{孔}$——颗粒内部的微孔体积，cm³；
$V_{骨架}$——颗粒本身的真实骨架，cm³。

测量 $V_{堆}$ 的方法与测定摇实体积的方法一样，是将粉末放入量筒中拍打，至体积不变时，称出粉末质量，粉末质量与粉末体积之比就是该粉末的堆密度，所以堆密度是大群颗粒在一起的性质。

2. 颗粒密度

颗粒密度是指单个颗粒包括孔的体积在内的密度。所以，当式（4-1）中体积 V 用 $(V_{孔} + V_{骨架})$ 代替时，所得密度就是颗粒密度 γ_p：

$$\gamma_p = \frac{m}{V_{孔} + V_{骨架}} \tag{4-5}$$

颗粒密度有时也称假密度，它与孔隙度有关，孔隙度大时颗粒密度就小。

颗粒密度常用汞置换法测定，也即先测出 $V_{空}$，再从 $V_{堆}$ 中减去 $V_{空}$。因为常压下，汞只能填充在颗粒之间的空隙而不能进入内孔。准确称重后，放在真空干燥器内抽空，以除去粉末吸附的气体，保持真空状态，然后往瓶内注入汞，使粉末颗粒浸于汞中，称重后可用下式进行计算：

$$\gamma_p = \frac{(W_2 - W_1)\rho}{(W_4 - W_1) - (W_3 - W_2)} \tag{4-6}$$

式中 W_1——密度瓶质量，g；

W_2——（密度瓶+粉末）质量，g；

W_3——（密度瓶+粉末+汞）质量，g；

W_4——（密度瓶+汞）质量，g；

ρ——汞密度，g/cm³。

这样得到的颗粒密度，有时也称汞置换密度。

3. 骨架密度

骨架密度有时也称真密度，它是扣除颗粒内微孔体积时的实体密度，将式（4-1）中的体积 V 用 $V_{骨架}$ 代替时，所得的密度就是骨架密度 γ_t，即

$$\gamma_t = \frac{m}{V_{骨架}} \tag{4-7}$$

骨架密度的测定也是先测出 $V_空 + V_孔$，然后从 $V_堆$ 中减去 $V_空 + V_孔$，就可得到 $V_{骨架}$。因为苯能进入粉末颗粒内孔除骨架以外的全部空间，所以它也可用与汞置换法基本相同的方法来进行测定，用这种方法测定的密度也称作苯置换密度或视密度。因为严格来讲，苯不能完全进入并充满骨架之外的所有空间，只能进入比极细的微孔稍大的微孔。但这样测定的密度基本上接近于骨架密度或真密度，通常可以用视密度来代替骨架密度。如果需要更精确地测定，则可用氦（或氖、氩）置换法进行测定。

从上面几种密度表示方法可以看出，以 γ_b 和 γ_t 相比较，其差值反映了颗粒间隙和孔加在一起时的体积；γ_p 和 γ_t 相比较，其差值反映了孔的体积；γ_b 和 γ_p 相比较，其差值反映了颗粒间隙的体积。多孔性颗粒的这些密度的大小与它们用作催化剂载体时的所表现性质都有一定的关系。

4. 视密度

当用某类溶剂（例如煤油、水或其他溶剂）去填充载体的各种空隙（包括 $V_空$ 和 $V_孔$），然后计算出 $V_{骨架}$ 时，由于溶剂分子并不能完全进入并充满骨架以外的所有空隙，所以得到的 $V_{骨架}$ 只是一个近似值。而将由此得到的密度值称为视密度。所以上述用汞置换法测定的密度称为视密度。同样，用水作溶剂所测量的密度就称作水密度。通常将用苯作溶剂所测定的密度称作骨架密度或真密度。

4.2 空 隙 率

催化剂载体颗粒与颗粒之间的空隙体积 $V_空$ 与堆积体积 $V_堆$ 之比，称为空隙率或自由空间率，如下式所示：

$$\varepsilon = \frac{V_空}{V_堆} \tag{4-8}$$

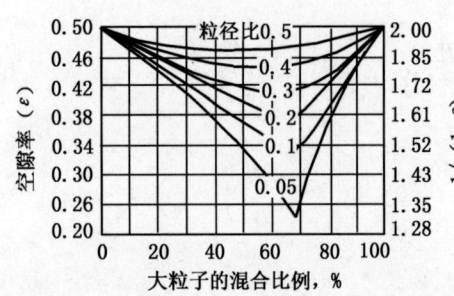

图 4-2 不同大小粉末颗粒填充时的空隙率

大小均匀的球形颗粒在填充时的空隙率可用几何学的方法进行计算。表 4-1 示出了不同堆积方法时的空隙率。球形粒子填充时，ε = 0.2595～0.4764。以任意方式填充时，ε 一般可取 0.4。颗粒空隙率一般随粉体颗粒大小的增大及堆积密度的减小而增大。

当粒度大小不均一的粉体颗粒填充时，由于小颗粒的粉粒进到大颗粒的空隙中，空隙率就相应减小。不同粒径比的粉末颗粒填充时的空隙率如图 4-2 所示。由图 4-2 可知，粗粒子的比例为 65% 左右时，空隙率最小。

表 4-1 大小均匀的球形颗粒的填充特性

序号	单元体积	空隙体积	空隙率 %	填充率 %	配位数	填充方式
(a)	1	0.4764	47.64	52.36	6	正方形填充
(b)	$\sqrt{3}/2 = 0.866$	0.3424	39.54	60.46	8	正斜方形填充
(c)	$1/\sqrt{2} = 0.707$	0.1834	25.95	74.05	12	菱面体形填充
(d)	$\sqrt{3}/2 = 0.866$	0.3424	39.54	60.46	8	正斜方形填充
(e)	$3/4 = 0.750$	0.2264	30.19	69.81	10	楔形四面体形填充
(f)	$1/\sqrt{2} = 0.707$	0.1834	25.95	74.05	12	菱面体形填充

4.3 载体的孔结构

多孔性载体物质通常由微小晶粒或胶粒凝集而成，内部含有大小不一的微孔。载体的孔结构不同，制得的催化剂比表面积也不同，并直接影响到反应速度的改变，这是因为孔结构不同，反应物在孔中的扩散情况及表面利用率都会发生变化，从而影响反应速度。载体的孔结构对催化剂的选择性、寿命和机械强度也有很大影响。所以搞清载体的孔结构对于更好地了解催化剂的性能也是很重要的。

4.3.1 孔隙率与孔体积

如果在粉末颗粒之间没有空隙的粉末中取出一定体积，则这个体积内所有孔的总体积占所取粉末体积的比例，就是孔隙率。孔隙率是相对颗粒的内孔而言，而上面所讲的空隙率是指粉末颗粒间的空隙。

孔隙率 G 可用下式来表示：

$$G = \frac{V_{\text{孔}}}{V_{\text{孔}} + V_{\text{骨架}}} \tag{4-9}$$

而将单位质量粉末颗粒内部的微孔体积称作比孔体积或孔体积 V_g，有时也简称孔容，即：

$$V_g = \frac{V_{孔}}{m} \qquad (4-10)$$

对于 1g 粉末来说，它就是所有颗粒内部真正的孔的体积之和。

孔隙率的大小决定着孔径和比表面积的大小。孔隙率的增大有时有利于提高催化剂的活性，但机械强度因之降低，因此需要综合考虑。

孔隙率 G，孔体积 V_g 与颗粒密度 γ_p 及骨架密度 γ_t 之间存在着以下关系：

$$1 - \frac{\gamma_p}{\gamma_t} = 1 - \frac{\dfrac{m}{V_{孔}+V_{骨架}}}{\dfrac{m}{V_{骨架}}}$$

$$= 1 - \frac{V_{骨架}}{V_{孔}+V_{骨架}} = \frac{V_{孔}}{V_{孔}+V_{骨架}} \qquad (4-11)$$

$$V_g \gamma_p = \frac{V_{孔}}{m} \frac{m}{V_{孔}+V_{骨架}} = \frac{V_{孔}}{V_{孔}+V_{骨架}} \qquad (4-12)$$

$$\frac{1}{\gamma_p} - \frac{1}{\gamma_t} = \frac{V_{孔}+V_{骨架}}{m} - \frac{V_{骨架}}{m} = \frac{V_{孔}}{m} \qquad (4-13)$$

由式（4-10）、式（4-11）及式（4-12）可得：

$$G = 1 - \frac{\gamma_p}{\gamma_t} \qquad (4-14)$$

$$G = V_g \gamma_p \qquad (4-15)$$

$$V_g = \frac{1}{\gamma_p} - \frac{1}{\gamma_t} \qquad (4-16)$$

孔体积也可以用四氯化碳法直接进行测定，其原理是在一定蒸气压力下，四氯化碳会在多孔颗粒的孔中凝聚并将孔填满，凝聚的四氯化碳体积就是粉末颗粒的内孔体积。产生凝聚时，毛细管凝聚液半径 r_k 与相对压力之间的关系可从 Kelvin（凯尔文）方程算出：

$$\ln \frac{p}{p_o} = \frac{2\sigma \overline{V} \cos\varphi}{r_k RT} \qquad (4-17)$$

式中　σ——液体表面张力，N/cm；

　　　$\overline{V}$——液体的摩尔体积，mL/mol；

　　　R——气体常数，$R = 8.314 \text{J}/(\text{mol} \cdot \text{K})$；

　　　p_o——半径为 r_k 的毛细管（即颗粒内孔）凝聚压力，Pa；

　　　p——与毛细管液面上的液体相平衡的气体压力，Pa；

　　　φ——接触角，(°)；

　　　T——温度，K。

在 25℃时，液态四氯化碳的表面张力 $\sigma = 26.1 \times 10^{-5}$ N/cm，$\overline{V} = 197$ mL/mol，接触角 $\varphi = 0°$，这样将 r_k 与 $\dfrac{p}{p_o}$ 关系的计算结果列在表 4-2 上。调节四氯化碳的相对压力 $\dfrac{p}{p_o}$，使四氯

化碳只在真正的孔中凝聚，不在颗粒间的空隙处凝聚，充满颗粒孔中的四氯化碳体积即比孔体积，可从下式算得：

$$V_g = \frac{W_2 - W_1}{W_1 d} \quad (4-18)$$

式中　V_g——比孔体积，mL/g；
　　　W_1——粉末颗粒样品质量，g；
　　　W_2——粉末颗粒的孔充满四氯化碳以后的总质量，g；
　　　d——实验温度下四氯化碳的密度，g/mL。

表 4-2　r_k 与 $\frac{p}{p_0}$ 的关系

p/p_0	r_k, nm	p/p_0	r_k, nm
0.995	400	0.95	40
0.990	200	0.90	20
0.980	100	0.80	9

为方便起见，孔体积也可采用简单的水滴定法进行测定。将要测定粉状或细颗粒载体先经烘箱干燥后并冷却至室温，准确称取 1g 试样放入 10mL 的磨口锥形瓶中。然后用 5mL 的滴定管慢慢滴入去离子水，同时摇晃及震动使之均匀混合。当将锥形瓶往下一震并将瓶倒置时，出现载体沾在瓶底而不脱落时，即为载体吸水饱和的终点。停止滴定，测定滴水量后按下式计算载体的孔体积：

$$V_g = \frac{\text{滴入水量}}{\text{干燥载体质量}} \quad (4-19)$$

用水滴定法测得的孔体积是近似值，测定粒度范围 $10 \sim 120 \mu m$，其测定值一般大于四氯化碳吸附法测定值，近似关系为：

$$V_{gCCl_4} = 0.833 V_{gH_2O} - 0.0766 \quad (4-20)$$

式中　V_{gCCl_4}——以四氯化碳吸附法测得的孔体积，mL/g；
　　　V_{gH_2O}——以水滴定法测得的孔体积，mL/g。

4.3.2　平均孔半径

理想载体的孔结构当然希望孔径大小能一致，但实际上这是不可能的，无论哪种多孔物质，其内孔的孔径范围变化都很大，而且实际的孔结构相当复杂，计算也困难。为了进行计算，通常可以将孔的形状进行简化。设有 N 个孔，其大小相同，并呈圆柱状，自颗粒表面至颗粒内部，用这样的孔来代替实际孔。这时设 $\bar{r}$ 为圆柱孔的平均孔半径，$\bar{L}$ 为圆柱孔的平均长度，S_0 为每一颗粒的表面积，n 为每单位外表面的孔口数，则每个颗粒的总孔口数为 nS_0，而圆柱形颗粒的内表面积就等于 $nS_0 2\pi \bar{r} \bar{L}$。而从实验测得的值可以求出每个颗粒的总表面积为 $V_p \gamma_p S_g$。其中，V_p 为每个颗粒的体积，γ_p 代表颗粒密度，因此 $V_p \gamma_p$ 就表示一个颗粒的质量，S_g 是比表面积。把由所设孔模型所得到的单个颗粒的面积与由实验值计算的每个颗粒的面积等同之后，就得到下式：

$$nS_0 2\pi \bar{r}\bar{L} = V_p \gamma_p S_g \tag{4-21}$$

上面的计算模型并没有考虑颗粒的外表面积,因为对多孔颗粒来说,外表面积与内表面积相比可以略去不计。同样,再将由模型所得的每个颗粒的孔体积与实验计算值等同之后,得到下式

$$nS_0 \pi \bar{r}^2 \bar{L} = V_p \gamma_p V_g \tag{4-22}$$

式中 V_g——比孔体积。

将式(4-21)用式(4-22)除后可得到平均孔半径 $\bar{r}$ 的计算式:

$$\bar{r} = \frac{2V_g}{S_g} \tag{4-23}$$

由此可见,作为一种近似方法,根据实验测得的比孔体积及比表面积数值就可以大致估算平均孔半径。表 4-3 给出了一些载体及催化剂的实测 S_g、V_g 值及平均孔半径计算结果。

表 4-3 一些催化剂载体的 $\bar{r}$ 值

名 称	S_g, m²/g	V_g, mL/g	$\bar{r}$, nm
活性炭	500～1500	0.6～0.8	1～2
硅 胶	200～600	0.4	1.5～10
SiO_2 - Al_2O_3	200～500	0.2～0.7	3.3～15
活性白土	150～225	0.4～0.52	10
活性氧化铝	175	0.39	4.5
硅藻土	4.2	1.1	1100

上面的讨论是将载体的孔结构看作具有圆柱状的细孔,并推得平均孔半径 $\bar{r}$ 的计算方法,但实际载体物质的孔结构并非都是圆柱状,存在着各种复杂形式,为此引入形状系数 ϕ,这时式(4-23)可以写成:

$$\bar{r} = (\frac{1}{\phi})(\frac{2V_g}{S_g}) \tag{4-24}$$

各种细孔结构的形状系数数值如表 4-4 所示。

表 4-4 一些细孔的形状系数

孔结构	细孔长度	ϕ	孔结构	细孔长度	ϕ
球	球半径	3	球斜方填充	球半径	0.433
无交错圆柱状	细孔半径	1	球菱面填充	球半径	0.229
平行裂缝	裂缝长度	1	无交错圆棒密填充	棒半径	0.104
球面心填充	球半径	0.613			

4.3.3 孔(隙)分布

知道载体的孔对催化剂活性的影响后,除了需要比孔体积及平均孔径的数据以外,还应

知道载体的孔体积分布，或称孔（隙）分布。通常将孔宽尺寸小于 2nm 的称为微孔，孔宽尺寸为 2～50nm 的称介孔（或称中孔），而孔宽尺寸大于 50nm 的称为大孔。

测量孔（隙）分布的方法最主要的是蒸气物理吸附法及压汞法。自从 20 世纪 40 年代 Washbourn 提出压汞测孔的设计起。Kelvin 的毛细原理一直是这种压汞法测定技术的理论基础。仪器结构在 20 世纪 80 年代初定型化以后，基本上改进不大。而蒸气物理吸附法在近期研究比较活跃，为适应活性炭、分子筛等微孔材料的孔结构研究，已出现一些小型高分辨吸附仪（HRADS），采用了计算机控制的数据处理功能。

4.4 比表面积

1g 粉末颗粒所具有的总表面积常称作该粉末的总比表面积，简称比表面积，通常用 cm^2/g 或 m^2/g 来表示。多孔性固体颗粒由于具有极大的内表面积，而且这些内表面蕴藏在颗粒孔内，如果为细孔，这时表面积虽大，但用它作催化剂载体时，就会阻碍反应物分子向孔内扩散，影响反应进行。这样就不是所有表面都起催化作用，而只有一部分对催化作用有效。通常将这部分表面称作有效表面。对于非多孔性固体物质来说，其表面积就是有效表面。因此，有效表面和多孔性是互相相关的，为了提高催化剂的活性，选择载体，应该使制得的载体具有最大的有效表面。

从表 1-7 示出的一些载体的比表面积及孔体积数据可以看出，天然产品的比表面积数值较低，其大小也大致在一定数值范围内，而合成产品的比表面积数值较大，而且随制备方法不同有较大的差异。

测定比表面积的方法很多，也各有优缺点，常用的方法是吸附法，它又可分为化学吸附法及物理吸附法。化学吸附法是通过吸附质对多组分固体催化剂进行选择吸附而测定各组分的表面积。物理吸附法是通过吸附质对多孔物质进行非选择性吸附来测定比表面积，它又分为 BET 法及气相色谱法两类。下面简要介绍 BET 法的测定原理。

BET 法创立于 20 世纪 40 年代，一直被认为是测定载体及催化剂比表面积比较标准的方法，它是基于 Brunauer – Emmett – Teller（布鲁瑙尔—爱梅特—泰勒）提出的多层吸附理论，简称 BET 公式：

$$\frac{p}{V(p_0-p)} = \frac{1}{V_m C} + \frac{(C-1)}{V_m C} \cdot \frac{p}{p_0} \tag{4-25}$$

式中 p——被吸附气体在吸附温度下的平衡压力，Pa；

p_0——被吸附气体在吸附温度下的饱和蒸气压，Pa；

V——平衡压力 p 下的被吸附气体的体积，mL；

V_m——形成单分子吸附层时的吸附体积，mL；

C——常数。

从式（4-25）可以看出，要用 BET 公式求比表面的关键，是用实验测出不同相对压力 $\frac{p}{p_0}$ 下所对应的一组平衡吸附体积，然后由 $\frac{p}{V(p_0-p)}$ 对 $\frac{p}{p_0}$ 作图，可得到图 4-3 所示的直线，直线在纵轴上的截距是 $\frac{1}{V_m C}$，直线的斜率为 $(C-1)/(V_m C)$，这样就可求得：

$$V_m = \frac{1}{截距 + 斜率} \quad (4-26)$$

根据上面所说的定义，S_g 表示每克吸附剂的总表面积（单位为 m^2/g），也即比表面积。如果知道每个吸附分子的横截面积，就可用下式来求出吸附剂（载体）的比表面积：

$$S_g = NA_m \frac{V_m}{V} = \frac{NA_m V_m}{22400W} \quad (4-27)$$

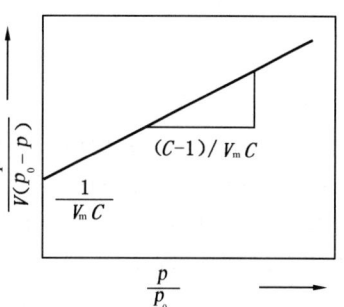

图 4-3　$\frac{p}{V(p_0-p)}$ 与 $\frac{p}{p_0}$ 的关系

式中　N——阿伏伽德罗常数（6.02×10^{23}）；
　　　A_m——吸附质分子横截面积，nm^2；
　　　W——样品质量，g。

目前应用最广的吸附质是 N_2，其 A_m 的值 $= 1.62 nm^2$。当测定温度为 $-195.8℃$ 时，上式可简化为：

$$S_g = 4.36 \frac{V_m}{W} \quad (4-28)$$

用其他气体或蒸气作吸附质时，A_m 的值如表 4-5 所示。在没有一个比较标准的数值下，A_m 的数值也可由液化或固化的吸附质的密度作近似计算：

表 4-5　一些气体分子的横截面积

气体	固体			液体		
	密度（d）g/cm^3	温度，℃	A_m，nm^2	密度（d）g/cm^3	温度，℃	A_m，nm^2
N_2	1.026	-252.5	0.138	0.571	-183	0.170
				0.808	-195.8	0.162
O_2	1.426	-252.5	0.121	1.14	-183	0.141
Ar	1.65	-233	0.128	1.374	-183	0.144
CO		-253	0.137	0.763	-183	0.168
CO_2	1.565	-80	0.141	1.179	-56.6	0.170
CH_4		-253	0.150	0.392	-140	0.181
nC_4H_{10}				0.601	0	0.321
NH_3		-80	0.117	0.688	36	0.129
SO_2					0	0.192

$$A_m = 4 \times 0.866 \times \left[\frac{M}{4\sqrt{2}Nd}\right]^{2/3} \quad (4-29)$$

式中　M——吸附质的摩尔质量，g/mol；
　　　d——液化或固化吸附质的密度，g/cm^3。

而 BET 公式中的吸附体积可以用容量法或重量法加以测定。

4.5 机械强度

如前所述，工业用催化剂载体，不论用于什么型式的反应器上，总需要足够的强度，这是因为负载活性组分的载体催化剂，在使用过程中都会经受不同程度的几种应力：(1) 在运输及搬运过程的磨损；(2) 反应器卸料时引起的碰壁；(3) 在还原或开始投入运转时由于相变所引起的应力；(4) 因压力降、热循环以及催化剂本身质量所产生的外应力。

基于这些因素，经成型和热处理后制得载体最终产品往往需要进行机械强度测定。

当然，不可能采用一种强度试验而将所有因素都考虑在内，往往可以采取不同试验或根据不同使用要求来测定载体颗粒能承受的机械应力、磨损及碰撞作用的能力。通常测定强度的方法根据使用条件而定，一般情况下对于固定床用催化剂载体常用抗压强度来衡量，对于流化床用催化剂载体常用磨损强度来衡量。

工业上在静态条件下测定机械强度有下面几种方法。

4.5.1 抗压强度

抗压强度又称耐压强度或压碎强度。这是测定单个载体颗粒抗压强度的常用方法。它使用一种带上下移动水平板（顶板）的设备。通过不断增加样品颗粒的负载，直至破裂为止，记录其压碎负荷。通常至少取十几次试验的平均值作为抗压强度。

当然，破碎的机理还是比较复杂的，并受压板形状及片剂的长度与直径之比的影响。抗压强度可用下式计算：

$$\sigma_D = \frac{P}{F} = \frac{P}{\pi(\frac{d}{2})^2} = \frac{P}{0.785d^2} \quad (4-30)$$

式中　σ_D——抗压强度，kgf/cm^2；
　　　P——压碎负荷，kgf；
　　　d——颗粒试样平均直径，cm。

上述计算式只适用于垂直压碎试验，这时试样片剂两端平面与两片平而硬的压片接触而压碎。

另一种抗压强度测定法，是将试样置于两板间沿着片剂径向施压，并用下式计算：

$$\sigma_m = \frac{P}{L} \quad (4-31)$$

式中　σ_m——侧向抗压强度，kgf/cm；
　　　P——压碎负荷，kgf；
　　　L——样品承受负荷长度，cm。

4.5.2 刀刃硬度

这种方法是采用带有 0.3mm 刀刃的刀来代替平板，然后将要测试的许多片剂分别放在刀刃下方，再在刀刃上施加 1kg 重的力，记录施加 1kg 力时试样破碎百分数。以后再分别按每 1kg 的压力增值进行同样操作，直至所有试样破碎至 10kg 的压力为止，记录破碎情况。

4.5.3 不规则形状载体的抗压强度

对于具有不规则形状而无结构破坏的载体或小粒径载体，可以在特制的圆筒中装一活塞，然后通过活塞对试样加一定负荷。以后再取出样品测定其通过一定网目的质量百分数，再以质量百分数细粉来表示试样的抗压强度。这种测定方法有时也称堆积强度测定法。

测定载体机械强度时，如拉西环、直径大于1cm的锭片、或直径φ5mm以上的球，可以采用单粒测试方法，为使测得数据有代表性，测量数一般不应少于50粒。对于条状载体应切成3～5mm，以保证平均值重现性能≥95%。对于小粒径载体，最好采用堆积强度测定法。

4.5.4 磨耗率

为了知道载体制成催化剂后在运输过程及反应过程所能具有的抗磨损强度，或对载体本身所具有的抗磨损强度，可采用旋转磨损筒试验测定载体的磨耗率。图4-4示出了ASTM磨损试验用磨耗筒的结构示意图。磨耗筒的内径为254mm，长度152mm，内装长度与筒体相等、径向高度为51mm的挡板。筒体前端有一顶盖，防止磨损试验时生成的细粉外逸。圆筒置于旋转轴上可使圆筒成径向旋转，旋转速度为60r/min。

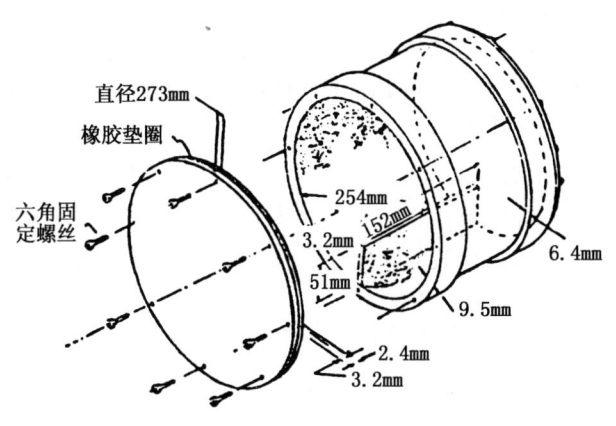

图4-4 ASTM磨损试验用磨耗筒

试验时先将100g样品经150℃烘干1h，经在保干器中冷却至室温后再放入分析天平上精确称量，称准至0.001g。然后将试样迅速放入洁净的磨耗筒中。旋紧顶盖并夹放在旋转轴上进行30min磨损试验。

试验结束后将试样倒在规定的标准筛上进行筛分。则磨耗率可用下式计算：

$$\eta = \frac{W - W_1}{W} \times 100\% \qquad (4-32)$$

式中　　η——载体的磨耗率；
　　　　W——磨损试验前载体样品质量，g；
　　　　W_1——磨损试验后载体样品质量，g。

4.5.5 磨损指数

流化裂化、丙烯氨氧化等流化床用的催化剂不是直径完全一样的均匀颗粒，而是大小不同的微球形混合颗粒。颗粒大小在10μm至100μm之间。颗粒越小，越易流化，但气流夹带损失也大。通常粗粒与细粉之间的含量需要有一恰当比例。

流化床催化剂载体的机械强度主要用耐磨性能来衡量，并用磨损指数来表征。将一定量的微球载体放在特定的仪器中，用高速气流冲击几小时后，所生成的一定粒度的细粉质量占大于该细粉粒度的载体质量的百分数，即称为磨损指数。市场上已有定型的磨损指数测定仪出售。

如以流化裂化催化剂载体测定为例，先将一定量的微球载体放入磨损指数测定仪的测定管中，用高速气流冲击4h后，所生成的小于15μm的细粉质量大于15μm的粗粉质量的百分数即为该载体的磨损指数。通常要求其磨损指数不大于3～5。

4.6 载体孔结构的形成方法

多孔性载体由微小晶粒或胶粒聚集而成，内部含有大小及形状不等的微孔，并由微孔的孔壁构成巨大的表面积，为催化反应提供广阔的场所。所以，载体孔结构的形成及控制也是载体制备中最重要的控制因素之一。

4.6.1 沉淀法

沉淀法是液相化学反应合成金属氧化物载体的最普通的方法。它是指利用各种在水中溶解的物质，经反应生成不溶性的氢氧化物、碳酸盐和硫酸盐等，再将沉淀物经干燥、热分解而制得最终产品。沉淀法又可分为共沉淀法及均匀沉淀法等方法。在制备过程中可以通过控制沉淀条件（pH值、温度等）及老化条件来控制所生成的一次粒子及二次粒子的大小，从而达到控制载体孔结构及比表面积的目的。沉淀法影响载体孔结构的操作因素如图4-5所示。有关沉淀法的操作在后面还将作详细叙述。

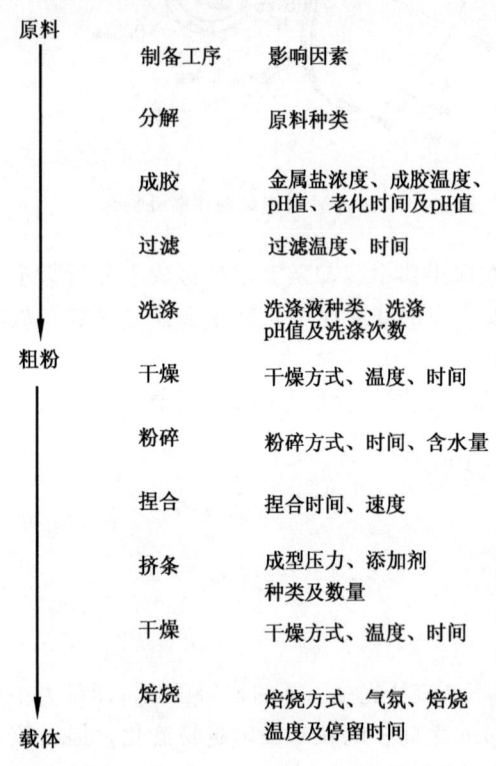

图4-5 沉淀法制备条件对载体孔结构形成的影响因素

4.6.2 水热法

水热法是在特制的密闭反应容器（如高压釜等）里，采用水溶液作为反应介质，通常对反应容器加热，创造一个高温高压环境，使得难溶或不溶物物质溶解并且重结晶、发生粒子的成核和生长，从而产生可控形貌及孔结构的氧化物、非氧化物或金属超细颗粒。反应前驱物常用金属盐、氧化物、氢氧化物及金属粉末的水溶液或液相悬浮物，其中经常使用的是固体粉末或新配制的凝胶。

用水热法合成粉体时，粉体晶粒的形成经历了"溶解—结晶"两个阶段。所谓"溶解"是指在水热反应初期，反应前驱物微粒之间的团聚和联结遭到破坏，使微粒自身在水热介质中溶解，并以离子或离子团的形式进入溶液，进而成核、结晶而形成晶粒。例如，以TiO_2及$Ba(OH)_2 \cdot 8H_2O$为反应前驱物用水热法制取$BaTiO_3$粉体时。在反应初期，随着反应温度升高，TiO_2粒子在水热介质里逐渐溶解，$Ba(OH)_2 \cdot 8H_2O$的溶解度也迅速增大，使得体系中反应物的离子数不断增多。在一定温度下，$BaTiO_3$晶粒生长反应随即发生，溶液里的OH^-使溶解进入溶液的离子或离子团羟基化，并最终在生长界面以脱水的方式参加反应。反应温度越高、反应时间越长，TiO_2粒子溶解越充分，同时$BaTiO_3$晶粒生成反应越完全。又如采用新配制的$Al(OH)_3$胶体为前驱物，以水为反应介质，经水热反应和相应的后处理，可获得长针状的Al_2O_3晶粒；而以醇水溶液为反应介质，得到的是板状结晶。所以控制不同的反应前驱物形式、反应温度及反应时间，可以获得不同的晶体结构及相应而成的孔结构。

水热法又可分为水热晶体生长、水热合成、水热反应、水热处理及水热烧结等技术，分别用来生长各种晶体，制备超细、无团聚或少团聚、结晶完好的各种粉体[23,24]。

4.6.3 醇盐水解法

醇盐水解法制备氧化物载体的工艺由两部分组成，即加水分解沉淀法（包含共沉淀）及溶胶—凝胶法，其简单工艺过程如图4-6所示。

用醇盐法制得的粉体具有较大的比表面积及丰富的孔结构，而且颗粒通常呈单分散球状体。

例如，TiO_2是一种常用化工材料，也是一种吸附剂及新型催化剂载体材料。二氧化钛粉体主要通过物理及湿化学方法制备，而用醇盐水解法可以制得超细及亚微米级的TiO_2粉体。制备时以钛酸丁酯为前驱物，先将钛酸丁酯与无水乙醇混合配制成10%的乙醇溶液，然后以钛酸丁酯与水的摩尔比为1:100的比例，逐渐滴入高速搅拌的去离子水中，使其产生TiO_2胶状沉淀。将沉淀物经真空抽滤后，用无水乙醇洗涤两次，再经真空干燥后在450℃下焙烧，即可制得团聚少、颗粒在15nm、晶型为锐钛矿的TiO_2粉体。

4.6.4 溶胶—凝胶法

溶胶—凝胶法制备催化剂载体的过程如图4-7所示。它由五个步骤组成，即起始原料（金属盐）在化学过程中转变为可分散的氧化物、加入稀酸或H_2O后形成溶胶、溶胶脱水后形成干凝胶（可逆过程）、干凝胶经焙烧等热处理后分解成氧化物。

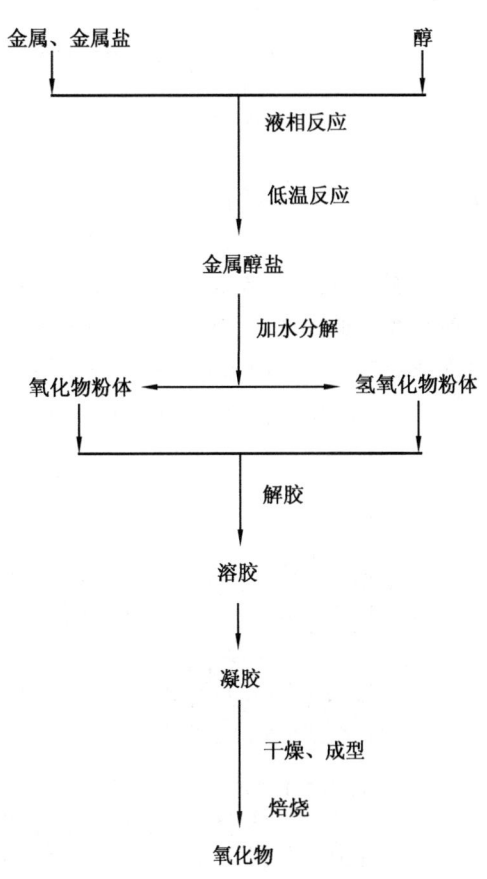

图4-6 醇盐法制备氧化物载体的工艺过程

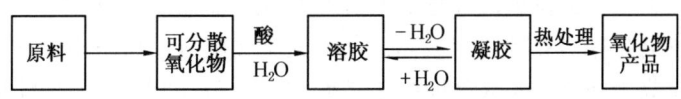

图4-7 溶胶—凝胶法制备粉体的过程示意图

SiO_2气凝胶是一类新型轻质多孔性非晶固态材料，也是一种具有特殊性质的催化剂载体及高效隔热材料。以正硅酸乙酯为原料，乙醇和水为溶剂，盐酸或氨水作为催化剂及pH值调节剂，在以一定摩尔比例混合均匀后，经溶胶—凝胶过程，也即在由溶胶变成凝胶的阶段使其先发生水解反应产生硅酸沉淀：

$$Si(OC_2H_5)_4 + 4H_2O \xrightarrow{OH^-} Si(OH)_4 \downarrow + 4C_2H_5OH \qquad (4-33)$$

继而在碱性条件下，硅酸单体之间发生缩聚反应：

$$2HO-\underset{\underset{OH}{|}}{\overset{\overset{OH}{|}}{Si}}-OH \longrightarrow HO-\underset{\underset{OH}{|}}{\overset{\overset{OH}{|}}{Si}}-O-\underset{\underset{OH}{|}}{\overset{\overset{OH}{|}}{Si}}-OH + H_2O \qquad (4-34)$$

由此得到醇凝胶经超临界 CO_2 流体干燥，在临界条件下，醇凝胶中的溶剂全部被液态 CO_2 所置换。当温度及压强降至室内条件，CO_2 气体缓慢释放后，即可制得孔洞十分发达的 SiO_2 气凝胶。这种气凝胶全部由 SiO_2 所组成，具有巨大的比表面积及很低的密度。

目前已经知道，许多金属及非金属元素可以通过溶胶—凝胶法制得其氧化物，图 4-8 的元素周期表中有阴影的元素即是这些元素。

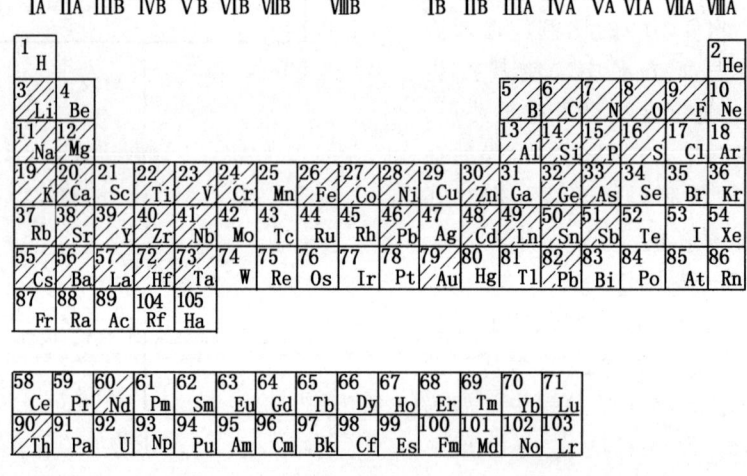

图 4-8 溶胶—凝胶法可使用的元素

4.6.5 喷雾干燥法

它是将可溶性金属盐溶液或胶体溶液喷雾至热风中，使其发生迅速气化及干燥的方法，常用于生产及制备流化床多孔性微球载体。干燥通常在喷雾干燥塔中进行，金属盐或胶体溶液先由雾化器雾化成 $10\sim20\mu m$ 或更细的球状液滴，经与 300℃ 以上的高温热空气接触后迅速被干燥。不但干燥迅速，而且组成保持不变，所得到的是球形粉料。

4.6.6 有机物扩孔法

Al_2O_3、SiO_2 之类无机氧化物可以添加有机聚合物来改变其孔结构。所用的聚合物主要是一些水溶性有机物，如聚乙烯醇、聚乙二醇、聚丙烯酰胺、聚丙二醇、聚乙二醇、纤维素、纤维素衍生物及淀粉等，也可使用各种类型的表面活性剂。添加的方法又可分为两种方法。一种是将适量有机物加入到沉淀后制得的水凝胶中，然后在低温下脱水到无机结构凝固成型，最后再经成型、焙烧或用加氢方法将有机物除去。从而可在较大范围改变载体的孔结构。另一种方法是将 Al_2O_3、SiO_2 等粉类物质与有机物充分混合，加入适量水混匀，或将粉类物质与有机物的水溶液直接混合，再经挤条、成球或其他成型方法成型后，经干燥、焙烧等方法除去有机物，从而获得适当的孔结构。

表4-6是偏铝酸钠溶液与硫酸铝溶液经共沉淀制得的AlO（OH）水凝胶中，加入不同数量聚乙二醇扩孔剂后，所得干燥粉末的孔结构数据。可以看出，扩孔剂的添加量不同，所得产品的孔体积及比表面积都有较大的变化。

表4-6 聚乙二醇添加量对孔结构的影响

沉淀反应温度 ℃	按Al_2O_3计算的聚乙二醇添加比例 %	比表面积 m^2/g	孔体积 mL/g	孔径为10~28nm的粉体孔体积 mL/g	孔径大于100nm的粉体孔体积 mL/g
18	1.01	408	1.01	0.262	0.021
18	1.51	428	1.44	0.522	0.037
18	2.01	418	1.74	0.542	0.092
28	1.01	409	1.11	0.221	0.175
28	1.51	428	1.50	0.503	0.214
28	2.01	410	1.87	0.594	0.289
43	无	290	0.45	0.014	0.012
43	1.01	403	1.34	0.159	0.010
43	2.01	433	1.74	0.607	0.046
68	无	329	1.43	0.198	1.627
68	1.01	384	1.86	0.263	1.871
68	2.01	377	1.83	0.258	1.991
93	无	323	1.19	0.228	0.904
93	1.01	372	1.52	0.288	1.026
93	2.01	372	1.47	0.272	1.289

4.6.7 气化法

这是在一个密封的容器内，放入带湿的水凝胶，加压后充以惰性气体，然后用突然泄压的方法使其迅速气化脱水。但这种方法使粉体的孔结构变化程度有限。

4.6.8 挤压法

载体粉末原料一般经过挤条、成球等成型操作制成所需要的形状。挤条时由于粉体经受一定的挤出压力，通常会使载体的堆密度减小、大孔比例及比表面积也会适当减少。但在不添加其他添加剂的情况下，这种方法所产生的孔结构变化不是太大。

4.7 载体孔结构对催化剂性能的影响

4.7.1 对活性组分负载及催化过程的影响

1. 对活性组分分布的影响

一种干燥的多孔性载体，在与活性组分溶液浸渍时，主要产生三种作用：（1）毛细管吸力产生的溶液浸透；（2）载体孔壁对溶质的吸附；（3）溶质在孔中的扩散。显然，载体孔结构不同，活性组分在载体上的分布情况也会不同。有关这方面的情况，在载体负载活性组分方法的有关章节中还要详细讨论。

2. 对活性高且孔径小的催化剂的影响

在活性高且孔径小的催化剂上所发生的反应属于小孔的快反应。这种催化剂的活性受扩散影响的可能性最大。当反应分子到达活性表面的扩散是属于普通扩散时，催化剂孔径应尽可能小到分子的平均自由程附近；而当反应物分子的扩散属于努森扩散时，催化剂的孔径分布应为单孔型的孔结构，其孔径应在分子的平均自由程与 10 倍于反应物分子的平均自由程之间。如果载体的孔结构能符合上述情况，就会使催化剂具有高的活性。

3. 对活性低且孔径大的催化剂的影响

在活性低且孔径大的催化剂上进行的反应属于大孔的慢反应，催化剂的表面利用率接近百分之百。对这类反应而言，反应速率与反应物分子的扩散系数无关。这就要求催化剂的孔径尽可能与反应物分子的平均自由程相接近，从而使催化剂具有好的活性，获得高的反应速率。

4. 对双孔分布型催化剂的影响

双孔分布型催化剂是为了提高孔的利用率，制备出的一种由表及里具有由大到小孔径分布的催化剂。这种结构既满足有较大的比表面积的需要，又有利于减小传质过程的阻力。它克服了小孔和大孔催化剂各自的缺点，却又保留了两者的优点。例如，采用合适的模板剂及工艺条件，用溶胶—凝胶法可以制得孔径在 2~10nm 范围内可调的双孔分子筛。与单一孔分布的催化剂相比，双孔分布型催化剂的反应速率可提高 3~8 倍。

5. 对催化剂失活的影响

已经知道，催化反应进行过程中，反应分子的外扩散主要与气流及催化剂结构等双重因素有关，而内扩散主要与催化剂的孔结构有关。内扩散也是影响催化剂失活的因素之一。催化剂失活的情况比较复杂。一种情况是失活从催化剂内部逐渐向外部扩展，如内扩散阻力较大，失活只限于颗粒中心部位，以后随反应进行而使失活部位不断扩大。另一种情况是失活从催化剂颗粒外表面开始，从外到内失活程度逐渐减小。当内扩散阻力大时，失活只发生在颗粒周围形成一薄层，以后随反应进行薄层逐渐加厚。所以，选择和制备适宜的催化剂孔结构，可以削弱与减少催化剂的失活情况。如丝光沸石与八面沸石具有不同的孔道结构，异丙苯在丝光沸石上进行裂解反应时，其活性很快下降，而改用八面沸石时可以使裂解活性保持很长时间不变。

4.7.2 载体孔结构对催化剂活性的影响示例

乙烯气相法合成乙酸乙烯酯为放热反应。反应除生成乙酸乙烯酯主产物外，还生成乙酸乙酯、乙酸甲酯、丙烯醛、乙醛及二氧化碳等副产物。反应所用催化剂的活性组分是 Pd、Au 等贵金属。载体可以用 SiO_2、Al_2O_3、硅酸铝及活性炭等。这些载体可用各种方法制得具有特定的孔结构。不同的孔结构会对产品的收率及选择性产生很大影响。

有些商品载体具有细孔半径分布狭窄的特征，一般平均细孔半径较小，在 10nm 以下。使用这种细孔半径的多孔物质作载体，细孔容易堵塞使反应分子难以扩散，从而使催化剂活性下降。反之，采用细孔半径大于 1000nm 的载体时，尽管孔径分布也狭窄，但当比表面积过小时也会使催化剂活性下降。

然而，这种具有狭细孔分布的载体可以通过高温焙烧的方法，以不改变狭孔径分布为特征，而扩大其孔径。例如，将比表面积为 $100~500m^2/g$，具有 0.5~10nm 平均孔半径的狭孔径分布的多孔载体，经 700~1500℃ 焙烧，可制得比表面积为 2~200mL/g，平均孔半径为 10~1000nm 的狭细孔分布的多孔载体。

表 4-7 示出了对不同载体在各种温度下的焙烧结果，焙烧时间为 3h。

表 4－7 多孔载体焙烧前后的变化

载体	焙烧前				焙烧温度 ℃	焙烧后			
	r	V_r	S_g	$\bar{r}$		r	V_r	S_g	$\bar{r}$
Al$_2$O$_3$（含量99%）	3.8	89	190	3.8	700	4.9	96	173	4.9
					900	7.2	95	120	7.2
					1000	11	92	94	11.2
					1100	21	85	52	21.5
					1200	48	93	8	48.2
					1300	106	93	3	106
SiO$_2$（含量99%）	6.0	95	350	6.0	700	6.5	95	282	6.5
					800	6.8	93	240	6.8
					900	8.6	90	151	8.8
					950	15.2	92	92	15.9
					1000	101	96	6	102.5
SiO$_2$-Al$_2$O$_3$	2.8	93	295	2.8	900	5.1	81	182	5.1
					1000	8.3	83	129	8.5
					1200	12.8	92	35	13.5
					1300	10.6	85	5	106.8

注：r—最可几半径，nm；V_r—0.8～1.2r 的孔体积占总孔体积的百分数，%；S_g—比表面积，m^2/g；$\bar{r}$—平均孔半径，nm。

根据类似的方法制得的载体，当载体的比表面积相同（或接近）而孔结构不同时，所制得的催化剂的反应结果有显著差异，如表 4－8 所示。

表 4－8 不同载体孔结构的反应结果

载体	S_g m^2/g	r nm	总孔体积 mL/g	$\bar{r}$ nm	0.8～1.2r nm	V_r %	乙酸乙烯酯时空收率 g/(L·h)	选择性 %	反应条件
Al$_2$O$_3$	93	12	0.77	10	8.2～12.2	98	73	94	C$_2$H$_4$：O$_2$：HOAc=8：1：1 油温135℃ 常压，空速800
	93	11.5		14.2	9.2～13.8	23	25	89	
Al$_2$O$_3$	22	22.3	0.39	23.1	17.8～26.8	89	99	87	C$_2$H$_4$：O$_2$：HOAc=7：1：2 油温105℃ 常压，空速600
	20	20.9		24.8	16.5～25.1	12	30	85	
Al$_2$O$_3$	8	79	0.33	79.7	63.2～94.8	92	51	92	C$_2$H$_4$：O$_2$：HOAc=7：1：2 油温140℃ 常压，空速300
	8	99.2		118	79.2～119	18	21	87	
SiO$_2$-Al$_2$O$_3$	35	12.5	0.31	11.8	10～15	82	38	89	C$_2$H$_4$：O$_2$：HOAc=7：1：2 油温140℃ 常压，空速300
	32	12		18	9.6～14.4	13	11	82	

续表

载体	S_g m²/g	r nm	总孔体积 mL/g	$\bar{r}$ nm	0.8~1.2r nm	V_r %	乙酸乙烯酯时空收率 g/(L·h)	选择性 %	反应条件
SiO₂	22	23	0.39	23.5	18.4~27.7	95	88	83	C₂H₄:O₂:HOAc=6:1:3 油温170℃
	25	15		28	12~18	80	12	77	常压,空速600
Al₂O₃	3	550	0.18	550	440~660	91	118	89	C₂H₄:O₂:HOAc=85:5:10 油温120℃
	3	465	0.10	542	372~558	92	41	81	常压,空速600
Al₂O₃	90	10.8		10.8	8.6~13	92	88	94	C₂H₄:O₂:HOAc=8:1:2 油温135℃
	90	13.8		12.1	9.7~14.5	18	32	87	常压,空速600
Al₂O₃	62	16.6		16.6	13.3~20	84	35	95	C₂H₄:O₂:HOAc=8:1:1 油温120℃
	62	22		21.5	17~26.5	35	18	89	常压,空速600

上面所述的载体,松密度一般超过 0.55g/mL,提高孔体积,比表面积会减少,提高比表面积,孔体积就会降低。如果利用粉末 SiO₂ 成型物作载体,其效果要比用 Al₂O₃ 更佳。

所谓粉末 SiO₂ 的成型物,是将比表面积为 200~800m²/g,孔体积为 0.6~4.0mL/g,平均粒径为 0.1~10μm 的 SiO₂ 粉末和无机质溶胶(硅溶胶、铝溶胶和水玻璃等)相混合。必要时为了提高成型性能或调节孔体积,可以添加高级脂肪酸、聚乙烯醇、纤维素等表面活性剂,然后在成型机上制成适当形状,以后再将成型物在 300~800℃下热处理。经这样制得的 SiO₂ 成型物,比表面积和孔体积同时增大,细孔分布范围狭窄,投入水中不碎裂,机械强度较高。将这种粉末成型物作为载体,负载了金属钯及乙酸钾所制成的催化剂在一定反应条件下进行反应,催化剂的活性比上述所用 SiO₂ 载体要高两倍,其结果如表 4-9 所示。从这些例子可以看出,一旦活性组分选定以后,载体的孔结构等物理性质会对催化剂的性能产生很大影响。

表 4-9 两种类型 SiO₂ 载体制得的催化剂比较

松密度 g/mL	比表面积 m²/g	孔体积 mL/g	乙酸乙烯酯时空收率 g/(L·h)
普通 SiO₂ 载体			
0.65	350	0.19	29.2
0.50	210	0.29	53.0
0.79	104	0.18	20.8
粉末 SiO₂ 成型物载体			
0.35	252	1.11	117
0.23	273	1.75	125
0.37	200	1.10	108

4.7.3 载体比表面积及孔隙率的选择

工业生产中,催化反应的总反应速度常受传质及传热的影响。所以催化剂的形状大小与孔结构的选择显得十分重要,其中载体的比表面积更是重要因素。通常认为,高比表面积的载体可以获得较高的催化活性,但这一认识也要考虑反应情况。例如,在甲烷氧化制甲醛反应中,由于甲醛在反应温度下易进一步氧化成 CO_2,使反应大量放热而产生深度氧化,并引起催化剂烧结。因而宜选用低孔隙率和具有良好导热性的载体,使产物易于从催化剂上除去。反之,如果这时使用了高比表面积的载体,由于孔隙率高而使传质困难,并造成催化剂的机械强度下降。作为参考,表 4-10 是考虑催化反应的传质及传热因素时,如何选择载体的比表面积及孔隙率。

表 4-10 载体比表面积及孔隙率的选择

催化反应产物	温度控制 重要	温度控制 不重要	扩散影响 重要	扩散影响 不重要	比表面积	孔隙率	导热性
最终产物为 CO_2、CH_4 等	√		√		中等	中等、最大孔径 5~10nm	高
		√		√	高	高(温度不太高时) 小(温升很大时)	任何值
同时生成两种产物,其中一种为目的产物	√		√		中等	中等:最大孔径 5~10nm	高
	√			√	中等	小孔隙率或极大的孔	高
连续生成两种产物,其中一种为目的产物	√		√		中等	中等:最大孔径 5~10nm	高
	√			√	中等	小孔隙率或大孔	高
生成一种产物,但在原料或产物中可能含有毒物	√		√		中等	中等,孔必须不允许毒物进入孔中,以防毒物累积	高
	√			√	中等	中等,孔必须不允许毒物进入孔中,以防毒物累积	高
产物生成过程中温升很高	√				低	无孔	高

第 5 章　载体的晶体结构

5.1　概　述

自然界的固体物质绝大多数都是结晶物质，用作催化剂的载体物质也大都是由微小晶粒组成的结晶物质。物质的典型化学反应性能总是由物质的内部结构所决定，对载体也不例外。只有了解载体的内部微观结构，才有助于加深对载体作用的认识。

所谓晶体是微粒（分子、原子、离子）在空间有规则地排列成的一种固体。微粒在空间排列的规律性也称为周期性。这种周期性也可以解释为微粒按照点阵（格子）的方式排列，而固态材料最显著的特性，也就是在原子规模上所观察到的这种立体周期性。

晶体具有很多特性，这些特性都和微粒排列的规律性有关，并可归纳如下：

（1）晶体的均匀性。从宏观来看，一块晶体，各部分的性质都相同，这种性质是由于晶胞重复排列的结果。

（2）晶体的各向异性。晶体的许多物理化学性质，如机械强度、弹性系数、膨胀系数、折射率和电导率等往往具有因观测方向不同而表现出差别的各向异性。这种性质是由于晶体内部各方向上微粒排列的情况不同所引起。

（3）晶体的对称性。所有晶体都或多或少地具有对称性，它能自发生长成为多面体的形状。例如岩盐晶体是立方体形状，方解石是菱面体形状，如图 5-1 所示。而非晶体则不然，它具有任意的外形。晶体的对称性也是由于微粒排列的规律性所引起。

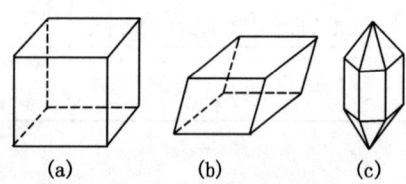

图 5-1　一些晶体的形状
(a) NaCl 晶体；(b) 方解石晶体；(c) 石英晶体

（4）晶体有固定的熔点。图 5-2 给出了晶体加热曲线的形式，由图可见加热曲线 1 中有一水平部分，它表明晶体被加热到某一定温度时，即使继续加热，晶体温度维持不变，这个温度也称为熔点。晶体开始熔化直至全部熔化都处于熔点温度，而非晶体的加热曲线（图中曲线 2）中就觉察不出一定的熔点。

（5）晶体能使 X 射线发生衍射。这种特性也是由于晶体内部微粒排列的规律性所引起，在载体制备时，也常利用这种性质来鉴定其晶相结构。

晶体的性质是由晶体的结构所决定的，晶体具有怎样的结构，就会表现出怎样的性质，结构发生变化，性质也随之而变。例如，Al_2O_3 是一种常用的催化剂载体，从化学成分来看，并不复杂，但从结晶学的角度来看，它有许多同质异晶体，这些异晶体是在不同条件下生成的，而且可以互相转化，而每种异晶体的物性及孔结构却会有很大的差别，用作催化剂载体时可以起着不同的功用。

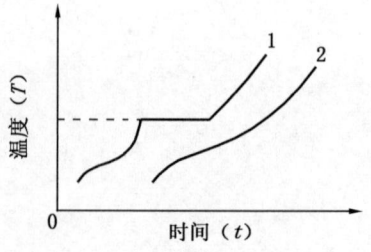

图 5-2　晶体加热曲线的形式

5.2 晶系和晶面

晶体中分子、原子或离子有规则的排列组成了所谓晶格，它们的位置称为晶格的结点，这些结点的集合称为点阵，如图 5-3 所示。组成空间点阵结构的单位称为晶胞，具有一基本上完整的点阵结构的晶体称为单晶体，一般就称为晶体。多晶体则是由单晶体晶粒集合而成。

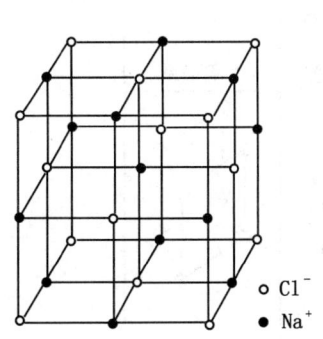

图 5-3 点阵、结点上的
原子或离子（NaCl 点阵）

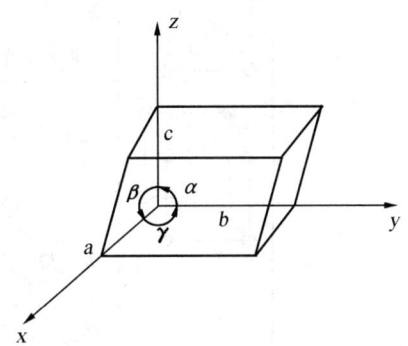

图 5-4 晶轴的方向
a、b、c—晶轴长短；
α、β、γ—夹角

通常都是选择一定的坐标来研究晶体，这种坐标系与已知晶体空间点阵有机地联系着。若坐标系的坐标轴就选取单位晶胞的三个棱的方向，则这样选出的坐标系就称为晶系，而在空间点阵中也总可以划出一个个简单的平行六面体，即单位晶胞的形状（图 5-4）。这些平行六面体可用三边之长 a、b、c 及交角 α、β、γ 来表示。Bravais（布喇菲）的研究表明，根据晶轴的长短及夹角的大小，所有晶体都可以分为表 5-1 所示的七类晶系和图 5-5 所示的 14 种空间点阵的晶胞形状。除了这 14 种形式以外，所有其他任何点阵形式都可以用这 14 种中的一种来表示。但实际晶体中原子的排列比较复杂，它们可看作是这些 Bravais 点阵交叉而成。另外，实际晶体中原子排列是靠得很紧的，并不像点阵图上那样空隙很大。

表 5-1 七类晶系的特征[①]

晶系	晶胞性质	
三斜晶系	$a \neq b \neq c$	$\alpha \neq \beta \neq \gamma$
单斜晶系	$a \neq b \neq c$	$\alpha = \gamma = 90°$，$\beta \neq 90°$
正交晶系	$a \neq b \neq c$	$\alpha = \beta = \gamma = 90°$
三角晶系	$a = b = c$	$\alpha = \beta = \gamma < 120°$，$\neq 90°$
六角晶系	$a = b \neq c$	$\alpha = \beta = 90°$，$\gamma = 120°$
立方晶系	$a = b = c$	$\alpha = \beta = \gamma = 90°$
四角晶系	$a = b \neq c$	$\alpha = \beta = \gamma = 90°$

① a, b, c 为晶胞的三个基矢，也称为晶胞常数，其方向称晶轴，α, β, γ 是这三个基矢的夹角。

为了标定晶体平面在空间中的方位，需要知道某些晶面及晶向。晶面常采用 Miller（密勒）指数来标识，它是由该平面在三个坐标轴上的截距来确定的，其确定步骤为：

(1) 用坐标轴上的结点重复周期量出该面在三轴上的截距；

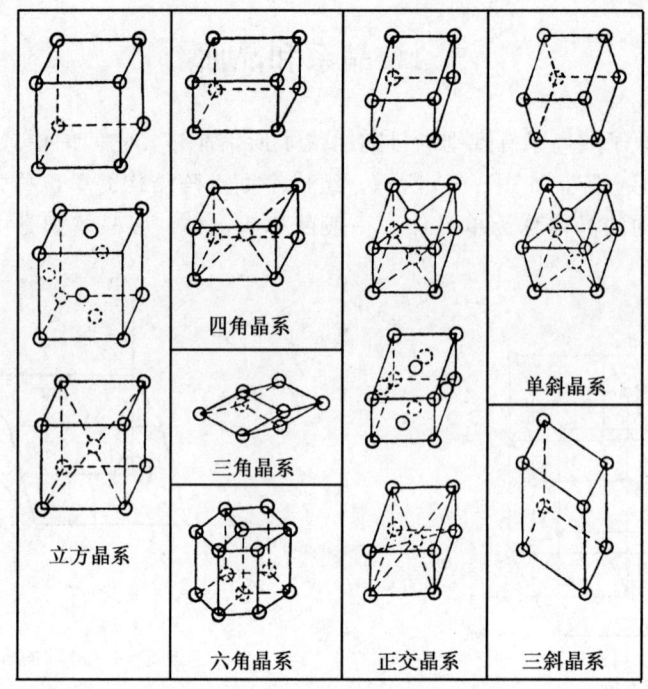

图 5-5 14 种布喇菲点阵的晶胞

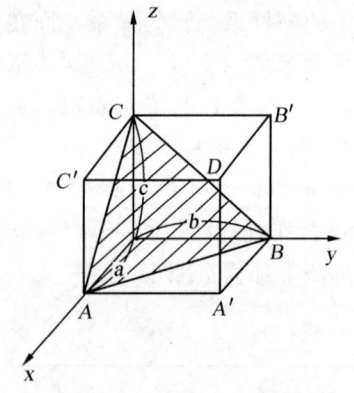

图 5-6 Miller 指数的确定

(2) 求出所得截距的倒数；

(3) 求出这三个数的简单整数比。

如图 5-6 所示的晶面 ABC 在坐标轴上截距比为 $\frac{a}{a}:\frac{2b}{b}:\frac{3c}{c}$，取其倒数比为 $1:\frac{1}{2}:\frac{1}{3}$，化为最简单的整数比则得该晶面指数为（632）。当泛指某一晶面的指数时一般用（hkl）字母来代表。当晶面和一个晶轴平行时，即可以认为晶面与该晶轴在无穷远处相交，而无穷大的倒数为 0，所以晶面相应于这个轴的指数为 0。因此晶面 $AA'DC'$ 的符号为 $\frac{a}{a}:\frac{1}{\infty}:\frac{1}{\infty}$，即得（100）；晶面 $A'BB'D$ 的符号为（010）；晶面 $C'DB'C$ 的符号则为（001）等。

图 5-7 示出了立方晶体中三个重要平面族的晶面指数，凡是晶面指数比较简单的结点平面族往往是最重要的晶面。

假如一个晶面在对原点为负的方向和轴相截，那么相应的 Miller 指数就是负的，并在该指数上加一负号来表示：$(\bar{h}kl)$。这样，一个立方体表面的 Miller 指数为：（100）、（010）、（001）、$(\bar{1}00)$、$(0\bar{1}0)$ 以及 $(00\bar{1})$。对于对称而等效的面，常用大括弧括起来的 Miller 指数来表

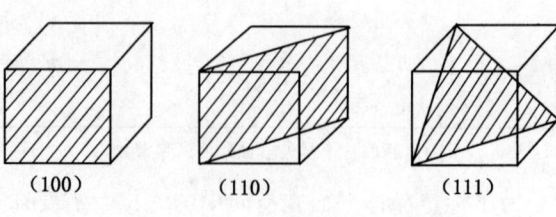

图 5-7 立方晶体的三个重要晶面

示。立方体的表面就为{100}。

5.3 晶体中的原子堆积[11]

晶体中的原子或离子可以近似地将它们看成是一个具有一定半径的球体,球体的半径就称为原子半径。整个晶体就可以简化为这些圆球的互相堆积。因晶体中质点处于平衡位置与结合能最低的位置相对应,因而可以想象质点在晶体中的排列,应采取尽可能紧密的方式。

球体最紧密的堆积可以分为等径球体的堆积和不等径球体的堆积两种。如果晶体系由同一种质点组成,如 Al、Cu、Ag 等金属晶体,则可看作前一种堆积方式。如晶体是由不同质点组成,如 ZnO、MgO 等,则它为后一种堆积方式。等径球体的最紧密堆积方式主要有立方密堆积和六角密堆积两种,其中球体一个挨着一个尽可能地紧靠着。

在立方密堆积中,第一层中心排列成一等边三角形,第二层球心排列在第一层之上,使恰好在第一层三角形的中心,如图 5-8 所示,第二层也成为等边三角形,第三层球则在第二层球所留的空位置上面;这样反复作 ABC 的排列,每三层成一组。堆积结果就形成一个面心立方结构。

在六角密堆积中,第一层第二层的排列与上述相同,而第三层的排列又开始与第一层一样,即按 AB AB AB…方式排列,如图 5-9 所示。这种结构的特点是有三个共面轴,它们各相距 120°(基面),第四个轴和此平面成 90°,排列结果形成六角对称结称。

在上述两种密堆积中,每个圆球的四周共有 12 个圆球与其紧密接触;例如就第二层一个圆球来

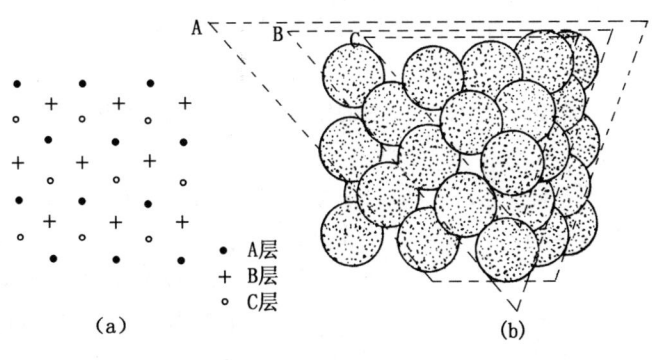

图 5-8 立方密堆积

说,同层中有 6 个圆球与它相接触,上下层各三个圆球与它们相接触,故共有 12 个。一个圆球周围最近邻的圆球数称为配位数。六角密堆积和立方密堆积的配位数均为 12,这是晶体结构中最大的配位数。

原子除了上述两种紧密堆积以外,还可堆积成较松的形式,如体心立方堆积(图 5-10)及简单立方堆积。这时的配位数分别为 8 和 6。

由此可见,配位数越大,原子排列越紧密,在晶体中,配位数除 12、

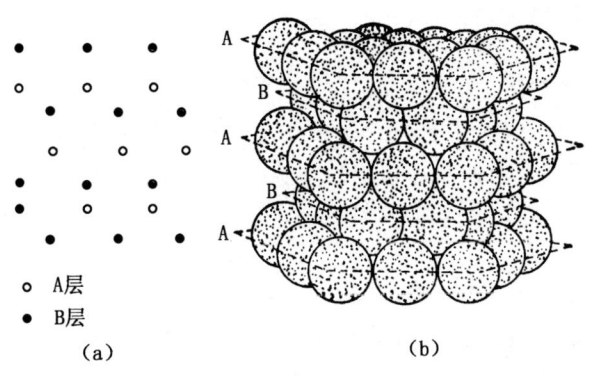

图 5-9 六角密堆积

8、6 以外,还有 4、3、2、1 等配位数存在。通常用空间利用率即单胞空间被其中球体占据的百分数来表示堆积的紧密程度。根据简单的几何关系可得,立方密堆积与六角密堆积空间

利用率最高，为74%。

不等径球体的堆积中，由于球体有大有小，这时可以把较大球体看做是等径球体堆积，而其空隙中则填以半径小的球体，这时在等径球体的密堆积中所形成的空隙也有两种形式：

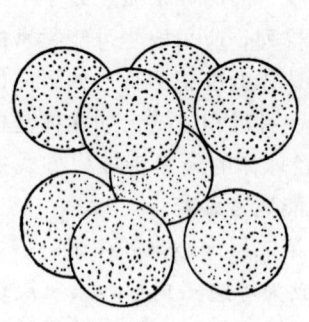

图 5-10 体心立方堆积

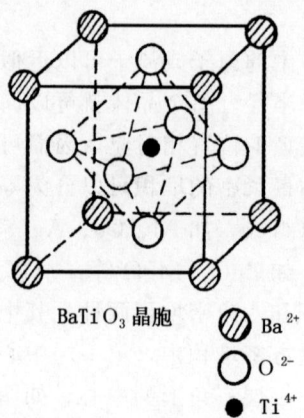

图 5-11 钛酸钡晶胞

（1）八面体空隙。从密堆积的一平面密排球层上看，互相接触的三个球会形成一个三角形空穴，若此空穴被上面一层密排球的三个球所形成的偏转了60°角的三角形盖住，这就形成了一个由6个球所包围的空隙，这种空隙就称为八面体空隙。图 5-11 所示的钛酸钡晶胞中，Ti^{4+} 就位于氧八面体空隙内。

若在此空隙中，放入一个半径为 r 的小球，且小球与6个大球均接触，则此小球的半径与大球半径的关系可以计算出来。

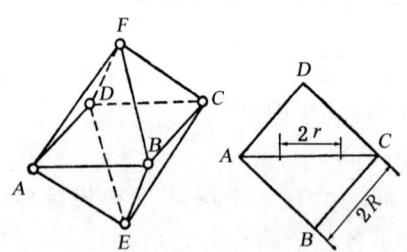

图 5-12 r 与 R 的关系

设大球半径为 R，则由6个大球形成的多面体可以表示如图 5-12（以球中心点代替球），由图中可知八面体每边之长为 $2R$，利用 ABCD 正方形即得：

$$2(2R)^2 = [2(R+r)]^2$$

可得 $\sqrt{2}R = R + r$

所以 $\dfrac{r}{R} = \sqrt{2} - 1 = 0.414$

（2）四面体空隙。如果在平面密排球上形成的三角形空穴被上面一层的球盖住，这就形成了一个由四个球包围的空隙，称为四面体空隙，根据类似的计算可得：

$$\dfrac{r}{R} = 0.225$$

显然，放在不同空隙中的小球，其配位数不同，如小球在八面体空隙中，其配位数为6，而在四面体空隙中的小球，配位数为4。因此，大小球径比值不同，反映了不同的配位数，表 5-2 为对其他配位情况作类似的计算结果。

一般离子晶体的堆积可以看做是不等径球体的堆积，通常阴离子半径较大，阳离子半径较小，所以把阴离子作为等径球体的密堆积，而阳离子则处于其空隙中。

表 5-2　配位数与 $\frac{r}{R}$ 的关系

配位数	12	8	6	4	3	2
$\frac{r}{R}$	1	1～0.732	0.732～0.414	0.414～0.225	0.225～0.155	0.155～0

5.4　晶体的键型及分类

晶体是由组成晶体的微粒（原子、分子及离子）相互间的作用而形成。原子间的相互作用可分为排斥作用与吸引作用两种。在平衡时，排斥力等于吸引力。

组成晶体时产生的键力决定于原子的性质，原子的性质又与它在周期表中的位置有关。通常可用电离势来定量地表示元素的原子失去电子的难易程度，从原子中失掉一个最外层电子所消耗的能量称电离势。中性原子获得一个电子而放出的能量称为化学亲合势。电离势和化学亲合势之和称为元素的电负性，它与原子结合时的化学键有密切关系。电负性大的元素称为负电性元素，电负性小的元素称为正电性元素。原子在组成晶体时通常存在四种键型：金属键、离子键、共价键及分子间键。

金属键是由于电子共有而引起的，常发生在正电性元素中；金属元素原子易失去电子而形成正离子，非金属原子易获得电子而形成负离子，正离子和负离子结合就形成离子键；共价键是有机化合物中的基本化学键型，在晶体中也存在，通常是由负电性与正电性相接近的元素所组成；分子间键是以范德华力结合在一起的键型，包括氢键、疏水基团相互作用力等，它一般发生在由惰性气体原子形成的液体和晶体中。

根据上述四种键型，可将晶体分为金属、离子晶体、共价晶体及分子晶体四种类型。

5.4.1　金属

金属是靠金属键结合的，差不多有 3/4 的元素是金属。大部分单原子结晶具有图 5-13 所示的面心立方、密集六方及体心立方这三种结构。金属键是不饱和的，允许金属原子作最紧密的排列。

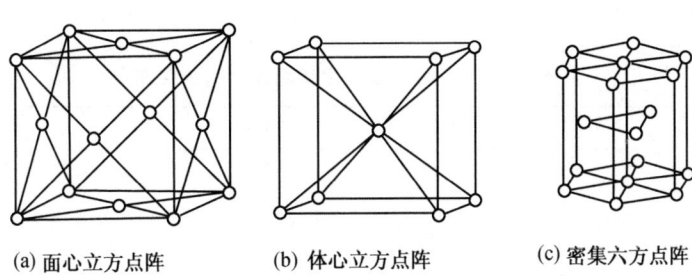

(a) 面心立方点阵　　(b) 体心立方点阵　　(c) 密集六方点阵

图 5-13　金属的晶体结构

5.4.2　离子晶体

很多催化剂载体都属于离子晶体。在离子晶体中，组元是带正、负电荷的离子，正、负离子往往可看作半径比较确定的圆球，而晶体结构就可近似地看做是这些圆球的堆积结果，它又可分为以下几种化合物类型。

AB 型离子化合物的典型结构有四种：氯化钠（NaCl）型、氯化铯（CsCl）型、闪锌矿

（立方硫化锌）型和纤锌矿（六方硫化锌）型，如图 5-14 所示，它们的离子配位数分别为 6、8、4、4。

AB_2 型的离子化合物的典型结构形式只有两种：萤石（CaF_2）型及金红石型（TiO_2），如图 5-15 所示。

A_mB_n 型离子化合物的结构型式要比 AB 型和 AB_2 型化合物更为复杂，一些金属氧化物及沸石类铝硅酸盐属于这种类型。其中 A_2B_3 型的金属氧化物大都是离子化合物。典型的结构是刚玉，如图 5-16 所示。它的结构可近似地看做氧原子的密堆积与处在八面体空隙中的铝原子，在铝原子的密置层中，有 1/3 的位置为空穴。

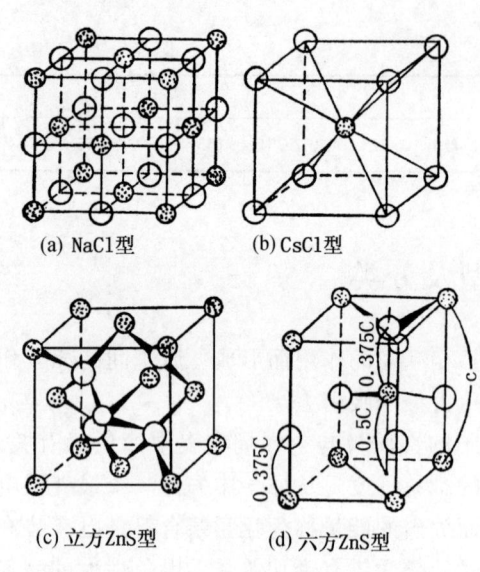

(a) NaCl型　(b) CsCl型
(c) 立方ZnS型　(d) 六方ZnS型

图 5-14　AB 型离子化合物的典型结构

决定各种离子化合物的晶格类型的一个主要因素就是正负离子的半径比（r^+/r^-）。表 5-3 示出了不同的半径比与晶体结构的关系。表 5-4 示出了不同半径比与配位数及原子排列形式的关系。

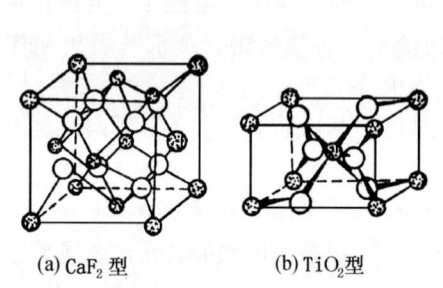

(a) CaF_2 型　(b) TiO_2 型

图 5-15　AB_2 型离子化合物的典型结构

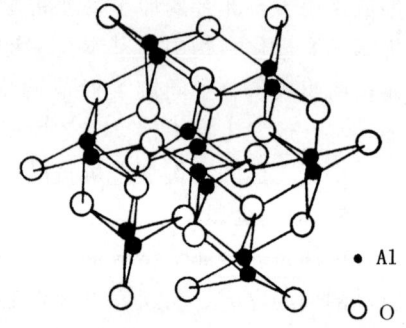

图 5-16　刚玉的晶体结构

表 5-3　不同的半径比和晶体结构的关系

离子	BaF_2	SrF_2	CaF_2	MgF_2	BeF_2
r^+/r^-	0.99	0.83	0.73	0.48	0.23
晶体结构	CaF_2 型（八配位）			TiO_2 型（六配位）	SiO_2 型（四配位）

5.4.3　共价晶体

典型的共价晶体为金刚石型，如图 5-17 所示，每个原子有四个近邻，价键的位置是从四面体中心指向四个顶点。硅、锗、灰锡也有与金刚石相似的晶体结构。共价键是由相邻原子的波函数相互重叠而形成。在形成共价键的某一方向波函数有极大的重叠，而属于不同电子对的波函数有极小的重叠，在这种分布下，能量达到最小。键的相互方向也就基本上决定了分子的形状。原子通过共价键形成的晶体，一般都具有很高的熔点和硬度，在固体状态或熔融状态下，都呈现为一种绝缘体。

表 5-4 半径比与配位数、原子排列形式的关系

半径比（r^+/r^-）	配位数	排列形式
0～0.155	2	直线
0.155～0.225	3	三角形
0.225～0.414	4	四面体
0.414～0.732	6	八面体
0.732～1.0	8	立方体
1.0	12	面心立方
1.0	12	体心立方

5.4.4 分子晶体

分子晶体是由分子或饱和原子作为组成晶体的单元，这类分子与我们的关系比较小。惰性气体原子可以通过范德华力凝聚为液体和晶体。这种力是以外层电子的一种交互作用为基础的。从电子运动可以推想到，每一个原子具有一个极小的、其方向瞬时都在变化的偶极矩，这种偶极矩会感应最紧密的邻近原子中的一个原子，因此，就产生一种微小的引力。

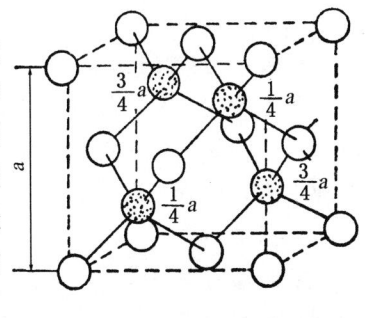

图 5-17 金刚石的晶体结构

范德华力的键能极小，所以对于金属晶体、离子晶体及共价晶体来说几乎毫无意义，但对于惰性气体分子以及一般有机物晶体中，分子内部有共价键，而分子之间则为范德华力起作用。这些晶体结构内各分子被极端微弱的分子间键所联系，所以这类晶体的熔点很低，硬度很小，具有柔润性及热延展性。

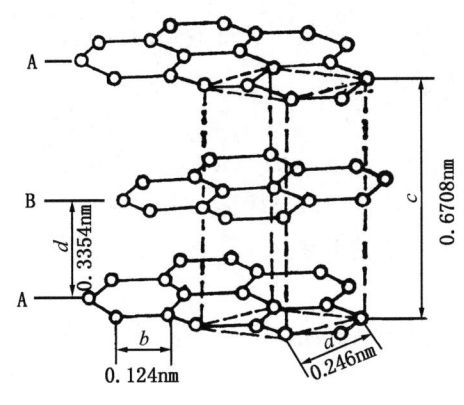

图 5-18 石墨的晶体结构

上面简单介绍了晶体的分类，实际上上述分类并不是十分严格的，对于大多数晶体，其结合力属于综合性的，即它同时具有几种结合形式。例如石墨，其晶体结构如图 5-18 所示，其晶格形成层状结构，在每层上每个碳原子有三个近邻原子形成三个共价键，剩余一个电子成为自由电子，层与层之间靠范德华力结合，故石墨具有共价晶体、金属及分子晶体三种结合方式。其他如绝大部分硅酸盐既带有离子性结合，又带有共价性结合，只是某一种结合占优势而已。

综上所述，金属、离子晶体、共价晶体及分子晶体结构的特性可用表 5-5 加以归纳。

表 5-5 各种晶体结构的特性比较

	金 属	离子晶体	共价晶体	分子晶体
键的方向性	无	少	有	少
键能	中	大	大	相当小
配位数	多	多~中	少	中
密度	大	中	小	小
熔点、沸点	范围宽	高	相当高	低
膨胀系数	中	中	小	大
机械性质	有延展性	强	强	弱
导电性	大	小	相当小	小
颜色	不透明有光泽	大多透明	大多透明，无色	大多透明

5.5 晶体制备

5.5.1 结晶方法

如上所述，晶体是内部结构中的微粒呈规律排列的固态物质。它可通过结晶方法来制取。所谓结晶是固体物质以晶体状态从溶液、熔融物或蒸气中析出的过程。结晶方法很多，工业上大致可分为以下几类。

1. 冷却法

它是使溶液直接冷却降温使之成为饱和溶液而析出结晶的方法。冷却过程基本上不去除溶剂。一般用于产量较小的场合，也是实验室制取晶体的一种常见方法。

2. 真空冷却法

它是将溶剂在真空下急骤蒸发冷却，以除去部分溶剂并使溶液浓缩的情况下达到过饱和而析出晶体的方法。操作温度一般低于大气温度。

3. 蒸发法

它是将溶液在加压、常压或减压状态下加热蒸发并浓缩，使其达到过饱和而析出晶体的方法。此法主要用于溶解度随温度的降低而变化不大的出料体系。

4. 盐析法

它是在某种物系或某些有机化合物的水溶液中加入某些物质（如 NaCl 等）来降低溶质在溶剂中的溶解度，使溶液过饱和而析出结晶。所加入的物质可以是固体、液体或气体。此法常用于使不溶于水的有机物质从可溶于水的有机溶剂中结晶出来。

5. 反应结晶法

它是通过液体与液体或气体与液体之间发生沉淀反应来制取晶体的方法，是生产催化剂载体常用方法。

例如，在 $CaCl_2$ 溶液中加入 Na_2CO_3 溶液，就很快产生白色的 $CaCO_3$ 沉淀。这种在溶液中溶质相互作用，析出难溶性固态物质的反应即称为沉淀反应。而产生的沉淀按其物理性质不同，可大致分为晶形沉淀及无定形沉淀，介于两者之间存在一种凝胶状沉淀。晶形沉淀的颗粒直径均为 $0.1\sim1\mu m$，无定形沉淀的颗粒直径为 $0.02\mu m$，凝胶状沉淀的颗粒大小介于两者之间。沉淀的形成一般经过晶核形成和晶核长大两个过程，如图 5-19 所示。

5.5.2 结晶过程

如上所述，结晶过程是溶质从溶液中析出的过程，这种过程一般可分为过饱和溶液形成、晶核生长及结晶成长等三个阶段。

要使溶质从溶液中析出，溶液必须呈过饱和状态，也就是必须有一个推动力，这个推动力就是一种

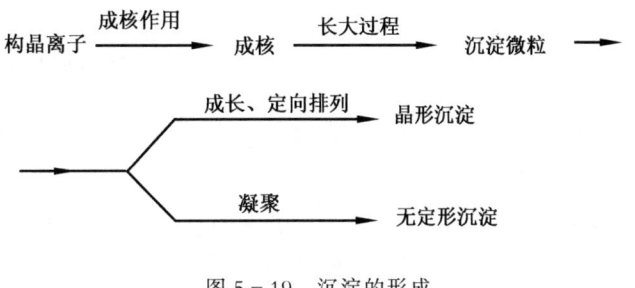

图 5-19 沉淀的形成

浓度差，称为溶液的过饱和度（过饱和溶液的浓度与饱和溶液的浓度之差）。过饱和溶液是不稳定的，容易析出过量的溶质而产生微观的晶粒作为结晶的核心。这些核心称为晶核，然后晶核长大，成为宏观的晶体。产生晶核的过程称为成核，晶核生长过程称为晶体生长。溶液在结晶器中结晶出来的晶体与余留的溶液所构成的混合物称为晶浆。晶浆除去晶体后所余留的溶液称为母液。

晶体的外形称作晶形，不同的结晶条件也可以使所产生的同一物质的晶体在晶形、颜色、粒度及所含结晶水等方面有所不同。如 NaCl 在含少量尿素的溶液中结晶时，形成八面体的晶体，而在纯水中结晶时，则为立方晶体。此外，物质结晶时如存在水合作用，则所得晶体中含有一定数量的水分子，它以水分子形式存在于晶体结构中。水分子的数量与化合物的其他成分之间常成简单比例。如 $Al_2O_3 \cdot 3H_2O$，不同的含水化合物都有特定的脱水温度。

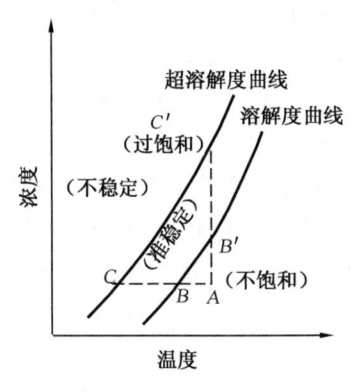

图 5-20 溶解度曲线与超溶解度曲线

物质溶解性的大小可用溶解度来表示。各种固体物质的溶解度随温度变化的关系常用图 5-20 所示的溶解度曲线来表示。图中 BB' 线为普通的溶解度曲线，CC' 线代表溶液过饱和而能自发地产生晶核的浓度曲线（也称超溶解度曲线），它与溶解度曲线大致平行。这两根曲线将浓度、温度分割为三个区域，在 BB' 曲线以下是稳定区，在此中的溶液是不饱和的，因此不会发生结晶；BB' 线以上为过饱和区，此区又分为两部分：在 BB' 线与 CC' 线之间称为准稳定区，在这个区域中，不会自发地产生晶核，除非溶液中已加了晶种，这些晶种就会长大；CC' 线以上是不稳定区，在此区域中，溶液能自发地产生晶核。由此可见，只要使溶液从不饱和区域进入过饱和区域就能析出结晶。上述冷却法是取 $A \rightarrow B$ 的途径，蒸发法则是取 $A \rightarrow B'$ 的途径。但当降低温度使溶液从 A 点冷却到 B 点时，溶液刚好达到饱和，但它还缺乏作为推动力的过饱和度，从 B 点冷却到准稳定区，仍不能自发地产生晶核，只有冷却到 C 点，溶液中才能自发地产生晶核，越深入到不稳定区，产生的晶核也越多。

影响晶体生长速率的因素有温度、溶液的 pH 值、搅拌强度、冷却速度和杂质含量等。其中以温度的影响比较重要。

杂质既可能阻碍晶体生长，也可能促进晶体生长。但含杂质的母液是影响产品纯度的重要因素之一。结晶后所得固体一般都需经过滤、洗涤等处理，就是为了尽量除去母液所带来的杂质。若干晶体聚结成晶簇时，容易把母液包藏在内，这种母液黏附在晶粒上或包在晶簇中的现象，通常称为包藏。产生包藏现象时，会使以后的杂质洗除发生困难，从而降低产品的纯度。

5.6 晶体的不完整性

如上所述，影响晶体制备的因素很多。实际上，要制得完整晶格的晶体是很难的。几乎所有晶体都会受到各种使其产生不完整性的作用。晶体内部或多或少地会存在足以引起周期性势场发生畸变的各种缺陷。晶体中存在的电子和空穴、杂质原子、键的变形以及晶体生长时的取向情况等，都是构成晶体不完整性的因素。而从催化作用来看，晶体中存在的各种缺陷与催化活性有一定的关联性。粉体的活性会由于晶格缺陷或畸变而增强。

所谓晶体的不完整性是指微粒在空间偏离规则排列的一种状态，它可以分为以下几种状况。

5.6.1 点缺陷

点缺陷的基本形式有两种：间隙原子和空位，并分别称为 Frenkel（弗兰克尔）缺陷及 Schottky（肖特基）缺陷。

晶体中的原子在其平衡位置上不断作热振动，这种热振动也是一个热涨落过程，使得一些具有足够大能量的原子离开其平衡位置而挤入格点中，形成所谓间隙原子，在其原来的位置上则形成空位。图 5-21 为简单立方体中的 Frenkel 缺陷。这种缺陷的形成过程和双分子离解过程十分类似，其特点是空位数等于间隙原子数，空位和间隙原子是成对产生的。这种缺陷发生在晶体内部，晶体体积并不发生变化。

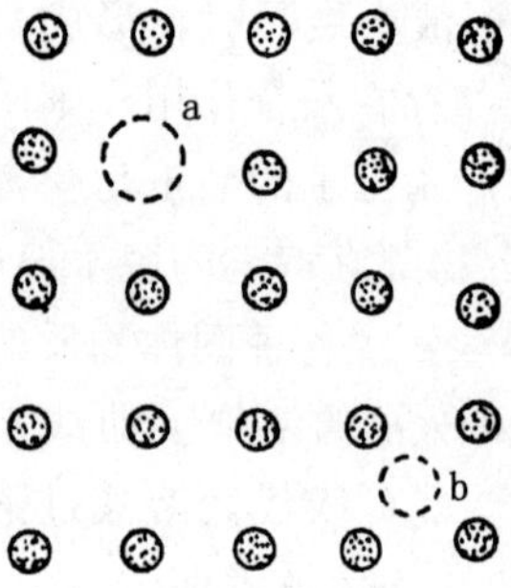

有时候，构成固体表面层的原子由于热涨落所获得的能量能使它离开固体表面而被蒸发。但当其能量不足以蒸发，而产生所谓"不完全"蒸发时，表面原子就会离开本身所处环境而移到表面的新位置上，肖特基（Schottky）缺陷就是这样产生的，晶体中的原子离开完整晶格而走到晶体表面。图 5-22 所示，即 Schottky 缺陷，Schottky 缺陷中伴随着空位的产生，有一部原子跑到表面上去，从而引起体积增加，而晶体内部只存在空格点缺陷。

图 5-21 Frenkel 缺陷
a—空位；b—间隙原子

在离子晶体中，上面所讲的空位可以是正离子造成，也可以是负离子所造成，这样就使得平均电荷中和的晶体整体中，在空位处造成带电现象，几个空位也可以相结合形成更大的空位。

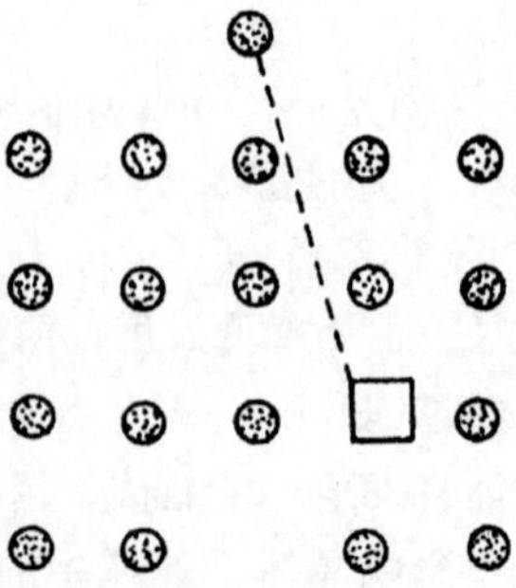

当然，除了上面所说的两种点缺陷以外，还存在着一些其他缺陷。如图 5-23 所示。

晶体中的点缺陷会对晶体性质产生很大影响，例如扩散是催化作用很重要的过程，扩散与原子（或离子）在晶体内的运动有关，点缺陷能加速晶体中的扩散；点缺陷在外场作用下的有规则运动，使得离子晶体产生电导作用；间隙原子的存在能阻止滑移，增加晶体强度等。

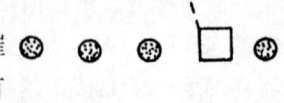

图 5-22 Schottky 缺陷

5.6.2 线缺陷

线缺陷是由于晶体机械变形或热应力等因素引起的结晶格子沿着线的方向呈现出的不完整性。主要形式是位错,其中最主要的有刃型位错及螺旋位错两种。

位错是一种线形的不完整性,当原子面在相互滑移过程中,在已滑移与尚未滑移区域之间会产生一个分界线,这种分界线就是位错。显然,在位错线处的原子排列是不规则的。晶体中形成位错的原因大致有两种:一种是由于结晶时受到杂质、温度的变化以及振动等原因所造成,另一种是由于晶体受到冲击、切削及磨拉等原因所引起。图 5-24 及 5-25 分别为刃型位错及螺旋位错的示意图。在刃型位错中,原子面沿着箭头方向滑移,就在垂直于滑移的方向上形成一条刃型位错线。当滑移方向平行于位错线时,就构成一个螺旋位错,滑移结果,使金属内部一个平面上的原子位置相对于另一平面上的原子位置形成了螺旋式的改变。

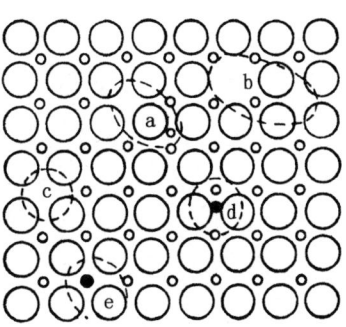

图 5-23 离子晶体中
可能存在的缺陷

a—Frenkel 缺陷;b—Schottky 缺陷;
c—空位;d—间隙杂质;e—替代杂质

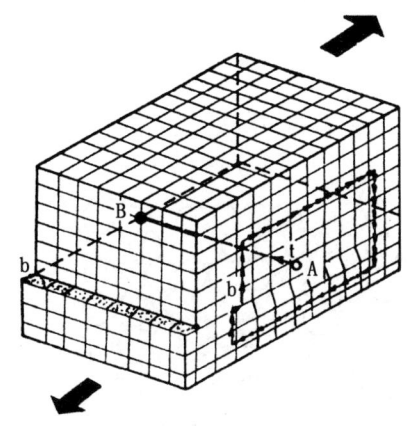

图 5-24 刃型位错[12]
AB—位错线

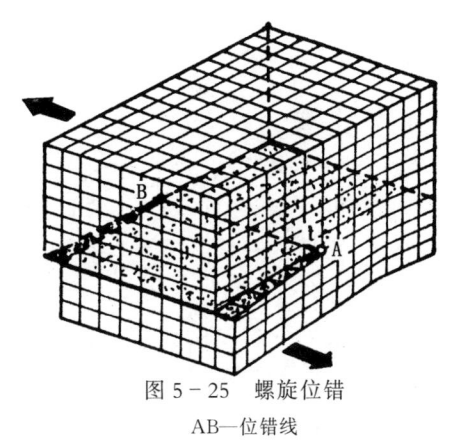

图 5-25 螺旋位错
AB—位错线

晶体中存在的各种位错可以看作是由上述两种位错组合起来的。利用位错的概念可以说明许多现象和晶体的性质。例如,在饱和蒸汽或饱和溶液中,晶体生长时观察到晶体的实际生长速度要比理论估计的速度快得多,这种现象无法用活性杂质或其他结晶时外界的影响来进行解释,利用位错的概念就很容易理解这种高速度生长机理。

根据结晶理论,晶体成长时,原子是一层一层往上铺的,当新的一层开始铺上时需要一个新相晶核,由于形成二度晶核需要一定的能量来形成相界表面,因此,从一层增长到另一层时,中间有一间断时间,从而使结晶速度减慢。而根据螺旋位错的概念,刚开始时结晶中心点是一个螺旋位错的起点,它的一边露出滑移的高低相差(图 5-26),就在这里,其他的原子最易附在上面而生长,这时不再需要另外有新的二度晶核就可以一直继续不断地按螺旋形生长,这样结晶速度就快得多。由于在靠近 O 处长得快,离 O 较远处长得慢,所以,表面生长的形状就呈图 5-26 所示的一圈圈环绕的螺旋形。

位错的存在不仅影响晶体的成长,还能加速物质在固体中的扩散。这是由于位错附近的应力场减少了扩散时的激活能,同时由于位错区原子活动性增大,交换位置的可能性也就增

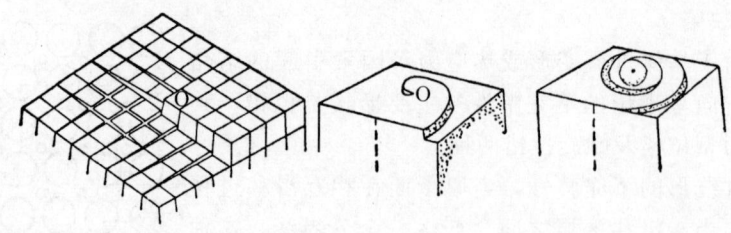

图 5-26 晶体按螺旋形生长

大。此外,位错处原子处于畸变状态,它们的原子距离是不均匀的,因此它会影响一些半导体化合物的能带结构。这些性质,都使得晶体中存在的位错会与催化活性有关联。

5.6.3 晶粒间界

多晶体中由于晶粒与晶粒间的晶体方向不同,在晶粒之间会形成交界处,这种交界处称作晶粒间界。晶粒间界有时用肉眼就能观察到。晶粒间界也可以看作是一种面缺陷,多晶体的机械性质及化学活性都与这种面缺陷有关。

晶粒间界是结晶时直接产生的,由于结晶开始时结晶中心不止一个,当这些结晶中心进一步长大并相遇时,就会在相遇处形成结晶间界,图 5-27 示出了形成晶粒间界的示意过程,图 5-28 为晶粒间界的二维模型。

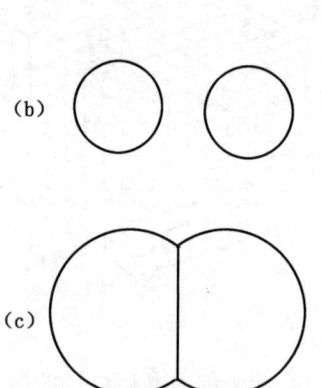

图 5-27 晶粒间界形成示意图
(a) 两个晶核;(b) 长大的晶核相遇;(c) 形成晶粒间界

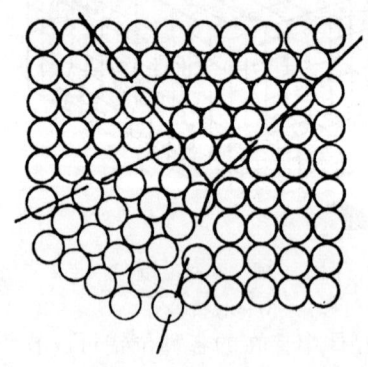

图 5-28 晶粒间界的二维模型[12]

晶体生长、再结晶及烧结等过程都可以引起晶粒间界改变,并使其移动。

在晶粒间界处的原子处于比较高能的状态,因此沿着晶粒间界的扩散系数增大,在再结晶或相变时,它又可能是再结晶中心或相变开始点。晶粒间界处又存在着位错,因此它能够吸引杂质原子,此外,晶体中晶粒间界的存在还会影响晶体的很多其他性质。

第6章 催化表面化学

6.1 概 述

催化剂载体是一类固体物质，固体的基本特点是：(1) 原子被严格地固定在一定类型的晶格中，或呈非结晶状态；(2) 固体表面非常粗糙，因此固体的实际表面面积要比其几何面积大得多；(3) 固体表面的自发收缩性很小，或者几乎不存在。

在日常生活中可以观察到很多固体表面起作用的重要现象，如摩擦、侵蚀、吸附、黏合等。而固体表面作用在催化作用中更有特殊的意义，催化反应进行时，每个分子与催化剂接触的行为往往可以联系到催化剂本体及其表面性质。催化表面化学的中心目的就是考察催化剂表面上的活性部位是什么，反应物分子是怎样在这些部位上得到活化的。其中最感兴趣的则是催化剂的活性中心或活性部位的本质问题，但这又是难度极大的问题。几十年来，经过许多科学家的辛勤劳动，也提出了不少理论模型，但至今在这方面的核心问题仍未突破。只是随着实验手段及各种表面分析方法的进步，对固体表面的信息有了更多的了解。如红外光谱技术用于催化研究后，应用吸附 NH_3 的红外光谱区可区分出 Si/Al 催化剂上的 B 酸及 L 酸两种酸性中心。

以后，随着催化表面化学的发展，有些研究者对传统的催化反应分类方法也提出新的分类法。传统的分类方法是按化学反应的原则区分的，如氧化、加氢、异构化反应等。而按反应对催化剂表面状态要求，则可分为结构不敏感和结构敏感两类反应。

结构不敏感的反应对催化剂表面结构要求不高，催化剂无论是改变颗粒大小及形状，或是改变催化剂的化学组成，即在催化剂的任何一种状态下都显示出较为接近的活性。这意味着这类反应的活性中心或活性部位是单个金属原子，加氢、脱氢等通常需要打开或生成 H—H 键、C—H 或 O—H 键的反应可归属于这一类。另一类则对催化剂的表面结构有特定要求，反应活性会随催化剂的颗粒大小及组成变化而产生激烈变化。它意味着反应要求催化剂具有一定数量的金属原子构成其活性部位。需要打开或生成 C—C 键、C—O 键或 N—N 键的反应属于这一类。由于这类反应所涉及的化学键并不一定比前一类反应的化学键要强，如 C—C 键比 C—H 键要弱。以目前的实验数据还不能完全解释这些现象或肯定这种分类方法。但这一点却是肯定的，当一种催化反应发生时，它对催化剂或载体需要具备某种特定的表面结构。

6.2 固体表面的真实结构

理想的固体表面可以认为是理想的晶体密集集，但从原子尺度上看，实际表面并不光滑平整，而是高度不均匀的。固体表面和液体表面不同的是，绝大多数的固体表面是不规则的，即使磨得十分光滑的表面也会有 $10^{-3} \sim 10^{-5}$ cm 左右的不规整性。通常可用图 6-1 所示的台阶模型来描述这种粗糙状态。这种台阶表面可以分出阶丘（相当于平台）、台阶（相当于边）及扭折（相当于角）三种不同主要部位。此外，它还存在着吸附原子、间隙、裂缝

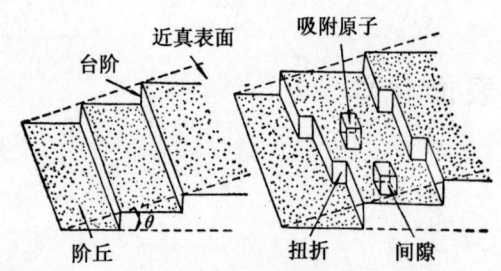

图 6-1 近真表面模型

等不完整的原子排列。实验表明，催化反应在这三种部位上的反应速率是不同的。例如，铂单晶的平台上并不具有断开烃类分子中化学键的能力，在边上则可以断裂 H—H 键和 C—H 键，而只有在角上才能断开 C—C 键。

图 6-2 是经研磨加工的铝平面用电子显微镜观察结果的形状。一般来说，固体的这种裂隙及微缝会深入到固体整体的所有部分，固体中存在的所谓内表面及外表面也表现了这种方面。多孔性固体的内表面积往往比外表面积大几个数量级，其表面的不规则性（如存在的裂隙、细孔等）往往引起表面作用的变化，并产生一些特有的性质。

显然，固体表面的原子所具有的物理化学性质会与固体内部的情况不同，最明显的区别是表面原子不再受来自外侧的原子或分子间的相互作用。以 NaCl 为例，如图 6-3 所示，表面的 Na^+ 只受同一面上相邻的四个 Cl^- 及下一层的 Cl^- 作用，而不再像晶体内部中的 Na^+ 受

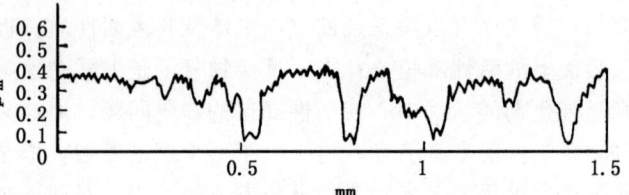

图 6-2 铝表面的截面形状

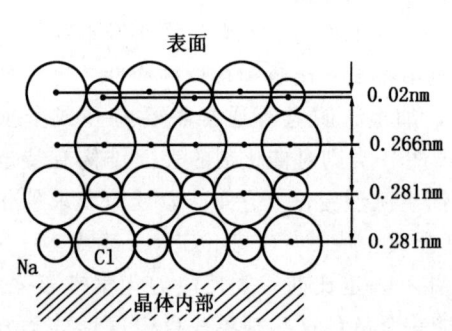

图 6-3 NaCl 的表面原子排列

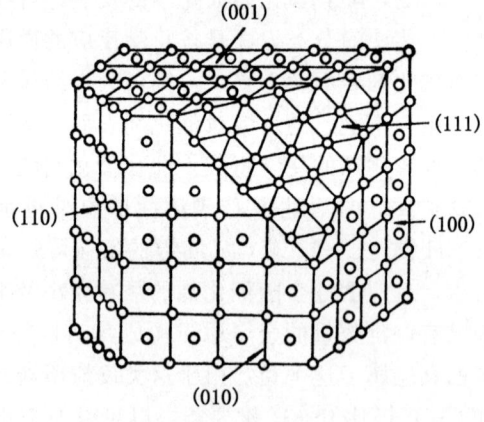

图 6-4 面心立方晶格的低指数面

八面体顶点上 6 个 Cl^- 的作用。又如图 6-4 所示的面心立方晶格其不同表面的表面密度及表面邻接原子数都不相同，如表 6-1 所示。由于这种差别，使得晶体的不同晶面表现出不同的性质。

例如，合成氨反应的控制步骤之一是氮分子的解离吸附。Fe 单晶不同晶面上对氮的初始吸附力是不同的，其顺序是（111）＞（100）＞（110）。又如，在 MoS_2 六方晶体的底面上，Mo 原子被六个 S 原子所包围，形成一个完整的八面体，而当 MoS_2 在真空状态下将其折断时，所暴露的晶体边上由于电中性要求，将出现不同 S 原子缺陷的 Mo 原子。这时折断后的 MoS_2 的丁烯异构化催化活性要远比完整的 MoS_2 晶体要高。

表 6-1 晶面和表面原子密度、邻接原子数和邻接缺少原子数

结　构	晶　面	表面原子密度[①]	表面邻接原子	邻接缺少原子
简单立方	(100)	0.785	4	1
	(110)	0.555	2	2
	(111)	0.453	0	3
体心立方	(111)	0.833	4	2
	(100)	0.589	0	4
	(111)	0.340	0	4
面心立方	(111)	0.907	6	3
	(100)	0.785	4	4
	(110)	0.555	2	5

[①] 以 πr^2 为单位的密度（r 为原子半径）。

图 6-1 所示的表面模型也可以解释 Pt 原子在不同部位所呈现的不同反应性能的原因。根据对 Pt 单晶的正八面体的测定结果，平台上原子的配位数为 9，边上为 7，而角上为 4；而上述 MoS_2 底面上的 Mo 的配位数为 6，在边上的 Mo 的最近邻原子则要少 1～3 个。显然，配位数较小的原子具有较高的反应能力。

一些多孔质载体，如 SiO_2、Al_2O_3 及活性炭等，其表面结构更具许多特性。SiO_2 具有图 6-5 所示的三维网状结构，其表面存在三种类型的硅烷醇基（A、B）及甲硅氧基（C）（图 6-6）。在吸附 H_2O 分子时，由于氢键而形成复杂的表面化合物。Al_2O_3、分子筛也有类似的现象，这些表面化合物中 OH 基的 H^+ 就是固体酸中心的来源[25]。

尽管目前的实验技术对固体催化剂或载体的表面组成、结构、电子态及形貌等还未做到彻底了解，而从催化作用考虑，这些固体表面具有以下特性。

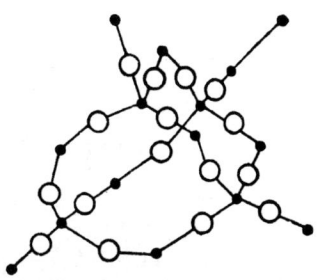

图 6-5 SiO_2 的三维网状结构

（1）从原子尺度上观察表面，固体表面具有高度不均匀性。图 6-1 已说明了这种特性。

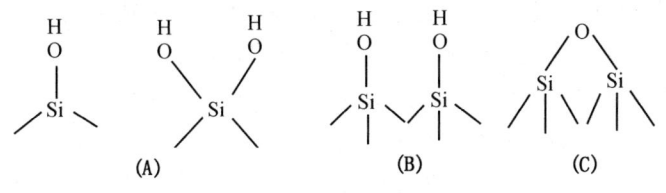

图 6-6 SiO_2 的表面基团

（2）表面具有选择吸附作用。上面的例子也说明在表面的平台、边、角等不同地方的吸附态是不同的。在多数场合下，非均匀表面上往往还覆盖着一个近似单分子层的吸附物。这种吸附的单分子层会引起固体表面性质改变，如封住某些活性部位或改变表面原子的氧化态等。

（3）固体表面具有不同的配位状态。Cr_2O_3-SiO_2-Al_2O_3 是乙烯中压聚合用催化剂。载体是 SiO_2-Al_2O_3。实验发现，载体的选择对催化反应的活性影响很大。使用 SiO_2 或含少量 Al_2O_3 的 SiO_2-Al_2O_3 载体制成的催化剂，催化活性很高；而使用 Al_2O_3 含量较高的 SiO_2-Al_2O_3 作载体时，催化剂的活性很差。这是由于 SiO_2 中氧原子对 Si 的配位为四面体

配位，而在 Al_2O_3 中氧原子对 Al 的配位有四面体配位，也有八面体配位。而这种乙烯聚合催化剂，只有当 6 价铝还原为 5 价铝后与四面体氧配位形成四面体结构时，才具有催化活性。所以，只使用 SiO_2 或含少量 $Al_2O_3 - SiO_2$ 的载体，才能使 Cr_2O_3 负载后，经高温焙烧而形成四面体配位结构，从而具有高的活性[26]。

（4）固体表面存在某些类型的功能基团。很多催化剂载体是以无机盐类的水溶液为原料制备的，所以其表面大多数是与水及羟基等形成稳定的配位状态。如 SiO_2、Al_2O_3 载体等都已发现了固体酸、碱的作用。这些载体的表面羟基就成为使活性组分高度分散或负载有机络合物的中心。例如，加氢催化中使用的雷尼镍催化剂，就是将 Ni 和 Al 熔融后制成合金，再用碱的水溶液除去含 Al 部分，使其重新变成细粉状的含 Ni 物质，如图 6-7 所示。

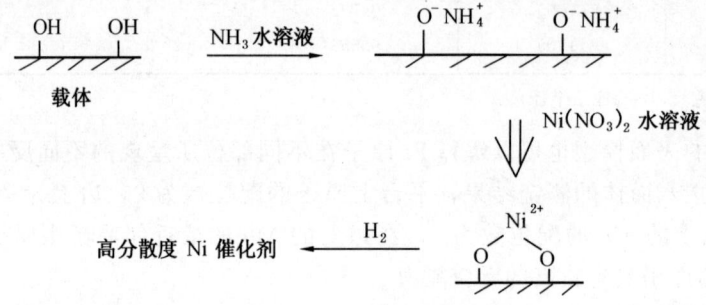

图 6-7　固体表面的配位作用

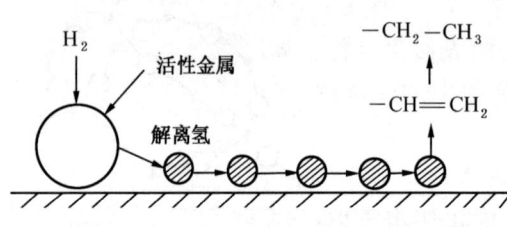

图 6-8　载体表面的"溢流"现象

（5）活性组分在载体表面存在"溢流"现象。实验发现，在活性组分上已活化了的吸附物中，会发生向载体组分的迁移，并称这种情况为"溢流"现象（图 6-8）。如与 Pt 催化剂相混合的 Al_2O_3，因保存着由 Pt 催化剂所提供的 H_2，能使乙烯和苯进行加氢反应。而当用氢来还原氧化物时，如果混有金属催化剂，就能降低还原温度。这种现象也可以用活化了的氢发生"溢流"现象来解释。而产生"溢流"现象的原因可能是由于活性组分与载体组分之间产生电子作用或配位作用所造成。"溢流"过程不仅可以发生在金属与氧化物之间，也可以发生在氧化物与氧化物、氧化物与金属、金属与金属之间[27]。

（6）固体表面具有离子交换性质。早在 19 世纪末就已发现了沸石的离子交换作用。通过离子交换，可以调节沸石晶体内的电场、表面酸性，从而改变沸石的吸附及催化性能。例如，用多价阳离子取代 Y 型沸石中的 Na^+，就可完全改变其催化特性。以后发现，可以进行离子交换的物质很多。天然产品主要是硅铝酸盐的天然矿物，如各种沸石、高岭土、云母、膨润土、方钠矿等。合成物质则有水合氧化物（如 SiO_2、MgO、Fe_2O_3、TiO_2 和 V_2O_5 等）、多价金属酸式盐［如 $Zr(HPO_4)_2 \cdot H_2O$、$Ti(HPO_4)_2$ 等］、不溶性杂多酸盐（如磷钼酸铵、硅钼酸铵等）、不溶性亚铁氰化物及合成分子筛等。这些物质从结构上分，一种是具有确定晶体结构的，如硅铝酸盐、杂多酸盐及亚铁氰化物；另一类是非晶体结构，如水合金属氧化物及多价金属酸式盐。

关于离子交换机理目前还有多种解释。其中，晶格交换理论认为，晶体中每一个离子被一定数目的具有相反电荷的离子包围，它决定于离子的配位数，同时它受库仑力的作用，在晶体表面上的离子所受到的引力要比在晶体下面的同样离子所受的引力要小。当将晶体放入极性很强的介质（如水）中时，连接晶体表面上离子的引力减弱到可能被溶液中其他离子所取代（或反应）的程度时，就发生离子交换作用。而这种离子交换的难易程度则与连接离子到晶体上的引力性质、进行交换的离子浓度及电荷、晶格可以接近的程度、两种离子的大小以及溶解度效应等因素有关。

6.3 固体表面的吸附作用

不管将固体联结起来的力的性质如何，围绕着各个离子、原子或分子总会产生力场。在固体表面上这种力场不会突然消失，而将延伸到固体以外的空间。因此，处在固体表面的原子具有从外界俘获其他原子以降低这种额外力的趋向，所以表面具有吸附各种分子的能力。显然，吸附气体和液体的能力也是固体表面的最具特征的性质之一。固体的很多性质都因有这种吸附作用而产生很大影响。对于用来负载活性组分的催化剂载体来说，了解这种吸附作用也是十分重要的。例如，由吸附实验测得的孔体积及孔半径等孔结构数据，可以帮助确定催化剂和载体制备的重复性以及载体附载活性组分的功能；了解各种载体对不同溶质或活性组分的吸附特性，有助于更适宜地选用活性组分的负载方法。在某种情况下，知道孔的大小，反应物在孔中的吸附、扩散性质，对于更清楚地了解催化反应的机理也是很重要的。

6.3.1 吸附过程

固体表面有吸附溶液中溶质或吸附气体的特性。如在充满溴蒸气的玻璃瓶中，放入少量活性炭，红棕色溴蒸气将逐渐消失，表明活性炭表面有富集溴分子的能力。这种在一定条件下，一种物质的分子（或原子、离子）能自动地附着在某固体表面上的现象，或某种物质在界面层中，浓度能自动变化的现象，都可称作吸附。具有吸附作用的物质（如活性炭、Al_2O_3 和 SiO_2 等）称为吸附剂，被吸附的物质称为吸附质。

平常所见到的吸附过程一般都可经历以下几个过程：（1）外部扩散，流体相中的吸附质分子穿过流体膜，到达固体吸附剂表面；（2）内部扩散，吸附质分子从固体表面进入其微孔孔道，然后扩散到微孔表面；（3）吸附，进入到微孔表面的吸附质分子被固体所吸附；（4）脱附，已被吸附的吸附质分子从微孔孔道内脱附，离开微孔孔道表面；（5）内反扩散，脱附的吸附质分子从微孔道内的吸附流体相扩散至固体外表面，然后进入外部流体相。图 6-9 示出了各吸附过程的示意图。其中的任一步骤都会不同程度地影响吸附速率，而总吸附速率主要受吸附最慢的过程控制。

固体吸附剂的良好吸附特性和选择吸附性能，与它的微孔结构有关。特别是孔径在 1.5～200nm 之间的微孔具有很大的比表面积，是决定其吸附作用的实体。

6.3.2 比表面自由能

从固体表面的真实结构知道，处于固体表面上的原子与固体内部的原子不同，内部原子所受的力是对称的，但表面原子在垂直于表面方向的力并未饱和，而处在力的不平衡状态。这种不平衡力场与气体或液体分子产生的力场相互作用就会产生吸引力。另一方面，由于表面原子所受合力的方向是向着固体内部的，如果将内部原子迁移到表面，就需要克服吸力做功，这种功就将转化成固体本身的能量。由此可见，表面原子的能量比内部原子的能量要大。在给定的条件下，产生 $1cm^3$ 的新表面所需要的可逆功称作固体的比表面自由能，简称

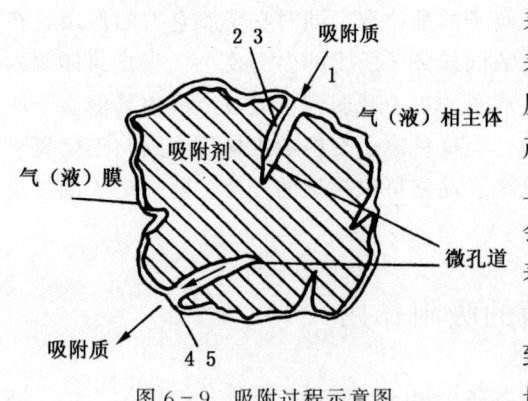

图 6-9 吸附过程示意图
1—外部扩散；2—内部扩散；
3—吸附；4—脱附；5—内反扩散

表面能。如果将单位质量的固体分散得越细，其表面积越大，表面能也就越大。因此，这种表面原子的不饱和性和表面能的存在，能使固体表面产生吸附现象。如果外来分子被吸附在固体表面上，则表面分子所受来自内部分子一侧的引力就会部分被抵消，这样，吸附外来分子时就降低了表面能。

测定固定表面能的方法较多，有时也不一致，表 6-2 示出了一些固体的表面自由能及测量方法。通常最直接的方法是测量劈裂固体所做的功，在真空中测定时，其表面能应为每平方厘米 $2\gamma_s$。

表 6-2　一些固体的表面自由能及测定方法

名　称	γ_s，$\times 10^{-7} J/cm^2$	测量方法
CaO	1310	溶解热
MgO（25℃）	1090	溶解热
TiC（1100℃）	1090±350	
Al_2O_3（1000～2000℃）	900±180	
NaCl	150	劈裂功
Ag	800	液体表面张力外推
Na	170	由离子力计算

6.3.3　物理吸附与化学吸附

吸附作用实质上可以看做是一种分子较小的物质附着在另一种物质表面上的过程。按照作用力的基本差别，可以分为物理吸附及化学吸附两种类型。物理吸附进行时，吸附质分子和吸附剂表面尖端的作用力属于范德华力范围，通常是以色散力为中心。这种力的作用较弱，使吸附质分子的结构变化不大，接近于原气体或液体中分子的状态，也就是说被吸附分子的表面的组成部分的特性保持不变，不发生电子转移、原子重排或化学键的破坏或生成等现象。

化学吸附基于分子与表面之间的化学键力，类似于化学反应。吸附后，吸附质分子与吸附剂表面原子之间形成吸附化学键，组成表面络合物。它与原吸附质分子相比，其结构变化较大，由于吸附键的影响，吸附质分子会被撕成原子或自由基而被束缚起来，它降低反应活化能，加快反应的进行。化学吸附又可分为活化吸附及非活化吸附，活化吸附需要活化能，它是一种特殊类型的化学吸附，活化吸附的研究对于阐明催化过程的本质、评价固体表面是一种重要手段。化学吸附是选择性或专一性的。利用这一点可以测定活性组分的比表面积。例如，CO 的选择性化学吸附可以测定 Fe 的比表面积。

在催化作用中，物理吸附在某种程度上也可以改变反应物在催化剂表面的浓度，通过浓度改变影响反应速度，但它对反应速度常数的影响不大。所以，从催化反应角度来说，化学吸附显得比物理吸附重要得多。可是，近来由于催化剂研制中，催化剂及载体的物性测试已占有重要地位，前述的一些物性数据，如孔径、孔体积、比表面积和孔径分布等数据都可通过物理吸附的方法来提供，而这些数据都是指导催化剂及载体制备所不可缺少的，载体的功能也是通过这些数据来了解的。所以，催化研究中，关于物理吸附及化学吸附的研究都十分重要，物理吸附与化学吸附有时很难严格区分，有的还兼有两种作用。两种吸附的特点比较见表6-3。

表6-3 物理吸附与化学吸附的特点

吸附特性	物理吸附	化学吸附
吸附力	范德华力	化学键力
吸附热	小于42kJ/mol	42～628kJ/mol
活化能	不需要	需要
吸附速度	较快	较慢
吸附温度	低于沸点	高于沸点
吸附层	单分子层或多分子层	单分子层
选择性	无	有

物理吸附是一种普通的物质运动形式，在多数物质的表面都能发生。一般凡是暴露于气体中的固体表面，都有分子的吸附，如果分子在表面上停留的时间很短，就难于用化学或物理的方法来判断。一个碰撞表面的分子可能有两种不同的结果，或者它被固体表面捕捉，或者它立刻被弹回气相。如果它被捕捉，就可在表面上作短暂的逗留，然后返回气相。如果将这两种情况加以比较就会发现，分子在离开表面时，两者会产生重要的方向上的差别。在分子立即弹回气相的情况下，其反射方向与入射方向的关系，与光线的反射情况相同。分子的入射方向与表面的法线之间的夹角等于反射方向与法线之间的夹角。但是，如果分子在返回气相之前，在表面上作短暂逗留时，就不存在上述关系，分子返回的方向就受固体表面情况所支配。

研究吸附时，通常是以单位质量的吸附剂所吸附的气体或蒸气（标准状态下）来表示吸附量，它是温度和压力的函数。很多研究者为了测定在一定温度下吸附时，吸附量与压力的关系，而提出了几千条吸附等温线[28]。这些等温线，虽然形状繁纷，但单纯的物理吸附基本上可以用图6-10所示的五种类型概括。类型（a）常认为是属于Langmuir（朗缪尔）型，因为它接近于单分子层吸附。例如，氧或氮低温下在木炭及二氧化硅干凝胶上的吸附就属于这一类。类型（b）、（c）属于多分子层吸附（BET型），如氮在无孔硅胶、溴在硅胶上的吸附等温线就分别属于（b）及（c）型。（d）及（e）型是多分子层吸附又伴有毛细管凝聚的情况，如水蒸气在石墨上的吸附就属于（d）型。所以，这些等温线形状

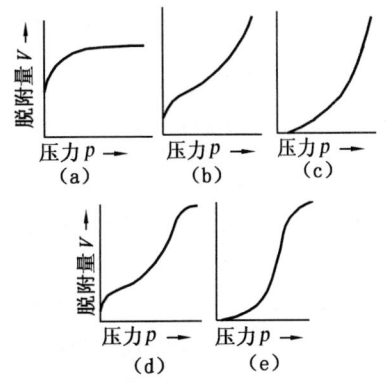

图6-10 吸附等温线的五种类型

的差别反映了吸附剂与吸附质分子间作用的区别。例如，在低压情况下，吸附等温线的形状主要反映了吸附剂与吸附质分子间作用力的影响。如果分子容易被吸附，曲线向下弯，如曲线（a）、（b）及（d）的起端；如果不太容易吸附的话，曲线就向上弯，如（c）、（e）的起

端。随着压力增加,等温线也开始斜着上升,如曲线(d)的情况,这表示吸附由单分子层开始向多分子层吸附进行。压力再继续增加,等温线的斜率也随之变化,以致出现突跃,这说明毛细管凝聚现象随之开始。这部分等温线的形状与孔的大小及分布有关,所以利用这部分曲线可以用来求取孔分布的数据。

很多研究者都力图把实验结果用适当的数学式来表示,即用方程式来描述等温线,由于各种曲线的多样性,往往不容易实现。但某一吸附体系在吸附平衡时表现的规律主要决定于吸附剂与吸附质分子的性质,同时还与温度、压力有关。例如,压力不变时,表示吸附量与温度关系的是吸附等压线;吸附量不变,表示压力和温度关系的是等量吸附线。等温线、等压线及等量线三者之间互相关联,从一种曲线可以求取另一种曲线。通常,采用等温线的形式比较普遍。

6.3.4 吸附位能图

如上所述,气体在固体表面上的吸附可以分为物理吸附及化学吸附两类,它们的吸附强弱通常可以用吸附热或吸附键能来表示[29]。

一些固体表面的原子价键可能不完全与相邻的原子形成饱和键,因而它们的不饱和性就大得多。这样的表面在吸附时,就可能与接触相中的分子或原子形成化学键,这类吸附就属于化学吸附。

下面以气体分子在固体表面的吸附过程为例进行讨论。

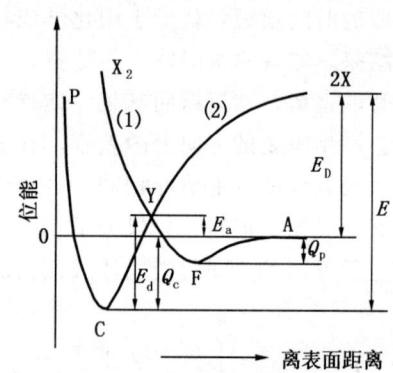

图 6-11 双原子分子解离吸附时的位能

图 6-11 的曲线(1)是 X_2 气体分子在固体表面的物理吸附曲线;曲线(2)是解离了的两个 X 原子的化学吸附曲线。

图中,Q_c 为化学吸附热,Q_p 为物理吸附热,E 为原子(2X)的吸附能,E_D 为 X_2 分子的解离能,E_a 为吸附活化能,E_d 为脱附活化能,表示这种吸附过程能量变化的曲线,就是吸附位能图。

气体分子首先按曲线(1)发生物理吸附,这时气体分子通过范德华力与表面结合,吸附的分子由于振动而按(1)的趋势向表面移动,当气体分子接近固体表面时,曲线逐渐下降,下降至 F 点时位能最低。这种通过物理吸附结合在表面的分子在热激发下,经过 F 点又继续上升,它要经过 Y 点,即要爬过一个能量高峰 E_a 才能移向曲线(2)。这时,原子的状态就形成化学吸附,所以 E_a 的含义即为由物理吸附变成化学吸附需要吸收 E_a 能量加以活化,E_a 也就称为吸附活化能。化学吸附进行的速度快慢也就决定于活化能的大小。

同样,从曲线(2)变回到曲线(1),也要经过 Y 点,也要爬过一个能量高峰 E_d,其含义为由化学吸附变成物理吸附,并进一步脱附必须吸收 E_d 能量加以活化后方能实现,E_d 就称作脱附活化能。显然,

$$E_d = E_a + Q_c \tag{6-1}$$

上式是吸附活化能、脱附活化能及化学吸附热之间相互关系的公式。

从位能图上也可以看出,$Q_c > Q_p$,这也与通常的实验结果相一致,化学吸附热大于物理吸附热。

在位能图上，Y点具有明显的意义，它是一个转折点。Y点右方的曲线YFA是分子物理吸附的位能曲线，Y点左方的曲线YCP则代表一个分子已经解离成两个原子并在固体表面形成解离化学吸附的位能曲线。也可以说Y点是表示具有E_a能量的活化吸附体系，在吸附时产生了表面活化络合物，经过这种活化态，分子解离成原子。吸附气体与固体表面的相互作用过程也可以用图6-12加以形象说明。

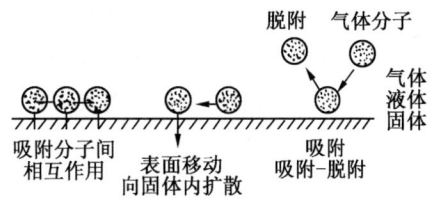

图6-12 固体表面和气体的相互作用

6.3.5 吸附热及吸附活化能

如前所述，吸附是一个放热过程，自由能减少是吸附的一种推动力。自由能变化（ΔF）、焓变化（ΔH）及熵变化（ΔS）的热力学方程式为：

$$\Delta F = \Delta H - T\Delta S \tag{6-2}$$

这种变化也发生在吸附过程中，吸附过程的自由能降低，ΔF必然是负值，这样ΔH也将是负值，所以吸附过程是放热的。

吸附热是区别物理吸附与化学吸附很重要的标准。物理吸附的吸附热最多不超过42kJ/mol，而化学吸附的吸附热可达42～628kJ/mol。这是由于化学键力比单纯的物理吸引力要强得多。

吸附热也是吸附剂对吸附分子吸附强弱的量度，它随着表面覆盖度而变化。这种变化可反映出固体表面的均匀情况及吸附分子间的情况。所以测定固体吸附时的吸附热，有助于了解固体的表面结构及表面过程。

吸附热通常可分为积分吸附热及微分吸附热。前面所讲的吸附热都是指积分吸附热，它是指吸附平衡时，已被气体所覆盖的那部分表面的平均吸附热，它代表吸附过程中较长时间内的平均热量变化。而微分吸附热是指吸附达到某一程度后，再吸附少量气体而发生的热量变化，代表吸附过程某一瞬间的热量变化，而且是对一定量的吸附气体而言的。现行文献中，吸附热一词有的是指微分吸附热，有时指积分吸附热，要看具体情况而定。

吸附热的测定一般有两种方法，一种是用Clausius（克劳修斯）-Clapeyron（克拉珀龙）方程从吸附等温线来计算；另一种方法是用量热计直接测定吸附时所放出的热量。

Clausius-Clapeyron方程为：

$$q_{iso} = RT^2 \left(\frac{\partial \ln p}{\partial T}\right)_v \tag{6-3}$$

式中 q_{iso}——吸附量为v时的微分吸附热，kJ/mol；

T——绝对温度，K；

p——吸附平衡时的气体压力，Pa；

R——气体常数，$R = 8.314$J/(mol·K)。

用这种方式算出的微分吸附热也称为等量微分吸附热。由于它是由热力学导出来的，仅对热力学的可逆过程是有效的，所以只有在肯定吸附是真正可逆的情况才正确。

量热计测定吸附热所用的装置是由一般量热计与吸附量测定装置组合而成，量热计有等温式量热计及绝热式量热计数种，可根据多孔性吸附剂及吸附气体情况加以选用。

而从吸附动力学研究表明，上述吸附活化能也往往随表面覆盖度的增加而增大。例如，H_2 在 $ZnO-Cr_2O_3$ 上的吸附，覆盖度增加3倍时，吸附的活化能由 12.6～42kJ/mol 增加到 46kJ/mol。因此，吸附活化能的概念和吸附热一样，是对一定覆盖度而言，也可表达为：

$$E_a = RT^2 \left(\frac{\partial \ln v_a}{\partial T}\right)_\theta \tag{6-4}$$

式中　v_a——吸附速率，即达到平衡时，吸附量随时间的变化；

　　　θ——被吸附分子的表面覆盖度，为被吸附分子覆盖的面积与总面积之比。

6.3.6　吸附速率

吸附有时发生很快，例如金属及一些非多孔性吸附剂的吸附速度都很快，但一般总是在可以测量的速度下进行。有的化学吸附开始有着很快的吸附，然后发生慢吸附，而脱附一般总是在可测速度下进行。吸附、脱附最终以什么方式进行，主要决定于吸附剂和吸附质间的作用，同时还受温度、压力等条件的影响。

吸附速率定义为达到吸附平衡时吸附量随时间的变化，脱附速率也可用类似的意义来定义。研究和测定吸附及脱附速率对于了解固体的活性表面有很大的作用。

不同的固体吸附剂对不同吸附质有不同的吸附性能，如铁可以吸附一氧化碳，镍可以吸附 H_2 或 H_2S，K_2O 可以吸附二氧化碳等。所以，不同研究者采用不同吸附剂进行吸附速率测定时会得到不同结果。

6.3.7　吸附引起的肿胀

对于非刚性吸附剂，如硫化橡胶置于苯蒸气中，橡胶就会肿胀起来，结果变为原体积的好几倍。这种现象是容易解释的，显然吸附剂的组成部分，不论是微晶或仅是大分子，已被吸附物所推开。

对于木炭或硅胶之类的刚性吸附剂，当它们吸附气体或蒸气时也会产生膨胀，只是量很少而已（表6-4）。虽然这种吸附肿胀效应相当细小，但多孔性固体的吸附肿胀仍有它的重要性。其中一种理论认为，这种肿胀会使吸附剂产生某种变形，从而突然增加其可接近的面积。例如有一些凝胶类（硅胶、氧化铝等）吸附剂，是由各种不规则的形状，如立方、片状等变化的基元胶束所组成，它们在这里或那里接触，而肿胀所引起的机械应力会倾向使它们推开，这是一个由吸附所产生的使胶束互相黏附减弱所促成的过程。这种效应就易于使结构在一定地点弹开，从而开放了原先关闭的面积，而引起被吸附物的突然增多。此外，有一些研究者还利用这种肿胀性来解释前述吸附等温线的滞后现象。也有一些实验结果还证明，蒸气的吸附如果伴随着有相当的肿胀就会引起吸附剂的强度降低。

表6-4　某些吸附剂在吸附气体和蒸气后所引起的线性膨胀

吸附剂	吸附质 （气体或蒸气）	膨胀 %	吸附量 g/g	相对压力 (p/p_0)	温度 ℃
木炭	甲烷	0.45	0.110	0.136	20
木炭	二氧化碳	0.122	0.0778	—	19±1
木炭	二氧化碳	0.162	0.102	—	19±1
多孔玻璃	氮	0.022	0.062	—	-183.1
高岭土压紧块	水	0.8	—	0.8	25

6.3.8 固体表面性质与吸附能力的关系

一般来讲，物理吸附与固体的表面性质关系不是太大，如前所述，当温度及压力一定时，物理吸附量也几乎不变。可是，对于化学吸附来说就会产生不同的情况。例如由固体与气体（或液体）组成的吸附系统，它既可能产生吸附，也可能不发生吸附。表6-5为常温下一些金属膜对七种气体的吸附结果。从表中可以看出，有一类在常温下能产生吸附，另一类则在常温下不发生吸附。一般来讲过渡金属对气体的吸附能力较强，这与它们的晶体结构有关。

表6-5 金属的吸附性能（常温下）

	O_2	C_2H_2	C_2H_4	CO	H_2	CO_2	N_2
Ca、Sr、Ba、Ti、Zr、Hf、V、Nb、Ta、Cr、Mo、W、Fe、(Re)	+	+	+	+	+	+	+
Ni（Co）	+	+	+	+	+	+	+
Rh、Pd、Pt、(It)	+	+	+	+	+	−	−
Al、Mn、Cu、Au	+	+	+	+	−	−	−
K	+	+	−	−	−	−	−
Mg、Ag、Zn、Cd、In、Si、Ge、Sn、Pd、As、Sb、Bi	+	−	−	−	−	−	−
Se、Te	−	−	−	−	−	−	−

注：+：吸附；−：不吸附。

近代分析测试技术已能对分子的几何构型及晶体中原子的几何排布进行实验测定。在一定条件下，气体分子的几何构型以及固体中原子的几何排布会影响吸附键能的大小。例如，一些固体表面原子间距离的大小会对催化活性产生影响，这可以从化学吸附活化能的大小得到说明。根据Eyring（艾林）对氢分子在活性炭上的吸附活化能进行计算的结果[13]，说明活性炭表面原子间距对H_2分子的吸附活化能有显著影响，如图6-13所示。当C—C间原子距离为0.36nm时，H_2分子的吸附活化能最低，当原子距离变小时，活化能升高，这是由于被吸附的H和H之间的排斥力增大之故。反之，当原子间距增大时，活化能也升高，并达到一定值。这就是图6-13（b）所示，在一定活化能下，H—H键发生断裂的原因。这两种因素就使得出现图中活化能的最小值。

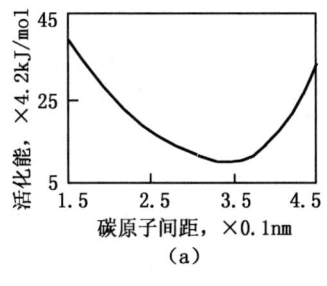
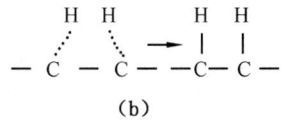

图6-13 氢分子的化学吸附活化能和C—C原子间距的关系

固体表面原子间距的大小也直接影响吸附热。以乙烯在金属Ni上的吸附为例，Ni的晶体是面心立方结构。图6-14为金属Ni的不同晶面上Ni-Ni的距离。

当乙烯吸附到金属Ni上后，对应这两种距离会有不同的吸附现象，并表现在吸附后键

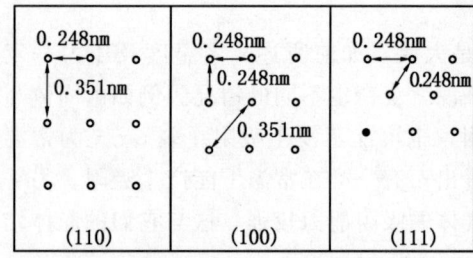

图 6-14 金属 Ni 三种晶面的距离

角∠Ni-C-C 的不同（图 6-15）。

C-C 的原子间距为 0.154nm，C-Ni 的原子间距为 0.182nm。当 Ni-Ni 原子间距为 0.248nm 时，算得的∠Ni-C-C 为 105°；而当 Ni-Ni 为 0.351nm 时，算得的∠Ni-C-C 为 123°，因为 C 原子具有正四面体结构，键角为 109°28′，它比较接近于 105°，而与 123°相差较大，因此键角 105°对应较稳定的吸附乙烯，也就是这种场合吸附乙烯要容易得多。显然，Ni-Ni 原子间距为 0.248nm 时，乙烯的吸附热会大于原子间距为 0.351nm 时的吸附热，较低的吸附热，通常对应较高的活性。因此，Ni-Ni 间距为 0.351nm 处的活性高于 0.248nm 处的活性，这也与实验结果相一致。

6.3.9 化学吸附及表面分析方法

如上所述，催化反应进行时，反应物分子在催化剂表面上的吸附，决定着反应物分子被活化的程度及催化过程的性质。因此研究反应物分子在表面上的吸附状态以及反应前后表面上所发生的各种变化，对阐明反应物分子与催化剂表面相互作用的性质及反应机理有十分重要意义。

在早期，人们是用重量法和容量法研究化学吸附。随着技术的进步，各种现代谱学技术已成为研究化学吸附的主要手段。用来研究化学吸附的方法有程序升温脱附法、量热法、磁学法、红外光谱法、拉曼光谱法、固体核磁、低能电子衍射、Auger 电子能谱、X 射线光电子能谱、高分辨能量损失谱及电子显微镜等。至于吸附量的测定，常用容量法、重量法及色谱法等。

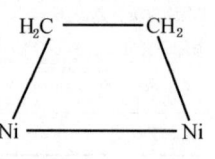

图 6-15 乙烯在金属 Ni 上的吸附

为了揭开催化反应的本质，在基础研究领域中，已应用了各种先进的表面分析技术，对固体表面组成、表面结构、表面电子状态及形貌进行广泛研究。其中，表面组成包括表面元素组成、化学价态及其在表层的分布等。表面结构包括表面原子（或分子）排列等。表面电子状态包括表面能级性质、表面电荷密度分布及能量分布等。表面形貌指外形及表面纹理结构等，当分析的分辨率达到原子级时，可观察到原子排列。同时力图将这些分析结果与表面上进行的各种催化反应结合起来，以搞清反应物分子是在哪些活性部位上得到活化的。

表面分析技术的特点是用一个探束（电子、离子、光子或原子等）入射到测试样品表面，在两者相互作用时，从样品表面发射及散射电子、离子、中性离子（原子或分子）与光子等。通过检测这些粒子（电子、离子、光子及中性粒子等）的能量、荷质比、粒子数强度（计数/秒）等，就可以获得样品的表面信息。

研究固体表面的分析方法很多，如 X 射线衍射（XRD）、X 射线光电子能谱（XPS）、X 射线吸收精细结构谱（XAFS）、电子能量损失谱（EELS）、紫外光电子能谱（UPS）、Auger 电子能谱（AES）、离子散射谱（ISS）、二次离子质谱（SIMS）、核磁共振（NMR）、分析电子显微镜（AES）等。这些技术各具优点及不足，所以常采用不同技术联合的方法，以得到互相补充完善的信息，获得对表面更清晰的了解。有关这些分析技术的更详细知识可参阅相应的文献[30]。

6.4 固体表面改性

如上所述,催化表面化学是探讨催化剂表面的组成结构和电子性质同催化性能之间相关联的一门学科。"表面"既包括催化剂本身的表面层,也包括在催化剂表面上吸附的反应物分子所形成的各类物种,对表面研究的深化,也观察到固体的表相与体相在组成和结构等方面的差别,并引起对催化剂或载体表面局部环境的重视。而固体表面改性不仅是表面化学中的课题,也是界面工程中研究的重要课题,为此目的,任何使固体表面性质发生变化的措施(包括化学措施或物理措施)都可以认为是表面改性,或更通俗地称为表面处理。一些固体,特别是多孔载体经表面改性后,不仅表面性质发生变化,其物理结构(如比表面积、孔体积、表观密度及骨架密度等)也均有一定变化,吸附是表面现象,固体表面性质改变后将直接影响其吸附性能,从而也会影响催化行为。

根据各种催化反应对催化剂表面状态的不同要求,也可将催化反应分成结构不敏感催化反应和结构敏感催化反应两类。前者对催化剂表面结构的要求不高,几乎在催化剂的任何一种状态下(如改变催化剂颗粒大小及大幅度改变双金属催化剂组成)都会有相差不大的催化活性,这意味着这种反应的活性或活性部位可能是单个金属原子,如加氢、脱氢、异构化等反应通常需要打开或生成 H—H 键、C—H 键、O—H 键的反应属于这一类;另一类则对催化剂的表面结构有一定要求,随着催化剂颗粒大小的改变,双金属催化剂组成的变化,反应活性会发生剧烈的变化,如需要打开或生成 C—C 键、C—O 键、N—N 键的加氢裂解等反应属于这一类。这意味着此类反应要求有一定结构,如由一定数量的金属原子组成并具有一定构型的催化剂活性部位。

固体表面改性方法很多,根据改性性质的不同分为物理方法、化学方法及包覆方法等。其改性技术也应用于多个领域,如眼镜玻璃的防雾、雨衣防水、涂料改性、输油管道内壁改性使其憎油而降低摩擦阻力等,用于催化剂载体的改性技术主要有以下五种。

6.4.1 机械力化学改性

所谓机械力化学改性就是通过粉碎、磨碎、摩擦等方法实施载体表面改性,粉碎过程中施加的大量机械能,除消耗于颗粒微细化外,还有一部分用于改变颗粒的晶格与表面性质,从而增强粒子的表面活性。激活的颗粒极易与四周的气体、液体或固体物质发生反应,这就是机械力化学效应。载体在粉磨或超细粉碎过程中会引起化学键断裂、晶体结构变化、新生表面产生金属离子裸露等,使得新生成的表面有活性极高的离子或基团,这种现象,在催化剂及载体的活化研究上已引起人们重视。尤对多组分金属氧化物催化剂的制备具有现实意义。例如,在制备丙烷氧化制丙烯酸的 Mo—V—Nb—Sb—Bi 多组分催化剂时,对 MoO_3、V_2O_5、Nb_2O_5、Sb_2O_5、Bi_2O_3 的五组分氧化物单独混合制备的催化剂,与上述五组分氧化物粉磨混合制得的催化剂进行比较时,后者的催化活性高于前者。

6.4.2 气相吸附法改性

这是利用气体在固体表面上的吸附作用对固体表面进行改性。早就发现,用 TiO_2(锐钛矿)改性的 $\gamma—Al_2O_3$ 用作钼系加氢脱硫或脱氮催化剂的载体时,可明显提高催化剂的活性。而其关键是要制得 TiO_2 呈单层分散态的 $TiO_2/\gamma—Al_2O_3$ 复合载体。制备时先将 $\gamma—Al_2O_3$ 在 550℃下焙烧 3h 脱除吸附水,待 $\gamma—Al_2O_3$ 冷却至室温后通入用纯氮气携带的 $TiCl_4$ 蒸气使之吸附在 $\gamma—Al_2O_3$ 上。然后将吸附的 $TiCl_4$ 在室温下充分水解(在空气中放置

48h 或直接滴加蒸馏水）后再经高温焙烧，即可制得 TiO_2 在 $\gamma—Al_2O_3$ 表面呈单层分散态的 $TiO_2/\gamma—Al_2O_3$ 复合载体，经 XRD、TEM 等测定，使用这种表面处理方法制得的载体，TiO_2 在 $\gamma—Al_2O_3$ 表面有一分散阈值（$0.168gTiO_2/\gamma—Al_2O_3$），在阈值以下 TiO_2 以单层或亚单层分散形式存在，在阈值以上则出现晶相，未发现有固体相化合物的生成。采用类似的方法，由 SiO_2 吸附 $TiCl_4$ 蒸气，经水解及焙烧，可制得 TiO_2/SiO_2 复合载体，TiO_2 在 SiO_2 表面呈单层或亚单层分散。

6.4.3 沉淀反应改性

沉淀法是液相化学反应合成金属氧化物粉体材料最普通的方法。它是利用各种溶解于水中的物质，通过化学反应生成不溶性的氢氧化物、硫酸盐、碳酸盐及乙酸盐等，再将沉淀物加热分解，制得目的产物，沉淀法可用来制备单一或复合氧化物材料，还可在固体表面涂覆 TiO_2、ZnO、ZrO_2 等氧化物材料。如以 $NaOH$ 及 Na_2CO_3 混合物溶液为沉淀剂，采用并流法与 $Mg(NO_3)_2$、$Al(NO_3)_3$ 混合液进行共沉淀时，可制得 $Mg/Al=3～6.7$ 的 Mg-Al 水滑石沉淀物，将沉淀物过滤、干燥，再经 500～600℃ 高温焙烧，可制得具有与 MgO 相同晶体结构的 Mg（Al）O 复合氧化物，其比表面积大于或接近于 $\gamma—Al_2O_3$，并且有良好的热稳定性。而且 Mg（Al）O 不但具有和 MgO 类似的表面碱性中心分布，还保留有 $\gamma—Al_2O_3$ 的某些酸性性质，是一种具有双重酸碱性质的复合氧化物。这与由 $Mg(NO_3)_2$ 分解制得的 MgO 相比较，Mg（Al）O 复合氧化物既具有和 MgO 相同的晶体结构，而且有比 MgO 大而稳定的比表面；既有类似 MgO 的碱性性质，又有 $\gamma—Al_2O_3$ 的酸性性质，是一种优良的催化剂载体材料。

6.4.4 碳质材料表面化学改性

活性炭、活性炭纤维等碳质材料都是优良的催化剂载体及吸附剂。活性炭为有微晶结构的无定形炭，具有乱层结构，表面虽有相当数量的含氧基团，但就整体来说属非极性或低极性的憎水性固体，活性炭纤维是由聚丙烯腈等合成纤维在惰性气体中炭化而成的，它也具有紊乱的石墨状微晶结构，表面存在少量亲水性的含氧基团，通过对活性炭纤维表面的简单氧化（气相氧化或液相氧化）、氨化（800℃下与氨反应）、氢化、碱化或高温（800～1000℃）处理后，可以改变其表面含氧、含氮基团的数量及亲疏水性等，提高对不同酸碱气体的吸附能力。例如，将高比表面积的沥青基活性炭纤维经高温氧化处理后，其脱硫能力显著提高，即 SO_2 的吸附容量、SO_2 的氧化活性及硫酸的溶出速度都大大增加，以致在室温下就具脱硫性能，此外，将活性炭纤维进行硅化、磺化、氟化等表面化学处理后，可以获得一些特殊优良性能，以适用于不同的场合。

6.4.5 用表面活性剂覆盖处理

一些氧化物或氢氧化物载体材料，如 SiO_2、TiO_2、$Al(OH)_3$、$Mg(OH)_2$ 等都有自己的零电点 pH 值，其 pH 值依次为 2～3、6.7、9～12 及 12.4。因此，据零电点并控制溶液的 pH 值，可以通过表面活性剂吸附而获得有机化改性。如 SiO_2 的零电点 pH 值很低，故可在中性或碱性溶液中吸附阳离子表面活性剂而获得有机化改性。$Al(OH)_3$ 及 $Mg(OH)_2$ 的零电点 pH 值很高，所以它们的正电性很强，故可在很宽的 pH 值范围内吸附阴离子表面活性剂而获得有机化改性。以 SiO_2 为例，当 SiO_2 吸附不同浓度的十八烷基三甲基溴化铵（CETAB）时，它对水的接触角 θ 也会随之变化（表 6-6）。CETAB 的临界胶束浓度（CMC）为 $8.5\times10^{-4}mol/L$。从表 6-6 看出，当 CETAB 浓度增大时，接触角 θ 增大，在浓度远低于 CMC 时便可形成憎水性的单分子层吸附，此时 θ 为 90°，但超过 CMC 又可形成亲水的双层吸附，此时 θ 又降为 $0°$。

表 6-6 CETAB 浓度与改性 SiO_2 接触角 θ 的关系

CETAB 浓度 mol/L	0	10^{-7}	10^{-6}	10^{-4}	2×10^{-4}	5×10^{-4}	10^{-3}
接触角 θ (°)	0	84	90	90	68	51	0

一种液体能否润湿某种固体，主要考察此液体在固体表面上处于平衡状态时接触角 θ 的大小，一般当 $\theta<90°$，固体表面可被润湿，且 θ 越小，润湿性越好；而当 $\theta>90°$，则不被润湿。因此，固体经表面活性剂覆盖处理后，可以提高其润湿及分散性能，而且，多孔性固体经有机化改性后，不仅表面性质发生变化，其物理结构（如比表面积、孔体积、骨架密度和表观密度等）也会发生一定变化。

第 7 章　固体酸碱及其催化性质

7.1　酸碱的定义

人们对于酸碱的认识是从它们所表现的现象开始的，先认为酸是具有酸味的物质，并能溶解许多物质；碱是苦涩味的物质，与酸作用时，酸味就消失。19 世纪后期，在电离理论创立后，现代酸碱理论有 Arrhenius（阿仑尼乌斯）提出的水—离子理论，以后先后有 Franklin（富兰克林）提出的溶剂理论、Brønsted（布朗斯台德）提出的质子理论及 Lewis（路易斯）的电子理论。

7.1.1　水—离子理论

水是常用的溶剂，酸是能在水溶液中电离产生 H^+ 离子的物质，常见的如 HNO_3、H_2SO_4 等；碱是能在水溶液中电离产生 OH^- 的物质，常见的如 $NaOH$、KOH 等。所以 H^+ 是酸的特征，OH^- 是碱的特征，酸与碱反应称为中和作用，主要是 H^+ 和 OH^- 的化合而产生 H_2O 的作用。例如：

$$酸：HCl \longrightarrow H^+ + Cl^- \tag{7-1}$$

$$碱：NaOH \longrightarrow Na^+ + OH^- \tag{7-2}$$

$$中和作用：H^+Cl^- + Na^+OH^- \longrightarrow Na^+Cl^- + H_2O \tag{7-3}$$

酸和碱的这种水—离子理论是一般化学课本上常用到的，其主要缺点是把酸和碱限制在水溶液中，并把碱限制为氢氧化物。如果把酸和碱的标志看做是 H^+ 和 OH^-，那么纯净的不导电的 HCl 气体是不是酸？如果回答是肯定的话，那就与水—离子论的定义不相符合。以后更发现，许多反应是在非水体系中进行，不含 H^+ 和 OH^- 成分的物质也表现出酸和碱的性质，这是水—离子理论难以解释的。

7.1.2　溶剂理论

这种理论认为凡经过离解而产生作为溶剂特征的正离子的物质为酸，碱则是产生为溶剂特征的负离子。酸和碱反应就是正离子与负离子化合而形成溶剂分子。根据溶剂理论，在水溶液中，水为溶剂，它离解为正的氢离子（H^+）和负的羟离子（OH^-）。因此，在水溶液中，凡能放出 H^+ 的物质为酸，凡能放出 OH^- 的为碱。酸与碱的反应主要是 H^+ 和 OH^- 化合而生成作为溶剂的 H_2O。水只是许多溶剂中的一种，各种溶剂电离的离子不同，因而有不同的酸和碱。例如，溶剂 C_2H_5OH 可以离解正离子（H^+）和负离子（$C_2H_5O^-$），HN_3 可以离解为 H^+ 及 NH_2^- 等。所以溶剂理论把酸碱的概念有所扩展。其缺点是这种理论建立于溶剂电离成酸碱离子的基础上，对于不电离的溶剂以及无溶剂的酸碱体系仍不能用这种理论解释。

7.1.3　质子理论

这种理论是 Brönsted 于 1923 年提出，所以又称为 Brönsted 理论。该理论认为凡是能够释放质子（氢离子）的任何含氢原子的分子或离子都称为酸，而碱是能够与质子化合的分子或离子，用简式表示成：

$$\underbrace{酸 \Longleftrightarrow 碱}_{共轭酸碱} + H^+ \tag{7-4}$$

例如：

$$HCl \rightleftharpoons Cl^- + H^+ \quad (7-5)$$

$$NH_4^+ \rightleftharpoons NH_3 + H^+ \quad (7-6)$$

$$H_2PO_4^- \rightleftharpoons HPO_4^{2-} + H^+ \quad (7-7)$$

$$[Al(OH_2)_6]^{3+} \rightleftharpoons [Al(OH)(OH_2)_5]^{2+} + H^+ \quad (7-8)$$

上述各式中，左端为酸，右端是碱及氢离子。而根据上述定义的酸也称质子酸或 Brönsted 酸，简称 B 酸。经这样定义的碱，又称 Brönsted 碱，简称 B 碱。由此可见，酸可以是正离子、负离子或中性分子，它们都含有 H 原子，反应时放出质子。原来在酸中与质子相结合的部分当然是碱。碱也可以是正、负离子或中性分子，都能与质子结合而成酸。一种酸与其释放质子后而产生的碱称为共轭酸碱对，简称共轭酸碱；也可说一个碱同它与质子结合而形成的酸为它的共轭酸。表 7-1 列出一些按照质子理论分类的常见的 B 酸和 B 碱。质子理论扩大了酸和碱的范围，而且明确易懂。

表 7-1 属于 B 酸及 B 碱的物质[31]

	B 酸	B 碱	备注
分子	HI、HBr、HCl、HF、HNO$_3$、HClO$_4$、H$_2$SO$_4$、H$_3$PO$_4$、H$_2$S、H$_2$O、HCN、H$_2$CO$_3$、RCOOH、RSO$_3$H、C$_2$H$_5$OH	I$^-$、Br$^-$、Cl$^-$、F$^-$、HSO$_4^-$、SO$_4^{2-}$、HPO$_4^{2-}$、HS$^-$、S^{2-}、OH$^-$、O^{2-}、CN$^-$、HCO$_3^-$、CO$_3^{2-}$、HN$_2^-$、RCOO$^-$、RO$^-$	负离子
正离子	H$_3$O$^+$、NH$_4^+$、[Al(OH$_2$)$_6$]$^{3+}$、[Cu(OH$_2$)$_4$]$^{2+}$、[Fe(OH$_2$)$_6$]$^{3+}$、[Co(H$_2$O)(NH$_3$)$_5$]$^{3+}$	NH$_3$、H$_2$O、N$_2$H$_4$、NH$_2$R、NHR$_2$、NHOH、C$_2$H$_5$OH	分子
负离子	HS$^-$、HSO$_4^-$、H$_2$PO$_4^-$、HCO$_3^-$	[Al(OH)(OH$_2$)$_5$]$^{2+}$、[Cu(OH)(OH$_2$)$_3$]$^+$、[Fe(OH)(OH$_2$)$_5$]$^{2+}$、[Co(OH)(NH$_3$)$_5$]$^{2+}$	正离子

从表 7-1 中可以看出，许多分子或离子既是酸又是碱，如 H_2O、HS^- 和 HSO_4^- 等。究竟是酸或者是碱，决定于与其反应的碱或酸的共轭酸或碱的强度，越弱的被取代得越完全，在反应中总是强者取代弱者。按照质子理论的酸碱反应，就是平常所谓的中和作用也并无盐生成，中和作用只是质子由较弱的碱转移到较强的碱。溶液的溶剂也不限于水和能电离的液体。所以，对于无溶剂或不电离的溶剂的酸碱体系，用质子理论可以说明。但这种理论对于酸性氧化物和碱性氧化物的中和作用，并不发生质子的酸碱反应不能进行解释，这也是它的局限性。

7.1.4 电子理论

这种理论是 Lewis 于 1923 年提出，理论的核心是电子对的配给和接受，故又称电子对理论或 Lewis 酸碱理论，简称电子论。它定义酸是任何分子、原子团或离子，具有电子结构未饱和的原子，因而可以接受外来的电子对，故又称电子对接受体，简称受体。碱则是可以给予电子对的分子、基团或离子，故又称电子对给予体，简称给体或授体。这样定义的酸称作 Lewis 酸，简称 L 酸，有时也称非质子酸；所定义的碱称作 Lewis 碱，简称 L 碱。电子论的酸碱反应是碱的未共用电子对通过配位键跃迁到酸的空轨道中。反应产物是两者的加合物，称为酸碱络合物。表 7-2 示出了一些按电子理论分类的 L 酸及 L 碱的种类。

表 7-2 属于 L 酸及 L 碱的物质

L 酸		
具有 p 空轨道的原子	周期表第Ⅲ族元素的卤化物及氧化物；周期表第Ⅱ族元素的卤化物	Al、Ga、In、Tl 的卤化物 Al_2O_3、$SiO_2-Al_2O_3$，…… BeX_2、MgX_2、CaX_2，……
具有 d 空轨道的原子	周期表第三周期以后的过渡元素的卤化物及硫酸盐	$PbCl_2$、$HgCl_2$、$CuCl_2$、$SnCl_2$、$CaCl_2$、$AgCl$，…… $CaSO_4$、$MnSO_4$、$NiSO_4$、$CuSO_4$、$Al_2(SO_4)_3$、$Fe_2(SO_4)_3$，……
正离子	金属离子	Li^+、Ag^+、Ni^{2+}、Cu^{2+}，……
	非金属离子	$(CH_3)_3C^+$、NO_2^+、R^+，……
极性多重键分子	CO_2、CH_3COOH、$RCOCl$，……	
L 碱		
负离子	OH^-、F^-、PO_4^{3-}、SO_4^{2-}、Cl^-、CO_3^{2-}、CN^-、H^-、RO^-、$CH_3CO_2^-$	
分子	H_2O、ROH、CO、NH_3、RNH_2、R_2O、C_6H_6、C_2H_4	

化合物中普遍存在着配位键，按 Lewis 酸、碱定义，一般络合物的形成体大多数金属离子是酸；在金属离子周围的配体是碱。络合物可以是中性分子、正离子或负离子，如 $SnCl_4$、$[Cu(NH_3)_4]^{2+}$、$[FeCl_4]^-$ 等。正离子一般是酸，而负离子一般是碱。又如 $MgCl_2$ 也是酸碱络合物，Mg^{2+} 是酸，Cl^- 是碱；而在 $MgCl_2$ 晶体中，每个 Mg^{2+} 周围有 6 个配体碱。

由于电子理论的酸碱范围十分广泛，应用也多，所以又把 L 酸称作广义酸，把 L 碱称作广义碱。电子理论的主要缺点是它包括的范围过于广泛，Lewis 酸及碱几乎包括了所有化学试剂，不便于区分酸和碱的各种差别，而且与传统的酸碱概念不相一致。通常人们所说的酸主要指离子理论或质子理论的酸，而不包括 Lewis 酸在内。如采用 Lewis 酸的名称表明它与其他酸不同。

7.2 固体酸碱

根据上述酸碱定义，除平常所熟知的 H_2SO_4、HNO_3、$NaOH$ 及 KOH 是酸碱物质以外，根据实验测定，酸性白土、高岭土和合成分子筛都属于酸；浸渍了 KOH 的硅胶及铝胶、氧化镁等都属于碱。为了与普通的酸碱相区分，而将后面这类酸碱专门称为固体酸和固体碱。而按 Brönsted 及 Lewis 的定义：一种固体酸具有给出质子或接受电子对的倾向；而一个固体碱则具有接受质子或给出电子对的倾向。根据这些定义经实验测定的一些固体酸碱如表 7-3 所示。

因此，固体酸就是具有 B 酸或 L 酸中心的固体物质，固体碱就是具有 B 碱或 L 碱中心的固体物质。检验固体酸碱的性质主要包括三个方面，首先是酸、碱中心的类型，是 B 酸或是 L 酸，属 B 碱或是 L 碱；第二是酸、碱强度，也即测定表面酸碱中心的酸强度及碱强度；第三是酸碱的浓度，也即测定酸、碱中心的表面密度。

表 7-3 固体酸碱的种类

种 类		举 例
固体酸	天然矿物	酸性白土、硫砷铜矿、皂土、高岭土、蒙脱石、漂白土
	固体化酸	在硅胶或铝胶上黏附硫酸、磷酸及丙二酸，磷酸/石英砂，硅藻土及其烧结物
	阳离子交换树脂	Amberlite IR-120(H)、Amberlite IR-112(H)、Amberlite XE-69(H)、Amberlite XE-100(H)、Nalcite HCR(H)、Dowex-50(H)
	合成物	SiO_2-Al_2O_3、SiO_2-MgO、合成分子筛
	无机试剂	ZnO、Al_2O_3、TiO_2、CeO_2、As_2O_3、V_2O_5、SiO_2、Sb_2O_5、$CaSO_4$、$MnSO_4$、$NiSO_4$、$CuSO_4$、$CoSO_4$、$CdSO_4$、$SrSO_4$、$ZnSO_4$、$MgSO_4$、$FeSO_4$、$BaSO_4$(热)、$KHSO_4$、K_2SO_4、$(NH_4)_2SO_4$、$Al_2(SO_4)_3$、$Fe_2(SO_4)_3$、$Cr_2(SO_4)_3$、$Ca(NO_3)_2 \cdot 4H_2O$、$Bi(NO_3)_3 \cdot 5H_2O$、$Zn(NO_3)_2 \cdot 6H_2O$、$Fe(NO_3)_3 \cdot 9H_2O$、$CaCO_3$、Zr 的磷酸盐、Ti 的磷酸盐、$AlPO_4$、$PbCl_2$、$HgCl_2$、$CuCl_2$、$AlCl_3$、$SnCl_2$、$CaCl_2$、$AgCl_2$、H_2WO_4、$AgClO_4$、ZnS、CaS、$Mg(ClO_4)_2$
固体碱	无机试剂	CaO、MgO、BeO、SiO_2、ZnO、Na_2CO_3、K_2CO_3、$KHCO_3$、$(NH_4)_2CO_3$、$BaCO_3$、$SrCO_3$、$KNaCO_3$、$Na_2WO_4 \cdot 2H_2O$、KCN
	固体化碱	KOH-SiO_2、KOH-Al_2O_3
	阴离子交换树脂	Amberlite IRA-400(OH)、Amberlite XE-75(OH)、Dowex-1(OH)
	处理物	氧化亚氮再生炭、氨再生炭

7.3 酸中心类型测定方法

随着近代分析技术的发展，测定酸中心（或称酸位）的方法已越来越多，如红外吸收光谱、紫外吸收光谱及顺磁共振等。其中红外光谱法已成为测定固体表面酸性的较常规方法。广泛用于固体表面酸中心类型、强度及酸量的测度。其测定的基本原理是通过具有碱性的探针分子在表面酸中心吸附后，所产生的红外光谱的特征吸收带或吸收带位移，从而测定酸中心的性质、强度与酸量。1963 年 Porry 首先用吡啶吸附的红外光谱法测定固体氧化物表面的 B 酸（质子酸）及 L 酸（非质子酸）。其测定方法如下面所述。

红外光谱测定固体表面的酸类型是用吡啶或氨等作为吸附质来进行的。当固体表面存在质子酸时，吡啶或氨在表面因化学吸附就会得到质子而形成吡啶离子或氨离子。反过来，当固体表面是非质子酸时，则吡啶或氨中的氮原子将其自由电子填满酸的空间而形成配位络合物。因结构不同的分子都有反映它们自己结构特性的振动频率，它们的光谱是各不相同的。例如，图 7-1 所示是 SiO_2-Al_2O_3 吸附氨的红外线光谱图。由图可见，NH_3 及 NH_4^+ 都具有特别的吸收峰，其中前者属于 NH_3 用孤对电子络合在其上的中心，是 L 酸中心的

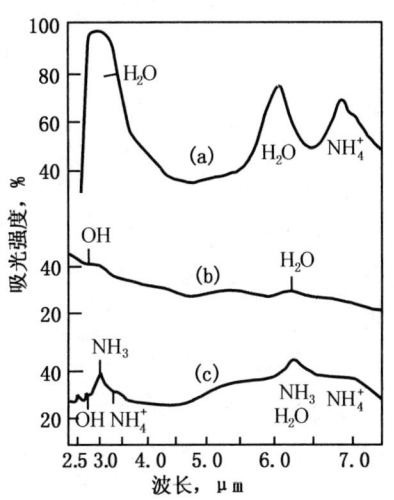

图 7-1 氨在 SiO_2-Al_2O_3 上
吸附的红外吸收光谱
(a) 排气焙烧前 SiO_2-Al_2O_3 吸附氨的光谱；
(b) 500℃排气焙烧后的 SiO_2-Al_2O_3 的光谱；
(c) 在(b)上吸附氨的光谱

量度；而后者属于 NH_3 与表面作用生成 NH_4^+ 的 B 酸中心或质子酸中心。

现在一般都以吡啶作为吸附质，吡啶（PY）、吡啶吸附在质子酸中心（BPY）及吡啶吸附在非质子酸中心（LPY），在红外谱带为 1650～1400cm^{-1} 区各有着如表 7-4 所示的吸收情况。其中，配位键吡啶分子的特征红外光谱带为 1450cm^{-1}，可作为 L 酸的量度；而吡啶离子的特征吸收光谱带为 1545cm^{-1}，可用作 B 酸的量度。因此，测定吸附态吡啶的特征吸收峰的位置可以确定酸的类型，而吸收峰的强度则和酸的强度有关。

表 7-4 吡啶吸附在不同酸类型表面的特征吸收峰

归宿	特征吸收峰位置，cm^{-1}		
	PY	BPY	LPY
ν_{cc} (N)	1580	1638	1620
ν_{cc} (N)	1572	1620	1577
ν_{cc} (N)	1482	1490	1490
ν_{cc} (N)	1439	1545	1450

用这种方法测得 Al_2O_3 的表面酸性主要是 LPY，而未发现有 BPY，经 500℃ 焙烧的 SiO_2 - Al_2O_3，两种酸都存在，其 L 酸/B 酸的比大约为 1.25。

其他测定酸中心类型的方法可参见参考文献[32-35]。

7.4 酸强度及碱强度

对 B 酸来说，酸强度是指给出质子的能力，对 L 酸来说，酸强度是指接受电子对的能力；碱强度可依此类推。

对于稀水溶液，通常是用 pH 值来衡量酸的强弱。pH 定义为氢离子浓度的负对数，即

$$pH \equiv -\lg[H^+] \approx -\lg a_{H^+} \tag{7-9}$$

式中 a_{H^+} ——H$^+$ 的浓度。

pH 值的大小与酸的浓度有关。当酸的浓度相同时，pH 值越大，酸性越弱；pH 值越小，则酸性越强。

对于浓酸溶液或固体酸，一般采用酸强度函数 H_o 来衡量酸强度。它是利用一系列具有不同碱性的有机碱作指示剂，通过测定酸溶液使指示剂质子化生成其共轭酸的能力来表示其酸强度。

已经知道，测酸的指示剂本身就是碱，不同的指示剂具有不同的接受质子的能力。

例如，指示剂二甲基黄与酸发生下述反应：

$$\text{⟨⟩}-N=N-\text{⟨⟩}-N(CH_3)_2 + A \rightleftharpoons$$

二甲基黄（黄色）　　　　　　　　　酸点

$$\text{⟨⟩}-\underset{A}{N}-N=\text{⟨⟩}=N^+(CH_3)_2 \tag{7-10}$$

吸附在酸点上的二甲基黄（红色）

指示剂未与酸作用时的颜色称作"碱型色",与酸作用后的颜色称作"酸型色"。其他指示剂也有类似的反应,如果以 B 代表指示剂(即碱),H^+ 代表酸,那就可以通过碱的离子化平衡常数来测定酸强度和碱强度:

$$B + H^+ \rightleftharpoons BH^+ \tag{7-11}$$

式中　BH^+——B 的共轭酸。

上述平衡的平衡常数 K_a 可用各组分的活度来表示,即

$$K_a = a_B a_{H^+} / a_{BH^+} \tag{7-12}$$

式中　a_B——B 的活度;

a_{H^+}——H^+ 的活度;

a_{BH^+}——BH^+ 的活度。

设 f 为活度系数,则有 $a_B = f_B [B]$,$a_{BH^+} = f_{BH^+} [BH^+]$,代入(7-12)式可得到:

$$K_a = \frac{a_{H^+} f_B}{f_{BH^+}} \cdot \frac{[B]}{[BH^+]} \tag{7-13}$$

式中　[B]、$[BH^+]$——分别为 B、BH^+ 的活度。

将(7-13)式两边取负对数后,可得到:

$$pK_a = -\lg K_a = -\lg \frac{a_{H^+} f_B}{f_{BH^+}} - \lg \frac{[B]}{[BH^+]} \tag{7-14}$$

将上式右边第二项用 H_0 表示,就得:

$$pK_a = H_0 - \lg \frac{[B]}{[BH^+]} \tag{7-15}$$

或

$$H_0 = pK_a + \lg [B]/[BH^+] \tag{7-16}$$

$H_0 \equiv -\lg \frac{a_{H^+} f_B}{f_{BH^+}}$ 就定义为酸强度函数,或称酸性函数,用以表示酸的强度。H_0 可正可负,H_0 愈大,酸愈弱,H_0 愈小,酸愈强。

碱型色和酸型式浓度比 $[B]/[BH^+]$ 就决定了指示剂的颜色,$[B] = [BH^+]$ 即为变色点。从式(7-6)可知,$pK_a = H_0$,即从指示剂的 pK_a 得到了 H_0。利用各种指示剂的不同 pK_a(K_a 的负对数),就可求得不同强度酸的 H_0。就酸而言,酸强度大,给质子能力强,可使所有指示剂颜色从碱型色变为酸型式。酸强度小,就只能将与之相应的及比它大的 pK_a 值的指示剂变色。对指示剂而言,pK_a 为正的指示剂,既能受强酸,又能受弱酸作用而变色,而 pK_a 为负的指示剂,只能受强酸作用变色,不受弱酸影响。表 7-5 示出了一些测定酸强度用的指示剂。

测定固体酸强度的一般方法是:先将测试样品过 100~300 目筛,按要求的活化条件活化后置于保干器冷却到室温。所用溶剂(苯、石油醚和环己烷等)也事先用 A 型分子筛干燥。然后快速将约 0.1g 样品放进透明无色的小试管中,加入约 2mL 溶剂覆盖,再加入几滴指示剂的苯溶液(指示剂的质量分数为0.1%),摇动后观察样品表面颜色的变化。通常从

pK_a 值最小的指示剂试验起，按 pK_a 值由小到大的顺序进行试验。如指示剂呈酸型色，则样品的酸度函数 H_0 等于或低于该指示剂的 pK_a，这时就可不再试其他 pK_a 较大的指示剂。如果指示剂呈碱型色，说明样品的酸强度为 $H_0 > pK_a$，则需按 pK_a 顺序试验下一个指示剂，直到能使其呈酸型色，则样品酸强度为 $H_0 \leqslant pK_a$。例如某固体酸能使 1，3，5-三硝基甲苯呈黄色，则此样品为固体超强酸，$H_0 \leqslant -16.04$。如某样品不能使亚苄基乙酰苯变色而能使二苯基壬四烯酮呈砖红色，该样品的酸强度记作 $-5.6 < H_0 \leqslant -3.0$。

表 7-5 测定酸强度的碱性指示剂

指示剂	颜色		pK_a	相当硫酸的质量分数[①]，%
	碱型	酸型		
中性红	黄	红	+6.8	
甲基红	黄	红	+4.8	
苯偶氮基萘胺	黄	红	+4.0	
二甲基黄	黄	红	+3.3	
2-氨基-5-偶氮甲苯	黄	红	+2.0	
苯偶氮二苯胺	棕黄	紫	+1.5	
4-二甲基偶氮-1-萘	黄	红	+1.2	
结晶紫	蓝	黄	+0.8	
对硝基苯偶氮-对硝基二苯胺	橙	紫	+0.43	
二苯基壬四烯酮	橙黄	砖红	-3.0	48
亚苄基乙酰苯	无	黄	-5.6	71
蒽醌	无	黄	-8.2	90
2，4，6-三硝基苯胺	无	黄	-10.10	—
对硝基甲苯	无	黄	-11.35	—
间硝基甲苯	无	黄	-11.99	—
对硝基氟苯	无	黄	-12.44	—
对硝基氯苯	无	黄	-12.70	—
间硝基氯苯	无	黄	-13.16	—
2，4-二硝基甲苯	无	黄	-13.75	—
2，4-二硝基氟苯	无	黄	-14.52	—
1，3，5-三硝基甲苯	无	黄	-16.04	—

① 酸强度等于该 pK_a 值的硫酸溶液中 H_2SO_4 的质量分数。

当目测法对指示剂颜色判断有困难或不准确时，特别是 $pK_a \leqslant -5.6$ 的指示剂时，使用紫外—可见分光光度法会得到更准确的结果。这时所使用的指示剂也有所不同[30]。

严格说来，酸强度函数 H_0 只能用于表征 B 酸。但是 L 酸也能使某些指示剂变色，而使其变色的酸强度则不一定能用该指示剂的 pK_a 值表示。所以，有些研究者提出用另一系列芳基醇类化合物作指示剂及其相应的酸强度函数 H_R[36,37]。这种指示剂只与质子酸作用，与 L 酸不起作用。例如硅酸铝载体能使三苯甲醇呈黄色，而氧化铝则不能使指示剂（H_R）呈黄色，这是因为 Al_2O_3 上的酸中心是 L 酸。

所以，使用酸强度函数 H_0 衡量的酸强度，或用这种方法只能测得包括 B 酸及 L 酸在内的酸强度，不能区分 B 酸及 L 酸分别的强度。表 7-6 示出了用这种方法测定的一些固体酸的酸强度函数 H_0 及与其相当的硫酸溶液中 H_2SO_4 的质量分数。

表 7-6　一些固体酸的酸强度

H_0	固 体 酸	酸
-16.6		BF_3（7%）+ HF
-11		H_2SO_4（100%）
-10		HF（100%）
-8.2	1.0mmol/g - H_2SO_4（载于 SiO_2 上）	H_2SO_4（约 90%）
<-8.2	SiO_2 - Al_2O_3 天然矿物 Al_2O_3 - B_2O_3	H_2SO_4（约 90%以下）
-8.2～-5.6	氢型高岭土 氢型蒙脱土 氢-阳离子交换树脂 1.0mmol/g - H_3PO_4（载于 SiO_2 上）	H_2SO_4（约 90%～71%）
-5.6～-3.0	高岭土 钠型高岭土	H_2SO_4（约 71%～48%）
-3.0～+1.5	阳离子交换树脂 SiO_2 - MgO 1.0mmol/g - H_3BO_3（载于 SiO_2 上）	H_2SO_4（约 48%以下）

7.5　酸量和碱量

酸量又称酸度、酸密度或酸浓度。就液体酸而言，是指单位体积内所含的酸量。固体酸的酸量是指单位表面积上酸位的量。按实际需要可采用不同的单位。如单位质量或单位表面积样品上酸位的量，记以 mmol/g 或 $mmol/cm^2$。又如对分子筛样品，可用单位晶胞上的酸位数表示。关于碱量也可按类似方法定义。

液体酸的浓度及强度各处是均匀的，而固体表面上的酸、碱强度及酸位往往是不均匀的，表面上不同点会有不同的强度，为全面描述固体的酸性，需测定酸量对酸强度的分布。图 7-2 示出的是实验测得的 SiO_2 - MgO 及 SiO_2 - Al_2O_3 的酸量与酸强度的关系。

作为参考，表 7-7 及表 7-8 分别示出了单组成金属氧化物及二元酸性氧化物的酸强度分布[38,39]。

测定酸量最常用的方法是正丁胺滴定法，它既能测出酸量又同时测得强度。测定程序是：将固体粉末试样放入苯中，加入二甲基黄，用正丁胺滴定。二甲基黄在吸附酸点以前的碱型色为黄色，吸附后变成酸型色为红色，将

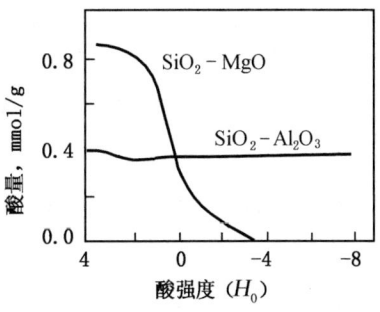

图 7-2　固体酸的酸量与酸强度的关系

表 7-7 单组分金属氧化物的酸强度分布

氧化物	比表面积 m²/g	酸量，mmol/g				
		$H_0 = +4.8$	$H_0 = +4.0$	$H_0 = +3.3$	$H_0 = +1.5$	$H_0 = -3.0$
TiO_2	38.5	0.057	0.057	0	—	—
ZnO	7.4	0.06	0	—	—	—
Al_2O_3	190	—	0.285	0.075	0	—
SiO_2	289	0.264	0.109	0.066	0	—
ZrO_2	72.0	—	0.280	0.060	0.060	0
MgO	49.1	0	—	—	—	—
Bi_2O_3	6.5	0.250	0.250	0	—	—
Sb_2O_5	77.0	—	0.055	0.055	0	—
PbO	0.7	0.065	—	—	—	—
CdO	2.2	0.289	—	—	—	—
SnO_2	27.7	0.137	—	—	—	—

表 7-8 二元氧化物的酸强度分布

二元氧化物	比表面积 m²/g	酸量，mmol/g						
		$H_0 = +4.8$	$H_0 = +4.0$	$H_0 = +3.3$	$H_0 = +1.5$	$H_0 = -3.0$	$H_0 = -5.6$	$H_0 = -8.2$
$TiO_2 - Al_2O_3$	204	0.422	0.422	0.337	0.252	0.220	0.060	0
$TiO_2 - SiO_2$	222	0.565	0.565	0.565	0.565	0.565	0.248	0.053
$TiO_2 - ZrO_2$	230	—	0.475	0.380	0.356	0.375	0.125	0.050
$TiO_2 - MgO$	13.6	0.089	0.089	0.022	0	—	—	—
$TiO_2 - Bi_2O_3$	35.6	0.099	0.049	0.025	0.025	0	—	—
$TiO_2 - CdO$	35.0	0.193	0.136	0.090	0.664	0	—	—
$ZnO - Al_2O_3$	117	0.332	0.270	0.166	0	—	—	—
$ZnO - SiO_2$	77.0	0.216	0.175	0.175	0.042	0	—	—
$ZnO - ZrO_2$	29.4	0.144	0.144	0.144	0.144	0	—	—
$ZnO - Bi_2O_3$	11.0	0.175	0.015	0.015	0	—	—	—
$ZnO - PdO$	5.5	0.015	0	—	—	—	—	—
$ZnO - MgO$	6.0	0.025	0	—	—	—	—	—
$Al_2O_3 - ZrO_2$	320	—	0.590	0.205	0.205	0.045	0.045	—
$Al_2O_3 - Bi_2O_3$	21.2	0.087	0.083	0.088	0.070	0	—	—
$ZrO_2 - CdO$	102	—	0.399	0.391	0.343	0.196	—	—

使指示剂恢复黄色所使用的正丁胺的滴定量经过换算就可得到酸量。由于正丁胺的碱性比指示剂更强,所以在酸中心上吸附的指示剂分子被滴进的正丁胺分子所取代。二甲基黄的 pK_a 为 +3.3,所以用二甲基黄作指示剂所滴得的酸中心的酸量,是 $H_0 \leqslant +3.3$ 这种强度下的酸量。同样,利用其他 pK_a 值的指示剂,能得到其他强度下的酸量。

除正丁胺滴定法外,测定酸量的方法还有气态碱吸附法及热测定法等。但这些方法测得的都是包括 B 酸及 L 酸在内的酸量,因为所用指示剂对 B 酸及 L 酸都有吸附。

B 酸和 L 酸也能分别测定,或者测定总酸量后再减去另一酸量即得到该酸量。例如,通过固体表面上的质子与乙酸铵或食盐(5%)溶液的阳离子进行交换测定释放至水溶液中的质子量,就可求得 B 酸酸量;再由正丁胺滴定法测得的总酸量减去 B 酸酸量,就得到 L 酸酸量。但这种方法由于使用水溶液,水会和 L 酸起

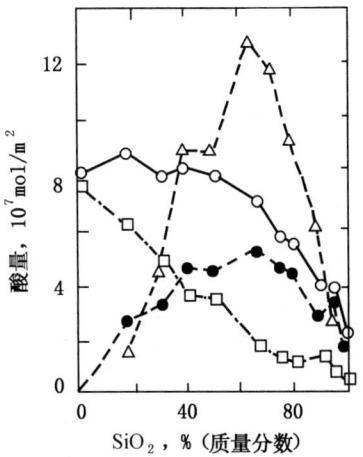

○ 总酸量
□ L酸酸量
● B酸酸量
△ 用CH_3COONH_4交换法测得的总酸量

图 7-3 SiO_2-Al_2O_3 的酸量

反应而影响数据的准确性。为此用环己烷作溶剂,通过测定三苯甲基氯的吸附量求出 L 酸酸量。图 7-3 为各种组成的 SiO_2-Al_2O_3 的 B 酸酸量、L 酸酸量分布与由乙酸铵交换法得到的总酸量间的关系。可以看出,只含 Al_2O_3 时,总酸量就是 L 酸酸量,而且也几乎只含 L 酸,但随着 SiO_2 含量增加,B 酸随之增多,到某一最大值后又开始减少。

氧化物的组合与酸强度之间存在着某些规律。一般主成分相同的二元氧化物,次组成氧化物的金属离子的价态越高,则二元氧化物的酸强度越大。例如,以 TiO_2 为主成分的系列二元氧化物的酸强度顺序是(表 7-8):TiO_2-SiO_2~TiO_2-ZrO_2>TiO_2-Al_2O_3~ZnO-Bi_2O_3>ZnO-Sb_2O_3>ZnO-PbO>ZnO-MgO

以 ZnO 为主成分的二元氧化物的酸强度顺序为:
ZnO-SiO_2~ZnO-ZrO_2>ZnO-Al_2O_3~ZnO-Bi_2O_3>ZnO-Sb_2O_3>ZnO-PbO>ZrO-MgO

以 SiO_2 为主成分时的二元氧化物酸强度顺序是(图 7-4):
SiO_2-MoO_3[19%(质量分数)]>SiO_2-WO_3[14%(质量分数)]>SiO_2-V_2O_5[14%(质量分数)]>SiO_2-MgO[28%(质量分数)]>SiO_2-TnO_2[15%(质量分数)]>SiO_2-BeO[22%(质量分数)]

以 Al_2O_3 为主成分的二元氧化物酸强度顺序为(图 7-5):
Al_2O_3-MoO_3[26%(质量分数)]>Al_2O_3-WO_3[16%(质量分数)]>Al_2O_3-V_2O_5[17%(质量分数)]>Al_2O_3-MgO[30%(质量分数)]>Al_2O_3-BeO(26%[质量分数)]>Al_2O_3-TnO_2[17%(质量分数)]

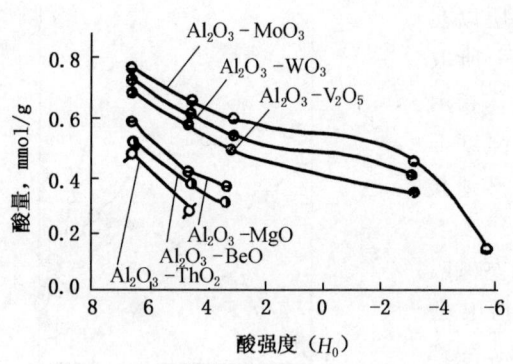

图 7-4 以 SiO_2 为主成分的二元金属
氧化物的酸量和酸强度分布

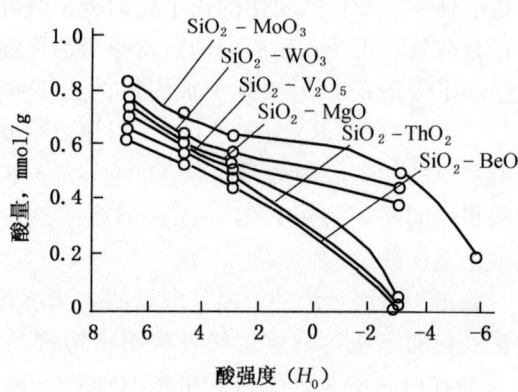

图 7-5 以 Al_2O_3 为主成分的二元金属
氧化物的酸量和酸强度分布

7.6 载体的酸碱结构

很早就已发现催化作用是酸碱的特征性质之一，当时只认为氢离子和羟离子有催化作用。随着广义酸碱理论的出现，酸碱催化作用的范围也随之扩展，多相催化反应所用的催化剂载体，如氧化铝、硅酸铝和分子筛等，其表面酸性中心存在两种类型，L 酸和 B 酸。这种酸碱结构往往对载体负载活性组分后的催化剂性能产生影响。

7.6.1 氧化铝

氧化铝是氢氧化铝的脱水产物。各种氢氧化铝，如 α-三水铝石、β_1-三水铝石、β_2-三水铝石、一水软铝石及一水硬铝石等经热分解形成各种同质异晶体。这些同质异晶体加热超过 1200℃ 时，它们又都可以转变成 α-Al_2O_3。

上述氢氧化物加热脱水生成的中间过渡态氧化物中，γ-Al_2O_3 及 η-Al_2O_3 具有酸性功能，并具有酸性中心的催化特征。这种加热脱水产生 L 酸中心的过程大体如图 7-6 所示：

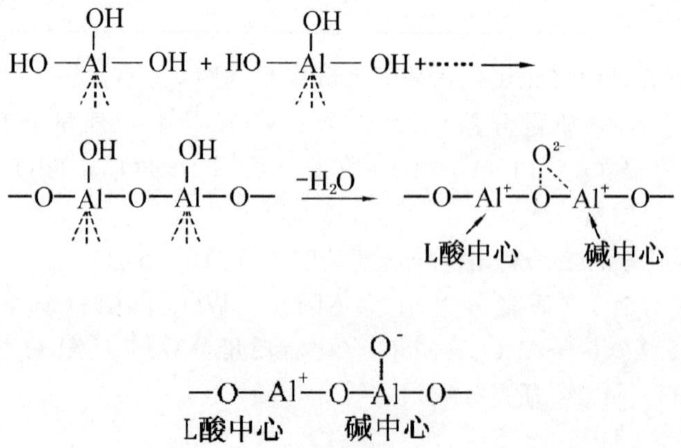

$$\text{HO—Al(OH)—OH} + \text{HO—Al(OH)—OH} + \cdots \longrightarrow$$

$$\text{—O—Al(OH)—O—Al(OH)—O—} \xrightarrow{-H_2O} \text{—O—Al—O—Al}^+\text{—O—}$$
$$\underset{\text{L酸中心}}{} \quad \underset{\text{碱中心}}{}$$

或

$$\text{—O—Al}^+\text{—O—Al—O—}$$
$$\underset{\text{L酸中心}}{} \quad \underset{\text{碱中心}}{}$$

图 7-6 加热脱水产生 L 酸中心过程

但上述 L 酸中心很容易吸水而转变成 B 酸中心，如图 7-7 所示。

活性中心的酸碱性质除与制备条件有关外，还与焙烧过程中氧化铝脱水程度以及氧化铝的晶型有关。焙烧温度增高，脱水量就增多，因而在 Al_2O_3 表面的 OH 基变少。例如，经 800℃ 焙烧的 Al_2O_3 所得到的红外吸收谱图中，可以得到 $3800cm^{-1}$、$3780cm^{-1}$、$3744cm^{-1}$、$3733cm^{-1}$ 及 $3700cm^{-1}$ 五个吸收峰（表 7-9）。这五个峰对应于图 7-8 五种不同的 OH 基（图中各以 ABCDE 来表示），图中"+"号表示 —O—Al—O—Al—O— 中的 L 酸中心，带圆圈的 O^{2-} 代表碱中心，ABCDE 四周配位的酸或碱中心数不同，对 OH 基的影响不同，使每种 OH 基具有不同的伸缩振动，因而出现表 7-9 所示的五种不同吸收峰。

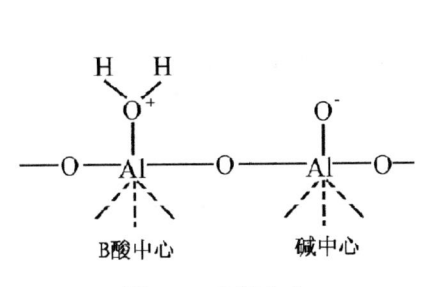

图 7-7　B 酸中心

图 7-8　氧化铝表面的羟基

表 7-9　Al_2O_3 表面的羟基状态及红外光谱波数

谱　带	波数，cm^{-1}	类　型	邻接 O^{2-} 数
A	3800	A	4
B	3744	B	2
C	3700	C	0
D	3780	D	3
E	3733	E	1

一些实验也证明，氧化铝表面 L 酸性很强，Al_2O_3 的表面酸主要是 L 酸，酸中心四周原子或离子种类及数目不同，酸中心性质也不同。而氧化铝表面上由吸附水而产生的 OH 基中，质子 H^+ 的 B 酸性很弱。

γ-Al_2O_3 及 η-Al_2O_3 的酸性也可通过氨吸附与脱水温度的关系来加以考察，先在 25℃ 下对干燥氧化铝进行氨吸附，再在较高温度下抽真空并测定其吸附量，通过氨脱附难易可以衡量氧化铝的酸性强弱。其测定结果如图 7-9 及图 7-10 所示。

从图 7-9 中可以看出，氨在氧化铝上的化学吸附与氧化铝的类型及脱水温度有关。二种氧化铝在 25℃ 基本上是非酸性的，而 η-Al_2O_3 在 100℃ 即显示酸性，但 γ-Al_2O_3 则必须在较高的温度下才能观察到一定的酸度。超过此温度后，两种氧化铝的酸性都很快增加，而以 η-Al_2O_3 酸性更强。当温度高于 500℃ 时，总酸度略有下降，即在此温度附近具有最大值，以后就一直随温度的升高而下降。根据不同范围内脱附的氨量将酸度强弱分成弱（25～200℃）、中

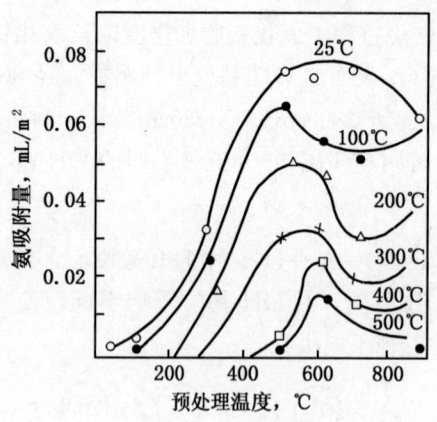

图 7-9　$\eta\text{-}Al_2O_3$ 上的氨化学吸附

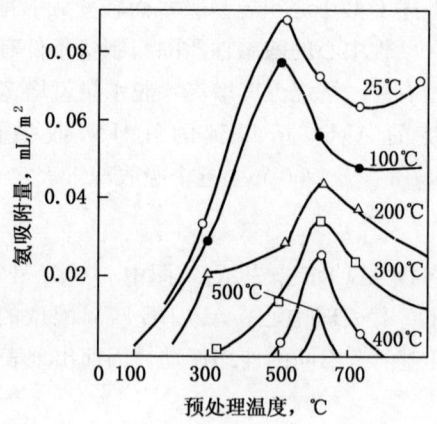

图 7-10　$\gamma\text{-}Al_2O_3$ 上的氨化学吸附

（200~400℃）、强（>400℃）三类。并与硅酸铝、硅酸镁所测得的氨吸附量作比较，其结果如表 7-10 所示。

表 7-10　表面酸性对比

吸附质	抽真空温度 ℃	酸量，mmol/m²			
		弱	中	强	总和
$SiO_2\text{-}Al_2O_3$	500	3.4	3.8	3.7	10.9
$SiO_2\text{-}MgO$	500	9.0	6.3	0.5	15.8
$\gamma\text{-}Al_2O_3$	500	27.2	11.8	0.4	39.4
$\gamma\text{-}Al_2O_3$	700	15.9	19.4	2.9	38.2
$\gamma\text{-}Al_2O_3$	900	27.6	15.3	0	32.9
$\eta\text{-}Al_2O_3$	500	11.7	20.5	1.3	33.5
$\eta\text{-}Al_2O_3$	700	27.0	10.0	16.5	43.5
$\eta\text{-}Al_2O_3$	900	13.5	14.7	7~6	35.8

从表 7-10 中可以看出，两种氧化铝的酸度在某些方面与硅酸铝及硅酸镁相似。例如，经 500℃抽真空处理的 $\gamma\text{-}Al_2O_3$，其弱酸性占多数，这与硅酸镁的趋向相似，而 $\eta\text{-}Al_2O_3$ 则含有大量中等和强酸性，这与硅酸铝的情况相类似。当温度升高到 700℃时，$\gamma\text{-}Al_2O_3$ 及 $\eta\text{-}Al_2O_3$ 的酸度都有所提高，而当温度高于此温度后，$\gamma\text{-}Al_2O_3$ 的强度下降而 $\eta\text{-}Al_2O_3$ 的酸度则增高。这种酸度差异就会导致用于催化剂时催化活性的差异。

7.6.2　硅酸铝

硅酸铝是由 SiO_2 和 Al_2O_3 互相结合而成的复杂硅铝氧化物，它可以通过合成制得，也可以从天然矿物中得到。硅酸铝常用作裂化、烷基化和异构化等催化剂，也用作催化剂载体。

纯粹的 SiO_2 或 Al_2O_3 都没有明显的催化裂化活性，只有它以一定的比例结合起来才有活性，而且所含水量中的水会使活性大大提高。但当 Al_2O_3 过多时，由于它不能全部和 SiO_2 结合，活性反而减少。工业上常用的合成硅酸铝有含 Al_2O_3 约 13% 及约 25% 两种。它们对裂化反应有很好的催化活性,这是由于 SiO_2 及 Al_2O_3 单独存在时酸性都很弱,但互相结合后,表现出很强的酸性。

根据晶体结构测定,Si^{4+} 和 Al^{3+} 分别与 O^{2-} 组成配位体时,是以 SiO_4 和 AlO_4^- 构成的正四面体结构(图7-11),Si^{4+} 和 Al^{3+} 位于四面体中心,O^{2-} 位于四面体顶点,Si^{4+} 和 Al^{3+} 分别同四个 O^{2-} 等距离相连接。

在硅酸铝中,Si^{4+} 和 Al^{3+} 都是四面体结构,Si^{4+} 在 $SiO_2-Al_2O_3$ 中处于四个氧配位的晶格中,以保持电中性。但半径差不多的 Al^{3+} 取代 Si^{4+} 后,比正常的 SiO_2 晶格缺一个正电荷,如图7-12所示:

已知 Al^{3+} 是三价,现在 Al 原子连接四根价线,每一条线同 Al^{3+} 连接表明是 3/4 价单位。而在硅酸铝中间 Si^{4+} 连接的每一条线都是一个价单位,同 Al^{3+} 连接的是 3/4 个价单位,所以造成每一个 O^{2-} 要求的两个价单位缺 1/4 单位,在 Al^{3+} 四面体中有四个 O^{2-},这样就其缺 $4\times\frac{1}{4}=1$ 个价单位。

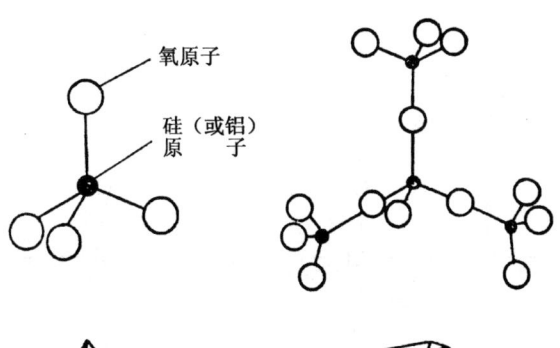

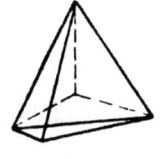

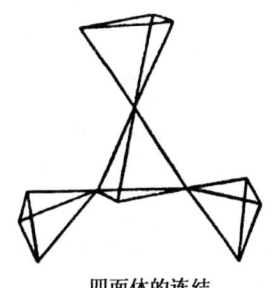

图7-11 硅(铝)氧四面体

由于 O^{2-} 是负价,因而就多余了一个负价单位,形成负电场,为了保持电中性,在 Al^{3+} 四面体结构中就需要缔合一个质子 H^+ 或阳离子来中和 O^{2-} 过剩的负价。这种 H^+ 就是硅酸铝的 B 酸中心,如图7-13所示。

实际上,B 酸中心也可以转变为 L 酸中心,在高温下焙烧,将硅酸铝进一步脱水就变成 L 酸结构,如图7-14所示。

通常的硅酸铝化学结构可表示为图7-15所示结构。

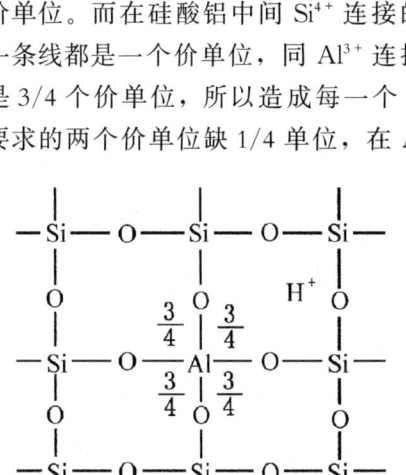

图7-12 硅酸铝结构图

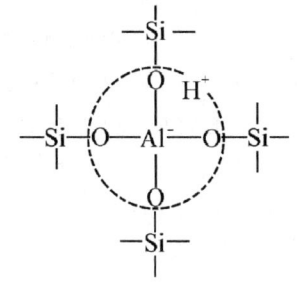

图7-13 硅酸铝的 B 酸中心

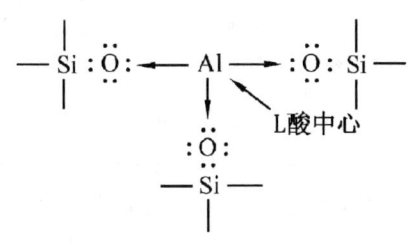

图7-14 L 酸中心

硅酸铝的酸性质系随制备方法和 Al_2O_3 在 $SiO_2 - Al_2O_3$ 中的含量不同而变，图 7-16 及图

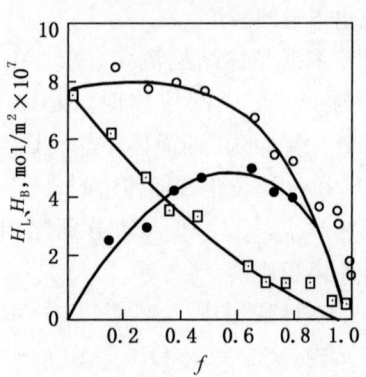

图 7-16 硅酸铝的酸度与
化学组成的关系（硅酸铝 A）
□ — L 酸酸度；
● — B 酸酸度；
○ — $H_L + H_B$

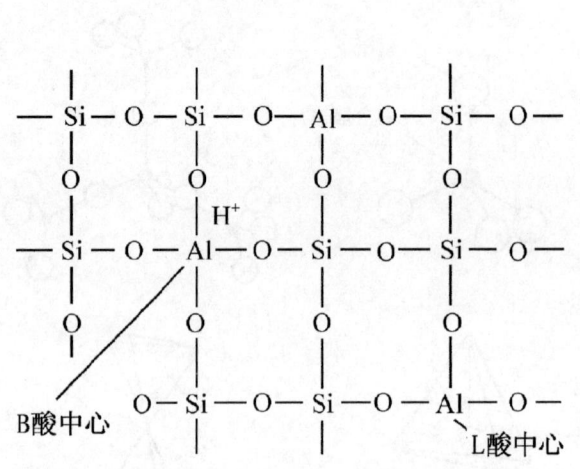

图 7-15 硅酸铝化学结构

7-17 是不同制备方法所得硅酸铝的酸度测定结果。图 7-16 的硅酸铝（A）是由硅酸钠制得的二氧化硅水凝胶和用硝酸铵沉淀得的氧化铝水凝胶混炼制成。图 7-17 的硅酸铝（B）是由四乙氧基硅烷与异丙醇铝水解得到的二氧化硅和氧化铝水凝胶混炼制成。图中 H_L 表示 L 酸酸度，H_B 表示 B 酸酸度，f 表示 $Si/(Si+Al)$ 的分数。从图中可以看出，硅酸铝的制备方法及 Al_2O_3 与 SiO_2 的比例不同时，酸性也会有所变化。这说明硅酸铝的酸性是由于生成它的氧化物之间的化学作用所致。

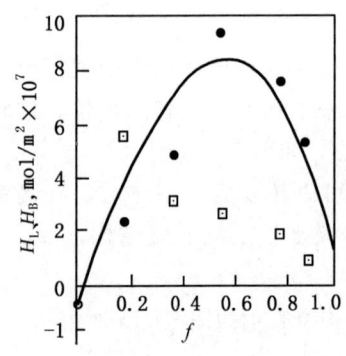

图 7-17 硅酸铝的酸度与
化学组成的关系（硅酸铝 B）
□ — L 酸酸度；
● — B 酸酸度；

此外，实践表明，即使是同样的硅酸铝，当处理条件不同时，硅酸铝的酸度及酸强度也会发生变化。表 7-11 即为其中的一例。

另一些研究者根据对硅酸铝氨吸附态的考察，认为硅酸铝的酸性存在着图 7-18 的转化情况，即存在着图中列出的 E、F 所示两种 L 酸及 A 所示的 B 酸，其中 A 的结构与前述的 B 酸结构相同。

从上面的讨论可以知道，硅酸铝中两种酸中心可以共存，L 酸中心吸水后又能转化成 B 酸中心。而且很多实验数据也表明，完全无水的硅酸铝并不呈现活性，添加少量水，其活性显著增加，这是由于吸附水分子后，非质子酸中心转变成为质子酸中心。脱水和加水可以使两种酸中心发生可逆转化。

因为硅酸铝的活性来源于上述所说的质子酸及非质子酸，因此，最大的活性应该在酸性最大的场合，而最大的酸性，必须是 Al 和 Si 原子的比例为 1：1。这时其组成可表示成 $HAlSiO_4$，或以固体的晶体结构形式表示成 $(HAlSiO_4)_n$。显然，这样的硅酸铝的酸性中心数目取决于 Al_2O_3 的含量，并有一最大值。实际上，最大酸性相应的 Al_2O_3 含量为 18%～50%，而工业生产的硅酸铝中 Al_2O_3 含量为 10%～25%，SiO_2 含量为 75%～90%，所以 SiO_2 是大量作为没有活性的载体使用的。

表 7-11 不同热处理条件下硅酸铝的酸性变化

处 理 条 件	酸 强 度 (H_0)					总酸量 mmol/g	比表面积 m²/g	单位表面积的酸量 ×10² mmol/m²
	>-2.1	-2.1~-3.0	-3.0~-5.6	-5.6~-8.2	<-8.2			
535℃焙烧16h后真空处理	0.00	0.00	0.03	0.05	0.28	0.36	382	0.94
675℃焙烧16h	0.00	0.00	0.00	0.14	0.14	0.28	345	0.81
815℃焙烧16h	0.01	0.01	0.00	0.17	0.00	0.18	189	0.95
565℃焙烧13h，常压和水蒸气处理	0.00	0.00	0.00	0.05	0.13	0.18	341	0.53
565℃焙烧24h，0.42MPa水蒸气处理	0.00	0.00	0.07	0.00	0.00	0.07	126	0.55
使用后（0.96%C）	0.05	0.05	约0.20	约0.20	约0.25		109	1.10
再生	0.05	0.05	0.03	0.19	0.12	0.34		
535℃焙烧16h后真空处理	0.00	0.74	0.02	0.00	0.00	0.76		
535℃焙烧16h后真空处理	0.00	0.00	0.02	0.22	0.00	0.24		
535℃焙烧16h后真空处理	0.00	0.00	0.04	0.11	0.00	0.15		

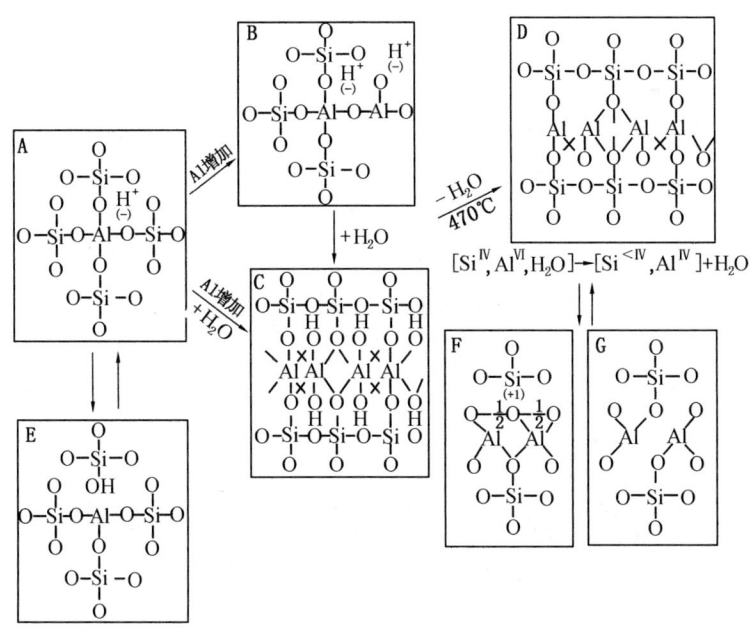

图 7-18 硅酸铝的化学结构变化[1]

7.6.3 分子筛

分子筛通常是指一些孔径较大的网状沸石，是一种硅铝（磷铝）酸盐晶体。一般沸石具有三种物性特性：（1）能吸收水和某些有机物；（2）能进行离子交换；（3）具有均一的筛孔，有筛分分子的性质。由于这些特性，工业上常用作催化剂、吸附剂及催化剂载体。

沸石分子筛也存在B酸及L酸两种固体酸。B酸来自酸性羟基，L酸来自三配位铝原子；沸石的固体酸性与沸石类型、阳离子性质有关。通常二价、多价及阳离子沸石具有酸性，碱金属沸石不呈现酸性。当沸石用作催化剂或催化剂载体时，其重要性质是由它的酸性和孔径来决定的。其酸强度与酸量也可通过氨气的程序升温脱附法来测定。

调节分子筛的组成变化，可以调节分子筛的亲水性及表面酸性。例如，合成的 NaY 型分子筛在氯化铵溶液中进行离子交换可转变成 NH_4Y，然后再加热，变成 NY 分子筛。这种过程可以用下面的反应式来表示：

$$(7-17)$$

由上述反应看出，NH_4Y 由于加热而将 NH_3 逐出，并在铝氧四面体处留下一个质子酸，这就形成了 B 酸中心。

通过红外光谱分析证实了沸石晶体中羟基的存在。HY 沸石存在三种硅烷醇基（Si—O—H），其红外吸收频率分别为 $3745cm^{-1}$、$3650cm^{-1}$ 及 $3545cm^{-1}$，其中 $3745cm^{-1}$ 谱带羟基不呈酸性，而 $3650cm^{-1}$ 及 $3545cm^{-1}$ 谱带的羟基可以和碱性大分子反应，放出质子，形成 B 酸中心。但另一些研究者认为，$3545cm^{-1}$ 及 $3650cm^{-1}$ 处的羟基谱带会因焙烧温度及残存阳离子种类不同而发生移动，在这两种硅烷醇基之间会发生质子的重新分布，从而形成 B 酸中心。

将 HY 沸石加热至 450℃ 将逐渐发生脱水反应，至 550℃ 基本保持不变，进一步升高加热温度，羟基浓度急剧下降，至 650℃ 水接近脱净，而形成三配位铝氧的 L 酸中心，其反应过程如下：

$$(7-18)$$

由此可见，两个 B 酸位将转变成一个 L 酸位，这与 Al_2O_3 的 L 酸位相似。

沸石中的 B 酸位与 L 酸位都能与吡啶等碱性物质作用，配位于 B 酸位的吡啶，产生吡啶正离子 $1545cm^{-1}$ 特征吸收频率，而配位于 L 酸位的吡啶，产生 $1450cm^{-1}$ 的特征吸收频率。利用这些谱带的强度可以度量 B 酸及 L 酸的酸量。图 7-19 是利用这种方法测定 HY 沸石在 200~800℃ 焙烧时的两种酸量的结果。

NH₄Y 沸石在 550℃ 焙烧时所产生的 L 酸位，在加入适量水后又可以转变成 B 酸位，但焙烧温度超过 650℃ 后所生成的 L 酸位经加水后则不能完全转变成 B 酸位。这种加水与脱水所引起的酸位转化与硅酸铝的情况有些相似。

7.6.4 硅胶

硅胶可认为是无定形的凝聚高分子。一般硅胶制备是通过硅酸钠水溶液和硫酸混合后脱水而得。从水玻璃的酸化到硅凝胶的形成，中间要经过硅溶胶的阶段，硅溶胶的形成是硅酸分子的自聚和共聚形成多聚硅酸的过程。生成的多聚硅酸胶团粒子可以失水形成 Si-O-Si 键，但在这种脱水过程中，在表面往往还连接着一些 OH，这些 OH 基中的 H^+ 就成为硅胶中 B 酸的来源（图 7-20）。

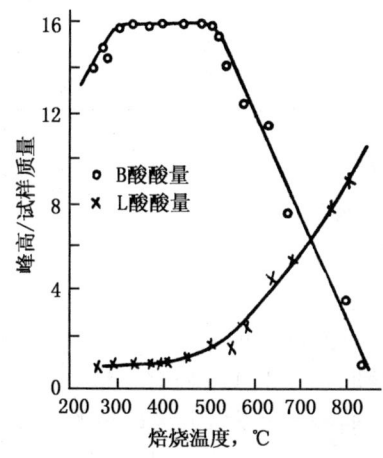

图 7-19 B 酸及 L 酸位上吸附吡啶的谱带强度

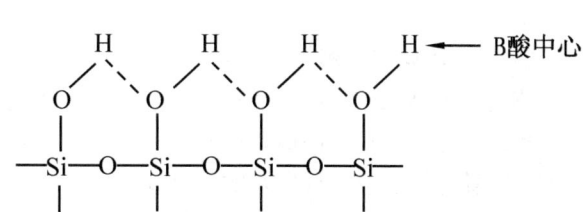

图 7-20 硅胶中的 B 酸中心

7.6.5 固体表面酸性对催化性能的影响

如上所述，氧化铝、硅酸铝、分子筛等载体其表面存在酸性中心，其酸性强弱往往会对载体负载活性组分后的催化剂性能产生影响，例如，甲醇催化脱氢制甲酸甲酯的反应为：

$$2CH_3OH \rightleftharpoons HCOOCH_3 + H_2 + 52.49 kJ/mol$$

这是一个吸热且受热力学平衡限制的反应，升高反应温度虽可提高甲醇转化率，但甲酸甲酯在高温下易发生连续分解反应而导致甲酸甲酯选择性显著下降。甲醇脱氢制甲酸甲酯大多采用以 Cu 为主要活性组分的铜基催化剂。催化剂可用浸渍法、共沉淀法及离子交换法等方法制备。用浸渍法制取铜基催化剂时，发现催化剂载体表面性质对催化性能的影响十分显著，表 7-12 是反应温度 180℃ 时，由不同载体制得的铜基催化剂进行甲醇常压脱氢制甲酸甲酯的反应结果对比。从表中看出，酸性载体如 γ-Al_2O_3、13X 分子筛制得的催化剂，甲醇脱氢的主要产物为二甲醚；弱酸性载体如 α-Al_2O_3、硅胶等制得的催化剂，使甲醇脱氢得到 CO 的选择性优于甲醇甲酯；惰性载体如玻璃球、碳化硅、石英、浮石等，使甲醇脱氢的主要产物为甲酸甲酯，因此，使用铜基催化剂进行甲醇催化脱氢制甲酸甲酯时，应避免选用表面有较强酸性的载体。由于 γ-Al_2O_3 及 13X 分子筛表面有较强的酸中心，由此载体制得的铜基催化剂，甲醇主要转化为二甲醚。

表 7-12　不同载体对铜基催化剂性能的影响

项目 催化剂载体	甲醇转化率,%	产品选择性,%		
		甲酸甲酯	CO	二甲醚
γ-Al_2O_3	93.0	0.0	3.2	90.8
13X 分子筛	41.0	12.2	0.0	87.8
α-Al_2O_3	36.0	27.8	72.2	0.0
硅胶	35.0	17.2	82.8	0.0
玻璃球	9.5	100	0.0	0.0
石英	30.3	99.0	1.0	0.0
碳化硅	17.7	98.9	1.1	0.0
浮石	24.2	99.2	0.8	0.0

7.7　固体超强酸与超强碱

7.7.1　固体超强酸

"超强酸"是 1927 年由 Conant 及 Hall 提出的，但在以后的数十年中并未引起人们的重视。直到 20 世纪 60 年代初，试图获得含稳定正碳离子溶液时，才引起人们对"超强酸"的注意。所谓"超强酸"是指其酸强度比 100% 的硫酸还要强的酸。因为 100% 硫酸的酸强度函数 H_0 约为 -12，所以 $H_0 \leqslant -12$ 的酸都是超强酸。

超强酸有时也被称为魔术酸（Magic Acid），这是因为含饱和烃的蜡烛在室温下竟能被液体超强酸 SbF_5-FSO_3H 溶解而致的惊奇之称。后来知道，SbF_5-FSO_3H（1∶1）的酸强度是 100% 硫酸的 100 万倍。

超强酸与通常的酸一样，可分为 B 酸及 L 酸两种。无论是 B 酸或 L 酸，只要酸强度比 100% 硫酸强的都属于超强酸。前者属超强 B 酸，后者属超强 L 酸。

上述超强酸的定义适用于气体、液体或固体。所以，超强酸既有气体超强酸、液体超强酸，又有固体超强酸。表 7-13 示出了一些液体超强酸的种类及酸强度；表 7-14 示出了固体超强酸的一些种类。

表 7-13　液体超强酸的种类及酸强度

液体超强酸	酸强度 (H_0)	液体超强酸	酸强度 (H_0)
HF	-10.2	FSO_3H	-15.1
HF_3-H_2O (1∶1)[①]	-11.4	FSO_3H-ASF_5 (1∶0.05)	-16.6
H_2SO_4	-11.9	FSO_3H-TaF_5 (1∶0.2)	-16.7
H_2SO_4-SO_3 (1∶0.2)	-13.4	FSO_3H-SbF_5 (1∶1)	<-18
$ClSO_3H$	-13.8	HF-SbF_5 (1∶1)	<-20

① 括号内为摩尔比。

由于液体超强酸存在着产物与催化剂分离困难、对水及热稳定性差、腐蚀设备、污染环境且再生困难等缺点。所以对固体超强酸的制备及应用日益受到重视。实际上，SiO_2-Al_2O_3、沸石等固体酸催化剂已很早用于工业上，但由于其表面酸性较弱制约了其催化性能的提高，自20世纪70年代中期以后，国外也都投入大量人力物力，从事固体超强酸催化剂的合成及应用工作。固体超强酸催化剂具有催化活性高并可反复使用、催化剂对反应器腐蚀小、分离回收容易、操作简便、废催化剂对环境污染小、便于工业化等特点。

表7-14 固体超强酸的种类

序号	负载物	载体
1	SbF_5	SiO_2-Al_2O_3、SiO_2-TiO_2、SiO_2-ZrO_2、TiO_2-ZrO_2、Al_2O_3-B_2O_3、SiO_2-WO_3、SiO_2-NH_4F、HSO_3Cl-Al_2O_3、HF-NH_4Y、HF-Al_2O_3、NH_4F-SiO_2-Al_2O_3
2	SbF_5-TaF_5	Al_2O_3、Al_2O_3、WB、MoO_3、TuO_2、CrO_3、SiO_2、甲基化SiO_2
3	SbF_5-BF_3	石墨、Pt-石墨
4	BF_3、$AlCl_3$、$AlBr_3$	离子交换树脂、金属硫酸盐、金属氯化物
5	$SbF_5 \cdot HF$, $SbF_5 \cdot FSO_3H$	金属（Pt、Al）、合金（Pt-Au、Ni-Mo、Ni-W、Al-Mg）；聚合物（聚乙烯等）、盐（SbF_5、AlF_3）；多孔性物质（Al_2O_3、SiO_2、SiO_2-Al_2O_3、铝土矿、高岭土、活性炭）、石墨、AlF_3-Al_2O_3、RuF-Al_2O_3
6	$SbF_5 \cdot CF_3SO_3H$	F-Al_2O_3、KF-Al_2O_3、$AlPO_4$、AlF_3、木炭
7	在Fe_2O_3及ZrO_2之类化合物中添加SO_4^{2-}	
8	氟化磺酸盐树脂（Nafion-H）	

固体超强酸一般分为两类，即负载卤素的及SO_4^{2-}/M_xO_y型固体超强酸。近年来又出现一些复合氧化物固体超强酸、杂多酸固体超强酸、丝光沸石固体超强酸等新型固体超强酸[40]。

1. 负载卤素的固体超强酸

如表7-14所示，此类超强固体酸是将氟化物负载于特定的载体上而制成。可以负载的氟化物有：(1) L酸，如SbF_5、TaF_5等；(2) 液体超强酸，如SbF_5-HF、SbF_5-FSOH等；此外还可用三元液体超强酸（如SbF_5-HF-AlF_3）及活性组分+氟化物（如Pt+SbF_5）。

可使用的载体种类也很多，下面为使用例子。

(1) 多孔氧化物作载体。它是将SiO_2-Al_2O_3、SiO_2-TiO_2等复合氧化物与SbF_5、TaF_5蒸气在室温下接触5~10min，而后在50℃下脱气10min，如此反复操作至复合氧化物上的羟基被置换，即得到相应的超强酸。在SiO_2、Al_2O_3等载体上负载SbF_5、TaF_5的方法是，先将载体在500~900℃空气中灼烧3~4h，而后在300℃左右与SbF_5、TaF_5接触2~3h即制得固体超强酸。

(2) 石墨上负载SbF_5、TaF_5。可使用浸渍法将SbF_5、TaF_5等L酸负载于石墨上。

(3) 离子交换树脂作载体。Nafion-H即属于这类超强酸。它是杜邦公司所开发的四氟乙烯与全氟-3，6-二氧杂-4-甲基-7-辛烯磺酸的共聚物——氟磺酸树脂的商品名。其耐热性强于普通离子交换树脂，可作为高分子催化剂用于有机合成。其酸性与100％硫酸相似，H_0值约-12，使用温度可达175℃。

2. SO_4^{2-}/M_xO_y型固体超强酸

1979年以前合成的固体超强酸多为上述含卤素一类。由于制备这类超强酸时产生复杂的三废，同时产品还有怕水和不能在高温下使用的缺点，限制了它的工业应用。1978发现硫酸铁在700℃加热分解制得的氧化铁有高的酸性，而纯的Fe_2O_3则不具备此酸性。经分析前者是由于表面存在残留的硫酸根离子，而大大提高了它的表面酸性，从而引起了对负载的固体超强酸的研究[41,42]。

SO_4^{2-}/M_xO_y型固体超强酸的制备方法是：先用相应金属的盐溶液与氨水或尿素溶液作用制得氢氧化物沉淀，然后用去离子水将沉淀充分洗涤，沉淀干燥后研细，再用含SO_4^{2-}离子溶液（简称处理液）处理，最后经干燥、焙烧即成。处理方法可用喷淋法或浸渍法。制备时的沉淀pH值、处理液浓度、干燥及焙烧温度等都会对超强酸强度、酸种类分布及稳定性等产生影响。例如，用28％的氨水使$Zr(SO_4)_2$水解，将沉淀充分水洗，在100℃下烘干沉淀物，再粉碎至100目以下，然后滴加硫酸溶液使其表面吸附，而后又在100℃空气中烘干，最后经500～700℃下焙烧几小时，即得到SO_4^{2-}/ZrO_2固体超强酸。如将$Fe(NO_3)_3$在200℃下加热分解而得到Fe_2O_3，其他工序同上，可制得SO_4^{2-}/Fe_2O_3固体超强酸。

SO_4^{2-}/M_xO_y型固体酸对水的稳定性好，并可在高温下使用，已用于裂解、异构化、酯化、烷基化及聚合等多种催化反应上。

7.7.2 固体超强碱

固体碱的碱强度H_-也可按式（7-7）进行定义。田部浩三提出碱强度H_-在26以上的物质称为超强碱。目前已发现的固体超强碱主要有：碱金属氧化物、碱土金属氧化物及氢氧化物、负载型碱金属及碱金属氢氧化物等。表7-14示出了一些固体超强碱的碱强度及其制备方法[43-45]。

表7-15 固体超强碱的碱强度及其制法

超强碱	原料和制法	预处理温度 ℃	碱强度 (H_-)
Rb_2O	加热抽空处理	643	34
Cs_2O	加热抽空处理	643	—
CaO	$CaCO_3$高温焙烧	1173	26.5
SrO	$Sr(OH)_2$高温焙烧	1123	26.5
MgO-NaOH	NaOH浸渍	823	26.5
MgO-Na	Na蒸发	923	35
γ-Al_2O_3-Na	Na蒸发	823	35
γ-Al_2O_3-NaOH-Na	NaOH浸渍烧成后加Na	773	37
γ-Al_2O_3-KOH-K	KOH浸渍烧成后加K	773	37
γ-Al_2O_3-NaOH-K	NaOH浸渍烧成后加Na	773	37

根据对γ-Al_2O_3-Na固体超强碱的形成过程考察表明，只能使用γ-Al_2O_3载体负载碱金属才能制得固体超强碱，而采用α-Al_2O_3作载体就得不到固体超强碱。原因是表面的

Na_2O 与 Al_2O_3 能形成 $NaAlO_2$，而 $NaAlO_2$ 在常压下有两种晶形，即 β-型（斜方晶系，低温稳定）及 γ-型（正方晶系，高温稳定）。X射线衍射分析表明，α-Al_2O_3 与 Na_2O 作用得到的 $NaAlO_2$ 为 β-型；而由 γ-Al_2O_3 与 Na_2O 作用经高温焙烧得到的 $NaAlO_2$ 为 γ-Al_2O_3。因此，γ-$NaAlO_2$ 是形成超强碱的重要条件。

此外，直接用 γ-Al_2O_3 负载 Na 也往往并不具超强碱性，而首先用 NaOH 处理后再加 Na 才具超强碱性。这表明这类固体超强酸的 Na 并非只是单纯分散在多孔载体 γ-$_2O_3$ 上，而是离子化形成 γ-$NaAlO_2$，再与载体 γ-Al_2O_3 相互作用结果使 γ-型 $NaAlO_2$ 结构稳定。Na 使表面氧的电子密度增大而具超强碱性。

第8章 胶体及其制备

8.1 分散体系的分类

工业上，常会遇到一种或几种物质分散在另一种物质中的分散体系，其中被分散的物质称作分散相，而另一种物质称作分散介质。如水滴分散在空气中形成雾团，奶油分散在水中成为牛奶等。所以分散相相当于溶质，分散介质相当于溶剂，分散相的微粒就好像被分散介质包围起来。人们把这些即使在显微镜下也难以观察到的微粒称为胶体颗粒，含有胶体颗粒的体系就称为胶体体系。通常所指的胶体就是这种高度分散的分散体系。

已经知道，物质的分散度越高，该物质的总表面积也越大。如每边为 1cm 的立方体，其总表面积为 $6cm^2$，体积为 $1cm^3$。如将此立方体分散成 8 等份，其体积仍为 $1cm^3$，而 8 个小立方体的总表面积已是 $12cm^2$，如果继续分割，如表 8-1 所示，粒子的总表面积的数量级也越来越大。显然，高度分散的液滴也类似这样。所以，胶体具有高的界面，胶体的许多性质也与此有关。

表 8-1 分割粒子总表面积的增加

立方体边长	分割后立方体总数	全部立方体总表面积	分散度①
1cm	1	$6cm^2$	$6cm^{-1}$
1mm	10^3	$60cm^2$	$6\times10^1 cm^{-1}$
0.1mm	10^6	$600cm^2$	$6\times10^2 cm^{-1}$
0.01mm	10^9	$6000cm^2$	$6\times10^3 cm^{-1}$
$1\mu m$	10^{12}	$6m^2$	$6\times10^4 cm^{-1}$
$0.1\mu m$	10^{15}	$60m^2$	$6\times10^5 cm^{-1}$
$0.01\mu m$	10^{18}	$600m^2$	$6\times10^6 cm^{-1}$
1nm	10^{21}	$6000m^2$	$6\times10^7 cm^{-1}$

① 分散度是指粒子的表面积与其体积之比，也称作比面。

根据分散程度不同，可将分散体系分为粗分散体系、胶体分散体系及分子与离子分散体系三类，如表 8-2 所示。而以分散质点或胶体颗粒的大小来区分，小于 1nm 的为真溶液；在 1~100nm 之间为溶胶，大于 100nm 的为悬浮液或乳状液。

表 8-2 分散体系的分类

类别	分散相粒子	主要特性
粗分散体系（悬浮液、乳状液）	>100nm（又称微子）	普通显微镜下能看得见，粒子不能通过滤纸、不扩散。如雾、火山尘、带有悬浮小晶体的岩浆等
胶体分散体系（溶胶）	1~100nm（又称超微子）	在超显微镜下能看见，粒子能通过滤纸，扩散极慢，如乳胶、硅胶和铝胶等
分子与离子分散体系（真溶液）	<1nm	普通显微镜及超显微镜下都看不见，粒子能通过滤纸，扩散很快，如淀粉、纤维素和血红蛋白等分子溶液

8.2 溶　　胶

具有各种大小粒子的胶体溶液或假溶液通常就称为溶胶或分散胶体。根据分散介质不同来分，分散介质为任何一种液体时称为液溶胶或简称溶胶，分散介质为水时称为水溶胶；分散介质为气体或气体混合物时称为气溶胶；分散介质为结晶物质的称为晶溶胶；分散介质分别为固体、熔体及玻璃质的，则分别称为固溶胶、高温溶胶及玻璃溶胶等。其中以溶液胶最为普遍。溶胶一般具有如下性质。

(1) 溶胶是高度分散的不均匀的多相体系。这种体系的分散相粒子是由许多分子或原子聚集而成，与分子或离子的大小相比，胶体粒子要显得大得多。胶体粒子的大小可以从其相对分子质量加以推断，例如，胶状氧化硅的相对分子质量超过 50000，而 SiO_2 的相对分子质量为 60.06，所以，氧化硅的胶体粒子中含有几百个 SiO_2 分子。用一般的滤纸及烧结玻璃漏斗等方法能过滤溶胶，如用超过滤器就能使溶胶中的分散介质与分散相分开。

虽然用肉眼或一般显微镜难以观察出溶胶的多相性，但超显微镜的出现已证明了溶胶不均匀态的存在。高度分散性使得溶胶具有极大的相界面，因此具有很大的表面自由能，溶胶的许多性质都是与它的巨大的表面能有关。

(2) 如果将真溶液、溶胶、悬浊液在同一条件下保存时，悬浊液的粒子下沉很快，溶胶在一定时间后也会发生沉淀，而真溶液却永远不产生沉淀。溶胶中的粒子聚集、长大，最后从介质中沉出的现象称为聚沉。如果在溶胶中加入少量电解质，则沉淀发生得更快，分析所得沉淀成分，与胶粒成分相同，说明并非由于电解质与胶体粒子发生化学作用所引起，而是其他原因所致。在超显微镜下观察这种沉淀现象，可以看到溶胶中的粒子与溶液中的分子一样，处于不停的布朗运动中，胶粒由于布朗运动引起的碰撞，使小的逐渐聚集成大的，除了加入电解质能使胶粒聚沉外，升高温度及辐射也能促使溶胶聚沉。所以，溶胶也与悬浊液一样都是不稳定体系，这种不稳定性的主要原因就在于它具有巨大的表面积及表面自由能。溶胶往往通过下面两种途径来降低其表面自由能：

一种途径是缩小总表面积，溶胶的自发聚沉就是这种作用，胶体粒子聚沉以降低体系分散度来达到总表面积的减少，就使得体系的表面自由能降低。

降低表面自由能的另一个途径是通过胶粒的吸附来实现，这样可以使溶胶粒子不聚沉并保持体系表面积不变。

(3) 溶胶能显示出 Tyndall（丁达尔）现象。当一束汇聚的光线通过胶体时，在其侧面可以看到一个发光的圆锥体，这种现象就称为 Tyndall 现象。Tyndall 现象说明光线在溶胶中遇到了分散粒子，产生光的吸收、反射和散射等现象。利用散射光的强度测定溶胶浓度及胶粒大小的浊度法以及用超显微镜确定胶体粒子的大小和形状都是以 Tyndall 现象的原理为基础。

(4) 溶胶具有电动现象，当将两个电极插入溶胶中，就可看到胶粒的迁移。这时，胶体中分散相质点向带有相反符号的电极移动，而分散介质向另一电极移动。这种在电场作用下，分散相质点在分散介质中的移动称为电泳。若固相不动，分散介质的移动称为电渗。这些现象统称为电动现象。电动现象是溶胶的很重要的一种性质，它对胶粒结构的研究具有很大的指导作用，在后面还要专门说明。

8.3 单分散溶胶的制备

一般溶胶的胶粒粒径是多分散的,所谓单分散溶胶是指胶粒大小、形状及组成均相同的溶胶。单分散溶胶除可用于胶体性质研究外,由这种溶胶制成的胶体材料用作催化剂载体、感光材料、涂布剂及颜料等时,比多分散性胶体具有更优异的性能,下面为其中一些制备方法[46]。

8.3.1 金属盐水溶液高温水解法

水解反应是指水与另一种化合物反应,该化合物分解成两部分,水中氢原子加到其中一部分,而羟基加到另一部分。以无机盐的水解反应为例,由弱酸或弱碱反应生成的盐类遇水能够发生水解反应。

例如,将浓度为$(0.8\sim4.0)\times10^{-4}$mol/L 的 $KCr(SO_4)_2$ 溶液,在 75℃下恒温老化 26h,如溶液中存在 SO_4^{2-} 及 PO_4^{3-} 时,则可生成粒径为几百纳米的单分散 $Cr(OH)_3$ 溶胶。如溶液中不存在 SO_4^{2-} 及 PO_4^{3-},则析出的是无定形胶粒且粒径较粗。

8.3.2 金属络合物高温水解法

在这种制备方法中,为使胶体粒子在介质中的分散状态达到稳定,常使用可溶性高分子或表面活性剂作保护剂,如聚乙烯醇、聚乙烯吡咯烷酮等。

例如,在可加热的回流瓶中,加入 $8.8mgRhCl_3$ 与 150mg 聚乙烯醇(聚合度为 500),再加 25mL 甲醇和 $25mLH_2O$,在适当温度下加热回流 $1\sim4h$,就可制得粒径为 4nm 的球形 Rh 溶胶,在空气中可稳定一年以上。

8.3.3 微乳液法[47,48]

一般将颗粒大小在 $0.2\sim50\mu m$ 之间,呈乳白色,不透明的体系称为乳状液。1943 年 Schulman 等人往乳状液中滴加醇,制得透明或半透明、均匀并长期稳定的体系。这种体系中分散相颗粒很小,常在 $10\sim100nm$ 之间,并称为微乳液。它是由水、油、表面活性剂和助表面活性剂四种物质在适当配比下自发形成的一种外观透明、低黏度的热力学体系。

在微乳液中,易溶于水和不溶于水的高浓度的化合物同时溶解,因此可作为反应介质用于反应物为酸、碱、氰化物、溴化物及高锰酸盐的各种有机反应中。

例如,以溴化十烷基三甲基铵为表面活性剂,$C_5H_{11}OH$ 为助表面活性剂,甲苯为溶剂,将浓度为 2×10^{-4}mol/L 的 $Cd(ClO_4)_2$ 溶液与浓度为 1×10^{-4}mol/L 的 Na_2S 溶液先分别制成两种微乳液,再将两种微乳液混合后,通过液滴间的物质交换而在微乳液的水核内生成单分散 CdS 溶胶。

8.3.4 溶胶—凝胶法

溶胶—凝胶法广泛用于制备 SiO_2、Al_2O_3、TiO_2 及 ZrO_2 等膜催化材料及催化剂载体。

例如,以 γ 型单水氧化铝粉(SB 粉)及 HNO_3 为原料,在控制酸量$[H^+]/[AlOOH]=0.03\sim0.3:1$(摩尔比)、反应温度约 85℃的条件下进行成胶反应,SB 粉在硝酸作用下同时发生两种作用,即溶解—沉淀作用及液—固界面双电层作用;前者决定 AlOOH 溶胶的粒度分布,后者决定 AlOOH 溶胶的稳定性。由这样制得的 AlOOH 溶胶具有相对的稳定性及单分散性。

试验表明,SB 粉在硝酸作用下至少经过 5h 才能形成均匀分散体系,否则为多分散体系。AlOOH 溶胶的粒度均化过程是一个溶解—沉淀的热力学平衡过程。溶胶的粒度大小与反应的pH值有关。双电层作用是通过SB粉表面两性羟基的酸碱反应实现的。胶粒间既存在斥力位能，又存在着引力位能；前者是荷电胶粒相互靠近时双电层重叠所产生的静电排斥作用，后者是范德华力的作用。胶粒间存在的斥力位能与引力位能的相对大小决定了溶胶的稳定性。当胶粒间的斥力位能大于引力位能并足以阻止胶粒由于布朗运动碰撞而黏附时，胶体处于相对稳定状态；若引力位能大于斥力位能，则胶体粒子相对靠扰而发生聚沉。

8.4 胶体粒子的电荷

如上所述，溶胶是一个不稳定的体系，胶粒有聚结成大颗粒的趋势，最后要凝聚或聚沉下来，但是实际上溶胶还是能在相当长的时间内不发生聚沉，使溶胶获得暂时稳定的原因可以从胶体粒子的荷电得到解释。

溶液中的胶体粒子都带有电荷，电荷符号对各种物质均不相同，但对于在一定的溶剂中同一胶体的所有粒子则是相同的。溶胶中具有同名电荷的胶体粒子会在聚结和沉降过程中阻碍它们接近，由于带有电荷，粒子就产生溶剂化作用，使得在溶胶中保持悬浮状态。另一方面，胶体粒子所具有的极大比面，也增加液体对它们下沉的阻力，促使它们处于悬浮状态。

通常，胶体在碱性介质中所带电荷与在酸性介质中所带电荷也有所不同，同样的物质也可能会有相反的电荷。在一般F的情况下，形成正性胶体的有：铁、铝、钛、铬、镉和铈等的氢氧化物；形成负性胶体的有：氧化硅、二氧化锰；砷、铜、锑、汞和镉等金属的硫化物；金、银、铂、钯和淀粉等。

关于胶体粒子荷电的主要原因有以下几个方面：

（1）吸附。胶体粒子对溶液中离子吸附能力的不同是引起荷电的最普遍因素。因为，多数情况下，胶体粒子的形成都是在含有某种数量的电解质的介质中进行。例如用$AgNO_3$与KI溶液作用形成AgI溶胶时，如取过量的KI，同时添加$AgNO_3$时常使得KI经常有剩余，这时所得到的AgI胶体溶液中，AgI粒子由于吸附了I离子而带负电荷。

$$[AgI]_n \cdot xI^-$$

如果是$AgNO_3$过量，那么由于吸附了Ag离子而得到带有正电荷粒子所形成的胶体溶液：

$$[AgI]_n \cdot yAg^+$$

这种荷电现象可以解释如下：在构成胶体粒子物质的离子中，表面上的离子往往有多余的价，而处于内部的离子，它的价往往是饱和的。以图8-1所示AgI空间晶格截面为例，AgI结构有六个配位数，这样，每个不在表面上的Ag离子与I离子分别被六个I离子及Ag离子所包围（图前面及背后的离子未表示出来）。而分布在粒子表面上的Ag离子却只被五个I离子所包围。这样，分布在胶体粒子表面上的Ag离子和I离子就存在一个未饱和价，这种不饱和价就使得它们具有吸引附加的I离子及Ag离子的能力。因而，KI过量的溶液中，胶体粒子吸附I离子，使得表面带有负电荷；而在$AgNO_3$过量的溶液中，胶体粒子就吸附Ag离子而使其带负电荷。形成的胶体粒子的表面结构如图8-2所示，而I离子与Ag离子则又与溶液中胶体粒子四周的K^+和NO_3^-处于平衡状态，如图8-3所示。

（2）电离和接触电位所引起。当组成粒子的分子可以电离时，这种分子会在分散介质中

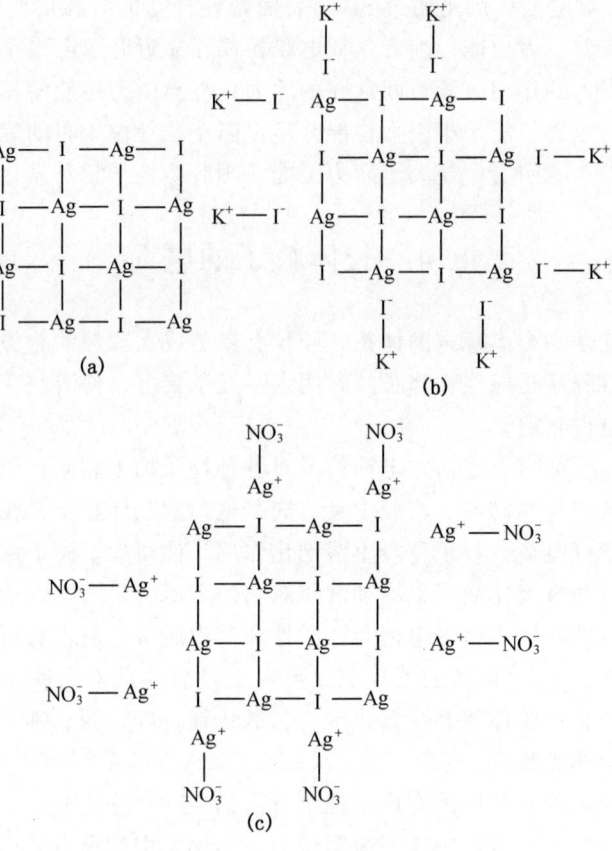

图 8-1 AgI 空间晶格的截面
(a) 无被吸附的离子；(b) 带有被吸附的 I 离子；
(c) 带有被吸附的 Ag 离子

电离出一个离子，而使粒子本身荷电。例如，由 SiO_2 与水作用生成的硅酸溶胶中，H_2SiO_3 电离产生的 H^+ 使介质带正电荷，而粒子表面带 SiO_3^{2-} 离子而带负电。此外，当两相的介电常数不同时，界面产生的电位差也是荷电的一个原因。介电常数大的物质与介电常数小的物质接触时，介电常数大的物质带正电，水的介电常数比较大，所以许多物质在水中形成溶胶时，胶体粒子常带负电荷。

8.5 胶体粒子的结构

从图 8-2 及图 8-3 可以看出，在胶体粒子的周围存在着由正离子及负离子构成的双电层。这种有关胶体质点所带的电荷在胶粒与分散介质的界面上的分布情况，对于了解胶粒结构与溶胶稳定机理有很重要意义。

这种双电层的结构也可用图 8-4 的模型来描述。双电层由两个部分组成，一个是直接贴附在粒子表面的吸附层，由于吸附粒子而带电，它能吸引一部分反离子在其周围，并与粒子表面形成一个整体，这种由反离子与固体表面构成的所谓吸附层中有一显著的电位降。另一部分是扩散层，除了吸附层外以扩散的方式分布在介质中构成所谓扩散层，即距粒子表面越远构成此层的离子的浓度越小，扩散层两端的电位差也称为动电位，常用 ξ 来表示。图中

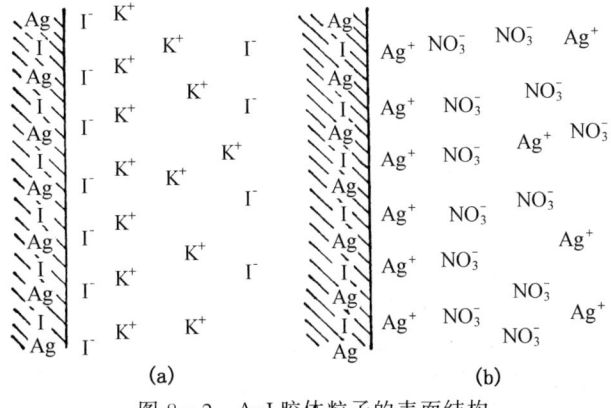

图 8-2 AgI 胶体粒子的表面结构
(a) 带有被吸附的 I 离子；
(b) 带有被吸附的 Ag 离子

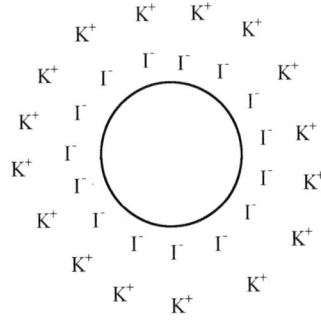

图 8-3 AgI 胶体粒子的双电层

φ 表示固相表面到均匀液相内部的热力学电位。

有了胶体粒子的双电层结构的概念后，就不难描绘胶体粒子的结构。胶体质点的中心是由许多原子或分子聚结而成，称为胶核。包围胶核的是由吸附层和扩散层所构成的双电层，把带有双电层的胶体粒子称作胶团。在没有电场的情况下，整个胶团是电中性的，当受到电场作用时，胶团就在吸附层与扩散层之间发生分裂，胶核就与吸附层结合在一起作同向运动。这种不具有双电层的表面部分就称为胶粒，所以胶粒是固相胶核与吸附层一起所形成的一个整体，而扩散层中的反离子则向相反方向移动。胶粒对于均匀液相内部之间的电位差也就是上面所说的动电位，而将从固相表面到均匀液相内部的电位差称作热力学电位。

对一些无机胶体的结构，特别是氢氧化物胶团研究得最多。

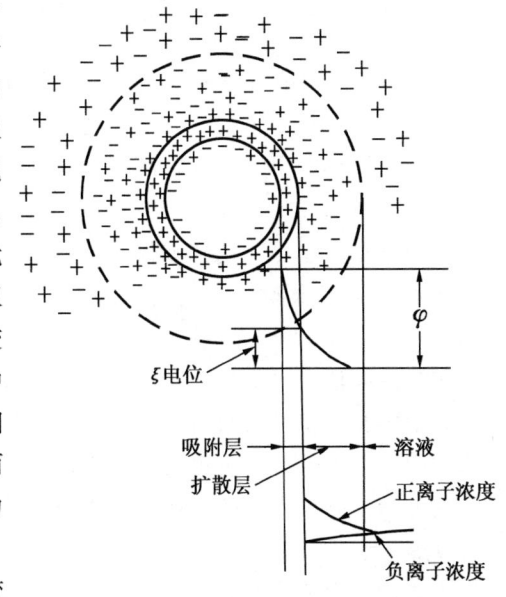

图 8-4 双电层的概念

例如，由氯化铁水解得到的氢氧化铁溶胶的粒子带有正电荷，组成中除铁外还含有氯，其所含的氯是由于吸附了氯化铁之故。其胶团结构可表示成：

$$\underbrace{\underbrace{\underbrace{\{[Fe(OH)_3]_m \cdot nFeO^+ \cdot (n-x)Cl^-\}^{x+}}_{\text{胶核}} \cdot xCl^-}_{\text{胶粒}}}_{\text{胶团}}$$

这种胶团结构如图 8-5 所示，其中 Cl^- 就是上面所说的反离子。因此，胶团也可以看作是由胶粒和中和其电荷的反离子所组成。

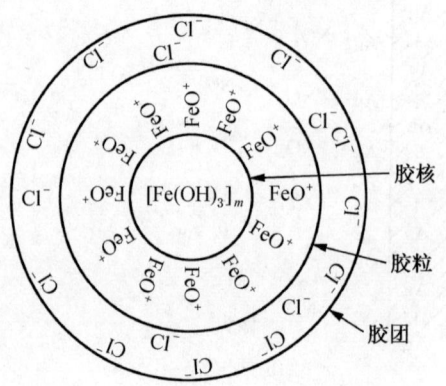

图 8-5　Fe(OH)$_3$ 溶胶胶粒的结构

8.6　亲液胶体与疏液胶体

大家知道，存在于水中的电解质的离子会发生水合作用，这是由于水分子存在偶极矩。在溶液中的胶体粒子也能发生溶剂化作用，就像四周围绕离子那样而能形成一层外壳。通过对胶体粒子结构的研究发现，胶体体系存在两种不同性质的状态，即亲液胶体与疏液胶体。

如果胶体粒子的表面可以被一层分散介质所敷上，这种胶体就称作亲液胶体。这类胶体溶液中的分子大小已经达到胶体分散体系的范围，因此具有胶体的性质。分散介质为水的亲液胶体就称作亲水胶体。蛋白质就是典型的亲水胶体，用超显微镜观察时可显示出散射发光。

与亲液胶体相对的另一种胶体是疏液胶体，它是由难溶物分散在分散介质中以后所形成的，其中的粒子都是由数目很大的分子所构成，疏液胶体的粒子只有当带有电荷时才发生溶剂化作用。这种体系具有很大的相界面，容易被破坏而聚沉，聚沉后往往不能恢复原态，所以在热力学上是不稳定的体系。如果疏液胶体的分散介质是水，就称作疏水胶体，如金属的水溶胶等。

当然，上面这种区分并不是十分严格的，有些胶体往往居于亲液胶体与疏液胶体之间的过渡状态。例如，载体制备中常见的 SiO$_2$、Al(OH)$_3$ 及 Fe(OH)$_3$ 等溶胶，虽然也称作疏液溶胶，但它们也呈现某些亲液性质。虽然它们在热力学也是不稳定体系，需要加入能形成双电层结构和溶剂化层的稳定剂才能获得稳定的溶胶，但它与水有一定的亲合力，可以形成凝胶，这又具有亲液溶胶的性质。

8.7　溶胶的稳定性

溶胶形成的必要条件是其颗粒大小应该在胶体范围内，也即制取的溶胶应使某种物质的粒子达到 1～100nm 的大小并使它分散于介质中。虽然制备溶胶的方法很多，但获得稳定的溶胶必须具备下列两个条件：分散相在分散介质中的溶解度要尽可能小，且有稳定剂存在。

通常将溶胶保持其分散度不变的性质称作溶胶的稳定性，它对溶胶的贮存、运输及使用都具有现实意义。

如前所述，溶胶中，胶体粒子不是个别分子或离子，而是成千上万的分子或离子的聚结体。表面看来，溶胶像是均匀的溶液，实际上在粒子与分散介质之间存在很大的界面，巨大的界面和大的表面自由能，具有使胶体粒子合并而降低其表面自由能的趋向。因此溶胶是一个热力学不稳定体系，这表明溶胶具有聚结不稳定性。

另一方面，由于胶体粒子很小，它具有强烈的布朗运动，即使受重力作用也不易发生沉降，这种布朗运动使溶胶具有动力稳定性。

稳定的溶胶应该同时具有聚结稳定性及动力稳定性，且前者更为重要。因为布朗运动固然使溶胶趋于动力上稳定，但也促使粒子不断发生碰撞，如果粒子一旦失去聚结稳定性就会促使粒子凝结而逐渐增大，布朗运动速度降低而成为动力不稳定体系。

虽然溶胶中的胶体粒子具有自发聚结长大为大颗粒的趋势，但胶粒表面所形成的扩散双电层结构，使得溶胶可以保持相当长时间而不发生沉淀。

溶胶中胶体粒子的吸引力本质上与分子间的范德华力相同，只是其吸引力是由组成胶体粒子的许多分子所贡献的总和。可以证明这种作用力与距离的三次方成反比，属于一种远程作用力。溶胶中的胶体粒子因布朗运动而不断碰撞，使粒子在碰撞时不发生接触的排斥力就起源于胶体粒子的双电层结构。当粒子间距离较大，双电层还未重叠时，排斥力不起作用；而当粒子接近并引起双电层部分重叠时，重叠部分中离子的浓度会比正常分布的离子浓度大，这种过剩离子所产生的渗透压力将阻碍粒子接近，因而产生排斥作用。换句话说，双电层结构的扩散层中溶剂化膜对胶体粒子起了保护作用，这层溶剂化膜就是胶粒上离子溶剂化后形成的。如果在溶胶中加入电解质，扩散层就压薄，ξ电位降低，溶剂化程度随之减弱，因此溶胶的稳定度也就降低。而当ξ电位降低至趋近于零时，溶胶就表现出不稳定状态，粒子的碰撞将导致互相结合成大颗粒，其结果是体系的分散度降低。最后所有分散相都结合成大粒聚集体以沉淀物析出，这种过程也称为聚沉作用。

加入电解质引起溶胶的聚沉作用不仅与电解质性质、浓度有关，还与溶胶所吸附的电性有关。当溶胶中加入任何一种电解质时，胶体粒子的电荷就要分别被正离子或负离子所中和。电解质负离子对带正电的溶胶起主要聚沉作用，正离子对负电性溶胶起主要聚沉作用，而聚沉能力则随离子价的增加而增加。对于同价的离子来说，虽然聚沉能力大致相同，但也有差别，如碱金属正离子的顺序为：

$$Li^+ < Na^+ < K^+ < Rb^+ < Cs^+$$

阴离子的顺序为：

硫氰化物离子<硝酸盐离子<氯化物离子<乙酸盐离子<硫酸盐离子<柠檬酸盐离子

当胶体受电解质混合物的影响发生聚沉时，除了在少数情况下，聚沉能力为两种离子单独存在时的聚沉能力之和，多数情况下，往往可见到各种离子的聚沉作用剧烈地互相削弱，这种现象就是离子的对抗作用。

当然，上面所讲的电解质聚沉作用，是指将电介质一次全部加足时的情况。如果电介质是经过长时间少量而一点点地加入溶胶中，那么聚沉就不会发生。

除了加入电解质能引起溶胶聚沉以外，还有一些其他能引起溶胶聚沉的方法。例如加入带有相反电荷的溶胶以及将溶胶加热等方法。

当将两种电性相反的溶胶，例如，带有正电荷的金粒子和带有负电荷的五氧化二钒粒子这两种溶胶混合时，便会发生聚沉作用。如果在溶液中互相接触的是带有同名电荷的同样物质的胶体粒子，就不会发生聚沉作用。为了进行完全凝聚，在混合两种溶胶时，应该使一种溶胶所带正电荷的总数恰好能中和另一种溶胶所带负电荷总数。如一种溶胶过多，另一种溶胶粒子就会发生重新充电而形成另一种具有混合成分的溶胶。例如，将负电性溶胶 SiO_2 加到正电性溶胶 $Fe(OH)_3$ 中时，当加入量超过互相凝聚所需量时，$Fe(OH)_3$ 就会形成一种负电性溶胶，凝聚也就不再发生。

加热能增加胶体粒子的动能和相互碰撞的机会，同时降低了它们对离子的吸附作用，因而降低了胶体粒子所带的电量，在它们相互碰撞时就更容易结合而聚沉下来。

8.8 胶凝作用与胶溶作用

溶胶在聚沉过程中，在某些情况下，胶体粒子互相黏结成连续的网状结构，这种网状结构包住了全部液体，使胶体体系逐渐变得黏滞，失去流动性，最后形成半固体的所谓凝胶。这就是胶凝作用，也称凝胶化作用或絮凝作用。平常我们看到硅酸溶胶放置一定时间会出现"冻"起来而失去流动性，所以有时又称它为冻胶。

新形成的凝胶都含有大量液体。所含液体为水的凝胶称为水凝胶。所有水凝胶的外表相似，无流动性而呈半固体状。凝胶与一般的糨糊不同，它有一定的几何外形，并具有一定的强度、弹性和屈服值等固体力学性质；而糨糊是失去流动性的高浓度悬浮体，所以又称这种体系为假凝胶。

根据凝胶的结构性质，它可分为弹性凝胶及非弹性凝胶。

（1）弹性凝胶又称弹性冻胶，由柔性的线型大分子物质（如明胶、琼脂等）形成的凝胶属于弹性凝胶。它在干燥时体积虽然缩小很多，但并不发脆，且仍保持弹性，可以拉长而不破裂。一般又可分为两类：一类以水为分散介质，如动植物组织中的蛋白凝胶；另一类以有机液体为分散介质，如人造橡胶等。

（2）非弹性凝胶，由刚性质点（如 Al_2O_3、SiO_2、TiO_2 等）溶胶所形成的凝胶属于非弹性凝胶，又称刚性凝胶。这类凝胶脱水干燥后再置水中加热时不会恢复成原来的溶胶，所以又称为不可逆凝胶。而上述弹性凝胶在脱水干燥后形成的干胶经在水中加热溶解后，冷却时又会变成凝胶，故称为可逆凝胶。

在催化剂载体制备中主要使用的是一类非弹性凝胶。因此下述内容所涉及的也是关于这类凝胶的处理过程。

使沉淀物或凝胶重新分散成胶体颗粒，再转变成溶胶的过程称为胶溶作用，它是聚沉作用的逆过程。$Al(OH)_3$、$SiO_2 \cdot nH_2O$ 等凝胶经脱水后，变成脆性，即使再浸入介质中，也难以恢复原状，即为上述不可逆凝胶。能引起胶溶作用的物质称为胶溶剂，它们通常也都是电解质。

胶溶作用也可分为溶解的胶溶作用和吸附的胶溶作用两种类型。溶解的胶溶作用中首先发生的是凝胶成为分子微粒溶解，然后发生这种分子溶解产物被凝胶所吸附的过程。吸附的胶溶作用并不伴随着凝聚物的分子溶解。例如，新生成的氢氧化铁用氯化铁胶溶时，所发生的是氯化铁这种在氢氧化铁基团中起着离子基作用的化合物的吸附。

为了获得比较纯净与稳定的溶胶，就必须除去有害杂质，这时就需使溶胶凝聚生成沉淀物或凝胶，经洗去有害杂质离子后再加入适当的胶溶剂使凝胶重新分散而成溶胶。例如，制备微球氧化铝载体时，在喷雾干燥成型以前所用的是 $Al(OH)_3$ 溶胶，如果使用 $AlCl_3$、

$Al_2(SO_4)_3$ 及 $NaAlO_2$ 等原料时就必须先除去 Cl^-、SO_4^{2-}、Na^+ 等杂质离子。为此常先制成 $Al(OH)_3$ 沉淀，经反复水洗除去其杂质离子后，再加入少量胶溶剂（HNO_3）等制成 $Al(OH)_3$ 溶胶。这时沉淀中少量的 $Al(OH)_3$ 会与 HNO_3 发生下述反应：

$$Al(OH)_3 + HNO_3 \longrightarrow Al(NO_3)_3 + 3H_2O$$

生成的 $Al(NO_3)_3$ 在水中电离，Al^{3+} 离子吸附在 $Al(OH)_3$ 表面上，NO_3^- 为反离子，从而形成胶体粒子的双电层。由于 NO_3^- 在喷雾干燥成型时在高温下分解成 NO_2 而逸出，对载体的性质不会产生很大影响。但 HNO_3 加入量也应适当，加入量过少不足使 $Al(OH)_3$ 凝胶胶溶，加入量过多就不能形成稳定的溶胶，而且还会影响载体强度。

8.9 稳 定 剂

前面讨论了溶胶中加入电解质后所发生的聚沉作用，这是指加入大量电解质后所引起溶胶的不稳定作用。实际上，如前面所述，要使溶胶稳定必须加入第三种物质即稳定剂，这种物质吸附在胶粒表面，使胶粒比较稳定地分散在溶液中。稳定剂一般也是电解质或高分子化合物，只是加入的电解质量较少而已。

在讨论胶体粒子的结构时，我们看到，胶团是由作为分散相的胶核和吸附在核上的稳定剂的一种离子及包围在周围介质中的反离子所组成，所以胶团没有固定的直径和质量，而且不同溶胶的胶团的形状也各不相同。具有双电层结构的胶体粒子正是由于胶核吸附了稳定剂后才形成，胶粒的电荷由被吸附的离子所决定。通常所说的溶胶带正电或负电也系指胶粒而言，整个胶团保持着电中性。

无论是用分散法或凝聚法来制备溶胶，都应有稳定剂参加，吸附了胶核的稳定剂形成具有双电层结构的胶团，从而保证了胶团的溶剂化和体系的聚结稳定性。当然，这种聚结稳定性只有在选择的稳定剂是在分散介质中能电离而且能被胶核优先选择吸附时才能实现。另外，选择稳定剂还要注意带入的有害杂质离子会对载体性质产生怎样的影响。

8.10 凝胶的形成及其性质

如上所述，生成凝胶的胶凝作用是沉淀过程的一种特殊情况。引起溶胶不稳定而产生聚沉作用的因素很多，例如电解质的作用，胶体体系的相互作用，溶胶的浓度、温度等。其中，电解质的加入是引起溶胶凝结的主要因素，电解质的影响前面已经说过，它可以简单归结为以下几点：

（1）任何电解质都能使溶胶发生胶凝，但要使溶胶发生明显的凝结，所加电解质浓度应超过某一最低限度，这个最低限度也称作聚沉值，但过量加入电解质，反会引起再带电现象。

（2）电解质中只有与胶粒电荷相反的离子起主要凝结作用，而且价数越高，聚沉值可以越小，而凝结力却越大。

（3）当外加电解质浓度足够大时，双电层中的扩散层被压缩到与吸附层重叠时，ξ 电位逐渐降到零。由于粒子间距离缩短而使粒子间相互吸引的能量大于排斥的能量时，粒子就互相黏结变大，最后从溶液中沉淀出来，而且凝结下来的沉淀经常带有一部分使它凝结的离子。

胶体体系的相互作用表现在溶胶的互相凝结,这在前面也已说过。它是把荷电的胶粒质点看成是一种电解质,具有相反电性的溶胶混合时就发生凝结。

溶胶浓度的增高会使胶粒间的相互碰撞增加,所以高浓度的溶胶容易发生凝结。至于温度对于水溶胶的稳定性影响不大,只是温度升高有利于稳定剂从胶核表面上解吸,因而降低溶胶稳定性。

通常,发生胶凝现象的必要条件是胶体粒子的局部去溶剂化,而分散相粒子形状的高度不规则性则是产生局部去溶剂化的有利条件。所以,当胶体粒子呈棒状、圆盘状之类高度不规则的形状且表面各处性质又不均匀时,加入电解质时就有可能在粒子表面的一部分局部地减弱溶剂化,而另一部分的溶剂化膜却并未减弱。因此,那些局部去溶剂化的部位在互相碰撞时就会黏结起来,而其他部位就不能与另外粒子相连接。这就形成连续网状结构,这种网状结构包住了液体,使体系失去流动性,最后成为半固体状的凝胶。所以凝胶的稠度常与其中所含水量有关,表 8-3 示出了氧化硅凝胶在不同水含量时所显示的性质。如果凝胶中所有胶体粒子是直接接触的,这种凝胶就称为干凝胶。

表 8-3 氧化硅凝胶的水含量与性质

水的含量,%	凝 胶 性 质
94～97.3	具有胶冻形态,摇晃时能颤动
90～92	可用刀子切开
74.9	易折断
74.2	可研成粉末

溶质分子的形状越不对称,就越易发生胶凝作用,如 $Al(OH)_3$ 是棒状粒子,$Fe(OH)_3$ 是片状粒子,它们都能生成细片状的凝结,而粒子为球形或椭圆形的 SiO_2 溶胶虽也可以形成凝胶,但它只有在浓度很高时才能形成。

多数凝胶都具有晶体结构,可通过 X 射线显示出来,而凝胶的晶化程度与制备方法有关。由溶胶凝结而制得的凝胶的结晶作用往往比较大,而且溶胶越陈旧,胶体粒子的结晶性能也越显强烈。

此外,在制备 $Al(OH)_3$ 凝胶时发现,当在经过反复洗涤的 $Al(OH)_3$ 凝胶中加入少量稀 HNO_3 打浆胶溶后,胶体溶液放置一定时间,就会胶凝成冻胶。但如对这种冻胶再经搅拌或震荡以后,仍可恢复到溶胶状态,而且这种状态可经反复多次,而溶胶或凝胶的性质均无明显的变化。这种现象就称作触变作用,它可表示为:

$$凝胶 \underset{静置(胶凝作用)}{\overset{摇动(触变作用)}{\rightleftharpoons}} 溶胶(等温) \tag{8-1}$$

触变作用常在 $Al(OH)_3$、$Fe(OH)_3$ 等具有不规则形状粒子的溶胶中发生。

凝胶的触变作用可以这样来理解,因为凝胶是充满小分子液体的空间网络,这些网络是由范德华力将链状分子吸引而构成的,所以这种网络很不牢固,经过搅拌或震荡,或者升高温度都能使网络被破坏而变成溶胶,而溶胶经静置相当时间后就胶凝成冻胶。

触变作用也与溶胶及加入电解质的浓度有关。溶胶浓度过稀不会产生胶凝,浓度过大时,因胶凝而形成的网架结构联结过紧,会使触变性消失。电解质浓度过高时因引起粗大凝结物析出,也会失去触变性。实际制备过程中,当然应该注意防止那些存在触变性的溶胶失去其可逆性。

与触变作用相反的现象是负触变作用，其基本特点是在切力等外力作用下，体系的黏度增大，但静置片刻后黏度又恢复到原状。具有负触变作用的体系主要是高分子溶液，在悬浮分散体系中极少见。但在 SiO_2 等悬浮分散体系中加入高分子溶液时，有时也会出现负触变性。

8.11 凝胶的老化

实际上，从溶胶变为凝胶的胶凝作用是一种不完全的絮凝，故胶凝产物中分子聚集得比较松，包含了所有的液体介质，所以凝胶不是平衡体系。随着时间的延长，凝胶就会发生老化并经历一系列的变化，其中之一就是结晶粒子进一步长大。凝胶不同，结晶速度也各不相同。与结晶作用的同时还产生凝胶的逐渐脱水作用。如果将凝胶放置一段时间后，就会在凝胶表面上渗出一些微小的液滴，最后这些液滴就会逐渐合并成一个液相，同时，凝胶的体积也就开始收缩。这种液体能自动地缓慢地从凝胶中分离出来的现象通常称为离浆，也称作缩小作用或脱水收缩作用。脱水收缩是凝胶老化的一种表现，这种自发过程显然与结晶作用有关。

非弹性凝胶（如硅酸水凝胶）离浆时是不可逆的，而且也不同于干燥处理时的脱水，因为在低温下或潮湿空气中也可以发生这种离浆现象。

如上所述，凝胶并不是平衡体系，组成凝胶骨架的分子由于温度及压力的影响，有可能因分子运动而进一步互相接近而达到最小距离，并趋于稳定状态。这种过程就促使液体从凝胶中自动排出，所以，脱水收缩可看作是凝胶要趋向稳定的必然结果。而且凝胶浓度越大，分子间距离越短，脱水收缩的速度也越快，并可用下述关系式来表示脱水收缩速度：

$$v = \frac{dx}{dt} = k(a-x) \tag{8-2}$$

式中 v——脱水收缩速度；

x——t 时间后分离出的液体量；

a——从凝胶中可能分离出来的最多液体量；

k——脱水收缩速度常数。

k 的大小与分子结构性质及介质本质有关，分子的对称性越差，k 值也越大，脱水收缩也越快。

影响脱水收缩速度的因素除上述内容外，老化介质、温度、老化时间也有影响。如在碱性介质（pH>7）中老化可以加快脱水收缩，这是因为老化时发生了溶液中的阳离子与凝胶粒子溶剂化层中的氢离子交换，因而降低了凝胶胶团的亲水性，这就使得包围胶团的溶剂化层（保护水层）减小，而使胶团容易聚结，加快了脱水收缩过程。控制老化温度和老化时间也可以调节凝胶的脱水深度，制得具有不同骨架强度的凝胶。从实验可知，延长硅酸铝凝胶的老化时间，有利于骨架进一步生长，提高温度可以形成大胶球粒子的堆积，从而获得大孔径的产品。例如，将老化时间从 5h 增至 30h 后，硅酸铝的孔体积可从 0.56mL/g 增至 0.70mL/g；温度由 30℃升到 60℃时，孔半径可从 2nm 增至 4.5nm。

所沉淀的凝胶有的是无定形的，凝胶在老化过程中因结晶作用而会逐渐形成一定的晶体结构。例如，在制备氧化铝沉淀的过程中，沉淀就是将原料的稀水溶液按一定顺序混合。这时，首先生成含有大量水和阴离子的胶体无定形沉淀。这种沉淀在 X 射线衍射中不出现任何峰线，只表现为高背底的漫散射线。但是这种胶体是极不稳定的。在母液中它很快地向具有一定晶形的氢氧化铝转化，而控制老化条件就可使上述沉淀向晶形氢氧化铝更完善，更有方向性地转化，从而得到所希望晶型的氢氧化铝。同样，在合成分子筛时，硅铝酸盐凝胶在加热升温的条件下结晶成为沸石分子筛，无定形凝胶的晶化条件（温度、时间、pH 值）也对生成的沸石晶型有显著影响。

从上述讨论可以知道，凝胶在老化过程中由于发生脱水收缩，而使粒子间联结更为牢固，从而加强凝胶骨架强度，有利于制备具有多孔结构的载体，这也是为什么在制备硅胶、铝胶、硅铝胶等载体时，控制成胶过程中的老化条件，对载体性质有重要影响。

8.12 凝胶的洗涤

在制备催化剂载化时，一般对杂质离子的含量要进行一定的限制。因为，即使很少量的杂质离子也会影响制得催化剂的性质。在实际生产过程中，往往由于经济上或其他原因，在制备载体的原料中不可避免地会带进杂质离子，这时就需要用洗涤的方法除去凝胶中的杂质离子。

根据凝胶粒子的胶体性质不同，杂质离子常被某种反离子吸附在粒子周围，尤其那些比表面及总面积特别大的胶体物质吸附能力更大，所以对这些凝胶洗涤时，吸附的反离子不易扩散到洗涤水中，杂质离子也就不易洗净。例如，用 NH_4OH 及 $Al_2(SO_4)_3$ 溶液制备三水铝石沉淀时，SO_4^{2-} 离子作为 $Al(OH)_3$ 胶体粒子的反离子而存在于凝胶中，即使用了比凝胶多几百倍的水来洗，也难以将 SO_4^{2-} 洗净，这种凝胶的难洗性，也导致往往不易得到高纯度的产品。

实际上，洗涤过程也是凝胶老化过程的继续，所以选择洗涤温度和洗涤液时不仅要考虑使杂质离子能很快除去，而且还要兼顾对凝胶性质的影响。

洗涤看起来很简单，但涉及范围也很广，尤其是洗涤液的选择对于洗涤过程还是很重要的。洗涤常用蒸馏水或经离子交换处理过的去离子水。在某些情况下经试验证明无不良影响时，也可采用自来水或软水来洗涤。一般情况下可以根据下面的情况来选择洗涤液。

（1）对于溶解度比较大的沉淀，最好用沉淀剂的稀溶液来洗涤，这样可以减少沉淀物因溶解而造成的损失。可是考虑到下一步处理，只有易分解或具有挥发性的沉淀剂才能使用。

（2）溶解度相当小的非晶形沉淀，一般采用含有电解质的稀溶液来洗涤，这样可以避免非晶形沉淀在洗涤过程中又分散成胶体。当然，加入的电解质也应该是易挥发的。

（3）沉淀的溶解度很小而且又不易生成胶体时，可以用去离子水或蒸馏水来洗涤。

（4）热洗涤液容易将沉淀洗干净，还能防止产生胶体溶液，也容易通过滤布。可是热洗涤液中沉淀损失也较多，所以只对溶解度很小的非晶形沉淀才宜用热洗涤液来进行洗涤。

洗涤时以洗涤液用量少、但洗涤次数多一些为比较适宜。

凝胶在洗涤过程中有时会产生离子交换吸附现象。所谓离子交换吸附，是当溶液中某种离子被吸附剂（或凝胶）选择吸附时，也必须有带相同电荷的另一种原被吸附的离子同时从吸附剂分离出来作为交换。因此，这种交换可以看成是交换反应。这种离子交换作用，在合成分子筛时尤为重要，沸石分子筛通过进行可逆的阳离子交换，可以制得不同型号的分子筛，改进分子筛的孔径及其他性质。

例如，将水玻璃溶液和硫酸铝溶液经共沉淀制得硅铝胶时，吸附在硅铝结构中的 Na^+ 离子很难用一般的水洗方法洗去。但如果采用对催化性能无害的阳离子，用离子交换吸附法就可以将 Na^+ 离子交换出来。

又如，在生产硅胶时，用自来水洗涤也会发生这种离子交换吸附作用。这是因为 SiO_2 粒子周围的氢离子可以被自来水中所包含的少量 Ca^{2+}、Mg^{2+} 离子所交换，从而在硅凝胶粒子表面生成钙、镁的硅酸盐。离子交换吸附的结果可以改变硅凝胶的表面性质，增强硅凝胶的骨架强度。

8.13 凝胶的干燥

水凝胶经干燥脱去包含在凝胶骨架中的水后，就形成具有多孔结构的干凝胶，或称干胶。原先被水所占有的地方就形成干凝胶的孔穴或空腔。胶体粒子组成的网状骨架就成了干凝胶的壁，所以 SiO_2、TiO_2 等凝胶都具有三维的网状结构。凝胶的体积也会在干燥过程中收缩，干凝胶的孔隙率就是与这种收缩程度有关。收缩越大，平均孔径越小，孔隙率也就越小。干凝胶的孔结构就是水凝胶在干燥过程中形成的。网络骨架是由组成溶胶的基本胶粒无序排列而成。它宛如葡萄串一般，构成巨大的比表面积和适宜的孔结构，Al_2O_3、SiO_2、硅酸铝、分子筛等都是属于干凝胶类的多孔性物质，所以采用不同的凝胶制备条件及选择合适的后处理条件，就可制得在孔结构、比表面积及其他物性有相当大变化范围的产品。

凝胶在干燥过程中的收缩是由于毛细力的作用而引起的。毛细力是那些比表面积特别大的细分散体系所特有的表面现象所致。最常见的例子是将一极细的玻璃管插入水中会看到玻璃细管中水面的上升。而这种现象在比表面积很小的粗分散体系中却并不明显。如一根粗玻璃管插在水中就看不到水面的上升或下降。而在凝胶干燥过程中，施于凝胶壁的毛细力，根据 Kelvin 方程计算，可以达到几兆帕至几百兆帕的压力，可见这是一个很大的数值，凝胶壁就是在这样大的压力下被压缩或压碎。

凝胶干燥时除了受到毛细力作用使凝胶骨架收缩外，随着骨架的收缩和脱水，其强度不断提高，从而逐渐增强抵抗毛细力的能力。这两种相反的力达到平衡时，凝胶的收缩就开始停止，干凝胶的孔结构也就最后固定下来。如果凝胶骨架的弹性较大，则易于收缩，因而得到比较细的孔结构。反之，当凝胶骨架强度较大时，就得到较粗的孔结构。假如凝胶的弹性和强度都不足以对抗毛细力的作用，则凝胶就在干燥过程中发生龟裂或粉碎，使凝胶的粒度减小或降低产品的完整率。

因为毛细力与胶粒之间液体的表面张力成正比，并随毛细管壁间润湿程度增加而增加，因此用表面张力较小的液体来取代水凝胶中的水，然后再用普通的办法干燥就可增大干凝胶的孔半径。例如，对硅酸铝凝胶进行洗涤时，在洗涤液中加入使表面张力降低的活性物质，如异丙苯或丁醇，经干燥脱水制得的硅酸铝产品，孔径及孔体积都会增大。

另外，水分的扩散系数与凝胶中水分浓度有关，浓度低，扩散系数也低。如果干燥的凝胶物料成大块时，外层必然比内层先失水，造成外层水分浓度比内层浓度低，这样收缩的外层会向体积还未发生变化的内部挤压，从而造成龟裂和变形。另一方面，表面先经干燥的外层对水分扩散的阻力增大，妨碍了水分向外层的移动，严重的情况下由于收缩和扩散系数降低，会导致表面结出一层水分不能完全透过的皮，将物料包住，使得内部水分不能除去，这就是表面结壳现象。如果采用降低干燥速度，或者添加能降低湿分表面张力的表面活性剂，就可以缓和或消除这种现象。

下面以氧化铝水凝胶的干燥为例来说明凝胶干燥过程对于载体制备所起的作用。

如上所说，较高温度下的快速干燥常会导致粒子强度降低和产生龟裂，所以在制备活性氧化铝过程中，对干燥条件也有所要求。通常要求在干燥操作中逐渐升高温度和逐渐降温，用较长的时间完成干燥过程。

例如，在水合凝胶的干燥脱水过程中可以采用下面的方法来提高孔隙率：

（1）利用降低表面张力的方法。水合凝胶中添加无机物可以破坏表面张力而形成一种开放结构，或者加入表面活性剂可以降低所含液体的表面张力。在接近临界状态下液体与气体界面上的张力是很小的，只有 10^{-5} N/m 的数量级。所以在高压下加热时，可使液体在接近临界温度情况下将其除去。

（2）利用挥发和气化的方法。挥发法是用很细的胶体状态的硫悬浮在湿凝胶中，待干燥后用蒸馏的方法将硫除去，从而增加产品的孔隙率。气化法是在一个密闭容器内，放入半干的可塑性凝胶，充以高压惰性气体，然后用突然泄压的方法使其气化脱水。

（3）向水合凝胶中添加有机物也是用以控制 Al_2O_3 及 SiO_2 这一类无机氧化物孔结构的方法。在制备过程中加入大量的水溶性有机聚合物，如将聚乙烯醇、聚乙二醇、聚丙烯酰胺等加到水合凝胶中，在低温下脱水直到无机结构凝固成型，最后用焙烧或加氢的方法将有机物除去。

（4）改变洗涤和干燥顺序，即水溶胶在 $CaCl_2$ 溶液中先干燥，再用水洗去 $CaCl_2$ 或将含有 $CaCO_3$ 的凝胶先干燥后再用酸除去 $CaCO_3$。

采用上述方法，可将通常的孔体积为 $0.5\sim0.8$ mL/g，比表面积为 $150\sim120$ m²/g 的 Al_2O_3 转变成孔体积为 $1.3\sim3.5$ mL/g（甚至可达 5 mL/g），比表面积变化不大的活性氧化铝，但这时随着孔隙率的增加会使 Al_2O_3 的强度降低。

采用分步干燥的方法，即先在低温下在大气中干燥，使滤饼失水 25%～30%（质量分数）后，再于 300～600℃下焙烧也可得到低密度、高孔体积的 Al_2O_3，且强度并不低于用普通方法制备的 Al_2O_3。

第 9 章　载体负载活性组分的方法

载体制备的最终目的是为了用于制备催化剂,而催化剂的制备方法应保证所制得的催化剂具有所需要的性质:化学组成、比表面积、最佳的孔结构以及使活性组分牢固地负载在载体上,使用时不会因烧结或流体力学等因素而发生显著变化。

工业用催化剂在组成、使用条件以及它们的作用机理上都是千变万化的。在许多催化过程中,催化剂的活性是由于在各组分之间形成一种化合物或一种固溶体所造成的,因此催化剂的活性取决于它们之间相互作用的程度。将活性组分负载在载体上的方法很多,有浸渍法、共沉淀法、滚涂法、机械混合法和离子交换法等,它们大都是由一些单元操作过程所构成。下面简要介绍几种常用方法。

9.1　浸　渍　法

9.1.1　浸渍法的基本原理

浸渍法主要用于活性组分含量较低或需要高机械强度的催化剂。

将载体浸泡于含有活性组分的溶液中的操作称为浸渍,有时负载组分以蒸气相方法浸渍载体,就被称为蒸气相浸渍法。载体与活性组分接触一定时间后,再采用过滤、蒸发等方法将剩余的液体除去,活性组分就以离子或化合物的微晶方式负载在载体表面上,然后再经干燥、焙烧等后处理活化过程,制得最终催化剂产品。

多数情况,浸渍法并不是直接应用含活性组分本身的溶液来与载体接触,而是使用这种活性组分的易溶于溶剂的盐类或其他化合物的溶液,这些盐类或化合物负载在载体表面上以后,加热时就分解得到所需要的活性组分。所以浸渍法所用溶液中含活性组分的物质,应具有溶解度大、结构稳定且在焙烧时可以分解成稳定性化合物的特性。通常使用硝酸盐、乙酸盐、草酸盐或铵盐等可分解的盐类来配制浸渍液。例如以 SiC 为载体的乙烯氧化用银催化剂,就是将一定浓度的 $AgNO_3$ 溶液浸渍在 SiC 上,再经干燥,焙烧分解制得 Ag_2O/SiC 催化剂。

有时为了节约原料,也可用难分解的盐做原料浸渍载体后再用沉淀法使活性组分沉积在载体上。例如,制备催化裂化用硅酸铝催化剂时,可以先用硫酸铝溶液浸渍硅凝胶,然后加入氨水,使产生氢氧化铝沉积在硅凝胶上,再洗去 SO_4^{2-} 及 Na^+ 等杂质离子。

浸渍法通常包括载体预处理(抽空或干燥)、浸渍液配制、浸渍、除去过量液体、干燥及焙烧、活化等步骤。从使用效果看,浸渍法的主要特点是:(1)它可以采用既成外形与大小的载体,无需再进行以后的催化剂成型操作;(2)浸渍法能够将一种或几种活性组分负载在载体上,活性组分系分布在载体表面上,这样活性组分的利用率较高,用量少,这对于使用像钯、铂等贵金属作活性组分时具有更显著的意义;(3)用浸渍法制备催化剂,载体的孔结构基本上决定了制得催化剂的孔结构和比表面大小,所以可以选择具有合适孔结构及表面积的载体来提供催化剂所需要的各种机械性能及物理性能。因为浸渍法有上述特点,所以被认为是一种比较简便而又可行的方法,常用来制备各种多组分负载型催化剂。

根据多孔物质的吸附机理，多孔载体和液体接触时，多孔物质的每一微孔都可看做是一根毛细管，液体就是通过毛细力渗透到内孔中去。一般载体的微孔直径很小，平均孔半径可用式（4-23）或式（4-24）来计算，它们通常是几十纳米（nm）（参见表4-3）。利用这种平均孔半径计算出的毛细力相当于几至几十兆帕（MPa），可见渗透的推动力是很大的。但实际上因毛细管很细，加上液体黏度的影响，渗透阻力很大，液体渗透到微孔内部所需时间可用下式估算：

$$t = \frac{2\eta y^2}{\sigma} \frac{1}{r} \qquad (9-1)$$

式中　η——浸渍液的黏度，mPa·s；
　　　y——t 时间内的渗透距离（或毛细管长度），mm；
　　　σ——液体的表面张力，mN/m；
　　　$\bar{r}$——载体的细孔平均孔半径，nm。

由于载体的微孔不是直线形，有效长度大于直管长度，所以应用上式计算时可以加入一个弯曲系数$\sqrt{2}$进行修正。用这种方法计算结果，通常载体的渗透时间约为半分钟到几分钟。例如，比表面积为350m²/g的硅铝小球，经计算毛细力为64MPa，按上式计算渗透2mm长微孔长度所需时间为105s，而实测值也为100s左右。此外，从式（9-1）也可知道，载体的细孔平均孔半径$\bar{r}$对渗透时间有很大影响，所以改变孔径大小或溶液黏度会影响活性组分的分布形态。

不同的载体对溶质的吸附能力也不一样，一种载体在溶液中吸附溶质的同时也会吸附溶剂，而载体对溶质的吸附情况最终也影响活性组分在载体上的分布情况。因此，研究一种载体在溶液中吸附时的等温吸附线，对于指导浸渍过程是有益的。因为不同载体对同一种溶液有不同吸附能力，而同一载体对不同溶液也会产生不同的吸附等温线。

根据吸附等温线就可以推知，一种载体对某一溶质有一饱和吸附值，吸附量超过饱和值后，即使增大溶液中溶质的浓度也不会再增加吸附量。这时再提高溶液浓度，只是增加载体孔体积中所含有的溶液中的溶质量。所以这对于选择适宜的浸渍液浓度有一定意义。当对活性组分所要求的浸渍量高于饱和吸附量时，只有采取多次浸渍才能达到。反之，当饱和吸附量高于所要求的浸渍量，浸渍液浓度高于与其吸附量相对应的平衡浓度时，就不会得到均匀的吸附。这时载体粒子外层吸附的溶质量总要高于平均吸附量。

载体对活性组分的饱和吸附量也可粗略地根据载体对活性组分的吸附性能进行估算，并可分成下面几种吸附情况。

（1）溶剂很快被吸附。当溶液的渗透速度和溶质在溶液中的扩散速度慢于溶质被载体表面吸附的速度时，溶液在载体细孔中向前渗透时，溶液中的溶质被吸附在孔壁，而溶剂就渗透到孔内部的壁上。例如，用钼盐和钴盐的水溶液浸渍 η-Al_2O_3 载体来制备 MoO_3-CoO/η-Al_2O_3 时，溶剂水在 η-Al_2O_3 上吸附很快，浸渍不久水量就会减少，使溶液变浓，结果浸渍不均。为了改进这种情况，可将 η-Al_2O_3 先用水处理，使载体将水吸附饱和到某种程度后，再在活性组分溶液中浸渍。

（2）产生竞争吸附的情况。所谓竞争吸附是指在浸渍液中加入第二种组分时，载体在吸附第一种组分的同时，也吸附第二组分，两种组分在载体表面上被吸附的概率完全相同。所加入的第二种组分就称为竞争吸附剂。例如，制备铂重整催化剂时，由于浸渍液氯铂酸在活性氧化铝上的吸附速度比溶液在孔中的渗透速度快得多,载体会对氯铂酸产生选择吸附,使活性组分只吸附在载体外表面部分,不容易达到均匀分布,这时就可加入乙酸作为竞争吸附剂来改善活性组分的分布情况。由于加入了竞争吸附剂,载体表面一部分吸附了氯铂酸,一部分却被乙酸所占据,这样就可使少量活性组分不光分布在载体外表面,也能渗透到颗粒的内部去。乙酸加入量适宜,能使活性组分均匀分布,从而提高催化剂的活性。

(3) 多种活性组分的浸渍。当浸渍液含有两种或两种以上活性组分时,由于载体对各种组分的吸附能力不同,而且不同组分在载体上的扩散速度及解吸速度也不一样,加上不同溶质在溶液中的溶解度也不同,这些因素都会导致多活性组分在载体上难以达到均匀分布。这时可采用分步浸渍,先浸渍一种活性组分,经干燥、焙烧后再浸渍另一活性组分。也可将多种活性组分制成杂多酸溶液一次浸成。但无论用何种方法,多种活性组分的浸渍要比单组分溶液的浸渍复杂得多。

因为浸渍过程既包括吸附,又有向孔隙的渗透,计算理论浸渍量时,可以载体的孔体积及比表面积为依据用下式进行近似估算:

$$W_i = Vm + W_a \tag{9-2}$$

式中 W_i——载体对某一活性组分的浸渍量,g;

W_a——载体对某一活性组分的比吸附量;即每克载体的吸附量,g;

V——活性组分所能进入的大于某一孔径的孔隙体积,mL;

m——活性组分在溶液中的质量百分数,g/mL。

通常因 W_a 值很小,所以浸渍量主要取决于 Vm 的大小。

9.1.2 活性组分的不均匀分布[49,50]

在催化反应中,为了充分发挥活性组分的作用,往往希望活性组分均匀地分布在载体上以获得有效的活性表面。实际上,如前所述,在固体催化剂表面上进行的催化反应要经历内扩散、吸附、脱附及外扩散等步骤。由于存在着扩散阻力,催化剂内表面的活性组分不能全部有效利用,因此,近年来在制备催化剂时,对活性组分在载体表面上的不均匀分布提出了不同要求。特别是根据反应控制步骤、中毒和烧结行为、耐磨性要求以及制备过程的经济性(如节约贵金属活性组分用量)等多种因素,对活性组分的浓度分布作出特别设计的负载型催化剂均属于这种类型。

按催化剂颗粒中活性组分层分布的部位不同,可分为以下四种类型。

(1) 均匀分布,如图9-1(a)所示。在要求催化剂活性不太高时,这种分布最为有利,它无扩散限制。

(2) "蛋壳"分布,如图9-1(b)所示。活性组分主要分布在载体的外表面上。这种分布对快反应较为有利,能提高反应的选择性。

(3) "蛋黄"分布,如图9-1(c)所示。活性组分集中在载体颗粒中心,当催化剂接触有毒物质或受强烈腐蚀时,这种分布比均匀分布有利。

(4) "蛋白"分布,如图9-1(d)所示。活性组分集中于远离载体颗粒中心和外表面的某一区域中。其分布介于"蛋壳"分布与"蛋黄"分布之间,当向颗粒中心的扩散受到限制和外表面处于有毒的环境中或受到腐蚀时可采用这种形式的分布。

通常将"蛋壳"、"蛋黄"及"蛋白"三种分布情况,称为活性组分的不均匀分布,而将由"蛋黄"型及"蛋白"型分布方法制成的催化剂称作隐匿型催化剂。

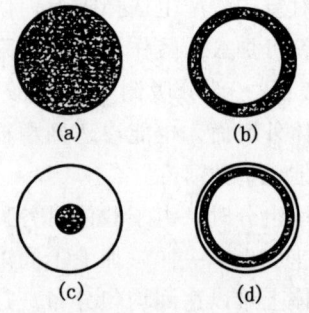

图 9-1 活性组分的分布类型
(a) 均匀分布；(b) "蛋壳"分布；
(c) "蛋黄"分布；(d) "蛋白"分布

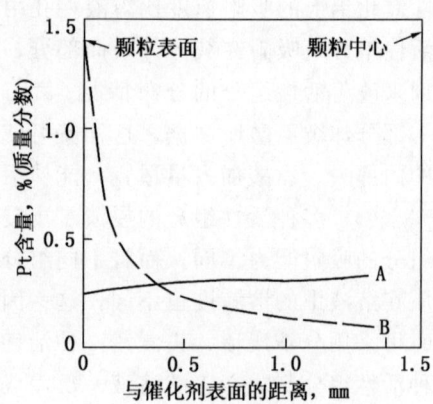

图 9-2 不同浸渍液时 Pt 在 Al_2O_3 上的浓度分布

制备活性组分不均匀分布的催化剂一般都采用浸渍法。但因活性组分和载体不同，以及不均匀分布状态不同而有其他一些特殊制法。

1. 竞争吸附法

如上所述，在浸渍液中加入另一种吸附强度与前体相似或更强的第二组分，使与前体竞争载体上的吸附中心，可以获得吸附型催化剂颗粒内活性组分按要求的分布。这种与前体作竞争吸附的第二组分即竞争吸附剂。

(1) 活性组分的选择。实验表明，将不同 Pt 的氯化物溶液浸渍 Al_2O_3 载体时，所制得催化剂颗粒中的活性组分浓度分布是不同的（图 9-2）。氯铂酸由于与 Al_2O_3 有强的吸附作用，浸渍后 Pt 高度集中在颗粒外表面；而二氨基二亚硝基铂 $[Pt(NO_2)_2(NH_3)_2]$ 由于几乎不被 Al_2O_3 吸附，催化剂中的 Pt 近于呈均匀分布。表 9-1 示出了其他一些贵金属配合物在 Al_2O_3 上吸附量及分布深度。产生差别的原因是由于这些配合物与 Al_2O_3 浸渍时，所产生的配位基置换反应机理不同而造成的。

使用这类配合物作活性组分时，还需考虑其化学稳定性。制备时所采用的不同浓度、温度及 pH 值等，是否会产生水合、水解、还原等反应而影响活性分布状态。

(2) 载体的性质。

① 载体的吸附性质。不同载体对于溶质的吸附能力是不同的。例如，硅胶几乎不吸附氯铂酸而 γ-Al_2O_3 对氯铂酸有极强的吸附能力。所以，载体的吸附性质对活性组分的分布均

表 9-1 贵金属配合物在 Al_2O_3 上的吸附量与渗透深度

	配合物	60min 后所吸附金属，%	金属渗透度 μm
强反应性	H_2PtBr_6	96.7	224 ± 16
	$(NH_4)_2PtCl_6$	83.9	205 ± 46
	$(NH_4)_2PdCl_6$	96.7	227 ± 35
	$(NH_4)_3RhCl_6$	75.0	189 ± 35
	NH_4AuCl_4	97.0	—
	$(NH_4)_4RuCl_6$	63.8	—

续表

	配合物	60min 后所吸附金属,%	金属渗透度 μm
弱反应性	$(NH_4)_2PtCl_4$	32.4	均匀
	$(NH_4)[Pt(C_2H_4)Cl_3]$	20.0	均匀
	$(NH_4)_2Pt(NO_2)_4$	45.5	均匀
	$(NH_4)_2PtCl_6$	29.6	均匀
	H_2PtCl_6	33.4	均匀
	$K_2Pt(CN)_4$	22.9	均匀
	$K_2Pt(SCN)_4$	22.5	均匀
	$[Pt(NH_3)_4]Cl_2$	23.2	均匀
	$[Pd(NH_3)_4]Cl_2$	36.4	均匀
	$[Rh(NH_3)_5Cl]Cl_2$	27.0	均匀
	$(NH_4)_2IrCl_6$	28.8	均匀

匀性有很大影响。

根据吸附等温线可找到载体对某一溶质的饱和吸附值,从而选取适宜的浸渍条件实现要求的分布。对吸附作用较强的物系,由于溶质的吸附速率远大于溶质在孔中的渗透速率,所以当浸渍量低于饱和吸附量并当浸渍液浓度高于其吸附量所对应的平衡浓度时,分布常是不均匀的,活性组分主要集中在外层。但也可以通过改变载体吸附容量的方法来改变活性物质的渗透深度。如浸渍液中加入竞争吸附剂或将载体先经预处理改变其吸附容量。

常用载体为一些无机氧化物,它们在水溶液中的等电点(表 9-2)也是表征其吸附特征的重要参数。已经知道,悬浮在水溶液中的氧化物粒子能极化而带电,多数氧化物载体是既能带正电、又能带负电的两性化合物。因此,粒子所带电荷的性质决定于所在溶液的 pH 值,如 S—OH 代表粒子表面吸附剂,在酸性介质中:

$$S-OH + H^+ A^- \rightleftharpoons S-OH_2 + A^- \qquad (9-3)$$

其中,H^+A^- 为酸,按前述双电层理论,粒子带正电荷,在其周围有一带负电的反离子(A^-)的扩散层。而在碱性介质中,则为:

$$S-OH + B^+ OH^- \rightleftharpoons S-O^- B^+ + H_2O \qquad (9-4)$$

此时粒子带负电,而其周围为带正电的反离子扩散层。

因此,在这两种情况之间有一 pH 值,在该 pH 值下,粒子带的正负电荷相等,或称带零电荷,这一状态称为等电点状态。这一 pH 值表征着氧化物的等电点。测定载体在浸渍液中电泳速度,通过 ξ 电位和 pH 值的关系可求得载体氧化物的等电点。由此可见,由氧化物的等电点值可预测它对某种离子的吸附能力并大致估计浸渍液的 pH 值范围。

例如,SiO_2 载体的等电点很低,为 1 左右,表明 SiO_2 氧化物是酸性的,在浸渍液 pH>1 时,其表面具有负的 ξ 电位,但只有在溶液 pH>7 时才能较多地吸附阳离子。故对等电点极小的酸性氧化物,可选用浸渍液 pH>1 及阳离子配合物作活性组分前体。

表 9-2 各种氧化物的等电点

氧化物名称	等电点	吸附离子
Sb_2O_3	<0.4	阳离子
WO_3	<0.5	
SiO_2	1.0~2.0	
UO_3	~4	阳离子或阴离子
MnO_2	3.9~4.5	
SnO_2	~5.5	
TiO_2	~6	
UO_2	5.7~6.7	
$\gamma\text{-}Fe_2O_3$	6.5~6.9	
ZrO_2	~6.7	
CeO_2	~6.75	
Cr_2O_3	6.5~7.5	
$\alpha, \gamma\text{-}Al_2O_3$	7.0~9.0	
Y_2O_3	~8.9	阴离子
$\alpha\text{-}Fe_2O_3$	8.4~9.0	
ZnO	8.7~9.7	
La_2O_3	~10.4	
MgO	12.1~12.7	

同样道理，对于等电点大于 10 的碱性氧化物（如 MgO 等）可用阴离子配合物作吸附剂。

对于 Al_2O_3 等两性氧化物则可选用 pH<8 和阴离子配合物溶液、或 pH>8 和阳离子配合物溶液作吸附剂。

②载体的预处理。载体的预处理及初始状态对活性组分分布状态会产生一定影响。例如，将 Na_2O 含量为 0.35%（质量分数）的 Al_2O_3 先用 0.05% 的稀盐酸处理 1min，再经 927℃下焙烧，然后将其浸渍在 $PdCl_2$ 溶液中，结果 Pd 负载在颗粒表层，渗透深度为 90μm。如果未经处理而浸渍上述溶液时，则会在载体表面产生含水氧化物沉淀而堵塞细孔孔道。此外，载体的干、湿程度不同也会影响浸渍速率从而对分布产生影响。一般来说，经预湿的载体比干载体更易导致不均匀分布，在浸渍时间短的情况下其影响更为显著。

③载体的孔结构。载体的孔结构对活性组分分布的影响是显而易见的。如 $RuCl_2$ 溶液用不同载体浸渍后经干燥、焙烧后，Ru 在载体颗粒中的分布情况如表 9-3 所示。表中所示相对表面分布指数等于 1 时为均匀分布。使用 SiO_2—Al_2O_3 及 Al_2O_3 载体时，该指数值均大于 1，表明 Ru 化合物在这些载体上具有不均匀分布。

(3) 竞争吸附剂的选择。如前所述，氯铂酸溶液中添加酸和盐可以制得均匀分布的 Pt-Al_2O_3 催化剂。这是由于载体表面上的活性吸附位吸完了竞争吸附剂酸和盐后，就不能吸附 $PtCl_6^{2-}$，这样迫使一部分 $PtCl_6^{2-}$ 离子深入载体细孔内部而形成均匀分布状态。无机酸及盐（如 HCl、HF、HNO_3 和 K_2CO_3 等）、有机酸（如草酸、柠檬酸、酒石酸、己二酸及庚二酸等二元酸及其衍生物）及一些表面活性剂都可用作竞争吸附剂。下面举出几个浸渍实例。

表 9-3　不同载体时 Ru 在颗粒中的分布情况

载体名称	载体比表面积 m²/g	催化剂体相化学分析，%			催化剂表面化学分析，%			相对表面分布指数[①]
		Ru	Cl	Cl/Ru	Ru	Cl	Cl/Ru	
SiO_2	680	3.0	0.9	0.3	2.5	—	—	0.8
Al_2O_3	320	2.9	9.9	3.4	27.5	10.1	0.4	9.5
SiO_2-Al_2O_3	620	3.1	0.9	0.3	13.2	—	—	4.2
MgO	230	3.2	—	—	3.0	—	—	0.9

① 相对表面分布指数 = 表面 Ru 量/体相 Ru 量。

① 将球形 Al_2O_3 载体用 H_2PtCl_6 和硫代羟基丁二酸（是 Pt 的摩尔数的 3 倍）混合溶液浸渍后，经干燥再用 H_2 还原，Pt 就负载于颗粒外表层，活性组分分布呈"蛋壳"状。如果不加含硫羧酸时，就形成分散状 Pt。

② 在 $PdCl_2$ 的盐酸溶液中加入 K_2CO_3 溶液，调节 pH 值为 2.8～4.8，将此溶液用 Al_2O_3 浸渍，干燥后用乙酸钠溶液还原，结果 Pt 负载在颗粒外表层，形成"蛋壳"状分布，渗透深度为 30～100μm。

③ 将平均相对分子质量为 1000 以上的聚氧化乙烯—聚氧化丙烯共聚物型非离子表面活性剂加入 K_2PtCl_6 溶液里，使其溶解，然后用 Al_2O_3 小球浸渍，经脱水干燥后用 H_2 还原，结果颗粒表层负载了 95% 以上的 Pt，渗透深度为 100μm。但如不添加上述表面活性剂，则在 100μm 的渗透层中所负载的 Pt 量只为 50%，其余 Pt 一直渗透到 500μm 以上的深度。

④ 用不同浓度的柠檬酸添加到 H_2PtCl_6 溶液浸渍 Al_2O_3 小球时，所制得的 Pt-Al_2O_3 催化剂中，其活性组分可以获得图 9-3 所示的四种分布形态。除柠檬酸外，添加酒石酸及草酸也有类似的效果。但如有 NH_3 及碱存在时就会变成图 9-3 中的 d 型分布。

（4）浸渍条件的影响[51-53]。浸渍条件影响包括浸渍液的浓度、酸碱度、浸渍时间及浸渍方法等。

溶质的吸附总量除与载体孔结构有关外，在给定的浸渍时间内与浸渍液的初始浓度有关，这种例子很多，这里不再详述。

浸渍液酸碱度的影响可从上述 Ru 催化剂的制备过程中得到解释。当 $RuCl_2$ 溶液用 Al_2O_3 浸渍时发现，由于 Ru 配合物与 Al_2O_3 上的固体碱中心作用而形成不溶性水解产物（如不溶性氢氧化物或氧氯化物）而可能会在颗粒外部的表面上沉积，从而抑制 Ru 向颗粒孔内的扩散，使分布蒋中于外部，但当溶液的酸度增加时，Al_2O_3 上的碱中心被中和，分布就趋于均匀。

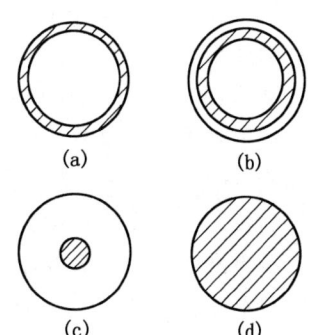

图 9-3　不同柠檬酸浓度对 Pt 分布的影响
(a) 柠檬酸 0～0.1%（质量分数）/载体；(b) 柠檬酸 0.1%～1.5%（质量分数）/载体；(c) 柠檬酸 1.5%（质量分数）/载体；(d) 同时添加乙酸（共沉淀法催化剂）

浸渍过程是溶质（活性组分）由浸渍液流向载体的细孔、扩散并在细孔壁上的吸附等过程的组合。当干燥载体浸没到浸渍液中时，首先由于毛细作用使浸渍液被吸入载体细孔中，这个步骤称为毛细管浸渍。此时溶解于溶剂中的活性组分是由于毛细管吸力造成对流而从外部进入颗粒内部。当浸渍液进入孔中心后，这种对流也就停止。以后溶质的活性组分进入颗粒内部是依靠扩散和吸附作用，这一步骤就称为扩散浸渍。不论是毛细管浸渍或是扩散浸渍都可用控制浸渍时间来控制活性组分的分布形态。

在毛细管浸渍时，浸渍液达到颗粒中心的时间 t 如式（9-1）所示。在不可逆吸附反应的条件下，当浸渍时间 $t_{浸}>t$ 浸渍时，一般可获得均匀分布；如在 $t_{浸}\leqslant t$ 的条件下浸渍，则可获得"蛋壳"型分布。对于扩散浸渍，有些研究者也提出了扩散浸渍时间的经验式，如果实际浸渍时间少于该浸渍时间，即可获得"蛋壳"型分布。

浸渍方式有湿法（过量溶液法）及干法（等体积法）等。浸渍方式及浸渍次数不同也会对活性组分的分布产生影响，将结合后面的制备实例加以说明。

（5）干燥条件的影响。在制备活性组分不均匀分布的催化剂时，干燥条件的影响也很重要，由于浸渍过程中一部分活性组分沉降吸附在载体孔壁表面，另一部分仍存留在孔体积内的溶液中，有时甚至全部活性组分都存留于孔体积的溶液中。在干燥过程中随着溶液中水分的蒸发和转移，活性组分就会随之再分布，这样就会改变浸渍过程中活性组分的分布状态。

在慢速干燥时，热量从颗粒的外表面传递到颗粒的内部，产生一个温度梯度。水分蒸发开始在外表面进行，在孔口形成一新月形液面，从小孔蒸发的水分由于毛细作用从大孔得到补充，从外部供应的热量和水分蒸发散失的热量，在靠近颗粒外表面的孔口处建立一种稳态平衡，随着水分的不断蒸发，活性组分在此处不断积累，结果造成活性组分在孔口处的沉积，形成"蛋壳"型分布。

如果是快速干燥，水分的蒸发速度大于毛细管的流动速度，孔内新月形的液面在干燥过程中不断下降，当活性组分的浓度达到饱和点时，就会沉积在孔壁或扩散到剩余的溶液中。故在快速干燥时，活性组分具有形成均匀分布或向颗粒中心富集而出现"蛋黄"型分布的趋势。

（6）制备实例。

① CO、NO_x 及烃类废气处理催化剂制备。

活性组分溶液：氯铂酸。

载体：$\phi 1.6\sim 3.2mm\ Al_2O_3$ 小球。

竞争吸附剂：草酸、戊二酸、丙二酸、酒石酸和柠檬酸等，但常用的是柠檬酸。用量为载体质量的 $0.1\%\sim 1.5\%$。

制备方法：先将柠檬酸与氯铂酸溶液混合好后浸以 Al_2O_3 球（也可以将柠檬酸与 Al_2O_3 混合后再浸以氯铂酸溶液，但切不可在加入柠檬酸之前，使 Al_2O_3 与氯铂酸先接触）。浸渍过程中不能有 NH_3、含氮化合物及含碱金属的碱性物质存在。浸渍后的 Al_2O_3 湿球先经旋转干燥器在110℃左右温度下蒸发至表干后（约干燥4~8h），再经 H_2 气流还原2h，但不经焙烧等氧化处理。

这样制得的 Pt/Al_2O_3 催化剂，其活性组分的分布形态与竞争吸附剂用量有关。当柠檬酸用量 $<0.1\%$ 时，活性组分完全集中在颗粒外表面，呈"蛋壳"型分布；柠檬酸用量为 $0.1\%\sim 1.5\%$ 时，得到的是"蛋白"型分布；而当柠檬酸用量大于 1.5% 时，则为"蛋黄"型分布。如果柠檬酸浓度也为 $0.1\%\sim 1.5\%$，但当有 NH_3 或其他碱性物质存在时，活性组分分布呈均匀状态。

② 隐匿型 Pt/Al_2O_3 催化剂制备制备所用原材料同"①"。

制备方法：先将 Al_2O_3 小球在空气中干燥8h，然后放入过量浸渍液（含各种浓度的柠檬酸及氯铂酸溶液）中搅拌浸渍一定时间后，滤去多余的溶液并用去离子水洗涤，然后在流化床中用含氮的联氨气流于室温下还原。

考察不同柠檬酸浓度、浸渍时间、还原方法、还原和干燥的顺序对 Pt 的渗透深度及宽度影响。结果发现，采用较短浸渍时间(5min)，并在浸渍后湿颗粒不经干燥而立即在联氨蒸气中温和地还原能获得最佳分布状态，制得 Pt 深度在 0.8 倍于颗粒半径处，厚度仅 50μm 的清晰 Pt 层。Pt 层渗透深度也主要受柠檬酸浓度所控制。

③Pt（外）/Pd（内）催化剂的制备。将 ϕ3mm、比表面积约 100m^2/g 的 Al$_2$O$_3$ 小球（孔体积 0.7mL/g）先浸于 H$_2$PtBr$_6$·9H$_2$O 溶液（pH2.7），浸渍后干燥过夜并于 550℃ 焙烧 4h，即制得"蛋壳"型 Pt/Al$_2$O$_3$ 催化剂。

将上述制得催化剂再浸于含 HF（约 0.182mL HF/mL 溶液）的 PdCl$_2$ 溶液中（pH2.5），由于 HF 的存在，接近 Al$_2$O$_3$ 表面的吸附中心被屏蔽而使 Pd 分布在表面以下的一层（"蛋白"型），制得 Pt（外）/Pd（内）的催化剂。

2. 孔内沉淀法

使用竞争吸附法制备浸渍型催化剂时，活性组分在浸渍后仍会以原有化合物形态均匀地分布于载体细孔孔道中。如上所述，这种分布将会在干燥过程因溶质（活性组分）迁移而造成破坏，导致不均匀分布难以控制。为了克服这种溶质迁移现象，提出了采用改变干燥和还原条件或顺序的方法，使活性组分进行固定。所谓孔内沉淀法就是为解决这类矛盾而确立的方法，它又可分为沉淀法及还原法两种。

沉淀法是以碱性物质（如碱金属氢氧化物、碳酸盐或硅酸盐等）为沉淀剂，使充满于载体孔内的液体因生成沉淀而逐渐发生溶质的浓度耗尽而产生一种反向浓度梯度，导致溶质从孔的内部向外部迁移并在孔的外部沉淀而形成"蛋壳"型分布。还原法则在干燥前先进行还原操作，使活性组分还原为金属而沉积在颗粒的一定部分。所以孔内沉淀法主要用于制备"蛋壳"型及"蛋白"型的分布，下面举例说明这两种制法。

(1) 以硅酸钠为沉淀剂制取"蛋壳"型 Pd-Au/SiO$_2$ 催化剂。

活性组分溶液：Na$_2$[PdCl$_4$]及 HAuCl$_4$ 溶液。

载体：ϕ5mmSiO$_2$ 小球（孔体积 0.62mL/g，在 10％的水中悬浮时的 pH＝4）。

沉淀剂：NaSiO$_3$、Na$_4$SiO$_4$ 及 Na$_2$Si$_2$O$_5$ 等。

制备方法：先将载体放入活性组分溶液中浸渍，浸渍液量为载体吸附容量的 95％～100％。然后再用湿式浸渍法将载体上的 Pd、Au 化合物在硅酸钠溶液中沉淀转化为不溶性氢氧化物。接着用联氨溶液等还原剂在温和条件下进行还原，使 Pd、Au 的不溶性化合物沉淀转化为金属。以后再经去离子水洗涤、碱金属乙酸盐处理及干燥等操作就制得"蛋壳"型分布的 Pd-Au/SiO$_2$ 催化剂，Pd、Au 的渗透深度不超过 0.5mm。其中浸渍硅酸钠沉淀剂是该催化剂的关键制备步骤，硅酸钠的用量用溶液的 pH 值来控制，使硅酸钠溶液与浸有活性组分的载体接触 12～24h 后，其 pH 值为 6.5～9.5。

(2) 采用二次浸渍及二次还原法制取"蛋白"型 Pd-Au/Al$_2$O$_3$ 催化剂。

活性组分溶液：PdCl$_2$ 及 HAuCl$_4$ 溶液。

载体：ϕ3.5mm Al$_2$O$_3$ 小球（比表面积 100m^2/g，孔体积 0.87 mL/g，孔径主要集中于 21～63nm 的范围）。

制备方法：先将 35 份 Al$_2$O$_3$ 小球浸于含 0.03 份浓盐酸、0.06 份 PdCl$_2$ 和 0.04 份 HAuCl$_4$ 的 50 份水溶液中，然后在蒸汽浴中将溶液蒸发至干，再用联氨水合物还原后，经水洗、干燥制得含 0.1%Pd 及 0.067%Au 的载体颗粒。这样制得的颗粒状载体，有 97.5% Pd 及 95.5%Au 集中分布在 0.2mm 以内的表面上。

将上述颗粒状载体第二次浸于含有 1.2 份 $PdCl_2$，0.86 份 $HAuCl_4$ 及 0.3 份浓盐酸的水溶液中，干燥后用联氨水合物还原，再经水洗、干燥，即制得含 Pd2.2%、Au1.5% 的催化剂。其中 97.5%Pd 和 95.5% 的 Au 集中分布在相当于载体颗粒半径 11.4% 以内区域到 0.2mm 深度的表面上，呈"蛋白"型分布。

9.1.3 粒状载体的浸渍方法

1. 浸没法

在实验室或中试规模制备少量催化剂常采用盘式或槽式浸没法，或称为湿法或过量溶液法，它是将载体浸泡在过量浸渍液中，经一定时间后取出，然后再进行过滤、干燥及焙烧。工业生产可采用带式或螺旋式浸渍机。

过量的浸渍液在严格控制浓度恒定和防止载体污染的前提下可多次循环使用。但此法易生成泥浆状物质，催化剂上活性组分的浓度也不易精确控制，所以常用于载体是惰性物质的场合。

2. 喷洒法

这是预先将载体放入转鼓或捏合机中，然后将浸渍液不断喷洒到翻腾着的载体上进行浸渍的方法。采用这种方法可以避免采用过量浸渍液，只加入活性组分在载体中所需含量而配制的浸渍液。由于溶液的体积与载体的孔体积相当，所以活性组分甚至可以扩散到颗粒的内部。故这种方法又称等体积吸附法或干法。但对多组分催化剂浸渍制备时，由于载体对各组分吸附能力的不同会造成浸渍状态不均匀，此法就不太适用。

3. 流化床浸渍法

实际上这也是一种喷洒浸渍法，它是将浸渍液直接喷洒到流化床中处于流化状态的载体上。因为工业上采用浸没法制备催化剂，生产周期较长，操作人员劳动强度较大，有些浸渍组分在分解时还放出大量的有害气体，会影响人体健康。所以，为了改善催化剂制备的操作条件，提高工效，采用流化床浸渍法将活性组分负载在载体上。

流化床浸渍法制备催化剂系在一流化床内依次完成浸渍、干燥、分解和活化过程。流化床内放置一定量的多孔载体颗粒，通入气体使载体流化，再通过喷嘴将浸渍液向下或切向喷入床层，溶液即被载体吸附。当溶液喷完后，再用热空气或烟道气对浸渍后的载体进行流化干燥，然后升高床温使沉积在载体上的盐类分解，逸出不起催化作用的成分。最后，用高温烟道气活化催化剂，活化后鼓入冷空气进行冷却，然后卸出催化剂。

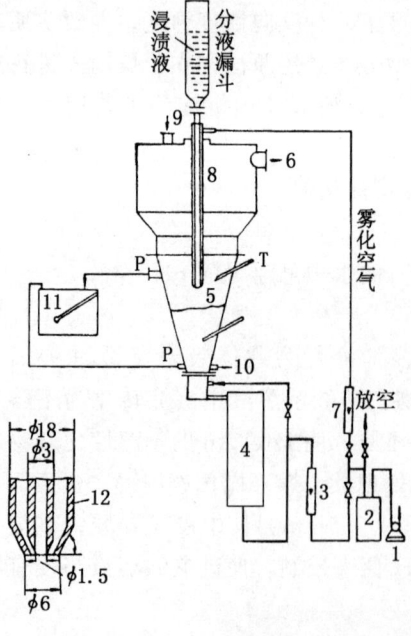

图 9-4 流化床浸渍法流程示意图
1—叶氏风机；2—缓冲罐；3—转子流量计；4—电加热器；5—锥形流化床；6—废气排出管；7—转子流量计；8—两流式喷嘴；9—载体加料口；10—卸料口；11—倾斜式压力计；12—喷嘴局部图

图 9-4 是这种方法的示意流程，空气由叶氏风机 1 鼓出，通过缓冲罐 2 后分成两路：一路经转子流量计

3后进电加热器，然后进入流化床 5，使载体颗粒流化，废气在床顶接管 6 放空；另一路通过转子流量计 7 至两流式喷嘴 8 的套管内，用以雾化浸渍液或水。硅球由床顶加料口 9 加入，催化剂由分布板上卸料口 10 卸出。

流化床浸渍法一般适用于多孔载体的浸渍，无孔载体在流化浸渍时会使表面催化物质磨落。例如用这种方法来制备的丁烯氧化脱氢催化剂及烯醛一步法合成异戊二烯催化剂，催化剂性能指标与浸没法基本相同，但它显示出流程简单、操作方便、周期短、劳动条件较好等优点。

9.2 共沉淀法

工业上几乎所有固体催化剂在制备时都离不开沉淀操作，它们大都是在金属盐的水溶液中加入沉淀剂，从而制成水合氧化物或难溶和微溶的金属盐类的结晶或凝胶，从溶液中沉淀、分离、再经洗涤、干燥、焙烧等工序处理后制成。即使是浸渍法制备的负载型催化剂，无论是采用天然产物作为载体，或是用人工合成物作载体，在其过程中的某处也会使用沉淀操作。一般希望在催化剂制备时能严格控制实验条件，尤其是避免高温，沉淀法容易实现这一点。

通常所讲的沉淀法是指单组分沉淀法，它是借助于沉淀剂与一种金属盐溶液作用制备单组分催化剂或载体的一种方法，由于沉淀物只含单种组分，所以操作比较简单，条件容易控制。

共沉淀法是借助于沉淀剂与两种以上金属盐溶液作用，经共同沉淀后制得固体产品，它一次可以使几个组分同时沉淀，而且各组分之间的分布也比较均匀。共沉淀法常用于制备多组分催化剂，也是一种或多种活性组分负载于载体上的方法。

无论是沉淀法或共沉淀法，它们的操作原理基本相同。沉淀可以看做是溶解的逆过程，当固体在溶剂中不断溶解时，浓度逐渐上升，在一定温度下溶解达到饱和时，固体与溶液呈动态平衡。这时溶液中溶质的浓度就是饱和浓度。而在沉淀过程中，当溶质在液相中的浓度达到饱和时，如果没有固相浓度存在，仍然没有沉淀产生，只有当溶在溶液中的浓度超过临界饱和度时，沉淀方能自发进行。因此过饱和溶液是沉淀的必要条件，要使溶液结晶沉淀，首先应该配制过饱和溶液，提高溶质浓度，降低溶液温度。

为什么只有在过饱和溶液中才能产生沉淀呢？因为沉淀过程也可以看做是结晶析出的过程，沉淀时首先是溶液中各种溶质分子或离子相互碰撞聚结成晶体的微粒，通常称为晶核的形成；以后，溶质分子在溶液中扩散到晶核表面，晶核长大形成结晶。而溶液中析出晶核也是一个新相形成过程，溶质分子或离子必须有足够的能量克服界面阻力，以聚结成固相晶核；另一方面，溶液中的晶核长大成结晶也需要有一定的浓度差作扩散推动力。所以，这些因素导致只有在过饱和溶液中才能产生沉淀。

在沉淀法中，沉淀剂的选择、溶液浓度、沉淀温度、沉淀时溶液的 pH 值、搅拌速度以及加料顺序对产品的性质都有很大影响。采用不同沉淀条件所制得的催化剂的物理性能（孔结构、比表面、晶型）及机械强度都会有很大不同，所以选择沉淀操作条件必须十分注意。

通常，用共沉淀法制备的负载型催化剂与用浸渍法制备的催化剂性质多少有些差别，表 9-4 示出了用共沉淀法及浸渍法制得的乙烯聚合催化剂 $NiO—SiO_2—Al_2O_3$ 的物性及催化性能比较结果。共沉淀法制得的催化剂，其表面的 Ni 很难还原，所以磁化率高，它和载体的结合力要比浸渍法强。而且，在硅胶或硅铝胶表面上负载的氧化镍，由于SiO_2晶格中配位的镍离子影响会产生很强的酸性中心。同样，对于$NiO—Al_2O_3$催化剂，用共沉淀法及浸渍法制备时其物性及催化活性也有差别，氧化镍与氧化铝的结合量，采用共沉淀法要比浸渍法为高。

表 9-4　不同方法制备的 $NiO—SiO_2—Al_2O_3$ 催化剂性能比较

活性组分负载方法	Ni 含量 %	比表面积 m^2/g	用 H_2 还原后的 Ni 原子价	磁化率 mL/g Ni	用 H_2 还原 50% 的条件		乙烯聚合率 g/0.1g Ni
					时间，h	温度，℃	
浸渍法	0.85	300	—	70	—	—	230
	1.71	300	1.99	49	0.8	440	170
	3.15	300	1.95	43	—	—	150
共沉淀法	0.73	373	—	85	—	—	410
	2.54	374	—	88	2.0	500	220
	4.48	388	1.94	84	—	—	110

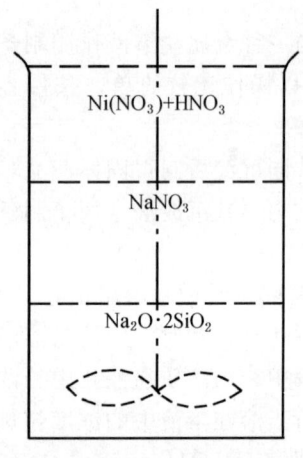

图 9-5　超均匀共沉淀法制备催化剂示意图

针对因共沉淀法制备负载型催化剂会产生组分分布不均的缺点，采用超均匀共沉淀法来制备催化剂。其原理是将催化剂组分溶液先借助缓冲液暂时分开，然后快速搅拌，使整个体系在瞬间形成均匀的过饱和溶液，经过一定诱导期，形成均匀沉淀。

图 9-5 是制备载于硅胶上的 Ni/SiO_2 催化剂的方法，将三种溶液按计算量分层加至一带有搅拌的混合器中，底层加入硅酸钠溶液，中层为硝酸钠缓冲液，上层加入酸化硝酸镍溶液，然后骤然开动搅拌器，使在瞬间形成过饱和溶液，隔一段静置诱导期后就形成超均匀水凝胶。全部溶液形成冻胶，打碎后经洗涤、干燥、焙烧后，再用 H_2 还原，就制得 Ni/SiO_2 催化剂。用红外光谱分析可以判明 $Ni(OH)_2$ 是均匀的无定形沉淀，并与硅胶很均匀的结合。这种催化剂可用在苯加氢成环己烷上，且不使 C—C 键断裂。

此外，作为对共沉淀法制备时活性组分分布不均匀的情况，还可采用一种特殊沉淀法，又称沉积沉淀法。此法是先将载体悬浮于金属盐溶液中，然后加入沉淀剂（如尿素等）。在室温下，由于尿素分解很慢而且不产生沉淀，从而使液相是含有金属盐及尿素的均匀溶液，沉淀剂也在液相中处于分散状态。然后提高系统温度及液相的 pH 值，在一定温度下当 pH 值达到某一值时即开始沉淀。这时候，沉淀是在悬浮着的载体表面上进行而不是在液相中进行，从而使活性组分十分均匀地负载在载体表面上。

9.3　离子交换法

离子交换法制备催化剂，是利用载体表面存在着可进行交换的离子，将活性组分通过离子交换负载在载体上。它与浸渍法相比，所载的活性组分的分散度高，特别适用于制备 Pd、

Pt 等贵金属催化剂，能将小至 0.5~3nm 微晶直径的贵金属粒子负载在载体上、而且分布均匀。在活性组分含量相同时，催化剂的活性和选择性一般比用浸渍法制备的催化剂要好。

天然硅酸盐或人工合成的硅酸铝，在其表面上都存在大量阳离子，有的难解离，有的容易解离。易解离的离子就可同过渡金属离子进行交换。图 9-6 示出了烧结的硅酸铝表面在铵溶液中进行质子—金属离子交换的模式。金属—铵离子被硅酸铝表面吸附着，以后再在一定温度下干燥及用 H_2 还原，经这样离子交换制得的催化剂，自由金属就像电荷一样非常均匀地分布在载体上，所以它往往具有很高的活性、选择性及抗毒性能。

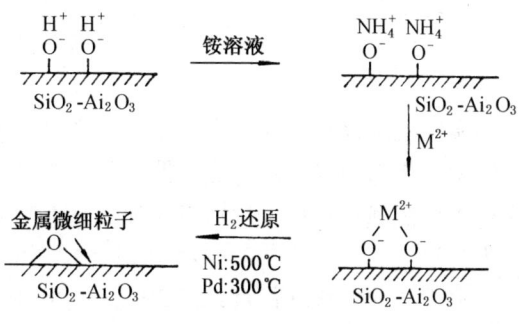

图 9-6　离子交换模式图

分子筛是常用的催化剂及载体，它的一个重要性质是可以进行可逆的阳离子交换。当分子筛与金属盐的水溶液相接触时，溶液中的金属阳离子可以进到分子筛中，而分子筛中的阳离子可被交换下来进入溶液中。例如，分子筛表面附有的大量 Na^+，可同 Mg^{2+}、Ca^{2+} 及其他稀土金属离子进行交换。经交换以后的分子筛，在吸附选择性、吸附容量以及催化性能上都会发生显著变化。举例来说，将 CaY 用 $[Pt(NH_3)_4]^{2+}$ 进行离子交换制得的催化剂，与使用 $[PtCl]^{2-}$ 用浸渍法载以同量铂量制得的催化剂相比，在对己烷异构的活性，对 N、S 等抗毒性能上，前者要比后者优越得多。这种催化活性的不同主要在于分子筛经离子交换后可以调节沸石晶体内的电场、表面酸性，而且交换后的分子筛，孔径也会有显著变化。图 9-7 示出了 A 型分子筛用 Ca^{2+} 交换后孔径的变化。NaA 型分子筛的孔径为 0.4nm，不能吸附分子直径分别为 0.49nm 及 0.56nm 的正丁烷和异丁烷，但当 Ca^{2+} 交换率达 30% 以后，正丁烷吸附量急剧增加，这是由于阳离子数目减少，位置空出，分子筛孔径已变大到 0.5nm 左右，但对异丁烷仍不能吸附。当交换率达 55% 后，再进一步提高交换率，吸附量也不再增加，这表示孔径不再变化。这个例子说明，分子筛孔径变化的决定因素是 Na^+ 被 Ca 交换所致。关于分子筛的离子交换方法在讨论分子筛时还要详细讨论。

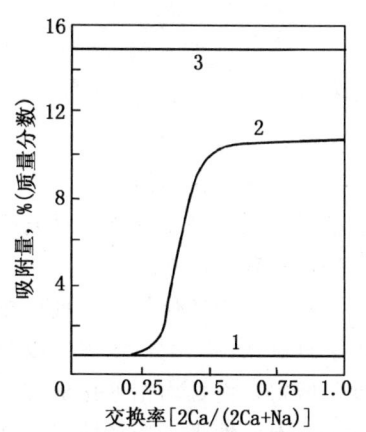

图 9-7　Ca^{2+} 交换率对 A 型分子筛孔径的影响（25℃）
1—异丁烷（分子直径约 0.56nm）；
2—正丁烷（分子直径约 0.49nm）；
3—CO_2（分子直径约 0.28nm）

9.4　混　合　法

这是将两种或两种以上活性组分经机械混合后再经干燥、焙烧、还原等操作制备催化剂的一种方法。它又可分为机械混合法（几种固体组分由研磨而进行混合），混浆法（一种固态组成与其他几种活性组分的溶液捏和后再经成型、干燥和焙烧）及熔融法（将金属氧化物或碳酸盐与耐火物质的前体固态溶液或化合物经熔融还原为金属与耐火氧化物）。

在这些方法中，活性组分、助催化剂及载体都充分混合在一起，再根据物料性质、产品性能及设备条件选择相应的混合方法。例如，合成氨催化剂，是以 Fe_3O_4 为主活性组分，Al_2O_3 为助催化剂，并加入少量 CaO 及 K_2O 经熔融法制成。

9.5 喷 涂 法

实际上这也是一种孔内沉淀法，主要用于在低比表面积载体上负载多种活性组分的"蛋壳"型催化剂。因为制备这类催化剂时，采用孔内沉淀工艺，常具有操作麻烦耗时多、渗透深度难以控制等缺点。特别当几种具有不同等电点的金属化合物需要一起沉淀时，采用此法较为合适。

喷涂法的大致过程是：将 $20\sim300\mu m$ 或小颗粒球形或条状低比表面积载体，先用一定量液体进行部分润湿（将亲水性活性组分常用水作润湿剂，而对憎水性活性组分可用石油醚等有机溶剂作润湿剂），然后在一定温度及喷洒速度下将活性组分喷涂于载体表面。

喷涂法具有活性组分分布均匀、厚度易于控制等优点，广泛用于强放热氧化反应催化剂（如苯酐、顺酐催化剂）的制备。

9.6 均相催化剂的负载化

工业用催化剂多数为固体，用于多相催化。多相催化由于反应仅发生在固体表面且常在较高温度及压力下进行，催化剂和中间体结构和变化不易分析了解。虽然多相催化的研究已有很长的历史，但直到目前为止，对多相催化反应的机理了解仍还有限。但 20 世纪 60 年代才开展的均相过渡金属配合物催化研究由于应用现代结构理论、技术和物理仪器，而且均相配合物中间体可能分离分析和鉴定，因此为催化机理研究提供了良好条件。配位场理论以及成键概念的发展，使得均相催化取得的进展大大超过了多相催化所得，而且均相催化机理方面取得的知识也可望部分用于多相催化中。均相配合物催化系统具有活性高、选择性强等优点，但在工艺上却存在不少多相催化系统中所没有的问题，尤其是下面这些问题显得非常突出。

一是在均相催化中，催化剂以分子态溶于反应介质，虽然它的活性往往高于多相催化剂，但正是由于这种可溶性，却带来了催化剂的分离、回收和再生的问题，为此需要增加很多分离、回收等工艺过程。

二是均相催化剂的热稳定性差，这不仅限制了反应温度的提高，还由于催化剂的分解，造成过渡金属的沉积，既消耗了过渡金属，又造成反应设备腐蚀。

三是均相配合物催化剂是利用过渡金属元素未填满的 d 层轨道的电子特征，目前发展的一些配位催化反应往往用到第Ⅷ族元素，特别是一些贵金属元素，如 Ru、Pd 等。这些贵金属目前在我国还需进口，所以如何使用非贵金属代替贵金属作催化剂也是迫切需要研究解决的一项工作。

针对上述问题，人们想到是否能使均相催化剂也多相化，使这种催化剂也有可能像多相催化剂一样方便地用于固定床、流化床等反应装置中，既便于催化剂与产物的分离，又解决了它的循环使用与回收问题。也就是说，要求制得的催化剂在形式上类似于常见的多相催化剂，在反应介质中不溶，便于分离，而在实质上又能保持均相配合物催化剂的各种优点。

根据酶催化作用的启发，Hagg（哈格）等人于 1968 年首次提出了将均相配合物催化剂负载化的方法。他们将 $Pd(NH_3)_4^{2+}$ 与阴离子树脂作用制成固体盐用于催化氯丙烯与一氧化碳的反应：

$$CH_2\!=\!\!=\!CHCH_2Cl + CO \longrightarrow CH_2\!=\!\!=\!CHCH_2COCl \qquad (9-5)$$

其催化活性与 $Pd(NH_3)_4^{2+}$ 的可溶性盐在均相催化中催化该反应的活性相似，说明钯原子在均相和负载化后都能同样地与反应物作用。另外，Hagg 等人还用二苯基膦的苯乙烯高聚物与氯化铑作用生成的高分子配合物用来作加氢催化剂，发现它对加氢反应有很好的催化活性。

从此以后，有关均相催化剂负载化的研究逐渐开展，归纳起来，均相配合物催化剂的负载化方法可以分成下面两类：

一类是物理吸附法。在多相催化中，负载活性组分的固体物质称作载体，在均相催化剂负载化时，固体物质虽然也具有负载配合物的作用，但在某些情况下，固体物质是以配合物的特种配位体的形式存在和结合在一起，因此与多相催化剂的载体多少有些区别，所以将这种固体物质称为支载体，但有时也简称为载体。

作为均相配合物催化剂负载化的支载体可分为无机物和有机物两大类。无机物有玻璃、SiO_2、陶瓷、金属、活性炭、分子筛、Al_2O_3 等，其中以 SiO_2 小球使用较多。有机物有聚苯乙烯树脂、聚氯乙烯树脂、丙烯酸树脂、纤维素、交联葡聚糖和琼脂糖等，其中以聚苯乙烯树脂用得最多。

物理吸附法就是将配合物催化剂吸附于多孔性无机物载体上，也就是将多孔载体浸渍活性配合物溶液，因溶剂是易挥发且易除去，活性组分就处于固体沉淀状态，载体的作用是确保这种固体的高度分散性。这种方法已有一些专利，并应用于甲醇羰基化生产乙酸、选择氧化、烯烃异构化及低聚等反应。

物理吸附法制得的负载化催化剂，制法比较简单，但活性组分与载体系靠范德华力结合，牢固程度较差，容易造成活性组分的脱落。而且从形式上看，并没有摆脱传统的多相催化剂的框框，吸附在载体上的活性组分的利用率比相应的均相体系要低得多，所以制得的催化剂的活性及选择性会比相应的配合物催化剂要低。所以，人们更多地注意从化学键合的方法来制备负载化催化剂。

另一类是化学键合法。这是通过各种化学键将配合物催化剂与高分子载体相结合的方法。化学键可以是离子键、配位键，也可以是 σ 键。在这种情况下，载体不再是一个惰性固体，而是一个有助于固定或移植的最终能同化配合物的物质，它可以选择比表面积大，而且表面富有功能团的固体，如上面所说的一些聚合物、树脂等。

利用化学键合方法将聚合物体系与配合物催化剂相结合，从制备上说来，要比物理吸附法复杂一些。但用这种方法制得的催化剂与载体的结合牢固程度却比物理吸附法要强得多。

近年来，聚合物（或称高分子）负载的配合物催化剂制备方法引起国内外较多的注意，制得的催化剂大多是以配位键方式和聚合物结合的配合物催化剂。

图 9-8 表示这种方法的简单原理，图中 (a) 表示一种简单的配合物，(b) 表示聚合物负载的配合物，过渡金属 M 通过配位体 L 与聚合物载体相结合。

目前多数使用的配合物是以膦基连接金属和支载体，研究最多的聚合物载体有两类：聚苯乙烯和 SiO_2。若用聚苯乙烯时，通过改变苯乙烯交联情况来改变聚合物形式，可以对生成的催化剂产生重要影响。已制成的含高分子配位体的中心金属有：Rh、Ti、Ir、Co、Pt、

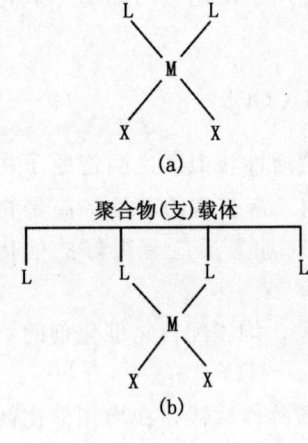

图9-8 化学键合法
M—过渡金属；
L—配位体；X—卤素

Ni、Mn、Cr、Mo、Pd等。

根据上面所示的这种简单原理，均相配合物催化剂与载体发生化学键合法可以分为先联后配位、先配位后联和配位—联之后再固体化这三种形式。这里的"联"就是指配合物化学键联于载体上，即将聚合物固体联在配位体上成为配位体的组成部分。而"配位"是指配位化合物的形成。配位联之后再固体化的方法是先将配合物催化剂与聚合物单体先形成化学键，然后再将其聚合成高分子固体。下面介绍以聚苯乙烯及二氧化硅为载体的负载化催化剂制备方法。

在以聚苯乙烯为支载体的负载化催化剂制备中，聚苯乙烯载体可以通过下述方法来制备：先用聚苯乙烯同二乙烯基苯交联并经氯甲基化作用，然后用二苯基锂处理，或者用对二苯基膦苯乙烯聚合也可获得类似的载体，再用在惰性溶剂中将聚合物与催化配合物平衡的方法制备带膦化聚合物配位体的过渡金属配合物。平衡时间和室温有关，室温下要2～4周，温度高则时间短。其制备过程如图9-9所示。

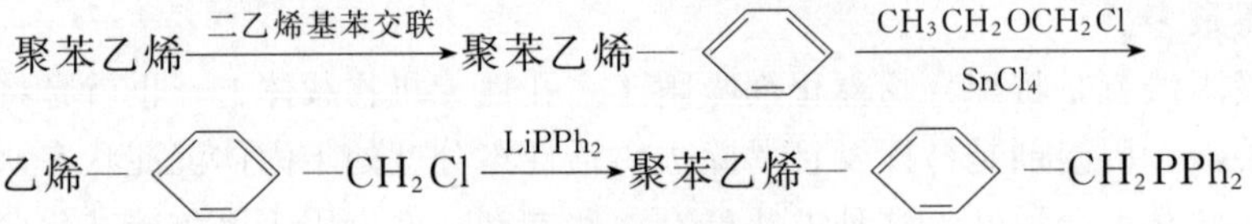

聚苯乙烯 $\xrightarrow{\text{二乙烯基苯交联}}$ 聚苯乙烯—⟨⟩ $\xrightarrow[\text{SnCl}_4]{\text{CH}_3\text{CH}_2\text{OCH}_2\text{Cl}}$

聚苯乙烯—⟨⟩—CH_2Cl $\xrightarrow{\text{LiPPh}_2}$ 聚苯乙烯—⟨⟩—CH_2PPh_2

图9-9 聚苯乙烯载体制备过程

如以$RhCl(CO)(PPh_3)_2$同上述聚合物载体混合，以配合物中的两个-PPh_3基被取代，按下式便得到催化剂：

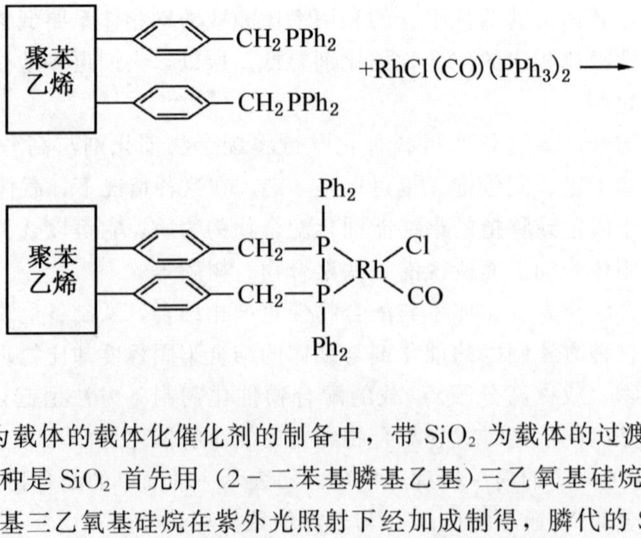

$$\text{聚苯乙烯}\begin{matrix}-\langle\rangle-CH_2PPh_2\\-\langle\rangle-CH_2PPh_2\end{matrix} + RhCl(CO)(PPh_3)_2 \longrightarrow$$

$$\text{聚苯乙烯}\begin{matrix}-\langle\rangle-CH_2-P(Ph_2)\\-\langle\rangle-CH_2-P(Ph_2)\end{matrix}Rh\begin{matrix}Cl\\CO\end{matrix} \qquad (9-6)$$

在以含SiO_2为载体的载体化催化剂的制备中，带SiO_2为载体的过渡金属配合物可以用两种方法制备。一种是SiO_2首先用（2-二苯基膦基乙基）三乙氧基硅烷处理，后者可用二苯基膦化氢与乙烯基三乙氧基硅烷在紫外光照射下经加成制得，膦代的SiO_2用上述方法与催化配合物平衡。另一种方法是首先形成含（2-二苯基膦基乙基）三乙氧基硅烷配位体的配合物，再与SiO_2缩合。如图9-10所示。

$$Ph_2PH + CH_2=CHSi(OEt)_3 \xrightarrow{紫外光} Ph_2PCH_2CH_2Si(OEt)_3 \xrightarrow{SiO_2}$$

$$Ph_2PCH_2CH_2Si-(O)_3-\boxed{SiO_2} + 3EtOH$$

(a)

$$[RhCl(CO)_2]_2 + Ph_2PCH_2CH_2Si(OEt)_3 \longrightarrow$$

$$RhCl(CO)[Ph_2PCH_2CH_2Si(OEt)_3]_2 \xrightarrow[Ph_2PCH_2CH_2Si(OEt)_3]{NaBH_4}$$

$$RhH(CO)[Ph_2PCH_2CH_2Si(OEt)_3]_3 \xrightarrow{SiO_2}$$

$$RhH(CO)[Ph_2PCH_2CH_2Si-(O)_3-\boxed{SiO_2}]_3$$

(b)

图 9-10 SiO_2 为载体的过渡金属配合物的制备

同样，将这样制得的含 SiO_2 的支载体同活性配合物混合，便得到所需催化剂。

虽然均相配合物催化剂的多相化研究还趋于发展阶段，而从现有的进展来看，它具有如下一些优点。

(1) 活性中心结构系以确定的、有规则的状态存在于无机或有机聚合物的表面，使反应分子容易接近，催化剂可以最大限度地利用，选择性提高；

(2) 可以大幅度地调变催化剂的电子构型和物理结构。例如，改变配位体可以调变电子构型，改变聚合物的制备条件可以改变比表面、孔结构和机械强度；

(3) 催化剂既可用于均相催化反应，也可用于多相催化反应，可以克服反应设备腐蚀、催化剂分离、回收等困难；

(4) 均相配合物催化剂多相化后，反应体系高度稳定、挥发性降低、催化剂寿命延长。

(5) 使用多相催化剂有利于控制反应过程、调节反应速率、研究反应机理。

尽管负载化催化剂具有上述特点，但从目前研究情况来看，制备这类催化剂还存在一些需要解决的问题。例如：

(1) 金属的脱落或溶出仍是值得研究的一个课题。因为目前的高分子配合物催化剂大多是通过配位键与金属结合的，在配位催化过程中往往伴有配位体的解离，这样势必导致高分子配位体与金属的脱离，并进一步析出金属。目前，为防止金属的流失，也采取以下一些措施：一是增加聚合物配位体浓度；二是使用微孔树脂；三是避免使用可与金属配位的溶剂；四是采用螯合配位体等。尽管如此，关于金属脱落问题还尚未彻底解决，这不仅关系到经济成本，也影响反应能否继续反应。

(2) 高分子骨架的溶胀和扩散速度问题。当低分子的均相配合物催化剂负载于高分子骨架上时，其活性点的易动性会受到影响，使高分子骨架中反应分子的扩散受到妨碍，因而反应速度下降。通常反应物在液相中的扩散速度约为 10^{-5} cm/s，而在高分子骨架中的扩散速度约为 10^{-6} cm/s，减少 10 倍。因此，高分子载体的溶胀度对催化反应速率有较大影响。所以，有些均相催化剂负载化后，其催化活性或选择性反而下降。

(3) 负载化催化剂制备比较复杂，成本也相应较高。而且对那些活性组分与反应机理尚未确立的催化反应，难以实现负载化。

目前，在高分子负载催化剂制备上已取得许多进展。例如，为求高密度活性基团，可将含功能基团或金属配合物的单体聚合（或共聚）以得到合适孔率、粒度、强度的凝胶或粉末；在一些天然高分子化合物，如对纤维素所具有的 -OH 团，活性炭上的 -COOH 基团进一步功能化或加入支持臂及使用酞菁等复杂基团；直接使用酸性或碱性离子交换树脂作酸碱催化剂，或将其吸附的金属离子（Pt、Pd 等）再还原而制成双功能催化剂等。

高分子负载化催化剂在酸碱催化、氧化、加氢及酶反应上都已有广泛研究及应用。其中以加氢及酶反应的负载化催化剂研究得最为深入。

9.6.1 金属茂催化剂的负载化

自从 20 世纪 80 年代初 Kaminsky 等人发现金属茂/甲基铝氧烷高效烯烃聚合催化体系以来，金属茂催化剂技术得到迅速发展。金属茂催化体系具有高催化活性、可制备特种聚烯烃树脂、具单一活性中心，能实现树脂性能的分子设计等特点，是继 Ziegler－Natta 催化剂和高效负载型催化剂之后的新一代烯烃聚合催化剂。

金属茂也叫茂夹心化合物，是一种典型的过渡金属有机化合物。金属茂催化剂的负载化不仅可以保持原金属茂的特性，如高活性、控制聚合物相对分子质量分布等，而且负载后的催化剂可扩大应用到烯烃的气相聚合及淤浆聚合工艺，聚合过程平稳易控，活性中心稳定，既保持了均相催化剂的特点，又利用了非均相体系的优点。鉴于金属茂催化剂的这种应用前景，人们投入大量精力进行金属茂负载化的研究[54-56]。

1. SiO$_2$ 负载化金属茂催化剂

硅胶是负载金属茂催化剂常用的载体，负载方法也较多。下面为其中一些例子。

Soga 对硅胶各进行 200℃、400℃ 及 900℃ 焙烧，以除去硅胶表面多余的羟基，然后再用 SiCl$_4$ 及 1,1,2,2－四溴乙烷处理后，分别负载（CH$_3$）$_2$Si（Ind）$_2$·ZrCl$_2$（1），Et（IndH$_4$）$_2$ZrCl$_2$（2）以及 i－Pr(Flu)(Cp)ZrCl$_2$（3）（Ind 为茚基，Cp 为环戊二烯基，Flu 为芴基）制备催化剂，分别考察它们用于丙烯聚合的性能。结果发现，低温焙烧可以制得高熔点的聚合物，温度升高则聚合物熔点下降。

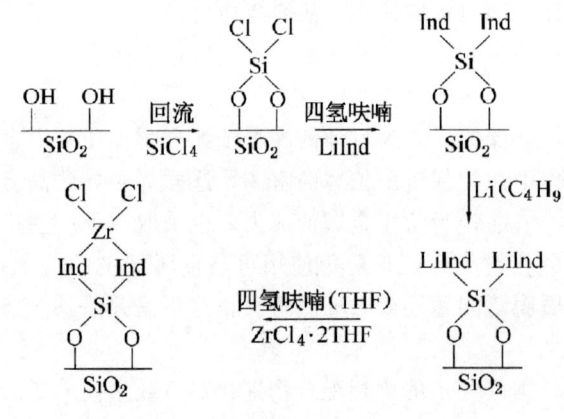

图 9-11　负载化金属茂催化剂制备机理

Soga 还用甲基硅氧烷（MAO）处理 SiO$_2$，然后将外消旋－{（CH$_3$）$_2$Si [2′,4′－（CH$_3$）$_2$C$_5$H$_3$]} [3′,5′－（CH$_3$）$_2$C$_5$H$_3$] ZrCl$_2$ 负载上去，并用 Al（i－Bu）$_3$ 作助催化剂，即使在 60℃ 的聚合温度下，也可以得到高相对分子质量的聚丙烯，且相对分子质量分布窄。此外，Soga 用 MAO 或烷基铝作助催化剂，按图 9-11 所示反应机理制得负载化金属茂催化剂：

用这种催化剂反应得到的等规聚丙烯，其熔点可达到 163℃。

Kaminsky 根据 MAO、SiO$_2$ 及金属茂的特性及其对丙烯聚合活性的影响，根据图 9-12 机理制得负载化金属茂催化剂。

图 9-12 中，Si—O—Zr 键形成活性中心[SiO]$^-$[Zr]$^+$。这种负载催化剂表面的金属茂是通过铝氧分子结合在 SiO$_2$ 上。它用于丙烯聚合时，无需再加入 MAO，即节省了 MAO 用量，又可制得高熔点及高相对分子质量的等规聚丙烯。

2. Al$_2$O$_3$ 负载化金属茂催化剂

Soga 用两种方式制取 Al$_2$O$_3$ 负载化金属茂催化剂。

(1) Al_2O_3 焙烧后直接加金属茂搅拌 24h。

(2) Al_2O_3 焙烧后，先用 $Al(CH_3)_3$ 处理，再将金属茂负载上去。由于 Al_2O_3 表面 L 酸的作用，形成表面羟基基团，其负载处理如图 9-13 所示。

由方法（1）所制得的负载化催化剂既具有等规选择性活性中心，又具有间规选择性活性中心。方法（2）所制得的负载化催化剂则只具有间规选择性活性中心。

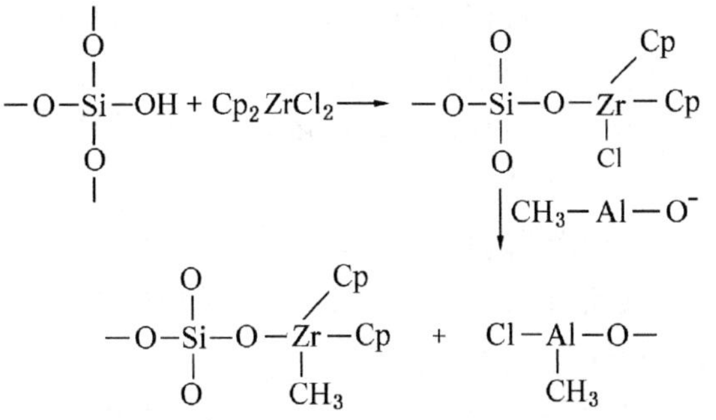

图 9-12 Kaminsky 负载化金属茂催化剂制备机理

3. 聚苯乙烯负载化金属茂催化剂

通常认为，金属茂催化剂的活性组分是不饱和过渡金属阳离子，而 MAO 的作用是将金属茂烷基化、去掉分子中的卤素并将其固定。为此，作配位的大的阴离子可被选择用来取代 MAO。Soga 选用四种聚苯乙烯制成下述四种负载化催化剂（图 9-14）。

4. 聚硅氧烷负载化金属茂催化剂

Soga 选用聚硅氧烷作为载体采用如下步骤制备负载化催化剂：

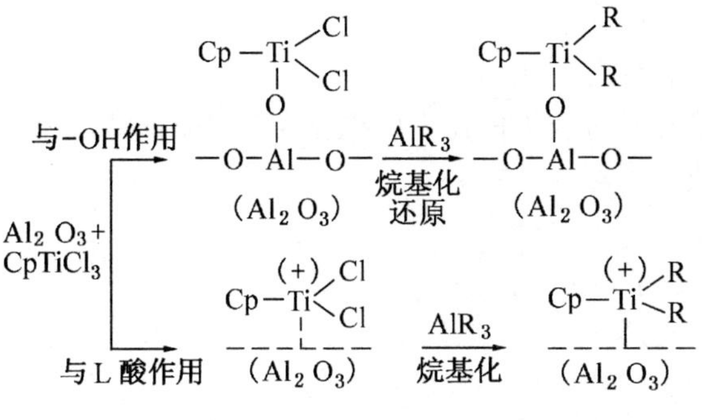

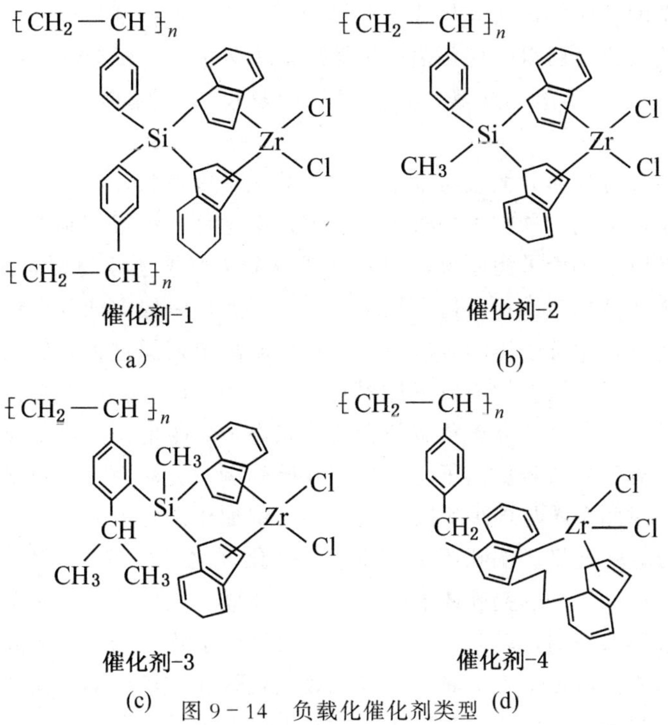

图 9-13 负载处理过程

催化剂-1 (a)　　催化剂-2 (b)

催化剂-3 (c)　　催化剂-4 (d)

图 9-14 负载化催化剂类型

(1) 合成有机硅（$Ind\ Si\ MeCl_2$，$FluMeSiCl_2$，Ind_2SiCl_2）；

(2) 合成催化剂前体 [(IndMeSiO)$_n$，(FluMeSiO)$_n$，(Ind$_2$SiO)$_n$]；
(3) 合成负载化催化剂 [(IndMeSiO)$_n$ZrCl$_2$，(FluMeSiO)$_n$ZrCl$_2$，(Ind$_2$SiO$_2$)$_n$ZrCl$_2$]。
据称，这样制得的催化剂用于丙烯聚合时，其活性能高于 SiO$_2$ 作为载体的催化剂。

5. 环糊精负载化金属茂催化剂

环糊精是由 6～14 个吡喃式 $\alpha-d-$葡萄糖单元所构成的环状多糖类，简称"CD"，依糖元数量定义 $\alpha-$、$\beta-$、$\gamma-$ 等结构形式。以 $\alpha-$CD 作载体制备负载化金属茂催化剂的反应式如下：

$$\alpha-CD \xrightarrow[\text{PhMe50℃, 15h}]{\text{三甲基铝(TMA)}} \alpha-CD-TMA \tag{9-7}$$

$$\alpha-CD-TMA + Cp_2ZrCl_2 \xrightarrow[\text{50℃, 15h}]{\text{PhMe}} \alpha-CD-TMA-Cp_2ZrCl_2 \tag{9-8}$$

这样制得的负载化金属茂催化剂具有与均相催化剂相当的活性。

除了上述负载化用的载体以外，由于分子筛具有较大的比表面积及确定的晶体结构和孔结构，所以也是一种较佳的金属茂负载化（支）载体。

9.6.2 金属胶体催化剂的负载化

所谓金属胶体是从 1nm 到 100nm 的金属粒子，或金属粒子团等以"粒子群"稳定地分散在介质中的一种状态。金属粒子团或金属超微粒子，无论与金属原子还是整体金属都不同，是金属原子集合体领域中的某些物质。把金属超微粒子制成催化剂时，不但对载体没有影响，还能保留本身固有的基本特性，并可以开发出性能更好的功能性催化剂[57-59]。近来，金属胶体催化剂越来越受到重视，这类催化剂是用聚乙烯吡咯烷酮等可溶性高分子或表面活性剂作保护剂，以硼氢化钠、醇类等为还原剂，制成粒径＜1nm 的铂、钯等贵金属为主的超微粒子分散体系的胶质体，使其与载体接触吸附，或与保护剂形成共价键，或几种高分子交联等方法进行负载化。制得的催化剂稳定性好，重复性强，反应活性及选择性都很高，已用于对烯烃、双烯烃的选择性加氢，光引发的加氢反应，腈的水合反应以及部分氧化反应等。

金属胶体的制备可分为分散法与凝聚法。分散法是以块状金属为原料，用机械粉碎等物理方法使之微粒化，再把这种粒子分散于介质中，但这种方法很难制取具有单分散粒径分布的粒子。凝聚法是以金属离子为原料，用还原剂将金属离子还原为金属原子，再使其凝聚，制取胶质体。因为金属相会成长为粗大粒子而沉淀，所以一般需加入稳定剂。

以金属离子还原来制备胶体的方法，有先从金属离子还原过程开始和先从保护与负载过程开始两种方法。对于先从保护与负载过程开始的制备方法而言，由于首先使金属离子与高分子或亲和介质稳定共存，即金属负载是在离子状态下发生的，因此金属与保护剂间存在着较强的配合结合；对于先从金属离子还原过程开始的制备方法而言，由于金属离子在还原以后再加入保护剂，因此金属与保护剂间以较弱疏水键配位结合。

这一配位的强弱之差将影响到还原后的金属催化剂之活性及保护剂的防护能力。例如，由聚乙烯吡咯烷酮作保护剂的铜胶体催化剂，由于还原加入保护剂，所以催化活性高，而且因在离子状态下添加保护剂，其防护能力高，能得到分散均匀的胶体溶液。

金属离子的还原，可采用氢、肼、乙醇、硼氢化钠和柠檬酸钠等化学还原剂，也可利用光或射线照射等方法进行还原。

胶质分散系催化剂粒径越小，活性越高。但粒径越小就越难从反应体系中脱除。因此，只有将胶质催化剂负载化，才能使其更具实用性。胶质催化剂的负载化通常有以下几种方法：（1）将金属胶质与载体接触并吸附后使其负载；（2）使保护高分子与胶质形成共价键；（3）向金属胶体分散体系的保护高分子中投加其他高分子，由两种高分子混合交联而固化；（4）金属离子与树脂载体配位后，经还原制成金属胶体。

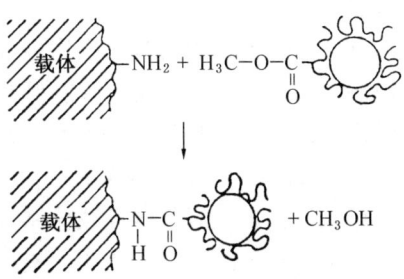

图 9-15 树脂作载体的胶体催化剂上的载体与胶体稳定剂之间形成的酰胺键

其中（1）是最简单的物理吸附法，把用聚乙烯吡咯烷酮作保护剂的钯胶体，与诸如活性炭等载体接触，就可制成活性炭负载的钯胶体。

利用胶体具有的负电荷，如与阳离子交换树脂接触，可以在其表面有选择地吸附，并使其负载化。这样制成的催化剂，其活性要比把金属盐负载后再还原所制成的催化剂要高。对于由亲和性分子所保护的金属胶质，如与离子交换树脂接触，则可利用作为保护剂的表面活性剂的端基电荷，将金属胶质负载于离子交换树脂上。

保护高分子与金属胶质粒子之间，即使是相互作用力不太强，但因为多点结合，结果是两者结合较为牢固。当包围着金属胶体的保护高分子与树脂载体是共价键结合时，金属胶体就可牢固地负载在载体上。例如，将聚乙烯吡咯烷酮与丙烯酸甲酯的共聚物作为保护高分子，由乙醇还原钯离子制成钯胶体，然后用聚丙烯酰胺凝胶处理，由于形成酰胺键而得到负载化金属胶体，如图 9-15 所示。这种负载化金属胶体催化剂用于烯烃加氢反应时的加氢活性如表 9-5 所示。

表 9-5 铂胶体催化剂对烯烃的加氢活性

反应产物	初期活性①			ri/rd	ri/rc
	负载化铂胶体 (ri)	胶体分散液 (rd)	5%铂黑载于活性炭 (rc)		
乙基乙烯基醚	160	340	1.6	0.47	100
丙烯酰胺	100	180	1.3	0.56	77
1—己烯	110	330	3.2	0.33	34
环己烯	36	240	2.1	0.15	17
异亚丙基丙酮	22	210	2.0	0.10	11
丙烯腈	22	45	0.0	0.49	—

①乙醇/水（1:1）溶剂中，氢压 20.1MPa，30℃。单位：$H_2 mmol \cdot Ptmol^{-1} \cdot s^{-1}$。

由表 9-5 可见，负载化铂金属胶体催化剂比一般用活性炭作载体的催化剂的活性要高得多。与胶体分散液体系催化剂相比，能达到其活性的 1/5～1/2。

此外，还可在具有亚氨二乙酸残基的固体高分子中固定铂、钯的离子，用 $NaBH_4$ 还原，制得由螯合物树脂负载的金属胶质催化剂。这种螯形树脂与高价金属形成交联后，用乙醇洗涤，就具有多孔的特性，因而可制得具有大比表面积载体的催化剂。

9.6.3 负载化氯化铝催化剂

氯化铝（$AlCl_3$）作为强路易斯酸催化剂广泛用于弗里德尔—克拉夫茨（Friedel-

Crafts)反应,也对石油裂解、烃类异构化、烷基化、酰基化、加氢及聚合等反应表现出优良的催化性能。但因其具有强腐蚀性、与产物分离困难及在生产中产生大量废水,其应用受到限制。将$AlCl_3$负载化,既能保持$AlCl_3$所具有的低温高活性,也可解决催化剂的腐蚀性及同产品的分离困难问题,下面为是负载化氯化铝催化剂的多种制备方法[59]。

1. 氧化铝、二氧化硅负载氯化铝

用氧化铝、二氧化硅等载体制备$AlCl_3$负载化催化剂的一种典型方法是,将经预处理的Al_2O_3无水$AlCl_3$放入高压汞,充入N_2,然后升温至$AlCl_3$的升华温度以上(如250℃左右),搅拌数小时,然后在300~500℃下用N_2吹扫除去未反应的$AlCl_3$,由此得到的催化剂比载体增重6.5%左右。所得催化剂对$n-C_4^0$的异构化反应呈现出很高催化活性。也可以将$AlCl_3$溶解于CCl_4、$CHCl_3$、CH_2Cl_2等溶剂中,然后加入经预处理除去水分的SiO_2、Al_2O_3等载体,在50~80℃下回流几小时至数日,在N_2保护和避光条件下反应制得负载氯化铝的催化剂。

2. 石墨负载氯化铝

石墨是层状炭素材料,各层面中碳原子以sp^3杂化轨道形成120°的三配位平面六角网面。碳原子间距为0.1421nm。这一网面平行叠层,构成网面六角形的碳原子在上下面(第2层)相互平移到碳原子位于六角形的中心。第3层碳原子的配置和第1层一样。石墨的基本结构是ABABA层的重复。在面内相邻碳原子通过牢固的共价键相互连接,化学上也很稳定,但层面间由弱的范德华力结合,各种化学物质可挤入或浸入层间,此时层间距可增大。$AlCl_3$、BF_3等路易斯酸可进入石墨层间,其负载量(质量分数)可达35%,甚至可达75%。一般制法是在110~120℃下将路易斯酸与石墨混合后加热,间歇搅拌时间为1~3天,Cl_2气氛对$AlCl_3$进入石墨层间有促进作用,在Cl_2存在下,等质量的$AlCl_3$和石墨混合,于110℃下放置一夜,即可制得50%$AlCl_3$/石墨催化剂。层面中载有质量分数为5%~55%$AlCl_3$的石墨材料是C_5^0~C_7^0异构化的优良催化剂。

3. 磺酸树脂与$AlCl_3$配位

磺酸树脂是一种强酸性阳离子交换树脂,有聚苯乙烯树脂及酚醛树脂两类,将大孔磺酸树脂与惰性气体载带的$AlCl_3$蒸气在115℃下反应,可制得强酸性固体酸催化剂。在有过量$AlCl_3$存在时,树脂颗粒表面上可形成厚度为50nm的$AlCl_3$薄壳。这种催化剂具有很高的$n-C_4^0$异构化、$n-C_4^0$和$n-C_5^0$的歧化活性。

表9-6给出了用上述负载方法制备的负载化氯化铝催化剂在烃转化反应中的应用实例。

9.6.4 酶固定化用载体材料

酶是一类生物催化剂,能够催化构成细胞代谢的所有反应,生物体内形形色色的化学反应是在酶催化下进行的。实际上,目前存在的大多数有机化学反应几乎都可以在酶催化中找到对应的生物催化反应,而酶的优异功能却又是合成催化剂所不能比拟的。与一般催化剂相比,酶有以下特点:(1)催化效率高;(2)专一性强;(3)反应条件温和;(4)酶的活性可以调节控制。虽然酶在生物体内能催化许多化学反应,但作为工业催化剂仍存在缺陷。因为酶是由蛋白质组成,其高级结构对所处的环境十分敏感。所以对热、强酸、强碱及有机溶剂等均不够稳定,在反应中易失活。而且酶中常带有杂蛋白及有色物质,造成产物分离困难,限制了酶的应用。但酶的分子很大,功能基很多,利用功能基活性的特点,可以通过多种形式与载体结合成固定化酶而应用于化学产品分离提纯、制药及食品等方面。

表 9-6 负载化氯化铝催化剂在烃转化反应中的应用

负载型氯化铝催化剂	助催化剂	反应过程	反应条件
$AlCl_3/Al_2O_3$	—	$n\text{-}C_4^0 \longrightarrow i\text{-}C_4^0$	100～200℃
$AlCl_3/Al_2O_3$	—	$n\text{-}C_5^0 \longrightarrow i\text{-}C_5^0$	200℃
$AlCl_3/Al_2O_3$	HCl	$n\text{-}C_4^0 \longrightarrow i\text{-}C_4^0$	35℃
$AlCl_3/Al_2O_3$	—	辛烯 + 苯 $\longrightarrow$ 辛基苯	25℃，苯/烯摩尔比为 2∶1
$AlCl_3/SiO_2$	HCl	$n\text{-}C_4^0 \longrightarrow C_3^0, i\text{-}C_4^0$	175℃
$AlCl_3/SiO_2$	—	$n\text{-}C_6^0 \longrightarrow C_3^0, i\text{-}C_4^0, n\text{-}C_4^0$	100℃，0.17MPa，CCl_4 溶剂
$AlCl_3/SiO_2$	—	苯（甲苯）+ 卤代烷 $\longrightarrow$ 烷基苯	回流温度，CCl_4 溶剂
$AlCl_3/SiO_2$	—	$n\text{-}C_4^0 \longrightarrow i\text{-}C_4^0$	106℃
$AlCl_3/$石墨	0.3%Pt	环己烷 $\longrightarrow$ 二甲基-$C_4^=$，甲基-C_5^0	40～140℃，液空速 1～2k^{-1}
$AlCl_3/$石墨	—	$C_5^0 \sim C_7^0 \longrightarrow$ 异构体	80℃
$AlCl_3/$石墨	—	苯（甲苯）+ 卤代烷 $\longrightarrow$ 烷基苯	-10～80℃
$AlCl_3/$磺酸树脂	HCl	$n\text{-}C_5^0 \longrightarrow C_4^0 \sim C_6^0$（$C_5^0, i\text{-}C_4^0$ 为主）	70～143℃
$AlCl_3/$磺酸树脂	HCl	$n\text{-}C_4^0 \longrightarrow i\text{-}C_4^0$	100℃
$AlCl_3/$磺酸树脂	HCl	$n\text{-}C_4^0 \longrightarrow C_3^0 + C_5^0$	70～143℃

经过几十年的研究和发展，固定化酶技术已取得很大进展，先后开发了多种固定化方法及性质多样的载体材料，下面主要对固定化酶的新载体材料作简单介绍[60-62]。

1. 聚合物复合载体材料

一般有机聚合物载体键合蛋白质的能力较强，易成型，但它们的机械强度与化学稳定性较差，从而使所制得的固定化酶颗粒在反应液流作用下易于变型，使用寿命也可能受到微生物或酸/碱环境的影响，而且有机聚合物一般不能再生利用。可是，具有刚性大孔结构的无机载体的优缺点与有机聚合物载体能够互补。而复合载体是将有机聚合物材料先涂在具有刚性结构的无机载体上，然后再与酶结合，制得兼具聚合物载体与无机载体优良特性的载体。例如，将聚丙烯酰胺涂在磁性氧化铁粒子表面，用于葡萄糖氧化酶的固定化。

2. 沉淀—溶解性可调节的载体材料

酶的固定化一般是将酶固定在水不溶性载体上，使得酶与产物可以分离而可重复使用。但这时的催化反应为非均相反应，催化效率会受到影响。如将酶固定在水溶性大分子上，催化反应仍然是均相反应，但所得固定化酶仍存在难以分离和重复使用问题。因此，人们根据水溶性大分子间可通过次级键合力（如氢键、静电力）和疏水相互作用等形成水溶性大分子复合物沉淀的性质，开发出沉淀—溶解性可调节的大分子复合物载体材料，用它作酶的载体可得到沉淀—溶解性可调节的固定化酶。例如，利用丙烯酸甲酯—甲基丙烯酸甲酯—甲基丙烯酸三元共聚物作为载体材料来固定水解蛋白酶。这种固定化酶在 pH4.8 以下时呈沉淀状态，而在 pH5.8 以上时则为溶解状态，而且固定化酶可反复使用，耐热、耐有机溶剂的能力均优于天然酶。

3. 温度敏感性载体材料

上述沉淀—溶解性可调节的载体材料，其适用的 pH 值往往不在中性范围内，这对 pH 十分敏感的酶就不适用。为此通过升温或降温等其他方法来改变这些载体材料的沉淀—溶解性状态。例如，将 N-异丙基丙烯酰胺与丙烯烯胺共聚制得热可塑性凝胶载体，通过载体上的琥珀酰亚胺活性基将天冬酰胺酶固定于该载体上，然后利用温度变化可调节固定化酶的膨胀与收缩，以此可随意启动和终止反应。采用这种类型的载体，固定化酶的热稳定性、pH 稳定性、重复使用性等都有所提高。

此外，离子交换树脂是一类不溶也不熔且有三维空间网状骨架结构亲水性的功能高分子。连接在树脂骨架上的功能基，可通过吸附、共价键、配位键、交联、微胶囊等形式及其他手段将酶固定在树脂上。目前已开发出不少新型酶载体用树脂。

第 10 章　载体的成型

10.1　载体颗粒的形状和大小

商业催化剂必须是颗粒状或微球形,以便能均匀地填充到工业反应器中。对多数催化剂来说,载体的形状也往往基本上决定了催化剂的形状。所以成型操作也是载体及催化剂制备的必需步骤,它对以后制得的催化剂机械强度、活性、寿命等都有很大影响。有些催化剂往往会由于抗压强度、耐磨性差,而易被磨损,阻塞管道。也有的催化剂由于形状选择不当,不能充分发挥催化剂应有的作用。

当然,载体的颗粒形状和大小主要是根据所制备的催化剂来选择的,而催化剂颗粒的形状、大小和机械强度,则是根据催化反应及反应装置的要求来选择的。

目前,工业上常用的反应器有四种类型:即固定床、流化床、悬浮床及移动床,不同床层通常使用不同形状和大小的颗粒催化剂。

(1) 固定床。工业上大规模的催化反应大都用固定床反应器进行操作。固定床催化剂的强度、粒度允许范围较广,可以在较宽的界限内操作。过去的催化剂成型是将块状催化剂敲碎,通过适当筛分变成小粒状催化剂,这样制得的催化剂由于形状不一,气体流通不匀。目前工业上常用柱状、片状、球状、齿球状、三叶草形等直径在 2mm 以上的成型催化剂,粒径过小,会加大气体阻力,影响正常运转。

(2) 移动床。固定床有难以进行催化剂周期再生的缺点,所以对某些反应过程,常采用移动床来连续进行催化剂再生。由于催化剂需要不断移动,机械强度要求较高,形状通常为无角的小球,常用直径在 3~4mm 或更大的球形颗粒。

(3) 流化床。流化床反应器中,催化剂颗粒在床层内不断处于翻腾状态,为了保持稳定的流化状态,微球形颗粒具有似流体的良好流动性能。所以,流化床常用直径在 20~150μm 或更大直径的微球颗粒。

(4) 悬浮床。这种反应器使用并不多,如重油催化脱硫采用这种反应器。为了在反应时使催化剂颗粒在液体中易悬浮循环流动,通常用微米级至毫米级的球形颗粒。

尽管催化剂的活性组分单独成型时会产生这样或那样的问题,而载体可成型的形状却是很多的。图 10-1 示出了载体可成型的形状。在这些形状中,考虑到抗压及耐磨等因素,有尖角的几何形状,在使用过程中易产生粉末和碎粒而堵塞催化剂颗粒间隙或床层,导致床层压降过大,影响反应正常进行。所以工业上常用的催化剂载体主要采用以下几种形状。

(1) 粒状(无定形)。它是将块状物料破碎后经适当筛分制成。由于形状不定,且筛下产品无法利用,随着成型技术的进展,这种方法已日趋减少。虽然它有上述缺点,但由于制法简便,物料强度也高,工业上也还沿用,如浮石、天然白土、硅胶等。

(2) 圆柱形(包括空心圆柱形)。有规则、表面光滑的圆柱形催化剂在填充时容易滚动,因此能充填得很均匀,具有均匀的自由空间分布以及均匀的流体流动性能。空心圆柱形则具有表观密度小、单位体积表面大的优点。

(3) 球形(包括齿球、小球或微球)。为了提高反应器的生产能力,反应器的一定容积

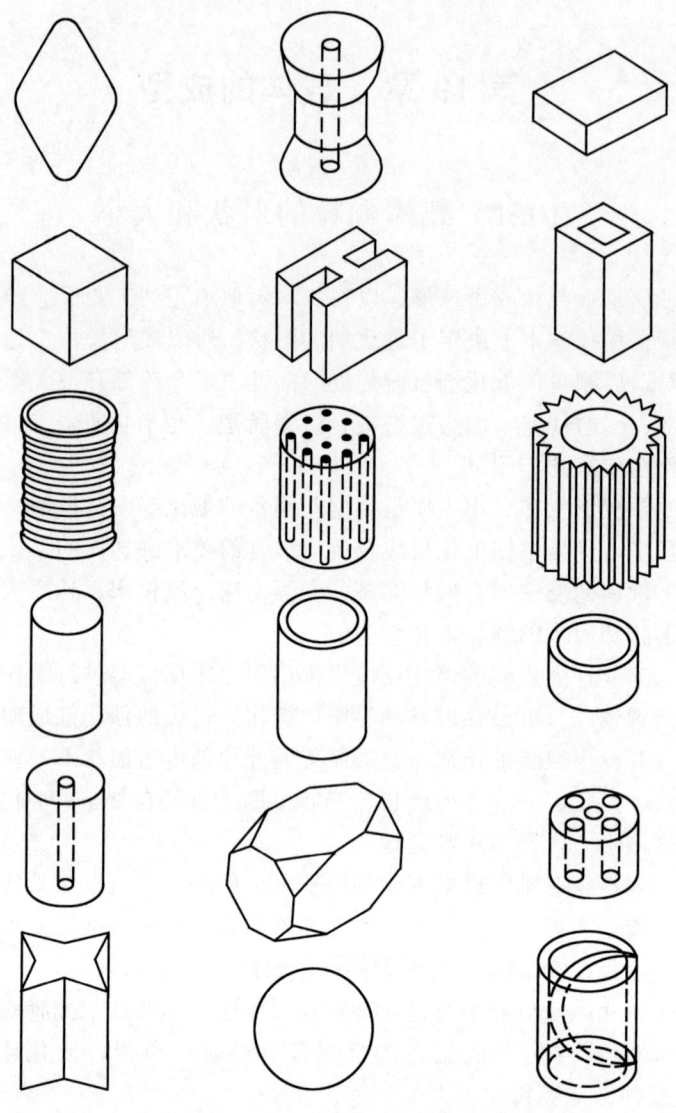

图 10-1 载体的各种形状

内希望填充尽量多的催化剂,因此,球形是最适宜的形状,因为球形颗粒充填反应器占有空间体积的数值最高,而且球形颗粒充填均匀,流体分配均匀,耐磨性也高。所以,近年来球形载体或催化剂的使用日益增多,成型技术也比较完善。

改变各种载体形状的关键,是在保证催化剂机械强度及压降容许的条件下,尽可能提高载体表面利用率,因多数工业催化反应过程是内扩散控制过程,单位体积反应器内所容纳的催化剂外表面积越大,则活性越高,许多炼油催化剂采用三叶草、四叶草等异形载体就是基于这种原因。

近年来,为降低催化剂生产成本和选用方便,国内外一些催化剂及载体产品逐渐形成典型的规格。表 10-1 示出的是常用固定床催化剂用载体的颗粒大小。

表 10-1　常用固定床催化剂用载体的颗粒大小

形状	颗粒大小，mm
圆柱形（压制成型）	直径×高度：9.5×9.5、9.5×4.8、6.4×6.4、6.4×3.2、48×4.8、3.2×3.2
空心圆柱形	外径×高度：19.1×19.1、15.9×15.9、15.9×9.5
圆柱形（挤出成型）	直径：6.4，4.8，3.2，1.1（高度一般为直径的2～3倍）
球形或齿球形	ϕ2～数十毫米
三叶草形	直径：2～10mm
无定形	1.5～数十毫米

10.2　影响载体成型强度的因素

催化剂载体形状各异，成型方法也很多。影响载体强度的因素很多，如原料性质、含水率、添加剂性质、成型方法、热处理条件等。这里就成型过程的影响因素作简单介绍。

压缩成型时，粉末之间主要靠范德华力结合，有水存在时，毛细管压力也增加粘结能力。对大小均匀的球形颗粒互相聚集的聚集力，即颗粒间的抗拉强度可用下式表示：

$$\sigma_z = \frac{9(1-\varepsilon)KH}{8\pi d^2} \qquad (10-1)$$

式中　σ_z——抗拉强度；
　　　ε——粉体自由空隙率；
　　　K——粒子接触点数（即配位数）的平均值；
　　　H——粒子间结合力（范德华力）；
　　　d——颗粒直径。

尽管上述公式在实际应用中有一定困难，但也可类推在实际操作中应注意的一些影响因素。

10.2.1　颗粒形状及粒度

圆形或椭圆形状体的吸附力和摩擦力小，流动性也较好，有利于模内布料时具有较大的堆积密度，但一般载体所用粉料都是粉碎产品，它含有细粉和粗粉，而大部分为中间粒度。但当几种不同的物料在同一粉碎设备中进行粉碎时，应考虑到混合粉料中硬、软物料的相互影响。硬度大者会对硬度小者产生表面剪切或磨削作用，软颗粒在接触面上会被硬颗粒磨削而形成若干细颗粒。硬质颗粒对软质颗粒起着研磨介质的作用。结果导致软质物料在混合粉碎时的细颗粒产率比单独粉碎时高，而硬质物料则相反。

10.2.2　粒度分布

粒度分布是指粉料中不同粒级所占的质量百分数。有适当比例的粗、中、细颗粒，可以减少细粉堆积时的空隙率，提高自由堆积密度，提高成型产品的致密度及强度。粒子过粗，或粗粒子过多，粒子间的空隙大、接触点数小，填充密度随之减少，强度也就降低。下面为粉料静压成型时，粉料级配的典型示例见表10-2。

表 10-2　粉料级配典型示例

粒度	占比（质量分数）
<0.1mm	3%
0.1～0.2mm	10%
0.2～0.315mm	35%
0.315～0.4mm	37%
0.4～0.5mm	73%
>0.5mm	~2%

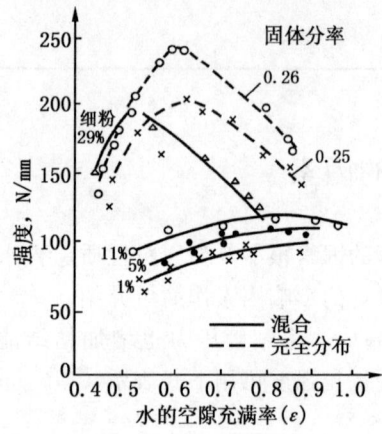

图 10-2　不同细粉量对 Al_2O_3 成型强度的影响

在其他条件相同的情况下，粗、细粉比例不同，成型产品的强度也会不同。如在 Al_2O_3 载体成型时，以 $75\sim100\mu m$ 的粗粉为基础，分别加入 1%、5%、11% 及 29% 的 $30\sim35\mu m$ 的细粉时，各成型产品的强度如图 10-2 所示。可以看出强度随细粉加入量增加而增大。图中还示出了未经筛分的物料成型时，细粉占总固体分率不同时对强度的影响。

10.2.3　空隙率与紧密度

从式（10-1）可以看出，空隙率增大，强度就自然降低。通常将式（10-1）中的 $(1-\varepsilon)$ 称为紧密度。提高粒料的紧密度有利于提高成型产品的强度。图 10-3 示出了 Al_2O_3 成型时成型产品强度随紧密度的变化情况，强度随紧密度增大而提高。但紧密度或空隙率的大小应以不影响催化剂性能为准则。紧密度过高有可能使比表面积及平均孔径（特别是大孔）减少，影响催化剂的活性及选择性。反之，紧密度小、空隙率大时，催化剂在升温或降温过程中不易发生崩裂，即耐热崩坏性提高。

至于式（10-1）所提出的粒子接触点数系与粉料的填充状态有关，而实际上它与空隙率或紧密度有关。空隙率越大、接触点数小，强度自然就相应降低。

10.2.4　水含量影响

湿法成型（如造粒成球）时，粉料中要加入适量水。加水过少，不足以在粉料中均匀分布和提供足够的结合力，结果难以成型。加水过多则会使粉粒黏结也难以成型。

干法成型（如压片）加水量较少，但也不能完全没有水。水分过多会产生黏模，使生片不易脱模和片剂发毛而不完整；水分过少而成型压力又较高时，会使片剂产生"断腰"等现象。所以，粉料中水分分布的均匀程度对产品质量有较大影响。实际操作中，应根据粉料性质及成型方法等情况来确定最佳含水率，使水分的波动范围越小越好。

在挤出成型中，通常将水量与干粉的质量之比称作水粉比。图 10-4 示出了分子筛成型时，水粉比与挤出成型产品强度之间的关系。可以看出，当水粉比从 $0.1mL/g$ 增加到 $0.4mL/g$ 时，强度随水粉比增大而逐渐提高；当超过 $0.4mL/g$ 时，强度又开始下降。

10.2.5　成型压力的影响

成型时加于粉料上的压力主要在于克服粉料的阻力（包括颗粒之间的内摩擦力和使颗粒变形所需的力）及克服粉料颗粒与模壁间的外摩擦力上。上述两者之和即是通常所说的成型压力。采用压力大小应根据上述两种因素及粉料的含水量与流动性以及成型制品大小等因素来选定。一般来说，提高成型压力，可以使粒子与粒子间的接触点数增加、粒子间距离缩小而增大结合力，提高紧密度而降低空隙率，从而提高制品的强度。

粉体的每一个微粒可以看作是由许多二次粒子聚集而成，二次粒子与二次粒子间存在着 30nm 以上的粗孔；而二次粒子又是由许多一次粒子聚集而成，在一次粒子与一次粒子的接触点位置存在着 2nm 以下的细孔间隙。成型时，随着成型压力增大，大于 30nm 的粗孔体积先开始减少，即二次粒子间的间隙减少。当成型压力超过某一压力时，大于 30nm 的粗孔全部消失。然后成型压力开始影响二次粒子内部，即使一次粒子与一次粒子间小于 2nm 的细孔体积开始减少。根据这一设想，成型压力的选择应使粉体粒子内的二次粒子之间的粗孔适当减少，而使催化剂载体具有适宜的强度；同时成型压力又不至于使二

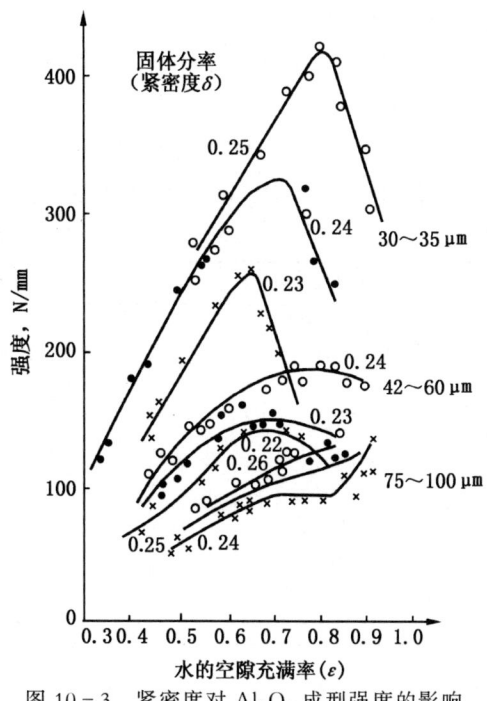

图 10-3 紧密度对 Al_2O_3 成型强度的影响

次粒子内部的一次粒子间的细孔减少，以使载体的细孔结构不发生太大变化，从而影响催化剂活性及选择性。

10.2.6 水合过程的影响

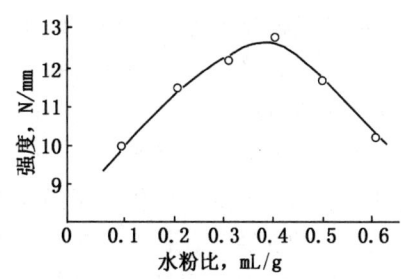

图 10-4 水粉比与挤出强度关系

有些载体物料在成型前后会发生水合反应。例如，以快速焙烧 Bayer（拜耳）法三水铝石所获得的活性氧化铝为原料，制备蜂窝状载体时，经扫描电镜对 Al_2O_3 成型体观察发现，刚成型结束时，成型体中的 Al_2O_3 粒子是相互分离的，而经低温 8h 放置后，Al_2O_3 发生水合反应，粒子间牢固地形成新的结合。成型体的强度在前后也相差 2~3 倍。据分析，这种变化是由于结晶水随时间及温度变化而引起结合态变化所致。

10.2.7 成型助剂的影响

成型助剂或添加剂是指成型过程中添加的少量固体或液体物质，如扩孔剂、黏合剂及润滑剂等。关于成型助剂的影响将在下一节中介绍。

10.3 成型助剂

催化剂载体成型的方法很多，各种方法的选择主要从下述两方面考虑：一是成型前粉体物料的理化性质；二是成型后对载体物化性质的要求。因此，一旦载体的组成决定以后，就要根据成型主料的理化性质，添加某些数量较少，称作助剂或添加剂的物质，以改善成型主

料的粉体附着性、凝集性，并使成型后的载体经干燥及焙烧处理后获得需要的形状大小、机械强度及孔结构性质。

成型助剂主要分为黏合剂、润滑剂及孔结构改性剂三类[63,64]。

10.3.1 黏合剂

根据黏合剂在载体成型中的作用原理，可将黏合剂分为基体黏合剂、薄膜黏合剂及化学黏合剂三种类型。表 10-3 给出了这三类黏合剂的常用品种。

表 10-3 黏合剂的分类及示例

基体黏合剂	薄膜黏合剂	化学黏合剂
沥青	水	$Ca(OH)_2 + CO_2$
水泥	水玻璃	$Ca(OH)_2 +$ 糖蜜
棕榈蜡	合成树脂	$MgO + MgCl_2$
石蜡	动物胶	水玻璃 $+ CaCl_2$
黏土	淀粉糊	水玻璃 $+ CO_2$
高岭土	树胶	HNO_3
干淀粉	皂土	铝溶胶
树胶	糊精	硅溶胶
聚乙烯醇	糖蜜	硅铝胶
甲基纤维素	乙醇等有机溶剂	

（1）基体黏合剂。这类黏合剂常用于压缩成型及挤出成型。成型前将少量黏合剂与主料充分混合，黏合剂填充于成型物空隙中。一般情况下，成型物的空隙占 2%～10%，黏合剂用量应能占满这种空隙。这样在压缩成型时，足以包围粉粒表面不平处，增大可塑性，提高粒子间结合强度，同时还兼有稀释及润滑作用，减少内摩擦作用。

以石蜡为例，它是一种热塑性材料，有在受热时具有可塑性，冷却时又固结的特点。熔点 55～60℃，密度 0.88～0.9g/cm³，在高于 150℃时就可挥发脱蜡而不影响成型后的焙烧工序。如氢氧化铝粉成型时，Al_2O_3 一般是有极性的，而且是亲水性的。如热塑性材料也用极性、亲水性材料，则两者相混的吸附层是很厚的多分子层。但石蜡是憎水性、非极性的，只能通过单分子吸附形成薄层。使用石蜡等热塑性材料应以充满氧化铝粉空隙为宜。

（2）薄膜黏合剂。这类黏合剂多数是液体，黏合剂呈薄膜状覆盖在原料粉体粒子的表面上，成型后经干燥而增加成型物强度。黏合剂用量主要根据粉体的孔隙率、粒度分布及比表面积。特别是比表面积的因素更为重要。对多数粉体来说，0.5%～2%的用量，就可使物料表面达到满意的湿度。很细的颗粒可能需要 10%，微细或亚微细颗粒用量就更多。对于低堆密度、高比表面积的粉体，如木炭粉成型时，黏合剂用量可超过 30%。

水是最普通的黏合剂，乙醇、丙酮、四氯化碳等溶剂有时也用作黏合剂。用这类黏合剂时，湿成型物的强度可能较低，但干燥后强度会有所增高。

单独使用水时，若物料可溶，水能使结晶和颗粒表面发生溶解，当蒸发时，产生越过颗粒界面的重结晶。如为有机物，由于范德华力的作用，水可以促进结合，从而增加颗粒的实际接触面积。

（3）化学黏合剂。化学黏合剂的作用是黏合剂组分之间发生化学反应或黏合剂与物料之间发生化学反应。如 MgO 成型时加入氯化镁溶液，颗粒间生成氯氧化物，使产品有很好强度。在 Al_2O_3 载体成型时，氢氧化铝粉可用水、稀硝酸、铝溶胶等作黏合剂。而对大孔氢氧化铝粉做原料时，如用水作黏合剂，产品强度就较差，若使用稀硝酸作黏合剂，硝酸对Al_2O_3具有胶溶作用，从而增加氧化铝粒子的黏合强度。所以，改变硝酸黏合剂的浓度，可以在一定范围内调节成型产品的强度。

采用硝酸胶溶的氢氧化铝成型时，常会产生一种触变现象。氢氧化铝溶胶在外力作用下（如搅拌、振动）能获得较大的流动性（稀化现象），而在外力解除后，又重新稠化，这种现象称作触变性。由于这一原因。氢氧化铝捏合后，外观看起来很干硬，而加工成型时却变得稀薄。

触变原因可由扩散层水分子排列有规则、H^+与OH^-排列定向、有一定结合力来解释。当施加外力、振动，破坏这种结合，就使其容易流动。这一现象与离子种类、浓度、ξ电位及扩散层厚度等因素有关。

在成型时，控制触变的方法是适当掺入旧料，控制一定酸性（如加入草酸、NH_4OH）等。

此外，黏合剂必须能润湿物料的颗粒表面，具备足够的湿强度。在催化剂成型过程中，不希望产品被黏合剂所污染，所以应当选择在干燥或焙烧过程中可以挥发或分解的物质。例如，氧化铝成型时加入的硝酸黏合剂，在高温焙烧过程中分解为氧化氮气体而挥发掉。

10.3.2　润滑剂

在催化剂成型时。尤其在压缩成型时，为了使粉体层所承受压力能很好传递，成型压力均匀及产品容易脱模，以及使壁和壁之间摩擦系数变小，而需添加极少量润滑剂。表10-4示出了常用成型润滑剂。

成型过程中，润滑剂在物料之间起润滑作用，称为内润滑作用；如果用于润滑模板表面，就称外润滑作用。用于内润滑时，润滑剂用量一般为0.5%～2%；外润滑时，润滑剂用量更少些。

表10-4　常用成型润滑剂

液体润滑剂	固体润滑剂
水	滑石粉
润滑油	石墨
甘油	硬脂酸
可溶性油及水	硬脂酸镁或其他硬脂酸盐
硅树脂	二硫化钼
聚丙烯酰胺	干淀粉，田菁粉
	石蜡
	表面活性剂

水常可起到黏合剂和润滑剂的双重作用，其他液体也可用作润滑剂。事实上，任何液体在成型过程中都可以形成或多或少的薄膜，从而减少颗粒间的摩擦，不过大多数液体形成薄膜的强度低于成型过程的压力。

固体润滑剂可用于较高压力成型，石墨是常用的润滑剂。在压片物料中加入足够的冲模模壁润滑剂可降低壁摩擦，从而使上冲和下冲所产生的压片压力更均匀地传递到整个片剂，产生均一压紧而不会有差别的应力，否则在压片负荷移去时，应力松弛，使排出的片剂破裂。产生"脱帽"和"断腰"现象。但润滑剂加入量过多反会使催化剂结构削弱。淀粉、硬脂酸等有机物润滑剂还有另一重要作用，即可以调节催化剂的孔结构，以符合催化反应的需要。

有些有机和无机化合物在成型过程中，由于摩擦发热，使局部发生表面熔化，因而不需添加润滑剂。

挤出成型时广泛使用的助挤剂也是润滑剂的一种类型。助挤剂具有减少小料团与螺杆及缸壁之间的摩擦作用，使压力均匀地传递到整个物料上，避免物料"抱杆"或"打滑"作用，使高固含量物料能顺利连续挤出，同时还可起着调整或控制产品孔结构的作用。

如上所述，有时采用单一助挤剂，产品不能达到满意性能。如生产直径 2.0mm 圆柱形含磷氧化铝载体时，采用田菁粉作助挤剂虽然也能进行工业生产，但存在的问题是成型条弯曲严重，易断裂出粉，造成催化剂机械强度差。若改成生产三叶形含磷氧化铝载体时，情况更为严重。这时，如果采用柠檬酸、草酸存在下的复合助挤剂时，不但能顺利地挤出三叶形载体，而且还可提高产品强度，改善孔结构。

与黏合剂选择相同，在选择润滑剂时，也应考虑到最终成型产品不受润滑剂所污染。加入的润滑剂或助挤剂在产品焙烧时，能挥发除去。

10.3.3　孔结构改性剂

为了改进成型物的孔结构。有时，在成型过程中要加入少量孔结构改性剂。在某种含义上讲，这种添加剂虽也起着黏合剂或润滑剂的作用，但主要目的还是为了改进载体的细孔结构。在第四章中的"有机物扩孔法"中对此已进行了介绍，这里不再详述。

在成型主料决定后，选用不同成型助剂对载体物性影响很大，因此要根据成型主料性质及载体使用要求进行认真筛选。

例如，沸石分子筛粉末除用于洗涤剂外，很少直接使用晶体粉末作产品。一般需将分子筛加工成一定的形状，并具有足够的机械强度。用作催化剂载体时常成型为球、条或粒状等产品。

工业上通常采用加入黏合剂的方法对分子筛进行成型。使用的黏合剂及润滑剂分无机及有机两类。无机物如高岭土、黏土、水玻璃、硅溶胶、铝溶胶和硅铝胶等；有机物主要是合成树脂及一些表面活性剂，此类物质多与无机类黏合剂配合使用。成型时将分子筛细粉与细粉状黏合剂及润滑剂先混合后，加入一定量水，经混合均匀，再进行挤条或其他方法成型，成型物经干燥、焙烧后制成产品[65]。

采用上述这种成型方法，一般机械强度都不太高，如要获得满意的强度，黏土类黏合剂的添加量需达到分子筛粉质量的 10% 以上，甚至需达 20%～30%。由于这类添加剂在后处理焙烧时不能全部除尽，从而使分子筛的纯度下降（也即实际分子筛含量减少），结果影响分子筛的使用效果。

后来发现，某些多元羧酸用作分子筛成型用黏合剂时，具有较强黏合效果，又无损于分子筛结构。所用羧酸为 C_2～C_6 多元羧酸，也可用脂肪族或芳香族多元羧酸。加入量为分子筛干粉量的 1%～10%（质量分数），加水量为 70%～130%。经混合后再挤出、压缩等成型方法均可，成型物经干燥、焙烧后即制成产品。焙烧温度应选择在羧酸分解温度以上，一般为 300～700℃。

制备实例：在四份质量各为 1000g 的 NaY 型分子筛干粉中分别加入柠檬酸、酒石酸、乙二胺四乙酸及三硝基三乙酸各 50g，再分别加水 900g，经混合均匀后进行成型。成型物经干燥后在500℃下焙烧3h,冷却后测其纵向破坏强度。其测定结果与使用其他黏合剂时的强度值对比如表10-5所示。可以看出,添加柠檬酸、酒石酸及乙二胺四乙酸时,破碎强度大幅度提高,而且经高温焙烧后,这些有机酸可完全分解掉,对分子筛特性不产生影响。

表10-5 不同黏合剂对分子筛成型强度的影响

	黏合剂	破碎强度,kg
使用其他黏合剂的参比例	高岭土	1.4
	聚乙烯醇	1.4
	乙酸	1.1
	淀粉	1.7
使用羧酸作黏合剂的改进例	柠檬酸	9.4
	酒石酸	9.0
	乙二胺四乙酸	8.5
	三硝基三乙酸	1.05

10.4 各种载体成型方法

载体成型方法很多,对不同成型方法所使用的成型设备及成型工艺也各不相同。选用何种方法成型,可从下面几个方面考虑:(1)产品的形状、大小及机械强度;(2)粉料或初始原料的性能;(3)产量;(4)使用要求;(5)其他因素等。载体的制造目的是用于制备催化剂,所以应在制得的催化剂具有最佳性能状态的前提下,选用工艺可行、设备简单、质量可靠的成型方法。

载体常用成型方法有压缩成型法、挤出成型法、转动成型法、喷雾成型法及其他成型方法等。其中喷雾成型法主要用于制取流化床用微球形载体。有关各种成型方法更详细的内容可参阅拙著《催化剂成型》或《催化剂制备及应用技术》一书[63,168]。

第 11 章　载体的热处理

11.1　概　　述

　　由沉淀法制得的经过洗涤的滤饼，或粉体经成型后制得的各种形状的载体，都需要进行干燥除去水分，有些载体还需在干燥后在不同温度下进行焙烧，以获得稳定的细孔结构，通常将干燥及焙烧通称为热处理过程。

　　早就知道，固体的"活性"会因处理条件不同而有很大差异。例如，经 900℃焙烧的方解石试样具有高度活泼的性质，当将水加在它上面时，就会立即消解，并产生气雾；但将它在 1400℃焙烧后所得到的却是烧死产物，将其放在水里，就犹如石头放进水里一样，要许多天才能水化。虽然两者都精确地以化学式 CaO 表示，但是纯粹的化学分析并不能对这种现象产生的原因作出判断。又如 Al_2O_3 经高温焙烧后不溶于酸及碱，反之，低温脱水所得的 Al_2O_3 产物却能立即溶解。可见热处理条件的不同会对固体活性带来很大的影响。

　　对于这种现象的解释，以前曾认为是由于物质具有各种同质异晶态（如 α、β、γ 型等）存在，这种异构态的反应能力相差很远，并被看做相互处于平衡，在任何一个温度下，各个形态以一定的百分数存在。例如，某一给定物质的 α 形态溶解，而 β 形是不溶的，如果平衡 $\alpha \rightleftharpoons \beta$ 因温度上升而向右推移，则加热固体时使活性下降。可是，在多数情况下，经 X 射线分析判别，除了有少数例外以外，找不到所假设的形态。目前还认识到，一种给定的化学物质在不改变其晶格型式的情况下，也能表现出较大范围的活性变化。

　　固体经热处理后的活性变化，往往与物质的比表面积增加有关。此外，如晶格的不完整性，包括在第五章中所讨论过的晶体缺陷以及晶格畸变都可能对活性产生影响。

　　应该指出，就固体来说，"活性"这一名词的解释也不是很明确的。例如，通过一定时间内温度增加时对石灰消解速度的测定，可以比较其活性，对固体 Al_2O_3 来说，可以根据其在单位时间内使醇催化脱水的能力来比较它的活性。而对催化剂载体而言，有一个总会涉及的参数，这就是比表面积。虽然它与活性的其他量度间的关系可能是比较复杂的，但似乎用比表面积的大小来显示固体的活性具有更普遍的意义，因为在催化反应中，气态反应物在催化剂上起反应的量往往与气体所能接近的催化剂的总表面积有关。至于晶格不完整性对活性的改变所起的作用还不是搞得很清楚的，有待进一步探讨。

11.2　干　　燥

　　干燥操作含义极广，除去气体水分是干燥，某些液体脱水也称干燥。通常来讲，干燥常指热能使物料中湿分气化，并由惰性气体带走所生成的蒸气，从而将湿分除去的过程。本书所讲的干燥是指固体物料的脱水过程，水分从固体内部借扩散作用而到达表面，再从固体表面借热能气化而脱除掉，载体的部分孔结构也就在这时候形成。

　　物料与水分结合状态不同，对干燥的进行有明显影响，物料和水分结合的方式通常可分成三类：

(1) 化学结合水,是指参与粉体物料晶体的水分,如含水氯化铜（$CuCl_2 \cdot 2H_2O$）的结晶体,其结晶水不能用普通的干燥法除去,须用焙烧等处理方法才能完全除去。

(2) 物化结合水,属于这类的有吸附水、渗透水及结构水分,其中以吸附水与物料结合的强度最大,但在胶体毛细管多孔物质中,渗透水与结构水分的量要远较吸附水量为多。这类水分的除去主要是由于蒸发、受外压或因物料组织破坏,而后者主要是指除去结构水而言。

(3) 机械结合水,又称自由水。毛细管水、润湿水及孔隙水分属于此类,它们与物料的结合强度较弱,容易用蒸发方法除去。

随着物料的结构、性质、温度及周围介质的不同,干燥机理也不一样,因而,载体的孔结构形成也不完全相同。而且,有时即使是同一种物料,由于干燥方法不同,产品的比表面积及孔体积也会不同（表11-1）。

表11-1 干燥方法对比表面积及孔体积的影响[1]

干燥方法	硅 胶		水凝胶-1①		水凝胶-2②	
	比表面积 m^2/g	孔体积 mL/g	比表面积 m^2/g	孔体积 mL/g	比表面积 m^2/g	孔体积 mL/g
喷雾干燥	105	0.15	725	0.79	396	0.87
真空干燥	132	0.21	642	0.58	346	0.65
沸腾干燥	145	0.26	651	0.65	302	0.77

①中和条件 pH4.0；
②中和条件 pH10.0。

11.2.1 干燥过程

湿滤饼或成型湿胚在干燥介质中,通过热交换,表面水分首先向周围介质蒸发,并借助于干燥介质的不断流动和扩散作用,使蒸发过程连续进行。由于物料表层水分的连续蒸发,内部水分便通过扩散和渗透作用,源源不断地流向表层,这种过程不断进行的结果,即使含水物料达到干燥目的。

干燥过程中排出水分的多少与快慢、湿料的温度变化及干燥介质的温度变化等情况,可用干燥过程曲线描述,如图11-1所示。全部干燥过程可分为以下三个阶段。

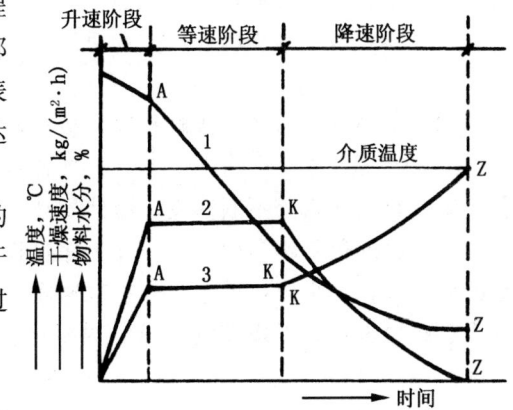

图11-1 干燥过程示意图
1—物料含水量；2—干燥速度；3—物料表面温度

1. 升速阶段

这一阶段的特征是,随着干燥时间增加,干燥速度逐渐加快,直至最大值（点A）。与此同时,物料的温度也逐渐由起始温度（或常温）升高到某一数值,并与点A相对应。这一阶段的时间长短取决于物料或湿坯的厚度,厚度越大,时间越长。

2. 等速干燥阶段

当物料或湿坯所吸收的热量与蒸发消耗的热量达到平衡时,物料的温度不再升高,而进入等速干燥阶段。在此阶段，物料内部水分能顺畅地移向表面，使表面的蒸发过程连续进行。这一阶段的主要特征表现为：物料温度保持恒定，干燥速度固定不变。与此同时，随着湿坯水分的不断排出，坯体逐渐收缩，收缩的体积一般与所排出水的体积相当。

3. 降速干燥阶段

干燥过程中，由等速干燥阶段进入降速干燥阶段的转折点（图中 K 点），称为临界点。进入降速干燥阶段后，滤饼或坯体中的粉体粒子已相互接触、靠拢，使形成的间隙孔道更加窄小，以致增大了内部水分向表面扩散、渗透的阻力，并制约了表面蒸发的正常进行，造成蒸发水量减少。这一阶段的主要特征表现为：干燥速度随时间增加而不断下降，直至终止；物料温度逐渐增高，最后达到介质温度。此外，随着粉体粒子相互靠拢及水分排出，气孔率不断增加。

临界点是干燥过程的重要状态点，达到此点后，坯体不再因水分蒸发而产生收缩或只有微小收缩，再继续干燥时，仅增加坯体内的孔隙。坯体与介质的热交换达到平衡时的状态点（图中 Z 点）后，坯体水分和坯体温度均为定值，干燥速度为零，表明是干燥结束的终点。这时坯体内的水分也就是干燥最终水分，它决定于物料本身性质及干燥条件。

根据上述干燥过程，湿物料的水分运行是分两步进行的。第一步是水分由湿物料或坯体内部移到表面，这一过程称为内扩散；第二步是移到表面的水分蒸发被空气所吸收，这一过程又称为外扩散。故总干燥速度取决于内扩散及外扩散的速度。

11.2.2 外扩散及内扩散

1. 外扩散

外扩散是湿物料或坯体干燥时水分由表面蒸发至周围介质的过程。通过外扩散，湿坯表面水分依靠干燥介质连续提供热能，持续不断地转移至周围介质中，进而达到干燥目的。影响外扩散的主要因素为：

（1）物料或坯体本身温度。温度越高，水的饱和蒸气压越大，蒸发速度也越快。

（2）干燥介质的流速。流速越快，越有利于水蒸气扩散。

（3）物料或坯体周围介质的相对湿度。相对湿度越小，介质中水蒸气的浓度越低，蒸发速度会加快。

（4）干燥介质与物料接触状况。接触面积越大，蒸发水量越多。

2. 内扩散

湿物料表面水分不断蒸发，必然导致水分由内层不断向表层迁移补充。这种水分由内部迁移至表面的过程称为内扩散。在干燥过程中，如果内扩散速度等于外扩散速度，则外扩散是控制因素；如果内扩散小于外扩散速度，就会使蒸发表面逐渐移向坯体内部，使蒸发面积减少、扩散困难、干燥速度降低，内扩散成为控制因素。内扩散又是由湿扩散及热扩散所构成。

干燥过程中由于表面水分蒸发，物料表层与内部之间会形成水分浓度差，致使水分由浓度高的内层向浓度低的表面渗透、迁移。这种由水分浓度差或湿度梯度所引起的水分迁移就称为湿扩散。湿扩散与坯体组成、结构、温度及含水量等因素有关。组成中粗粒子越多，结构越疏松，扩散阻力就越小，就越有利于加快水分的扩散；此外，如果黏性物料含量越高，坯体中的毛细管越细，则扩散阻力增大。

另一方面，载体材料的导热性一般都较差，加之坯体表面水分蒸发时需要吸收大量热量，特别对厚度较大的成型物上，在厚度方向往往因温度不同而有一个温度梯度。热扩散即是指在温度梯度作用下引起的水分迁移，其方向与热流方向相同，即水分由温度高处移向温度较低处。当热扩散方向与湿扩散方向一致时，热扩散加速湿扩散进行。所以当提高坯内温度，使之形成内高表低的温度梯度时，就能保证热扩散与湿扩散方向一致，从而加快干燥速度。

根据以上分析，对湿滤饼或成型坯件干燥时可以采用以下三种方式。

（1）低湿高温干燥。采用低湿度的热空气作介质，使整个干燥过程中，湿物料始终处于湿度低、温度高的干燥环境中。这时表面水分蒸发很快，而传到坯体内部的热量较少，容易形成内低、外高的温度梯度，引起热扩散方向向内而阻碍内扩散顺利进行，以致内扩散速度不能赶上外扩散对水分蒸发的要求，造成坯体"干面"现象，并造成坯体产生裂缝及变形等现象。此法只适于薄壁及颗粒不大的制品。

（2）低温、程序升温干燥。它是使热空气始终保持低的湿度，而介质温度逐渐升高下进行的干燥操作。它可使坯体的干燥速度由小至大渐进增加，从而减小坯体的内外温差及扩散阻力，以保证坯体内、外扩散速度的相互适应，避免因内外扩散不平衡而造成制品内部孔结构差异较大或其他缺陷。它适用于大而厚或添加孔结构改性剂的制品的干燥。

（3）控制湿度干燥。它是通过对干燥介质湿度的控制，合理调节坯体在不同干燥阶段的干燥速度。干燥初期，主要对坯体预热使其内外均匀受热，同时保持介质一定湿度，限制表层的水分快速蒸发。然后，再将湿度适当下降，使其顺利进入等速干燥阶段。由于坯体内外温度均匀，使内、外扩散协调而有序地进行。这时，湿度控制十分重要，应根据坯体物料种类、形状、尺寸等具体情况精心调整，以达到预期的干燥速度。在这一阶段，干燥排出的水量与坯体的收缩量相对应，孔结构主要在这一阶段形成。干燥后期，即进入降速干燥阶段后，坯体中的粒子已基本互相靠拢，收缩变化已很小，此时可降低干燥介质湿度并提高温度，加快干燥速度。这种方法适用于孔结构需要特别控制的一类载体或厚而大的坯体的干燥。

11.2.3 多孔性物料及非多孔性物料的干燥

根据上述干燥过程及扩散机理，下面再具体讨论多孔性物料及非多孔性物料的干燥机理。

1. 多孔性物料的干燥

颗粒状多孔性物料，如硅胶、硅铝胶和铝胶等，它们大都含有复杂的网络结构，结构中孔道互相连接，孔道的开口与载面大小参差不齐。这种物料干燥时，水分最初是因毛细管作用而向表面移动，并维持表面完全润湿，而且大孔中的水分由于蒸气压较大而首先开始蒸发。当较小的孔中的水分蒸发时，由于毛细管作用，所减少的水分会从较大孔中吸附过来而得到补充。这样，在干燥过程中，较大的孔中的水分总是先减少，大孔中没有水分时，较小的孔可能还会存在水分。这时如采用较高温度下的快速干燥常会导致颗粒强度降低和产生裂缝，所以要求干燥在逐步提高温度和逐步降低周围介质湿度的条件下，用一个较长时间来完成，并且最好将湿物料不断进行翻动。

为了提高干燥后产品的孔隙率，也可以采用加入添加剂进行干燥的方法来改善产品性能。

例如，氧化铝水凝胶的干燥采用下面的方法可以增加其孔隙率[66,67]。

采用添加无机物破坏表面张力以形成一种开放结构或添加表面活性剂降低所含液体的表面张力。因为在接近临界状态时液体与气体界面上的张力很小，只有 10^{-3} N/cm 左右，所以可在高压下加热,使液体在接近临界温度时被除去。

向水合凝胶中添加聚乙烯醇、聚乙二醇、甲基纤维素等水溶性有机聚合物,在低温下脱水直到无机结构凝固成型,最后用焙烧方法将有机物除去。

2. 非多孔性物料的干燥

明胶及塑性黏土之类的物料,它们基本上是固体与水形成的胶体。其干燥过程主要按上述湿扩散的方式进行。这类非多孔性胶体物料干燥时,常因体积收缩而产生龟裂和表面结壳现象,这在大块物料干燥时更为严重。其产生原因已如上所述。但为了减少这种龟裂或缺陷,可以添加表面活性剂以降低所含液体表面张力,或通过调节湿度、控制干燥速度等手段来实现。

此外,对于吸附活性组分后的多孔载体的干燥,在浸渍法负载活性组分的有关章节中已作过介绍。虽然在干燥机理上与上述讨论相似,但由于存在着活性组分在载体多孔表面上的迁移及分布问题,因此干燥机理更为复杂。尽管如此,等速干燥阶段的影响还是最重要的,因此,想要获得活性组分在载体孔表面的理想分布,主要应控制好等速干燥阶段的操作条件。

11.3 焙 烧

焙烧是成型后已经干燥的制品在加热炉内按一定的升温速度进行加热的热处理过程,通常将 300℃以下称为低温焙烧,300~700℃为中温焙烧,700℃以上为高温焙烧。

载体焙烧处理的目的可归纳为:

(1) 通过热分解反应除去载体物料的易挥发组分及化学结合水,使载体物料转化为需要的化学组成,形成稳定的结构。

(2) 通过焙烧时发生的再结晶过程,使载体获得一定的晶型、晶粒大小、孔结构及比表面。

(3) 通过微晶烧结,提高机械强度。

例如氧化铝水合物在不同温度下焙烧可制得不同晶型的 Al_2O_3;球状硅胶根据用途不同,在一定温度下焙烧,可使其结构稳定,具有一定的孔结构和强度。

目前常用的焙烧设备有实验室常用的高温炉(马弗炉),工业上常用的回转窑、传送带窑炉以及流化床焙烧炉等。

焙烧是固体状载体物料加热而不熔融的化学过程,在焙烧过程中物料发生了化学或物理变化。这些变化可以概括为热分解、再结晶和烧结这三个过程。

11.3.1 热分解

如 SiO_2、Al_2O_3 等载体制备时,干燥后所得产品,通常都是以水合氧化物的状态存在,这些化合物经高温焙烧热分解,就可除去化学结合水或其他易挥发杂质,形成稳定的结构。焙烧氢氧化铝制备活性氧化铝就是最好的例子。

$$Al_2O_3 \cdot H_2O \xrightarrow{\text{焙烧}} Al_2O_3 + H_2O \uparrow \quad (11-1)$$

焙烧过程的化学变化可用下面的通式来表示:

$$A(\text{固体}) \longrightarrow B(\text{固体}) + C(\text{气体}) \quad (11-2)$$

固体 B 一般是微细粒子的聚集体,其性质决定于固体 A 的化学性质及焙烧条件(如焙烧温度、时间和气氛等）。

热分解一般为吸热反应，提高温度有利于热分解进行，通常焙烧应在不低于热分解的温度下进行，以使物料尽可能分解完全，但应该根据产品最终性质而定。

焙烧过程中，随着热分解的进行，物料内的水分及易挥发成分不断逸出，而使内表面积有所增加，出现细小微孔结构，但这种过程对内表面积的贡献并不太大。使比表面及孔结构发生变化主要还是由于基体物质的再结晶过程。

11.3.2 再结晶

焙烧时发生的再结晶现象，可以 $MgCO_3$ 的焙烧为例进行说明。$MgCO_3$ 在焙烧时因热分解析出 CO_2，形成 MgO。图 11-2 是在 500℃和真空中焙烧 $MgCO_3$ 时比表面积与分解程度的关系。当分解率比较低时，比表面积增加很慢。当分解率超过 75% 后，比表面积就剧烈增加。这是由于开始分解时，只是由于析出 CO_2 而使比表面积稍有增加。基体物质 $MgCO_3$ 分解时，最初出现的 Mg^{2+} 和 O^{2-} 仍然处在原来晶格的相同位置上，也即每个 $MgCO_3$ 微晶中先形成具有 $MgCO_3$ 假晶格的 MgO 微晶晶核，这种亚稳的假晶格会很快崩溃，大量的 MgO 晶核长大成为微晶，这种过程就称作再结晶过程。MgO 微晶的

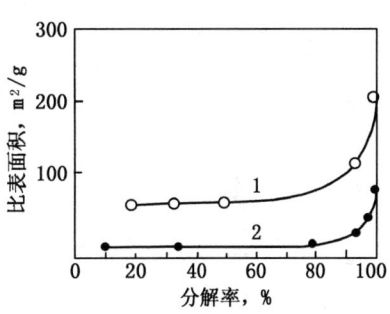

图 11-2　$MgCO_3$ 在 500℃焙烧时比表面积随分解率与焙烧时间的变化
1—在真空中分解；2—在空气中分解

数目相应于在基体物质中产生的晶核数。例如每个 $MgCO_3$ 微晶含有几个 MgO 微晶晶核，则再结晶后，产物中的微晶数目将比基本物质中多几倍，从而使比表面积显著增加。

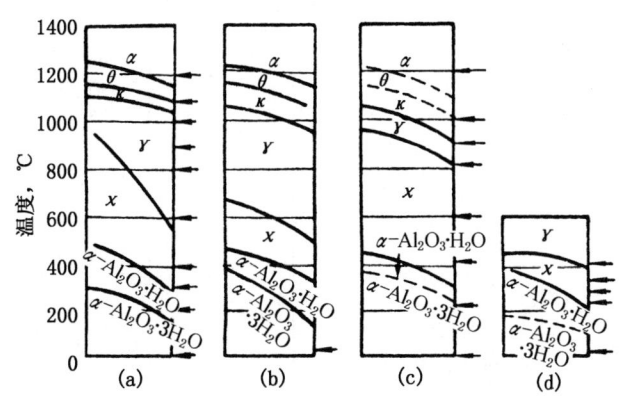

图 11-3　$\alpha-Al_2O_3 \cdot 3H_2O$ 被加热时晶型的转变
(a) 在干空气中加热 1h；(b) 在水蒸气中加热 1h；
(c) 细粒子试样在空气中加热 1h；(d) 普通空气中加热到恒重
注：不同温度下的水平线表示所在晶型的性质和相对量，如（a）中，200℃存在 25% 的 $\alpha-Al_2O_3 \cdot 3H_2O$ 和 75% 的 $\alpha-Al_2O_3 \cdot 3H_2O$。
箭头表示作图时温度

焙烧时的再结晶过程也影响产物的晶型转变。$\alpha-Al_2O_3 \cdot 3H_2O$ 在不同焙烧温度及焙烧气氛中被加热时，其晶型转变如图 11-3 所示。从图中可以看出，在细粒子的转变中，$\chi-Al_2O_3$ 特别稳定，它含有 <2% 的水。图 11-4 和 11-5 是其比表面积和失重的变化情况。粗、细粒子试样都在 140℃ 开始脱水，220℃ 时失水小于 8%；250℃ 时失去其水合水，失水激增到 23%，比表面积也剧增到 $211.5m^2/g$。进一步加热到 550℃ 时，失重慢慢增加到 34%，其比表面积在 400℃ 时经过极大值 $329m^2/g$；到 550℃ 时又减到 $211.5m^2/g$；到 1200℃ 时还保留 1% 的水，而比表面积降到 $23.5m^2/g$。在水蒸气中活化 1h 的情况与在干空气中一致，但最大比表面积较在空气中约小 50%。

在其他不同的气氛中加热时，其结果如表 11-2 所示。发现在氩、干空气、氮、氧气流中，比表面积是相同的，而在 CO_2 和 H_2 中都导致比表面积降低。从表中可以看出，在细管中于 400℃ 焙烧 2h，其比表面积为 $289m^2/g$，而样品放于粗管中时的比表面积为

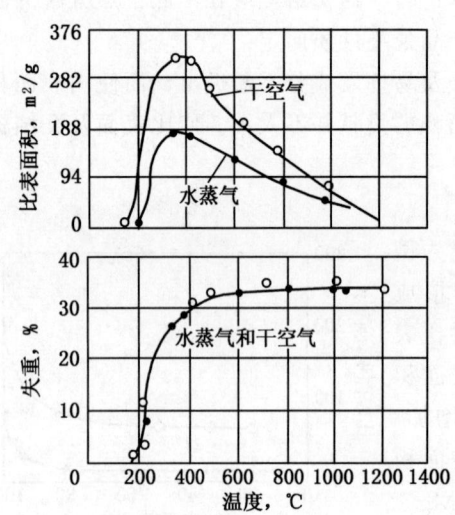

图 11-4 α-$Al_2O_3·3H_2O$ 粗粒子在干空气或水蒸气中焙烧 1h,比表面积和失重随温度的变化

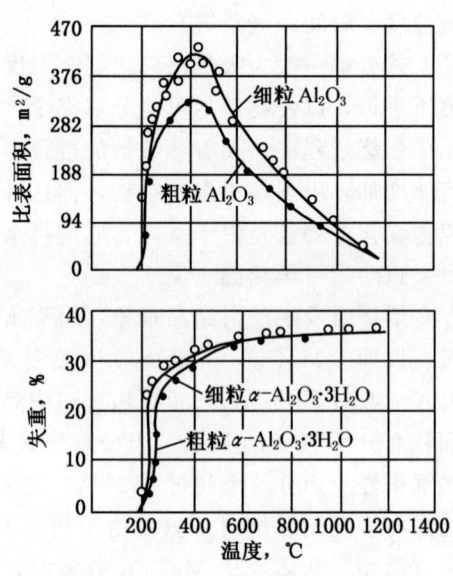

图 11-5 α-$Al_2O_3·3H_2O$ 细粒子在空气中焙烧 1h,比表面积和失重随温度的变化

333.7m^2/g,这种差别可能是由于气流速度不同所致。

表 11-2 α-$Al_2O_3·3H_2O$ 试样在不同气氛中焙烧的结果

450℃加热 2h			在细管中 400℃加热 2h		
气 氛	失重,%	比表面积 m^2/g	气 氛	失重,%	比表面积 m^2/g
干氩气	31.8	319.0	干空气	29.9	289
干空气	33.1	333.0	氮气	29.7	287
干 CO_2	30.5	293.0	氧气	29.5	289
空气含 0.001MPa 水蒸气	29.7	296.0	氢气	29.6	244
普通空气（不流动）	30.4	148.0	普通空气含 0.002MPa 水蒸气	29.2	282
水蒸气	30.7	141.0	水蒸气	29.0	141

将 β-$Al_2O_3·3H_2O$ 进行焙烧时也能得到与 α-$Al_2O_3·3H_2O$ 相类似的结果。

氧化铝水合物焙烧的结果说明,不同的焙烧气氛及温度会使 Al_2O_3 晶相和比表面积发生改变,而且这种变化也与水合晶粒和纯度有关。

焙烧时引起载体物质孔结构变化的实例也可以举出很多。前述表 4-7 列出的不同载体试样在不同温度下焙烧时的孔结构变化是很好的例子。下面再以 SiO_2 凝胶焙烧时孔结构的变化进行说明。图 11-6 是 SiO_2 凝胶在不同温度下焙烧时,孔体积及比表面积的变化情况。如前所述、硅胶、铝胶等凝胶状物质,微晶之间发生黏附,相邻微晶形成网络结构。温度升高时,这种网络结构的稳定性就发生变化。SiO_2 的网络结构由大小均匀的球形颗粒通过氧桥连结在一起,这种连结的稳定性较差,所以随着焙烧温度升高,孔体积和比表面积也随之下降。因平均孔半径 $\bar{r} = \dfrac{2V_g}{S_g}$ [参见式(4-23)],孔体积和比表面积同时下降,可使孔径大致保持不变。

如前所述,硅胶、铝胶、硅铝胶等凝胶制成的载体都具有固体酸性。这种固体酸性在焙烧时也会发生变化,前述表7-11所示不同热处理条件下硅酸铝的酸性变化可作为一个例子。下面再举一个例子进行说明。

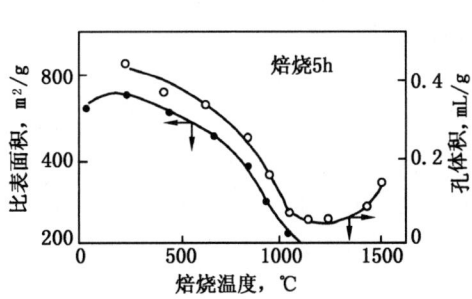

图11-6 硅胶凝胶焙烧时孔体积和比表面积的变化

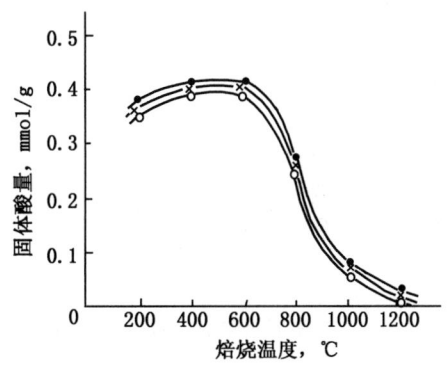

图11-7 固体酸量与焙烧温度的关系
(Al_2O_3 49%,焙烧6h)
●—pKa3.3;×—pKa1.5;○—pKa-3.0

将含有不同 Al_2O_3 组成的硅铝凝胶在不同焙烧温度下处理后,用胺滴定法分析其酸量变化。结果发现,焙烧温度为600℃时,固体酸量最大;温度超过600℃后,不论 Al_2O_3 含量多少,酸量均剧烈减少。在温度低于600℃时,Al_2O_3 组成含量低时酸量增加,而 Al_2O_3 组成含量高时酸量却有所减少,而且在整个温度范围内,Al_2O_3 组成含量越高,酸量却相应越小。图11-7是含49% Al_2O_3 的硅铝凝胶,在不同焙烧温度下焙烧6h后酸量随温度的变化关系。图11-8示出的是含不同 Al_2O_3 组成的硅铝凝胶在600℃、焙烧6h后酸表面密度的变化情况。当 Al_2O_3 含量为11.9%时,焙烧温度从200℃至600℃,酸表面密度从 $1\mu mol/m^2$ 增加到 $2\mu mol/m^2$;而 Al_2O_3 含量为95.3%时,酸表面密度从 $0.1\mu mol/m^2$ 增加到 $1\mu mol/m^2$;Al_2O_3 含量为其他组成时,酸表面密度大致保持在 $0.7\sim1.2\mu mol/m^2$ 的范围。

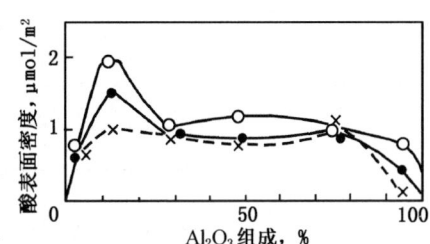

图11-8 酸表面密度与焙烧温度的关系
○—600℃;●—400℃;×—200℃

11.3.3 烧结

焙烧温度对载体结构的影响还表现在烧结上。所谓烧结,就是指固体加热到低于其熔点的温度时,固体颗粒黏结成聚集体,而使固体的比表面减少的现象。烧结是一个很复杂的过程,因为在烧结过程中往往可能连续或同时发生多种类型的物质迁移。

多孔性物质在烧结过程中往往会发生颗粒间结合、小孔道闭合、致密化及孔粗化等现象,固体的总表面能也随之减少。所以,有时把固体表面能的减少当做烧结的推动力,这似乎与固体粒度的增长和液体微滴在表面张力的影响下的聚结有一定的相似性，不同的是在于液体没有刚性。

在讨论再结晶过程中发现，烧结与再结晶过程是不能截然区分的，在再结晶发生时多少也会产生烧结现象，只是程度不同而已。通常当焙烧温度低于Tamman（塔曼）温度（溶解温度绝对温标的2/3以上）之前，再结晶占优势，而在Tamman温度之后，烧结现象就变得突出。

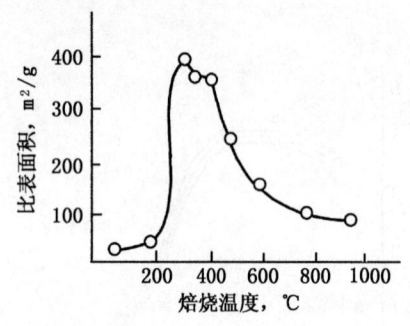

图11-9 不同焙烧温度对Al_2O_3比表面积的影响

总的说来，烧结的结果是使比表面积减少而使机械强度提高。这是由于在烧结发生时，固体熔结，颗粒之间接触面增大，黏结进一步牢固，因而比表面积减少，机械强度提高。

烧结一般与焙烧温度、焙烧时间及焙烧气氛有关。例如，图11-9为$\beta-Al_2O_3 \cdot 3H_2O$在不同温度下焙烧5h的比表面积变化。比表面积在400℃呈现最大值，这是如前所述，焙烧温度低时，由于失掉水分子而使比表面积稍有增加，当温度到达350℃时，由于发生微晶再结晶而使比表面积显著增加；温度再升高，由于产生烧结而使比表面积显著下降。烧结气氛主要影响气体的解吸、杂质的去除以及氧化物的还原和离解。

一水软铝石在不同温度下焙烧转化为$\gamma-Al_2O_3$时，随着温度升高和时间延长，微晶大小也会不断增加，如表11-3和表11-4所示。这种微晶的变化实际上也是一个烧结过程。

表11-3 不同温度下焙烧2h后 $\gamma-Al_2O_3$ 晶粒边长的变化

温度，℃	500	600	700	800	900	1000
边长，nm	3.9	4.6	4.8	5.2	5.5	6.2

表11-4 800℃焙烧温度下 $\gamma-Al_2O_3$ 晶粒边长随焙烧时间的变化

焙烧时间，h	1	6	48
边长，nm	4.5	5.9	6.7

杂质的存在对烧结的影响也很重要，杂质的作用是通过改变熔点高低来影响烧结速度的。如果包含的杂质使基体物料熔点降低就会使烧结加速，从而引起比表面积剧烈下降。通常，混入像F、Cl、Br等阴离子杂质常会使烧结温度降低。反之，如果加入耐高温的稳定剂，它对易烧结物起着隔离作用，就可防止微晶相互接触，从而提高烧结温度。例如，Al_2O_3中混入少量SiO_2，就可提高烧结温度。

由此看见，影响固体烧结的因子还是比较多的，颗粒大小、填充方式、杂质性质以及加热气氛等等都会影响烧结产品的最终性质。例如，Al_2O_3的细孔结构与烧结速度之间的关系，可用下面的经验式来表示：

$$\frac{dd}{dt} = K\left(\frac{1}{d} - \frac{2\varepsilon}{\bar{r}}\right) \tag{11-3}$$

式中 d——Al_2O_3颗粒直径，mm；

ε——空隙率,%;

$\bar{r}$——平均细孔半径,nm。

例如,将不同孔体积的氧化铝进行焙烧时,焙烧温度与比表面积变化的关系如图 11-10 所示,孔体积越大,Al_2O_3 的烧结温度也越高,烧结速度符合式(11-1)所示关系。

从上面的讨论知道,包括热分解、再结晶及烧结过程共同作用的焙烧操作,对产品的物理化学性质也会有很大影响。因此,选择好焙烧温度、焙烧时间及焙烧气氛等操作条件,对于得到载体所希望的物化性能(孔结构、比表面积和强度等)也是很重要的。例如,对某一孔体积可能具有某一最适焙烧温度,而对某一比表面积又可能会有另一最适焙烧温度,这时就要根据需要进行综合考虑。

一般来讲,焙烧要求在不低于热分解温度下进行,以使基体物料分解完全并保持结构稳定。温度较低时,热分解及再结晶过程往往占优势,产品的比表面积往往增大;焙烧温度较高时,烧结往往占优势,这时比表面积显著下降,机械强度增高。这种烧结过程不但在载体制备中需要注意,因为它会使产品的比表面积降低,并使载体机械强度过高,影响使用性能。在催化剂使用过程中,由于催化剂长期处于高温状态下而引起烧结,从而减少催化剂寿命,需要避免它发生。

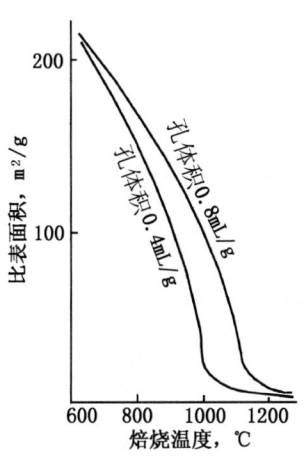

图 11-10 不同孔体积 Al_2O_3 的焙烧温度与比表面积的关系

焙烧如果在真空中进行,烧结温度较高,产品比表面积也较大,而机械强度较低,但采用的设备比较复杂。反之,焙烧在空气中进行时,设备比较简单,烧结温度较低,所得产品比表面积较低,而机械强度较高。

第12章 氧 化 铝

12.1 概 述

氧化铝（Al_2O_3），工业上俗称铝氧，是冶炼金属铝的主要原料，也是一种用量很大的化学品。除了绝大多数用于炼制金属铝以外，在陶器、磨料、制药、高压钠灯、集成电路基板、激光材料、吸附剂、催化剂及其载体等领域也广泛使用各种类型的 Al_2O_3。虽然其用量比炼铝要少得多，但由于各有不同的特殊要求，在产品的多样性及复杂性方面更有很大差别。Al_2O_3 作为精细化工产品在国外发展十分迅速。工业上大规模生产 Al_2O_3 的主要原料是铝土矿，我国铝土矿资源丰富，而且品位较高，原矿含 Al_2O_3 平均约为 66.04%，精矿可达 76.25%，Fe 含量为 2%～3%。我国的 Al_2O_3 主要是由拜耳烧结联合法和碱石灰联合法生产的。

用作吸附剂、催化剂及催化剂载体的多孔性 Al_2O_3，一般又称其为"活性氧化铝"。它是一种多孔性、高分散度的固体物料，有很高的比表面积，其微孔结构具有催化作用所要求的特性，如吸附性能、表面酸性及热稳定性等。活性氧化铝的制备、研究及使用均已有数十年的历史，文献资料也较多。就分子式 Al_2O_3 而言，它似乎是一种很简单的氧化物，但当考虑晶体结构及空间因素时，发现它是一种形态变化复杂的两性化合物。到目前为止，已知它有9种晶型（$\chi-Al_2O_3$、$\beta-Al_2O_3$、$\gamma-Al_2O_3$、$\delta-Al_2O_3$、$\kappa-Al_2O_3$、$\theta-Al_2O_3$、$\rho-Al_2O_3$、$\eta-Al_2O_3$、$\alpha-Al_2O_3$ 等），不仅不同的晶型之间，即使是同一种晶型，它的宏观及微观结构性质（如密度、孔体积、孔径分布、比表面积等）也可依其制备方法不同而有很大差异。这种结构变化的多样性，一方面决定了它的应用广泛性，另一方面又为掌握其规律性带来了困难。所以，有关 Al_2O_3 的晶体结构及表面化学研究，迄今仍是十分活跃的研究领域[68]。

随着我国石油化工的飞速发展，在许多过程中要使用活性氧化铝作吸附剂、催化剂及载体。例如，在轻油裂解制乙烯中以深冷法分离裂解气时，可用 Al_2O_3 作吸附剂使其露点降到 -70℃ 或更低。以加氢方法除去裂解气中的乙炔时要采用载钯的活性氧化铝作催化剂。在铂重整过程中，用载铂的活性氧化铝作催化剂。在低级脂肪烃脱氢中，使用 $Cr_2O_3-Al_2O_3-K_2O$ 作催化剂。在乙烯氧氯化法制二氯乙烷时采用活性氧化铝作为活性组分 $CuCl_2$ 的载体。乙烯直接氧化制环氧乙烷时，使用载银的 $\alpha-Al_2O_3$ 作催化剂。另外，许多实验室用醇类脱水制烯烃时常用活性氧化铝作催化剂等。

在各种晶型的 Al_2O_3 中，某些过渡形态（如 $\gamma-Al_2O_3$、$\eta-Al_2O_3$ 等）具有酸性功能及特殊的孔结构，它们常用来做催化剂或复合催化剂的成分，也是使用量最大的一类催化剂载体。终态 $\alpha-Al_2O_3$ 基本上属于惰性物质，常用作一些催化剂的载体。$\beta-Al_2O_3$ 不是纯的氧化铝，其组成是含有碱金属离子的 $Na_2O-(K_2O)\cdot 11Al_2O_3$，习惯上仍视为氧化铝的一种。作为参考，表 12-1 示出了国外石油加工催化剂中使用 Al_2O_3 作载体的部分催化剂型号、特点及用途[69,70]。

表 12-1　使用 Al_2O_3 作载体的国外石油加工催化剂[69,70]

型　号	主要特点	用　途 （原料）	用　途 （产品）	载体	活性组分
1. 石脑油催化重整					
(1) Acreon Catalysts/Procatalyse 公司					
AR403	生产芳烃	石脑油	芳烃	Al_2O_3	Pt+助剂
AR405	生产芳烃	石脑油	芳烃	Al_2O_3	Pt+助剂
CR 201	连续再生式重整	石脑油	汽油	Al_2O_3	Pt/Sn
E1000	高稳定性	石脑油	汽油或芳烃	Al_2O_3	Pt/Sn
E301	单金属	石脑油，S<5μg/g	汽油或芳烃	Al_2O_3	Pt
E302	单金属	石脑油，S<5μg/g	汽油或芳烃	Al_2O_3	Pt
E311	最大量产 LPG	石脑油，S<5μg/g	LPG，汽油	Al_2O_3	Pt
E601	平衡的 Pt/Re	石脑油，S<1μg/g	汽油或芳烃	Al_2O_3	Pt/Re
E603	平衡的 Pt/Re+低金属负荷	石脑油，S<1μg/g	汽油或芳烃	Al_2O_3	Pt/Re
E611	稳定性很高	石脑油，S<0.1μg/g	汽油或芳烃	Al_2O_3	Pt/Re
E801	稳定性同 E603，活性较高	石脑油，S<1μg/g	汽油或芳烃	Al_2O_3	Pt/Re
E802	稳定性同 E611，活性较高	石脑油，S<0.5μg/g	汽油或芳烃	Al_2O_3	Pt/Re
E803	稳定性同 E611，活性较高金属负荷优化	石脑油，S<0.5μg/g	汽油或芳烃	Al_2O_3	Pt/Re
E804	稳定性、活性同 E801，金属负荷优化	石脑油，S<0.5μg/g	汽油或芳烃	Al_2O_3	Pt/Re
RG-412	高压重整	石脑油	汽油	Al_2O_3	Pt
RG-482	中、低压重整	石脑油	汽油	Al_2O_3	Pt/Re
RG-582	半再生式重整，H_2 和 C_5 产率最高	石脑油	汽油	Al_2O_3	Pt/Re+助剂
RG-442	中压重整	石脑油	汽油，LPG	Al_2O_3	Pt/Ir+助剂
(2) Criterion Catalysts 公司					
PHF-5	单金属	石脑油	汽油或芳烃	Al_2O_3	专利
PRHF-30, 33，31，50，58	双金属，活性金属数量不同	石脑油	汽油或芳烃	Al_2O_3	专利
KX-120，120T，130，130R，160，160T，170，170T，190	（见 Exxon Research & Engineering 公司）	石脑油	汽油或芳烃	Al_2O_3	专利
PHF-4	单金属	石脑油	汽油或芳烃	Al_2O_3	PtCl
P-8	单金属	石脑油	汽油或芳烃	Al_2O_3	PtCl
PR-8	双金属	石脑油	汽油或芳烃	Al_2O_3	PtReCl
PR-9	双金属	石脑油	汽油或芳烃	Al_2O_3	PtReCl
PR-28	双金属	低硫石脑油	汽油或芳烃	Al_2O_3	PtReCl
IMP-RNA-2,4	（见墨西哥石油研究院）				

续表

型号	主要特点	用途（原料）	用途（产品）	载体	活性组分
PS-7	双金属	石脑油	汽油或芳烃	Al_2O_3	PtSnCl
PS-10	双金属	石脑油	汽油或芳烃	Al_2O_3	PtSnCl
PS-20	双金属	石脑油	汽油或芳烃	Al_2O_3	PtSnCl
(3) Exxon Research Enginering 公司					
KX-120, 130, 160	双金属，半再生式或循环再生式	直馏/裂化石脑油	高辛烷值汽油和芳烃	Al_2O_3	Pt 等
(4) 印度石油化学公司					
IRC-1001	单金属，高稳定性	石脑油，S<5μg/g	芳烃、汽油	Al_2O_3	PtCl
IRC-1002	单金属，高稳定性，低 Pt	石脑油，S<5μg/g	芳烃、汽油	Al_2O_3	PtCl
IPR-2001	单金属，高活性和稳定性	石脑油，S<1μg/g	芳烃、汽油	Al_2O_3	Pt/ReCl
(5) 墨西哥石油研究院（IMP）					
IMP-RNA-1	高活性，双金属	脱 S 石脑油	芳烃、高辛烷值汽油	Al_2O_3	Pt/Re
IMP-RNA-2	高活性，双金属	脱 S 石脑油	芳烃、高辛烷值汽油	Al_2O_3	Pt/Re
IMP-RNA-4	连续重整	脱 S 石脑油	高辛烷值汽油	Al_2O_3	Pt/Sn
(6) Kataleuna 公司					
8815/03	单金属	石脑油	汽油或芳烃	Al_2O_3	Pt
8815/05	单金属，不同 Pt 含量	石脑油	汽油或芳烃	Al_2O_3	Pt
8819/B	双金属，平衡的金属含量	石脑油，S<1μg/g	汽油或芳烃	Al_2O_3	Pt/Re
8842	双金属，金属含量不一	石脑油，S<0.5μg/g	汽油或芳烃	Al_2O_3	Pt/Re
8842	连续再生，高机械稳定性	石脑油，S<1μg/g	汽油或芳烃	Al_2O_3	Pt/Sn
(7) UOP 公司					
R-30	双金属，高产率，还原态	CCR 或切换式 CCR	汽油辛烷值和芳烃较高	Al_2O_3	专利
R-32	双金属，高产率，还原态	CCR 或切换式 CCR	汽油辛烷值和芳烃较高	Al_2O_3	专利
R-34	双金属，高产率，还原态	CCR 或切换式 CCR	汽油辛烷值和芳烃较高	Al_2O_3	专利
R-50	双金属，高活性/稳定性	高苛刻度，半再生式	汽油或芳烃	Al_2O_3	Pt/Re
R-51	双金属，高活性/稳定性	高苛刻度，半再生式	汽油或芳烃	Al_2O_3	Pt/Re
R-56	双金属，高活性/稳定性	高苛刻度，半再生式	汽油或芳烃	Al_2O_3	Pt/Re
R-60	双金属，稳定性高于 R-50，高活性	高苛刻度，半再生式	汽油或芳烃	Al_2O_3	Pt/Re
R-62	双金属，Pt 低于 R-60，稳定性高于 R-50，高活性	高苛刻度，半再生式	汽油或芳烃	Al_2O_3	Pt/Re
R-132	双金属，高产率，还原态	CCR 或切换式 CCR	较高的汽油辛烷值和芳烃	Al_2O_3	专利

续表

型 号	主 要 特 点	用 途 （原料）	用 途 （产品）	载体	活性组分
R-134	双金属，高产率，还原态	CCR 或切换式 CCR	较高的汽油辛烷值和芳烃	Al_2O_3	专利
R-72	双金属，高产率，还原态	高苛刻度，半再生式	汽油或芳烃	Al_2O_3	专利
2. C_4 异构化催化剂					
(1) Acreon Catalysts/Procatalyse 公司					
RD 291	可再生，高活性	C_4	$i-C_4$	Al_2O_3	PtCl
HPN-IVB	微量丁二烯选择性加氢，丁烯异构化为丁烯-2	C_3、C_4	二聚、烷基化进料	Al_2O_3	专利
(2) Akzo Nobel 公司					
AT-2	—	C_4	$i-C_4$	Al_2O_3	Pt/Cl
(3) UOP 公司					
I-8	高活性，用于正丁烷异构化	—	—	Al_2O_3	Pt
3. C_5 和 C_6 异构化催化剂					
(1) Acreon Catalysts/Procatalyse 公司					
RD-291	可再生，高活性	正构 C_5、C_6	异构烷烃	Al_2O_3	PtCl
(2) Akzo Nobel 公司					
AT-2G	—	C_5+C_6	$i-C_5$、C_6	Al_2O_3	PtCl
I-8	高活性，低压	直馏或加氢处理 C_5/C_6	—	Al_2O_3 分子筛	Pt
HS-10	非氯活化，高耐杂质性	C_5/C_6 异构化	改进辛烷值	Al_2O_3	Pt
4. 二甲苯异构化催化剂					
(1) Kataleuna 公司					
8831	二甲苯异构化	C_8 芳烃	对、邻二甲苯	Al_2O_3/分子筛	Pt 分子筛
8835	二甲苯异构化+高乙苯脱氢活性	C_8 芳烃	对、邻二甲苯+苯	Al_2O_3/分子筛	Pt 分子筛
(2) UCI 公司					
Isoxyl	二甲苯异构化	芳烃	对、邻二甲苯	Al_2O_3/分子筛	Pt
5. 加氢裂化催化剂					
(1) Criterion Catalysts 公司					
C-354	重馏分油加氢裂化	GO、VGO	润滑油、中间馏分油	Al_2O_3	NiW
C-454	重馏分油加氢裂化	GO、VGO	润滑油、中间馏分油	Al_2O_3	NiW
C-424	HDN（加氢脱氮）一段加氢裂化	GO、VGO	加氢裂化进料	Al_2O_3	NiMo
C-411	HDN 一段加氢裂化	GO、VGO	加氢裂化进料	Al_2O_3	NiMo
DN-120	HDN 一段加氢裂化	GO、VGO	加氢裂化进料	Al_2O_3	NiMo

续表

型号	主要特点	用途（原料）	用途（产品）	载体	活性组分
DN-801	第一段加氢裂化，HDN和转化重馏分油加氢裂化	GO、VGO	加氢裂化进料	Al_2O_3	NiW
DW-800	重馏分油加氢裂化	GO、VGO	润滑油、中间馏分油	Al_2O_3	NiW
HDS-1442	流化床	渣油	—	Al_2O_3	CoMo
HDS-1443	流化床	渣油	—	Al_2O_3	NiMo
HDN-60	HDN，第一段加氢裂化	GO、VGO	加氢裂化进料	Al_2O_3	NiMo（9）
(2) Crosfield Catalysts 公司					
565	HDN，第一段加氢裂化	AGO、VGO、LCO	第二段进料	Al_2O_3	NiMo
594	HDN，第一段加氢裂化	AGO、VGO、LCO	第二段进料	Al_2O_3	NiMo
599	HDN，第一段加氢裂化	AGO、VGO、LCO	第二段进料	Al_2O_3	NiMo
(3) Grace Davison 公司					
GR-12	膨胀床加氢裂化	渣油、沥青	馏分油、GO、LSFO	Al_2O_3	CoMo
GR-14	膨胀床加氢裂化	渣油、沥青	馏分油、GO、LSFO	Al_2O_3	NiMo
(4) UOP 公司					
HC-K	尤尼裂化（Unicracking）预处理	AGO、VGO、LCO、HCO、CGO	加氢裂化进料	Al_2O_3	NiMo
HC-H	尤尼裂化预处理	AGO、VGO、LCO、HCO、CGO	加氢裂化进料	Al_2O_3	NiMo
HC-P	极高活性，预处理催化剂	AGO、VGO、LCO、HCO、CGO	加氢裂化进料	Al_2O_3	NiMo
N-40	高活性，柴油处理	HVGO	石脑油-GO	Al_2O_3	CoMo
6. 缓和加氢裂化催化剂					
(1) Akzo Nobel/日本 Ketjen 公司（所有催化剂均经 Easyactive 法预硫化）					
KF-1012	用于转化和 HDS	VGO	中间馏分油	Al_2O_3	CoMo
KF-1014	用于转化和 HDS	VGO	中间馏分油	Al_2O_3	CoMo
KF-1015	用于转化和 HDS	VGO	中间馏分油	Al_2O_3	NiMo
KC-2600/2603	用于转化和 HDS	VGO	中间馏分油	Al_2O_3	专利
(2) Topsøe 公司					
TK-525	中压加氢裂化，高度 HDN 和 HDS	VGO	柴油、FCC 进料	Al_2O_3	NiMo
TK-551	低压加氢裂化，高稳定性	VGO	柴油、FCC 进料	Al_2O_3	NiMoP
(3) Kataleuna 公司					
8207	高加氢和 HDN 活性	VGO、HGO	柴油	Al_2O_3	NiMo

续表

型　号	主要特点	用　途（原料）	用　途（产品）	载体	活性组分
(4) UCI 公司					
C20-7-02	特定组成、物性	润滑油馏分、HVGO	烯烃加氢、裂化产品	Al_2O_3	NiMo
C20-7-02CDS	特定组成、物性	润滑油馏分、HVGO	烯烃加氢、裂化产品	Al_2O_3	NiMo
C20-7-04	特定组成、物性	润滑油馏分、HVGO	烯烃加氢、裂化产品	Al_2O_3	NiMo
C20-7-06CDS	特定组成、物性	润滑油馏分、HVGO	烯烃加氢、裂化产品	Al_2O_3	NiMo
7. 加氢处理/加氢/饱和催化剂					
(1) Acreon Catalysts/Procatalyse 公司					
Actisphere923	催化剂保护和支撑性好	石脑油—渣油	—	Al_2O_3	NiMo/CoMo
HPC8	低密度、高孔体积	石脑油—VGO	HDS	Al_2O_3	CoMo
HPC408	HDS，HDN	CGO、HVGO、LCO、渣油	FCC汽油、喷气燃料	Al_2O_3	NiMo
HPC50	HDS，HDN，PNA（烷烃、环烷烃、芳烃）饱和	馏分油、石脑油、润滑油	FCC汽油+润滑油、FCC进料	Al_2O_3	NiMo
HPC60	高活性HDS	石脑油—VGO	GO、采暖用油、汽油	Al_2O_3	CoMo
HR306C	HDS，HDN	石脑油—VGO	—	Al_2O_3	CoMo
HR316	高活性	馏分油—VGO	—	Al_2O_3	CoMo
HR346	HDS，HDN，芳烃加氢	渣油	—	Al_2O_3	NiMo
HR348	HDS，HDN，芳烃加氢	石脑油—VGO	无S和N的产品	Al_2O_3	NiMo
HR354	HDS，HDN，芳烃加氢	石脑油—VGO	无N产品	Al_2O_3	NiW
HR360	高活性	AGO、VGO	无S和N的产品	Al_2O_3	NiMo+助剂
HR945	HDS，HDN，烯烃加氢	热解和焦化汽油、裂化石脑油和GO	—	Al_2O_3	NiMo
HMC841	加氢处理，HDM	GO、VGO、常减压渣油	—	Al_2O_3	NiMo
HMC845	加氢处理，HDM	GO、VGO、常减压渣油	—	Al_2O_3	NiMo
HT308	加氢处理	渣油	—	Al_2O_3	CoMo
LT261	乙炔和MAPD选择性加氢	蒸汽裂解乙炔、丙烯馏分	乙烯、丙烯	Al_2O_3	Pd助剂
LT279	乙炔选择性加氢	蒸汽裂解乙炔	乙烯	Al_2O_3	Pd助剂
LT289	乙炔选择性加氢	蒸汽裂解乙炔	乙烯	Al_2O_3	Pd助剂
NI0301	热解汽油选择性加氢	热解汽油	脱硫汽油	Al_2O_3	Ni，NiO
PGC3	热解汽油选择性加氢	热解汽油	脱硫汽油	Al_2O_3	专利
DHC3S	热解汽油选择性加氢	热解汽油	脱硫汽油	Al_2O_3	专利

续表

型号	主要特点	用途（原料）	用途（产品）	载体	活性组分
(2) Akzo Nobel/日本 Ketjen 公司					
KF-542-5-4Q	活性载体替代惰性材料	所有类型	—	Al_2O_3	NiCoMo
KF-542-9R	活性载体替代惰性材料	所有类型	—	Al_2O_3	NiCoMo
KAS-5B	活性载体替代惰性材料	所有类型	—	Al_2O_3	NiMo
AS-20	活性载体替代惰性材料	所有类型	—	Al_2O_3	NiCoMo
KF-H-Oil	流化床	渣油、重质原油、沥青	馏分油、LSFO	Al_2O_3	NiMo
KFR-10	固定床	渣油 HDM	馏分油、LSFO	Al_2O_3	NiMo
KFR-11	固定床	渣油 HDM	馏分油、LSFO	Al_2O_3	NiMo
KFR-30	固定床	渣油 HDM、HDS	馏分油、LSFO	Al_2O_3	NiMo
KFR-50	固定床	渣油 HDS	馏分油、LSFO	Al_2O_3	NiMo
KFR-70	固定床	渣油 HDS	馏分油、LSFO	Al_2O_3	NiMo
KF-INT-RI	固定床	渣油 HDM、VGO	馏分油、LSFO	Al_2O_3	NiMo
KF-840	高度 HDN，HDS，饱和	石脑油—VGO、FCC/加氢裂化预处理、润滑油	馏分油、LSFO	Al_2O_3	NiMo
KF-842	高度 HDN，HDS	直馏或裂化石脑油、循环油	馏分油、LSFO	Al_2O_3	NiMo
KF-843	极高度 HDN，HDS，芳烃饱和	FCC/加氢裂化预处理、润滑油	馏分油、LSFO	Al_2O_3	NiMo
KF-844	高度 HDS，HDN	裂化石脑油	—	Al_2O_3	NiMo
KF-852	低压芳烃饱和	柴油加氢	柴油	Al_2O_3	NiMo
KF-8010	低压芳烃饱和	FCC 预处理、润滑油	—	Al_2O_3	NiMo
KF-330	高压芳烃饱和	石脑油—VGO	—	Al_2O_3	NiW
KF-124LD	一般用途加氢处理	直馏石脑油—馏分油	—	Al_2O_3	CoMo
KF-124HD	一般用途加氢处理	直馏石脑油—馏分油	—	Al_2O_3	CoMo
KF-165	一般用途加氢处理	石脑油—VGO	—	Al_2O_3	CoMo
KF-707	一般用途加氢处理	石脑油—VGO	—	Al_2O_3	CoMo
KF-742	深度 HDS	石脑油—VGO	—	Al_2O_3	CoMo
KF-752	最高 HDS 活性	柴油—VGO	—	Al_2O_3	$NiMo/MoO_3$
KF-901H	最高 HDS，HDM，MHC	石脑油—VGO	—	Al_2O_3	$NiMo/MoO_3$
KF-643	渣油 HDM，HDS	渣油	—	Al_2O_3	$NiMo/HoO_3$
KF-645	HDM，HDS，脱除残炭，沥青	HVGO、DMC（脱金属油）、DAO	—	Al_2O_3	CoMo

续表

型 号	主要特点	用 途（原料）	用 途（产品）	载体	活性组分
KF-542-5R	活性载体	所有类型	—	Al_2O_3	NiMo
KFR-20	固定床，高度 HDN、HDS 和饱和	渣油 HDM、HDS	馏分油、LSFO	Al_2O_3	NiMo
KF-841	高度 HDN、HDS 和饱和	石脑油—VGO、FCC/加氢裂化预处理，润滑油	—	Al_2O_3	NiMo
KF-647	高度 HDS、HDN 和 HDM	HGO、HVGO、DMO、DAO	—	Al_2O_3	NiMo
KF-756	最高 HDS 活性	柴油—DMO、LCO	—	Al_2O_3	CoMo
KF-846	最高 HDN、HDS 和芳烃饱和	FCC/加氢裂化预处理，润滑油	—	Al_2O_3	NiMo
(3) BASF 公司					
M8-10	—	焦化苯	苯	Al_2O_3	CoO/MoO_3
M8-12	—	石脑油、煤油、中间馏分油	馏分油	Al_2O_3	CoO/MoO_3
M8-14	—	HGO/VGO	馏分油	Al_2O_3	CoO/MoO_3
M8-21	最高 HDN、HDS 和芳烃饱和	HGO/VGO 混合油/裂化油类	中间馏分油、FCC 进料、润滑油	Al_2O_3	NiO/MoO_3
M8-24	高度 HDS、HDN 和芳烃饱和	石脑油—VGO	无 S 和 N 产品	Al_2O_3	NiMo
M8-25	芳烃加氢	煤油	改进烟点	Al_2O_3	NiMo
M8-30	—	焦化苯	苯	Al_2O_3	MoO_3
H0-12	丁二烯选择性加氢，高活性，长寿命	C_4 物流	丁烯、烷基化进料	Al_2O_3	Pd
H0-13	丁二烯选择性加氢，高选择性	C_4 物流	丁烯、烷基化进料	Al_2O_3	Pd
H0-22	C_5 选择性加氢	C_5 馏分	TAME、C_5 烷基化油	Al_2O_3	Pd
H0-40	C_4 全加氢	C_4 物流	丁烯类	Al_2O_3	Pd
(4) Criterion Catalysts 公司					
C-127	前端渣油 HDS	重质渣油/中金属含量	—	Al_2O_3	NiMo
C-227	尾端渣油深度 HDS	重质渣油/中金属含量	—	Al_2O_3	NiMo
C-247	尾端渣油 HDS	重质渣油/中金属含量	—	Al_2O_3	CoMo
C-204	二烯烃加氢	煤油、热解气体	—	Al_2O_3	专利
C-311	加氢裂化尾油	加氢裂化进料	—	Al_2O_3	NiMo
C-424	高活性 HDS、HDN 和饱和	FCC 进料预处理	—	Al_2O_3	NiMo
C-444	高活性 HDS	VGO、LGO、HGO、裂化 GO	—	Al_2O_3	CoMo
C-447	深度 HDS	VGO、渣油、LGO、HGO	—	Al_2O_3	CoMo
C-448	低硫柴油	中间馏分油、VGO、	—	Al_2O_3	CoMo
C-504	二烯烃加氢	煤油、热解气体	—	Al_2O_3	专利

续表

型号	主要特点	用途（原料）	用途（产品）	载体	活性组分
C-514	活性载体功能，替代惰性物质	用于所有加氢处理，推荐用于裂化进料	—	Al_2O_3	NiMo
C-544	活性载体功能，替代惰性物质	用于所有加氢处理，推荐用于裂化进料	—	Al_2O_3	CoMo
C-874	乙炔转化为乙烯	煤油，特种油	—	Al_2O_3	贵金属
DC-130	低硫柴油	中间馏分油	—	Al_2O_3	CoMo
DC-150	深度 HDS	VGO、渣油、LGO、HGO	—	Al_2O_3	CoMo
GC-814	活性载体功能	用于所有加氢处理，尤其是裂化进料	—	Al_2O_3	NiMo
HC-844	活性载体功能	用于所有加氢处理，尤其是裂化进料	—	Al_2O_3	CoMo
HDS-3	—	石脑油、VGO	—	Al_2O_3	NiMo
HDS-9	—	石脑油、VGO	—	Al_2O_3	NiMo
HDN-60	HDN，第一段加氢裂化	GO、VGO	—	Al_2O_3	NiMo
C-411	HDN，第一段加氢裂化	GO、VGO	加氢裂化进料	Al_2O_3	NiMo
DN-140	焦化石脑油，HDN	焦化石脑油	加氢裂化进料	Al_2O_3	NiMo
HDS-22	—	石脑油、VGO	—	Al_2O_3	CoMo

（5）Crosfield 公司

型号	主要特点	用途（原料）	用途（产品）	载体	活性组分
497	转化与 HDS 活性兼备	石脑油—GO	—	Al_2O_3	CoMo
465	深度 HDS	石脑油—GO	石脑油、柴油、中间馏分油	Al_2O_3	CoMo
535	高 HDS、HDN 和饱和活性	石脑油—GO	石脑油、中间馏分油	Al_2O_3	NiMo
594	兼具转化和高 HDS、HDN 活性	VGO	FCC 进料、加氢裂化进料	Al_2O_3	NiMo
565	深度 HDS、HDN 活性和高度饱和	LGO、HGO、HVGO	柴油、FCC 进料、中间馏分油	Al_2O_3	NiMo
599	深度 HDN、HDS 活性，芳烃饱和	GO	中间馏分油	Al_2O_3	NiMo
665	深度 HDS、HDN	石脑油—GO	石脑油、中间馏分油、柴油	Al_2O_3	专利
HTC-200	大量活性组分，多孔性	热解气体、丁二烯等选择性加氢	汽油组分、丁烯、烷基化进料、MTBE、TAME 进料	特定 Al_2O_3	Ni+专有的活化方法
HTC-400	大量活性组分，多孔性	烯烃、芳烃和功能基团、喷气燃料、煤油、柴油、溶剂进料、特种油类全加氢	低硫、低芳烃喷气燃料，煤油，柴油，脱臭的低硫溶剂，环己烷，食品及药用规格药用油，醇类	特定 Al_2O_3	Ni

续表

型号	主要特点	用途（原料）	用途（产品）	载体	活性组分
(6) Topsøe 公司					
TK-251	HDS	气体和石脑油	—	Al_2O_3	NiMo
TK-525	馏分油加氢处理，FCC 进料预处理，润滑油	LGO—VGO	FCC 进料	Al_2O_3	Al_2O_3
TK-550	馏分油加氢处理，一般用途催化剂	石脑油—VGO	—	Al_2O_3	CoMo
TK-551	馏分油加氢处理，一般用途催化剂	石脑油—VGO	—	Al_2O_3	NiMoP
TK-554	馏分油加氢处理，柴油深度 HDS	LGO、HGO	低硫柴油	Al_2O_3	CoMo
TK-555	馏分油加氢处理，加氢裂化和 FCC 进料预处理	VGO	加氢裂化和 FCC 进料	Al_2O_3	NiMo
(7) Huels 公司					
H14183	Pd-高选择性加氢	二烯烃	烯烃	Al_2O_3	Pd
H14197	Pd-高活性加氢	烯烃	饱和物	Al_2O_3	Pd
(8) ICI Katalco 公司					
38-6	HDS	烃类—石脑油	脱硫进料	Al_2O_3	Co、Mo 氧化物
38-7	HDS	烃类—石脑油	脱硫进料	Al_2O_3	Ni、Mo 氧化物
61-1	乙炔选择性加氢	脱乙炔和脱丙烯塔顶馏出物	乙烯	Al_2O_3	Pd
(9) 墨西哥石油研究院					
IMP-DSD-3	高活性三叶草形	石油馏分	石脑油、柴油、FCC 进料	Al_2O_3	Mo/Ni/P
IMP-DSD-4	高活性小球	—	石脑油、柴油，FCC 进料	Al_2O_3	Mo/Ni
IMP-DSD-5	良好活性的小球	汽油—馏分油 HDS	汽油、柴油	Al_2O_3	Mo/Ni/P
IMP-DSD-1	良好活性的小球	汽油—馏分油 HDS	汽油、柴油	Al_2O_3	Mo/Ni
IMP-DSD-1K	良好活性的小球	石脑油、煤油、喷气燃料、柴油 HDS	重整进料、低硫燃料	Al_2O_3	Mo/Ni
IMP-DSD-3⁺	高活性三叶草形	石脑油、中间馏分油	重整进料、低硫燃料+加氢脱蜡、加氢脱芳烃润滑油	Al_2O_3	Mo/Ni/P
IMP-DSD-5E	高活性圆柱体挤条状	石脑油、煤油、喷气燃料、柴油 HDS	石脑油、煤油、喷气燃料、柴油 HDS	Al_2O_3	Mo/Ni/P
IMP-DSD-10	高活性三叶草形	中间馏分油、GO	低硫燃料、FCC 进料	Al_2O_3	Mo/Co
IMP-DSD-14	较高的 HDS 和 HDN 活性	中间馏分油深度 HDS	低硫燃料	Al_2O_3	Mo/Co/P
(10) Kataleuna 公司					
7762	不饱和、不稳定组分的选择性加氢（第一段热解汽油加氢）	热解汽油	汽油、芳烃	Al_2O_3	Pd

续表

型号	主要特点	用途（原料）	用途（产品）	载体	活性组分
8203	HDS，烯烃加氢（第二段热解汽油加氢）	热解汽油	汽油、芳烃	Al_2O_3	NiMo
8403	HDS，烯烃加氢（第二段热解汽油加氢）	热解汽油	汽油、芳烃	Al_2O_3	CoMo
(11) UCI 公司					
C-20-5-01	—	直馏、焦化石脑油，煤油、柴油	HDS，脱除金属杂质，改进色度、嗅味稳定性	Al_2O_3	CoMo
C-20-6-01	良好组成，物性	轻石脑油—重质渣油	HDS、二烯烃加氢	Al_2O_3	CoMo
C-20-6-03	良好组成，物性	轻石脑油—重质渣油	HDS、二烯烃加氢	Al_2O_3	CoMo
C-20-6-04	良好组成，物性	轻石脑油—重质渣油	HDS、二烯烃加氢	Al_2O_3	CoMo
C-20-7-02	良好组成，物性	裂化原料，高含烯烃，高含N进料	HDS/HDN、烯烃加氢、脱蜡	Al_2O_3	NiMo
C-20-7-03	良好组成，物性	裂化原料，高含烯烃，高含N进料	HDS/HDN、烯烃加氢、脱蜡	Al_2O_3	NiMo
C-20-7-04	良好组成，物性	裂化原料，高含烯烃，高含N进料	HDS/HDN，烯烃加氢、脱蜡	Al_2O_3	NiMo
C-20-7-04CDS	高 HDS 活性	VGO、LGO、HDO	—	Al_2O_3	CoMo
C-20-7-07CDS	高 HDS/HDN 活性	FCC 进料预处理	FCC 进料	Al_2O_3	NiMo
G-87	苯全加氢	苯	环己烷	Al_2O_3	Ni
C-8-03	高加氢活性	芳烃饱和	—	Al_2O_3	Ni
G-68D	丁二烯选择性加氢，1-丁二烯，2-丁二烯异构化	C_3/C_4 馏分	烷基化进料	Al_2O_3	Pd
C-38-1	微量丁二烯/异构物选择性加氢	含硫的 $C_3 \sim C_5$ 馏分	烷基化进料	Al_2O_3	Ni
C-20-7-06	微量丁二烯/异构物选择性加氢	含硫的 $C_3 \sim C_5$ 馏分	烷基化进料	Al_2O_3	NiMo
T-2464	C_4 和 C_5 馏分饱和	MTBE/TAME 循环料	脱氢进料	Al_2O_3	Pd
G-97	高加氢活性	芳烃饱和	—	Al_2O_3	Pt
(12) UOP 公司					
PF-4	选择性加氢	异丙苯中 α-间苯乙烯	异丙苯、热解汽油	Al_2O_3	Pd
KF-542-5.4Q	活性载体替代惰性物质	—	—	Al_2O_3	NiCoMo
KF-542-9R	活性载体替代惰性物质	—	—	Al_2O_3	NiMo
KAS-5B	活性载体替代惰性物质	—	—	Al_2O_3	NiCoMo
KG-1	固定床	渣油 HDM	—	Al_2O_3	NiMo
KFR-10，-11	固定床	渣油 HDM、HDS	—	Al_2O_3	NiMo
KFR-30	固定床	渣油 HDS	—	Al_2O_3	NiMo
KFR-50	固定床	渣油 HDS	—	Al_2O_3	NiMo

续表

型 号	主要特点	用 途（原料）	用 途（产品）	载体	活性组分
KFR-70	固定床	渣油 HDM	—	Al_2O_3	NiMo
KF-INT-R1	高度 HDN，HDS 和饱和	石脑油—VGO	—	Al_2O_3	NiMo
KF-840	高度 HDN 和 HDS	直馏或裂化石脑油、CGO	—	Al_2O_3	NiMo
KF-847	高度 HDS 和 HDN	VGO、HVGO、DMO、DAO	—	Al_2O_3	CoMo
8. 加氢精制催化剂					
(1) BASF 公司					
M8-14	高度 HDS，HDN 和芳烃饱和	粗润滑油料	润滑油、白油	Al_2O_3	NiMo
M8-15	高度 HDS 和芳烃饱和	粗蜡、石蜡	食品级石蜡、石蜡	Al_2O_3	专利
M8-24	润滑油加氢精制	粗润滑油料	润滑油、白油	Al_2O_3	NiO/MoO_3
KF-842	最高 HDN，HDS 和芳烃饱和	FCC/加氢裂化预处理，润滑油	—	Al_2O_3	NiMo
KF-843	高 HDS 和 HDN	裂化石脑油	—	Al_2O_3	NiMo
KF-844	高 HDS 和 HDN	石脑油—VGO	—	Al_2O_3	NiMo
KF-845	低压芳烃饱和	柴油加氢	—	Al_2O_3	NiMo
KF-852	高 HDS 和 HDN	FCC 预处理，润滑油	—	Al_2O_3	NiMo
KF-8010	高压芳烃饱和	润滑油	—	Al_2O_3	NiW
KF-330	通用加氢处理	直馏石脑油—馏分油	—	Al_2O_3	CoMo
KF-124LD	通用加氢处理	直馏石脑油—馏分油	—	Al_2O_3	CoMo
KF-124HD	通用加氢处理	石脑油—VGO	—	Al_2O_3	CoMo
KF-165	高 HDS 活性	石脑油—VGO	—	Al_2O_3	CoMo
KF-702	高 HDS 活性	石脑油—VGO	—	Al_2O_3	CoMo
KF-707	深度 HDS	石脑油—VGO	—	Al_2O_3	CoMo
KF-742	深度 HDS	FCC 预处理、润滑油	—	Al_2O_3	CoMo
LF-746	最高 HDS 活性	柴油—VGO	—	Al_2O_3	CoMo
KF-752	HDM、HDS	渣油	—	Al_2O_3	NiCoMo
KF-643	HVGO，DMO，DAO 的 HDM	HVGO、DMO、DAO	—	Al_2O_3	NiCoMo
KF-645	高 HDS，HDM 和 MHC	石脑油—VGO	—	Al_2O_3	NiCoMo
(2) Catalytic Product 公司					
CDS-R2	高度 HDS，高活性	常减压渣油	脱硫油	Al_2O_3	—
CDS-R95	高度 HDS 和脱金属活性	常减压渣油	脱硫油	Al_2O_3	—
CDS-R25H	超高 HDS 活性	常减压渣油	脱硫油	Al_2O_3	—
Actmax	超高 HDS 活性和长寿命	常压渣油	脱硫油	Al_2O_3	—
CDS-DM1	高度脱金属	常减压渣油	脱硫油	Al_2O_3	—
CDS-DM5	高度脱金属和 HDS	常减压渣油	脱硫油	Al_2O_3	—

续表

型号	主要特点	用途（原料）	用途（产品）	载体	活性组分
CDS-D9	高 HDS 活性	石脑油、煤油、GO	脱硫煤油、VGO、柴油	Al$_2$O$_3$	—
CDS-D11	高 HDS 活性	VGO	煤油、柴油	Al$_2$O$_3$	—
CDS-D13	超高 HDS 活性	VGO	煤油、柴油	Al$_2$O$_3$	—
CDS-D15	超高 HDS 活性	VGO	煤油、柴油	Al$_2$O$_3$	—
CDS-D21	超高 HDS 活性和长寿命	VGO	煤油、柴油	Al$_2$O$_3$	—
CDS-DN1	高 HDS/HDN 活性	石脑油	脱硫石脑油	Al$_2$O$_3$	—
(3) Chevron Research 公司					
ICR112	高 HDS 活性，低氢耗	VGO、CGO	LSFO、FCC 进料	Al$_2$O$_3$	专利
ICR114	高 HDN 活性	VGO、CGO	FCC 进料	Al$_2$O$_3$	专利
ICR122	渣油 HDM，低压降（七种类型）	DAO、拔顶原油、常减压渣油	LSFO、FCC/焦化/渣油 HDS 进料	Al$_2$O$_3$	专利
ICR131	高活性 HDS，脱除残炭，HDM	DAO、拔顶原油、常减压渣油	LSFO、FCC/RFCC 和焦化进料	Al$_2$O$_3$	专利
ICR135	高度 HDS 和脱除残炭	DAO、拔顶原油、常减压渣油	LSFO、FCC/RFCC 和焦化进料	Al$_2$O$_3$	专利
ICR137	高 HDS 活性/中等耐金属性	DAO、拔顶原油、常减压渣油	LSFO、FCC/RFCC 和焦化进料	Al$_2$O$_3$	专利
ICR133	高度 HDM，脱钙	DAO、拔顶原油、常减压渣油	LSFO、FCC/RFCC 和焦化进料	Al$_2$O$_3$	专利
ICR132	高度 HDM/中等 HDS 活性	DAO、拔顶原油、常减压渣油	LSFO、FCC/RFCC 和焦化进料	Al$_2$O$_3$	专利
ICR134	高 HDN 活性	DAO、拔顶原油、常减压渣油	FCC 进料、柴油、喷气燃料、石脑油	Al$_2$O$_3$	专利
ICR138，143	在线催化剂更换，HDM	DAO、加氢裂化渣油、减压渣油	LSFO、FCC 进料、渣油 HDS 和焦化进料	Al$_2$O$_3$	专利
GC101，106	较高活性，用于渣油，较高耐金属性	DAO、拔顶原油、常减压渣油	LSFO、FCC 和焦化进料	Al$_2$O$_3$	专利
GC102，107	高活性，渣油 HDS，脱除残炭，HDM	DAO、拔顶原油、常减压渣油	LSFO、FCC 和焦化进料	Al$_2$O$_3$	专利
GC112，117	高活性，渣油 HDS，脱除残炭，HDM	DAO、拔顶原油、常减压渣油	LSFO、FCC 和焦化进料	Al$_2$O$_3$	专利
GC100，105	较高苛刻度，渣油 HDS，脱除残炭，HDM	DAO、拔顶原油、常减压渣油	LSFO、FCC 和焦化进料	Al$_2$O$_3$	专利
GC125，130	渣油 HDM（高活性），HDS，耐金属	DAO、拔顶原油、常减压渣油	LSFO、FCC 和焦化进料+脱金属、HDS	Al$_2$O$_3$	专利
GC405，26	润滑油加氢精制	半精制润滑油、特种油进料	润滑油基础油、特定的工业用油	Al$_2$O$_3$	专利
(4) Criterion Catalysts 公司					
C-127	前端渣油 HDS	重质渣油	—	Al$_2$O$_3$	NiMo

续表

型号	主要特点	用途（原料）	用途（产品）	载体	活性组分
C-227	尾端渣油深度 HDS	中等金属含量	—	Al_2O_3	NiMo
C-311, -424, -444, -448, -514, -544, -624（见 Criterion 公司加氢处理/加氢/饱和部分）					
DC-130	低硫柴油	中间馏分油	—	Al_2O_3	CoMo
DC-140	焦化石脑油，含 Si，HDN	焦化石脑油	—	Al_2O_3	NiMo
DC-150	深度 HDS	VGO、渣油、LGO、HGO	—	Al_2O_3	CoMo
HC-814	活性载体功能	全加氢处理，尤其适用于裂化进料	—	Al_2O_3	CoMo
HC-844	活性载体功能	全加氢处理，尤其适用于裂化进料	—	Al_2O_3	CoMo
HC-D，-F，-H（见 UOP 公司目录）					
RF-11，-12，-20，-30（见 UOP 公司目录）					
HDS-9	—	石脑油—VGO	—	Al_2O_3	NiMo
HDS-22	—	燃料油、FCC 进料	—	Al_2O_3	CoMo
HDN-60	—	HGO、FCC 进料、加氢处理燃料油	—	Al_2O_3	NiMo
HDS-1442	流化床	渣油	—	Al_2O_3	CoMo
HDS-1443	流化床	渣油	—	Al_2O_3	NiMo
RG-400	尾端渣油 HDS	渣油	—	Al_2O_3	CoMo
RC-410	前端渣油脱金属	渣油	—	Al_2O_3	CoMo
RN-400	尾端渣油 HDS	渣油	—	Al_2O_3	NiMo
RN-410	前端渣油脱金属	渣油	—	Al_2O_3	NiMo
RM-430	前端渣油脱金属	渣油	—	Al_2O_3	Mo

(5) Grace Davison 公司

型号	主要特点	用途（原料）	用途（产品）	载体	活性组分
GR-12	流化床加氢裂化	渣油、沥青	馏分油、GO、LSFO	Al_2O_3	CoMo
GR-14	流化床加氢裂化	渣油、沥青	馏分油、GO、LSFO	Al_2O_3	NiMo

(6) Topsøe 公司

型号	主要特点	用途（原料）	用途（产品）	载体	活性组分
TK-709	固定床渣油加氢处理，耐金属能力强	常减压渣油	—	Al_2O_3	Mo
TK-710	固定床渣油加氢处理，高度 HDM	常减压渣油	—	Al_2O_3	CoMo
TK-711	固定床渣油加氢处理，高度 HDM	常减压渣油	—	Al_2O_3	NiMo
TK-750	固定床渣油加氢处理，中等 HDM，高度 HDS	常减压渣油	—	Al_2O_3	CoMo
TK-751	固定床渣油加氢处理，中等 HDM，高度 HDS	常减压渣油	—	Al_2O_3	NiMo
TK-770	固定床渣油加氢处理，低 HDM，高 HDS	常减压渣油	—	Al_2O_3	CoMo
TK-771	固定床渣油加氢处理，低 HDM，高 HDS	常减压渣油	—	Al_2O_3	NiMoP

续表

型号	主 要 特 点	用 途（原料）	用 途（产品）	载体	活性组分
TK-830	固定床渣油加氢处理,高 HDM,中等 HDS	常减压渣油	—	Al_2O_3	CoMo
TK-831	固定床渣油加氢处理,高 HDM,中等 HDS	常减压渣油	—	Al_2O_3	NiMo
TK-821	流化床加氢裂化,低结垢	常减压渣油	—	Al_2O_3	专利
(7) Kataleuna 公司					
8201	HDS,HDN	焦化和减黏石脑油	HDS 馏分(石脑油)	Al_2O_3	NiMo
8207	HDS,HDN	VGO	FCC 进料	Al_2O_3	NiMo
8208	HDS,HDN	DO、SRGO(直馏瓦斯油)、VGO、石脑油、煤油	HDS 馏分	Al_2O_3	NiMo
8211	HDS	石脑油、煤油	HDS 馏分	Al_2O_3	NiMo
8408	HDS	石脑油、煤油、柴油	HDS 馏分	Al_2O_3 条	CoMo
8213	GO 加氢脱硫装置的保护催化剂,高耐金属和污垢沉积	GO	DMO	Al_2O_3 条(涡旋状)	NiMo
8214	GO 加氢脱硫装置的保护催化剂,高耐金属和污垢沉积	GO	DMO	Al_2O_3 条(涡旋状)	NiMo
8215	GO 加氢脱硫装置的保护催化剂,高耐金属和污垢沉积+高孔率	GO	DMO	Al_2O_3 条(涡旋状)	NiMo
(8) Orient Catalysts 公司					
NK-621	脱垢,HDM	VGO、CGO	—	Al_2O_3	Mo
NK-622	脱垢,HDM	渣油	—	Al_2O_3	NiMo
HOP-601	高度耐金属	渣油	—	Al_2O_3	Mo
HOP-602	高度耐金属	渣油	—	Al_2O_3	Mo
HOP-603	高度 HDM,HDS	渣油	—	Al_2O_3	Mo
HOP-606	高度耐金属	渣油	—	Al_2O_3	NiMo
HOP-611	高度 HDN,HDS	渣油	—	Al_2O_3	NiMo
HOP-802	高度 HDS	渣油	—	Al_2O_3	NiMo
HOP-811	高度 HDS,高转化率	渣油	—	Al_2O_3	NiMo
HOP-412	高度 HDN,HDS	石脑油—VGO	—	Al_2O_3	NiMo
HOP-413	高度 HDN,HDS	石脑油—VGO	—	Al_2O_3	NiMo
HOP-461	高度 HDS	石脑油—VGO	—	Al_2O_3	CoMo
HOP-463	最大量 HDS,HDM	石脑油—VGO+CGO、CLO	—	Al_2O_3	CoMo
HOP-491	最大量 HDS,HDM	VGO、CGO、CLO	—	Al_2O_3	CoMo

续表

型 号	主 要 特 点	用 途 (原料)	用 途 (产品)	载体	活性组分
(9) UOP公司					
RCD-5	耐金属,HDS	常减压渣油	LSFO,裂化、焦化进料	Al_2O_3	CoMo
RCD-5A	高HDS活性,中等程度耐金属	常减压渣油	LSFO,裂化、焦化进料	Al_2O_3	CoMo
RCD-7	高度脱S和CCR活性	脱金属油、脱沥青渣油	LSFO,裂化进料	Al_2O_3	CoMo
9. 硫回收催化剂					
(1) Alcoa公司					
S-400 3/16″	较高活性,大孔多	H_2S/SO_2、COS、CS_2		活性Al_2O_3	活性Al_2O_3
S-400 1/4″	较高活性,大孔多	H_2S/SO_2、COS、CS_2	所有转化器	活性Al_2O_3	活性Al_2O_3
S-400 5/16″	低压降	H_2S/SO_2、COS、CS_2	所有转化器	活性Al_2O_3	活性Al_2O_3
DD-431,3×6	较高活性,高比表面,大孔多	H_2S/SO_2、COS、CS_2	所有转化器,低于露点	活性Al_2O_3	活性Al_2O_3
S-100 3/6″	高活性,极好物性	H_2S/SO_2、COS、CS_2	所有转化器	活性Al_2O_3	活性Al_2O_3
S-100 1/4″	较高活性,极好物性	H_2S/SO_2、COS、CS_2	所有转化器	活性Al_2O_3	活性Al_2O_3
S-100 5/6″	低压降	H_2S/SO_2、COS、CS_2	所有转化器	活性Al_2O_3	活性Al_2O_3
S-100 1/8″	较高比表面	克劳斯尾气	低于露点	活性Al_2O_3	活性Al_2O_3
SP-400 3/16″	抗芳烃裂化,COS,CS_2,转化较好	克劳斯尾气	第一段转化器	活性Al_2O_3	活性Al_2O_3
DD-8331,3×6	耐硫酸盐化,改进COS,CS_2转化	克劳斯尾气	所有转化器	活性Al_2O_3	活性Al_2O_3
SRU1/2″,3/8″	活化的床层载体,极好的物性	克劳斯尾气	所有转化器中催化剂下部,第一段转化器上部	活性Al_2O_3	活性Al_2O_3
DD-431 3/8″	活化的床层载体	克劳斯尾气	所有转化器中催化剂下部,第一段转化器上部	活性Al_2O_3	活性Al_2O_3
(2) Catalytic Products公司					
CSR-2	高克劳斯活性	克劳斯进料气	硫	Al_2O_3	Fe
CSR-3	有机硫化物高度水解	克劳斯进料气	硫	Al_2O_3	Fe
CSR-7	高度防止硫酸盐化	克劳斯进料气	硫	Al_2O_3	Fe′

续表

型号	主要特点	用途（原料）	用途（产品）	载体	活性组分
(3) Engelhard 公司					
CR	高孔体积	H_2S	硫	Al_2O_3	—
CR35	大孔优化，使转化率最高	H_2S	硫	Al_2O_3	—
DR	第一段再生克劳斯工况	H_2S	硫	Al_2O_3	—
AM	防止硫酸盐化	H_2S	硫	Al_2O_3	Fe
CRS 21	高 COS 和 CS_2 转化率	H_2S	硫	Al_2O_3	TiO_2
(4) Topsφe 公司					
CKA	COS 水解	—	含 COS 气体	Al_2O_3	—
(5) La Roche 工业公司					
S-201，3×6	标准高孔隙率	$H_2S/SO_2/COS/CS_2$ 转化	硫	活性 Al_2O_3	活性 Al_2O_3
S-201，1/2×1/4	标准高孔隙率	$H_2S/SO_2/COS/CS_2$ 转化	硫	活性 Al_2O_3	活性 Al_2O_3
S-201，5×8	露点下操作	H_2S/SO_2 转化	硫	活性 Al_2O_3	活性 Al_2O_3
S-501，3×6	促进剂，抗硫酸盐化	高 COS/CS_2 转化率	硫	活性 Al_2O_3	活性 Al_2O_3
S-501，1/2×1/4	促进剂，抗硫酸盐化	高 COS/CS_2 转化率	硫	活性 Al_2O_3	活性 Al_2O_3
S-701	促进剂，抗硫酸盐化 + 热稳定	$CS_2/COS/H_2S$ 转化率极高	硫	活性 Al_2O_3	活性 Al_2O_3
S-2001，3/16″	很高孔隙率	克劳斯进料气	所有转化器	Al_2O_3	Al_2O_3
S-2001，5/16″	低压降	克劳斯进料气	所有转化器	Al_2O_3	Al_2O_3
(6) Procatalys 公司					
CR	高孔体积	H_2S	硫	Al_2O_3	—
CR-3S	最大量提高转化率，优化大孔	H_2S	硫	Al_2O_3	—
DR	第一段再生克劳斯工况	H_2S	硫	Al_2O_3	—
AM	防止硫酸盐化	H_2S	硫	Al_2O_3	Fe
CRS-21	高 COS 和 CS_2 转化率	H_2S	硫	Al_2O_3	TiO_2
10. 烃类水蒸气转化催化剂					
(1) BASF 公司					
G1-25	水蒸气转化（气化）	天然气、炼厂气	水蒸气转化进料	Al_2O_3	Ni
G1-25/1	水蒸气转化（气化）	天然气、炼厂气	水蒸气转化进料	Al_2O_3	助剂
G1-25S	水蒸气转化（气化）+ 高热稳定性	天然气、炼厂气	水蒸气转化进料	Al_2O_3	Ni
G1-50	水蒸气转化（气化）	LPG、石脑油	水蒸气转化进料	Al_2O_3	Ni 碱化处理的特定载体

续表

型号	主要特点	用途（原料）	用途（产品）	载体	活性组分
G1-12/1	水蒸气转化（第二段转化）	天然气、炼厂气	水蒸气转化进料	Al_2O_3	Ni
G1-26	水蒸气转化（第二段转化）	天然气、炼厂气	水蒸气转化进料	Al_2O_3	Ni
G1-80	自热蒸气转化	天然气、炼厂气	工艺气体管式转化	—	Ni
(2) Dycat 国际公司					
Dycat873	蒸气转化	天然气、LPG	合成气	Al_2O_3	Ni/La_2O_3
Dycat890	高活性蒸气转化	天然气、LPG	合成气	Al_2O_3	Ni/La_2O_3
Dycat894	高活性蒸气转化	天然气	合成气	Al_2O_3	Ni/La_2O_3
Dycat930	重质烃类蒸气转化	LPG，石脑油	合成气	改进的Al_2O_3	Ni/La_2O_3
(3) Topsøe 公司					
PK-5	甲烷化	H_2、2%$CO+CO_2$	无 CO/CO_2 和 H_2 气	Al_2O_3	Ni
PK-5R	甲烷化，低温	H_2、2%$CO+CO_2$	无 CO/CO_2 和 H_2 气	Al_2O_3	Ni
(4) ICI Katalco 公司					
23-1	蒸气转化（各种规模）	天然气、炼厂尾气	气体用于制 H_2、NH_3 或甲醇	Al_2O_3	Ni
23-3	蒸气转化（各种规模），高活性	天然气、炼厂尾气	气体用于制 H_2、NH_3 或甲醇	Al_2O_3	Ni
23-4	蒸气转化（各种规模），高活性/传热好	天然气、炼厂尾气	气体用于制 H_2、NH_3 或甲醇	Al_2O_3	Ni
(5) Procatalyse 公司					
MT15	CO 甲烷化	—	纯 H_2 气	Al_2O_3	Ni
(6) UCI 公司					
C11-09HGS	不同组成	天然气/C_3H_3 进料	65%～72%H_2	Al_2O_3	Ni
G90A, B, C	不同组成	天然气/C_3H_3 进料	65%～72%H_2	Al_2O_3	Ni
C11-9-062	高活性，K 促进剂	C_4H_{10}/石脑油	65%～72%H_2	Al_2O_3	Ni
C11-N/C-11-N	高活性，K 促进剂+分开装填	C_4H_{10}/石脑油	65%～72%H_2	Al_2O_3	Ni
C25-2-02	CO/H_2O 变换，含 H_2S 气体	工艺气体/部分氧化	$H_2/CO/CO_2$	Al_2O_3	CoMo
G65	CO/H_2O 变换，含 H_2S 气体	工艺气体/部分氧化	$H_2/CO/CO_2$	Al_2O_3	CoMo
G65RS	耐高温	工艺气体/部分氧化	$H_2/CO/CO_2$	Al_2O_3	CoMo
G87	甲烷化	工艺气体/部分氧化	$H_2/CO/CO_2$	Al_2O_3	CoMo
G87RS	甲烷化	工艺气体/部分氧化	$H_2/CO/CO_2$	Al_2O_3	CoMo
C12-4-01	加促进剂的高温变换	高温变化转化	无 CO 的气体	Al_2O_3	FeCr
150-6-01	预转化	LPG，含烃尾气	CH_4/H_2	Al_2O_3	Ni
18-7	高活性/稳定性，低温变换	工艺气体	无 CO_2 的气体	—	Cu

续表

型号	主要特点	用途 （原料）	用途 （产品）	载体	活性组分
11. 克劳斯尾气处理催化剂					
(1) Akzo Nobel/日本 Ketjen 公司（所有催化剂为预硫化形式）					
KF-124LD-1/8″	低密度，机械强度好	克劳斯尾气	—	Al_2O_3	CoO/MoO_3
KF-124HD-3E	机械强度好	克劳斯尾气	—	Al_2O_3	CoO/MoO_3
KF-165-3E	机械强度好	克劳斯尾气	—	Al_2O_3	CoO/MoO_3
(2) Alcoa 公司					
S-400 3/16″	较高活性，较多大孔	克劳斯尾气	低于露点反应器	活性Al_2O_3	活性Al_2O_3
DD-431，3×6	较高活性，高比表面，较多大孔	克劳斯尾气	低于露点反应器	活性Al_2O_3	活性Al_2O_3
S-100 1/8″	较高比表面	克劳斯尾气	低于露点反应器	活性Al_2O_3	活性Al_2O_3
DD-831，3×6	抗硫酸盐化	克劳斯尾气	低于露点反应器	活性Al_2O_3	专利
(3) Criterion Catalysts 公司					
C-099	克劳斯，SCOT 尾气的焚烧	克劳斯，SCOT 尾气	—	Al_2O_3	专利
C-234	硫化物转化为 H_2S	克劳斯尾气	—	Al_2O_3	CoMo
C-524	硫化物转化为 H_2S	克劳斯尾气	—	Al_2O_3	NiMo
C-534	硫化物转化为 H_2S	克劳斯尾气	—	Al_2O_3	NiMo
N-39（见环球油品公司目录）					
(4) La Roche 工业公司					
S-201，3×6	标准多孔氧化铝	低于露点的克劳斯尾气	—	活性Al_2O_3	活性Al_2O_3
S-20，5×8	标准多孔氧化铝	低于露点的克劳斯尾气	—	活性Al_2O_3	活性Al_2O_3
S-2001，1/8″	很大孔隙率	低于露点的进料气	低于露点的反应器	Al_2O_3	Al_2O_3
S-2001，13/16″	很大孔隙率	低于露点的进料气	低于露点的反应器	Al_2O_3	Al_2O_3
(5) Procatalyse 公司					
TG-105	硫化物全加氢	克劳斯尾气	H_2S	Al_2O_3	CoMo
(6) UCI 公司					
N-239 （见环球油品公司目录）					
C29-2-02	—	克劳斯尾气	—	Al_2O_3	CoMo
C29-2-03	稳定的载体	克劳斯尾气	—	Al_2O_3	CoMo
C29-2-04	稳定的载体，低金属	克劳斯尾气	—	Al_2O_3	CoMo
C-419	COS 水解	高度 CS_2/COS 转化	—	Al_2O_3	专利

续表

型号	主要特点	用途（原料）	用途（产品）	载体	活性组分
12. 其他炼油催化剂					
（1）Acreon Catalysts/Procatalyse 公司					
MD101	硫吸收（气相）	重整进料	脱硫重整进料	Al_2O_3	—
MEP121	脱除 COS	C_3 馏分	C_3 馏分	特定 Al_2O_3	专利
MEP191	脱除砷	C_3 馏分	C_3 馏分	Al_2O_3	专利
MEP841	脱除砷	石脑油	石脑油去选择性加氢	Al_2O_3	NiO
（2）BASF 公司					
M8-12	有机硫化物加氢	天然气、炼厂气、LPG、轻石脑油	蒸气转化进料	Al_2O_3	CoMo
M8-21	有机硫化物加氢	富含 CO_2 气体	蒸气转化进料	Al_2O_3	NiMo
R5-10	脱除 H_2S	含硫气体	蒸气转化进料	Al_2O_3	ZnO
（3）Dycat 国际公司					
Dy160	高效脱硫	天然气、LPG、石脑油	合成气	Al_2O_3	专利
（4）Huels 公司					
H2410	脱氢	饱和烃	烯烃	Al_2O_3	Cr
H9420	脱烷基	甲苯、二甲苯	苯	Al_2O_3	Cr
H9430	脱烷基	烷基芳烃	苯	Al_2O_3	Cr
（5）ICI Katalco 公司					
59-3	脱除卤化物	烃类—石脑油	无卤化物进料	Al_2O_3	铝酸钠
（6）墨西哥石油研究院					
IMP-CHE-1	苯加氢	苯	环己烷	$Pt/\gamma-Al_2O_3$	Pt 氧化铝
（7）UCI 公司					
C53-2-01	COS 水解	FCC 丙烷—丙烯气	—	Al_2O_3	PTS
Catofin	轻烷烃脱氢	异丁烷、丙烷	异丁烯、丙烯	Al_2O_3	Cr
Catadiene	烯烃脱氢	丁烯	丁二烯	Al_2O_3	Cr
（8）UOP 公司					
A-2	苯/乙烯烷基化	乙烯、苯	乙苯	Al_2O_3	专利
13. FCC 助燃剂					
（1）Ambur 化学品公司					
CCA-1	最高活性，双金属	CO 燃烧	添加剂	高纯 Al_2O_3	Pt、Pd
CCA-8	高活性，双金属	CO 燃烧	添加剂	高纯 Al_2O_3	Pt、Pd

续表

型号	主要特点	用途（原料）	用途（产品）	载体	活性组分
CCA-850	高活性，单金属	CO 燃烧	添加剂	高纯 Al_2O_3	Pt
CCA-550	中等活性，单金属	CO 燃烧	添加剂	高纯 Al_2O_3	Pt
CCA-350	低活性，单金属	CO 燃烧	添加剂	高纯 Al_2O_3	Pt
CCA-1000	最高活性，单金属	CO 燃烧	添加剂	高纯 Al_2O_3	Pt
(2) Catalytic Products 公司					
SP-10S	固体 CO 助燃剂	FCC 进料	添加剂	Al_2O_3	专利
SP-60	固体 CO 助燃剂	FCC 进料	添加剂	Al_2O_3	Pt
(3) Engelhard 公司					
USP	高稳定、高比表面载体	CO 完全或部分燃烧	添加剂	Al_2O_3	Pt
(4) Grace Davison 公司					
CP-3	高活性	CO 部分/完全燃烧	添加剂	Al_2O_3	Pt
CP-5	通用助燃剂	CO 部分/完全燃烧	添加剂	Al_2O_3	Pt
CP-A	最大分散度	CO 部分/完全燃烧	添加剂	Al_2O_3	Pt
Super CP	高稳定性	CO 部分/完全燃烧	添加剂	Al_2O_3	Pt
(5) 墨西哥石油研究院					
IMP-PC-500	高效 CO 燃烧	FCC 再生器	添加剂	Al_2O_3	Pt
(6) Intercat 公司					
COP-850	含铂	CO 燃烧	添加剂	Al_2O_3	Pt
COP-550	含铂	CO 燃烧	添加剂	Al_2O_3	Pt
COP-375	含铂	CO 燃烧	添加剂	Al_2O_3	Pt

12.2 氢氧化铝的分类及制法

12.2.1 氢氧化铝的分类

活性氧化铝一般是由氢氧化铝加热脱水得到的，氢氧化铝是氧化铝的"母体"。所以在讨论氧化铝以前先要介绍氢氧化铝。

氢氧化铝也称作水合氧化铝、含水氧化铝或氧化铝水合物，其化学组成为：$Al_2O_3 \cdot nH_2O$。通常按所含结晶水数目不同，分为三水（合）氧化铝及一水（合）氧化铝两类。氧化铝水合物的变体种类颇多，在国外，有的国家有自己的命名体系，有的国家虽然没有自己的命名体系，但基本上有一个比较公认的用名或译名规律。国外所用名称，基本上分为两大类：一类是矿物学名称，在文献上使用最广泛，可以称作是使用名或俗名；另一类是相式名称，所谓各种命名体系主要指的是这一类。文献上相式名称不多，因此可称作是学名。表12-2

列出了常见的几种氧化铝水合物国外命名情况,供阅读文献时参考,以免造成不必要的误会和混乱[71,72]。我国目前也还没有命名体系,命名原则也不统一,各种资料上用名也不一致。表 12-3 汇总了氧化铝水合物的部分中译名,以作相互对照。显然,同一外文名,有几种不同中译名,容易引起混乱。因此,天津化工研究院提出建议名称,也列在表 12-3 的最后一栏上,以做参考。

表 12-2 几种常见氧化铝水合物命名情况

组成 $Al_2O_3 \cdot H_2O$	矿物学名称 常见外文名	相式名 国际讨论会①	美国铝公司 AlCOA②	英国	德国
1:3	Gibbsite	$Al(OH)_3$	$\alpha-Al_2O_3 \cdot 3H_2O$	$\gamma-Al_2O_3 \cdot 3H_2O$	$\alpha-Al_2O_3 \cdot 3H_2O$
1:3	Bayerite	$Al(OH)_3$	$\beta-Al_2O_3 \cdot 3H_2O$	$\alpha-Al_2O_3 \cdot 3H_2O$	$\gamma-Al_2O_3 \cdot 3H_2O$
1:3	Nordstrandite 或称 Bayerite Ⅱ	$Al(OH)_3$	新 $\beta-$ $Al_2O_3 \cdot 3H_2O$		
1:1	Boehmite	AlOOH	$\alpha-Al_2O_3 \cdot H_2O$	$\gamma-Al_2O_3 \cdot H_2O$	$\gamma-Al_2O_3 \cdot H_2O$
1:1	Diaspore	AlOOH	$\beta-Al_2O_3 \cdot H_2O$	$\alpha-Al_2O_3 \cdot H_2O$	$\alpha-Al_2O_3 \cdot H_2O$

① 1957 年 Münster 国际讨论会上推荐的名称;
② AlCOA 系 Aluminium Company of American(美国铝业公司)的简称。

表 12-3 氧化铝水合物部分中译名对照

外文名称	化学表示式	中译名称				汉语拼音译名	建议名称①
Gibbsite 或称 Hydrargillite	$\alpha-Al(OH)_3$	三水铝石(矿)	水铝氧水矾土	水铝石(矿)	$\alpha-$三水氧化铝	水铝石	$\alpha-$三水铝石
Bayerite	$\beta_1-Al(OH)_3$	三羟铝石(矿),β_1-三水铝石	湃铝石	拜耳石白耳石	β_1-三水氧化铝	湃铝石-1	β_1-三水铝石
Nordstrandite 或称 Bayerite I	$\beta_2-Al(OH)_3$	诺水铝石	诺得石		β_2-三水氧化铝,新三水氧化铝	湃铝石-2 诺铝石	β_2-三水铝石
Boehmite	$\alpha-$AlOOH	一水软铝石,单水铝矿	薄水铝石	勃姆石波美石	$\alpha-$单水氧化铝	薄铝石	一水软铝石
Diaspore	$\beta-$AlOOH	一水硬铝石		硬水铝石	$\beta-$单水氧化铝	硬铝石	一水硬铝石
Pseudo-boehmite	$\alpha'-$AlOOH	假一水软铝石	拟薄水铝石	类勃姆石		准薄水	假一水软铝石

① 建议名称系由天津化工研究院提出,是在中国科学院名词编订室颁布的名称前加上美国命名体系中的希腊字母[72]。

氧化铝水合物中一类是晶体,表 12-2 所示的三水氧化铝及一水氧化铝等五种氧化铝水合物就属于此类。另一类是低结晶氧化铝水合物,统称为凝胶,结构中的水分子数不很确定,

表12-4示出了这类氢氧化物的名称及结构。

12.2.2 氢氧化铝的晶体结构

自然界中存在着一定数量的胶体氢氧化铝,它们的产生与硅酸盐的风化有关。由于吸附作用,天然胶体氢氧化铝中总会含有一些杂质,如磷、硫和钒等。这种胶体含水氧化铝通过各种电解质及带相反电荷的胶体(如 SiO_2 等)作为胶凝剂进行胶凝,胶凝的结果,由带相反电荷的含水氧化铝及含水氧化硅的质点产生硅铝凝胶。

表 12-4 低结晶氧化铝水合物(凝胶)的名称和结构

名　　称		组成	晶体结构
常用外文名	中译名	H_2O/Al_2O_3	(X射线衍射分析)
Amorphous gel	无定形凝胶 C_α 胶体	3~5	接近完全非结晶
Pseudo-boehmite 或 Colloidal boehmite 或 gel-type α-monohydrate	假一水软铝石 拟一水软铝石 胶状 α 型一水化物 C_β 胶体 拟薄水铝石	1.2~20	是一种半结晶物质,X射线衍射图和结晶一水软铝石很相似,但是面间距稍微大一些
Pseudo-bayerite	假拜耳石 拟拜耳石 Bayerite b C_γ 胶体		半结晶物质,X射线衍射图和拜耳石很相似,但面间距稍大一些,线条更宽一些

如表12-2所示,氧化铝的水合物中,三水氧化铝的变体主要是三水铝石、湃铝石及诺水铝石三种;一水氧化铝已知的两种变体是硬水铝石及一水软铝石。通常,用X射线衍射可以鉴定各种氢氧化铝的晶相结构。

1. 三水氧化铝($Al_2O_3 \cdot 3H_2O$)

三水氧化铝按化学成分可写成 $Al_2O_3 \cdot 3H_2O$,意即每个分子 Al_2O_3 结合三个 H_2O 分子,但从结构上看,水并不是以 H_2O 分子的形式存在,而是以 OH 基团的形式与 Al 原子结合,所以最好是用 $Al(OH)_3$ 来表示。

几种三水氧化铝的晶体结构属层状(图12-1)。氢氧离子(OH^-)成六方最紧密堆积,Al离子填充于邻接的两层氢氧离子之间的2/3八面体空隙(其余的空隙是空着的),组成配位八面体的结构层。每个Al离子配位有6个OH^-离子。这种紧密堆积的OH^-离子就构成一种层状结构,而相邻两层间以OH^-离子所形成的氢键相连接,如图12-2所示。

(1) 三水铝石(α-$Al_2O_3 \cdot 3H_2O$)。在德国及法国称其为 Hydrargillite,是铁矾土的基本组成,也是从铁矾土生产金属铝的中间产物、在自然界中既呈结晶状也呈偏胶体析出。结晶具有沿(001)的完整解理和鳞片状形状,解理面呈珍珠光泽。偏胶体三水铝石形成钟乳状集合体、细粒的致密体及土状集合体。胶体三水铝石见于许多铝土矿成分之中。三水铝石属单斜晶系,是二轴晶矿物,颜色有无色、白、微灰、微绿、微红黄及褐色等,含有 SiO_2、Fe_2O_3 及 CaO 等杂质。

在三水铝石的晶体结构中,双层堆积的排列方式可表示为 AB BA AB BA⋯,双层由OH^-离子间的氢键连接在一起。两个相邻的A或层间的距离为0.281nm,而A和B的距离为0.203nm。

图 12-1 三水氧化铝的晶体结构

(2) 湃铝石（$\beta_1 - Al_2O_3 \cdot 3H_2O$）。它在自然界不存在，可用人工的方法来合成，它属六角晶系，是用铝酸钠溶液制备 $\alpha - Al_2O_3 \cdot 3H_2O$ 的中间产物，也可以从铝盐溶液用碱中和所得的沉淀经老化来制备。不管用此二法中的任何一种方法来制备，产物中都常夹杂少量 $\alpha - Al_2O_3 \cdot 3H_2O$、$\alpha - Al_2O_3 \cdot H_2O$ 及吸附碱。由于得不到它的纯单晶，给 X 射线衍射分析带来了困难，以致使人们对它的严密结构还不太清楚，但其结构与三水铝石相似是无疑的。因为三水铝石与湃铝石的 Debye 谱线在位置上有许多相似之处，只是强度稍有不同而已，所以认为两者在结构上有很多共同的地方。在湃铝石中，铝离子仍占据八面体空穴的 2/3。而紧密堆积的羟

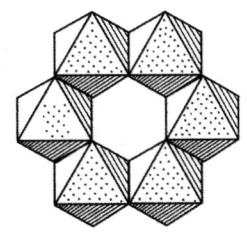

●—铝离子
○—OH基离子

图 12-2 $\alpha - Al_2O_3 \cdot 3H_2O$ 结构中的一个层

基离子双层最可能以 AB AB AB……的方式排列，与天然 $Mg(OH)_2$ 结构相似。两个层间的 AB 距离比三水铝石略小，为 0.264nm，而一个双层中的 AB 距离比三水铝石略大，为 0.207nm。在两个相邻双层间，O—O 最小距离为 0.313nm，要比三水铝石中（0.281nm）的为大。因此，湃铝石的密度（2.53）也相应比三水铝石（2.42）为大。

(3) 诺水铝石（$\beta_2 - Al_2O_3 \cdot 3H_2O$）。它于 1956 年首次被合成，用氨水中和 $Al(NO_3)_3$ 溶液得到的胶体悬浮在乙二胺溶液中经水洗、干燥即可制得。以后发现它也存在于自然界，精确地测定它的结构至今尚未实现。一些研究者认为它和三水铝石及湃铝石等具有一样紧密堆积的羟基离子双层，双层排列可能是 AB AB AB……的方式，是三水铝石与湃铝石堆积方式的组合。

2. 一水氧化铝（$Al_2O_3 \cdot H_2O$）

一水氧化铝常写成 $Al_2O_3 \cdot H_2O$，实际上它是由 OH 基、O 原子和 H 原子相结合而构成的，所以也写成 AlO(OH)。一水氧化铝在自然界中除了作为典型的结晶析出外，也呈偏胶体及胶体析出。它们都属正交晶系，其晶体结构也呈密堆积的方式，也有两种晶相，即硬水铝石与一水软铝石。另外还有一种晶相和一水软铝石相同，但结晶不完整，常以胶体状态存在，所以称作拟一水软铝石或胶态一水软铝石，它是合成氢氧化铝时最早生成的一种晶相。

(1) 硬水铝石（$\beta - Al_2O_3 \cdot H_2O$）。在自然界存在于铁矾土或黏土中。在 272～425℃ 范

围内,当水蒸气压力为14MPa时铁矾土中的全部氢氧化物均可转变成$\beta\text{-}Al_2O_3 \cdot H_2O$。$\beta\text{-}Al_2O_3 \cdot H_2O$被加热至500℃以后可直接转变成$\alpha\text{-}Al_2O_3$,它既不溶于酸也不熔解。由于它较难制备,所以不用它来制备$\alpha\text{-}Al_2O_3$。硬水铝石的结构已用单晶测定,若不计氢原子,它基本上是由六角密堆积的氧原子所构成。氧原子在每个八面体空隙的顶点上,铝离子则位于八面体的中心。每一个氧原子都与三个铝离子相邻接,并参与一个氢键的形成。整个结构可看作无数的水滑石之类长链通过AlO_6八面体的顶角上共用的氧原子联系起来,如图12-3所示。两个AlO(OH)链可处于反平行位置,这时第二个链的氧原子处于第一个链的铝原子同一水平位置上[图12-3(b)],这样就得到一种聚合物双分子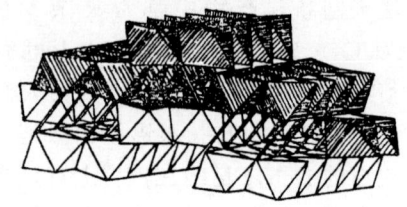,因此它不是层状结构,而是O^{2-}和(OH)成六角密堆积,故其密度比其他水合氧化铝大。图12-4为硬水铝石的晶体结构模型。单晶体呈沿c轴延伸而平行(010)的薄板状。颜色有白色、灰色或黑褐色。晶体呈玻璃光泽,解理面呈珍珠光泽。

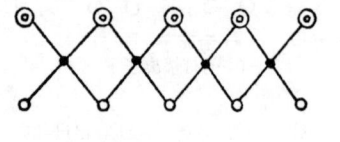

(a) AlO(OH)链　　(b)两个反平行AlO(OH)链

图12-3　硬水铝石的结构
◎—OH;·—Al;○—O

图12-4　硬水铝石的晶体
结构模型
(八面体表示AlO_6,氧离子在六个
顶点上,铝离子在中央,双线表示
O—H……O 键)

(2)一水软铝石或称薄水铝石($\alpha\text{-}Al_2O_3 \cdot H_2O$)是欧洲铝土矿的主要成分,为显微小的结晶,属正交晶系,可以由$\alpha\text{-}Al_2O_3 \cdot 3H_2O$、$\beta\text{-}Al_2O_3 \cdot 3H_2O$和假一水软铝石在压热釜中,经高温及水或水蒸气的作用下制备。其制备的稳定条件范围是压力<14MPa,温度140~375℃。一水软铝石实质上是上面所说的聚合物双分子的变体,它与硬水铝石的区别在于双分子的排列方式不同。其晶体结构如图12-5所示,属层状。Al^{3+}与O^{2-}组成$Al\text{-}O_6$配位八面体,以角顶相连平行于a轴而排列成链。各链再以八面体的棱相连平行于(010)而排列成波状的层。这种层状结构决定了它的片状形态和完全的(010)解理。结构中H^+则位于层与层之间和一个O^{2-}距离较近,趋向于形成OH^-的键性,但和另一个O^{2-}距离较远,趋向于形成H^+的键性。单晶体呈细小片状,通常在铝土矿中成隐晶质块体或胶体形成物。

3. 低结晶氧化铝水合物

(1)假一水软铝石或称拟薄水铝石($\alpha'\text{-}Al_2O_3 \cdot H_2O$)。它是制取活性氧化铝的重要

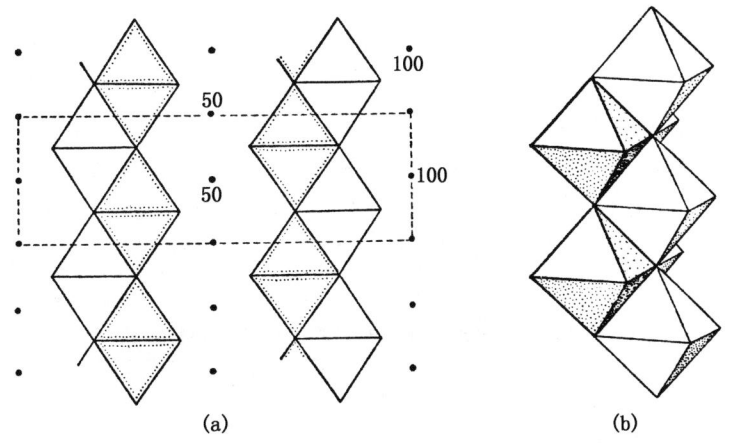

图 12-5 一水软铝石的晶体结构
(a) 在 (001) 上的投影，小点表示 H^+；(b) 表示八面体链连接成的波状层

中间产物，是细粒子的结晶不良的水合物，通过无定形 Al_2O_3 水合物在水溶液中，于 25℃以上老化制得。在假一水软铝石中，1mol Al_2O_3 含有 1.4～2.0mol H_2O。它的比表面积较大，可达 400m²/g。其 X 射线衍射图与一水软铝石相似，但分散度更大。它是由横截面为 5～6nm、长 100nm 的实心纤维形成的像稻草堆之类的物质，孔径约 5～10nm，孔体积为 0.5～0.6mL/g，其粒子荷正电，易被分散在 H_2O 和带 OH 基团的溶剂中。它再结晶成一水软铝石时，水含量下降，比表面积也随之下降。假一水软铝石加热转变成的 γ-Al_2O_3，是常用催化剂载体。纯度高的假一水软铝石，胶溶性能好，比表面积大，黏结性能高。而当假一水软铝石中氢氧化铝晶相超过一定数量时，则胶溶性能下降，比表面积减少。采用碱法生产假一水软铝石时，胶质假一水软铝石在老化过程中，随工艺条件不同，假一水软铝石与其转化相 α-Al(OH)$_3$、β_1-Al(OH)$_3$、β_2-Al(OH)$_3$ 可构成 6 种共存方式。常温下假一水软铝石是不稳定的，易向氢氧化铝转化，但在制备过程中经过一定时间老化则可提高其稳定性，不易向氢氧化铝转变。如未经老化的假一水软铝石在经 15 天存放后，α-Al(OH)$_3$、β_1-Al(OH)$_3$ 分别达到 0.8% 及 1.3%，而经老化过程制得的假一水软铝石，储存 15 天后，α-A(OH)$_3$ 含量仅为 0.1%，而未出现 β_1-Al(OH)$_3$。所以为制得胶溶性好的假一水软铝石，老化过程是不可缺少的。

胶溶性好、并具触变性凝胶的特点，广泛用于 Y 型分子筛裂化催化剂的黏结剂、酒精脱水催化剂。

(2) 无定形凝胶。这是铝盐与碱、或碱金属铝酸盐与酸作用生成沉淀、或由铝汞齐水解以及由醇铝水解等反应制造 Al_2O_3 的最初阶段中，生成的凝胶开始都是无定形的或大部分是无定形的。特别是在 pH7 以下沉淀时，可得到无定形凝胶。它很不纯，吸附有大量阴离子（如 Cl^-、SO_4^{2-} 等），其量可超过 20%。干燥后，可得 1mol Al_2O_3 中含 3mol H_2O 的干燥无定形凝胶，比表面积较小。在 pH 为 9 及高温下沉淀，容易生成一水软铝石凝胶；而在 pH 高于 10 以上时，除生成一水软铝石凝胶外，还生成三水合物。近来发现，无定形氧化铝凝胶也可用作石脑油重整、加氢脱硫催化剂载体。

表 12-5 示出了上述常见氧化铝水合物的晶体结构和性质。

12.2.3 氢氧化铝的鉴定

氢氧化铝鉴定的常用方法是 X 射线衍射分析法（XRD）及差热热分析法（DTA）。

XRD 是鉴定各种氢氧化铝晶相有效而快捷的方法。各种氢氧化铝的最主要特征晶面间距 a 值及其相对强度 I 列于表 12-6 中。图 12-6 是六种氧化铝水合物的 X 射线衍射图。如果样品中同时有三种晶相时，可以利用它们的第一条最强衍射线来加以鉴别。当采用铜靶 X 射线（CuK_α）时，三水铝石、诺水铝石及湃铝石的衍射角度（2θ）分别为 18.3°、18.5° 及 18.8°，只需在 $2\theta = 18° \sim 19°$ 范围内进行精细扫描，就可证实它们的存在与否。

表 12-5 常见氧化铝水合物的晶体结构和性质

名 称		Gibbsite	Bayerite	Nordstrandite	Boehmite	Diaspore
晶 系		单斜	六角	三斜	正交	正交
空 间 群		C_{2h}^5	D_{3d}^3	C_i^1	D_{2h}^{17}	D_{2h}^{16}
晶胞中分子数		4	2	4	2	2
晶胞常数	a, nm	0.862	0.5047	0.8758	1.22	0.440
	b, nm	0.506		0.5069	0.369	0.930
	c, nm	0.970	0.4730	1.0244	0.285	0.284
	α			109°33′		
	β	85°26′		97°66′		
	γ			88°34′		
密度，g/cm³		2.42	2.53	2.42	3.01	3.44
硬 度					3.5～4	6.5～7
解 理 性		(001) 完			(010)	(010) 完
折射率	α	1.568			1.649	1.702
	β	1.568	平均 1.583		1.649	1.722
	γ	1.587			1.665	1.750

表 12-6 氧化铝水合物 X 射线的 d 间距及相对强度

Gibbsite		Bayerite		Nordstrandite		Diaspore		Boehmite	
d, nm	I[①]	d, nm	I	d, nm	I	d, nm	I	d, nm	I
0.4848	100	0.4720	100	0.4783	100	0.471	13	0.611	100
0.4374	30	0.4374	85	0.4326	25	0.399	100	0.3164	65
0.4352	15	0.3200	40	0.420	17	0.3214	10	0.2346	53
0.336	6	0.270	5	0.416	16	0.2558	30	0.1980	6
0.333	10	0.246	7	0.392	8	0.2434	3	0.1860	32
0.321	8	0.236	10	0.312	6	0.2386	5	0.1850	27
0.312	4	0.2223	90	0.343	5	0.2356	8	0.1770	6

续表

Gibbsite		Bayerite		Nordstrandite		Diaspore		Boehmite	
d，nm	I[①]	d，nm	I	d，nm	I	d，nm	I	d，nm	I
0.266	1	0.215	5	0.320	2	0.2317	56	0.1662	13
0.246	11	0.207	5	0.304	4	0.2131	52	0.1527	6
0.243	8	0.199	6	0.285	4	0.2077	49	0.1453	16
0.239	13	0.192	2	0.271	3	0.1901	3	0.1434	9
0.235	1	0.180	2	0.248	11	0.1815	8	0.1412	1
0.230	3	0.1725	50	0.245	8	0.1733	3	0.1396	2
0.225	6	0.160	10	0.239	17	0.1712	15	0.1383	6
0.217	7	0.157	5	0.227	19	0.1678	3	0.1369	2
0.209	1	0.156	10	0.222	3	0.1633	43	0.1312	15
0.205	11	0.146	20	0.201	15	0.1608	12	0.1303	3
0.200	8	0.145	15	0.191	13	0.1570	4	0.1244	1
0.197	1	0.139	10	0.179	10	0.1522	6	0.1209	2
0.192	6	0.133	15	0.173	2	0.1480	20	0.1178	3
0.181	8	0.128	3	0.167	4	0.1431	7	0.1171	1
0.175	11	0.121	10	0.165	3	0.1423	12	0.1161	3
0.169	8	0.114	3	0.160	5	0.1400	6	0.1134	5
0.166	2	0.111	3	0.158	4	0.1376	16	0.1115	2
0.164	1			0.155	5	0.1340	5	0.1092	1
0.160	2			0.152	5	0.1329	6	0.1046	2
0.158	1			0.148	5	0.1304	3	0.1028	1
0.156	1			0.146	3	0.1289	6	0.0990	1
0.149	1			0.144	11	0.1279	1	0.0982	1
0.146	7			0.143	5	0.1256	4	0.0950	2
0.144	3			0.134	2	0.1243	5	0.0931	2
0.141	3			0.131	5	0.1218	2	0.0925	2
0.140	4			0.126	4	0.1204	4	0.0910	2
0.138	1			0.123	3	0.1178	1	0.0902	2
0.137	3			0.122	3	0.1174	7	0.0894	1
0.133	1			0.120	4	0.1140	3	0.0890	1
0.132	2					0.1100	1	0.0866	1
0.126	1					0.1093	3	0.0860	1
0.125	1							0.0832	2
0.121	3							0.0829	3

[①] I 为相对强度。

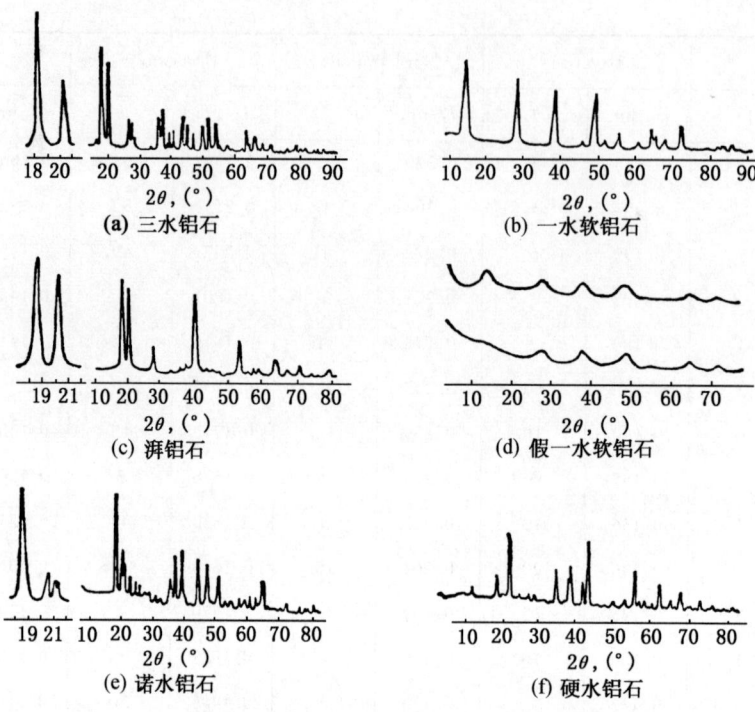

图 12-6 六种氧化铝水合物的 X 射线衍射图

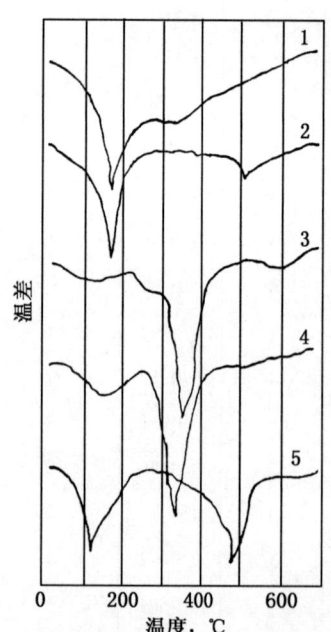

图 12-7 几种氧化铝水合物
的差热曲线
1—无定形氢氧化铝；2—假一水软铝石；
3—湃铝石；4—诺水铝石；
5——水软铝石

从图中可以看出，假一水软铝石衍射峰的峰尖位置（即 d 值）基本上与一水软铝石相同，只是衍射峰很宽，这是它成胶体状、结晶不完整及颗粒度很细的表征。如果样品中有湃铝石和假一水软铝石存在，只需在某一角度区（如 $2\theta = 10°\sim19°$ 或 $2\theta = 45°\sim55°$）进行衍射扫描，就能加以鉴别，而且定量地估算出它们在样品中的百分含量。

利用差热分析及红外光谱可以鉴定氢氧化铝热转化的过程。氢氧化铝在加热过程中产生吸热的脱水反应，在差热分析的曲线中就表现为吸热峰。利用这些峰的温度不同，可以鉴定出不同的晶相。图 12-7 示出了各种氢氧化铝的差热曲线。

无定形氢氧化铝在 135℃ 由于脱水吸附水产生一个吸热峰，而集中在 290~350℃ 的很宽的吸热带是由于氢氧化铝分解成氧化铝所致。

假一水软铝石在 130℃ 附近的大吸热峰也是因为脱去吸附水所引起，450℃ 处宽峰是失水转化成 $\gamma\text{-}Al_2O_3$。湃铝石有三个特征吸热峰：约 200℃ 附近失水成湃铝石及一水软铝石混合物；约 300℃ 转变成一水软铝石及 $\eta\text{-}Al_2O_3$ 的混合物；约 500℃ 转变成 $\eta\text{-}Al_2O_3$。三水铝石的差热曲线（图中未画出）与湃铝石很相似，只是峰温略有差别。诺水铝石只有直接脱水成 $\eta\text{-}Al_2O_3$ 的一个吸热峰。由假一水软铝石制得的一水软铝石，在130℃附近的吸热峰，因水含量减少而明显降低，而450℃处的吸热峰较大。上述试样在不同加热温度时得到的氧化铝的X射线衍射结果如表12-7所示。

表12-7 几种水合氧化铝在不同加热温度下得到的氧化铝X射线衍射分析结果

温度 ℃	鉴定相无定形氢氧化铝	假一水软铝石	一水软铝石	湃铝石	诺水铝石
100	无定形氢氧化铝	假一水软铝石	一水软铝石	湃铝石	诺水铝石
200	无定形氢氧化铝	假一水软铝石	一水软铝石	湃铝石 + 一水软铝石	诺水铝石
300	无定形氧化铝	假一水软铝石	一水软铝石	一水软铝石 + η-Al_2O_3	η-Al_2O_3
400	无定形氧化铝	假一水软铝石	一水软铝石	一水软铝石 + η-Al_2O_3	η-Al_2O_3
500	无定形氧化铝	γ-Al_2O_3	γ-Al_2O_3	η-Al_2O_3	η-Al_2O_3
600	无定形氧化铝	γ-Al_2O_3	γ-Al_2O_3	η-Al_2O_3	η-Al_2O_3
700	无定形氧化铝	γ-Al_2O_3	γ-Al_2O_3	η-Al_2O_3	η-Al_2O_3
800	γ-Al_2O_3	γ-Al_2O_3	$\gamma+\delta$-Al_2O_3	η-Al_2O_3	η-Al_2O_3
900	$\gamma+\theta$-Al_2O_3	γ-Al_2O_3	δ-Al_2O_3	$\eta+\theta$-Al_2O_3	$\eta+\theta$-Al_2O_3
1000	$\gamma+\theta$-Al_2O_3	$\gamma+\theta$-Al_2O_3	$\delta+\theta$-Al_2O_3	$\eta+\theta$-Al_3O_3	$\eta+\theta$-Al_2O_3
1100	$\theta+\alpha$-Al_2O_3	α-Al_2O_3	θ-Al_2O_3	$\theta+\alpha$-Al_2O_3	$\theta+\alpha$-Al_2O_3
1200	α-Al_2O_3	α-Al_2O_3	α-Al_2O_3	α-Al_2O_3	α-Al_2O_3
1300	α-Al_2O_3	α-Al_2O_3	α-Al_2O_3	α-Al_2O_3	α-Al_2O_3

12.2.4 氢氧化铝的热转化

尽管氧化铝可由铝盐分解而得到，但在催化领域中，各类氧化铝通常系由相应的水合氧化铝加热失水制得。在这个热转化过程中，起始水合物的形态（如晶型、粒度），加热的气氛与快慢，杂质含量等均会对氧化铝的形态有很大影响。

由铝盐溶液沉淀出来的无定形氢氧化铝，在一定条件（温度、pH值等）下逐渐产生相结构的变化。这种转化的一般过程如图12-8所示。

$$铝酸钠溶液 + CO_2 \longrightarrow 无定形氢氧化铝$$

$$\downarrow 20℃，pH>7$$

$$湃铝石 \xleftarrow{20℃，pH>9} 假一水软铝石$$

$$20℃，pH>12 \downarrow$$

$$三水铝石 \xrightarrow{>80℃，pH>12} 一水软铝石$$

图12-8 相结构变化

由此可见，制备不同种类的氢氧化铝的问题基本上是一个控制老化过程（温度、pH值等）的问题。但图12-8只是一般的转变过程，而想要得到纯的氢氧化铝，按此过程并不容易。

一些研究者认为，母液老化时氢氧化铝晶体生长过程服从一般的"定向生长"机理。开始形成的沉淀是碱式盐的氢氧化铝的混合物。在温和条件下，碱式盐继续水解使无定形相转化成假一水软铝石纤维状结构。老化时上述质点转化成同样大小的晶核，它在结晶过程中起着基本的作用。到了一定程度，晶核生成成针状的次级晶体，这是按一定方向发生的定向生长，这些次级晶体有着粒状结构，大小为数百微米，是由3～4nm的质点连成的。

1. $Al_2O_3 \cdot 3H_2O$ 的热转化

在真空中，三水氧化铝在低温时，几乎完全分解成无定形的产物（$\rho\text{-}Al_2O_3$），而在高温时转变成 $\gamma\text{-}Al_2O_3$ 或 $\eta\text{-}Al_2O_3$，进一步变成 $\theta\text{-}Al_2O_3$（图12-9）：

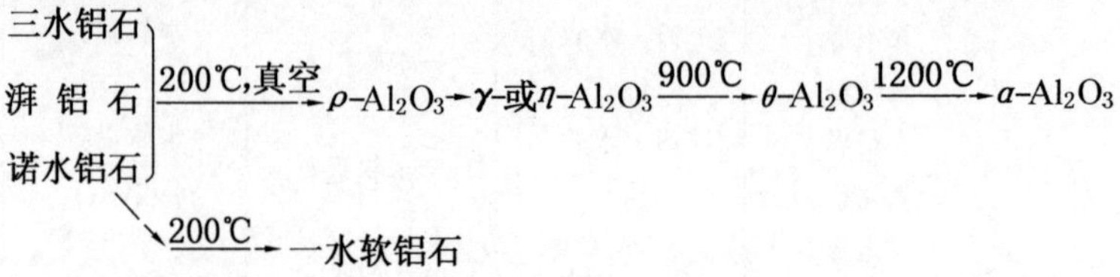

$$\left.\begin{array}{l}\text{三水铝石}\\ \text{湃铝石}\\ \text{诺水铝石}\end{array}\right\} \xrightarrow{200℃,真空} \rho\text{-}Al_2O_3 \to \gamma\text{或}\eta\text{-}Al_2O_3 \xrightarrow{900℃} \theta\text{-}Al_2O_3 \xrightarrow{1200℃} a\text{-}Al_2O_3$$

$$\xrightarrow{200℃} \text{一水软铝石}$$

图12-9 $Al_2O_3 \cdot 3H_2O$ 在真空中的热转化

在空气中的热转化过程如图12-10所示。

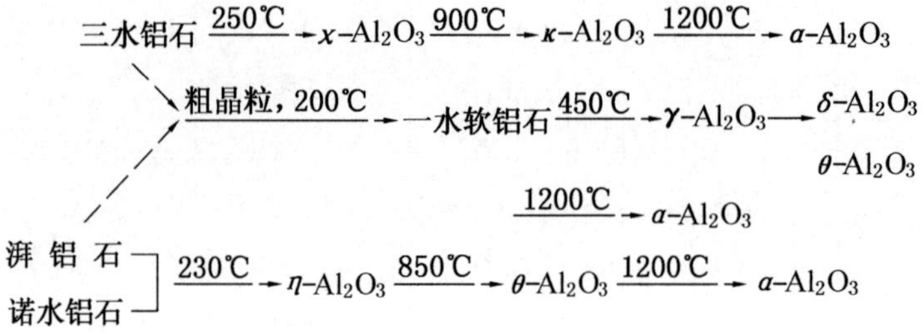

$$\text{三水铝石} \xrightarrow{250℃} x\text{-}Al_2O_3 \xrightarrow{900℃} \kappa\text{-}Al_2O_3 \xrightarrow{1200℃} a\text{-}Al_2O_3$$

$$\xrightarrow{\text{粗晶粒,}200℃} \text{一水软铝石} \xrightarrow{450℃} \gamma\text{-}Al_2O_3 \to \begin{array}{l}\delta\text{-}Al_2O_3\\ \theta\text{-}Al_2O_3\end{array}$$

$$\xrightarrow{1200℃} a\text{-}Al_2O_3$$

$$\left.\begin{array}{l}\text{湃铝石}\\ \text{诺水铝石}\end{array}\right\} \xrightarrow{230℃} \eta\text{-}Al_2O_3 \xrightarrow{850℃} \theta\text{-}Al_2O_3 \xrightarrow{1200℃} a\text{-}Al_2O_3$$

图12-10 $Al_2O_3 \cdot 3H_2O$ 在空气中的热转化

上面的转化中，$\rho\text{-}Al_2O_3$ 有一个值得注意的性质，它和水反应生成湃铝石，而不论原先的水合物是哪一种。

2. $Al_2O_3 \cdot H_2O$ 的热转化

硬水铝石是加热时唯一能直接分解成 $\alpha\text{-}Al_2O_3$ 的氢氧化铝：

$$\text{硬水铝石} \xrightarrow{500℃} \alpha\text{-}Al_2O_3 \qquad (12-1)$$

结晶良好的一水软铝石（晶粒大、$>1\mu m$，比表面积$<15m^2/g$）的分解过程见图12-11。

$$\text{一水软铝石} \xrightarrow{450℃} \gamma\text{-}Al_2O_3 \xrightarrow{600℃} \delta\text{-}Al_2O_3 \xrightarrow{1050℃}$$

$$\theta(+\alpha)\text{-}Al_2O_3 \xrightarrow{1200℃} \alpha\text{-}Al_2O_3$$

图12-11 一水软铝石分解过程

$\delta\text{-}Al_2O_3$ 的范围与杂质含量及一水软铝石的结晶度有很大关系。微量的钠有利于形成 $\theta\text{-}Al_2O_3$，而锂和镁可使 $\delta\text{-}Al_2O_3$ 稳定，甚至避免生成 $\theta\text{-}Al_2O_3$，如果一水软铝石结晶不良，则 $\delta\text{-}Al_2O_3$ 的形成就被推迟，有时甚至观察不到。假一水软铝石由于结晶性太差，它的脱水过程如图12-12所示。

$$\text{假一水软铝石} \xrightarrow{450℃} \gamma - Al_2O_3 \xrightarrow{900℃}$$

$$\delta - Al_2O_3 \xrightarrow{1000℃} \theta + \alpha - Al_2O_3 \xrightarrow{1200℃} \alpha - Al_2O_3$$

$$\text{无定形凝胶} \xrightarrow{100℃} \text{假一水软铝石凝胶} \xrightarrow{\text{大气中}} \eta - Al_2O_3$$

$$\xrightarrow{850℃} \theta - Al_2O_3 \xrightarrow{1200℃} \alpha - Al_2O_3$$

$$\text{干燥无定形凝胶} \xrightarrow[500℃]{\text{大气中}} \eta - Al_2O_3 \xrightarrow{850℃} \theta - Al_2O_3 \xrightarrow{1200℃} \alpha - Al_2O_3$$

图 12 - 12 假一水软铝石脱水过程

综合上述过程，氧化铝水合物热转化为各种晶型 Al_2O_3 的过程可用图 12-13 加以表示。

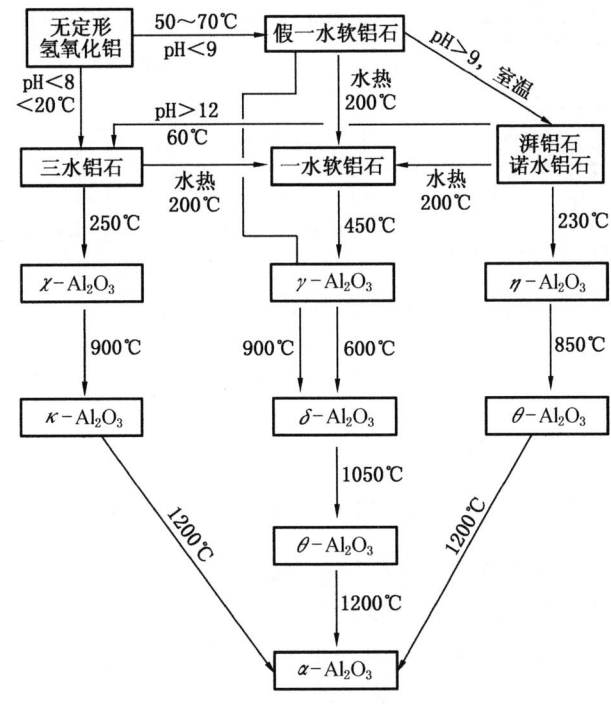

图 12 - 13 氧化铝水合物的热转化过程

最大比表面积　　$\beta - Al_2O_3 \cdot 3H_2O$ ＞ $\alpha - Al_2O_3 \cdot 3H_2O$ ＞ 晶型 $\alpha - Al_2O_3 \cdot H_2O$

相应之温度　　　～300℃　　　　　　～400℃　　　　　　　～500℃

相应之晶相 $\begin{cases} \alpha - Al_2O_3 \cdot H_2O（主） \\ \eta - Al_2O_3（次） \end{cases} \begin{cases} \alpha - Al_2O_3 \cdot H_2O \\ \chi - Al_2O_3 \end{cases} \begin{cases} \gamma - Al_2O_3（主） \\ \alpha - Al_2O_3 \cdot H_2O（微） \end{cases}$

氧化铝水合物在热转化过程中，由于受热使水分子逸出，从而使比表面积及孔结构也发生很大变化。前述图 11-3 及图 11-4 即为这一现象的说明例子，$\alpha - Al_2O_3 \cdot 3H_2O$ 在受热失重的同时，比表面积均出现一极大值。其他一些氧化铝水合物在加热失水时比表面积极大值的大小顺序和出现极大值位置的顺序为：

此外，加入添加剂对晶型转变也有促进作用，例如三水氧化铝受热出现初晶的温度为900℃，但当加入 5％的 AlF_3 或 MgF_2 等以后，开始相变的温度分别为：700℃（2h）及 800℃（2h）。

12.2.5 氢氧化铝及氧化铝的制备方法

如前所述，氢氧化铝是 Al_2O_3 生产的一个重要中间步骤，掌握了不同氢氧化铝的制备方法，也就基本上掌握了各种 Al_2O_3 的制法。

世界上极大部分 Al_2O_3 及金属铝是由提纯的铝土矿经拜耳法制得。图 12-14 是传统拜耳法制 Al_2O_3 的工艺流程示意图。用做载体的 Al_2O_3 可由拜耳法所得氢氧化铝或金属铝、铝盐、醇铝等为原料经各种工艺方法而制得。下面为工业上制造 Al_2O_3 载体的一些方法。在这些方法中除用氢氧化铝（氧化铝三水合物）作原料外，其他原料都预先制成凝胶，根据制备时采用的工艺条件（如 pH 值、温度、搅拌速度和浓度等）不同，可生成上述各种氧化铝水合物或它们的混合物。这些氧化铝水合物经热转化制成不同晶相的 Al_2O_3，并具有不同的孔结构及比表面积。

1. 铝有机化合物水解法

醇铝是醇分子中羟基的氢被金属铝取代的化合物。从醇铝制备的氢氧化铝经加热脱水后得到活性氧化铝，这种活性氧化铝具有纯度高、比表面积大、活性高、不含电解质的特点。由于异丙醇铝沸点低、易精制，所以一般从异丙醇铝开始来制备。制备过程如图 12-15 所示。

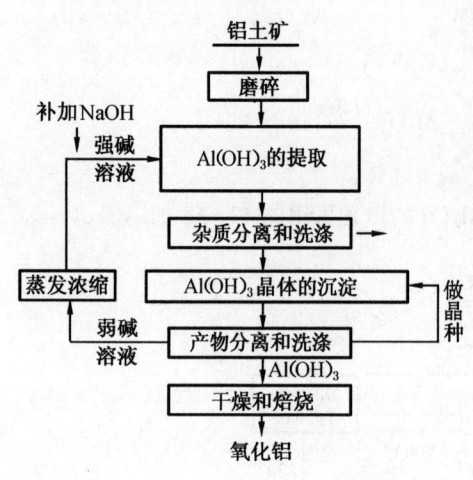

图 12-14 拜耳法制 Al_2O_3 工艺过程

$$\begin{matrix}铝片\\异丙醇\end{matrix}\Big] \longrightarrow 反应 \longrightarrow 水解 \longrightarrow 老化 \longrightarrow 过滤 \longrightarrow 干燥$$

$$\longrightarrow 焙烧 \longrightarrow \gamma-Al_2O_3$$

图 12-15 采用异丙醇铝制备氧化铝方法

制备时将纯铝片直接加入异丙醇中反应，生成异丙醇铝 $(C_3H_7O)_3Al$。然后通入 180℃水蒸气，在 175℃下使异丙醇铝水解生成水合氧化铝。

由烷氧基铝水解制活性 Al_2O_3 最早工业化的是美国西方石油公司以乙烯、铝、氢、溶剂及水等为原料生产高级醇时联产氢氧化铝的 Alfol 法：

$$Al + nC_2H_4 \longrightarrow Al(R_x)_3 \xrightarrow{O_2} Al(OR_x)_3$$
$$\xrightarrow{H_2O} Al(OH)_3 + 3R_xOH \qquad (12-2)$$

此法起初用硫酸水解高碳烷氧基铝，但由此制得的 Al_2O_3，含 SO_4^{2-} 很高，不是好的催化剂载体，后改成只用水水解高碳烷氧基铝，但仍有部分高级醇残留在 Al_2O_3 上，操作处理中比较麻烦。

以后，德国 Condea Chemie 公司开发成功了由高级醇（正戊醇、正己醇）和金属铝为原料生产氢氧化铝工艺：

$$Al + 3nC_5H_{11}OH \xrightarrow{HgCl_2} Al(OC_5H_{11})_3$$
$$\xrightarrow{H_2O} Al(OH)_3 + 3nC_5H_{11}OH \qquad (12-3)$$

这是国外生产 Al_2O_3 载体的主要方法，产品已系列化，产量达 $6×10^4$ t/a，广泛用作各种催化剂载体或黏结剂。

在由异丙醇和金属 Al 生产 Al_2O_3 的工艺中：

$$Al + 3iC_3H_7OH \xrightarrow{AlCl_3} Al(OC_3H_7)_3$$
$$\xrightarrow{H_2O} Al(OH)_3 + 3iC_3H_7OH \qquad (12-4)$$

由异丙醇与金属 Al 反应制备三异丙氧基铝已是工业上十分成熟的方法。但三异丙氧基铝水解后只能得到异丙醇稀水溶液，异丙醇循环使用较难，所以一直未工业化。但石油化工科学研究院（RIPP）开发的技术解决了异丙醇循环问题，使此法得以用于 Al_2O_3 载体的生产。该法的基本原理是基于三异丙氧基铝是一种很好的脱水剂，异丙醇—水的共沸组成为：异丙醇 88%，水 12%，用三异丙氧基铝将一定量的异丙醇共沸物中的水脱除，亦即用异丙醇共沸物中的水将三异丙氧基铝水解，在得到 Al_2O_3 的同时得到含水量小于 0.2% 的异丙醇，从而用简单方法实现了异丙醇的循环使用[73,74]。用 RIPP 工艺方法制备的 HP-1 Al_2O_3 与 Condea 公司生产的 SB Al_2O_3 粉同属纯 α-$Al_2O_3 \cdot H_2O$，两者的物性比较如表 12-8 所示。

表 12-8 两种 α-$Al_2O_3 \cdot H_2O$ 粉的比较

项目	HP-1			SB
	异丙醇循环次数			
	4	5	6	
比表面积，m^2/g	257	236	252	274
孔体积，mL/g	0.55	0.55	0.61	0.42
孔半径分布，%				
<3nm	0	0	0	54.8
3～4nm	54.5	43.3	44.9	33.7
4～5nm	44.0	49.9	51.3	5.0
5～10nm	1.2	6.1	3.1	5.1
>10nm	0.4	0.7	0.7	1.3

2. 铝汞齐法

金属铝用 NaOH 处理后，将其表面的 Al_2O_3 用刀刮掉，使它与汞相接触或是用汞盐溶液浸泡，得到铝汞齐。这种铝汞齐的生成速度随 RH 和阴离子的不同而异。对阴离子来说，铝汞齐的生成速度是 $Cl^- > SO_4^{2-} > NO_3^-$。在湿空气作用下，在所得铝汞齐的表面上生成直径为 5～8nm 的纤维状 Al_2O_3 水合物，以后它又成直径为 20～30nm 的一束束纤维状 Al_2O_3 水合物。

汞与铝的分离是用 2% 左右的甲酸或乙酸溶液来处理铝汞齐，得到水合氧化铝溶胶。

另一种方法是在汞盐或汞的氧化物存在下，使金属铝和水直接反应。例如，将 327g 纯度为 99.99% 的金属铝屑放入 9.3L 含 3.1g$HgCl_2$ 水溶液中，在 pH 为 8.8 时于 55℃ 处理 15h 得到水合氧化铝，其组成大部分是三水铝石及拜铝石，并含有少量薄水铝石。

3. 酸法及碱法

（1）碱沉淀（即酸法）。

$$Al^{3+} + OH^- \xrightarrow{H_2O} Al_2O_3 \cdot nH_2O\downarrow + \cdots \qquad (12-5)$$

所谓酸法是将原料制成铝盐，用碱性物质沉淀。常用的铝盐有 Al(NO_3)$_3$、AlCl$_3$、$Al_2(SO_4)_3$ 和明矾等，也可将金属 Al 溶于酸后制成铝盐溶液。常用的沉淀剂是 NaOH、KOH、NH$_4$OH 及 Na$_2$CO$_3$ 等。如将 $Al_2(SO_4)_3$ 配成 6% 水溶液，加入浓度为 20% 的 NH$_4$OH，在搅拌下反应 40～60min，得到 Al(OH)$_3$ 沉淀，再经过滤水洗、干燥，即可制得氢氧化铝产物。用这种方法制备氢氧化铝时，要完全除去阴离子比较困难，特别是在使用 $Al_2(SO_4)_3$ 时，残留的 SO_4^{2-} 在使用时仍被还原成 H_2S，影响产品质量，会使催化剂中毒。如用 KCl 代替碱作沉淀剂，则容易克服上述缺点。

(2) 酸沉淀（即碱法）。

$$AlO_2^- + H_2O^+ \longrightarrow Al_2O_3 \cdot nH_2O\downarrow + \cdots \quad (12-6)$$

所谓碱法是先把原料制成铝酸盐（通常是偏铝酸钠），然后用酸中和。通常，偏铝酸钠可由下式制得：

$$Al(OH)_3 + NaOH \xrightarrow{\triangle} NaAlO_2 + H_2O \quad (12-7)$$

所用的酸可用强酸（HNO_3、HCl、H_2SO_4 等），也可用弱酸（NH_4HCO_3、$NaHCO_3$ 等）以及 CO_2 等。如用苛性比为 1.26 的偏铝酸钠与 33% 硝酸进行中和反应，温度控制在 40~50℃，pH 为 7~7.5，反应后老化 1h，过滤洗涤、干燥，即可制得氢氧化铝产品。

用这种方法制备活性氧化铝成本较低，又因在过量的碱存在下，$Fe(OH)_3$ 不溶，所以 Fe^{3+} 离子容易被除去，但得到的活性氧化铝常含有少量的碱。碱法也是制备活性氧化铝的常用方法。

(3) 碳酸法。它实际上是用酸法制备氢氧化铝的方法之一。这种在 $NaAlO_2$ 溶液中通入 CO_2 进行沉淀的方法也是工业上生产湃铝石的主要方法，所以又专称为碳酸法。如果控制不同的成胶温度及洗涤温度，也可以得到其他晶型的氢氧化铝。一般情况下，在 0~17℃ 时生成假一水软铝石，在 25℃ 时生成湃铝石，在 90℃ 时生成三水铝石。影响碳化产物质量的主要因素有：温度、CO_2 浓度、碳化速度、碳化率、搅拌程度及气液接触状态等。用这种方法得到的氧化铝强度较差、成型困难，如果严格控制成胶条件及洗涤条件，也可得到强度较好的产品。

除了上述这些方法以外，还可以用拜耳法（$NaAlO_2$ 溶液中加晶种析出水合氧化铝）及从高铝含量高碱含量的 $NaAlO_2$ 溶液水解等方法来制备。其中拜耳法是最古老的方法。

4. 油柱成型法

用盐酸处理金属 Al 得到 $Al_2(OH)_5Cl$，然后与六亚甲基四胺 $(CH_2)_6N_4$ 混合，经孔板注入油柱成型，在油中加氢氧化铝溶胶使其凝胶化时，可利用它的表面张力得到球形氢氧化铝凝胶。凝胶先经氨水老化后，经干燥、焙烧后即可制得强度高、孔体积大、尺寸较均匀的球形 Al_2O_3。

又如将一定量高纯铝（99.99%）和三氯化铝溶液（浓度为 $0.112gAl_2O_3/mLAlCl_3$）、纯水在 102℃ 下回流反应 15h，使形成无色透明铝溶胶（$nAl(OH)_3 \cdot AlCl_3$，$n=4\sim6$）。冷却后加入适量六亚甲基四胺及纯水，控制胺/Al 比为 1.20 左右。将上述混合液注入液状石蜡成球柱中（成球温度约 98℃），经凝胶、老化、洗涤、干燥、焙烧活化、即可制得孔体积 0.7mL/g、比表面积 >160m²/g、堆密度 0.45g/mL、粒径为 1.7~1.8mm 的小球氧化铝。

5. 铵明矾热解法

铵明矾又称铵矾，学名硫酸铝铵，无色晶体。熔点 94.5℃。铵明矾可在 80℃ 左右被自身的结晶水溶解。因此，即使加热固体，也会中途变成液体。如果再加热下去，则一边产生 NH_3、SO_3、H_2O 等，一边被固化，大约在 900℃ 时完全分解生成高纯 Al_2O_3，其反应式为：

$$Al_2(NH_4)_2(SO_4)_4 \cdot 24H_2O \xrightarrow[\text{失水}]{100\sim200℃} Al_2(SO_4)_3(NH_4)_2SO_4$$
$$\cdot H_2O + 23H_2O\uparrow \quad (12-8)$$

铵明矾

$$Al_2(SO_4)_3(NH_4)_2SO_4 \cdot H_2O \xrightarrow[500\sim600℃]{分解} Al_2(SO_4)_3 + 2NH_3\uparrow +$$
$$SO_3\uparrow + 2H_2O\uparrow \qquad (12-9)$$

$$Al_2(SO_4)_3 \xrightarrow{800\sim900℃} Al_2O_3 + 3SO_3\uparrow \qquad (12-10)$$

铵明矾可由高纯 Al 或 Al(OH)$_3$ 为起始原料，与硫酸反应制成硫酸铝。硫酸铝与精制硫酸铵反应制成铵明矾。铵明矾再经过滤、结晶、洗涤、分解及转相按上式制成 Al_2O_3。粗铵明矾中的 Na、Mg、Ca 等杂质可通过结晶、洗涤等工艺除去。

铵明矾制 Al_2O_3 的另一改良法是碳酸铵铝矾热解法。它是先由铵明矾与碳酸氢铵按下式反应制成碳酸铵铝矾：

$$2NH_4Al(SO_4)_2 + 8NH_4HCO_3 \longrightarrow 2NH_4AlO(OH)HCO_3$$
$$+ 4(NH_4)_2SO_4 + 6CO_2 + 2H_2O \qquad (12-11)$$

制得的碳酸铵铝矾经热解生成 Al_2O_3：

$$2NH_4AlO(OH)HCO_3 \xrightarrow{1100℃} Al_2O_3 + 2NH_3\uparrow + 2CO_2\uparrow + 3H_2O\uparrow \qquad (12-12)$$

该工艺的关键是碳酸铵明矾中间体的合成。较佳条件为：反应温度 35℃，NH_4HCO_3 与 $NH_4Al(SO_4)_2$ 的摩尔比为 1：10～15。

此法与铵明矾热解法相比较，具有过滤性能好、重结晶程度高、Al_2O_3 粒度容易控制的特点。

6. 快速脱水法

这是以拜耳法氢氧化铝为原料经高温快速脱水直接制成高比表面积的 Al_2O_3 粉，因其反应活性高且具塑性，故容易造粒成型。

制备时先将 α-Al(OH)$_3$ 在 110℃ 烘干到水含量 <1%，然后粉碎至 43μm 以下，立即高温快速脱水，脱水温度 600～950℃，即可制得含水量为 5%～9%，并主要含过渡态 χ- 及 η-Al_2O_3 的氧化铝粉。其工艺过程如图 12-16 所示。

```
                                    黏合剂
                                      ↓
α-Al(OH)₃ → 干燥 → 粉碎 → 高温快脱 → 成型 → 再水合 ──→
                              │              │
                              │ χ-Al₂O₃      │ β₁-Al(OH)₃
                              │ ρ-Al₂O₃      │ α'-AlOOH
                                             │ χ-Al₂O₃
                                             │ ρ-Al₂O₃

活化──→ γ-Al₂O₃（含 χ-、ρ-、η-Al₂O₃）
```

图 12-16 快速脱水法工艺过程

高温快速脱水是使 α-Al(OH)$_3$ 与热空气瞬间接触生成过渡态 χ-Al_2O_3 及 ρ-Al_2O_3（它们能在水中膨胀生成氧化铝的水合沉淀物），如原料中含有一水软铝石，则脱水产物中也含有这种氧化铝水合物。此外干燥温度过高，也会使 α-Al(OH)$_3$ 转化成一水软铝石。再水合也是一种老化过程，目的是使成型后的小球与水发生再水化而增加孔体积，并使孔径向较大孔发展。在再水合后物料中为 β$_1$-Al(OH)$_3$、α'-AlOOH、χ-Al_2O_3 及 ρ-Al_2O_3 等共存。活化是制备快脱法 Al_2O_3 的最后一个工序，目的是除去游离水及结构水，以获得稳定的晶相及适宜的比表面积和孔结构。

7. 等离子体法

超细粉具有特殊的体积效应及表面效应，由于其活性高、选择性好，是一类具有很大潜力的新催化材料。

等离子体技术是 20 世纪五六十年代发展起来的一种边缘科学技术。等离子体是一种特殊的高温热源，具有气氛可变、温度易控的优异特点。用这种技术制备高纯超细氧化铝的工艺过程如图 12-17 所示。它主要由三个阶段组成[73]。

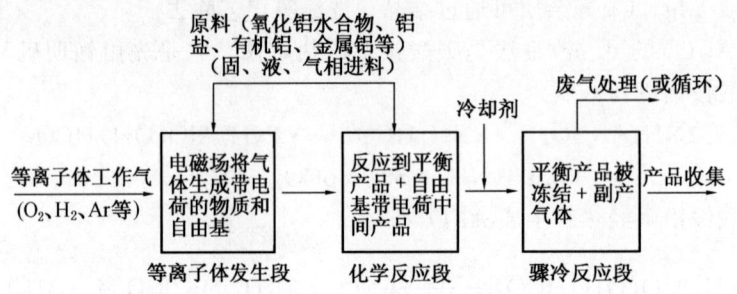

图 12-17 等离子体技术制备高纯氧化铝的过程示意

在第一阶段，根据产品的要求使用不同的气体以形成氧化、还原或中性气氛。施加电磁场使气体电离形成等离子体并产生高温。

第二阶段为物料与等离子体混合反应阶段。该阶段把激发出的高能离子与物料充分碰撞，在高温下使物料更易反应与分解，大大缩短反应时间。根据原料的状态、性质及产品的要求，物料进入反应系统可采用固相、气相或液相的进料方式。根据原料的特性，对固体铝盐、氧化铝水合物可采用专门设计的喷枪喷入弧区，也可随工作气体同时送入等离子体发生器；对金属铝、氯化铝可采用气相进料，设计专门的进料装置使物料气与等离子气充分混合；而对液相原料，在加入到反应器前，要先进行雾化，通常采用超声雾化的方法。如硝酸铝溶液或其他铝盐溶液加到离子炬中时，先使溶液蒸发，铝盐分解成组分原子或分子，随后是晶体生长。

第三阶段是对生成产物进行快速骤冷，使晶体生长冻结，获得足够细的产品，同时对反应过程中的副产品（一般为气体）进行回收处理或循环利用。

8. 相转移法

相转移法是近年来用于制备纳米级氧化铝超微粒子的方法。这种方法是在水溶液中制备带正电性的氧化铝水溶胶后，用阴离子表面活性剂十二烷基苯磺酸钠使它具有亲油性，然后用有机溶剂萃取变成有机溶胶，在蒸馏除去有机溶剂后，即得到覆盖有表面活性剂的水合氧化铝微粒，将其分散在有机溶剂和高聚物中时就得到透明的纳米微粒。图 12-18 示出了相转移法制备氧化铝超细粒子的工艺过程[32]。此法是以三氯化铝为起始原料，用相转移法制备出表面覆盖有表面活性剂的水合氧化铝微粒，经 800℃ 及 1200℃ 2h 热处理可制得 γ-Al_2O_3 及 α-Al_2O_3 纳米微粒，平均粒径可达到 5～10nm。

上面简单介绍了氢氧化铝的一些主要制备方法。实际上，制备氢氧化铝的文献很多，根据不同用途的要求，制备方法也多种多样，很难笼统地加以描述。这是因为在不同制备条件下生成的沉淀类型互不相同，尤其要制备单一晶相的水合氧化铝更加困难，而且所生成的沉淀在不同的介质、气氛中会进一步转型，使制备条件更难控制。下面再简要介绍各类水合氧化铝的实验室简便制备方法示例[31,71]，以供参考。

$$AlCl_3 \text{ 溶液} \xrightarrow{\text{NaOH 或氨水}} Al(OH)_3 \xrightarrow{pH = 3.4 \sim 4.2}$$

$$Al_2O_3 \cdot nH_2O \text{ 水溶胶} \xrightarrow{\text{十二烷基苯磺酸钠}} \text{水溶胶凝聚体} \xrightarrow[\text{剧烈搅拌}]{\text{有机溶剂（二甲苯）}}$$

$$Al_2O_3 \cdot nH_2O \text{ 有机溶胶} \xrightarrow[\text{减压蒸馏}]{\text{静置分离}} \text{覆盖十二烷基苯磺酸钠的 } Al_2O_3 \cdot nH_2O \text{ 胶粒} \xrightarrow{1100℃, 2h}$$

$$\xrightarrow{220℃ \text{处理}} \text{覆盖十二烷基苯磺酸钠的 AlOOH 纳米微粒} \xrightarrow[2h]{1100℃} \alpha - Al_2O_3 \text{ 纳米微粒}$$

图 12-18　相转移法制备氧化铝纳米微粒的工艺过程

(1) 三水氧化铝的制备。

① $\alpha - Al_2O_3 \cdot 3H_2O$ 的制备。通常于 40~60℃下，将 CO_2 慢慢地通入 $NaAlO_2$ 溶液中，控制 pH>12，就可获得纯的 $\alpha - Al_2O_3 \cdot 3H_2O$。

② $\beta - Al_2O_3 \cdot 3H_2O$ 的制备。在室温下，将 CO_2 快速通到 $NaAlO_2$ 溶液中，控制 pH>10 时，即可获得 $\beta - Al_2O_3 \cdot 3H_2O$。在室温下，将氢氧化铝凝胶在 pH≥9 的介质中老化一段时间，即可转化成 $\beta - Al_2O_3 \cdot 3H_2O$ 晶体。在低于 70℃下将乙醇铝水解，或用铝汞齐在室温下水解可制得 $\beta - Al_2O_3 \cdot 3H_2O$。

③ $\beta_2 - Al_2O_3 \cdot 3H_2O$ 的制备。用氨水中和铝盐溶液，将沉淀于 58℃在 70%乙二胺溶液中老化 60 天，或将丁醇铝用 20%乙二醇水解，再在 60℃老化均可制得新 $\beta - Al_2O_3 \cdot 3H_2O$。

(2) 一水氧化铝的制备。

① $\alpha - Al_2O_3 \cdot H_2O$ 的制备。将氢氧化铝凝胶在 pH>12，80℃下老化，可获得晶形很好的 $\alpha - Al_2O_3 \cdot H_2O$；将 $AlCl_3$ 溶液在 $NH_3 - (NH_4)_2CO_3$ 溶液中沉淀，所得之凝胶在 pH≥7.5 下于母液中回流，可得 $\alpha - Al_2O_3 \cdot H_2O$ 的晶体；在压热釜中，于 140~375℃，压力<14MPa 时可将三水氧化铝转化成 $\alpha - Al_2O_3 \cdot H_2O$ 晶体。

② $\beta - Al_2O_3 \cdot H_2O$ 的制备。在压热釜中，于压力>14MPa，温度为 275~425℃的条件下可将三水氧化铝转化成 $\beta - Al_2O_3 \cdot H_2O$。

(3) 假一水软铝石的制备。

在温度 0~17℃下，向 $NaAlO_2$ 溶液中慢慢通入 CO_2 可得到假一水软铝石；氢氧化铝凝胶在 25℃以上老化也可获得假一水软铝石；将用氨水中和碳酸铵所得的混合溶液，与铝盐溶液反应，并保持 70~80℃，同样可获得假一水软铝石。

12.2.6　酸法及碱法制备条件对氢氧化铝性质的影响

如上所述，根据起始原料不同，Al_2O_3 有许多制法。国内制备 Al_2O_3 载体多数用沉淀法，沉淀法又分为酸法及碱法。图 12-20 示出了用碱法制备活性氧化铝的工艺过程。酸法的基本过程也类似，只是原料及沉淀剂不同而已。

用酸法或碱法制备氢氧化铝的一般过程如图 12-19 所示。

$$\text{沉淀（成胶）} \longrightarrow \text{老化} \longrightarrow \text{洗涤} \longrightarrow \text{干燥} \boxed{\text{成型}} \longrightarrow \text{成型} \boxed{\text{干燥}}$$

图 12-19　酸法或碱法制备氢氧化铝的一般过程

下面对制备过程的各种影响因素作简单介绍。

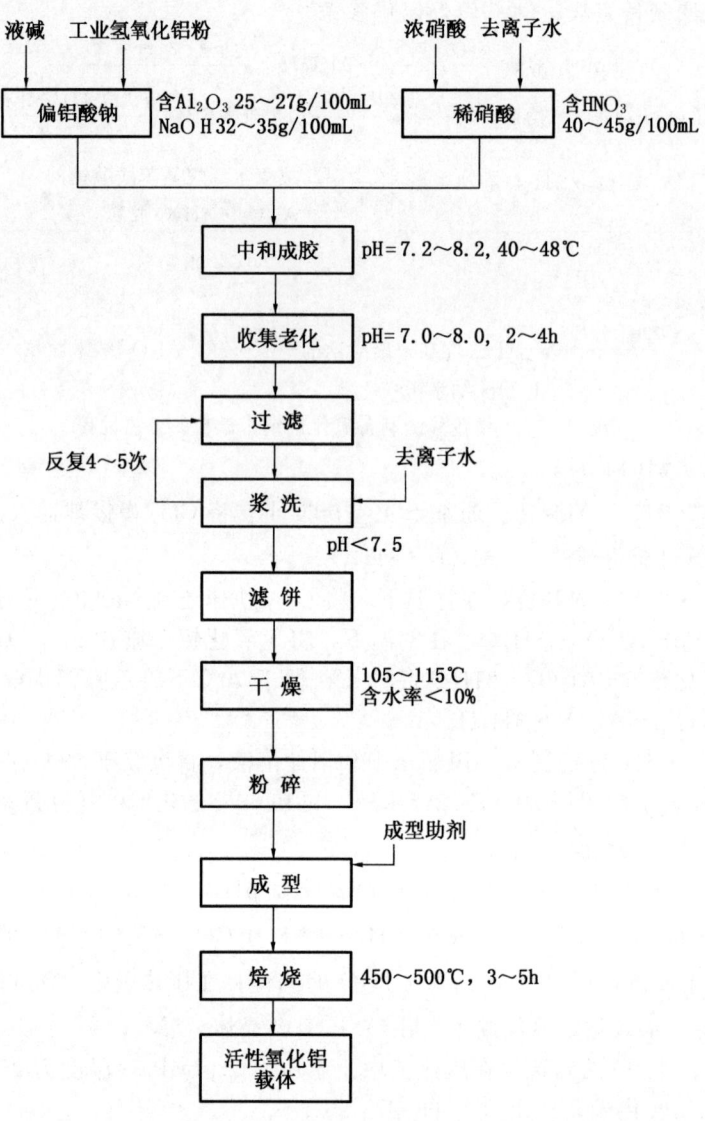

图 12-20 催化剂载体活性氧化铝制备工艺过程示例

1. 沉淀过程

(1) 原料的影响。用 NH_3 从 $Al(NO_3)_3$、$AlCl_3$ 及 $Al_2(SO_4)_3$ 溶液沉淀薄水铝石时。由 X 射线衍射图分析表明，从 $Al_2(SO_4)_3$ 沉淀的薄水铝石的晶粒比从 $AlCl_3$ 和 $Al(NO_3)_3$ 所得到的晶粒小得多，因而具有更强的吸附能力。所以用 $Al_2(SO_4)_3$ 为原料制成氢氧化铝所获得的微球氧化铝，比用 $AlCl_3$ 及 $Al(NO_3)_3$ 为原料时具更高的机械强度。

使用不同的沉淀剂从 $Al_2(SO_4)_3$ 溶液沉淀时，所得晶粒的大小是按 NaOH、NH_4OH、Na_2CO_3、Na_2S 这样的顺序递降。从 $Al_2(SO_4)_3$ 和 Na_2CO_3 溶液在 pH 为 5.5～6.5 时可得到最高分散度的薄水铝石结晶。

(2) pH 的影响。pH 对晶粒大小和晶型的影响，在一般情况下具有下述规律：在较低温度下，低 pH 值时生成无定形氢氧化铝及假一水软铝石；高 pH 值时生成大晶粒的拜铝石及三水铝石，在较高温度下还会转变成大晶粒的薄水铝石。例如，pH<7 时生成无定形沉

淀，pH 为 9 时生成假一水软铝石，pH＞10 时形成湃铝石及三水铝石。

此外，从铝汞齐制备的铝溶胶沉淀时，发现沉淀终了时的 pH 越低（酸性），得到松散结构状凝胶的可能性越大。而当沉淀终了时的 pH 较高时（碱性）得到更整齐的结构。但未经老化的胶体甚至在 pH 为 11.5～12 时都不能完全变成结晶的三水物，经洗涤和干燥仅能得到假一水软铝石及湃铝石的混合物。沉淀终了时 pH 与晶体结构的关系如表 12-9 所示。

表 12-9 沉淀终了时 pH 值和晶体结构的关系

沉淀的 pH 值	7	8	9	10	11	12
不老化	无定形 → 纯假一水软铝石 →				重量上占优势的假一水软铝石及一些湃铝石	
在水中老化		无定形 →	假一水软铝石及痕迹量湃铝石	假一水软铝石及 25%湃铝石	湃铝石及 25%假一水软铝石	
在母液中老化		准无定形 →	假一水软铝石及湃铝石	纯湃铝石 →	纯湃铝石	

（3）温度的影响。用 $AlCl_3$ 和 NaOH 或 KOH 制备沉淀时，发现在 20～40℃ 下要在 pH＞10 时才结晶生成湃铝石，在 60℃ 时 pH 为 9.5 时即可生成，在 80～100℃ 时则主要生成一水软铝石。当温度升至 100℃ 时，三水物就全部分解，如表 12-10 所示。

在使 CO_2 通入 $NaAlO_2$ 溶液制备沉淀时，低于 40℃ 时生成湃铝石，高于 40℃ 时生成三水铝石，且同样的温度下用 $NaAlO_2$ 可比用 $KAlO_2$ 得到更多的三水铝石。在 60～100℃ 时得到三水铝石、湃铝石及一水软铝石的混合物。

（4）浓度的影响。用不同浓度的 NaOH 和 KOH 从 $AlCl_3$ 溶液中沉淀氢氧化铝时，发现 pH＝11 时所得晶型不随浓度的变化而改变，全是湃铝石。而当 pH＝12.5 时，沉淀剂浓

表 12-10 沉淀温度和 pH 值对水合氧化铝晶型的影响

原料	沉淀 pH 值	沉淀温度 ℃ 40±2 晶型	60±2 晶型	80±2 晶型	100±2 晶型
$AlCl_3$ + 3NaOH	9	假一水软铝石	假一水软铝石	—	—
	10	湃铝石	湃铝石+三水铝石	假一水软铝石→一水软铝石	一水软铝石
	11	湃铝石+三水铝石	同 上	假一水软铝石→一水软铝石	一水软铝石
	12	同 上	三水铝石+湃铝石	一水软铝石	一水软铝石
	12.5	三水铝石+湃铝石	同 上	一水软铝石	一水软铝石

续表

原料	沉淀温度 ℃ 沉淀pH值	40±2 晶 型	60±2 晶 型	80±2 晶 型	100±2 晶 型
AlCl₃ + 3KOH	9	假一水软铝石	假一水软铝石	—	—
	10	湃铝石 + 三水铝石	三水铝石 + 湃铝石	假一水软铝石→一水软铝石	一水软铝石
	11	同 上	同 上	假一水软铝石→一水软铝石	一水软铝石
	12	三水铝石 + 湃铝石	同 上	一水软铝石	一水软铝石
	12.5	同 上	同 上	一水软铝石	一水软铝石

沉淀条件：100gAlCl₃/L，100gNaOH−KOH/L；老化温度＝沉淀温度；老化时间24h。

度较低时为湃铝石，且随着浓度升高，三水铝石的量增高。从湃铝石向三水铝石转变的速度是沉淀剂浓度和在母液中老化时间的直线函数。用 NH_4OH 作沉淀剂时随浓度升高所得到的是诺水铝石，如表12–11所示。

表12–11 沉淀剂浓度对所得氢氧化铝晶型的影响

沉淀剂浓度 gM_2OH/L	$AlCl_3 + 3NaOH$	$AlCl_3 + 3KOH$	沉淀剂浓度 gNH_3/L	$AlCl_3 + NH_4OH$
	沉淀时 pH = 11.0		35	湃铝石
25	湃 铝 石	湃 铝 石	50	湃铝石
50	湃 铝 石	湃 铝 石	100	湃铝石
100	湃 铝 石	湃 铝 石	125	诺水铝石
200	湃 铝 石	湃 铝 石	250	诺水铝石
	沉淀时 pH = 12.5			
25	湃 铝 石	湃铝石（+三水铝石）		
50	湃铝石（+三水铝石）	湃铝石（+三水铝石）		
100	湃铝石 + 三水铝石	湃铝石 + 三水铝石		
200	三水铝石 + 湃铝石	三水铝石 + 湃铝石		

沉淀条件：100gAlCl₃/L；沉淀温度＝老化温度＝20±2℃；老化时间24h。

(5) 投料方式的影响。沉淀的投料方式通常可以分为变pH及等pH两种。

等pH投料又称为并流加料，通常被用于连续过程中。它是将两种物料以一个恒定的流速相混合，在整个沉淀过程中介质的pH都维持不变。有时由于条件限制而是将一种物料在一瞬间很快的加到另一种物料中，只要在搅拌速度足够快的情况下，也近于等pH投料。

变pH投料是将一种物料缓慢地加入到另一种物料中，这是一个间歇过程，它又可分为"正加法"及"反加法"两种。

正加法：它是将碱性物料逐步加到酸性物料中去，在这种情况下，若不考虑沉淀终了时介质的 pH 如何，粒子是在酸性逐渐减小的介质中被沉淀出来的。

反加法：它是将酸性物料逐步加到碱性物料中去，这时粒子是在碱性逐渐减小的介质中被沉淀出来，所得产品主要是老化型的三水物，特别是在浓溶液中尤为明显。

在变 pH 加料中晶粒是在 pH 不断变化的情况下被沉淀出来的，容易导致产品结构的不均匀性，而等 pH 投料就可排除这一缺点。

表 12-12 示出了在用 $Al_2(SO_4)_3$ 及 $NaAlO_2$ 制备氢氧化铝时，浓度、温度、投料方式及试剂过量（pH）时对所得水合氧化铝晶型的影响，表中中间部分为并流加料情况，右边部分为变 pH 正加法投料的情况，左边部分是变 pH 反加法投料的情况。

表 12-12 沉淀时，浓度、温度、加料方式及试剂过量（pH）对水合氧化铝晶型影响

浓度	温度 ℃	将 $Al_2(SO_4)_3$ 加入 $NaAlO_2$ 中					并 流 加 料					将 $NaAlO_2$ 加入 $Al(SO_4)_3$ 中				
		5% Na_2O	不过量	5% SO_3	15% SO_3	25% SO_3	5% Na_2O	不过量	5% SO_3	15% SO_3	25% SO_3	5% Na_2O	不过量	5% SO_3	15% SO_3	25% SO_3
浓溶液	沸点	G 30% Bo	G 30% Bo	G 50% Bo	G 30% Bo	G Bopl 25%	Bopl	Bopl	Bo	Bo	Bo	Bo	Bo	Bo+10%~20% G 或 Ba	Bo+G+Am	
	60	Ba	Ba	Ba	Ba	Ba	Ba	Ba	Ba	Bo+20% Ba	Ba+20% Ba	Bo+5%~10% Ba	Bo (Am)	Bo (Am)		
	室温	Ba	Ba	Ba	Ba	Am	Ba	Ba	Am	Am	Ba+50% Bo	Bo	Bo (Am)	Bo (Am)		
稀溶液	沸点	Bo+15% Ba	Bo	Bo	Bo	Bo	Bo	Bo	Bo+25% Ba	Am	Bo	Bo	Bo	Bo		
	60	Ba	Ba	Bo+30% Ba	Bo	Bo	Bo	Bo	Bo	Bo (Am)	Bo (Am)	Bo (Am)	Bo (Am)			
	室温	Ba+50% Bo	Bo	Bo	Am	Am	Bo (Am)	Bo	Bo (Am)	Bo (Am)	Bo (Am)	Bo (Am)				

注：(1) 试剂过量用 Na_2O 及 SO_3 百分数表示；
(2) 浓溶液即 $NaAlO_2$ 中含 Al_2O_3 10%（质量分数），$Al_2(SO_4)_3$ 中含 Al_2O_3 5%（质量分数）；加料时间：0.5h ±3min。
稀溶液即 $NaAlO_2$ 中含 Al_2O_3 25%（质量分数），$Al_2(SO_4)_3$ 中含 Al_2O_3 1%（质量分数）；老化时间：0.5h
(3) 表中其他符号：G—三水铝石；Bo—一水软铝石；Ba—湃铝石；(Am)—几乎是无定型；Am—无定型；pl—类板状结构。

2. 老化过程

老化表示新生成的水合氧化铝凝胶经放置后性能的改变。新生成的水合氧化铝通常是无定型的，有较高的水合度，易被稀酸和水胶溶，对阴离子吸附能力很强，给出一个模糊的 X 射线衍射图。新生成的水合氧化铝在室温下经放置时逐渐失水，溶解度、胶溶性及吸附能力都降低，给出细而明显的 X 射线衍射图，这是由于晶粒长大和晶型转变所致。

新生成的水合氧化铝在500℃下快速老化，胶体粒子结合成大粒子，引起表面能的明显降低，伴随着放出足够的热量，致使其本身白热化，这种现象称为"白热现象"。沉淀经老化或被缓慢加热时，则无此现象。所以，老化过程的介质、pH值、温度和时间对产品性能有明显影响。

（1）介质的影响。新生成的沉淀在水中老化是很缓慢的，经24h也没有多大变化，但若在母液或乙醇胺溶液中，甚至在不大的pH值下也已老化为湃铝石（表12-9），而向沉淀中加入$(NH_4)_2CO_3$，就可降低沉淀中SO_4^{2-}含量，并阻止湃铝石的成长。有时在洗涤时控制Cl^-的含量，用$(NH_4)_2CO_3$溶液或被CO_2饱和的水来洗涤可防止洗涤过程中发生老化。

（2）pH值的影响。pH值的影响与沉淀过程中pH值的影响相类似，pH值增加将加速老化。

（3）温度的影响。温度升高将加速老化过程，在pH=10.7时，温度从20℃升高到40℃时，假一水软铝石的老化速度提高20倍，水合氧化铝在不同温度下的老化过程见图12-21。

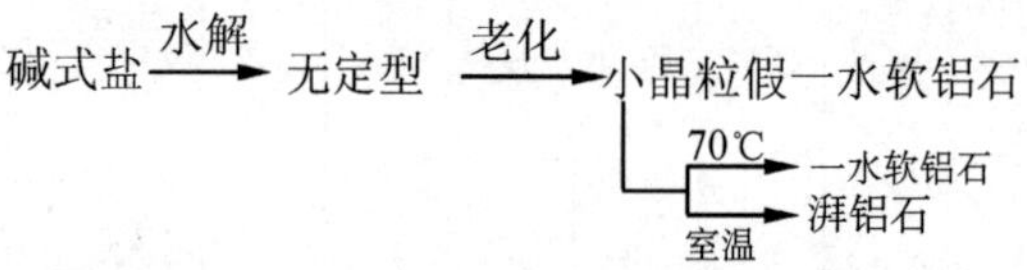

图12-21 水合氧化铝在不同温度下的老化过程

（4）老化时间的影响。表12-13示出了在母液中的放置时间对水合氧化铝晶型的影响，通常在高pH值下，随着老化时间增加更有利于向三水物的结晶转化。

表12-13 在母液中老化时间对水合氧化铝晶型的影响

放置时间		立即过滤	30s	1h	2h	8h	16h	24h
沉淀剂浓度	$125gNH_3/L$	假一水软铝石	假一水软铝石	假一水软铝石	假一水软铝石（湃铝石）	湃铝石	湃铝石	诺水铝石
	$250gNH_3/L$	假一水软铝石	假一水软铝石	假一水软铝石（湃铝石）	诺水铝石	诺水铝石	诺水铝石	诺水铝石

图12-22示出了老化时间与假一水软铝石生成量的关系。在铝酸钠溶液中通入CO_2所得到的无定型水合氧化铝，随着老化时间增加，逐渐转变成假一水软铝石，而且温度越高，生成速度也越快。

3. 洗涤过程

洗涤过程是老化过程的继续，通过洗涤可以除去水合氧化铝凝胶中的杂质离子。

一般来说，氧化铝在成型以前先要将水合氧化铝凝胶用酸胶溶，但随着杂质含量增加，能制成假溶胶的HCl/Al_2O_3（摩尔比）范围缩小，有时甚至不能制成假溶胶。

为了除去可溶性杂质，每生产1t活性氧化铝需用水180～400m^3。使用NH_4OH及$Al_2(SO_4)_3$溶液制备三水铝石沉淀时，若全部过程采用自来水，所得产物中SO_4^{2-}含量占无水Al_2O_3的0.42%（质量分数），而用去离子水时SO_4^{2-}含量可大为减少。

从$Al_2(SO_4)_3$溶液来制备时，水合氧化铝凝胶中经常夹杂$Fe(OH)_3$沉淀，这时需在洗涤前将它还原成可溶性的 Fe^{2+}。用稀的 $(NH_4)_2CO_3$ 溶液来洗涤可以迅速降低沉淀中的 Cl^- 及 SO_4^{2-} 含量。也可以先用喷雾干燥成型后再洗涤，这样可以提高洗涤速度。

根据制备条件的不同，在有的制备中要求在洗涤前完成老化，因此在洗涤液中要引进 $(NH_4)_2CO_3$ 或用被 CO_2 饱和的水来洗涤以防止它进一步老化；也有的是采用逐步升温的热水来洗，使它边洗涤边老化。

洗涤虽然简单，但采用不同的洗涤液也会使产品具有不同性质，所以也不容忽视。

4. 胶溶过程

胶溶是凝胶形成的逆过程。在氧化铝制备过程中，胶溶的目的通常有下面两个：一是便于输送和成型操作，防止它在管道或喷头中发生堵塞现象。因此不仅要生成假溶胶，而且还应生成稳定的假溶胶，并存在一定的寿命，不至于在输送时发生凝聚。二是提高水合氧化铝的分散度，进而提高成型时氧化铝粒子的强度和堆密度。

所以严格来讲，胶溶过程已不包含在氢氧化铝的制备过程中，因胶溶产物的形态还是水合氧化铝，所以还放在这里讨论。

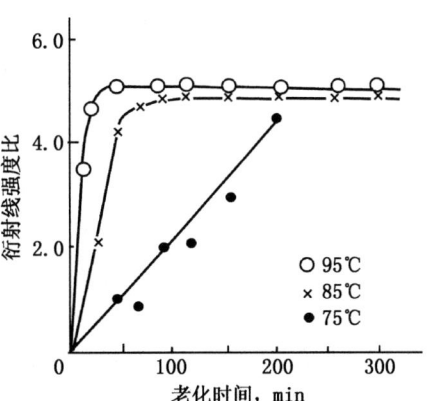

图 12-22 老化时间与假一水软铝石生成量关系

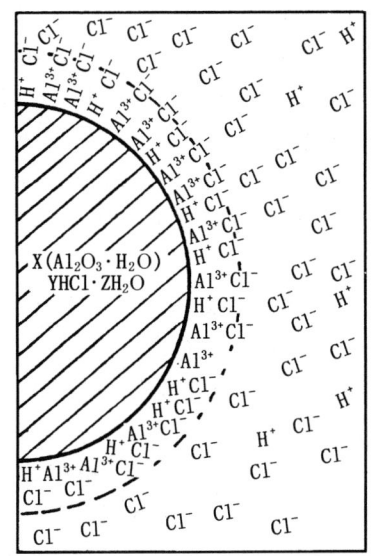

图 12-23 水合氧化铝溶胶粒子结构

胶溶方法通常有添加胶溶剂、除去聚凝剂、机械分散、电化学分散及部分溶解等方法，这里采用添加胶溶剂及机械分散相结合的方法。水合氧化胶凝胶可用的胶溶剂有 HNO_3、HCl、$AlCl_3$、$Al(NO_3)$ 等；可用的机械分散方法是搅拌和胶体磨等。例如，将经过洗涤的氧化铝水凝胶（滤饼）放在一个带有搅拌的釜内，按滤饼比例添加一定量的稀硝酸，经一定时间搅拌后即可将凝胶转变成假溶胶。

胶体粒子的双电层结构已在第八章中讨论过，这里我们再来看一下水合氧化铝的双电层结构。例如一个从铝汞齐在 100℃ 下与汞作用生成的 $\alpha-Al_2O_3 \cdot H_2O$ 凝胶，用稀盐酸胶溶生成的 Al_2O_3 溶胶粒子的结构，如图 12-23 所示。

水合氧化铝凝胶的胶溶过程如下，当稀盐酸加入时就发生下述反应：

$$Al_2O_3 \cdot H_2O + 6HCl \longrightarrow 2AlCl_3 + 4H_2O \quad (12-13)$$

经验表明，被胶核表面吸附，因而决定胶体质点所带电荷符号的离子，通常是与胶核组成内某一相同元素的离子。所以 Al^{3+} 和 H^+ 就被胶核（带剖面线部分）$[X(\alpha-Al_2O_3 \cdot H_2O) \cdot YHCl \cdot ZH_2O]$ 所吸附，并与吸附层内的反离子 Cl^- 构成胶粒（虚线所包围部分）$\{[X(\alpha-Al_2O_3 \cdot H_2O) \cdot YHCl \cdot ZH_2O] \cdot Al_m^{3+} \cdot H_n^+ \cdot (3m+n-q)Cl^-\}$（$X$、$Y$、$Z$、$m$、$n$、$q$ 均为数字）。

它再与虚线以外的扩散层内的氯离子构成荷中性的胶团：

$$\{[X(\alpha-Al_2O_3 \cdot H_2O) \cdot YHCl \cdot ZH_2O] \cdot Al_m^{3+} \cdot H_n^+ \cdot (3m+n-q)Cl^-\}qCl^-$$

带有正电的胶粒之间产生的静电斥力大于范德华力，在搅拌及不断的布朗运动下形成溶胶。

经这样形成的假溶胶通常具有下述性质：

(1) 假溶胶的质点小于悬浮液而大于真溶胶。其外观是均一的，但用水强烈稀释时可以明显看到其分散内相的非均一性。

(2) 假溶胶不透明，并随氧化铝水合物的水合程度不同，其颜色可从乳白色到浅灰色。

(3) 与真溶胶一样，假溶胶也具有触变性，而且与引进的电解质有关，电解质对水合氧化铝假溶胶的作用与对其真溶胶的作用是一致的。

通常影响胶溶操作有以下两方面因素：

一是温度的影响。温度升高时由于反离子热运动加剧可以加速胶溶作用。但加热往往伴随着假溶胶湿含量降低，使单位体积内的胶粒数目增加、碰撞次数增加。同时加热也将导致Al^{3+}及H^+从胶核表面解吸，使ξ电位减少，减少氧化铝水溶胶的稳定性，给以后的成型操作带来不便。一般因胶溶可以保证成型所得的球在干燥时不裂，强度也高，所以还是经常采用加热胶溶。

二是电解质的影响。电解质的影响可分为电解质用量及电解质种类不同两种情况。当向凝胶中加进适量的盐酸进行胶溶时，如果再继续增加盐酸的加入量，到一定程度后就又会发生凝聚。这是因为溶胶中电解质浓度增加时，在胶核表面上吸附的Al^{3+}和H^+，数m和n是由吸附本性所决定，是不变的。而反离子在吸附层和扩散层中原来建立的动态平衡被破坏，由于扩散层中Cl^-浓度增加要使一部分Cl^-移向吸附层，中和掉一部分吸附层中Al^{3+}和H^+的正电荷，使ξ电位下降，双电层变薄。当静电斥力减小到小于范德华力时，因布朗运动，使两个胶粒碰撞合并成较大的胶粒，当胶粒增加到重力的作用超过布朗运动的作用时，就以沉淀析出。由此可见，在胶溶过程中，为了形成稳定溶胶，电解质胶溶剂存在一个低限和一个高限。

不同电解质对溶胶聚沉作用的影响在第八章中已经讨论过。当用电解质使溶胶聚沉时，有效离子是与胶粒荷电相反的离子，所以对水合氧化铝溶胶的有效离子是负离子。

此外，有效离子对溶胶的聚沉能力，随着离子价的增加而剧增，其顺序为4价＞3价＞2价＞1价（有机离子除外）。对水合氧化铝溶胶的聚沉能力，一价离子比二价离子小80倍，比三价离子小640倍。这种离子价对聚沉能力的差别也同样可用双电层结构和ξ电位来解释。引入高价负离子时，由于浓差扩散，从扩散层进入吸附层的高价负离子要比低价的能更多的中和掉胶核表面上的Al^{3+}和H^+所荷的正电，引起ξ电位减少，双电层被压缩，胶粒的静电斥力降低，当斥力小于范德华力时引起聚沉。对于有机盐的同系物来说，对溶胶的聚沉能力随链中—CH_2—的增加而增大。

一些酸对氧化铝水合物凝胶的相对胶溶顺序为：

三氯乙酸＞二氯乙酸＞HNO_3＞HCl＞一氯乙酸＞甲酸＞乙酸＞草酸＞酒石酸＞硫酸

除了温度及电解质是影响胶溶作用的主要因素外，氧化铝水合物及原始水合氧化铝的沉淀性质也会产生一定影响。例如，三水铝石由于其结晶度及晶粒度都很大，不溶于酸，所以它的胶溶性较差，而假一水软铝石遇酸发生可逆反应，所以胶溶性较好，而且其比表面积越大，晶粒度越小，则胶溶性就越好，用作黏合剂时效果越好[76,77]。

12.3 氧化铝的分类和晶体结构

12.3.1 氧化铝的分类

如上所述，氧化铝是氢氧化铝的脱水产物。各种氢氧化铝经热分解形成一系列同质异晶体（主要是氧原子和铝原子在空间堆叠方式及含水量不同）。这些同质异晶体，有些呈分散相，有些呈过渡态。但当加热温度超过1000℃以上时，它们又都转变成同一种稳定的最终产物，真正的无水氧化铝，称作α-Al_2O_3。所以它们又可以被看作是α-Al_2O_3的中间过渡形态。所有这些氧化铝都是用希腊字母来命名的，并且按照它们生成的温度分成两类[12,78]。

1. 低温氧化铝

化学组成为$Al_2O_3 \cdot nH_2O$，式中，$0<n<0.6$，是前述各种氢氧化铝在不超过600℃的温度下脱水的产物，属于这一类的有ρ-、χ-、η-及γ-Al_2O_3等四种。

2. 高温氧化铝

它几乎是无水的Al_2O_3，是在900~1000℃之间的温度下生成的，属于这一类的有κ-、δ-、及θ-Al_2O_3。

在催化领域中常见的和应用最广的是γ-Al_2O_3及η-Al_2O_3。另外还有一种β-Al_2O_3，也称作青玉，其组成为$Me_2O \cdot 11Al_2O_3$，其中Me为K、Na等，是在含有碱的熔体中析出的。通常所指的"活性氧化铝"，一种含义是指活性γ-Al_2O_3；另一种含义则是泛指χ-、η-和γ-Al_2O_3的混合物。

关于Al_2O_3的变体到底有多少种，目前还没有统一的认识，还须从晶体结构分析进一步来证实，而对于已知α-、γ-、η-、δ-、θ-、χ-、κ-、ρ-8种变体的命名也不很统一，表12-14归纳了国外对Al_2O_3的一些命名方法。

表12-14 氧化铝的命名

中文名	国际讨论会	美国铝公司 Alcoa	英 国	法 国	建议名称[①]
氧 化 铝	χ-Al_2O_3 η-Al_2O_3 γ-Al_2O_3 δ-Al_2O_3 κ-Al_2O_3	χ-Al_2O_3 η-Al_2O_3 γ-Al_2O_3 δ-Al_2O_3 κ-Al_2O_3 θ-Al_2O_3	χ-+γ-Al_2O_3 γ-Al_2O_3 δ-Al_2O_3 δ-+θ-Al_2O_3 κ-+θ-Al_2O_3	χ-+γ-Al_2O_3 η-Al_2O_3 γ-Al_2O_3 δ-Al_2O_3 δ-+κ-Al_2O_3 ρ-Al_2O_3	χ-Al_2O_3 η-Al_2O_3 γ-Al_2O_3 δ-Al_2O_3 κ-Al_2O_3 θ-Al_2O_3 ρ-Al_2O_3
氧化铝 （刚玉）	α-Al_2O_3	α-Al_2O_3	α-Al_2O_3	α-Al_2O_3	α-Al_2O_3

① 建议名称系由天津化工研究院提出。

12.3.2 氧化铝的晶体结构

各种Al_2O_3晶型是由它们各自特有的X射线衍射图样来鉴别的。图12-24至图12-31

是由三种氧化铝水合物为原料制得的 8 种结晶 Al_2O_3 的 X 射线衍射图[79,80]。这三种氧化铝水合物中，α-三水铝石为烧结—拜耳法生产的氢氧化铝，经粉碎至 74μm 以下，用 X 射线衍射和 DTA 分析，均鉴定为 α-三水铝石；$β_1$-三水铝石是以硝酸中和偏铝酸钠制得的氢氧化铝溶胶，经洗涤、干燥后制得，产物经鉴定也为纯的 $β_1$-三水铝石；一水软铝石是以烧结—拜耳法 α-三水铝石经压热釜水热处理 2h，再经洗涤、干燥后制得，经鉴定也为纯的一水软铝石。

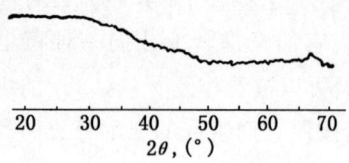

图 12-24　$ρ-Al_2O_3$ X 射线衍射图

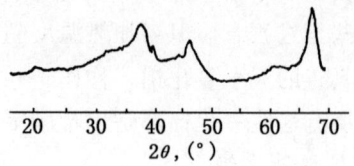

图 12-25　$χ-Al_2O_3$ X 射线衍射图

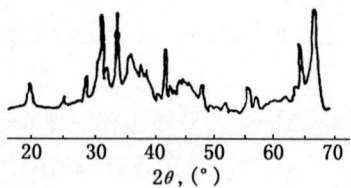

图 12-26　$κ-Al_2O_3$ X 射线衍射图

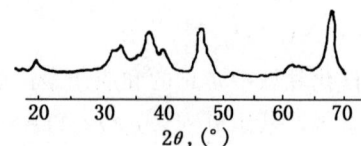

图 12-27　$η-Al_2O_3$ X 射线衍射图

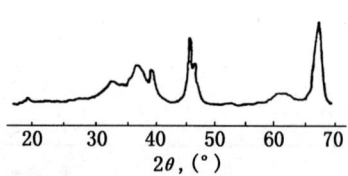

图 12-28　$γ-Al_2O_3$ X 射线衍射图

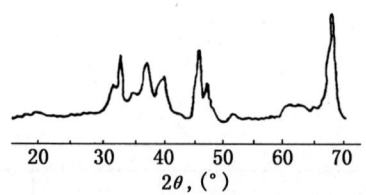

图 12-29　$δ-Al_2O_3$ X 射线衍射图

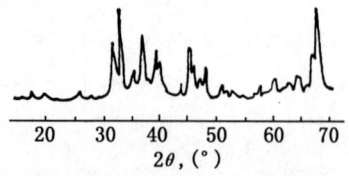

图 12-30　$θ-Al_2O_3$ X 射线衍射图

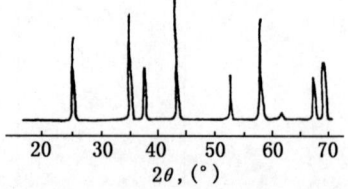

图 12-31　$α-Al_2O_3$ X 射线衍射图

图 12-24 是 α-三水铝石经真空脱水制得的 $ρ-Al_2O_3$ 的 X 射线衍射图。它只有一个 α 为 0.14nm，2θ 为 66.82°角的弥散衍射峰，所以，$ρ-Al_2O_3$ 是一种结晶度很低的物质。

图 12-25 为 α-三水铝石在流动气氛下加热至 500～750℃ 得到的 χ-Al_2O_3 的 X 射线衍射图，在 d 为 0.1395nm、0.2410nm、0.1960nm 和 0.241nm，2θ 为 67.00°、46.26°、39.66°和 37.27°角有四个最大的特征衍射峰。

图 12-26 为 α-三水铝石在流动气氛下加热至 500～750℃ 得到的 χ-Al_2O_3 的 X 射线衍射图，在 d 为 0.1395nm、0.241nm、0.196nm 和 0.227nm，2θ 为 67.00°、37.27°、46.26°和 39.66°角有四个特征峰。χ-Al_2O_3 的结晶要比 ρ-Al_2O_3 大，但也是结晶度不太高的物质。

图 12-27 是 α-三水铝石在流动气氛下加热至 800～1150℃ 生成的 κ-Al_2O_3 的 X 射线衍射图。它在 d 为 0.139nm、0.257nm、0.143nm、0.211nm 和 0.287nm，2θ 为 67.28°、34.87°、42.81°、65.16° 及 31.15°角有五个强度最大的特征峰。

图 12-28 是 β_1-三水铝石在流动气氛下加热至 400～750℃ 时生成的 η-Al_2O_3 的 X 射线衍射图。它在 d 为 0.14nm、0.179nm、0.24nm、0.46nm 和 0.227nm，2θ 分别为 66.73°、46.02°、37.43°、19.27°和 39.66°角处有五个典型的特征峰。

图 12-29 是水热处理制得的一水软铝石在 500～750℃ 加热得到的 γ-Al_2O_3 的 X 射线衍射图。它在 d 为 0.1395nm、0.1977nm、0.239nm、0.228nm 和 0.456nm，2θ 为 67.00°、45.84°、37.59°、39.47°和 19.44°角处有五个特征峰。从图 12-20 及图 12-19 可以看出，γ-Al_2O_3 与 η-Al_2O_3 有相近的衍射峰。但在 45.84°角 γ-Al_2O_3 为双峰，η-Al_2O_3 为单峰。在 19.27°角，γ-Al_2O_3 峰宽，而 η-Al_2O_3 峰尖锐，而在 37.59°、39.47°角峰的形状、强度及宽度均有差别。

图 12-31 是水热处理制得的一水软铝石经加热到 800～1050℃ 得到的 δ-Al_2O_3 的 X 射线衍射图。它在 d 为 0.1396nm、0.1986nm、0.246nm 和 0.273nm，2θ 为 66.95°、45.62°、46.48° 及 32.76°角有几个特征峰。

图 12-31 是 α-三水铝石（或 β_1-三水铝石及一水软铝石）在高于 1200℃ 下生成的 α-Al_2O_3 的 X 射线衍射图。它在 d 为 0.2085nm、0.2552nm、0.1601nm 和 0.3479nm，2θ 为 43.35°、35.12°、57.49°和 25.57°角有典型的特征峰。

氧化铝的晶体结构，根据 Al 离子位于八面体和四面体空隙的 O 离子密堆积晶格，也可将氧化铝分成以下几类[6]：

(1) α-系列。它具有六角密堆积晶格，即按 AB AB AB…方式排列。其中包括 α-Al_2O_3 及 β-$Al_2O_3 \cdot H_2O$ 的热分解产物。

(2) β-系列。具有交替的密堆积晶格，即以 AB AC—AB AC…或 AB AC—CA BA…方式排列。其中包括：β-Al_2O_3 及 α-$Al_2O_3 \cdot 3H_2O$ 的热分解产物，如 χ- 及 κ-Al_2O_3。

(3) γ-系列。它具有立方密堆积晶格，即以 ABC ABC…的方式排列，其中包括 β-$Al_2O_3 \cdot 3H_2O$，新 β-$Al_2O_3 \cdot 3H_2O$ 及 α-$Al_2O_3 \cdot H_2O$ 的热分解产物，如 η- 和 γ-Al_2O_3，以及 δ- 和 θ-Al_2O_3。

下面分别简要地介绍各种氧化铝的结构：

(1) α-Al_2O_3。它属于六角晶系，在这种氧化铝中，氧原子可近似地看作六角密堆积，八面体空隙中央为铝原子，其中有 1/3 的八面体是空着的。一个铝原子与六个氧原子配位，一个氧原子与 4 个铝原子配位。氧原子和铝原子的密置层系按 AB AB AB…的方式堆积，如

图 12-32 所示。

(2) $\gamma\text{-}Al_2O_3$ 及 $\eta\text{-}Al_2O_3$。$\gamma\text{-}Al_2O_3$ 属于四角晶系，$\eta\text{-}Al_2O_3$ 属于立方晶系，这两种氧化铝的晶格很类似于尖晶石（$MgAl_2O_4$）的结构。尖晶石的单位晶胞是由 32 个立方密堆积的氧原子和 16 个在八面体空隙的一半中的铝原子以及在四面体空隙中的 8 个镁原子构成。而 $\gamma\text{-}Al_2O_3$ 中，只有 $21\frac{1}{2}$ 个铝原子分布在 24 个阳离子部位，在八面体位置上有 $2\frac{2}{3}$ 个空位，而 8 个铝原子分布在四面体空隙内，相当于 $Al_8[Al_{13\frac{1}{2}}\square 2\frac{2}{3}]O_{32}$ 形式，其中"□"表示空位。

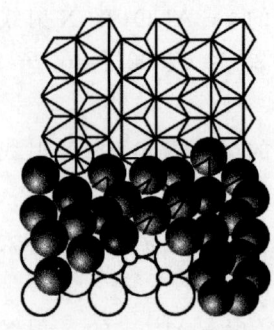

图 12-32　$\alpha\text{-}Al_2O_3$ 的晶体结构模型

$\gamma\text{-}Al_2O_3$ 及 $\eta\text{-}Al_2O_3$ 在 X 射线衍射图上存在明显的弥散线条，这表示晶格是很无序的。对于 $\gamma\text{-}Al_2O_3$ 来说，这种无序性主要由铝原子（特别是处于四面体空隙中的铝原子）的无序性所决定。

(3) $\theta\text{-}Al_2O_3$ 及 $\delta\text{-}Al_2O_3$。以前曾认为 $\theta\text{-}Al_2O_3$ 属于六角晶系，后来测得它为单斜晶系，与 $\beta\text{-}Ca_2O_3$ 同形态。结构中氧原子近似于立方密堆积，铝原子大部分在四面体空隙中。晶胞常数是 $a=1.124nm$，$b=0.572nm$，$c=1.174nm$，$\beta=103°20'$。

$\delta\text{-}Al_2O_3$ 出现在 $\gamma\text{-}$ 和 $\theta\text{-}Al_2O_3$ 之间，认为与 $\theta\text{-}Al_2O_3$ 的结构相似。它属于四角晶系。

(4) $\chi\text{-}Al_2O_3$ 及 $\kappa\text{-}Al_2O_3$。由三水铝石单晶得到的 $\chi\text{-}Al_2O_3$ 属六角晶系，晶胞常数为 $a=0.556nm$，$c=1.344nm$。这种晶格有些近似于立方晶系，但具三角变形。

$\kappa\text{-}Al_2O_3$ 也测得属六角晶系，晶胞常数是 $a=0.971nm$，$c=1.786nm$。氧密置层与 $\alpha\text{-}Al_2O_3\cdot 3H_2O$ 的解理面相似。在 $\alpha\text{-}Al_2O_3\cdot 3H_2O$ 中解理面两侧的氧离子是彼此垂直的（作 AB BA AB BA 排列）；在 $\chi\text{-}Al_2O_3$ 中则是杂乱的堆积；在 $\kappa\text{-}Al_2O_3$ 中，氧堆积层极像云母和 $\beta\text{-}Al_2O_3$，作 AB AC—AB AC 或 AB AC—CA BA 排列。

(5) $\beta\text{-}Al_2O_3$。这种氧化铝的结构中存在一个 Na-O 层，其间距约为 1.1nm。层间铝与氧成接近尖晶石结构的排列，属于立方晶系。

综上所述，表 12-15 给出了各种 Al_2O_3 的晶型和性质。当然，上面介绍的 Al_2O_3 晶体结构还是很粗略的，由于靠 X 射线衍射分析有时还很难判别其真实情况，所以对某些结果，不同研究者可能有不同的认识。

表 12-15　氧化铝的晶型和性质

项目	α	κ	θ	δ	χ	η	γ	ρ
组成	Al_2O_3	←──── 接近 Al_2O_3（含有微量水）────→						
晶系	六角	六角	单斜	四角	六角	立方	四角	接近无定型
空间群	D_{3d}^6		C_{2h}^3					
晶胞中分子数	2		4					

续表

项目		α	κ	θ	δ	χ	η	γ	ρ
晶胞常数	a, nm	0.4758	0.971	1.124	0.794	0.556	0.792	0.801	
	b, nm			0.572	0.794				
	c, nm	1.2991	1.786	1.174	2.35	1.344			
相对密度		3.98	3.1~3.3	3.4~3.9	~3.2	~3.0	2.5~3.6	~3.2	
折射率	ε	1.760	1.67~	1.66~		1.63	1.59~		
	ω	1.768	1.69	1.67		1.65	1.65		

12.4 氧化铝的孔结构

12.4.1 氧化铝孔的产生及类型

如上所述，氧化铝的晶体结构主要决定于其来源。同样，氧化铝所产生的孔结构也主要决定于氢氧化铝的性质。

根据电子显微镜观察，氧化铝几乎全是由不同大小的粒子堆积构成。粒子之间的空隙就是孔的来源。显然，孔的大小及形状完全取决于粒子大小、形状及堆积方式。

通常，用电子显微镜测得粒子的大小要比 X 射线衍射宽化法所得值大得多，原因在于 X 射线衍射宽化法所测得的是结晶物质的一次粒子的大小，而电子显微镜测得的是二次粒子的大小。二次粒子是由许多一次粒子聚结而成的呈一定形状的微粒，如图 12-33 所示。氧化铝也不例外，二次粒子是由更小的一次粒子聚结而成的。同时在聚结体内形成大小不等的微孔，所以孔又可分成三种类型的孔：一种是一次粒子晶粒间孔；另一种是二次粒子晶粒间孔；再一种是氧化铝产品成型时形成的缺陷孔。

下面根据一些实验结果来分析氧化铝孔的产生及其类型。

图 12-34 示出的是不含一水软铝石的三水氧化铝粉末在不同温度及焙烧条件下焙烧后的孔分布情况。由图可见，三水氧化铝在提高温度抽真空以前，基本上没有小孔，大于 20nm 的孔肯定是由于 0.5~2μm 氧化铝晶粒互相堆积形成的。在抽真空脱水后，孔体积和比表面积逐步产生，比表面积由 11m²/g 变成 467 m²/g，但孔过小则难以测定。平均孔径是 0.9nm，当在马弗炉中 482℃ 焙烧后比表面积增至 480m²/g，孔径在 0.9~2nm 范围，这是由于氧化铝自汽化所造成。

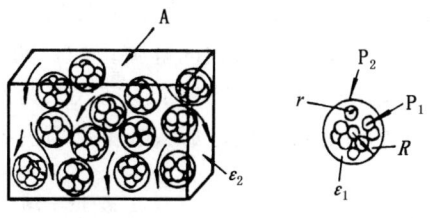

图 12-33 Al_2O_3 粒子堆积示意图
A—分散介质；P_1——一次粒子；P_2——二次粒子；
r——一次粒子粒径；R——二次粒子粒径；
ε_1——一次粒子晶粒间孔；ε_2——二次粒子晶粒间孔

图 12-35 示出了含有 14% 一水软铝石及 86% 三水氧化铝的水合氧化铝经干燥而未焙烧、焙烧后挤条及未焙烧挤条这三种情况的孔结构变化。

从图中看出，干燥而未焙烧的氧化铝粉末具有大量的孔，其分布图中有两个峰，在约 40nm 的大孔被认为是较大三水氧化铝粒子间的腔体，在约 2nm 的孔主要是一水软铝石微粒间的孔。当挤条后，基本上只有大孔受到挤压，而小孔变化不大，在焙烧后就发生显著变

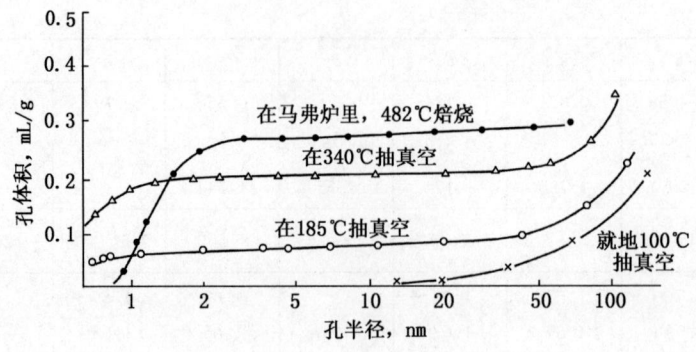

图 12-34 Al$_2$O$_3$ 的孔分布

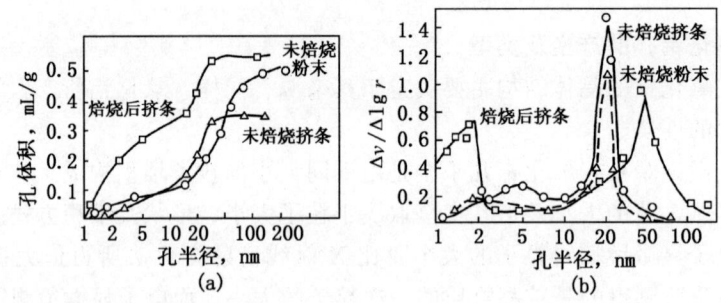

图 12-35 成型和焙烧对 Al$_2$O$_3$ 孔结构的影响

化,产生脱水孔。

一些研究者对三水氧化铝及不同结晶度的一水软铝石失水形成的孔结构所作的研究表明,对于三水氧化铝,焙烧后形成三类孔:(1)来自三水氧化铝的脱水孔,基本上是 1～2nm 大小的平行板面间缝隙;(2)初始就存在的小粒子间的孔,在焙烧时因水分逸出而改变,(3)三水氧化铝粒子间空穴,为数十纳米的大孔。如果选择孔分布曲线各最小值作为孔类型的分界线的话,那么各类型所占孔体积与三水氧化铝含量的关系如表 12-16 所示。

表 12-16 各种类型孔所占孔体积的比较

三水氧化铝含量 %	比表面积 m^2/g	孔 体 积 分 布			
		脱水孔	一水软铝石孔	大 孔	总 计
56	427	0.102	0.211	0.151	0.464
62	437	0.144	0.186	0.201	0.531
70	446	0.140	0.158	0.297	0.595
75	457	0.159	0.128	0.322	0.609
85	481	0.185	0.072	0.438	0.695
93	481	0.205	0.075	0.409	0.689
100	502	0.210	0.039	0.389	0.638

12.4.2 制备过程对氧化铝物性的影响

1. 氢氧化铝制备条件的影响

在氢氧化铝制备中已经讨论过制备条件对氢氧化铝产品性质的影响。由于控制氢氧化铝的晶粒度可以获得所希望性能的氧化铝,所以前面所讨论的影响氢氧化铝性质的各种制备过程也对最终所得氧化铝物性有所影响。

(1) pH 的影响。例如,在 20℃下用 NaOH 从 $Al_2(SO_4)_3$ 溶液沉淀水合氧化铝时,发现 pH 从 8 升到 10 时,沉淀中 SO_4^{2-} 含量从 16% 降低到零,水合氧化铝经成型焙烧后,Al_2O_3 粒子的磨损强度从 57% 升到 98%,堆密度从 0.4g/mL 升至 0.88g/mL,其结果如图 12-36 所示。其原因是由于 pH 升高,加剧了碱式硫酸铝的水解,使所得水合氧化铝的纯度提高,当 pH 升到 10.5 时,由于晶粒长大或晶型转变,使磨损强度迅速下降了 33%。

图 12-37 是不同温度下用 NH_3 使 $Al(NO_3)_3$ 溶液沉淀时 pH 对比表面积的影响,从图中可以看出,在 25℃时随 pH 值增加比表面积减小,在 50~70℃ pH 从 7 升到 10 时,比表面积增加,而在 90℃时比表面积实际上不随沉淀时的 pH 值而改变。

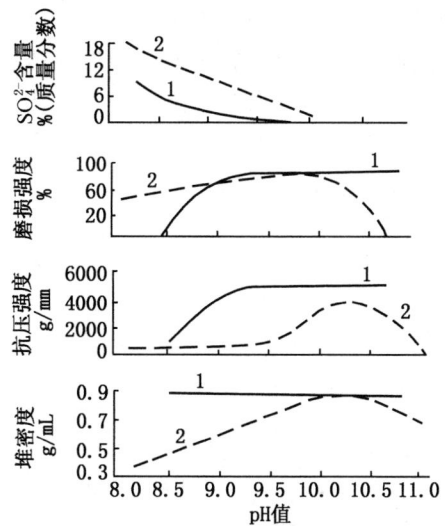

图 12-36 沉淀和老化介质的 pH 值对 Al_2O_3 性质的影响
1—室温下沉淀,加热老化同时修正 pH 值;
2—室温下沉淀

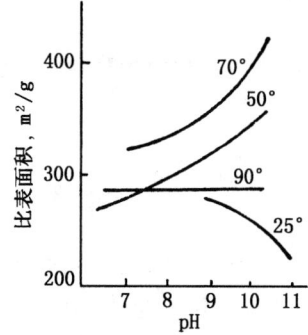

图 12-37 沉淀 pH 值和比表面积的关系

(2) 温度的影响。用 NaOH 从 $Al_2(SO_4)_3$ 溶液沉淀水合氧化铝时,随着沉淀温度的升高,沉淀中 SO_4^{2-} 含量降低,堆密度和抗压强度几乎不变,而磨损强度则稍有下降,其结果如图 12-38 所示。

用 NH_3 从 $Al(NO_3)_3$ 沉液沉淀水合氧化铝时,温度对比表面积的影响结果如图 12-39 所示,从图中可以看出,在 70℃,pH=10 时,比表面积达到最大值,这时由于在这种情况下,晶粒的生长速度大于其成长速度所致。

(3) 投料方式的影响。不同投料方式可以影响氢氧化铝的晶粒度,从而影响氧化铝粒子的性质。图 12-40 示出了用正加法投料时,沉淀延续时间对 Al_2O_3 性质的影响。随着延续时间增长,Al_2O_3 的堆密度及机械强度都明显降低。

上述举例的说明还是很粗浅的。实际上制备过程中其他条件(如洗涤、胶溶等条件)都会影响 Al_2O_3 的物性及孔结构。因此,在制备时要严格控制相应的工艺操作条件。

2. 氧化铝孔结构的控制方法[81-83]

如上所述,Al_2O_3 的物性与对应氢氧化铝的物性密切相关。控制 Al_2O_3 的孔结构通常可通过下述途径来实现。

(1) 控制氢氧化铝的晶粒大小。氢氧化铝的晶粒大小可以通过控制沉淀及老化操作的条件来实现。通常,晶粒大可以改善载体的多孔性,增大氧化铝的孔半径。图 12-41 示出了不同晶粒度的一水软铝石与脱水产物氧化铝的孔体积和孔半径的关系。表 12-17 为一水软铝石晶粒度与脱水产物 Al_2O_3 的比表面积和孔体积的关系。从这些结果可以看出,晶粒度加大有利于改善孔结构,但晶粒度加大也会相应减少比表面积。所以,晶粒度也不能无限增大,主要在于比表面积、孔结构及晶粒度之间建立适当的平衡。

(2) 沉淀时加入造孔剂。因为控制氢氧化铝的晶粒度不能使 Al_2O_3 物性达到大幅度变化,所以近年来采用在沉淀时添加水溶性有机聚合物作为造孔剂,焙烧后它能促使孔隙贯通和孔隙度增加,从而达到控制孔径分布和孔径的变化。用这种方法可得到 100~250nm 孔径范围的 Al_2O_3。

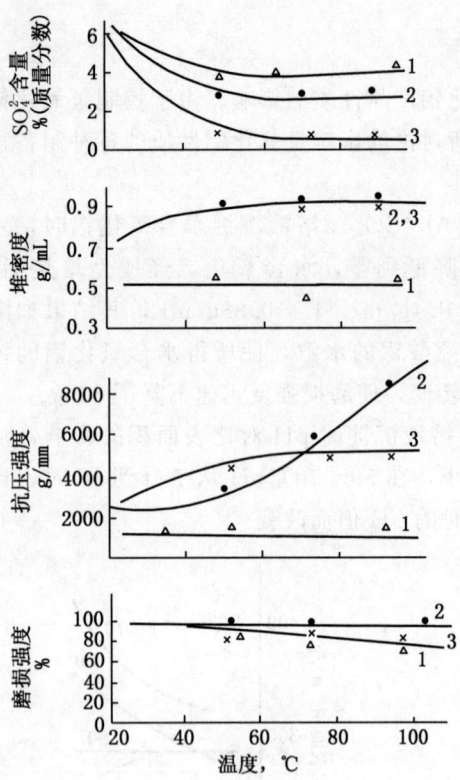

图 12-38 沉淀时老化温度
对 Al_2O_3 性质的影响
1—从热溶液沉淀;2—加热老化,
不修正浆液 pH 值;
3—加热老化,修正 pH 值

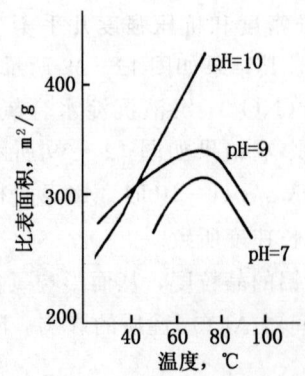

图 12-39 各种 pH 值下沉淀
温度对比表面积的影响

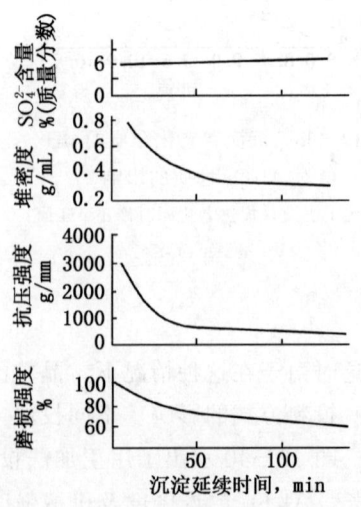

图 12-40 沉淀过程延续时间
对 Al_2O_3 性质的影响
(沉淀温度 20℃,介质 pH = 9.5)

表 12－17　一水软铝石晶粒度与 Al_2O_3 物化性质的关系

一水软铝石 晶粒度，nm	一水软铝石 比表面积，m^2/g	焙烧后 Al_2O_3 比表面积，m^2/g	焙烧后 Al_2O_3 孔体积，mL/g
4.9	345	339	0
5.7	—	305	0
6.2	285	299	0
8.1	272	272	0
8.5	268	268	0
9.1	225	284	0
9.4	227	261	0
10.5	234	287	0.03
11.2	171	255	0.015
12.7	159	264	0.04
12.9	120	256	0.09
13.7	153	264	0.05
14.5	72	278	0.05
16.9	54	227	0.06
17.5	57	229	0.07
18.2	23	262	0.10
18.4	57	249	0.09
18.8	—	223	0.07

常用的可溶性聚合物按其制备性质可分为三大类：

第一类：聚乙二醇及聚氧乙烯等；

第二类：纤维素、淀粉、纤维素衍生物等；

第三类：聚乙烯醇及聚丙烯胺等。

表 12－18 示出了添加这三类有机聚合物后对所得 Al_2O_3 物性的影响。从表中数据可以清楚地看出，添加各类造孔剂及添加方法对所得 Al_2O_3 物性的影响。但应注意，只有凝胶状孔才有这种性质，已经脱水形成的孔就不能用此法来改变孔结构。

此外，也可采用混合聚合物进行造孔，从而可进一步宽化单一聚合物所形成的孔径分布，图 12－42 示出了用混合聚合物造孔时的孔径分布。

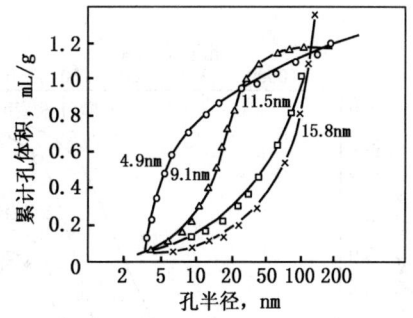

图 12－41　不同晶粒度的一水软铝石
与脱水产物 Al_2O_3 的
孔体积及孔半径的关系

（3）成型时造孔。这是在水凝胶中加入一定量干凝胶或表面活性剂之类物质，经成型、焙烧后进行造孔。如加入一定量干凝胶与不加干凝胶相比，孔体积可以从 0.45mL/g 增加到 1.61mL/g。在成型前捏合的物料中加入表面活性剂，可以改变结晶颗粒的堆积性质、生成较粗的二次粒子。焙烧时由于表面活性剂被烧掉而形成大比表面积的粗孔载体。

表 12-18 添加造孔剂对所制得 Al_2O_3 物性的影响

添加剂名称	浓度 %（质量分数）	添加方法	松密度 g/mL	孔体积 mL/g	比表面积 m^2/g
聚乙二醇 4000①	12.5	熔化聚合物混入水凝胶中	0.43	0.72	275
聚乙二醇 4000	25.5		0.44	0.69	265
聚乙二醇 4000	50		0.39	1.06	253
聚乙二醇 4000	75		0.26	1.29	275
聚乙二醇 400	37.5		0.48	0.51	327
聚乙二醇 1000	37.5		0.42	0.79	304
聚乙二醇 4000	37.5		0.39	0.83	259
聚乙二醇 6000	37.5		0.35	1.32	257
聚乙二醇 20000	37.5		0.38	0.97	239
聚氧乙烯	10	干燥聚合物粉末混入水凝胶中	0.34	1.07	309
聚氧乙烯	20		0.29	1.44	359
甲基纤维素	10	添加聚合物揉入水凝胶中	0.84		278
甲基纤维素	20			1.64	247
甲基纤维素	40			1.54	302
聚丙烯胺	5	于溶有聚合物溶液中沉淀铝胶	0.15	2.07	334
聚丙烯胺	10		0.07	5.32	283
聚丙烯胺	3.3	聚合物浓溶液混入水凝胶中	0.59	0.51	278
聚丙烯胺	5.0		0.47	0.55	246
聚丙烯胺	6.6		0.33		279
聚丙烯胺	8.0		0.33	1.36	299
聚乙烯醇	10	于溶有聚合物的溶液中沉淀铝胶	0.19	1.57	324
聚乙烯醇	15		0.13	2.72	—
聚乙烯醇	20		0.13	3.96	340
聚乙烯醇	3	聚合物浓溶液混入水凝胶中	0.52	0.33	285
聚乙烯醇	8		0.41	0.81	305

① 数字代表聚合物的平均相对分子质量。

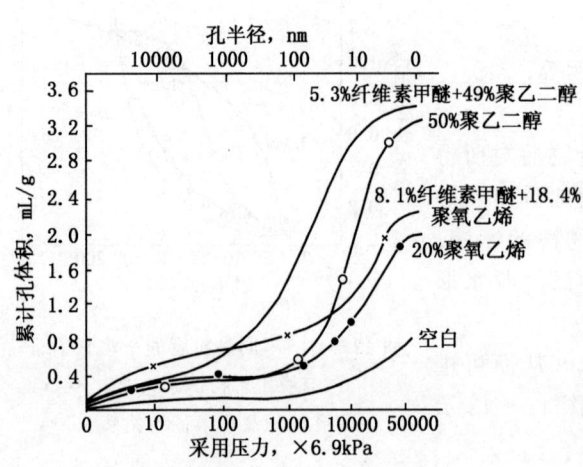

图 12-42 用混合聚合物造孔的孔径分布

在水合氧化铝溶胶的淤浆中加入 20~60μm 的木屑或炭粉，然后经油中成型，经干燥、焙烧烧去炭后，也可获得有一定孔结构的氧化铝。

如果需制得比表面较大的 Al_2O_3，可以在成型操作中加入甲酸或铵类化合物；如需获得更大的孔，就需充分利用 Al_2O_3 粒子堆积时所形成的空隙。例如，将 1500℃ 焙烧后的刚玉粉料，用少量瓷土作黏结剂，再加入松香皂和明矾发泡成型，再经干燥后于 1580℃ 焙烧，就可获得高孔率、大孔径的轻质 Al_2O_3，适用于要求大孔、低比表面积反应的催化剂载体。

在氧化铝水合物粉体挤压成型时，含水量也会影响孔的生成。如图 12-43 所示，随着一水软铝石粉体中水量增加，孔径有变大的趋势。此外,在湿空气气氛下焙烧一水软铝石与在干空气气氛下焙烧相比较,也有孔分布向大孔方面集中的效果。

(4)用醇处理[84,85]。氧化铝水合物用各种醇洗涤后,其焙烧产物(γ-Al_2O_3)的物化性质也会因所用醇的性质不同而有所变化。图12-44及表12-19所示为一水软铝石用各种醇洗涤时的结果。可以看出,用甲醇洗涤时,较大的孔有所增加,依次用异丙醇、正丁醇洗涤时,随着醇相对分子质量的增大,大孔增加的趋势更明显。可是用己醇这样大相对分子质量的醇洗涤时都看不到这种效果。而且随着大孔的增加,孔体积、平均孔径增大,但对比表面积的影响都比较小。

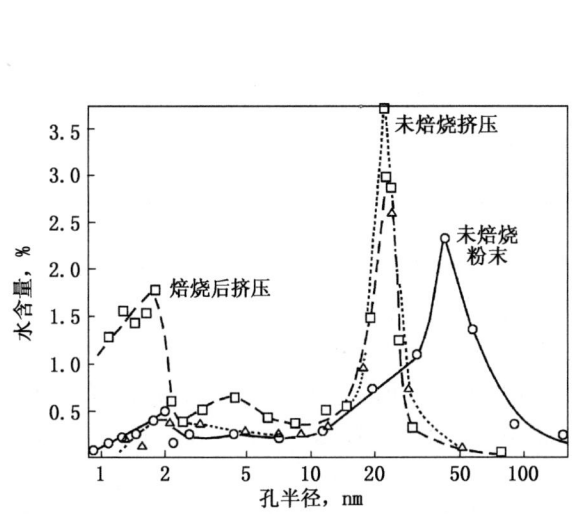

图12-43 水含量对氧化铝孔半径的影响　　图12-44 醇洗涤对Al_2O_3孔分布的影响

表12-19 添加醇类对氧化铝的孔性质的影响

样　品	焙烧		孔性质		
	温度 ℃	时间 h	比表面积 m²/g	孔体积 mL/g (<30nm)	平均孔径 nm (<30nm)
1. 水	550	2	220	0.473	8.6
2. 甲醇	550	2	288	0.685	9.5
3. 乙醇	550	2	251	0.852	13.6
4. 异丙醇	550	2	276	1.037	15.1
5. 正丁醇	550	2	299	1.017	13.6
6. 己　醇	550	2	228	0.430	7.5
7. 辛　醇	550	2	197	0.418	8.5
8. 癸　醇	550	2	202	0.451	8.9

产生上述现象的原因是由于一水软铝石晶体存在的水在用醇洗涤时被醇置换所致。当一水软铝石进行干燥及焙烧时,由于水的表面张力收缩,氧化铝水合物粒子在受热过程中发生

反复溶解和析出,加快了粒子的烧结,同时使孔体积减少。而经醇洗涤后,由于水被醇所取代,上述现象也就难以发生。采用己醇洗涤时并无明显效果的原因,是由于己醇分子较大,难于侵入微晶间隙之故。

(5) 用酸处理。把酸加到氧化铝水合物中再成型、焙烧后制得的氧化铝载体,其孔分布会向小孔方面集中。例如,经120℃下干燥的一水软铝石,粉体中加入硝酸捏合后,再在120℃干燥5h,600℃下焙烧5h后,制得的γ-Al_2O_3物化性质如表12-20所示。可以看出,随着加入酸量的增加,孔体积和孔径减小,但加酸对比表面积的影响却很小。

表 12-20 硝酸对 Al_2O_3 孔性质的影响

样品号	溶液浓度 mol/L	表面积 m^2/g	孔体积 mL/g	平均孔径 nm
1	0	225	0.470	8.36
2	3.2×10^{-3}	226	0.474	8.39
3	5.2×10^{-3}	229	0.457	7.98
4	2.5×10^{-1}	201	0.377	7.50
5	7.4×10^{-1}	199	0.327	6.57

加酸量与孔分布的影响关系如图12-45所示。随着加酸量增加,孔分布向小孔方面集中,而且加酸的影响只对孔径大于5nm的孔有作用,而对小于5nm的孔几乎不产生影响。这是因为氢氧化铝凝胶的微晶或二次粒子的表面随酸的浓度成比例的部分发生溶解后与粒子结合形成空间所致。如果氢氧化铝凝胶中有过量的水存在时,加酸后会使胶的性质及物相发生变化,也就得不到预期的结果。此外,加酸同时再加入表面活性剂时,还可获得细孔及粗孔的双重分散孔分布。

(6) 水热处理。它是在特制的密闭压煮釜内对氧化铝水合物进行水热处理。例如,将一水软铝石粉体进行水热处理时的结果如图12-46所示。可以看出,水热处理后,Al_2O_3的结构性质发生了变化。处理前的Al_2O_3(经600℃焙烧)的孔体积为0.54mL/g,比表面积179m^2/g;经150℃、水蒸气压力0.45MPa的条件下水热处理24h,再经600℃焙烧所得Al_2O_3孔体积为0.39mL/g,比表面积124m^2/g。从孔分布来看,水热处理前的Al_2O_3在孔径10nm处有最大值;而处理后则在15nm处有最高峰,孔径小于12.5nm的孔体积显著减少。结果是平均孔径变大。这是因为水热处理后,Al_2O_3中较小的孔在焙烧时易发生烧结所致。

12.5 氧化铝的表面性质

氧化铝表面性质结构的研究被认为是今后工业研究的方向之一。这是因为一方面,它有助于弄清氧化铝表面酸性的实质,从而提高其催化活性;另一方面,搞清氧化铝的表面结构,也能揭示它与活性组分原子之间的结合关系。目前,对氧化铝表面结构的了解还没有到认识完全一致的阶段,其原因在于:

(1) 氧化铝有8种以上的变体,很难准确地得到一种完全单纯的形态;

(2) 氧化铝制备过程中总会或多或少引入少量杂质离子。例如,一些阴离子的存在就会

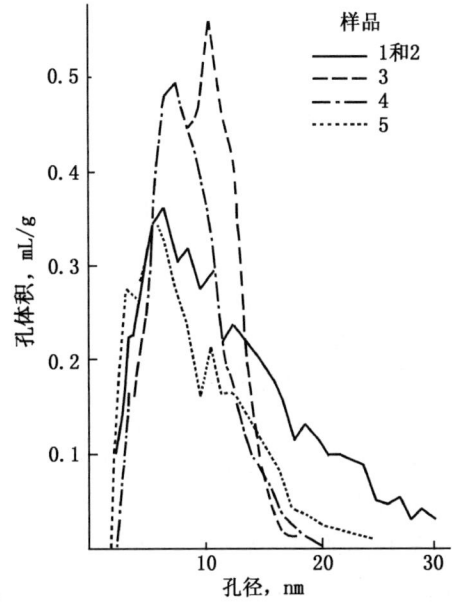

图 12-45 加酸对 Al_2O_3 孔结构的影响

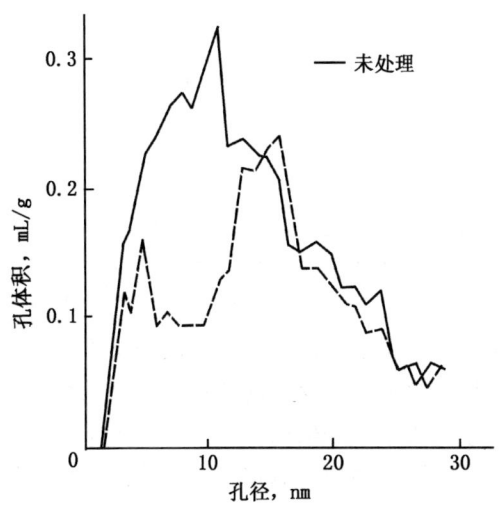

图 12-46 水热处理对 Al_2O_3 孔结构的影响

增加氧化铝的表面酸性；

(3) 即使是很纯的氧化铝样品，也总含有百分之几的微量水分。这些吸附水或以 H_2O 的形式，或以 OH^- 的形式存在于表面。甚至在 800～1000℃ 和真空下焙烧，氧化铝仍会留有千分之几的水。

虽然存在着上述研究困难，对于氧化铝的表面性质与酸性起因，还是有很多研究者提出不少设想和模型。

氧化铝表面的 OH^- 离子行为具有 B 酸特征，脱水时两个相邻 OH^- 离子结合脱出水，一个氧原子保留在表面，早期的研究中被认为是弯曲氧桥：

$$\begin{matrix} H & H \\ O & O \\ | & | \\ Al & Al \end{matrix} \longrightarrow H_2O + \begin{matrix} & O & \\ Al & & Al \end{matrix} \qquad (12-14)$$

这个桥键则为 L 酸中心。

随着对表面结构较好的了解，Peri 等人[86]提出了一个尖晶石型氧化铝表面结构模型。根据这种模型晶面的（100）面而言，表面干燥氧化铝表面的第一层是由氧离子构成，氧离子与第二层铝离子相连接，其量只为第二层氧离子数的一半。因此，有一半的铝离子将暴露于表面上。第二层的氧离子数正好符合 Al_2O_3 的 Al/O 比。完全水合后的状态是：第二层的铝离子上都连接有 OH^- 离子。脱水时，由两个相邻的 OH^- 离子脱去一分子的水。因只有 2/3 的 OH^- 离子被除去，故脱水后尚残留一个 OH^- 离子及一个暴露的铝离子。这个只与三个氧离子相连的暴露的铝离子部位就是活性中心，可以吸附水、氨、烃等多电子化合物。脱附时，是质子转移到相邻的氧离子上形成 OH^- 离子。所以，铝原子因其缺电子特征而具有

L酸特征，而当其水化时则为B酸形式，如图12-47所示。

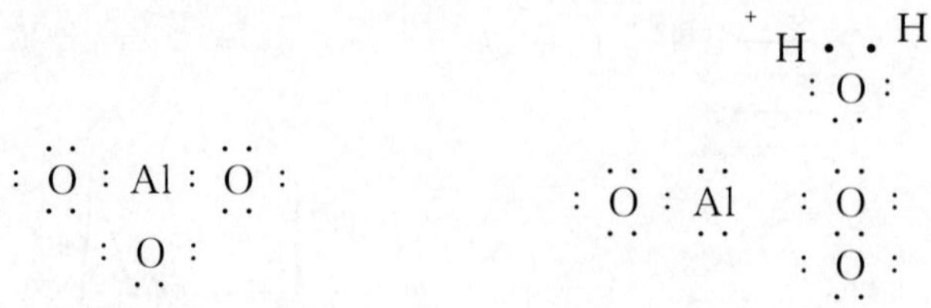

L酸　　　　　　　　　　　B酸

图12-47　L酸水化为B酸过程示意图

关于氧化铝的L酸中心及B酸中心的形成过程可参见第七章的讨论。

氧化铝的酸性是一种表面性质，但这种表面性质往往与制备条件，特别是外来离子的影响有密切关系。例如，用不同制备方法制得的有不同本征酸性的氧化铝，其中酸性最强的是由异丙醇水解所获得的产物，而用硝酸及二氧化碳中和铝酸钾所得的氧化铝酸性最弱。

一般认为，硫酸盐、卤素负离子等外来离子能增强氧化铝的酸性本质，促进异构化、裂解等反应。例如，氧化铝经氯化物处理可以提高其酸性，而且这种酸性还与氧化铝的焙烧温度有关。

将Al_2O_3在650℃下焙烧后先用H-D交换法测得Al_2O_3表面上的OH^-基为1110μmolOH^-/g。以后再在高温下用HCl处理，处理后Al_2O_3上的Cl^-含量为625μmol/g，这样，Al_2O_3上就剩下485μmolOH^-/g。经红外光谱法测定经HCl处理后的Al_2O_3上的OH^-基，结果与上述数据相符。这证明HCl与Al_2O_3上的OH^-是按下式发生反应：

$$\begin{array}{c} OH \quad OH \\ | \quad\quad | \\ -Al-O-Al- \end{array} + HCl \longrightarrow \begin{array}{c} Cl \quad OH \\ | \quad\quad | \\ -Al-O-Al- \end{array} + H_2O \tag{12-15}$$

如果焙烧温度增加至880℃，用H-D交换法测得Al_2O_3表面的OH^-基为580μmolOH^-/g，而经HCl处理后，Cl^-量为530μmol/g，按照同样推测，Al_2O_3上OH^-基的剩余很少。但用红外光谱法测得Al_2O_3表面上有很多OH^-基。这表明HCl中的H^+不是与Al_2O_3中的OH^-反应，而是和 —Al—O—Al— 键中的"氧"原子发生如下反应：

$$\begin{array}{c} OH \; HClOH \\ | \quad\quad\; | \\ -Al-O-Al- \end{array} \longrightarrow \begin{array}{c} OH \; Cl \; OH \\ | \quad\;| \quad\;| \\ -Al-\;\;-Al- \end{array} \tag{12-16}$$

以前，用红外光谱法测定氧化铝的表面酸性，认为不存在B酸中心，但后来，很多研究报告都提出氧化铝表面有B酸中心存在，而且也已用核磁共振谱得到证实[87,88]。

用顺磁共振法研究含卤素氧化铝上的酸性中心时，将 $\begin{array}{c}CN\\ \diagup\end{array}C=C\begin{array}{c}CN\\ \diagdown\end{array}$ 吸附到Al_2O_3上后，可以从顺磁共振法中看出"多电子"的酸性中心，它就是质子酸中心。用蒽吸附到含卤素Al_2O_3上后，可以用顺磁共振法看出"缺电子"的酸性中心的情况，这就是非质子酸中心。

如上所述，不但在氧化铝上引入卤离子可以增强其酸性本质，而且对于已负载活性组分的氧化铝，在添加氯离子后也能增加 Al_2O_3 的表面酸性。

例如，将 $Pt-Al_2O_3$ 在气相中使其与四氯化碳等含氯化合物接触时，氧化铝表面的 OH^- 就按下述反应被 Cl^- 离子所置换：

$$\begin{array}{c}
\text{OH} \quad \text{OH} \qquad\qquad \text{Cl}|\text{H}^+ \quad \text{OH} \\
| \quad | \quad \xrightarrow{CCl_4} \quad | \quad | \\
\text{Al} \quad \text{Al} \qquad\qquad\quad \text{Al}^- \quad \text{Al} + COCl_2 \\
\diagdown \ \diagup \qquad\qquad\qquad\quad \diagdown \ \diagup \\
\text{O} \qquad\qquad\qquad\qquad\quad \text{O}
\end{array} \qquad (12-17)$$

$$\xrightarrow{\qquad} \begin{array}{c} \text{Cl} \quad \text{Cl} \\ | \quad | \\ \text{Al}^- \diagdown \text{Al}^+ + H_2O \\ \diagdown \text{O} \diagup \end{array}$$

L 酸中心

经这样处理后的 $Pt-Al_2O_3$ 催化剂，异构化活性显著增高。

有些研究者在实验基础上，提出 $\gamma-Al_2O_3$ 催化剂上有四种活性中心存在的假设。其中，有两种是反应中心，两种是吸附中心。对于交换反应，活性中心可能是暴露的 Al^{3+} 离子相邻接的 OH^- 基，它可被 CO_2 中毒而失活。异构化中心则不受 CO_2 影响[38]。

其他研究者也证实 $\gamma-Al_2O_3$ 催化剂表面至少有两种不同的活性中心存在，一种催化双键移位和丁烯的顺-反转化，而另一种促进烯烃氢原子和氘的交换反应。而且这两类催化活性中心表现出彼此完全独立，同样存在上面所述的选择性中毒现象。

一些实验表明，氧化铝不仅能使多核芳烃转变成相应的正离子自由基，还可以使四氰基乙烯（电子接受体）转变成相应的负离子自由基。后者的现象表明，氧化铝表面上还存在着碱性中心，而且氧化铝失水过程中可能还不止形成一种碱性中心。

从上面所举的例子看出，有关氧化铝表面性质结构问题还不是了解得很透彻的，尚待今后进一步进行研究。

12.6 氧化铝的改性

为了改善氧化铝的热稳定性、机械强度、孔结构及表面性质，可以添加某些无机化合物进行改性。

12.6.1 SiO_2 改性

SiO_2 是最常用的改性剂。如在氢氧化铝水凝胶中加入硅凝胶或硅铝凝胶，可以显著改变氧化铝的孔结构及机械强度。以后还要介绍，SiO_2 的形态也是变化多端的，在加热时，它会发生各具特征的结构变化，在氢氧化铝中加入 SiO_2，可以改变 Al_2O_3 的物化性质。作为 SiO_2，也可以用硅有机化合物，如用原硅酸酯或硅氧烷处理氢氧化铝，经焙烧处理转化成 SiO_2。

12.6.2 TiO_2 改性

20 世纪 70 年代以来，TiO_2 作为一种新型催化材料受到人们重视。由于 TiO_2 具有独特的性能，与金属产生所谓"强相互作用"，使催化剂的吸附及催化性能发生改变。Al_2O_3 中加入 TiO_2 可以显著改变载体的热稳定性及催化性能。例如，让一定量的 TiO_2 覆盖在 Al_2O_3 表面上，比表面积并不比 Al_2O_3 有大幅度减少，但会使负载活性组分的表面结构发生显著变化,从而改变催化剂的反应性能。例如,以 $Al_2O_3-TiO_2$ 为载体的 CoMo 加氢转化催化剂活性比纯 Al_2O_3 载体制成的催化剂活性要高得多,而低温活性表现尤为突出。

12.6.3 炭黑、环氧树脂、酚醛树脂等改性

炭黑、环氧树脂、酚醛树脂及松香皂等都可用作氧化铝孔结构的改性剂。特别是使用炭黑粉作扩孔剂时,可制备有双重孔径分布的氧化铝载体,而且与环氧树脂等比较,炭黑粉具有生成的孔较集中、载体强度好等特点。

以大孔氧化铝为载体的加氢脱金属催化剂已在重油加氢技术中广泛应用,也用于有大分子参与的其他反应过程中。为了减少大分子反应所遇到的扩散阻力,以便容纳更多的积炭、金属沉积物等,催化剂应具有较大的孔径和孔体积,由于大孔径孔道可起到通道和容纳沉积物的作用,使催化剂内表面得到更为有效的利用,催化剂的活性和稳定性得到提高,用大小孔径并存的双重孔径分布的载体所制成的催化剂能具备这种优越性能。

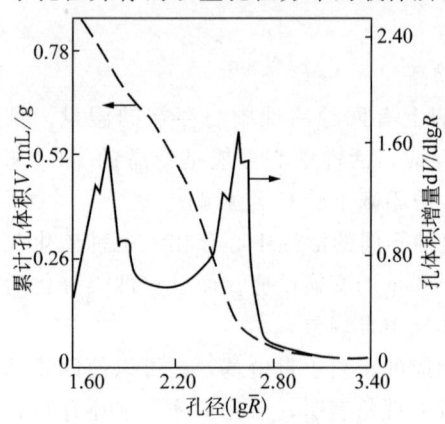

图 12-48 以炭黑粉为扩孔剂的载体孔径分布(压汞法)

制备氧化铝的常用方法是将氢氧化铝干胶粉和胶溶剂(如硝酸等)充分混合、胶溶,然后成型。由于酸的作用,所得氧化铝载体的孔径大都集中于直径小于 10nm 的范围。其孔径大小主要取决于干胶粉原有的胶溶性能及一次、二次粒子的大小。如在氢氧化铝干胶粉中加入一定配比的炭黑粉混匀后,再加入胶溶剂混捏至胶溶完全,然后挤出成型、干燥、高温焙烧所制得的氧化铝载体,则会形成较多的直径大于 10nm 的粒间孔。采用加炭黑粉的方法制得的典型双重化烃分布如图 12-48 所示。

炭黑粉因制备方法不同,在结构及性质上也有很大差异。因此,用不同炭黑粉改性的载体,其孔径大小及孔分布也有较大差别,此外,炭黑粉的用量及酸碱性质也会对制得的氧化铝载体的孔分布产生一定影响。

又如,在刚玉粉料中加入松香皂、明矾作改性剂、并加入少量黏土作黏合剂,经发泡成型、干燥、1580℃焙烧,可制得高孔率、大孔径的轻质氧化铝,适用作要求大孔、小比表面积反应的催化剂载体。

12.6.4 表面活性剂改性

表面活性剂是一种能显著改变(通常是降低)液体表面活性的物质,它具有奇特的化学结构:同一分子中既有亲水基团,又有亲油基团。当溶于水中时,根据极性相同相吸、极性相异相斥的原理,其亲水基与水相吸引而溶于水,其亲油基与水排斥而离开水。其结果使表面活性剂分子吸附在两相界面上,导致两相间的界面张力降低。由于具有界面吸附、定向排列和生成胶束等基本性质,从而使表面活性剂具有润湿、分散、增溶、渗透、乳化、起泡等多方面功能,正因为这些特性,表面活性剂可用于固体表面改性。

利用表面活性剂的增溶及润湿作用可作孔结构改性剂对氧化铝载体进行改性,其结果如表 12-21 所示。其方法是在氢氧化铝粉成型前的捏合过程中加入少量表面活性剂,加入量为 1% 左右,所用表面活性剂可以是阳离子型、阴离子型、非离子型及两性表面活性剂等。适用的阴离子型表面活性剂包括长碳链的一级、二级及三级胺的盐类(如十七胺盐、十八胺盐等);适用的阴离子型表面活性剂包括羟乙磺酸钠的油酸酯、羟乙磺酸钠的椰油酸酯等;

适用的非离子型表面活性剂包括脂肪族链烷醇酰胺,如二乙醇胺的月桂酸酰胺;适用的两性表面活性剂包括 N-3-羧基丙基十八胺钠盐、N-羧甲基-N-羟基-2-十七烷基咪唑啉钠盐等。

表 12-21 添加表面活性剂对氧化铝性能的影响

表面活性剂类型	加入量 %	挤出速度 kg/min	氧化铝物性		
			孔体积 mL/g	比表面积 m²/g	压碎强度 kg/cm³
未添加	0	1.13	0.805	333	0.54
非离子型Ⅰ	1	0.10	0.900	348	7.29
非离子型Ⅰ	3	0.95	0.940	315	5.76
非离子型Ⅰ	5	0.95	0.950	328	5.04
非离子型Ⅱ	1	0.10	0.900	331	5.09
非离子型Ⅱ	3	1.13	0.990	307	6.17
非离子型Ⅱ	5	1.13	1.00	331	5.45
阴离子型	1	1.18	0.915	352	7.61
阴离子型	3	1.13	0.960	332	5.33
阴离子型	5	1.04	1.02	335	4.59

从表 12-21 可以看出,添加表面活性剂的类型不同,所得氧化铝的物性也有所不同,但通过添加表面活性剂,不但可调变氧化铝的孔结构,还可大幅度提高挤出成型物的压碎强度。

12.6.5 稀土氧化物改性

稀土氧化物很多,如 La_2O_3、Nd_2O_3 和 Pr_2O_3 等。稀土元素的原子结构具有共同特点,氧化物的熔点都很高,少量加入 Al_2O_3 中可以显著提高 Al_2O_3 的热稳定性,如汽车尾气处理催化剂已开始使用添加 La_2O_3、Pr_2O_3 或 Nd_2O_3 等氧化物的复合 Al_2O_3 载体,以提高催化剂的耐高温性质。

12.6.6 其他改性剂

分子筛、BaO、MgO、矾土水泥、硼酸、磷酸及氢氟酸等也可用于改善 Al_2O_3 的热稳定性及孔结构。

12.7 负载超强酸的氧化铝

如前所述,超强酸是指酸强度 H_0 超过 100% 硫酸的酸,即 H_0 小于 -12 的酸。一般比无机酸强 $10^6 \sim 10^{10}$ 倍,具有很高的介电常数,能使非电解质成为电解质,并使很弱的碱质子化。与普通酸一样,超强酸也分为质子酸及路易斯酸,氢氯酸、高氯酸、氟亚硫酸、氯亚硫酸等是质子超强酸;五氟化锑、五氟化钴、三氟化硼等是路易斯超强酸。超强酸是石油化工的重要酸催化剂,可用作烃类裂解、异构化、烷基化及聚合等反应过程的催化剂。由于液体超强酸存在着产物与催化剂分离困难,腐蚀设备及污染环境等缺点。而将酸性或中性载体经液体超强酸处理而制得的固体超强酸具有酸强度高、高温下热稳定性好、对设备腐蚀小、与产物易于分离等特点，正逐步取代许多液体酸催化剂而用于异构化、酯化、烷基化及聚合等多种催化反应中。氧化铝是石油化工领域中应用最广的一类载体，用液体超强酸处理氧化铝可制得固体超强酸而用于异构化、烷基化等多种反应。

用于处理氧化铝的超强酸可以是：

质子酸：如 H_2SO_4、H_3PO_4、H_3BO_3、HF、HCl、H_3PO_3F 等。

路易斯酸：如 $AlCl_3$、SbF_5、BF_3、P_2O_5、CH_3AlCl_2 等。

铵盐：如 NH_4F。

卤素：如 Cl_2、I_2 等。

强氯化剂：如 PCl_3、PCl_5 等。

例如，将 $AlCl_3$、CH_3AlCl_2、PCl_3 等的蒸气，在573℃、1.3Pa真空度下通过一个预先在823℃和1.3Pa真空度下焙烧3h的氧化铝床层后，就可制得负载超强酸的氧化铝固体酸催化剂。用类似的方法也可制得用其他超强酸处理得到的氧化铝。表12-22示出了这些超强酸处理氧化铝后所得固体酸催化剂的酸强度。其中 Al_2O_3/H_3PO_3F 的酸强度最低，用 I_2 蒸气处理的氧化铝显示中等酸强度，其他酸处理的氧化铝的最大酸强度均为－13.75。用这些酸处理的氧化铝进行异构化反应时，正己烷、甲基环己烷、环己烯、己烯-1、2-甲基戊烯-1 5种烃类的异构化初始反应速度也示出在表12-22上。从表中看出，酸强度均为－13.75的5种超强酸氧化铝中，$AlCl_3/Al_2O_3$、P_2O_5/Al_2O_3、CH_3AlCl_2/Al_2O_3 可以催化全部所用烃的异构化反应，表明表面位的酸强度足以促进正己烷、甲基环己烷、环己烯、己烯-1、及2-甲基戊烯-1的骨架异构化作用；PCl_5/Al_2O_3 及 PCl_3/Al_2O_3 虽然也具有同样高的酸强度，它们只能促进环己烯、己烯-1及2-甲基戊烯-1的骨架异构化，Cl_2/Al_2O_3 虽也有高的酸强度，但气态氯对氧化铝的催化性能影响很小，故 Cl_2/Al_2O_3 的异构化能力很低，它仅能将己烯-1转变成异构的己烯-2及己烯-3。I_2 蒸气的作用与 Cl_2 的作用有些类似。

表12-22 负载超强酸的氧化铝

超强酸氧化铝	酸强度 H_0 最大值	异构化初始速度 r_0，mL/s·g				
		正己烷 $r_0 \times 10^5$	甲基环己烷 $r_0 \times 10^5$	环己烯 $r_0 \times 10^5$	己烯-1 $r_0 \times 10^5$	2-甲基戊烯-1 $r_0 \times 10^5$
$AlCl_3/Al_2O_3$	－13.75	4.8	9.0	14.0	1.1	—
P_2O_5/Al_2O_3	－13.75	1.5	3.9	2.6	6.5	2.7
CH_3AlCl_2/Al_2O_3	－13.75	2.5	0	2.0	5.2	—
PCl_3/Al_2O_3	－13.75	0	0	1.2	2.8	2.1
PCl_5/Al_2O_3	－13.75	0	0	1.1	0.8	2.1
Cl_2/Al_2O_3	－13.75	0	0	0	2.7	—
I_2/Al_2O_3	－13.16	0	0	0	0.5	—
H_2PO_3F/Al_2O_3	－12.7	0	0	0	1.3	2.3

12.8 氧化铝在催化过程中的应用

含有氧化铝的催化剂，有的是直接由氧化铝构成的，但多数的催化剂是用氧化铝作载体，负载有各种活性组分制备成催化剂；还有一类是由氧化铝和其他氧化物共同合成制备成多氧化物催化剂，因而氧化铝在催化领域中的功能是多方面的。表 12-23 示出了氧化铝在催化剂制备上的功能举例。

表 12-23　氧化铝在催化剂中的功能举例

功　　能	举　　例
分散活性组分	Pt 载在 Al_2O_3 上
催 化 活 性	Mo、Cr 载在 Al_2O_3 上
热 稳 定 性	Ni 载在 Al_2O_3 上
机 械 稳 定 性	$SiO_2 - Al_2O_3$

通常，用作催化剂载体的氧化铝大致也可分为低比表面积氧化铝及高比表面积氧化铝两大类。另外，从其他组分含量来考虑，还有含硅氧化铝及低钠氧化铝等。表 12-24 示出了按这种方法分类的氧化铝载体商品类型。

表 12-24　氧化铝载体的类型

载　　体	松密度 g/mL	比表面积 m^2/g	孔体积 mL/g	备　　注
低比表面积氧化铝				
刚铝石（Norton）		0~1	0.33~0.45	
刚玉 Alcoa T-61	2	0.04	0.015	1in×⅝in
Alcoa T-71	1.2	0.5	0.1~0.2	低钠
流化床用 α-Al_2O_3 粉		0.6~4	0.18~0.32	
高比表面积氧化铝				
Alcoa F-10		100	0.3	
Alcoa XF-21		200	0.2	由三水铝石制得，含碱金属
Fiftrol 86	0.7	300~325		含 Fe_2O_3 0.07%，SiO_2 3.5%
含硅氧化铝				
Alcoa H-51	0.85	350	0.5	由假一水软铝石制得，含 SiO_2 5.8%
Harshaw Al-1602T	0.85	210~240	0.48	SiO_2 6%
Englehard Procd（低硅 B）	0.90	195~210		SiO_2 2.8%
低钠氧化铝				
Harshaw Al-3404P	1.0	175~200	0.40	Na_2O<0.008%
Houdry C-系列	0.75	330		Co-Mo/低钠 Al_2O_3
Houdry 级 100	0.78~0.82	75~80		Na_2O 0.4%~0.5%
Acro HDS-2	0.55	275	0.75	Co-Mo/低钠 Al_2O_3

低比表面积氧化铝载体实际上是非孔性物质。它是由单独的小颗粒所构成，也有的是制成孔径较大的粗孔结构。例如，制备环氧乙烷所用的银催化剂，就是采用低表面积的刚玉作载体。此外，由萘氧化制苯酐或由苯酐制顺酐，由甲醇制甲醛以及由乙二醇制乙二醛等反应所用的钒、银或铜催化剂，也大都采用比表面积小于 $1m^2/g$ 的惰性氧化铝作载体。例如，将银负载在高比表面积的活性氧化铝上时，到反会使乙烯氧化成环氧乙烷的选择性下降。

相反，有些反应却需要采用比表面积高于 $50m^2/g$ 的高比表面积氧化铝作催化剂载体，例如，一些贵金属 Pd、Pt、Ru 和 Rn 等活性组分所用的载体，烯烃加氢所用的 Ni、Co 催化剂载体，乙烯氧氯化法制二氯乙烷的 $CuCl_2$ 催化剂载体等大都是采用高比表面积的活性氧化铝作载体，其比表面积大多在 $100\sim200m^2/g$ 之间，有的甚至达到 $300m^2/g$ 左右。

因为氧化铝变体较多，而从纯度来看，活性氧化铝又有高纯、低钠、含碱之分。所以，实际应用中要按性能、组成、结构等方面的区别来分类也还是比较困难的事。实际上，多数还是以氧化铝的晶体结构为依据来区分它们的使用性质。

例如，$\alpha-Al_2O_3$ 是惰性的，比表面积小于 $0.01m^2/g$ 直至 $50m^2/g$ 均能生产。孔体积在 $0.1\sim0.3mL/g$ 之间。在需要微小活性或承受高温时可使用这种氧化铝。

$\gamma-Al_2O_3$ 在催化领域中使用最多，改变比表面积和孔体积可以制得多种型号的产品，控制制备条件，可以制得比表面积和孔体积都很高的产品。

$\eta-Al_2O_3$ 在催化反应中也使用较多，其主要限制是孔结构的多分散性（小孔太多）和热稳定性。它主要用作重整催化剂的载体，并要求有较高的纯度和大的比表面积。

$\chi-Al_2O_3$ 的比表面积可高达 $350\sim400m^2/g$，活性也较高，适用于气相催化反应需要高比表面积的催化剂。

$\kappa-$、$\theta-$、$\delta-Al_2O_3$ 等都是高温型过渡态氧化铝，比表面积通常不超过几十平方米每克，当需要低比表面积且需要有较高耐热性能时，就可采用这些氧化铝作载体。

此外，作为制备催化剂时选用载体的参考，表 12-25 示出了固定床催化剂用 $\gamma-Al_2O_3$ 载体的典型性质。表 12-26 示出了流化床催化剂用 $\gamma-Al_2O_3$ 载体的典型性质。表 12-27 列出了国外生产的部分 Al_2O_3 载体的型号及性质。表 12-28 列出了国内生产的 Al_2O_3 载体的型号及性质。国内一些氧化铝载体生产厂，如姜堰市化工助剂总厂等，还可根据用户要求，生产各种形状及尺寸的氧化铝载体。

表 12-25 固定床催化剂用 $\gamma-Al_2O_3$ 载体典型性质（Ketjen 公司）

型号		$\gamma-Al_2O_3$					
		000-3P（片状）	CK-100 高纯度（片状）	CK-100 高纯度（条状）	0001.5E（条状）	0003E（条状）	天然氧化铝（条状）	高孔隙度（条状）
化学组成	灼烧减量,%（湿基）(1000℃, 1h)	8.7	2.9	1.5	3.0	3.0	—	2.0
	Al_2O_3,%（干基）	余量	余量	余量	余量	余量	余量	余量
	Na_2O,%（干基）	0.10	0.0014	<0.01	0.10	0.10	0.10	0.03
	SO_4^{2-},%（干基）	0.80	0.06	0.005	1.40	1.50	1.50	0.80
	SiO_2,%（干基）	1.20	1.005	<0.02	1.30	1.40	0.15	0.20
	Fe,%,（干基）	0.02	0.0132	0.01	0.03	0.03	CaO 5%	0.03

续表

	型 号	γ-Al$_2$O$_3$						
		000-3P (片状)	CK-100 高纯度 (片状)	CK-100 高纯度 (条状)	0001.5E (条状)	0003E (条状)	天然 氧化铝 (条状)	高孔 隙度 (条状)
物理性质	外形尺寸, mm	φ3	φ3×3	φ1.6×4.5	φ1.6×4.0	φ2.5×5.0	φ1.6×4.0	φ0.9×3.5
	比表面积, m^2/g	250	169	180	230	230	226	250
	孔体积, mL/g	0.80	0.39	0.55	0.65	0.65	0.56	0.70
	堆密度, g/mL	0.58	0.55	0.70	0.60	0.62	0.56	0.60
	侧压强度, N/mm	22.5	35	12.6	15.6	15.6	11.7	11.3
	正压强度, N/cm^2	120	—	160	120	110	90	90
	磨耗损失,% (质量分数)	2.0	1.2	1.5	1.7	2.5	—	—

表 12-26 流化床催化剂用 γ-Al$_2$O$_3$ 载体典型性质 (Ketjen 公司)

	型 号	A	D	E[①]	E 高孔隙度	B[②]	B[②] 粗孔	B[②] 低硅	A·S[②] 85/15
化学组成	灼烧减量,% (湿基) (1000℃, h)	20.8	25	2	2.5	25	22.6	32.9	28.3
	Al$_2$O$_3$,% (干基)	余量	余量	余量	余量	余量	余量	余量	余量
	Na$_2$O,% (干基)	0.04	0.04	0.06	0.06	0.06	0.06	0.08	0.07
	SO$_4^{2-}$,% (干基)	0.8	0.3	0.3	0.3	1.4	1.5	2.3	1.1
	SiO$_2$,% (干基)	2.3	0.3	0.3	0.3	1.4	1.4	0.14	15.6
	Fe,% (干基)	0.03	0.03	0.03	0.03	0.03	0.03	0.02	0.02
物理性质	平均粒径	85	45	45	55	115	130	90	80
	粒径分布 约149μm,% (质量分数)	97	99	99	99.5	80	60	93.5	88
	约105μm,% (质量分数)	74	90	90	94	42	31	66.5	62.5
	约74μm,% (质量分数)	40	70	70	73	21	16	39	44
	约40μm,% (质量分数)	13	30	30	26	9	5	19.5	25
	约20μm,% (质量分数)	—	5	5	6	—	1.6		
	比表面积, m^2/g (600℃, 1h)	280	250	125	155	360	350	347	380
	孔体积, mL/g (水法)	0.49	0.55	0.41	0.54	1.5	1.8	1.5	1.4
	表观松密度, g/mL	0.91	0.86	0.84	0.75	0.29	0.29	0.34	0.26
	磨耗损失, % (质量分数) (2~5h)	2.0	4.0	2.0	2.2	—	—	—	—

① 也可制成比表面积较低的;
② 易粉碎打成浆液, 易于压片、挤条。
③ 中国姜堰市化工助剂总厂也生产规格相类似的 Al$_2$O$_3$ 流化床载体。

表 12-27　国外氧化铝载体的性能

公司名称	国家	型号	晶型	外形尺寸 mm	堆密度 kg/L	比表面积 m²/g	孔体积 mL/g	吸水率 %
Air Product	美国	HA-100	γ-Al_2O_3	ϕ2.4、ϕ3.2、ϕ4、ϕ4.8 条	0.78～0.82	75～85	—	60～65
		HA-104	γ-Al_2O_3	ϕ3～5 球	0.64～0.80	225～275	0.63	—
		大孔	γ-Al_2O_3	ϕ1.6、ϕ3.2 片	0.58	—	250	80
AKZO	荷兰	A	γ-Al_2O_3	20～150μm 微球	0.91	280	0.49	—
		B	γ-Al_2O_3	同上	0.29	360	1.5	—
		B 低硅	γ-Al_2O_3	同上	0.34	347	1.5	—
		000-3P	γ-Al_2O_3	ϕ3 片	0.58	266	0.81	—
		000-3E	γ-Al_2O_3	ϕ2.5 条	0.62	230	0.65	—
		CK-100P	γ-Al_2O_3	ϕ3 片	0.55	169	0.39	—
		CK-300	γ-Al_2O_3	ϕ1.6 条	0.70	180	0.55	—
Alcoa	美国	A-1	Al_2O_3	微球	0.9	20～70	0.25	—
		A-5	α-Al_2O_3	微球	0.75	0.4	0.26	—
		A-10	α-Al_2O_3	微球	1.0	0.1	0.12	—
		C-30	α-Al_2O_3	100～200μm 粉	1.2～1.38	—	0.1～0.2	—
		C-31	α-Al_2O_3	30～40μm 粉	0.85	0.1～0.2	—	—
		F-1	γ-Al_2O_3	ϕ6.4、ϕ12.7 条	0.80	210	0.25	—
		H-151	γ-Al_2O_3	ϕ3.2、ϕ6.4 片	0.88	260	0.3	54
		T-71	α-Al_2O_3	ϕ25×16 片	1.2	—	—	30～50
		T-162	α-Al_2O_3	ϕ6.4、ϕ9.6、ϕ19 球	2.16	—	—	3
BASF	德国	D10-10	γ-Al_2O_3	ϕ4 条	0.65	230	0.7	—
		D10-20	γ-Al_2O_3	ϕ1.5、ϕ3、ϕ5 条	0.55～0.65	150	0.7～0.8	—
Carborandum	美国	刚玉	α-Al_2O_3	ϕ4.8～9.5 球	1.0～1.4	～0.27	0.18～0.32	26～48
				ϕ4.8、ϕ6.4、ϕ9.5、ϕ191 片	1.0～1.4			
		SAHM	α-Al_2O_3	ϕ4.8～12.7 球	0.86～0.93	0.16	0.32	53
		刚玉	α-Al_2O_3	ϕ4.8～25.4 环	0.86～0.93	0.16	0.32	53
		SAHT96	α-Al_2O_3	50～125μm 微球	0.67～0.98	0.74	0.38	60
Conoco	美国	SB	γ-Al_2O_3	ϕ1.6、ϕ3.2 条	0.79	250	0.50	—
		AG	γ-Al_2O_3	ϕ1.6、ϕ3.2 条	0.92	180	0.40	—
Condea	德国	Pural SB	α-Al_2O_3·H_2O	5～100μm 粉	0.9～1.1	250	～0.50	—
		Pural SCC	α-Al_2O_3·H_2O	5～100μm 粉或微球	0.8～0.95	230	～0.50	—
		Pural SB30、SB50、SB70	同上	5～100μm 粉	0.80～1.05	180～210	0.3～0.55	—
Houdry	德国	H0401	α-AlOOH	ϕ4 条	0.9	200	0.42	—

续表

公司名称	国家	型号	晶型	外形尺寸 mm	堆密度 kg/L	比表面积 m^2/g	孔体积 mL/g	吸水率 %
Houdry	德国	H0416	$\gamma-Al_2O_3$	$\phi1.6$、$\phi3.2$ 条	0.86	300	—	—
Hlarshew	美国	Grade 86	$\gamma-Al_2O_3$	$\phi3.2$、$\phi4.8$ 条	0.7	300~325	—	—
		Al-0102P	$\gamma-Al_2O_3$	微球	0.86	140~150	—	—
		Al-010YT	$\gamma-Al_2O_3$	$\phi3.2$、$\phi4$、$\phi4.8$、$\phi6.4$ 片	0.70~1.0	80~120	0.28~0.33	—
		Al-1605P	$\gamma-Al_2O_3$	微球	1.0	210~240	—	—
		Al-3945E	$\gamma-Al_2O_3$	$\phi1.6$ 条	0.64	234	0.79	—
		Al-3996R	$\gamma-Al_2O_3$	$\phi3.5$~8.5 环	0.54	188	0.64	—
ICI	英国	12-1	$\gamma-Al_2O_3$	$\phi4\times3$ 片	1.05	—	—	—
		13-1	$\gamma-Al_2O_3$	粉状	—	—	—	—
Kaiser	美国	S-200	$\gamma-Al_2O_3$	$\phi3$~8 球	0.78	—	—	—
		S-701	$\gamma-Al_2O_3$	$\phi1.6$、$\phi3.2$ 条	0.83	—	—	—
La Roche	美国	S-701	$\gamma-Al_2O_3$	三叶草形	0.83	—	—	—
Malinc-krodt	美国	A	$\gamma-Al_2O_3$	$\phi3.2$ 片	0.80	200	0.50	—
		D	$\alpha-Al_2O_3$	$\phi3.2$ 片	1.25	5	0.23	—
Norton	美国	SA 5151	$\alpha-Al_2O_3$	1 片	1.28~1.38	0.15~0.35	—	41~46
		SA 5175	$\gamma-Al_2O_3$	1 片	0.48~0.61	200~240	0.75~0.95	—
		SA 6273	$\gamma-Al_2O_3$	球	0.61~0.69	200~240	0.55~0.70	—
		SA 6577	$\gamma-Al_2O_3$	环	0.34~0.45	200~240	0.75~1.00	—
Pro-Catalyse	法国	AM	$\gamma-Al_2O_3$	$\phi2$~6 球	0.75	250	0.48	—
		DR	$\gamma-Al_2O_3$	$\phi5$~10 球	0.75	350	0.45	—
		Grade 2-5	$\gamma-Al_2O_3$	$\phi2$~5 球	0.77	345	0.40	—
Rhone-Poulenc	法国	501	$\gamma-Al_2O_3$	$\phi1.4$~2.8 球	0.82	320	0.41	—
		501C	$\gamma-Al_2O_3$	$\phi4$~8 球	0.76	320	0.49	—
		507	$\gamma-Al_2O_3$	$\phi2$~4 球	0.67	70	0.52	—
		509A	$\gamma-Al_2O_3$	8~12μm 粉	0.80	300	0.27	—
		521	$\gamma-Al_2O_3$	$\phi1.2$ 条	0.66	230	0.56	—
		531D	$\gamma-Al_2O_3$	8~12μm 粉	0.50	115	0.59	—
		535	$\gamma-Al_2O_3$	$\phi1.5$~3 球	0.448	159	1.0	—
UCI	美国	CS201-4	$\gamma-Al_2O_3$	$\phi12.7\times4.8$ 环	0.48	300	0.70	—
		CS301	$\alpha-Al_2O_3$	$\phi6.4$~19 球	2.08	122	0.10	—
		CS303	$\alpha-Al_2O_3$	$\phi6.4$、$\phi9.5$、$\phi16$ 环	1.04	5~10	0.20	—
		CS330-1	$\gamma-Al_2O_3$	$\phi1.6$、$\phi3.2$ 条	0.72	125~175	0.4~0.5	—
		CS337-4	$\gamma-Al_2O_3$	$\phi1.6$、$\phi3.2$ 条	0.69	350	0.90	—
UCI(Girder)	美国	T374	$\gamma-Al_2O_3$	$\phi4.8\times3.2$ 片	—	165	0.29	—

续表

公司名称	国家	型号	晶型	外形尺寸 mm	堆密度 kg/L	比表面积 m^2/g	孔体积 mL/g	吸水率 %
UCI（Girder）	美国	T708	$\alpha-Al_2O_3$	ϕ3.2、ϕ4.8、ϕ6.4 片	—	10	—	—
触媒化成	日本	T1769	$\gamma-Al_2O_3$	ϕ3.2 条	—	215	—	—
		CSR-1	$\gamma-Al_2O_3$	ϕ3 条、ϕ4～10 球	0.8～0.9	250	0.26	—
		ACP	$\gamma-Al_2O_3$	平均 60μm 微球	0.37～0.47	250～330	0.9～1.2	—
		ACBM-1	$\gamma-Al_2O_3$	ϕ2～10 球	0.42	260	1.0	—
		CCBR-3	$\gamma-Al_2O_3$	ϕ2～10 球	0.78	222	0.43	—
		$\gamma-Al_2O_3$ MS	$\gamma-Al_2O_3$	ϕ1.5、ϕ3 片		210	0.35	—
		$\eta-Al_2O_3$ P	$\eta-Al_2O_3$	ϕ1.5、ϕ3 片		230	0.40	—
		$\eta-Al_2O_3$ MS	$\eta-Al_2O_3$	平均 35μm，微球		350	0.45	—
		$\alpha-Al_2O_3$ MS	$\alpha-Al_2O_3$	平均 50μm，微球		10	0	—
		$\alpha-Al_2O_3$ P	$\alpha-Al_2O_3$	ϕ1.5、ϕ3 片		10	0	—
水泽化学	日本	Neobead C-4	$\gamma-Al_2O_3$	ϕ3.3～4.7 球	0.91	210	—	55
		Neobead MS4C	$\gamma-Al_2O_3$	100～240μm 微球	0.91	210	—	55
住友化学	日本	A-11	$\gamma-Al_2O_3$	40～50μm 微球	0.90	—	—	—
		A-21	$\alpha-Al_2O_3$	35～50μm 微球	0.65～0.95	1.05	—	—
		AC-11	$\gamma-Al_2O_3$	80～100μm 微球	1.2	—	—	—
		AC-21	$\alpha-Al_2O_3$	70～92μm 微球	0.9～1.0	—	—	—
		KHA	$\gamma-Al_2O_3$	ϕ2～6 球	0.70～0.72	150～180	0.5～0.6	—
		KHD	$\gamma-Al_2O_3$	ϕ2～6 球	0.80～0.86	250～300	0.3～0.4	—
昭和电工	日本	A-12	$\alpha-Al_2O_3$	43～74μm 粉	—	—	—	—
		H-10	$\alpha-Al_2O_3$	40～60μm 粉	2.42	—	—	—
		H-32	$\alpha-Al_2O_3$	3～4.5μm 粉	2.42	—	—	—
日挥化学	日本	N661	$\gamma-Al_2O_3$	ϕ5×4 片	—	—	—	—
大阪窑业	日本	A-1-ü	$\gamma-Al_2O_3$	ϕ3 球	0.76	100	—	—
		A-1-V	$\gamma-Al_2O_3$	ϕ3 空心球	0.67	>100	—	—
		A-2-E	$\gamma-Al_2O_3$	ϕ2 条	0.60	>200	—	—
		A-2-MS	$\gamma-Al_2O_3$	ϕ0.5 微球	0.75	>200	—	—
		ACK-U	$\alpha-Al_2O_3$	空心球	—	—	—	—

表 12-28 国内氧化铝载体的性能

生产厂	型号	晶相	外形尺寸 mm	Na_2O %	堆密度 kg/L	比表面积 m^2/g	孔体积 mL/g	强度 N/粒	吸水率 %
山东铝业公司研究院	AA311	$\gamma-Al_2O_3$	ϕ1～3、ϕ2～4 球	≤0.4	<0.9	≥250	≥0.3	30～50	≥30
	AA314-1	$\gamma-Al_2O_3$	ϕ5～7 球	≤0.5		≥200	≥0.3	≥150	≥33

续表

生产厂	型号	晶相	外形尺寸 mm	Na₂O %	堆密度 kg/L	比表面积 m²/g	孔体积 mL/g	强度 N/粒	吸水率 %
山东铝业公司研究院	AA321	γ-Al₂O₃	ϕ4 条	≤0.3	<0.9	≥250	≥0.3	≥100	≥30
	AA323	γ-Al₂O₃	ϕ4 条	≤0.6	<0.9	≥100	>0.2	≥100	≥25
	AA332-2	γ-Al₂O₃	ϕ4~6、ϕ5~7 球	≤0.6		≥200	0.27~0.33	≥60	—
	AA334	γ-Al₂O₃	70~500μm 粉	≤0.5	<0.8	170~230	≥0.3	磨耗≤5%	—
	AA341-1	γ-Al₂O₃	ϕ3×3-8 条	≤0.03		170~230	≥0.4	≥80	
	AA353	γ-Al₂O₃	ϕ1.6×3~10 条	≤0.05	0.6~0.7	170~230	≥0.4	≥50	
	AF226	γ-Al₂O₃	粉	≤0.6		≥200	≥0.3	—	
	HF164	α-AlOOH	粉	≤0.3	<0.4	>200	≥0.3	—	
	HF162	α-AlOOH	粉	≤0.1	<0.75	≥250	>0.3		
天津化工研究院	TC101-1	γ-Al₂O₃	ϕ3、ϕ4、ϕ5 条	≤0.05	0.5~0.6	180~220	0.6	100~120	65~70
	TC102	γ-Al₂O₃	ϕ3、ϕ4、ϕ5 条	≤0.05	0.5~0.6	280~300	≥0.6	100~120	65~70
	TC103-1	γ-Al₂O₃	1.8、3.2 三叶草	≤0.4	0.5~0.6	140~180	0.4~0.5	90~120	60~70
	TC104	γ-Al₂O₃	1.8、3.2 三叶草	≤0.4	0.55~0.65	150~200	0.4~0.5	100~150	50~60
	TC105	γ-Al₂O₃	ϕ3~5 球	≤0.4	0.70~0.81	140~200	0.4~0.45	100~150	≥50
	TC107	γ-Al₂O₃	ϕ1.2~3.5 球	≤0.01	0.4~0.5	160~200	1.0~1.2	50~80	130
	TC110	γ-Al₂O₃	ϕ1.2~3.5 球	≤0.01	≤0.30	140~180	≥2.0	7~10	200
	TC111	α-Al₂O₃	多孔	≤0.01	0.9~1.0	0.4~0.6	0.7~0.90	50~100	70~90
	TC115	α-Al₂O₃	多孔	≤0.01	0.9~1.0	5.0~10.0	0.7~0.90	40~60	
	TC401	TiO₂-Al₂O₃	ϕ3、ϕ5 条		0.6~0.70	140~180	0.45~0.55	100~120	50~60
	TC501	MgO-Al₂O₃	ϕ3、ϕ5 条		0.45~0.55	100~120	0.38~0.42	100~120	56~60
姜堰市化工助剂总厂	TZ-01	γ-Al₂O₃	ϕ3~5,球	<0.1	0.7~1.0	100~220	0.42	>80	60~80
	TZ-02	γ-Al₂O₃	ϕ3.2×10 条	<0.1	0.7~0.8	100~220	0.42	>80	60~80
	TZ-03	η-Al₂O₃	ϕ3~4 球	<0.1	0.8~0.9	300~360	0.45	>80	60~80
	TZ-04	η-Al₂O₃	ϕ3.2×10 条	<0.1	0.7~0.8	320~350	0.46	>80	60~80
	TZ-05	γ、η-Al₂O₃	ϕ4~6 球	<0.1	0.68~0.72	200~300	0.44	100~147	<60
	TZ-06	γ、η-Al₂O₃	ϕ4×12 条	<0.1	0.68~0.76	200~300	0.46	100~147	<60
	TZ-07	α-Al₂O₃	ϕ3 球	<0.1	0.9~1.1	0~20	0.15	>1100	<1
	TZ-08	α-Al₂O₃	ϕ6 球	<0.1	0.9~1.0	0~50	0.35	>350	<1
	TZ-09	α-Al₂O₃·H₂O	粉	<0.08	0.7~1.0	150~200	0.47	—	
	TZ-10	β-Al₂O₃·3H₂O	粉	<0.08	0.55~0.75	150~300	0.5		
	TZ-11	α-Al₂O₃·H₂O	粉	<0.08	0.6~0.7	150~200	0.6		
	TZ-12	β-Al₂O₃·3H₂O	粉	<0.08	0.7~0.8	150~200	0.5		
	TZ-13	γ-Al₂O₃	ϕ2~3.5 球	<0.1	0.50	15~200	0.7	40~50	60~80

续表

生产厂	型号	晶相	外形尺寸 mm	Na_2O %	堆密度 kg/L	比表面积 m^2/g	孔体积 mL/g	强度 N/粒	吸水率 %
姜堰市化工助剂总厂	TZ-14	α-$Al_2O_3 \cdot H_2O$	<90μm 微球	<0.08	0.8~1.0	150~250	0.3	—	—
	异型	γ、η-Al_2O_3	三叶草 空心球等	<0.1	0.5~0.8	120~200	0.2~0.5	80~110	—
温州化工厂	WYA-251	$Al_2O_3 \cdot nH_2O$	φ3×10 条	<0.15	0.5~0.6	>150	0.50	>100	—
	WYA-252	$Al_2O_3 \cdot nH_2O$	3×4~10 三叶草	<0.15	0.5~0.6	>150	>0.50	>100	—
	WYA-255	复合型	φ3×10 条	<0.12	—	>180	>0.50	>90	—
	WYA-256	复合型	3×4~10 条	<0.12	—	>180	>0.50	>100	—
贵州铝厂	GL-H8	γ-Al_2O_3	φ3~5 球	—	0.60	150~200	0.55	>60	50~60
	GLH9-2	γ-Al_2O_3	φ2~4 球	—	0.80	150~180	0.35	>80	30~40
	GLH11-2	γ-Al_2O_3	φ5~7 球	—	0.65	130~180	0.50	>130	50~55
南化公司催化剂厂	NC-3201	γ-Al_2O_3	φ3.2×5~15 条	—	0.70	200	>0.45	—	—
	NC-3302	$Al_2O_3 \cdot H_2O$	<0.75μm 粉	—	—	>200	—	—	—

第13章 分　子　筛

13.1 概　　述

　　自然界中存在的硅酸盐矿物中，有一类是网状结构硅酸盐类。当将某些晶体矿物进行加热时，会产生熔融和类似起泡沸腾现象，这种现象称作"膨胀"，并将这类晶体矿物称为沸石或泡沸石。后来发现，沸石矿物能可逆地脱水，而且其透明度和晶体形状在加热过程中并不发生改变。经脱水的沸石还能吸附小的无机分子，有的还有选择吸附作用，如菱沸石能吸附水、甲醇等蒸气，但基本上不吸附苯、丙酮等物质。这些沸石就是目前所称的晶体铝硅酸盐，或称"分子筛"的矿物。

　　沸石是沸石族矿物的总称，是一种含水的碱或碱土金属的铝硅酸盐矿物，其一般化学式为 $A_m X_p O_{2p} \cdot n H_2 O$。式中 A 代表 Ca、Na、K、Ba、Sr；X 代表 Al 和 Si。它们有着类似的组成和性质，组成中都含有 Al_2O_3 及 SiO_2，另外还含一些电价较低而离子半径较大的金属阳离子。其中，Al_2O_3 和 SiO_2 的比例可以不同，但金属氧化物和 Al_2O_3 的摩尔比为 1∶1，以平衡硅酸盐阴离子骨架结构中的负电荷。此外，还含有结合水（沸石水），这种包含在硅铝四面体骨架间的结合水与通常的结晶水不同，它在加热失水时是一个连续过程，而不像一般的晶体是跳跃式地失去结晶水，并且多数结构也随之倒塌。脱水后的沸石晶体，其骨架结构的形状保持不变，形成许多大小相同的"空腔"，空腔之间又有许多直径相同的微孔相连，形成均匀的数量级为分子直径大小的孔道，因而它能将比孔道直径小的物质分子吸附在空腔内部，把比孔道直径大的物质分子排斥在外，从而使分子大小不同的混合物分开，起着筛分分子的作用，故又名"分子筛"。虽然具有分子筛作用的还有一些其他物质，如微孔玻璃、炭分子筛等，但应用最广的是沸石。沸石的名称很不统一，可以叫做沸石、分子筛、沸石分子筛、分子筛沸石及晶体铝硅酸盐等，实际上是指同一种东西。由于具有分子筛作用的物质不仅仅是沸石，而且也不是所有的沸石都能用作分子筛。所以，严格讲，分子筛可分为沸石分子筛及非沸石分子筛两类。从目前的实际应用上看，所用的分子筛大部分是沸石分子筛；而从分子筛材料的发展看，新出现的分子筛品种则大部分是非沸石分子筛。所谓非沸石分子筛，主要是磷铝系列的分子筛，因而分子筛工业应用的发展很大程度上取决于磷铝系列分子筛的开发及应用。本章所讨论的分子筛主要指沸石分子筛。

　　沸石的相对密度为 2.0~2.8，硬度为 3~5，熔度为 3~5。晶体带有玻璃光泽。沸石中的水与阳离子相类似，有的以氢键与骨架氧结合，这种松弛结合的水可通过加热脱除。脱水后的沸石又称作活化沸石，它除了有吸附性能以外，还具有碱交换或阳离子交换性质。这种交换包含水溶液中的阳离子为沸石结构中的阳离子所取代。沸石的离子交换作用是沸石能够改性的原因之一，通过这种离子交换可用来改善沸石的分子筛性质。

　　人们对沸石的认识首先是从天然沸石开始的，自从 1756 年发现辉沸石以来，发现的天然沸石品种已越来越多，到目前为止，已发现有 1000 多种沸石矿，较为重要的有 35 种。表 13-1 列出了主要天然沸石品种的晶胞组成及孔径大小。近来，世界各国发现了大量天然沸石资源。我国的沸石资源也很丰富，品种也较多。

　　自然界分布最广的沸石矿是斜发沸石、毛沸石、丝光沸石、镁碱沸石、方沸石、菱沸石和浊沸石等。

对沸石的分类早期是按照化学组成进行分类。随着对沸石晶体结构研究的深入，以后又按键合力分布分成纤维状、层状和网状三类。近年来又更进一步发展按沸石骨架的晶体结构来分类。一种方法是将沸石分为七族，即方沸石族、菱沸石族、钙十字沸石族、片沸石族、丝光沸石族及八面沸石族；另一种方法是按硅氧四面体连接情况进行分类，即按照单四元环、双四元环、单六元环、双二元环等也将沸石分成七个族。这些方法都不够理想，不易反映出结构的规律性。我国科学工作者在上述分类基础上，根据沸石结构特点分成以下五类。

表 13-1 主要天然沸石及其性质

中文名称	英文名称	孔径 nm	硬度	密度 g/cm³	折射率	颜色
方沸石	analcidite, analcime, analcite①, cubicite	0.26	5～5.5	2.2～2.3	1.487	白、无色
粒硅铝锂石	bikitaite①	—	6	2.29	1.521	
锶沸石	brewsterite①, diagonite	—	5	2.1～2.5	1.512	白、黄、灰
菱沸石	cabasite, chabasie, chabasite①, chabazie, chabazite, cuboizite, glottalite	0.43	4～5	2.1～2.2	1.480	白、红、肉色
斜发沸石	clinoptilolite①	0.35	3～4	2.16	1.479	白
环晶石	achiardite, dachiardite①	—	4.5	2.165	1.496	
钡沸石	antiedrite, edingtonite①	0.26	4～4.5	2.7～2.8	1.553	白、绿、粉红
柱沸石	epistibite①, monophane, reissite	0.26	4～4.5	2.21	1.510	白
毛沸石	erionite①	0.43	—	2.02～2.08	1.475	白
八面沸石	faujasite①	0.8	5	1.92	1.48	白
镁碱沸石	ferrierite①	0.39	3～3.25	2.14～2.21	1.484	—
十字沸石	garronite①	—	4.5	2.13～2.17	1.511	无色
水钙沸石	abrazite, aricite, zeagonite, gismondite①	0.26	4.5～5	2.27	1.539	白、红、灰、无色
钠菱沸石	gmelinite①, hydrolite, lederite, sarcolite	0.43	4.5	2～2.1	1.485	黄白、绿白、红、红白
变杆沸石	epithomsonite, gonnardite①			2.25	1.508	
交沸石	andreolite, andreasbergolite, ercinite, harmotomite, harmotome①, morvenite, staurobaryte	0.26	4.5	2.4～2.5	1.505	白、灰、黄、红、褐
碱菱沸石	herschelite①, seebachite	—	4.5	2.06	1.4846	—
片沸石	euzeolite, heulandite①, lincolnite	0.26	3.5～4	2.1～2.2	1.498	白、灰、红、褐、无色
土磷锌铝石	kehoeite①	—		2.34	1.52～1.54	—
浊沸石	laumontite①, lomonite, sloanite	0.26	3～3.5	2.2～2.4	1.517	白、黄、褐红

续表

中文名称	英文名称	孔径 nm	硬度	密度 g/cm³	折射率	颜色
插晶菱沸石	levynite①	0.36	4～4.5	2.1～2.2	1.496	白、灰、黄、粉红
中沸石	antrimolite, mesolite①, poonahlite, poonalite, punahlite, verrucite	0.26	5	2.2～2.4	1.506	白、无色
丝光沸石	mordenite①	0.39（大孔 0.62）	3～4	2.1～2.15	1.480	淡黄、白、淡红
钠沸石	aedilite, echellite, epinatrolite, fargite, hoganite, lehuntite mooraboolite, natrolite①, radiolite, savite	0.26	5～5.5	2.2～2.35	1.481	白、灰、黄、红、无色
菱钾沸石	offretite①	0.6	—	2.13	1.489	—
方碱沸石	paulingite①	0.36	5	2.21	1.473	
钙十字沸石	christianite, marburgite, phyllipsite①	0.26	4～4.5	2.15～2.2	1.498	白、红
钙沸石	episcolecite, scolecite①	0.26	5～5.5	2.16～2.4	1.518	白、黄、无色
红辉沸石	epidesmine, stellerite①	—	—	—	—	—
辉沸石	foresite, stilbite①	0.26	3.5～4	2.0～2.2	1.500	白、黄、褐、红
杆沸石	carphostilbite, comptonite, faroelite, karphostilbite, koodilite, mesolitine, ozarkite, scoulerite, sphaerostilbite, thomsonite①	0.26	5～5.5	2.3～2.4	1.523	白、红、绿
磷方沸石	viseite①	—	—	2.2	1.53	—
斜钙沸石	wairakite①	—	5.5～6	2.265	1.498	—
汤河原沸石	yugawaralite①	—	5	2.2	1.497	—

① 为主要天然沸石的常用英文名称。

第一类：由四元环和六元环等组成骨架，并可划出立方单元的沸石，均属于立方晶系。

第二类：由四元环和六元环等组成骨架，并可划出六方单元的沸石，它们属于六角或三角晶系。

第三类：由五元环构成骨架，其特点是硅氧骨架中含有五元环，它们大都为正交和单斜等晶系。

第四类：是由四元环和八元环等组成骨架而不含五元环和六元环的沸石。

第五类：结构不具有上述四类特征的沸石，属于这类的只有浊沸石一种。

表13-2示出了各类沸石的结构数据，表中所列理想的晶胞组成是指晶胞中包含的化学式，由于晶体组成随着生成条件而变化，实际上有一定变化范围，含水量也可多可少。但晶胞中硅和铝的总数不变。

表 13-2　沸石的分类及结构数据[89,90]

类别	名称	理想的晶胞组成	结晶学数据			1nm³ 中 Si 和 Al 的数目	孔道体系	
			晶系	空间群	晶胞常数 nm		空间体系	孔道方向
第一类	A 型沸石	$Na_{96}[Al_{96}Si_{96}O_{384}] \cdot 216H_2O$	立方	Fm3	$a = 2.464$	12.9	III	∥ a
	八面沸石	$Na_{64}[Al_{64}Si_{128}O_{384}] \cdot 256H_2O$	立方	Fd3m	$a = 2.47$	12.7	III	∥ [111]
	ZK-5 型沸石	$Na_{24}[Al_{24}Si_{72}O_{192}] \cdot 90H_2O$	立方	Im3m	$a = 1.87$	14.7	III	∥ a
	方碱沸石	$(K_2, Ca, Na_2)_{76}[Al_{152}Si_{520}O_{1344}] \cdot (\sim 700)H_2O$	立方	Im3m	$a = 3.51$	15.5	III	∥ a
	方钠石	$Na_6[Al_6Si_6O_{24}] \cdot 4H_2O$	立方	P43m	$a = 0.888$	17.2	III	∥ [111]
	方沸石	$Na_{16}[Al_{16}Si_{32}O_{96}] \cdot 16H_2O$	立方	Ia3d	$a = 1.373$	18.6	I	∥ 3
第二类	钙霞石	$Na_6[Al_6Si_6O_{24}] \cdot 24H_2O$	六角	P6₃	$a = 1.275$, $c = 0.514$	16.7	I	∥ c
	菱钾沸石	$(K_2, Ca, Mg)_{2.5}[Al_5Si_{13}O_{36}] \cdot 15H_2O$	六角	P6m2	$a = 1.3291$, $c = 0.7582$	15.7	III	∥ c, ⊥ c
	毛沸石	$Ca_{4.5}[Al_9Si_{27}O_{72}] \cdot 27H_2O$	六角	P6₃/mmc	$a = 1.326$, $c = 1.512$	15.7	III	⊥ c
	插晶菱沸石	$Ca_3[Al_6Si_{12}O_{36}] \cdot 18H_2O$	三角	R3m	$a = 1.332$, $c = 2.251$	15.6	III	∥ c
	钠菱沸石	$Na_8[Al_8Si_{16}O_{48}] \cdot 24H_2O$	六角	P6₃/mmc	$a = 1.375$, $c = 1.005$	14.6	III	∥ c, ⊥ c
	菱沸石	$Ca_2[Al_4Si_8O_{24}] \cdot 13H_2O$	三角	R3m	$a = 1.317$, $c = 1.506$	14.6	III	⊥ c
	L 型沸石	$K_6Na_3[Al_9Si_{27}O_{72}] \cdot 21H_2O$	六角	P6/mmm	$a = 1.804$, $c = 0.75$	16.4	I	∥ c
第三类	丝光沸石	$Na_8[Al_8Si_{40}O_{96}] \cdot 24H_2O$	正交	Cmcm	$a = 1.813$, $b = 2.049$, $c = 0.752$	17.2	II	∥ c, ∥ b
	环晶石	$Na_5[Al_5Si_{19}O_{48}] \cdot 12H_2O$	单斜	C2/m	$a = 1.873$, $b = 0.754$, $c = 1.03$, $\beta = 107.9°$	17.3	II	∥ b, ∥ c
	镁碱沸石	$Na_2Mg_2[Al_6Si_{30}O_{72}] \cdot 18H_2O$	正交	Immm	$a = 1.916$, $b = 1.423$, $c = 0.749$	17.7	II	∥ c, ∥ b
	柱沸石	$Ca_3[Al_6Si_{18}O_{48}] \cdot 16H_2O$	单斜	C2/m	$a = 0.892$, $b = 1.772$, $c = 1.021$, $\beta = 124.3°$	18.0	II	∥ a, ∥ c
	粒硅铝锂石	$Li_2[Al_2Si_4O_{12}] \cdot 2H_2O$	单斜	P2₁	$a = 0.861$, $b = 0.496$, $c = 0.761$, $\beta = 114.4°$	20.2	I	∥ b

续表

类别	名称	理想的晶胞组成	结晶学数据			$1nm^3$ 中 Si 和 Al 的数目	孔道体系	
			晶系	空间群	晶胞常数 nm		空间体系	孔道方向
第三类	锶沸石	$(Sr, Ba, Ca)_3 [Al_6Si_{18}O_{48}] \cdot 16H_2O$	单斜	P2/m	$a = 0.677$, $b = 1.751$, $c = 0.774$, $\beta = 94.3°$	17.5	Ⅱ	$\parallel a, \parallel c$
	辉沸石	$Na_2Ca_4 [Al_{10}Si_{26}O_{72}] \cdot 28H_2O$	单斜	C2/m	$a = 1.364$, $b = 1.824$, $c = 1.127$, $\beta = 128°$	16.9	Ⅱ	$\parallel a, \parallel c$
	片沸石	$Ca_4 [Al_8Si_{28}O_{72}] \cdot 24H_2O$	单斜	Cm	$a = 1.771$, $b = 1.784$, $c = 0.746$, $\beta = 116.3°$	17.0	Ⅱ	$\parallel a, \parallel c$
	斜发沸石	$Na_8 [Al_8Si_{40}O_{96}] \cdot 32H_2O$	单斜	I2/m	$a = 0.764$, $b = 1.784$, $c = 1.588$, $\beta = 91.4°$	16.6		
	汤河原沸石	$Ca_2 [Al_4Si_{12}O_{32}] \cdot 8H_2O$	单斜	Pc	$a = 0.673$, $b = 1.396$, $c = 1.002$, $\beta = 110.5°$	18.2	Ⅱ	$\parallel a, \parallel c$
第四类	钠沸石	$Na_{16} [Al_{16}Si_{24}O_{80}] \cdot 16H_2O$	正交	Fdd2	$a = 1.830$, $b = 1.863$, $c = 0.657$	17.8	Ⅲ	$\perp c, \parallel c$
	纤沸石	$Na_4Ca_2 [Al_8Si_{12}O_{40}] \cdot 14H_2O$	正交	—	$a = 1.335$, $b = 1.335$, $c = 0.665$	16.9		
	钙沸石	$Ca_8 [Al_{16}Si_{24}O_{80}] \cdot 24H_2O$	单斜	C_8	$a = 1.848$, $b = 1.895$, $c = 0.654$, $\beta = 90.5°$	16.7		
	中沸石	$Na_{16}Ca_{16} [Al_{48}Si_{72}O_{240}] \cdot 64H_2O$	单斜	C_2	$a = 5.67$, $b = 0.654$, $c = 1.844$, $\beta = 90°$	17.5		
	钡沸石	$Ba_2 [Al_4Si_6O_{20}] \cdot 8H_2O$	正交	$P2_12_12_1$	$a = 0.956$, $b = 0.968$, $c = 0.653$	16.7	Ⅲ	$\perp c, \parallel c$

续表

类别	名称	理想的晶胞组成	结晶学数据			$1nm^3$ 中 Si 和 Al 的数目	孔道体系	
			晶系	空间群	晶胞常数 nm		空间体系	孔道方向
第四类	杆沸石	$Na_4Ca_8[Al_{20}Si_{20}O_{80}] \cdot 24H_2O$	正交	P2nn	$a=1.30$, $b=1.30$, $c=1.32$	17.7	Ⅲ	$\perp c$, $\parallel c$
	钙十字沸石	$(K,Na)_{10}[Al_{10}Si_{22}O_{64}] \cdot 20H_2O$	正交	B2mb	$a=0.996$, $b=1.425$, $c=1.425$	15.8	Ⅲ	$\parallel a$, $\parallel b$, $\parallel c$
	交沸石	$Ba_2[Al_4Si_{12}O_{32}] \cdot 12H_2O$	单斜	$P2_1$	$a=0.987$, $b=1.414$, $c=0.872$, $\beta=124.8°$	16.0	Ⅲ	$\parallel a$, $\parallel b$, $\parallel c$
	十字沸石	$NaCa_{2.5}[Al_6Si_{10}O_{32}] \cdot 13.5H_2O$	四角	—	$a=1.01$, $b=0.987$	16.2		
	水钙沸石	$Ca_4[Al_8Si_8O_{32}] \cdot 16H_2O$	单斜	$P2_1/c$	$a=1.002$, $b=1.062$, $c=0.984$, $\beta=92.4°$	15.3	Ⅲ	$\parallel a$, $\parallel b$
	P型沸石	$Na_6[Al_6Si_{10}O_{32}] \cdot 15H_2O$	假立方	I4/amd	$a=1.001$	16.0	Ⅲ	$\parallel a$
第五类	浊沸石	$Ca_4[Al_8Si_{16}O_{48}] \cdot 16H_2O$	单斜	Am	$a=0.757$, $b=1.310$, $c=1.475$, $\beta=111.5°$	17.6	Ⅰ	$\parallel a$

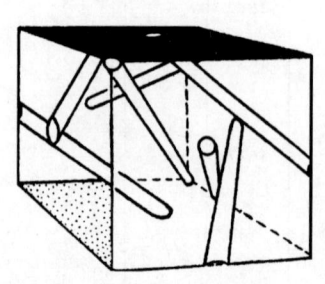

图 13-1 方沸石的孔道

表中每 $1nm^3$ 中含有 Si 和 Al 的数目反映硅氧骨架的密度。沸石中孔道能连通的空间称作孔道的空间体系。孔道的空间体系常在晶穴处相交，从一个方向通至另一个方向。一维孔道似管状，彼此不能沟通，如方沸石的孔道（图 13-1）。它由六元环构成，孔道平行（111）方向。一维孔道以Ⅰ表示。二维孔道如图 13-2 所示，（a）是丝光沸石的孔道体系，由两种大小不同的孔道彼此连通。主要孔道$\parallel c$ 轴，较少的孔道$\parallel a$ 轴；（b）是钠沸石的孔道体系。二维孔道以Ⅱ表示。三维空间都能相通的孔道称为三维孔道（图 13-3），并以Ⅲ表示。它又分两种类型：一种是不论属何方的孔道，彼此大小相等；另一种是随方向不同，孔道的大小相异。图 13-3（a）是菱沸石中的主要孔道体系；（b）是钠菱沸石中的主要孔道体系；（c）是毛沸石中的主要孔道体系；（d）是插晶菱沸石中的主要孔道体系。图 13-4 是八面沸石中的孔道体系，呈四面体形分布。菱沸石、毛沸石和八面沸石的孔道属第一种类型，即为等径类型；余者属第二种类型，即非等径类型。方碱沸石的孔道体系如图 13-5 所示，每根孔道均平行于（100）方向，也属于等径类型，但呈十字形，除上述几种形式外，也还有一些其他形式[91]。考察沸石中的孔道体系，对于理解沸石的物理及化学性质，如沸石水、吸附性及阳离子交换性能都极有意义。由于沸石主要用作分子筛，因此孔道的孔径大小、是否沟通、曲折或堵塞等都关系到它所起的作用。

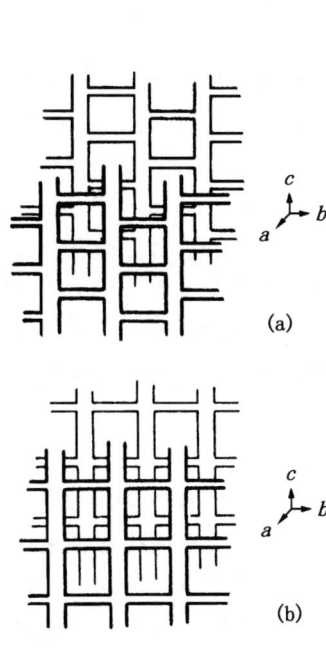

图 13-2　二维孔道系
（a）丝光沸石的主要孔道；
（b）钠沸石的主要孔道

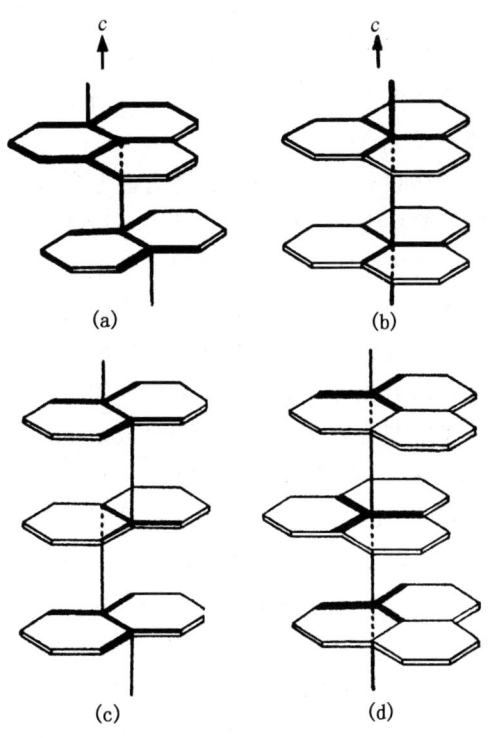

图 13-3　由平行选置的六方环所形成的三维孔道体系
（a）菱沸石；（b）钠菱沸石；
（c）毛沸石；（d）插晶菱沸石

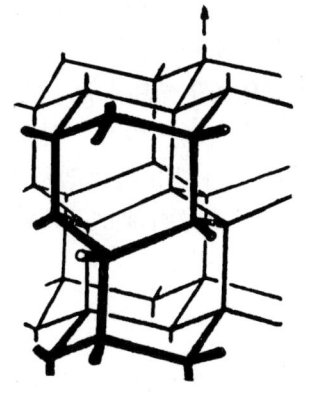

图 13-4　八面沸石的孔道体系

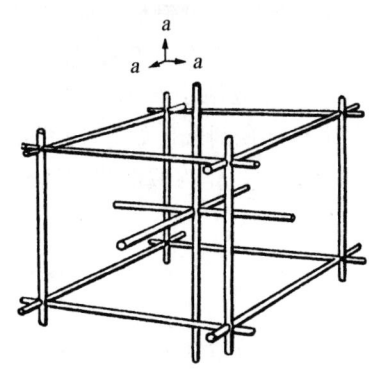

图 13-5　方碱沸石的孔道体系

天然沸石虽有分子筛分的性能，但由于沸石矿资源的限制，不能满足工业上大量应用的需要，而且天然沸石一般都含有大量杂质，或者是多种沸石聚集在一起。所以人们通常用人工合成的方法来制备具有更好性能的合成沸石。最早用人工合成方法制得的是丝光沸石、方沸石及钡沸石。以后又合成出和天然沸石——菱沸石、丝光沸石、毛沸石、八面沸石及水钙沸石类似的十几种晶体沸石。到目前为止，至少已有七十多种合成沸石，其中有些还没有天然相似物，如A型，X型、L型和Y型沸石。所以，根据沸石的来源不同，主要可分为在自然界中存在的天然沸石和人工制造的合成沸石两大类。

以前，合成人工沸石仅使用无机反应物，20世纪60年代，人们开始在反应物中使用有机季铵离子，有机组分的引入对合成沸石的性质产生重要影响，并在1967年合成出高硅β沸石及ZSM-5沸石。

1982年，美国UCC公司首先开发出一类完全不含硅的微孔化合物——磷酸铝系列分子筛，包括大孔、中孔、小孔的$AlPO_4-n$分子筛，而且除了Al和P以外，还可将多种元素，包括主族金属与过渡金属以及非金属元素引入骨架中，形成许多具有开放骨架结构的微孔化合物，这些结构中，除去少量具有与沸石相同的结构外，其他都是新型的开发骨架结构。随后，其他类沸石微化合物（如磷酸镓、钛硅分子筛）也相继被成功合成。微孔化合物的组成也从硅铝沸石，扩展到包括磷酸铝、磷酸镓及钛硅分子筛等微孔化合物。1992年美国Mobil公司以表面活性剂为模板剂合成出M41S系列分子筛，它包括MCM-41分子筛（六方相）、MCM-48分子筛（立方相）、MCM-50分子筛（层状相）等，这类材料在催化、分离等方面有广泛的应用价值，引起了沸石和催化界的极大关注。

在以往的数十年中，沸石分子筛化学的发展可概括为以下几个方面：(1) 从低硅沸石（以A、X、Y型为代表）、中硅沸石（以M、β、Ω型为代表）发展到高硅沸石（以ZSM、EU、FU为代表），直到出现纯硅沸石分子筛的极限状况；(2) 追求大孔化，主孔道从四元环、六元环向数值较大的多元环发展；(3) 杂原子化，由一些性质相似的元素如P、Zr、Ti、Fe、Ge、V等部分地取代骨架元素硅（铝），由此形成的杂原子分子筛可看做是一类特殊的金属配合物，并具有特殊的催化性能。

以后，人们逐渐发现自然界还存在着Fe-O八面体、P-O四面体及Al-O三角双锥所组成的非铝硅酸盐分子筛。因此，有些学者从理论上提出了沸石分子筛经典定义的转变，认为沸石化学不应局限于多孔硅铝酸盐骨架。从这种含义上讲，分子筛的品种数量几乎可趋近于无限。而根据其结构特征，可分为硅铝分子筛、磷酸铝分子筛和其他一些层状状化合物。分子筛的家族也可概括如图13-6所示。

分子筛首先是作为一个高效的吸附剂而著称，最初用于流体的干燥和净化，后来用于流体的分离，广泛地用于石油产品、干气、天然气等的干燥、除CO_2、脱硫、脱蜡等方面。天然沸石用作催化剂载体始于20世纪初，人工合成的分子筛作为工业化催化剂是从20世纪60年代才开始的，作为酸催化剂及双功能催化剂广泛用于石油炼制及石油化工领域。

13.2 分子筛的命名

沸石分子筛的名称很不统一，从表13-1可以看出，有时一种天然沸石可以有很多英文名称。人工合成的分子筛也这样，往往一种合成沸石就有几种命名，命名比较混乱，容易引起误解，下面介绍几种常用的命名方法。

13.2.1 用相应矿物的矿物学名词来命名

如丝光沸石型，表明所合成的沸石在结构上与丝光沸石相当，但性能并不完全一样。因

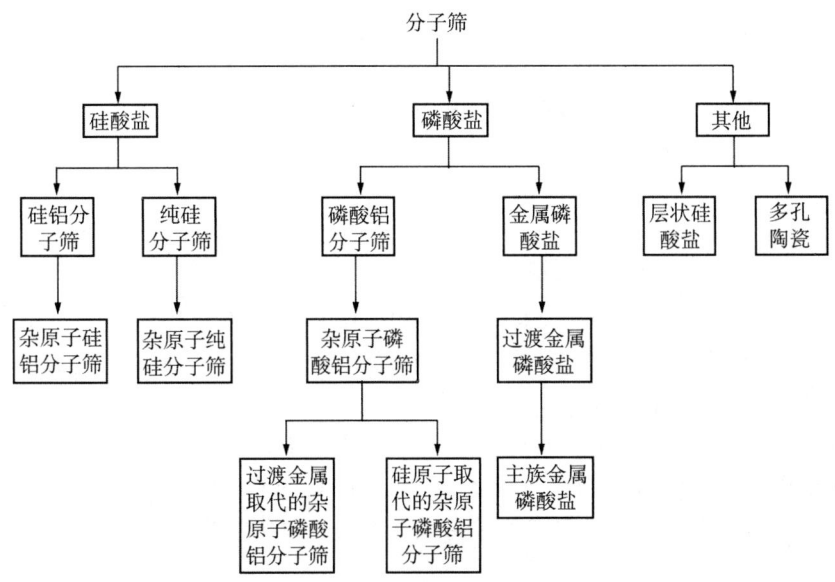

图 13-6 分子筛的家族图谱

为阳离子的类型和位置、硅铝比及硅和铝的分布等情况二者不一定完全相同。

13.2.2 用字母来命名

这又可分成下面几种情况：

（1）用最早提出的一个或几个字母来命名，如沸石 A、沸石 N-A、沸石 ZSM-5 等；

（2）用 A 型、X 型、Y 型等表示，意义和沸石 A、沸石 X 及沸石 Y 等相同；

（3）为了强调碱金属的符号，以区别不同类型的合成沸石，采用附加的字母来表示。例如 Na-D 型表示丝光沸石型合成沸石，D 则表示菱沸石型合成沸石；

（4）用 N 表示从烷基胺—碱体系中制备的沸石，如 N-A 表示具有 A 型骨架的合成四甲胺沸石。

用字母表示的合成沸石，骨架组成可以变化，这可由硅铝比及单位晶胞组成所指出。

13.2.3 用取代原子来命名

当 Si 或 Al 原子被其他四面体原子如 Ga、Ge 和 P 等取代时，通常就用这种取代原子作前缀，加在合成沸石前面，如 P-L 即表示在骨架中 P 取代的沸石 L。

13.2.4 离子交换法制备的合成沸石的命名

离子交换型分子筛在催化领域中具有十分重要的价值，如钙交换的沸石，可简写为 CaA。但要注意，Ca-A 可以是完全不同的沸石，即 Ca 和 A 之间加上"-"符号则表示另一种沸石，另外，上面这种简写法也不表示交换度，需要另外标明交换度，可用交换一价阳离子的百分数或用晶胞组成表示，如 $Ca_2Na_8 \cdot [(AlO_2)_{12}(SiO_2)_{12}] \cdot xH_2O$ 表示有 33% 的 Ca 被交换。所以，凡通过离子交换、脱 Al、脱阳离子等方法制备的合成沸石，都要将母体沸石的变化表示出来。

13.3 分子筛的结构[89,90]

13.3.1 分子筛的化学组成

以 SiO_2 及 Al_2O_3 为主要成分的分子筛是具有晶体结构的铝硅酸盐，一般的化学组成实验式为：
$$M_{2/n}O \cdot Al_2O_3 \cdot xSiO_2 \cdot yH_2O \tag{13-1}$$

式中　M——金属离子，人工合成时通常为 Na；

　　　n——金属离子的价数；

　　　x——SiO_2 的分子数，即 SiO_2/Al_2O_3 的摩尔比，称为硅铝比；

　　　y——水的分子数。

有时也用下式来表示其化学组成：
$$M_{p/n}[(AlO_2)_p(SiO_2)_q] \cdot yH_2O \tag{13-2}$$

式中　p——Al_2O_3 的分子数；

　　　q——SiO_2 的分子数。

从上式可以看出，每个 Al 原子和 Si 原子平均都连有两个 O 原子。如果 M 的化合价 $n=1$，则 M 的原子数等于 Al 原子数；如果 $n=2$，则 M 的原子数等于 Al 原子数的一半。

各种分子筛的区别，首先表现在化学组成的不同，而化学组成上最主要的区别在于硅铝比 x 的不同。例如：

A 型分子筛　$x=2$；X 型分子筛　$x=2.1 \sim 3.0$；

Y 型分子筛　$x=3.1 \sim 6.0$；丝光沸石　$x=9 \sim 11$。

分子筛的耐酸性、热稳定性及催化性能都会随 x 值不同而有所变化。一般来讲，耐酸性及热稳定性都随 x 的增大而增加。此外，各种类型的分子筛中，金属离子 M 不同时，其微孔的大小和性质也会有所差异。下面介绍 A 型、X 型、Y 型及丝光沸石等几种常用分子筛的晶体结构。

13.3.2　分子筛的结构单元——四面体

沸石分子筛骨架的最基本结构单元为 TO_4 四面体，四面体的中心原子 T，最常见的是 Si 和 Al，也可以是 P、Ga、Be、B、Ge、Ti、V 等元素。（SiO_4）四面体及（AlO_4）四面分别称作硅氧四面体及铝氧四面体。在这些四面体中，中心原子是硅（或铝），每个硅（或铝）原子周围有四个氧原子，它们构成了分子筛最基本结构单元，即初级结构单元。

因为硅是 +4 价，氧是 -2 价，因此硅氧四面体中，硅和氧的化合在平面上可用图 13-7 来表示。而实际上，硅原子的四个化学键不是处在同一平面上，而是在空间互成一定角度，所以硅氧四面体最好应该用图 13-8 所示的立体图来表示。图中小黑点表示硅原子，周围大白圆圈表示四个氧原子，硅原子的体积比氧原子要小。

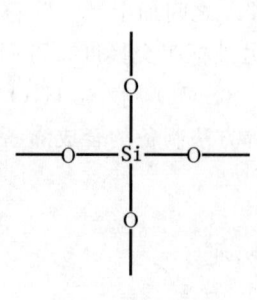
图 13-7　硅氧四面体

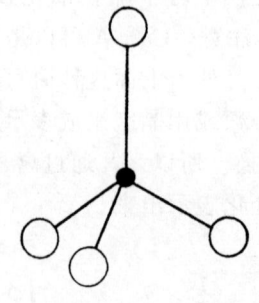
图 13-8　硅氧四面体

从图 13-7 看出，一个硅原子和四个氧原子相结合，所以硅的四个价得到了满足。而每个氧原子只有一个价和硅原子相结合，另外一个价是和相邻的另外一个四面体相结合，因此硅和氧的化合价都得到满足。几个四面体互相结合时，在平面上可用图 13-9 表示，在立体上也可用图 13-10 来表示。

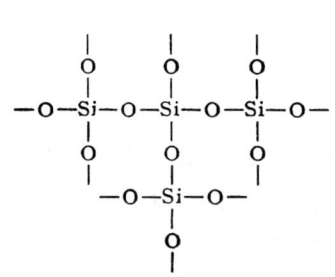

图 13-9　连接起来的硅氧四面体

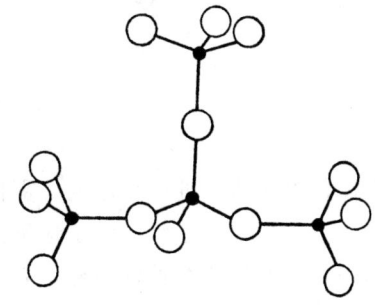

图 13-10　连接起来的硅氧四面体

氧原子为两个相邻四面体所共用的这种连接方式，也称作氧桥。各个四面体经氧桥互相连接起来后，有的成链状，有的成环状，进一步构成三维空间的立体骨架，形成所谓"巨大分子"或花样繁多的次级结构单元。

四面体中的硅原子，有时也可被铝原子所取代，形成铝氧四面体，因为铝是 +3 价，周围有四个氧相连接，共负四价，这样就不能保持电中性。为了保持电中性，在铝氧四面体的附近必须带有正电荷的离子来中和它的负电荷，分子筛的化学组成实验式中的金属离子 M 就是起这种作用。通常以正离子状态而存在的金属离子 M 的正电荷就是供中和铝氧四面体的负电荷。人工合成的分子筛中，金属离子一般为钠离子，如图 13-11 所示。

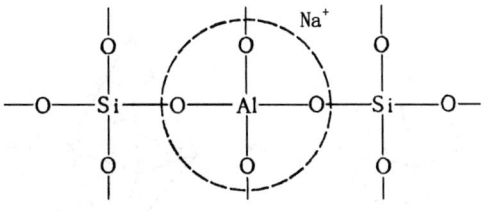

图 13-11　硅氧四面体中的金属离子

13.3.3　晶穴、晶孔和孔道

理论上可以把分子筛骨架看成是由四面体构成的四元环、五元环、六元环、八元环或更多的笼子单元，按一定的方式堆积起来。四面体通过氧桥互相连接时可以形成首尾相接的环状，并称为多元环。由四个四面体形成一个环就叫四元环，并以四方形来表示；五个四面体形成一个环就叫五元环，以五方形表示，依此类推，可有六元环、八元环、十二元环及十八元环等。图 13-12 示出了四元环及六元环的结构，每条边代表一个氧桥。环的当中是一个孔，由于构成环的元数不同，各种多元环的孔有不同大小的直径，各种环的最大孔径为：四元环 0.155nm、六元环 0.28nm、八元环 0.45nm、十二元环 0.8~0.9nm。实际上，由于环可以不同程度的扭曲，因此孔径大小会与上述数据有一定偏差，一般说来，环的元数越多，扭曲的趋势也越大。从上述数据也可以看出，环的孔径与一般分子大小相差不多。如果分子大小小于孔径时就能钻进去，所以，由较大的环构成的沸石在吸附及催化作用中较为重要。六元环以下的孔径太小，分子钻不进去，应用范围不大。

四面体通过氧桥互相连接成的各种不同的多元环，又可通过氧桥互相连接成具有三维空

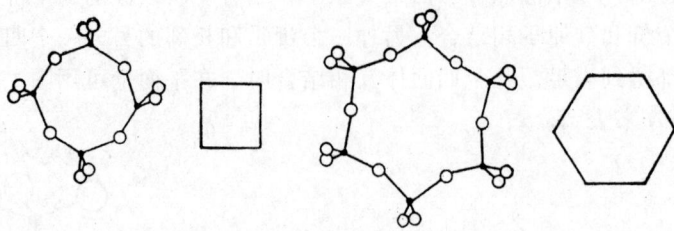

图 13-12 四元环和六元环

间多面体，多面体再进一步排列，即构成沸石的骨架结构，这种具有三维空间的多面体就叫做晶穴，或称孔穴、空腔。由于这种多面体多呈中空的笼状，所以常称为笼。在分子筛的晶体结构中，笼的形式有各种各样，如α笼、β笼、γ笼和八面沸石笼等。而对A型、X型及Y型分子筛来说，最重要的一种笼称作β笼。

β笼也称作方钠石笼，因为方钠石晶体结构中也存在这种笼。实际上它是个截角或平切八面体，是将八面体的六角顶角截掉后变成的形式，系共有24个顶角的十四面体，如图13-13所示。这种截角八面体中有六个四元环、八个六元环。其空腔体积为 0.16nm³，平均直径为 0.66nm。β笼进一步互相连接就可构成A型、X型及Y型分子筛。所以它是A型、X型、Y型分子筛晶体结构的基础。

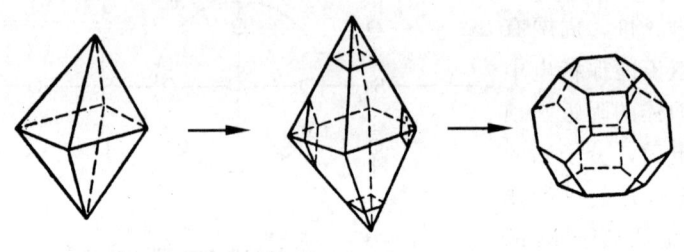

图 13-13 八面体和削角八面体

晶穴与外部或其他晶穴相通的部位，称作晶孔，也叫做孔、孔口、窗口和晶窗等。在分子筛中，多面体通过所有的面与外部或其他多面体相连接，所以，组成晶穴的每个多元环都可看成是晶孔。因为主晶穴与主晶穴相通的部位是围成主晶穴的最大的多元环，所以将它称为该分子筛的主晶孔。通常，主晶孔的有效孔径控制着分子是否能进入分子筛的内部，而空腔体积则决定可容纳分子的数目。

由于分子筛的晶体骨架是由晶穴按一定规则堆积而成，相邻的晶穴之间由晶孔互相沟通，这种由晶穴和晶空所形成的无数通路，就叫做孔道，也称通道。分子筛的主晶穴与主晶孔构成的孔道称为该分子筛的主孔道，通常也简称为孔道。由孔道所连通的空间就是孔道的空间体系。

13.3.4 A型分子筛的晶体结构

A型分子筛的骨架结构与氯化钠的结构相似。氯化钠的晶体结构可参见图5-3。钠离子和氯离子位于立方体的八个顶角上，每个钠离子周围有六个氯离子。同样，每个氯离子的周围也有六个钠离子。如果用β笼来代替氯化钠晶格中所有的钠离子和氯离子，而且相邻的两个β笼都通过四元环用四个氧桥互相连接起来，这样就得到图13-14所示的A型分子筛晶体结构。

从图13-14可以发现，八个β笼互相连接以后，在当中又形成一个新的笼。这种笼称

作 α 笼。它比 β 笼要大，是个平切立方八面体，由十二个四元环、八个六元环及六个八元环组成，它是二十六面体，其平均直径为 1.14nm，空腔体积为 0.76nm³。如果把 α 笼单独取出来作图，就如图 13-15 所示。

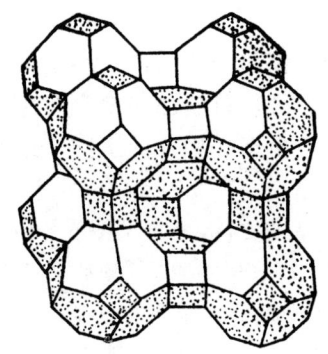

图 13-14 β 笼的排列

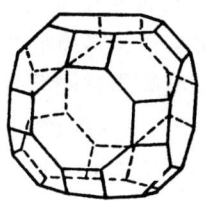

图 13-15 α 笼

在 A 型分子筛晶体结构中，除 α 笼及 β 笼以外，还存在一种 γ 笼。这是由两个相邻的截角八面体以四元环用氧桥相互连接所形成的一个空洞（从图 13-14 可以清楚看出），所以 γ 笼是一个立方体，因此也称作立方体笼。由于它由四元环形成，因此它的体积很小，一般分子进不去。

从图 13-15 也可以看出，一个 α 笼的周围有八个 β 笼和十二个 γ 笼。α 笼和 β 笼是通过六元环互相沟通的。同时，一个 α 笼的四周还有六个与其相邻的 α 笼。它们是通过八元环相互沟通的。八元环是 A 型分子筛的主晶孔，其孔径为 0.45nm，所以是 A 型分子筛的主要通道的孔径，当然，当阳离子不同时，主要通道的孔径也会有变化。

由此可见，分子筛的晶体是由排列得很整齐且互相间由晶孔沟通的大小笼子所构成。

人工合成的 A 型分子筛，其晶胞的化学式可写成：

$$Na_{12}[(AlO_2)_{12}(SiO_2)_{12}] \cdot 27H_2O \tag{13-3}$$

即一个 β 笼看作是一个晶胞，每个晶胞含有 12 个钠离子。用小角度 X 射线衍射法测定脱水 NaA 沸石的晶体结构表明，这些钠离子在晶格中占有三种不同的位置。其中有八个 Na^+ 离子分布在晶胞的八个六元环上，每个六元环上各一个，靠近六元环的中心；另外三个 Na^+ 离子分布在八元环上，六个八元环中有三个八元环上各有一个 Na^+ 离子，也在靠近八元环的中心；最后一个 Na^+ 离子则位于四元环的二次轴上。这三种阳离子的位置，从静电作用能考虑，以第一种最为稳定，其次是第二种，最后一种最不稳定。

此外，A 型分子筛中尚含有水分子，这些水分子能占满分子筛的空间。但在加热时可以除去。例如，在空气中于 700℃ 加热 6h 可把水分完全除去。

A 型分子筛又有 3A、4A 及 5A 型之分。(13-3) 式所表示的钠离子型 (NaA) 分子筛为 4A 型分子筛，这类分子筛的孔径为 0.4nm 左右。如果 4A 型分子筛中的钠离子 1/3 以上被钙离子所交换时，其有效孔径就变为 0.5nm 左右，这时就成为 5A 型分子筛。一般的 5A 型分子筛是 NaA 型分子筛中 70% 以上的钠离子被钙离子交换的产品，它的晶胞化学式为：

$$Na_{2.6}Ca_{4.7}(AlO_2)_{12}(SiO_2)_{12} \cdot 31H_2O \tag{13-4}$$

如果钠离子为离子半径较大的钾离子所交换，使孔径变为 0.3nm 左右，就称为 3A 型分子筛。

上述例子也说明，金属离子不同，引起分子筛有效孔径变化，因此吸附分子大小的能力也就不同，其用途当然也不一样。

13.3.5　X型及Y型分子筛的晶体结构

X型及Y型分子筛是应用较广的两种沸石类型，它们都属于八面沸石型，其晶体结构完全相同，两者的区别在于硅铝比（SiO_2/Al_2O_3）不同。虽然单位晶胞都含有192个硅铝原子，但Y型的硅含量要高一些，更接近于八面沸石。正由于硅铝比的不同，这两种类型的分子筛在耐酸性、热稳定性等方面都有所差异。

八面沸石型晶体结构类似于金刚石的结构，金刚石的晶体结构可参见图5-17。图中黑圆圈表示碳原子，它有四个化学键，在空间互成一个角度（109°左右）。碳原子之间彼此以化学键相连接。如果也以β笼来代替金刚石晶体中的所有碳原子，相邻的β笼之间通过六元环用六个氧桥互相连接，这样连接起来的结构就是八面沸石，也就是X型及Y型分子的晶体结构，如图13-16所示。

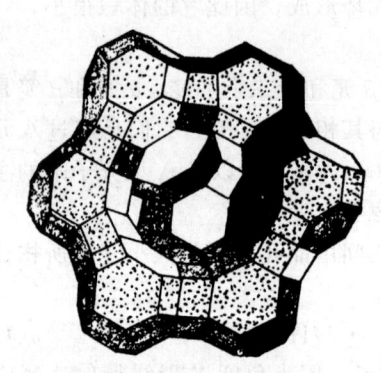

图13-16　X型、Y型分子筛晶体结构

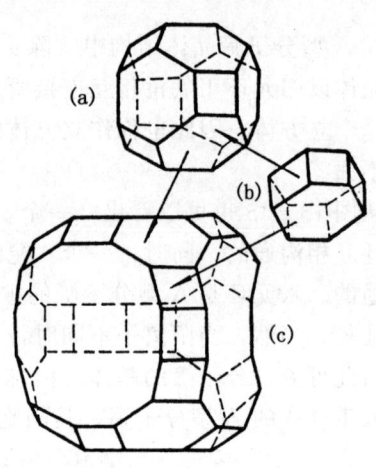

图13-17　分子筛中几种晶穴的结构
(a) β笼；(b) 六角柱笼；
(c) 八面沸石笼

和A型分子筛一样，当β笼按上述方式互相连接时，也形成了两种新的笼子，一种是当两个β笼通过六元环用氧桥互相连接时所形成的笼子，这种笼子实际上是一个六角棱柱体，称做六角柱笼，如图13-17（b）所示。从图13-17也可看出六角柱笼的体积比β笼要小。另一种新的笼叫做八面沸石笼，它是由β笼和六角柱笼所包围而成的。如果将其单独取出来作图，就如图13-17（c）所示。从图13-17（c）可以看出，八面沸石笼由十八个四元环、四个六元环及四个十二元环所构成，八面沸石笼与八面沸石笼通过十二元环连通。八面沸石笼的体积要比β笼大得多，空腔体积为85nm，平均直径为1.25nm。

八面沸石笼是X型、Y型分子筛最主要的空腔，它通过四元环或六元环与四周的β笼相通，通过四元环又可以与四周的六角柱笼相通。另外，通过四个十二元环又和四周相邻的另外四个八面沸石笼相通，十二元环是八面沸石的主晶孔，其直径为0.8～0.9nm，是构成X型和Y型分子筛主要通道的孔径。

从上面的讨论知道，X 型和 Y 型分子筛的晶体也是由排列得很整齐且互相沟通的不同大小的笼所构成。

X 型和 Y 型分子筛的单位晶胞都含有 192 个硅氧（包括铝氧）四面体，相当于八个截角八面体（或 β 笼）。它们的晶胞化学式可以写成：

$$M_{p/n}[(AlO_2)_p (SiO_2)_{192-p}] \cdot yH_2O \qquad (13-5)$$

X 型分子筛根据其所含阳离子类型的不同又分为 13X 型和 10X 型，如果阳离子为钠离子，则称为 13X 型分子筛，如果部分钠离子被钙离子所取代，则称为 10X 型分子筛。典型 X 型分子筛的晶胞化学式为：

$$Na_{86}[(AlO_2)_{86} (SiO_2)_{106}] \cdot 264H_2O \qquad (13-6)$$

实际上根据 SiO_2/Al_2O_3 比的不同，晶胞化学式也是有差别的。

典型 Y 型分子筛的晶胞化学式可以下式表示：

$$Na_{56}[(AlO_2)_{56}(SiO_2)_{136}] \cdot 264H_2O \qquad (13-7)$$

在 X 型及 Y 型分子筛的晶体里，钠离子分布在三种不同的位置上，如图 13-18 所示，这三种不同位置为：

S_I——位于六角柱笼内，每单位晶胞有 16 个位置；

S_{II}——位于 β 笼的六元环附近，每单位晶胞有 32 个位置；

S_{III}——位于 β 笼的四元环上，每单位晶胞有 48 个位置。

如式(13-6)及式(13-7)所示，X 型分子筛的单位晶胞有 86 个钠离子，Y 型分子筛的单位晶胞有 56 个钠离子，它们在三种不同位置上时分布为：

	S_I	S_{II}	S_{III}
X 型	16	32	38
Y 型	16	32	8

金属离子在晶体中所处的位置不同，其能量也不同，这对离子交换及催化活性都有影响。

X 型及 Y 型分子筛的笼子里也是充满了水分子的，和 A 型分子筛一样，也可用加热的办法将其除去。脱水后的晶体，具有强烈地吸附水或吸附其他分子的能力，并具有很好的热稳定性，通常，在低于 700℃ 的温度下结构都能保持稳定。

13.3.6 丝光沸石的晶体结构

丝光沸石属于单斜晶系，它和 A 型、X 型及 Y 型分子筛的区别之一，在于丝光沸石的晶体结构中，不仅有四元环、六元环及八元环等，还有五元环，而且五元环所占比例很大，这也是丝光沸石骨架的显著特点。五元环是成对地相互并联的，如图 13-19 所示，即两个相邻的

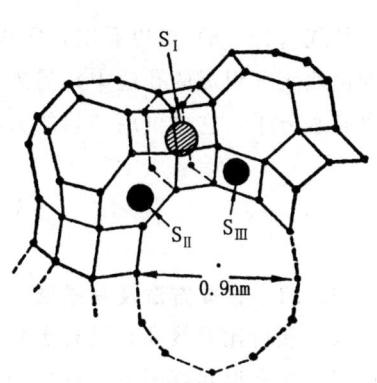

图 13-18 分布在三种不同位置上的钠离子

五元环共用两个四面体[图 13-19(a)],成对的五元环又可通过氧桥与另一成对的五元环相连[图 13-19(b)],这时在相连的地方形成了四元环。图 13-19(b)所示的环进一步相连,就构成八元环和十二元环,如图 13-20 所示。

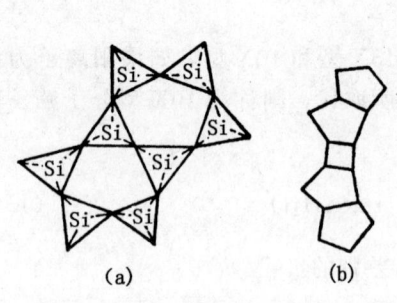
图 13-19 丝光沸石中的双五元环及其连接情况

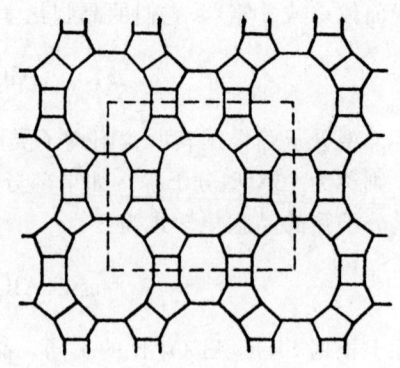
图 13-20 丝光沸石的结构

实际上,图 13-20 只是表示丝光沸石晶体结构中的某一层,很多层重叠在一起,以适当的方式互相连接,便成为丝光沸石。而且许多层重叠时形成一个个直筒形孔道,其中直径最大的就是十二元环组成的直筒形孔道,它构成了丝光沸石的主孔道。由于十二元环有一定程度扭曲,所以其截面呈椭圆形,长轴直径为 0.696nm,短轴直径为 0.581nm,好似一束束管束,这与 A 型、X 型及 Y 型分子筛的三维笼形孔道有很大的区别。

丝光沸石的主孔道之间也有小孔道互相沟通,这些小孔道孔径(约 0.39nm)很小,一般分子不易进去,只能在主孔道中出入,因此丝光沸石的晶体结构对分子的出入来讲可认为是二维空间。丝光沸石由于硅铝比高,而且五元环也多,所以耐酸性及热稳定性特别好,是优良的燃烧催化剂载体。

丝光沸石的晶胞化学式为:

$$Na_8[(AlO_2)_8(SiO_2)_{40}]\cdot 24H_2O \tag{13-8}$$

从式(13-8)可以看出,每单位晶胞中有八个钠离子,其中四个钠离子位于主孔道四周的由八元环组成的孔道中,另外四个钠离子的位置不固定。同样,丝光沸石的晶体孔隙中也含有水分子,它也可用加热的方法除去。

13.4 分子筛合成机理

13.4.1 合成方法及其进展

为了获得比天然沸石具有更高纯度的合成沸石,人们利用压热器模拟天然沸石的地球化学过程,在高温和高压下,首先合成出丝光沸石、方沸石及钡沸石,而现在已能用人工方法合成数十种合成沸石。

合成沸石大都采用高活性物质做原料,是在较低温度及高度过饱和条件下结晶出来的亚稳相。所以通常的无机合成的方法就不适用,因为在较高温度及压力下,常会生成稳定的物质,得到的就不是沸石。使用高活性物质的原因也在于它具有很高的化学位,容易发生反应或转变，使得反应体系具有很高的过剩自由能，易形成中间亚稳状态。反之，低活性物质就不利于亚稳相的形成。

传统的沸石合成方法按原料不同大致可分为水热合成法及碱处理法两类。

水热合成法模拟天然沸石矿物条件进行分子筛的合成。其基本过程是将原料组成一定的水凝胶在压热釜中于一定温度下自生压力晶化而成，晶化温度在室温～150℃之间称为低温水热合成法；晶化温度超过150℃的称为高温水热合成法。所用原料主要是含硅化合物、含铝化合物、碱和水。所用碱有 Na_2O、K_2O、Li_2O、CaO 及 SrO 等，也可以是这些碱的混合碱。

含铝化合物是各种氧化铝水合物或铝盐；硅的化合物是水玻璃、硅酸、硅溶胶、卤代硅烷及各种无定形硅石。

水热合成法制备分子筛需要消耗大量碱、水玻璃及氢氧化铝等原料，制备成本较高，而且所制得的分子筛强度有时也较差。碱处理法就是针对这些情况发展起来的。

碱处理法也称作水热转化法，是在过量碱存在下，将固体铝硅酸盐水热转化成分子筛的方法。所用原料有高岭土、膨润土、硅藻土、火山玻璃等天然矿物，也可采用硅铝凝胶之类的人工合成凝胶颗粒。由于高岭土资源丰富且组成也较稳定，是用此法制备分子筛的常用原料。

水热合成法与碱处理法生产分子筛的主要操作工序都相同，其差别在于配料比例、原料和晶化条件不同。显然，水热合成法由于使用高活性溶液，制得的分子筛纯度高、活性好，特别是低温水热合成法可制得自然界中不存在的沸石品种；碱处理法所得产品中含有相当量的固体成分，其活性及纯度都不如水热合成法所得产品，但因生产成本低，而且成型时可不加黏合剂仍可获得很高强度，故在工业上仍有其实用价值。

非水体系合成是近年来发展起来的一种新型分子筛合成方法，由于可获得一些比较特殊的新型分子筛材料而受到关注。其特点为合成体系中以一种或多种有机物（如醇、胺等）代替水作为溶剂和促进剂进行分子筛合成。例如，已在乙二醇—丙醇体系中合成出的具方钠石结构的分子筛，在乙二醇、丙二醇—丁醇体系中合成出的具方钠石结构的纯硅沸石分子筛以及用此法合成的 $AlPO_4-5$ 系列磷酸铝分子筛和具有二十元环结构的 JDF-20 超大孔分子筛。与水热体系相比，由于非水溶剂的黏度较大，降低了物质传递，减少了二次成核，所合成的分子筛具有更大的晶体尺寸。目前，非水体系合成法已在介孔分子筛材料的合成中得到广泛应用，以该方法为基础，以非离子型表面活性剂为模板剂，在醇热条件下可合成出骨架为晶型的 Zr 基中孔分子筛[92,93]。

超临界体系合成法是在溶剂的超临界温度及压力下进行晶化的分子筛合成方法。由于超临界流体具有优良的溶解特性及扩散特性，其体系为基本上消除了界面张力的高度均相体系，从而有助于得到分布均匀的纳米级分子筛材料，有利于模板剂的脱除而不破坏分子筛的孔道性质，提高分子筛的热稳定性及水热稳定性。

此外，将硅源、铝源及无机碱置于溶剂和有机模板剂的蒸气中进行分子筛合成的蒸气相合成法、微波诱导法、磁场诱导法、乳液相合成法等都是近期开发的一些分子筛新合成方法[94]。

13.4.2 分子筛的合成机理

1. 凝胶液相结晶机理

长期以来，分子筛的合成机理一直是颇有争议的，由于晶化过程中诸多影响因素的存在使得其合成机理变得复杂而难以确定。对传统的分子筛合成一般认为可能具有三种机理：固相机理、液相机理及固液转变机理。固相机理认为，在晶化过程中，既没有凝胶固相的溶解，也没有液相直接参与沸石的成核及晶体的生长；在凝胶固相中，由于硅铝酸盐骨架的重排、缩聚，导致了沸石的成核晶体的生长。液相机理认为，沸石晶核是在液相中或在凝胶的界面上形成的，晶体生长消耗溶液中的硅酸根水合离子，溶液提供了沸石晶体生长的可溶性结构单元，进而形成沸石晶体。固液转变机理则认为，沸石晶化的固相机理和液相机理都是存在的，它们可以分别发生在两种体系，也可以同时存在于一个体系中发生。下面介绍的是较为流行的液相机理。

例如，当以水玻璃（Na_2SiO_3）及偏铝酸钠（$NaAlO_2$）作为 SiO_2 和 Al_2O_3 的来源来制备沸石分子筛时，这一过程可表达如下：

$$NaAlO_2 + Na_2SiO_3 + NaOH \xrightarrow[\text{1 成胶}]{T_1 \rightleftharpoons 20℃}$$

$$[\underset{\text{凝胶}}{Na_a(AlO_2)_b}(SiO_2)_c \cdot NaOH \cdot H_2O] \xrightarrow[\text{2 晶化}]{T_2 = 20\sim175℃}$$

$$Na_{p/n}[(AlO_2)_p(SiO_2)_q] \cdot yH_2O + 母液 \qquad (13-9)$$

因为，沸石结构中，铝硅酸盐阴离子骨架是它的主体，所以，沸石生成过程实质上就是骨架形成过程。上述反应中，第一步称作成胶，即以一定比例的 $NaAlO_2$ 和 $NaSiO_3$ 在相当高 pH 值的水溶液中形成碱性硅铝凝胶的过程，由光谱数据知道，硅酸盐和铝酸盐的碱性溶液中存在着下列阴离子：

$$\left(\begin{array}{c} OH \\ | \\ HO-Si-OH \\ | \\ O \end{array}\right)^{-} 、 \left(\begin{array}{c} O \\ | \\ HO-Si-OH \\ | \\ O \end{array}\right)^{2-} 、 \left(\begin{array}{c} OH \\ | \\ OH-Al-OH \\ | \\ OH \end{array}\right)^{-}$$

成胶时，它们之间可能发生缩聚反应而生成各种铝硅酸盐阴离子，从而形成了 Si—O—Al 键。因此，在硅铝凝胶中就已可能初具有四面体的骨架结构。在电子显微镜下观测，也能证明凝胶颗粒十分均匀，它的组成和性质与人造沸石相类似，它含有硅氧四面体和铝氧四面体的四元环、六元环等多元环及无序的硅（铝）氧骨架。而且，对组成不同的硅铝凝胶，液相和固相骨架中各种氧化物的比例也不一样。

上面的第二步称为晶化，即在适当的温度及相应的饱和水蒸气压力下，处于过饱和状态的硅铝凝胶转化为晶体的过程。因为凝胶受热时会随即逐渐向晶体方向转化，与此同时，凝胶的组成及液相的组成均发生变化，所以在一定温度下，晶化产物仅由凝胶所决定。但当制备凝胶的条件发生变化时，也可导致生成不同的产物。这种结晶机理就是目前较为流行的凝胶液相结晶机理，即凝胶中固相和液相处于准平衡态，凝胶结构由于 OH^- 离子解聚而产生可溶性铝硅酸盐。它们可以重新缩聚而生成有序分子筛结构的核，水化阳离子起着模板作用而使生成具有一定结构的分子筛。

如上所述，采用这种高活性的凝胶混合物来制备合成沸石时，凝胶体系同相对应的最稳定状态相比较，具有很高的过剩自由能。因此，这种凝胶混合物，可以结晶出不同的沸石相，每种沸石相都对应一定的亚稳状态，形成一系列亚稳态的分子筛。

结晶沸石的性质与结晶过程的动力学，不仅决定于体系总的组成，而且还与温度和各组分在两相中的分布等因素有关。

例如，体系中随着 $Na_2O/Al_2O_3/SiO_2$ 比例的改变，所得沸石晶体的类型也就不同。这是一个 $Na_2O-Al_2O_3-SiO_2$ 的三组分体系，可由四个自由度，也即四个变量：温度、压力及两个浓度来表示。在水热合成的条件下，压力系随温度而变化，因此，当温度固定时，只剩下两个变量，就可得到如图 13-21 所示的反应组成平面图。图中文字标明区域之组成，表示在该组成范围生成的沸石相类型。从图中可以看出，随着 SiO_2/Al_2O_3 比例的增大，分别出现 A、X 及 Y 型分子筛结构，而标以"+"号的点，表示沸石相的典型组成，各组分的组成用摩尔百分数表示。HS 表示羟基方钠石。

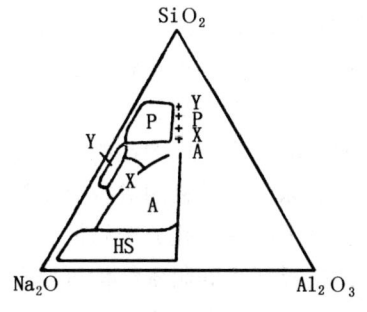

图 13-21 $Na_2O-Al_2O_3-SiO_2-H_2O$ 体系在 100℃时的反应组成平面图（凝胶含水 90%~98%mol）

当然，上面这种范围也不是绝对的。例如，通过凝胶的液相组成的调节就可改变凝胶骨架向晶体转化的方向。如表 13-3 所示，当胶液相组成变化后，在 A 型的结晶区域内出现 X 型，而在 X 型结晶范围内却出现 A 型晶体。

表 13-3 凝胶的液相组成对凝胶转晶方向的影响

	Na_2O	Al_2O_3	SiO_2	结构类型
胶体混浊液（Ⅰ）	3	1	2	A
↓ （Ⅱ）	4	1	5	X
洗过的骨架（Ⅰ）	0.75	1	2.54	A
（Ⅱ）	0.88	1	3.63	X
调节胶的液相				
（Ⅰ）加入 1mol/LNaOH 溶液晶化	0.95	1	2.23	X
（Ⅱ）加入碱性铝酸钠溶液晶化	0.98	1	2	A

2. 液晶机理和其他机理[95-98]

近年来，介孔及大孔分子筛的合成为分子筛合成机理探讨开辟了一条迥然不同的途径。1992 年 Beck 及 Kresge 等人以阳离子表面活性剂为模板剂，在碱性介质中水热晶化硅酸盐或铝硅酸盐凝胶，一步合成出具有规整孔道结构的介孔分子筛系列材料 M41S，并提出液晶模板机理来解释这类分子筛的合成，认为合成 M41S 时所使用的模板剂不再是一个单一的、溶剂化的有机物分子或金属离子，而是具有自身组配能力的阳离子表面活性剂形成的超分子阵列——液晶结构。1994 年 Huo 等人采用与合成 M41S 时完全相同的阳离子表面活性剂，在强酸性介质（HCl）中于室温下合成出 MCM-41 分子筛，并提出表面活性剂与无机物界面间的电荷密度匹配控制组配过程，即所谓静电匹配机理。Tanev 等人以中性长链伯胺分子为模板剂，在水—乙醇二元体系中，在室温下酸性水解四乙基正硅醇合成出六角形相介孔分子筛材料 HMS，并提出中性伯胺胶粒（S^0）和中性无机物种（I^0）间的组配是通过氢键作用进行的，即所谓中性胶粒机理。与上述两种合成途径相比，经 S^0I^0 途径合成的介孔分子筛具有较厚的孔壁，使分子筛中孔骨架结构的耐热及水热稳定性提高。

3. 模板剂

自从 Barrer 等人首次将有机模板剂引入沸石分子筛合成中之后，大量有新型结构、表面性质、新组元的分子筛被合成出来。所以说，有机模板剂引入分子筛合成化学是分子筛合成历史上的一个重要转折点。上述液晶机理、静电匹配机理或中性胶粒机理，都是因分子筛合成中所用模板剂及在合成中所起到的作用不同而有明显的区别。而且介孔分子筛合成是一系列水解缩聚反应的结构，与传统沸石分子筛的成核、晶体生长机理有明显不同。根据不同的合成体系、模板剂进行分子筛合成的研究已受到普遍关注。近年来大多数十二元环以上超大孔分子筛及介孔分子筛的合成均归功于对模板剂分子的正确选择，这使得人们可通过定向设计模板剂达到制备结构可控分子筛的目的。同时模板剂在合成分子筛中的存在效果远远超过了一般意义上的模板剂，其作用已不仅是在凝胶化或成核过程中作为中心结构单元，而是通过有机—无机物之间的相互作用，实现组配能力和结构导向能力。

一般来说，分子筛合成中模板剂的作用为：（1）在形成无机物骨架过程中作为空间填充物，对骨架起支撑、稳定作用；（2）电荷匹配原理，满足与无机物骨架之间的静电匹配；（3）自组装能力，即结构导向原理。

在分子筛合成中已采用的模板剂可分为以下几类：

（1）有机物小分子。小分子有机物如二醇、醇胺、有机铵盐和烷基氢氧化铵等，在微孔分子筛如 ZSM 系列、磷铝分子筛合成中及介孔分子筛合成中起辅助剂作用；具有复杂结构的季铵盐分子模板剂在控制合成分子筛的孔道结构中起到指导作用。具有线性轴结构的双叔胺化合物作模板剂大多生成一维孔道体系；小的环状的、多环的饱和碳氢为基本结构的胺化合物作模板剂能够产生腔的孔体积；多孔的碳氢结构铵盐作模板剂能产生相互交错的分维孔道。

（2）表面活性剂分子。表面活性剂是能显著降低液体表面张力的一类物质，它们的分子常由非极性的憎水基团和极性的亲水基团组成。可分为阳离子型、阴离子型、两性离子型及非离子型表面活性剂等四类。表面活性剂用作分子筛合成的模板剂已显示出极大的优越性。由于不同模板剂类型对应于不同的介孔分子筛的合成机理，所以合成不同类型的分子筛材料时，所使用的表面活性剂类型也有所不同。例如，MCM－41 合成中使用阳离子表面活性剂（十六烷基三甲基溴化铵）为模板剂，通过调节碳链长度可对分子筛孔径进行有效调整；阴离子表面活性剂多用于具有阳离子聚合过程的无机材料的合成，一般多用于金属氧化物介孔材料的制备，非离子型表面活性剂即中性模板剂常用于介孔分子筛的制备。例如通过双胺中性模板活性剂的超分子组装，可合成出囊泡状超稳定的介孔分子筛。利用表面活性剂的超分子自我组装体与无机物种的界面作用合成规整结构的分子筛很可能成为今后合成分子筛材料的一个重要方向。

（3）有机金属复合物、冠醚及有机共聚物等特种模板剂也已用于分子筛合成。如用双（五甲基环戊二烯基）钴（Ⅲ）的氢氧化物与硅胶在压热釜中 175℃ 下水热合成的十四元环的大孔沸石分子筛（UTD－1），热稳性高达 1000℃。钴复合物模板剂的应用为开发一类新的模板剂开辟了新途径。

冠醚是一类特殊的环状多醚，具有特殊的环状结构和极强的配位络合能力。如由 18－冠－6、15－冠－5 及杂氮冠醚作为模板剂可分别合成出六角相类八面沸石分子筛和立方结构分子筛。由于冠醚分子极具平衡的亲水疏水性和环状结构等特征为中孔分子筛的合成带来新的前景。

有机嵌段共聚物作模板剂可以通过改变其本身的化学结构、链长、官能团，达到调节产物孔尺寸及热性能等目的，从而合成出理想的分子筛，如采用亲水的三嵌段共聚物直接导向硅物种的聚合，可制备出有序的六角相中孔分子筛 SBA-15，孔径达 30nm，壁厚 6.4nm，而且水热稳定性较高。

13.5 分子筛合成方法

沸石本是自然界碱金属和碱土金属的结晶铝硅酸盐矿物，由于它具有的特殊吸附性和离子交换性，在二次世界大战期间，英国的 Barrer 首先将沸石作为分子筛成功地从异构烷烃中分离出正构烷烃。美国 UCC 公司于 1954 年着手合成沸石的实验，1956 年则正式开始工业生产。这就是所谓的合成沸石分子筛。在此阶段所合成的沸石，多数为自然界具有的含低、中硅铝比的 A、X、Y、M 型分子筛，为小孔径的硅酸盐材料，常称为第一代分子筛。

20 世纪 60 年代，有机铵阳离子被引入到分子筛合成体系，随之开发出高硅、三维交叉直通道的新结构沸石，以 Mobil 公司开发的 ZSM-5 为代表，称为第二代分子筛。这类分子筛水热稳定性高、亲油亲水，具有 0.6nm 左右的孔径，并显示出很高的择形催化性[99,100]。

继高硅沸石后，20 世纪 80 年代美国 UCC 公司开发了非硅、铝骨架的磷酸铝基系分子筛——SAPO 系分子筛，称为第三代分子筛，包括磷酸铝分子筛、杂原子磷酸盐分子筛及金属硅酸盐分子筛等。此类分子筛的合成给予人们启示，只要条件合适，其他非硅、铝元素也可形成具有类似硅铝分子筛的结构，为新型分子筛的合成开辟了一条新途径。

20 世纪 80 年代后期，分子筛的研究开始着眼于较大孔径分子筛材料的合成，具有十八元环结构的 VPI-5 的超大孔分子筛的合成成功，克服了沸石最大孔径不能超过十二元环的界限，但其最大孔径（约 1.5nm）仍局限在微孔范围内。20 世纪 90 年代，以 MCM-41 为代表的新型介孔分子筛的出现满足了各大分子领域对合成分子筛孔径的要求，孔径可在 1.5~30nm 范围内调变，具有结构可控性及表面性质的可调变性，被称为第四代分子筛。这类分子筛由于在催化领域所具有的广泛应用前景而受到普遍关注，其结构控制及合成机理研究得到了极迅速发展，使得通过化学设计裁剪实现分子设计成为可能。

下面介绍上述各代分子筛的合成方法示例。

13.5.1　X 型及 Y 型分子筛的合成

X 型及 Y 型分子筛常用作催化剂及催化剂载体。X 型和 Y 型分子筛并没有严格的区别，一般硅铝比小于 3 的称 X 型分子筛，高于 3 的称 Y 型分子筛。Y 型分子筛具有较大孔径的窗口，许多分子均能进入晶体内部的笼内而进行"晶内催化"。高 SiO_2/Al_2O_3 比的 Y 型分子筛仍是国外催化裂化中日益增多使用的主要分子筛，制备方法还在不断革新。我国催化裂化催化剂，每年耗用数千吨 Y 型分子筛。目前使用的主要为 REY、USY、REHY 及 USY 型等分子筛。

13X 型及成型分子筛的制备工艺过程如图 13-22 所示，Y 型分子筛的基本制备工艺过程如图 13-23 所示。综合起来，这些分子筛的制备过程大致可分为以下几个步骤。

1. 原料的处理及配制

为制得纯度高的分子筛，要求所用原料洁净、均匀。通常生产分子筛所用的硅酸钠是模数（即 SiO_2/Na_2O）3.0~3.3 的 10 波美度工业水玻璃。因它包含较多的机械杂质，浓度又高，难以沉降析出，所以要加水稀释，经搅拌使其混合均匀。

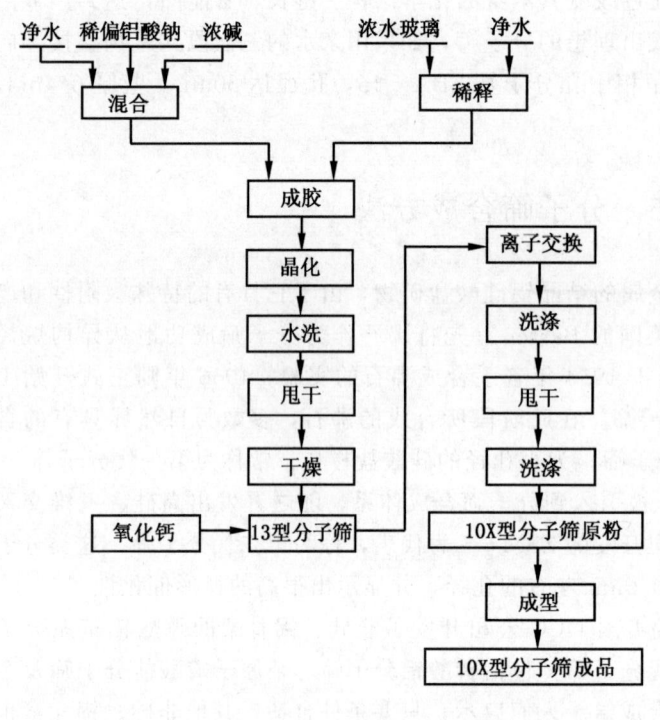

图 13-22 13X 型及 10X 型分子筛的合成工艺过程

偏铝酸钠溶液是由固体氢氧化铝在加热搅拌下与液碱反应制备而得。制备分子筛时，最好使用新配制的溶液，因偏铝酸钠放久后会发生水解，水解析出的氢氧化铝，不能与水玻璃有效地反应，从而影响分子筛合成。此外，为了防止偏铝酸钠溶液水解，溶液中的 Na_2O/Al_2O_3 应控制在 1.5 以上。

浓碱中的机械杂质要进行沉淀分离，为了减少杂质离子进入产品中，对其纯度要求控制得高一些。

在合成分子筛的混合物中，水的存在是必要的，它可以促使反应向有利于分子筛生成的方向进行。水的存在不仅可以控制反应介质碱度，有利于各种反应组分的混合及移动，而且可使反应体系各种离子发生羟基化作用，促进反应进行，同时水还与阳离子有某种程度的共存关系，有利于分子筛形成多孔性骨架结构并使分子筛晶体结构稳定。

2. 成胶

如前所述，在合成沸石的碱—氧化铝—氧化硅—水体系中，组分比例的改变会影响生成的分子筛的类型。所以，当说明某种组分的变化所产生的影响时，须保持其他组分的比例和晶化条件不变。

（1）配料硅铝比。所谓硅铝比是指分子筛中 SiO_2 与 Al_2O_3 的质量比，它常用化学分析法测定，也可用红外吸收法代替化学分析法，更为快速简便。硅铝比是影响分子筛质量的主要因素。各种类型的分子筛都有一定组成的硅铝比。硅铝比高，主要表现在抗热、抗酸、抗水蒸气的能力强，微孔结构也与硅铝比的控制有关。此外，硅铝比对催化性能的影响也存在一定的规律性。所以，为了能制得所需型号及性能的分子筛，在制备投料时必须严格控制硅铝比，不然就不能成功地获得所需要的分子筛，有时还会生成其他型号的分子筛，或根本不能形成晶体。一般来讲，产品硅铝比会随着投料硅铝比的增加而增加，其原因可能和铝硅酸盐凝胶液相中硅酸盐离子浓度的增大有关。

（2）碱度。所谓碱度是指生产分子筛过程中，在晶化阶段反应液中碱的浓度。习惯上是以 Na_2O 的浓度或过量碱的百分数来表示。因为，碱除了作为沸石的组成成分以外，还对晶化起催化作用。所以，一般碱总是过量的，碱度很低时，硅铝凝胶不能结晶成沸石分子筛，碱度提高，可以缩短晶化时间和降低晶化温度，但碱度过高，也会引起晶型转变。在制备 X 型分子筛时，要求碱度控制在 Na_2O 为 1.0～1.4mol/L，过量碱为 300%～500%；在制备 Y 型分子筛时，要求碱度控制在 Na_2O 为 0.75～1.5mol/L，过量碱为 300%～1400%。

（3）配料钠硅比。它是指 Na_2O 与 SiO_2 的质量比，制备 X 型分子筛时为 1～1.5。在硅铝比及碱度相同时，沸石硅铝比会随钠硅比的降低而增大，这是因为钠硅比的降低会使硅酸盐离子的羟基化程度增大，因而通过缩聚反应生成的沸石硅铝比也随之增大。通常存在某一最佳钠硅比，当投料钠硅比高于或低于最佳钠硅比时，产品的硅铝比都会发生变化。

选择合适的配料比例、投料顺序及一定的温度后就可进行成胶。成胶时应剧烈搅拌，将生成的胶链打碎，使硅和铝均匀地分布，以达到结晶成的颗粒均匀。

3. 晶化

分子筛的晶化过程可分为诱导期和晶化期两个阶段。在诱导期中，凝胶中开始生成晶核，并成长到一定的临界大小。当晶核成长为超过一定临界大小的晶体时，就进入晶化期。晶化过程有些类似于自动催化过程，常会骤然间生成大量晶体。所以，温度对分子筛晶化过程的影响十分重要。虽然生产分子筛的晶化温度在较大的范围内都可以结晶。但晶化温度与晶化时间有直接的关系。因为硅酸铝凝胶转变为沸石晶体，需要能量，温度越高，能量越多，能加速生成晶核，晶化时间也越短，但温度过高可能会生成杂晶，要加以避免。反之，晶化温度低，晶化时间就长。

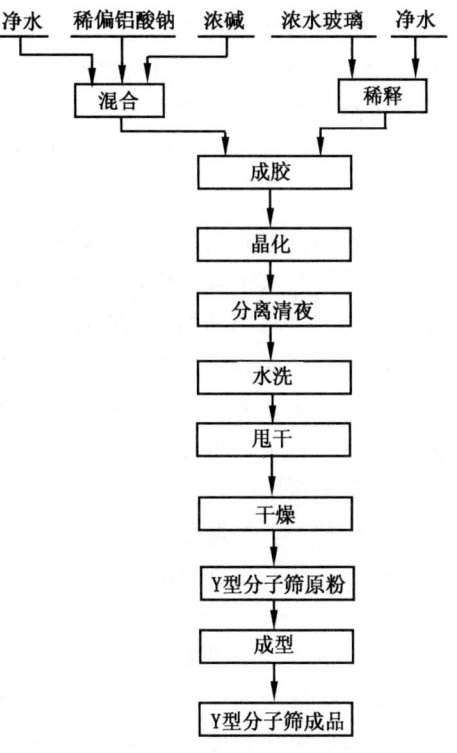

图 13-23 Y 型分子筛合成工艺过程

为了使设备简单和操作方便，通常采用反应液的沸点左右为晶化温度。例如，生产 X 型分子筛晶化温度控制为 80～100℃，Y 型分子筛控制在 97～100℃，而且温度不要波动太大，不然会使产品晶粒不匀，影响产品质量。

成胶时要求剧烈搅拌，而晶化时则不宜搅拌过剧，否则就会破坏晶体成长。

4. 洗涤

晶化过程结束后，没有凝胶，只有沸石晶体和母液，所以要及时放料洗涤，不然沸石晶体与母液长期接触，容易产生再结晶作用，转化成更稳定的沸石相或非沸石相，而且还会引起化学组成的变化。洗涤的目的是将从过量碱的硅铝凝胶中结晶出来的分子筛上附着的大量氢氧化物除去。这样可以提高分子筛的吸附和催化性能，提高热稳定性。

通常用自来水就可作为洗涤水，水温为 60～80℃，洗涤终点的 pH 值控制在 9 左右。pH 值过高，会影响分子筛的各种性能，pH 值过低时，不仅会延长洗涤时间，而且还可能使部分 H^+ 离子被取代。

5. 离子交换

开始合成的分子筛都是钠型的，用于平衡铝氧四面体负离子的钠离子，可进行离子交换。分子筛晶体结构中 Na^+ 离子的迁移性决定了它的离子交换性能。Na^+ 离子几乎可以被元素周期表中所有的金属离子交换，通常用金属的盐溶液就很容易进行交换。

沸石中的离子交换与离子交换树脂上的交换有类似性，只是两者的结构不同，分子筛的离子交换率要比离子交换树脂小得多。

离子交换可以在容器进行，也可以在压滤机中进行。交换温度为40～60℃，提高温度有利于交换反应进行，而且可以缩短交换时间，但对交换率影响不大。此外，交换溶液浓度越低，也越易提高交换率，但却使交换次数增加，产率降低。实际生产时，为提高产率，交换溶液的浓度可以比相应的分子筛中钠的含量稍微偏高一些。

6. 成型

无论是用作催化剂或催化剂载体，制备所得的分子筛，其颗粒聚集体的机械强度与耐磨强度都很重要。人工合成所得的分子筛系白色粉末，需加入一定量的黏结剂经成型后方能在工业中使用。经常用的黏结剂有黏土及各种人造硅铝凝胶。采用黏土作黏结剂时，要将黏土很好地粉碎，因晶态的黏土在分子筛晶化条件下不发生物相变化，所以可将黏土在合成前加入到反应组分中，或在结晶过程中加入反应混合物中，这样可使分子筛与黏土混合均匀，强度分布均匀。也可以将黏结剂和适量水均匀混合后，进行滚球或挤条成型，加水多少直接会影响聚集体强度。

一般成型时，根据分子筛的不同使用要求，可以用油压机、挤条机及滚球机成型成片状、条状及球状，也可用油柱成型法制成微球状。

7. 活化

成型好了的分子筛要在一定条件下焙烧进行活化，分子筛的活化过程实际上是一个脱水过程，不发生结构的变化。活化的目的不外是两个方面，一是把分子筛晶格中的水分除去，在脱水后形成空穴，使其产生吸附其他分子的性能，而且分子筛的多价阳离子极化残留水分子，使其产生固体酸性，促进催化作用；二是焙烧过程会使黏合剂产生相变化，增强分子筛的强度。

分子筛在焙烧之前，应先进行干燥，以防止焙烧时大量水急剧逸出，影响分子筛强度。

焙烧温度的控制也很重要。温度过高会破坏分子筛的晶体结构，影响分子筛性能；温度过低，会使水分排不净，降低分子筛强度及吸附性能。通常，活化温度在450～600℃之间，高于600℃时就会影响分子筛的使用性能和寿命，而温度达到700℃时，分子筛的晶格就会逐渐被破坏。

13.5.2 高硅Y型分子筛的合成

所谓高硅Y型分子筛是指硅铝比高于4的Y型分子筛。它具有较好的热稳定性及化学稳定性，催化活性也较高。

目前合成高硅Y型分子筛的方法有硅溶胶法、沉淀SiO_2法和活性SiO_2法及晶化导向剂法等方法。而以硅溶胶、沉淀二氧化硅等代替或部分代替水玻璃虽能制得高硅NaY分子筛，但由于存在操作费时、操作条件苛刻、成本较高、产品质量重复性较差等缺点，所以对采用晶化导向技术，以廉价水玻璃代替较贵的硅溶胶来合成高硅分子筛的工作引起很大的重视。下面就简单介绍晶化导向剂法的主要制备过程及影响因素。

晶化导向剂法制备高硅Y型分子筛的主要原料有水玻璃、工业固碱、氢氧化铝、工业浓硫酸及偏铝酸钠等。

合成时将工业水玻璃、固碱、氢氧化铝等原料配制成一定浓度的水玻璃、氢氧化钠及偏铝酸钠溶液，在Na_2O和SiO_2对Al_2O_3的配比都较高的投料比下，按一定顺序投入反应器内，在搅拌下成胶，然后在一定温度下老化一定时间后，就可制得黏稠浆状的Y型分子筛晶化导向剂。晶化导向剂的用量按Al_2O_3计算一般占总反应混合物的5%以下。投料时，将晶化导向剂与一定浓度的水玻璃、偏铝酸钠和硫酸铝（或硫酸）溶液搅拌成胶，然后用蒸汽加热升温，经一定时间晶化后，经过滤、洗涤、干燥、活化后即得高硅 Y 型分子筛原粉。这种工艺过程可用图 12-24 来表示。

影响高硅 Y 型分子筛合成的因素大概有以下几个方面。

（1）晶化导向剂的配制要求。晶化导向剂法制备高硅 Y 型分子筛的关键在于制备均匀的晶化导向剂。这和配比有很大关系。通常采用高 Na_2O 及高 SiO_2 含量的配比，容易制成均匀的晶化导向剂，大致范围是 $Na_2O/Al_2O_3 = 15\sim17$，$SiO_2/Al_2O_3 = 14\sim16$，$H_2O/Na_2O = 19\sim21$，当然，范围更宽些也可以。此外，配制的晶化导向剂必须老化一定时间才可应用，老化温度及老化时间不足的晶化导向剂都不起晶化导向作用。在一定范围内，增加晶化导向剂的用量可以加快晶化速率，但导向剂用量超过水玻璃投料量的 12% 时，再增加用量时对晶化速率已无显著作用。

（2）反应浆料配比的影响。在一定范围内适当降低反应浆料的钠硅比及碱度，或提高硅铝比可以提高产品的硅铝

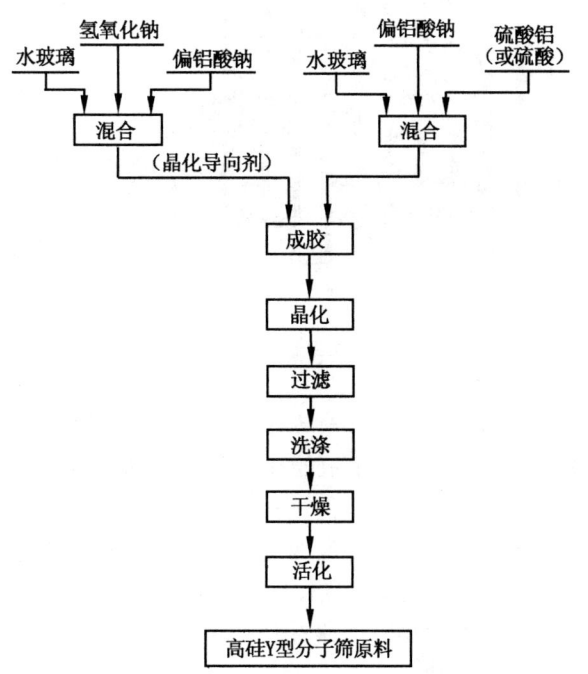

图 13-24 高硅 Y 型分子筛合成工艺过程

比，但降低钠硅比会延长晶化时间，提高硅铝比或降低碱度会降低 NaY 分子筛的产率，需要综合考虑。

（3）反应混合物投料顺序的影响。不同的投料顺序虽然都能合成出 NaY 型分子筛，但投料不同，会影响成胶后的稠度，稠度过大会延长出料时间，增加洗涤困难。

（4）杂晶的影响。根据生产经验，在合成 Y 型分子筛时釜壁往往会形成釜垢。这种釜垢中大都含有 P 型沸石等杂晶，它会影响 Y 型分子筛的纯度。在合成高硅 Y 型分子筛时，反应器内若含有一定量晶种，有时会导致整个合成试验失败。

上面只是简单地介绍了高硅 Y 型分子筛的制备过程及影响因素。晶化导向剂法也同样可用于 X 型分子筛的合成，并可得到具有良好性能的产品。

13.5.3 ZSM-5 分子筛的合成

由 Zeolite Socony Mobil 缩写命名的 ZSM 沸石是美国 Mobil 公司研究和发展的一系列新型合成沸石。从 ZSM-1 开始，已生产出数十种 ZSM 沸石。ZSM-5 沸石是 Mobil 公司 20 世纪 60 年代合成的一种含有机铵阳离子的新型结晶硅铝酸盐沸石。以氧化物摩尔比表示的化学组成如下：

$$0.9 \pm 0.2 M_{2/n} \cdot Al_2O_3 \cdot (5\sim100) SiO_2 \cdot (0\sim40) H_2O$$

（M 为 Na^+ 和有机铵离子，n 为阳离子的价数）

ZSM-5 沸石晶体属理想的斜方晶系，晶格常数 $a = 2.01nm$、$b = 1.99nm$、$c = 1.34nm$。

沸石的构造沿 a 轴为锯齿形，与 a 轴相交的 b 轴为直线形，如图 13-25 所示。结构的最主要特征是主孔洞的开口，它是由 10 元氧环构成，呈椭圆形，长轴为 0.51～0.57nm，短轴为 0.54nm。在 1100℃ 焙烧，晶体结构不明显破坏。与 A 型、X 型和 Y 型沸石不同，ZSM-5 沸石具有憎水性。对正己烷、环己烷和水的吸附容量分别为：正己烷（20℃，196Pa）9.67%～10.87%（质量分数）、环己烷（20℃、196Pa）2.52%～5.83%（质量分数）、水（20℃、120Pa）7.33%～9.52%（质量分数）。

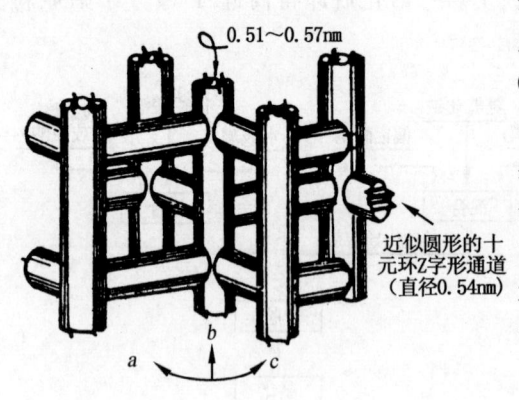

图 13-25　ZSM-5 沸石的孔道结构

由于 ZSM-5 沸石有较高的硅铝比（>5，甚至达 3000 以上）和阴离子骨架密度，因而晶体结构十分稳定，耐酸性、耐热性及耐水蒸气稳定性都很好。ZSM-5 沸石较高的阳离子骨架密度减少了沸石的孔穴体积，从而减少了反应物和产物分子在沸石孔道中的停留时间，减少了分子进一步反应的可能性，有利于沸石催化剂的稳定性。此外，由于孔道结构中没有大于孔道的空腔存在，限制了大的缩合分子的形成，减少了催化剂积炭的可能性，也有利于催化剂的稳定性。

ZSM-5 是用有机铵制备，它没有相应的天然品种。沸石在结晶析出时有机物分子常结合到沸石结构中，因而有时也称为"氮沸石"。高温处理时可以除去有机分子，但骨架结构则不发生变化。

最早报道的 ZSM-5 是 Na-TPA（四丙基铵）系统，反应混合物与产品结晶组成范围如图 13-26 所示。制备使用内衬聚四氟乙烯的铝反应器。据称聚四氟乙烯是惰性的，不受反应物料侵蚀，而且可防止在表面发生反应、黏结或晶化。因黏附在表面的结晶会成为二次结晶时的晶种，从而形成混晶 SiO_2。使用原料为 SiO_2 细粉、干燥的 $Al(OH)_3$ 凝胶、试剂级的 NaOH、KOH、四丙基氢氧化铵及去离子水。制备时先将适量的 NaOH 或 KOH、$Al(OH)_3$ 凝胶及去离子水制成铝酸钠（或铝酸钾）溶液。在另一容器中加入需要量的四丙基氢氧化铵及 SiO_2。将上述两种溶液混合，迅

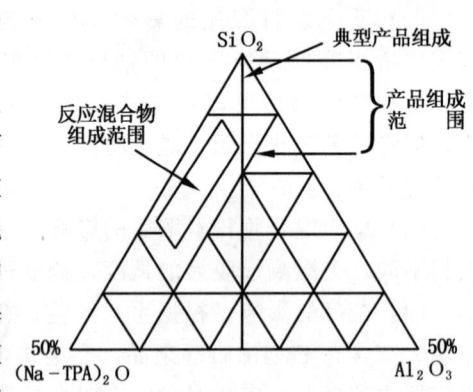

图 13-26　反应混合物与产品组成范围三相图

速将高压釜密封，以防四丙基铵从空气中吸收 CO_2，在 125～175℃ 反应。反应结束后将高压釜内反应物用水急冷以停止结晶过程，最后将固体产物过滤，滤饼在 100℃ 下干燥约 10h。

用其他有机胺阳离子，如正丁胺、正丙胺、乙二胺等代替四丙基铵也能制得 ZSM-5 分子筛，以下为用乙二胺合成 ZSM-5 分子筛的例子。

先将原料水玻璃、硫酸、硫酸铝及乙二胺按配料比配制成一定浓度的甲、乙两溶液。甲溶液由水玻璃、乙二胺及水组成；乙溶液由硫酸铝、硫酸及水组成，两种溶液的含水量相等。反应物配比为 Na_2O：乙二胺：Al_2O_3：SiO_2：H_2O = 8.3：36.7：1：93.5：3877。制备时先在 200L 不锈钢釜内于搅拌下配制好乙溶液；再在 500L 高压釜内于搅拌下配制好甲

溶液。然后在搅拌下，于常压下将乙溶液慢慢加到甲溶液中进行成胶。加完后将釜密封，升温至 105℃、静置 12h，再升温至 150℃，在转速为 80r/min 的条件下连续搅拌 25h，然后冷却、过滤、洗涤至 pH 值为 8～9，过滤后将滤饼在 110℃烘干，即制得 ZSM-5 分子筛。

13.5.4 SAPO 分子筛的合成

1982 年美国 UCC 公司开发的一类新型分子筛系磷酸铝 $AlPO_4-n$ 分子筛，可作为吸附剂、催化剂或催化剂载体。这类分子筛的骨架是由 PO_4^+ 和 AlO_4^- 四面体交替组成的，因而骨架呈中性，并且没有可交换的阳离子，缺乏对正碳离子催化活性所需的质子酸，呈弱酸催化性能。

以后，该公司又开发出一类磷酸铝基系的分子筛——SAPO 分子筛。SAPO 分子筛系晶体硅铝酸盐，是将 Si 原子引入磷酸铝骨架中而得；其骨架由 PO_4^+、AlO_4^- 及 SiO_4 的四面体组成，因而可得负电性骨架，且具有可交换的阳离子，并具有质子酸性。目前，合成出的 SAPO-n 分子筛已有十几种三维微孔的骨架结构。按合成条件及含 Si 量不同，呈现中强酸到强酸性的催化性能，是一种颇有发展前景的非沸石型分子筛，可用作吸附剂、催化剂或催化剂载体[98]。

SAPO 分子筛通常由水热法合成。例如在一定配比的活性水合氧化铝、H_3PO_4 及硅溶胶的反应混合物中，加入三（正）丙胺、二（正）丙胺等有机胺或季铵盐作为模板剂，于 100～200℃下晶化一定时间（几小时到几天）后，就可制得 SAPO-n 分子筛。其反应混合物组成为 $aR_2O \cdot (Si_xAl_yP_z)O_2 \cdot bH_2O$，式中 R 表示模板剂，$a=0$～3，$b=0$～500，$x$、$y$ 及 z 分别表示 Si、Al 及 P 原子的摩尔分数（至少为 0.01）。

SAPO 系分子筛的组成能在很宽的范围内改变，产物含 Si 量随合成条件不同而变化。SAPO 系分子筛的无水形式，还可用 $(0$～$0.3)R(Si_xAl_yP_z)O_2$ 表示。同样 x、y、z 分别表示 Si、Al 及 P 的摩尔分数，$x=0.01$～0.98，$y=0.01$～0.60，$z=0.01$～0.52，并且 $x+y+z=1$。式中 R 代表有机胺或季铵离子，在没有模板剂存在时会得到非晶相或致密相的晶体材料，因此在合成 SAPO 系分子筛时，模板剂的作用是十分重要的。表 13-4 示出了几种 SAPO 分子筛合成时所用的典型模板剂的结构类型及吸附性质。

大多数三维 SAPO 分子筛呈优越的热稳定性及水热稳定性。通常在 400～600℃焙烧以脱除其模板剂而形成有规则的空腔骨架结构，成为吸附及催化的内晶空间场所。不少 SAPO 分子筛在空气中加热到 1000℃，或在 20％的水蒸气中，在 600℃下进行处理后仍可保持其晶体结构。

表 13-4　SAPO 分子筛合成用模板剂的结构类型及吸附性质

SAPO-n	模板剂	结构类型	孔径 nm	环大小	内晶孔体积，mL/g O_2	内晶孔体积，mL/g H_2O
-5	三正丙胺	$AlPO_4-5$	0.8	12	0.23	0.31
-11	二正丙胺	$AlPO_4-11$	0.6	10 或 12 皱环	0.13	0.18
-16	喹咛环	$AlPO_4-16$	0.3	6	—	—
-17	喹咛环	毛沸石	0.43	8	0.25	0.35
-20	四甲基铵离子	方钠石	0.3	6	0	0.40
-31	二正丙胺	$AlPO_4-31$	～0.7	10 或 12 皱环	0.13	0.21

续表

SAPO-n	模板剂	结构类型	孔径 nm	环大小	内晶孔体积, mL/g	
					O_2	H_2O
-34	四乙基铵离子	菱沸石	0.43	8	0.32	0.42
-35	喹咛环	插晶菱沸石	0.43	8	0.26	0.48
-37	四丙基铵离子+四甲基铵离子	八面沸石	0.8	12	0.37	0.35
-40	四丙基铵离子	新型	~0.7	10或12皱环	0.31	0.33
-41	四丁基铵离子	新型	0.6	10或12皱环	0.10	0.22
-42	四甲基铵离子+Na^+	A型	0.43	8	—	—
-44	环己胺	新型	0.43	8	0.28	0.34

SAPO 分子筛的内晶孔体积在 0.18~0.48mL/g 之间，吸附孔径在 0.3~0.8nm 之间，包含了沸石及 $AlPO_4$-n 分子筛中已知孔体积及孔径范围（表 13-6）。从表 13-5 看出，SAPO-16 和 SAPO-20 是具有六元环孔道的孔径最小的分子筛，只能吸附很小的分子（如 H_2O、NH_3 等）；而小孔径的 SAPO-17、SAPO-34、SAPO-35、SAPO-42 及 SAPO-44 分子筛中都具有八元环的孔道，孔径约为 0.43nm，可吸附正烷烃，但却不能吸附异构烷烃；而 SAPO-11、SAPO-31、SAPO-40 及 SAPO-41 都属介孔结构，具有十元环或扭曲的十二元环孔道。其中 SAPO-11 和 SAPO-41 可以吸附环己烷（0.6nm），但不吸附 2,2-二甲基丙烷（0.62nm）；而 SAPO-31 和 SAPO-40 可吸附 2,2-二甲基丙烷，但不吸附三乙胺（0.78nm）；SAPO-5 和 SAPO-37 属大孔结构，具有十二元环的孔道。

表 13-5 SAPO 分子筛的吸附性质

SAPO-n	孔径, nm	环大小	吸附性质
最小孔 SAPO-16 -20	0.3 0.3	>六元环	只吸附 NH_3 和 H_2O
小孔 SAPO-17 -34 -35 -42 -44	0.43 0.43 0.43 0.43 0.43	八元环	吸附正烷烃，但不吸附异烷烃
介孔 SAPO-11 -41 -40 -31	0.6 0.6 0.7 0.7	>十元或 十二元皱环 >十二元环	很快吸附环己烷 吸附 2,2-二甲基丙烷，不吸附三乙胺
大孔 SAPO-5 -37	0.8 0.8	>圆形十二元环	与八面沸石吸附性质相似

13.5.5 MCM-41分子筛的合成

自1992年美国Mobil公司首次报道了合成分子筛MCM-41的系列专利后，引起了沸石和催化界的极大关注。MCM-41是利用水热分子自组装方法，即利用一定浓度的有机模板剂与无机物种相互作用形成的六方有序排列的孔道结构。其孔径可以在1.5～30nm范围内调节，最典型的孔径约为4nm，介孔孔道的纵横比可以很大，孔壁厚度为1nm左右，比表面积可达1200m^2/g以上。而且MCM-41分子筛颗粒在形貌上表现出各种奇异的几何态，如空心管状、环形、贝壳形、车轮形、实心纤维状等。在微观结构上，MCM-41的孔壁为致密的非晶态无规结构，目前尚无晶态骨架结构的MCM-41的合成报道。

MCM-41分子筛所具有的酸性为中强酸，适合裂化烃类大分子，可望用于在渣油的裂化中多产馏分油，以提高目的产物的选择性。在大有机分子（如苯乙烯、乙酸乙烯酯及甲基丙烯酸甲酯等）的聚合上，MCM-41也获得满意的结果。在用作负载化酶的载体上，MCM-41也有广阔的应用前景。

MCM-41的骨架组成除硅铝酸盐外，还可以是磷酸盐、过渡金属氧化物。此外，还可以通过掺杂的方法加入Ti、Fe、Mn、B、V、Co和Cr等离子以获得某种物理或化学性质。

关于MCM-41分子筛的合成机理目前还有较多争议，但多数认为是液晶模板机理。它包括两种可能的形成途径：（1）认为有机表面活性剂先形成液晶结构，而后硅酸根阴离子绕其生长而形成分子筛；（2）表面活性剂胶束先与硅酸根阴离子作用而形成硅化胶束，继而形成胶束棒并按六方密堆积的方式堆积。溶解在溶剂中的无机单体分子因与表面活性剂的亲水端存在引力，沉淀在胶束棒之间的孔隙间，聚合固化构成管壁。通过热处理除去表面活性剂，即获得介孔分子筛。下面介绍MCM-41及SnMCM-41分子筛的简要合成方法[101-103]。

1. MCM-41分子筛的合成

先将一定量的十六烷基三甲基溴化铵（模板剂）固体溶解于一定比例的去离子水中，制成无色透明的溶液，静置后加入水玻璃，搅拌使之成为白色胶体溶液。再按比例称取偏铝酸钠固体，用稀盐酸使其溶解后，加至上述制备好的白色胶体中，在不断搅拌下用稀盐酸调节溶液的pH值为10～11，使形成凝胶。继续搅拌使凝胶转变为流动胶体后，将反应物移入聚四氟乙烯反应釜中，在110℃下水热处理一段时间后冷却至室温。经过滤后，滤饼用去离子水洗涤至中性，在恒温箱中干燥，即制得MCM-41分子筛（SiO_2/Al_2O_3=10）原粉。

影响MCM-41分子筛产品性能的主要制备因素有合成温度、晶化时间、模板剂用量及硅铝比等。合成温度为50～200℃，晶化时间为5～160h，晶化温度提高可相应缩短晶化时间。

上面为合成MCM-41的一个制备例子。实际上，介孔分子筛的合成具有可控性强的特点。使用的模板剂可以是阳离子型或阴离子型表面活性剂，其中以阳离子型的季铵盐类表面活性剂使用最普遍，通过改变表面活性剂脂肪链的长度可以调节分子筛的孔径大小。而选用的无机物种可以是预沉淀的SiO_2胶体、四乙基原硅酸酯及钛酸丁酯等。选用时应注意与表面活性剂的配合，即无机物种应与表面活性剂亲水端存在吸引力，如氢键、库仑力及范德华力等。

根据无机物种与表面活性剂的带电性质不同，可以将分子筛液晶自组装反应分成下述几种可能路线（I代表无机物种，S代表表面活性剂，X^-代表卤素离子，M^+代表金属阳离子）：

(1) $I^+ + S^+ \rightarrow I^+ X^- S^+$　　（生成物如 MCM-41、MCM-48）；
(2) $I^+ + S^- \rightarrow I^+ S^-$　　（生成物如 Al_2O_3、Fe_2O_3）；
(3) $I^- + S^+ \rightarrow I^- S^+$　　（生成物如 MCM-41、MCM-48、Sb_2O_3）；
(4) $I^- + S^- \rightarrow I^- M^+ S^-$　　（生成物如 ZnO）；
(5) $I^\circ + S^\circ \rightarrow SI$　　（生成物如 MCM-41）。

由此可见，合成介孔分子筛时，影响因素很多，采用不同的原料组成、合成温度、pH值及晶化时间等，可能获得不同的产品结构。如 MCM-48 分子筛具有 2~3nm 的均一孔径及良好的长程有序性，但合成 MCM-48 的条件较 MCM-41 更为苛刻，模板剂用量更大。

2. SnMCM-41 分子筛合成

SnMCM-41 分子筛采用水热静态法合成。该法采用超微粒硅胶或硅溶胶为硅源，五水四氯化锡为锡源，十六烷基三甲基溴化铵（CTMABr）为模板剂。按以下配比将反应物以一定投料顺序加至有聚四氟乙烯衬里的不锈钢反应釜中，在不断搅拌下进行成胶。成胶结束后将反应器迅速密闭，使在 120~150℃ 的自生压力下静置晶化 2~4 天：

$SiO_2/SnO_2 = 20~160$；

$(TMA)_2O/H_2O = 0.0025~0.0075$；

$(CTMA)_2O/SiO_2 = 0.05~0.2$；

$(TMA)_2O/SiO_2 = 0.1~0.2$。

反应产物经过滤后，用热去离子水和丙酮分别洗涤，经空气气氛下干燥得白色 SnMCM-41 分子筛原粉。

合成过程中，四甲基氢氧化铵（TMAOH）除了与 CTMABr 同时起部分模板作用外，还起调节碱度的作用。如果固定其他物料的用量，改变 TMAOH 比例，所得产物结晶度会发生明显变化。模板剂 CTMBr 在合成中的投料配比范围较宽，CTMA/Si 比在 0.1~0.5 范围对产物结晶度影响不大，但当 CTMA/Si 小于 0.1 时，容易发生转晶现象，甚至不生成晶体。投料比 Si/Sn 小于 30 时，产物结晶随 Si/Sn 降低而下降，小于 20 则不易合成出产品。至于用超微粒硅胶或硅溶胶作硅源，两者对合成的影响不大。

13.6　分子筛的吸附特性

分子筛因其是一种笼形孔洞骨架的晶体，经脱水后空间十分丰富，具有很高的内表面积，可以容纳相当数量的吸附质分子。同时，内晶表面高度极化，晶穴内部有强大的静电场起着作用。微孔分布单一均匀，并具有普通分子般大小，宜于吸附分离不同物质的分子。

分子筛的吸附虽然也有化学吸附（如乙烯在沸石上的吸附），但主要还是物理吸附。这种吸附不但发生在分子筛的表面，而且还深入到分子筛晶体结构的内部。因为分子筛晶体中有金属离子存在，所以它的吸附作用还有特殊的情况。诚然，沸石分子筛首先是作为一种高效吸附剂而著称，并广泛用于分离与净化上，但就分子筛用作催化剂或催化剂载体来考虑，这种吸附性能还具有另外的意义。

因为，在多相催化体系中，在催化活性中心上的化学转变，并不一定是决定反应速率的。例如，碰撞到催化剂表面的分子的吸附；产物从催化剂表面到主流体相的脱附；在催化剂孔道体系内的扩散；甚至经由主流体从一个催化剂颗粒到另一颗粒的扩散都可能是决定反应速率的，或者至少是会影响反应的总速率的。所以，吸附是多相催化的一个重要步骤，分子筛中阳离子起着稳定骨架结构和活性中心的作用，而分子的吸附则被认为是催化作用的重要一环。

13.6.1 分子筛的选择吸附性

分子筛吸附的显著特征之一是它具有选择吸附性能。这种选择吸附又分为下述两种情况。

1. 单纯依据分子的大小和形状来筛分分子

活性氧化铝、活性炭及硅胶等载体虽有较大的比表面积，但由于没有均匀的孔径，孔径分布范围也较宽，所以没有筛分分子的性能。与此相比，分子筛晶体所具有的蜂窝状结构，晶穴体积可占沸石晶体体积的50%以上，空腔直径一般在0.6~1.5nm之间，孔径约在0.3~1.0nm之间，而且孔径大小均匀，与通常分子相当。所以，只有那些直径比较小的分子才能通过沸石孔道而被分子筛所吸附，而直径较大的分子就不能进入沸石孔穴，因而不能被分子筛所吸附。分子筛结构类型不同，其有效吸附孔径也有差别。表13-6示出了一些分子筛的有效吸附孔径。由于分子筛骨架有一定伸缩性，也可以吸附一些稍大于分子筛微孔直径的分子，但其吸附容量及吸附速率较吸附小分子时显著降低。

表 13-6 分子筛的有效吸附孔径

类 型	硅铝比	孔 径 nm	分 子	分子直径 nm
KA	2.0	0.30	水	0.27~0.32
NaA①	2.0	0.42	苯	0.65~0.68
CaA	2.0	0.50	正丁烷	0.49
NaX	2.5	0.90	三丙胺	0.81~0.91
NaY	4.5~5.0	0.90	1,3,5-三乙基苯	0.82~0.85
NaK 毛沸石①	6.6	0.45~0.54	苯	0.65~0.68
Na 丝光沸石①	10	0.40	苯	0.65~0.63
H 丝光沸石	10	0.70	异戊烷	0.68~0.70
Na 丝光沸石	10	0.70	异戊烷	0.68~0.70
H 丝光沸石	10	0.9~1.0	三氟丁胺	1.02
HY	4.5~5.0	>1.0	三苯基甲烷	1.40
CaX①	2.5	0.80	1,3,5-三乙基苯	0.82~0.85
KNaL	6.2	0.90	三丙胺	0.81~0.91

①表示不吸附。

2. 根据分子极性、不饱和度及极化率的选择吸附

对于临界直径都比分子筛孔径小的分子，虽然都可进入孔内，但仍可借分子极性、不饱和度、极化率及空间构型等的不同所出现的吸附强弱和扩散速度的差异来分离分子。这是因为由阳离子和带负电荷的硅铝氧骨架所构成的沸石本身是一种极性物质，可以通过静电诱导使分子极化。所以极性越强，或越易被极化的分子也就越易被吸附。

利用分子筛的这种特性来分离分子可以举出很多的应用例子，如 $C_2H_2-C_2H_4-C_2H_6$ 体系的分离、混合二甲苯的分离、芳烃的吸附等。

13.6.2 分子筛的特殊吸附性

合成分子筛与其他吸附剂相比还具有特殊的吸附性能，也即在低分压（或低浓度）及较

高温度的吸附情况下,分子筛与其他吸附剂有显著的差别。

分子筛的吸附等温线一般属于 Langmuir（朗缪尔）型,它对于极性分子及不饱和分子都有很高的吸附力,在非极性分子中,对于极化率大的分子也有较高选择吸附能力。所以,分子筛对 H_2O、NH_3、H_2S、CO_2 等高极性分子的亲合力很强,尤其对于水,即使在低分压或低浓度、高温等苛刻条件下仍有很高的吸附容量,是其他吸附剂所不及的。

图 13-27 示出了 4A 型分子筛、硅胶及活性氧化铝对水的吸附等温线,从图中可以看出,在低蒸气分压下,分子筛具有显著的吸附能力。

分子筛也是惟一可用于高温的吸附剂。例如,在 100℃ 和 1.3% 的相对湿度下,分子筛与活性氧化铝相比,它们的吸附水量是 10∶1,与硅胶相比,分子筛吸附的水量可比其大 20 倍以上。图 13-28 示出了水在不同吸附剂上的高温吸附等压线,从图中可以明显看出,在高于 200℃ 的高温下,只有分子筛仍具有一定吸附能力,而活性氧化铝及硅胶却几乎已丧失吸附能力。

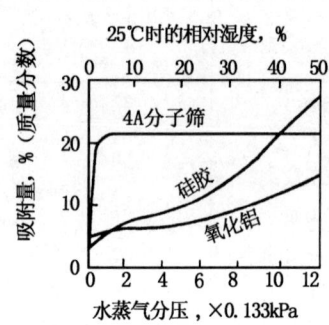

图 13-27 不同吸附剂对水的吸附等温线

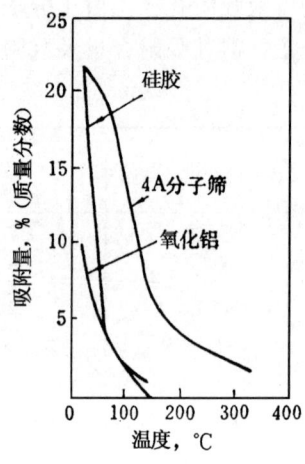

图 13-28 水在不同吸附剂上的高温吸附等温线（1.33kPa 压力）

分子筛与其他吸附剂相比,产生这种吸附性质差别的原因在于分子筛的吸附力性质与其他吸附剂不同。像活性炭之类吸附剂的吸附力纯粹是色散力的作用,而分子筛不仅有色散力起作用,而且还有较大的静电力。如上所述,由于分子筛晶穴中含有阳离子,加上骨架氧含有负电荷,这样就在阳离子四周产生强大的局部正电场。由于这种静电力与色散力的协同作用使得分子筛产生特别强的吸附力,从而在低分压或低浓度及高温的场合下仍具有较大的吸附能力。作为比较,表 13-7 示出了分子筛与其他一些干燥剂的吸水量比较。

表 13-7 各种干燥剂的吸水量比较

种 类	干 燥 剂	1L 干空气中的残留水量,mg
化学干燥剂	五氧化二磷	0.02×10^{-3}
	浓硫酸	3×10^{-3}
	氯化钙	200×10^{-3}
物理干燥剂	分子筛	0.1×10^{-3}
	活性氧化铝	1.8×10^{-3}
	硅胶	6×10^{-3}

13.7 分子筛的离子交换性能

如前所述,传统的分子筛合成时,通常都制成钠型,也就是说分子筛中的阳离子都是钠型,如 NaX、NaY 等。而实际上,钠型分子筛的催化性能不太好。为了改善其性能,就需要用离子交换的方法,用某些多价的阳离子代替钠离子。而分子筛的钠离子也正好具有易被交换的性能,如 HY 型分子筛一般是用 NaY 型分子筛与铵盐交换后焙烧制得。由于通过离子交换,可以调节分子筛晶体内的电场、表面酸性,从而改变分子筛的性质。这种离子交换性质也表现在用作催化剂载体时,可以通过浸渍、阳离子交换而将负载金属引入分子筛中。

分子筛的阳离子交换一般在水溶液中进行,例如用 Ca、Mg、Zn、Cd 和 Mn 等二价阳离子或用稀土元素离子的溶液,如氯化物、硫酸盐和硝酸盐等,也可以在有机溶剂中进行,或采用熔融盐交换。

在分子筛离子交换过程中,常用离子交换度、离子交换容量以及交换后分子筛中剩余钠的质量百分数等来表示离子交换反应的结果。其中离子交换度简称交换度,系表示交换下来的钠离子量占分子筛中原有钠离子量的百分数。离子交换容量简称交换容量,它表示每 100g 分子筛中交换的阳离子摩尔数,并以 mmol/100g 来表示。另外将溶液中的阳离子交换到分子筛上的质量百分数称作交换效率,或称交换率,它表示溶液中阳离子的利用效率。

为了得到一定的交换度,可以在特制的交换器中进行连续交换,也可在一般容器中分批进行数次交换。根据需要可采用不同交换方式及交换溶液。

例如,用氯化铵和硝酸铵溶液进行离子交换,使部分钠离子变成铵离子,然后再水洗、干燥及焙烧。在焙烧过程中,使铵离子分解放出氢,而留下质子在分子筛上,这样就可制得活性特别高的所谓 H 型分子筛。

又如,也可用多价的金属离子和铵盐溶液先后或同时和钠型分子筛进行离子交换,然后再经水洗、干燥和焙烧,就可获得既含多价阳离子又含质子的所谓金属—氢型分子筛。

交换溶液的浓度和阳离子的比例与所需的交换度及阳离子性质有关。像用 Pt、Pd 等贵金属进行交换时,一般采用较稀的浓度及较低的离子比。为了完全交换 X 型和 Y 型等分子筛中的 Na^+ 离子,往往要进行中间焙烧,以使晶格中的阳离子重新分布到容易交换的位置,然后再进行离子交换。

分子筛的离子交换反应可用下面的通式来表示:

$$A^+Z^- + B^+ \rightleftharpoons B^+Z^- + A^+ \tag{13-10}$$

式中 Z^-——沸石的阴离子骨架;

B^+——水溶液中的金属阳离子;

A^+——交换前分子筛中含有的阳离子,一般为钠离子。

这种交换是可逆的阳离子交换。这样,在开始交换时,反应主要向右方进行,而到一定时间后,随着沸石相 B^+ 离子的增多和 A^+ 离子的减少,便达到该温度下的交换平衡,也即两个方向的交换速度相等。

X 型及 Y 型分子筛中,阳离子所占的位置如图 13-18 所示,S_I 位于六角柱笼内,S_{II} 位于 β 笼的六元环附近,S_{III} 位于 β 笼的四元环上。其中以 S_I 位置的能量最稳定,S_{III} 最差,

也即能量稳定性按 S_I、S_{II}、S_{III} 的顺序下降。

图 13-29 是 X 型、Y 型分子筛的几种阳离子交换的平衡等温线。图中横坐标 S_i 表示溶液中交换离子 i 的摩尔分数；纵坐标表示沸石中交换离子 i 的摩尔分数（其中 i 表示 NH_4^+、K^+、Rb^+、La^{3+} 等交换离子）。当 $S_i=1$ 时，即溶液中只含交换离子 i 时，Z_i 的数值表示最大交换率。从图中可以看出，各种离子的交换情况各不相同，对 X 型分子筛来说，其中 NH_4^+、K^+ 等离子能完全交换沸石中的 Na^+ 离子，Rb^+ 等离子只能部分地交换；对 Y 型分子筛，只有 K^+ 离子能完全交换沸石中的 Na^+ 离子，NH_4^+、Rb^+ 离子也只能部分进行交换。

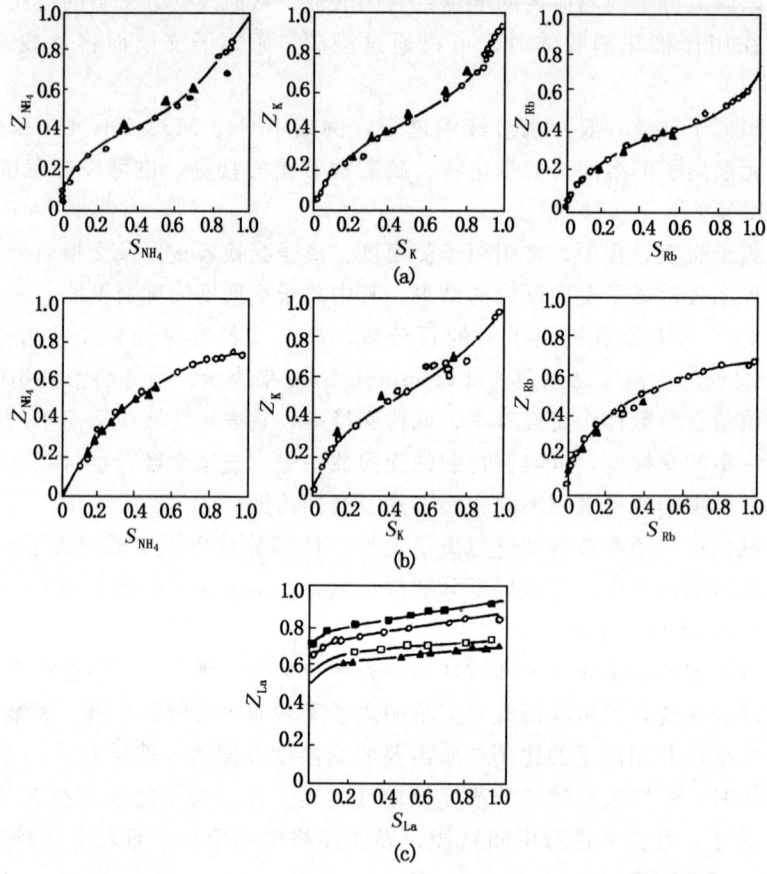

图 13-29　X 型、Y 型分子筛的阳离子交换的平衡等温线
(a) X 型分子筛（25℃，溶液中总阳离子浓度 0.1mol/L）
(b) Y 型分子筛（25℃，溶液中总阳离子浓度 0.1mol/L）
　　○—除去 Na^+ 离子的情况；▲—添加 Na^+ 离子的情况
(c) X 型、Y 型分子筛的 La^{3+} 离子交换
　　（溶液中总阳离子浓度 0.297mol/L）
　　○—La-Na-X 系，25℃；▲—La-Na-Y 系，25℃；
　　●—La-Na-X 系，82.2℃；□—La-Na-Y 系，82.2℃

由此可见，沸石对阳离子的选择顺序与沸石结构及阳离子性质有关。例如。对 4A 型及 13X 型分子筛，离子交换的顺序如表 13-8 所示。

表 13-8　一些分子筛的离子交换顺序

顺序	4A	13X	顺序	4A	13X	顺序	4A	13X
1	Ag^{2+}	Ag^+	8	Ba^{2+}	Hg^{2+}	15	NH_4^+	K^+
2	Cu^{2+}	Cu^{2+}	9	Ca^{2+}	Ca^{2+}	16	Cd^{2+}	Au^{2+}
3	Th^{4+}	H^+	10	Co^{2+}	Zn^{2+}	17	Hg^{2+}	Na^+
4	Al^{3+}	Ba^{2+}	11	Au^{3+}	Ni^{2+}	18	Li^+	Mg^{2+}
5	H^+	Au^{3+}	12	K^+	Ca^{2+}	19	Mg^{2+}	Li^+
6	Zn^{2+}	Th^{4+}	13	Na^+	Co^{2+}			
7	Sr^{2+}	Sr^{2+}	14	Ni^{2+}	NH_4^+			

从图 13-29 中也可以看出，同 X 型分子筛相比，Y 型分子筛离子交换要困难些。这是由于 Y 型沸石的硅铝比高，$[AlO_4^-]$ 四面体负离子较少，骨架电荷较低所致。

分子筛经离子交换后可以大大改变其性能，这主要表现在经离子交换后的分子筛的孔径、吸附性能、热稳定性及催化性能都会相应起变化。因为各种分子筛的性能，不仅与它们的结构有关，而且也与阳离子的类型、大小、电荷、电子层结构及其在晶体中的分布等因素有关。

分子筛的离子交换可以改变晶体内的电场，而且阳离子总会堵塞部分孔道而引起有效孔径的变化。在一些部分脱水的沸石中，阳离子的性质还会直接影响表面 OH 基的数目，使分子筛的酸性发生改变。通常为了使离子交换后的分子筛获得所需要的性能，应该从阳离子的半径、电子层结构、单位晶胞中阳离子数目、阳离子与沸石硅铝骨架之间的化学键性质以及阳离子在沸石晶体中位置的占有率等多种因素加以综合考虑。

例如，从催化活性来看，大多数分子筛对加氢反应没有什么内在活性，但如果交换有氢化活性的金属离子并随后在 H_2 中还原为金属，就会具有加氢性能，而交换其他阳离子就没有这种性能。

又如，商品 13X、10X 型分子筛等作裂化催化剂时，选择性，特别是稳定性不太好。如果将这种分子筛中的 Na^+ 离子用 H^+ 及某些多价阳离子，尤其是三价的稀土金属离子（Re^{3+}）交换后的分子筛催化剂 REX，就会对裂化反应具有较高的活性、选择性及稳定性。又如 5A 型分子筛上交换了 2%～25% 的 Mo、Co、W、Cr、V、Ni 等任何一种金属离子，然后用比分子筛孔径大的极性分子溶液，如 $(CH_3)_4NCl$ 洗涤，除去或交换掉外表面的阳离子，以减少外晶的初级反应，就可提高催化剂的选择性。

13.8　分子筛的催化特征及催化活性中心

13.8.1　分子筛的催化特征

分子筛的催化性能源于其结构特征，因分子筛具有规整的晶体结构、尺寸均匀的微孔结构、巨大的比表面积、平衡骨架负电荷的阳离子可被一些具催化特性的金属离子所交换以及可能存在于晶体结构的非骨架组分等特殊的结构性质，使得分子筛成为有效的催化剂及催化剂载体。分子筛不仅像生物化学中的酶一样，能催化许多反应，而且它在很宽的温度范围内都具这种催化活性，在这一点上是酶所不及的。

迄今分子筛的结构约有 70 多种，骨架元素的环的直径可在 $0.4\sim1.2$nm 范围内变化。其结构特征与催化作用的关联如图 13-30 所示：

```
结构特征          催化作用
晶体结构 ┐      ┌ 晶内催化
孔道结构 │      │ 择形催化
交换离子 ├─ ⇒ ─┤ 酸催化
骨架元素 │      │ 碱催化
非骨架组分┘      │ 双功能催化
                └ 氧化还原催化
```

分子筛是均匀结构的固体酸材料。在上述各种催化作用中，分子筛最主要的催化作用是择形催化和酸催化作用的结合。迄今为止，分子筛在工业催化中的应用主要依赖于择形催化及酸催化作用的发挥。

与其他催化剂载体相比，分子筛用作催化剂或载体时，具有以下特点。

图 13-30　分子筛结构特征与催化作用的关联

1. 择形催化作用

分子筛有硅氧和铝氧四面体所搭成的三维网状结构，其中布满了均匀的微孔。由于分子筛的表面积 99% 以上处于晶穴内。分子筛用作催化剂或载体时，反应物的扩散与吸附等都受晶孔大小的控制，只有比晶孔小的分子才能出入，这就对反应物或产物分子造成高度的几何选择性。这种催化作用则称为分子择形催化，因为催化剂对反应物和产物的分子形状和大小有很大的选择性，所以又分为下述几种情况[104-106]。

(1) 反应物分子择形催化。如果反应物含有两类分子，其中的一类分子尺寸太大而不能进入分子筛的孔道系统时，只能对能进入孔道的反应物起催化作用。例如，正构烷烃和异构烷烃进行加氢时，前者能进入含有 Pd 的分子筛孔道中进行加氢，而后者不能进入分子筛孔道，故不能进行加氢，这种情况就称作反应物分子择形催化[图 13-31（a）]。催化脱蜡及改进的费—托法等均是利用反应物分子择形性控制反应的典型例子。

(2) 产物分子择形催化。当在分子筛孔道系统进行的反应能生成多种产物时，只有形状和大小合适的产物分子能够扩散出孔道时，就称产物择形催化[图 13-31（b）]，因此这类生成物分子的产物也就得到优先，大于孔道直径的产物不生成或少生成。例如，正己烷在孔径约 0.5nm 的 5A 分子筛上裂解时，所得到的异构链烷烃/正构链烷烃的产物之比为：

异-C_4/正-C_4<0.05；异-C_5/正-C_5<0.05

这显示产物中异构链烷烃的生成量极少。

(3) 禁阻中间态选择性。由于分子筛孔道内部活性中心的特殊环境限制了某些反应物分子与分子筛活性中心间形成中间态，使无禁阻、中间态的反应优先发生。如在 ZSM-5 分子筛进行的二甲苯异构化及二甲苯

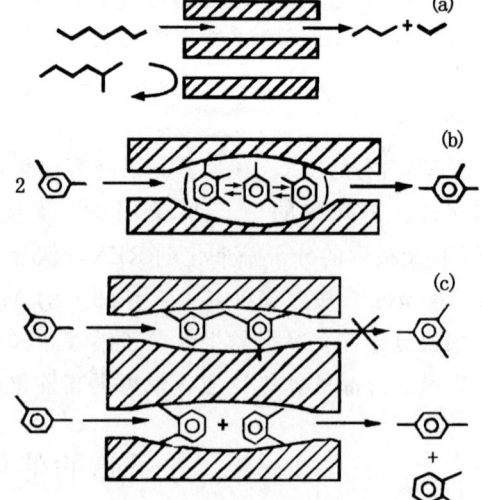

图 13-31　分子筛的择形性
(a) 反应物分子择形；(b) 产物分子择形；(c) 禁阻中间态分子择形

歧化反应而言，由于 ZSM-5 孔道的活性中心限制了属于双分子反应的歧化过程中间态的发生，而属于单分子反应的异构化过程则由于它与 ZSM-5 的活性中心中间态不受禁阻而得以

进行。这种情况就称为禁阻中间态选择性[图13-31（c）]。

（4）逆分子大小选择性。当反应物分子小到足以进入分子筛的孔道扩散，但反应结果产生尺寸大于分子筛孔道的分子，从而限制产物的扩散，使反应速度减慢或甚至抑制反应进行。这种慢扩散会增加在孔道中的停留时间，导致产物进一步转化，使产物尺寸减小，或者是产物总体或部分残余物成为活性中心的毒物，使催化剂活性下降。这种选择性则称为逆分子大小选择性。

此外，描述分子筛择形催化的理论还有空间有择选择性、分子运行限制及分子构型扩散产生的择形选择性等。

分子筛的形状选择性也可用限制系数 CI 来表征。所谓限制系数是指正己烷与3-甲基戊烷的裂解速率之比。大孔分子筛，如 X、Y、β 或 L 型，CI<1；介孔分子筛，如 ZSM-5，ZSM-11，ZSM-22，1<CI<12；细孔分子筛，CI>12。较高的限制系数表示较高的形状选择性。如在甲醇转化为烃的反应中，如用 CI>12 的分子筛，不能得到芳烃；CI<1 时能得到 C_{11} 以上芳烃。

对择形催化有工业价值的分子筛，按孔道系统可分为以下三类。

（1）八元环体系。这类分子筛包括早先已为人们所熟知的细孔沸石，如 Linde A、毛沸石、菱沸石；其他有 ZK-5、ZK-4、ZK-21、ZK-22 和一些其他稀有的天然沸石。这类沸石一般只允许直链分子自由进出，结构较为复杂的分子就不能自由进出。

（2）十元环体系。也即通常所说的介孔沸石，如 ZSM-5、ZSM-11、ZSM-22 等。这些沸石主要是合成产物，它们的骨架结构含有五元环。ZSM-5 及 ZSM-11 具有双向交叉孔道，其他沸石具有非交叉的单向孔道。这类沸石具有独特的催化性能。

（3）双孔道体系。这类沸石具有互相连通的孔道，其孔口由十二元和八元环组成，或者由十元及八元环组成。例如，丝光沸石、菱钾沸石、LindeT、钠菱沸石、ZSM-35、ZSM-38、辉沸石及柱沸石等。它含有的较小孔道只允许较小的分子进出，而较大的孔道则允许结构复杂的大分子进出，所以它们的催化性能有时与其他沸石完全不同。

2. 具有巨大的内表面

由于分子筛结构内部具有丰富的孔道，所以它具有很大的内表面积。例如 A 型分子筛的内表面积可达 $800m^2/g$，X 型、Y 型分子筛有时可超过 $1000m^2/g$。这种高表面利用率，使它用作催化剂载体时，容易获得高分散的金属催化剂，显示出优异的催化性能。而且用分子筛负载均相可溶性催化剂也已取得很好的效果。

3. 具有离子交换特性

分子筛具有的阳离子可逆交换能力及交换选择性，与分子筛结构、组成及阳离子位有关。利用离子交换性能可以调节孔道大小、晶体内电场及表面酸性等，从而改变分子筛的吸附性能及催化性能。例如，将 NaA 交换为 KA 型时，吸氧能力基本消失；将 Pd 交换进入丝光沸石孔道内，可使乙烯与丙烯混合物中的乙烯选择性增加。

习惯上将分子筛的阳离子交换及骨架位元素的同晶交换统称为同晶交换。两者都是在晶体结构不变的条件下，分子筛中组分的置换。高硅及磷铝类分子筛的阳离子位较少，因此利用骨架元素的同晶交换引入杂原子可以调变分子筛的性能。例如，在 ZSM-5 分子筛骨架中引入极微量的杂原子(M)(Si/M=3200)，对甲醇转化反应选择性有明显的影响，其选择性顺序为：

烯烃：Ga≃Cr<V<Sc≃Ge<Mn<La≃Al<Ni<Zr≃Ti<Fe<Co≃Pt

汽油：Ga＞V≃Cr＞Sc＞Mn≃Ge＞La＞Al＞Ti＞Zr＞Ni＞Fe＞Pt≃Co
芳烃：Cr＞La＞V≃Ga≃Sc＞Ge＞Mn≃Ni≃Al≃Zr＞Pt≃Ti＞Co＞Fe

除了常规溶液离子交换法可有效地将金属离子引入分子筛外，利用固态离子交换反应将阳离子掺入分子筛中更引起人们的关注[107-109]。例如，经400℃下热处理的NaCl与分子筛（CaY、ZnY、BaY或LaY等）干混时，Na^+能交换出分子筛表面酸性OH基团中的H^+。焙烧Cr^{3+}、Cr^{4+}、Mo^{4+}及V^{5+}等氯化物或氧化物与H型丝光沸石干混，这些金属离子也可从丝光沸石外表面迁移到其孔道内，与其OH基团中的H^+进行离子交换。这种固态离子交换为分子筛的改性和调变开辟了一条新途径。例如，Mo系催化剂是石油化工中广泛使用的一类催化剂，将Mo引入SAPO-5分子筛中可以降低其酸度，制得多功能催化剂。由于Mo元素没有可用来直接进行离子交换的Mo^{n+}阳离子存在，采用固态离子交换显示其独特的优势。将MoO_3与SAPO-5分子筛经机械干混后，在有水蒸气存在下于氮气和氢气气氛中焙烧，Mo就能以钼氧离子形式引入SAPO-5中，进而与分子筛中B酸中心的H^+发生交换反应。

4. 具有包裹与接枝物种的活性中心

分子筛很有吸引力的性质之一，是当小粒度的金属沉淀于分子筛上时，它也只对能够通过孔道体系的物种才呈现金属负载催化剂所具有的性质。因此，可在分子筛的孔道体系内接枝上具有特定催化功能的金属、有机化合物或其他实体，从而为均相催化剂的负载化开辟新的途径。在固定化酶的开发上，分子筛也是种使用简单、性能优异的载体材料。

作为主体的分子筛孔道既然可以容纳作为客体的金属颗粒，当然也可能容纳过渡金属粒子，从而构成既有金属功能又有择形功能的催化特性。例如，用包含在Y型分子筛中的Ru对烯烃进行择形加氢时，发现对环己烯有很好的催化加氢作用，而对大分子环十二烯则不具加氢功能；与其相对比，负载在无微孔的活性炭上的Ru催化剂则对两者具有相似的催化活性。

5. 具有很高的热稳定性

分子筛具有热稳定性高、抗毒性强的优点，这也是其他催化剂所不具有的。这是因为分子筛的晶体骨架结构具有良好的热稳定性。如果将分子筛中的金属离子还原成金属，这些金属就会处于呈微晶的高度分散状态，使分子筛具有很高的抗毒性能。例如，A型分子筛的晶体结构要在650℃以上时才受到破坏，而Y型分子筛的晶体结构则要在高于700℃时才遭到破坏。

又如积炭会造成催化剂失活，而催化剂或载体的孔径和孔结构是影响积炭速率的一个重要因素。一般认为，分子筛所含笼的尺寸比通道孔口尺寸大时会导致晶体内部结炭，而具有特殊结构的分子筛，如ZSM-5的骨架是由两种交叉的孔道组成，直筒形孔道是椭圆形，横向孔道截面接近圆形，孔径介于小孔和大孔分子筛之间。由于结构中不存在大于孔道的笼存在，因此在烃类的催化反应中限制了来自副反应的大的缩合分子的形成，使催化剂的积炭倾向减少。而且由于ZSM-5分子筛孔口的有效形状、大小及孔道的弯曲，阻止了庞大的缩合物形成堆积。所以，它抗积炭能力很强。

13.8.2 催化活性中心理论

虽然分子筛具有上述这些特点，但这些性质还不能说明它所具催化作用的本质，所以有必要讨论分子筛产生催化活性中心的机理。虽然关于这种理论还有争议的地方，但目前一般趋向有两种可能的理论，一种理论认为分子筛中存在着质子酸中心（B酸）和非质子酸中心

(L酸)，它对反应物起酸催化反应；而另一种理论认为分子筛经过离子交换以后产生的强大静电场，使反应物分子容易极化，引起"形变"，从而呈现较高的催化活性。下面就简单讨论这些机理。

1. 固体酸催化理论

一般来讲，像催化裂化、催化重整、异构化、烷基化、烯烃聚合、醇的脱水等反应过程，均需在酸性功能的催化剂上进行。就反应本身来说，大都是通过正碳离子反应进行的，而分子筛催化的反应大部分属于这种类型。

在第七章中已经介绍过，氧化铝、分子筛之类载体都存在着固体酸。红外光谱及顺磁共振等都证实在分子筛表面存在着 B 酸及 L 酸两种活性中心。沸石分子筛中存在的固体酸有下面几种现象：

(1) 碱金属沸石分子筛几乎都没有酸性；

(2) 沸石分子筛中存在着两种固体酸，其中 B 酸来自酸性羟基，L 酸来自具有空轨道的三配位铝原子和金属阳离子本身；

(3) 通常，二价、多价及脱阳离子沸石具有酸性，而尤以脱阳离子型的酸度更大；

(4) 分子筛的固体酸性与分子筛类型、阳离子性质及分布情况有关。一般，X 型分子筛的酸性要比 Y 型分子筛为小。

关于分子筛脱阳离子产生 B 酸及 L 酸的机理已在"7.6"中进行过讨论，这里不再另述。

因为分子筛中存在着两种固体酸，所以质子酸催化理论认为，分子筛中阳离子并不与吸附分子直接发生作用，而是首先使分子筛中残留的水分子解离而产生酸性质子，由它来攻击吸附分子，生成正碳离子，进行反应。实验结果也表明，交换多价阳离子的分子筛中含有适量的水是产生催化活性的必要条件。根据这种设想，阳离子价数越高，离子半径越小，阳离子电场越强，极化能也越大，所以生成的 OH 基浓度及质子酸度越大，催化活性也就相应越高。

可是，在有些催化反应中，反应在几乎完全脱 OH 基时却呈现最高的活性，例如正丁烷在 LaY 分子筛上的裂化反应就是一个例子。又如对一些含过渡金属离子的分子筛的催化现象用质子酸理论也同样不能给出满意的解释。而只能用非质子酸催化理论来解释。

非质子酸催化理论认为，催化的活性中心是三配位的铝原子使上述吸附的烃分子解离，产生正碳离子，发生反应。温度高时，可使分子筛脱 OH 基作用加强，增加非质子酸度，所以在较高温度下，催化活性最大。但温度过高会使分子筛结构遭破坏，从而降低催化活性。

2. 静电场理论

分子筛晶体中含有带正电荷的阳离子和带负电荷的 $[AlO_4]^-$ 四面体。用高价阳离子交换所得的分子筛中，由于高价阳离子的不对称分布，在分子筛表面的高价阳离子和负电中心之间会产生静电场，而且这种静电场不是占据两个铝氧四面体之间的对称位置，而是比较靠近一个铝氧四面体，远离另一个四面体，其模型如图 13-32 所示：

静电场理论认为，在分子筛电场的作用下，烃分子的 C—H 键被极化形成 C^+—H^-，键中缺电子的碳原子就成为正碳离子中间体，如图 13-33 所示，然后发生反应，所以催化活性的本质是阳离子电场。

分子筛晶体中存在着静电场，其电场强度与阳离子类型、阳离子位置和硅铝比等因素有

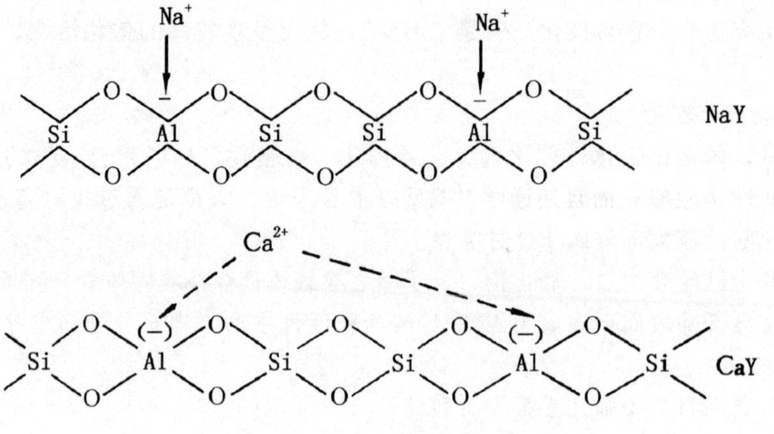

図 13-32 分子筛静电场理论模型

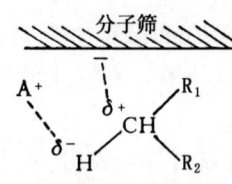

图 13-33 因静电
场极化而形成的
正碳离子中间体
A—晶格中的阳离子

关。通常，二价阳离子电场要比一价阳离子电场强，高硅铝比的 Y 型分子筛的电场要比 X 型高，阳离子位置 S_{III} 比 S_{II} 产生的静电场强，价数相同的阳离子，其电场强度随阳离子半径的减少而增大。

静电场理论可以解释许多实验现象，也能解释静电场强度与催化活性之间的一些定性关系，但它却不能说明质子对催化作用的影响，也没有给出静电场产生正碳离子的详细机理。

总的说来，静电场理论是从分子筛晶体结构出发，通过金属离子的静电场对烃类分子的极化作用来考察正碳离子型反应的催化活性根源。这种理论不涉及固体酸的概念。而固体酸理论中，质子酸对正碳离子反应的催化作用是早已建立的催化理论，具有较大的灵活性。分子筛的质子酸理论和一般催化中的质子酸理论一样得到较普遍的接受，而有待进一步研究的基本问题大多属于酸性催化理论方面的问题，如质子酸和非质子酸的相互关系，它们之间的催化性能差异等。由于上述两种理论都不能完全解释实验中观察到的所有现象，所以有人提出分子筛中金属离子有静电场作用，而硅铝骨架又能提供质子酸和非质子酸这种折中的观点，设想用这种理论来说明分子筛对正碳离子型反应的特殊性能。但其正确性如何，也有待于在实践中进一步获得验证。

13.9 分子筛作催化剂载体的应用示例

根据上面的粗略讨论可知，分子筛所具有的一些特性是一般的催化剂及载体所难以具备的，而且从理论上来看，由目前所用的铝胶、硅胶、硅铝胶等所制备的催化剂或载体基本上都可用分子筛来改变它们的性能，所以分子筛在催化过程中的应用可以说是技术上的一项重要突破。目前，分子筛作为催化剂已有多方面的应用，特别是在石油炼制和石油化学方面，分子筛催化剂的应用更为突出。

分子筛用作催化剂载体也有其重要的特点，这表现在分子筛所具有的均匀分布微孔可对反应物分子产生高度的几何选择性。它有广阔的内空间和巨大的比表面积（$300 \sim 1000 m^2/g$ 不等），含金属的分子筛催化剂的比表面积可比载金属的氧化铝、硅胶或无定形的硅酸铝大

4倍左右,这对许多要求高比表面积的反应来说,可以大大提高其活性。通常,分子筛的择形催化能力也是通过内表面来进行的。此外,分子筛的外表面每克不超过几平方米,因而对需要小比表面积的大分子反应,分子筛又可利用它的外表面。

采用分子筛作催化剂载体时,活性组分可以通过离子交换或吸附浸渍法引入分子筛内晶,随后还原成元素状态,或转变成具有催化活性的化合物。活性组分在分子筛中极高的分散度可以提高其利用率,而且还增强其抗中毒作用。例如,用$Pt(NH_4)^{2+}$盐进行阳离子交换就可使Pt更加分散,用Ni^{2+}盐交换分子筛的Na^+离子,随即还原Ni^{2+}离子,Ni原子即会分散在分子筛晶格中。

表13-9示出了使用分子筛作载体的国外石油加工催化剂,下面再对分子筛作载体的一些催化反应进行讨论,以作为选择载体时参考。

表13-9 使用分子筛作载体的石油加工催化剂[69,70]

型号	主要特点	用途（原料）	用途（产品）	载体	活性组分
1. 加氢裂化催化剂					
(1) Kataleuna 公司					
9570	加氢脱蜡,高压工况	精制的中间馏分油,AGO	柴油、改进倾点	分子筛	NiW
(2) UOP 公司					
DHC-2	加氢性能好,低活性,用于生产润滑油或缓和加氢裂化	VGO、DAO、CGO、LCO等	润滑油、最大量中间馏分油	无定形	NiMo
DHC-8	极高活性和超稳定性,最大量生产中间馏分油	VGO、DAO、CGO、LCO等	最大量中间馏分油、最大量柴油	无定形	NiW
DHC-32	分子筛活性,无定形选择性,最大量中间馏分油	VGO、CGO、LCO等	柴油、最大量喷气燃料	分子筛	NiW
HC-33	生产柴油和喷气燃料的选择灵活性,部分石脑油	VGO、CGO、LCO等	柴油、喷气燃料、石脑油	分子筛	NiW
HC-43	较高活性,生产柴油、喷气燃料和部分石脑油的较高选择灵活性	VGO、CGO、LCO等	柴油、喷气燃料、石脑油	分子筛	NiW
HC-26	尤其适用作第一段裂化反应器催化剂,处理高N进料	VGO、CGO、LCO等	喷气燃料、石脑油	分子筛	NiW
HC-24	生产石脑油和喷气燃料的选择灵活性,部分柴油	VGO、CGO、LCO等	石脑油、喷气燃料、柴油	分子筛	NiMo
HC-34	尤其适用于一次通过工况,高活性,对石脑油选择性好,气体产率低	VGO、CGO、LCO等	石脑油、喷气燃料	分子筛	—
HC-28	高活性,最大石脑油产率	VGO、CGO、LCO等	最大石脑油	分子筛	Pd
HC-35	尤其适用于第二段裂化反应器工况（脱硫）,用于喷气燃料生产	未转化的第一段循环反应物料	喷气燃料、石脑油	分子筛	Pd

续表

型 号	主要特点	用途（原料）	用途（产品）	载 体	活性组分
HC-30	选择性加氢裂化生产低倾点产品	石油和页岩油馏分	低倾点馏分润滑油料，混合原油	分子筛	非贵金属
HC-80	选择性加氢裂化生产低倾点产品	石油和页岩油馏分	低倾点馏分润滑油料，混合原油	分子筛	非贵金属
(3) Zeolyst International 公司					
Z-763	高氮容许度和稳定性	AGO、VGO、LCO、HCO、CGO	最大量石脑油/煤油/喷气燃料	含分子筛	碱性金属
Z-703	重质进料，低气体产率	AGO、VGO、LCO、HCO、CGO	增产煤油/喷气燃料，重石脑油	含分子筛	碱性金属
Z-723	重质进料，富饱和烃，最低气体产率	AGO、VGO、LCO、HCO、CGO	最大量煤油，喷气燃料	含分子筛	碱性金属
Z-713	重质进料，高含氮，用于第一或第二段转化	AGO、VGO、LCO、HCO、CGO、DAO	灵活生产煤油/喷气燃料，柴油，石脑油	含分子筛	碱性金属
Z-603	最重质原料，最大量生产中间馏分油	AGO、VGO、LCO、HCO、CGO	最大量生产柴油和煤油/喷气燃料	含分子筛	碱性金属
Z-753	对石脑油选择性高，活性和选择性好	AGO、VGO、LCO、HCO、CGO	最大量生产柴油和煤油/喷气燃料	含分子筛	碱性金属
Z-776A	VI 不降低，生产轻质润滑油料	含蜡润滑油基础油	润滑油基础油料	含分子筛	Pd
2. 缓和加氢裂化催化剂					
(1) UOP 公司					
PC-200	分子筛缓和加氢裂化催化剂	VGO、CGO	柴油，FCC	分子筛	—
3. 加氢处理/加氢/饱和催化剂					
(1) Zeolyst International 公司					
Z-704A	耐硫、氮的芳烃饱和	GO、LCO、HCO、CGO	柴油、煤油、喷气燃料、GO	含分子筛	贵金属
Z-714A	耐硫、氮的芳烃饱和 + 最大液体产率	GO、LCO、HCO、CGO	柴油、煤油、喷气燃料、GO	含分子筛	贵金属
4. 加氢精制催化剂					
(1) 墨西哥石油研究院					
IMP-HDW-10	润滑油馏分脱蜡	宽范围	脱蜡润滑油	分子筛，Al_2O_3	Pt/分子筛
5. 其他炼油催化剂					
(1) Engelhard 公司					
HZ-PLUS	GO 裂化，Houdrif LowTTC，高耐磨	HGO	烯烃、LPG、LCO	分子筛	分子筛/无稀土

续表

型 号	主要特点	用途（原料）	用途（产品）	载体	活性组分
EMCAT 系列	RE（稀土）交换，最大液体产率，HHC，TOC，二甲苯+烷基转移	HGO/甲苯/混合 C_9	LPG/汽油/LCO、二甲苯、苯	分子筛	RE交换分子筛
HZ-PLUS P	促进剂，使CO最大燃烧	HGO裂化	LPG/汽油/LCO	分子筛	非RE分子筛，HZ-P，RE交换
EMCAT P	促进剂，使CO最大燃烧	HGO裂化	LPG/汽油/LCO	分子筛	RE交换分子筛
NI3238	液相脱硫	石脑油	脱硫石脑油	分子筛	专利

（2）墨西哥石油研究院

IMP-TS-1	汽油产品的选择性变换	低辛烷值汽油	LPG和高辛烷值汽油	立体选择性分子筛	Pt择形分子筛

13.9.1 在加氢、脱氢反应中的应用

以分子筛为载体的催化剂在催化加氢及脱氢反应中得到了有效的应用，证明它有独特的选择性。这方面的例子可以举出很多。

将含有4％C_2H_2的C_2H_4（74％）与H_2一起通过经Cu^{2+}离子交换的分子筛时，可使95％的C_2H_2加氢转化，其中有60％转化成C_2H_4。

以载Ni或载Pt的分子筛对不饱和烃加氢时，对硫显示极好的抗毒能力。例如对含15％（质量分数）H_2S的C_2H_2加氢成C_2H_6时，反应几小时，仍不见催化剂活性下降。如果采用普通加氢催化剂，就会很快中毒。

当等体积的1-丁烯、异丁烯和H_2于25℃、接触时间为0.1s下，通过载Pt的A型分子筛时，只有50％的1-丁烯加氢成丁烷，而在Pt/Al_2O_3催化剂上，正构、异构丁烯却等量地被加氢。在另一含0.31％（质量分数）的CaA型分子筛上进行异丁烯和丙烯的加氢时，丙烷就为唯一的产物，由此可见，以分子筛作载体的加氢催化剂具有良好的选择性。

含5％Zn的NaX催化剂，在500℃，常压下即可使环己烷脱氢成苯，含有Co、Mo、Zn的Y型分子筛，在加氢的同时可以除去杂质氮化物。

载有Pt的Y型分子筛对于烃类混合物中芳烃加氢反应具有很高活性，而且与焙烧温度有关。例如，将650℃焙烧和550℃焙烧的催化剂分别用于含苯的戊烷—己烷混合物加氢时，前者的活性会比后者高72倍。

载Ni的分子筛不仅显示出很高的加氢活性，而且在高温时还伴有异构化及加氢分解等反应。例如，采用8％Ni的X型分子筛作催化剂进行呋喃加氢，在150℃、空速为$0.5h^{-1}$时，四氢呋喃的收率达38％～47％，丁醇为10％～15％，而在高于170℃就发生加氢裂解。用载有Ni、Pd的分子筛催化剂进行苯加氢试验，和其他载体催化剂比较，苯基环己烷收率较高，这可能是因为分子筛的酸性较高之故。

分子筛因其所特有的骨架结构，可使大部分烃分子能出入其孔道系统，经离子交换和氢还原的活性金属又能均匀地分布在晶体中，所以在一定条件下生成的活性中心可以抑制其他反应，呈现较高的加氢及脱氢活性。一些实验结果表明，单独的合成沸石通常不具有催化加

氢能力，而只有负载了 Pt、Pd、Ni、Ir、Rh 等过渡金属之后才显示很高的催化加氢活性，这也说明分子筛所具有的结构特性，起着很好的催化剂载体的功能。所以分子筛负载活性金属以后，其活化处理过程对催化活性的影响也很重要。例如，以 PtNaY 型分子筛为例，它在 300℃空气中焙烧所得的还原产物具有最高的加氢活性，而在较高温度下焙烧时，因焙烧的还原产物形成大量粗颗粒，从而降低 Pt 的比表面积及催化活性；反之，在较低温度下焙烧产生的还原产物，因大部分 Pt 都是以原子态或极小的颗粒存在，这样就使金属 Pt 失去吸附氢的能力，同样也会降低加氢、脱氢的活性。

13.9.2 催化重整和异构化[110-112]

重整反应主要为直链烷烃脱氢环化和环烷烃进一步脱氢生成芳烃，重整催化剂一般含有两种基本组分：起裂解作用的载体母体和起氢化、脱氢、脱氢异构作用的氢化金属。常用的载体有氧化铝、硅酸铝及分子筛等。采用一般催化剂的最大缺点是对含氮杂质极为敏感，为了延长催化剂寿命，需将原料深度净化到含氮量小于 $1\sim2\mu g/g$。

含约 0.5%（质量分数）贵金属的分子筛催化剂，具有很好的重整活性和选择性，它对含氮、硫等杂质有较好的抗毒性能，因此可免除原料精制净化的麻烦。在典型的重整条件下，一些试验结果表明，在向进料油中加进至 $200\mu g/g$ 的氮（按喹啉计算），即使运转几百个小时，催化活性也并不下降。在连续运转 150h 后，产品的辛烷值仍保持在 99，而普通使用的工业重整催化剂，在同样的试验条件下，在 25h 内，产品的辛烷值即从 99 下降到 92。又如用含 1%（质量分数）Pt 的分子筛作催化剂，用于临氢重整时，可使甲基环己烷临氢重整为甲苯，并具有很高的收率。

H^+ 型或 2 价、3 价阳离子交换分子筛作为载体，负载 Pt、Pd 等活性金属后，对正己烷的异构化反应有很高的活性，其中尤以 CeX、LaX、NaX 等作为载体，负载 Pt 的催化剂，显示更高的活性。

13.9.3 其他反应

加氢裂化反应是在较高氢分压下进行的烃类裂化反应，裂化生成的不饱和烃在反应过程中进一步加氢而转变成为饱和烃。加氢裂化催化剂是由具有加氢作用的金属和具有裂化性能的酸性载体组合制成。具有高正碳离子活性的分子筛是一种合适的载体，它可以提高加氢裂化活性，而且与硅酸铝载体相比，它可以增强催化剂的抗硫、抗毒中毒能力。

为了满足苯需要量的增长，甲苯加氢脱烷基的工艺发展很快，这个反应可表示为：

$$C_6H_5CH_3 + H_2 \longrightarrow C_6H_6 + CH_4$$

如果采用 Al_2O_3 作载体制成的催化剂，甲苯的加氢脱烷基反应主要在 580~620℃ 的高温下，催化剂才有较高的活性。但负载Ⅵ族及Ⅷ族活性金属的 HY 分子筛催化剂却在同样的反应条件下显示出很高的活性。至于孔径小于 0.66nm 的分子筛，由于苯和烷基苯不能出入孔径这样小的沸石孔道，所以不呈现活性。甲苯在 0.5PtNaY 分子筛催化剂上加氢脱烷基时，芳烃馏分中含苯量可达 68%，而在无定形硅酸铝上催化产物的芳烃馏分只含 7%的苯。

载有 Cu、Ag 等活性金属的分子筛可使醇氧化成醛，或使 CH_4 和其他脂肪烃氧化成醛。使用负载有过渡金属离子的分子筛作催化剂，可使乙烯及丙烯完全氧化。这种完全氧化反应速率与金属离子的 Y 值之间的关系如图 13-34 所示。

载有贵金属的分子筛也是良好的催化脱氧剂，载 Pt 的分子筛在常温常压下可将电解氢中的微量氧脱至 $0.5\mu g/g$ 以下。

醇在一般氧化物及硅酸铝催化剂上，在 250~300℃ 下脱水主要生成醚，在 350~360℃

脱水成为烯烃,而采用 CaY 分子筛时,在 250℃,乙醇就选择性脱水成为乙烯。此外,载 CaO 的分子筛,可在没有醇脱水的情况下,使伯醇脱氢。

载有 Ni 的分子筛,在 H_2 存在下,可使 75% 丙酮转化为异丙醇,而在 440℃、3.5MPa 大气压下,使 $N_2 - H_2$ (体积比为 74:26) 通过载 Fe 的分子筛,可制得 NH_3。

将两种过渡金属离子在分子筛上进行离子交换,然后在 550℃下用 H_2 还原,调节负载在分子筛上的合金量,如表 13-10 所示。将这些催化剂用于各种正己烷反应时,发现 NiY 催化剂主要产生加氢分解反应活性,产物主要为甲烷及碳数较低的烷烃;对于 Ni-CuY 催化剂,则主要生成异构烷烃产品。

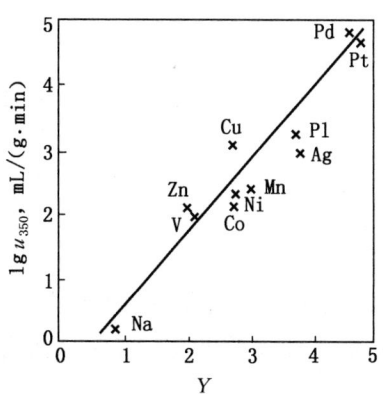

图 13-34 在 350℃下,丙烯完全氧化的反应速率与金属离子 Y 值的关系

$Y = 10 (I_n/I_{n+1})(r_i/\sqrt{n})$

I_n—离子化电位;r_i—离子半径;
n—形式电荷

表 13-10 含 Ni 合金催化剂的饱和磁化率 $I_{m\infty}$ 测定结果

[纯 Ni 的 $I_{m\infty}$ = 54.39 (20℃)]

催化剂	NiY	NiY	Ni-AgY	Ni-CdY	Ni-CuY	Ni-CuY
负载量	6.04	2.03	2.55~4.48	3.50~3.98	4.12~2.54	2.07~4.18
$I_{m\infty}$	35.39	47.60	39.64	39.24	9.46	1.637

第 14 章 活 性 炭

14.1 概 述

木材经干馏以后所获得的木炭具有吸附某些气体的能力，这一现象早已为人们所熟知。工业上，将木材或煤干馏，以制取具有一定形状且有较高吸附性能的炭，这种炭称作活性炭。

活性炭的主要成分是碳，此外还有少量 H、O、N、S 和灰分。这些物质含量虽少，但对活性炭性质有一定影响，尤其是将活性炭用作催化剂及催化剂载体时，这些微量成分所起的作用也就更大。

活性炭具有不规则的石墨结构，在 300～800℃下煅烧时，表面会产生酸性集团，而在 800～1000℃下煅烧时，又形成碱性集团，故使活性炭能呈现酸性或碱性，而且因制备方法不同，可以得到具有不同比表面积的活性炭，有的甚至可超过 2000m²/g。所以，活性炭不仅是一种优良的吸附剂，也常用作催化剂载体，但由于活性炭的机械强度较差，所以主要用来作固定床催化剂的载体。

以活性炭为载体制成的催化剂已用于多种催化反应中，如煤基颗粒活性炭负载 10% 的 $HgCl_2$，可用作乙炔气相氢氯化反应制取氯乙烯过程的催化剂，乙炔转化率可达 98% 以上，氯乙烯选择性达 98%～99%。尤其是在合成乙酸乙烯酯时，负载活性组分乙酸锌的活性炭更有其特殊的催化功能，具有最高的催化活性。表 14-1 示出了使用活性炭作催化剂载体的一种催化反应。

表 14-1 以活性炭作催化剂载体的催化反应

类别	反 应	活性组分	反应条件	载体
单体制造	乙酸乙烯酯合成	乙酸锌、周期表第Ⅱ类B组金属化合物	170～230℃	活性炭
	氯乙烯合成	升汞，以碱金属及碱土金属氯化物作助催化剂	120～180℃	活性炭
	甲酸乙烯酯	乙酸锌	125～220℃	活性炭
卤化及脱卤化反应	氰尿酰氯制造	金属卤化物	200～500℃	活性炭
	盐酸、氢溴酸合成	氯化铁、氯化铜、氯化铬	350℃	活性炭
	三氯乙烯合成	氯化亚铁、氯化钡	250～300℃	活性炭
	六氯苯合成	氯化铝	200～700℃	活性炭
	烃的氯化	金属氯化物	①320℃ ②液体或熔融状态	活性炭
	醇的氯化	磷酸、氯化钙、氯化锌	280～300℃	活性炭

续表

类别	反 应	活 性 组 分	反 应 条 件	载 体
氧化	醇的氧化	铂、钯、铜、硝酸银、氧化银		活性炭
	烯烃氧化	铂	液相，150～250℃	活性炭
	对异丙基苯甲烷氧化	钯		活性炭
	类固醇氧化	钯	350℃	活性炭
	乙烯氧化制乙醛	钛、锂、钒、铬、钼、银	225～275℃	活性炭
加氢裂化	焦油加氢裂化	钼、钨的氧化物及硫化物	400℃	活性炭
	油脂加氢裂化	钼、钨的硫化物、还原镍	300～400℃，20MPa	活性炭
脱氢	烷烃及环烷烃脱氢	铂、镍	250～670℃	活性炭
	烃类脱氢	①钠盐、锂盐	450～500℃	活性炭
		②镍	300℃	活性炭
还原	羧酸还原	钌	145～150℃，65～71MPa	活性炭
	不饱和酸还原	镍	常温、常压	活性炭
	烯烃还原	镍、钴	0～160℃	活性炭
	硝基化合物、亚硝基化合物还原	铑	25～30℃，6.5MPa	活性炭
	吡啶衍生物还原	铑	55～60℃，0.27MPa	活性炭
	咔唑类还原	铑、钌	100℃，3.5MPa	活性炭
	羰基化合物还原	硫化铜	389℃ 20.7MPa	活性炭
	醛还原	钴	39～110℃ 0.35～7.0MPa	活性炭
水合	乙炔水合	汞、锌、铜、镉、锰等的硫化物或磷酸盐	①150～350℃ ②260～300℃	活性炭
	乙烯水合	①氧化钍、磷酸、磷酸盐 ②硫酸 ③氧化镁—碳酸钾—氧化铁	① 400～500℃，2.5～20MPa ②150℃	活性炭
聚合	乙烯聚合	钴、镍、氧化镍、碱金属	①100～150℃ ②常温～250℃	活性炭
	丙烯聚合	固体磷酸	150～250℃	活性炭
	烯烃聚合	钛、锆、钴、镍、磷酸、氧化镍		活性炭
	丁二烯聚合	钴、镍	0～80℃	活性炭
异构化	甲酚异构化	磷酸	200～600℃	活性炭
	松香异构化	氯化锌、钯	① 250℃，水蒸气存在下 ②氢气流中	活性炭

续表

类别	反　应	活 性 组 分	反应条件	载体
异构化	植物油异构化	镍	170℃	活性炭
	烯烃异构化	磷酸	380℃	活性炭
	烃类异构化	铂	450℃，2.5MPa	活性炭
其他反应	羰基化合物合成	铬、镍、铁、锰、汞、钴、铂、钌	50~300℃，0.01~2MPa	活性炭
	醛、醇制造	硫化钼	250℃ 20.7MPa	活性炭
	乙酸合成	磷酸	300~500℃，30MPa以下	活性炭
	二硫化碳合成	氧化锌	550~700℃	活性炭
	烯烃合成	钛、钴	300~500℃，0.4~0.7MPa	活性炭
	酯合成	氧化铝、硅胶	250℃	活性炭
	丙烯腈合成	碱、碱土金属的碳酸盐、氢氧化物、氰化物		活性炭
	苯烷基化	氯化锌、氯化硼、磷酸		活性炭
	醇的胺化	铂	290~450℃	活性炭
其他反应	四氢呋喃衍生物制造	铂	240~250℃	活性炭
	烃类缩合、聚合、烷基化	磷酸	222~250℃ 6.2MPa	活性炭
其他反应	丙烯醛制造	碳酸钠、碳酸钾	550℃	活性炭
	甲基乙烯基醚制造	50%氢氧化钾	225℃	活性炭
	由醚制造醇	磷酸	240~320℃，8MPa	活性炭

除了上述催化反应的例子外，活性炭作为催化剂或催化剂载体用于空气净化和饮水的处理也是由来已久的。现在，正采用载有催化剂的活性炭来解决一些污染问题。例如，汽车上安装的排气净化装置所用的吸附剂，是用喷涂含有 Cu/Ni 金属催化剂的颗粒活性炭，它能使排气中的一氧化碳转化成二氧化碳后再排入大气，排气中喷出的铅离子也被炭吸附。在污水处理站可用载有碘化钾的活性炭来吸附除去由污水产生的臭味；用苯硫酚醛树脂浸渍过的活性炭能起离子交换和化学吸附作用，水溶液中的重金属离子与炭粒接触，就被吸附螯合而分离；载有铂或银一类贵金属的活性炭可作催化吸附剂，起着催化氧化和杀菌的作用。

从上面的讨论可以看出，活性炭不仅在化学工程及吸附分离工程中有其重要作用，而且在催化领域也有它的重要地位。

14.2 活性炭的种类

活性炭可由多种原料制取，制备条件也互不相同，所以其种类也较多。按形状分，活性炭分为粉状炭和颗粒炭。颗粒活性炭又分为定型颗粒炭和不定型颗粒炭。定型颗粒炭是先将原料粉碎并加入黏结剂拌和后，通过成型设备制成一定形状的颗粒（如圆柱形、球形等）后，经炭化、活化而制成。不定型颗粒活性炭是原料炭（一般为果壳类炭）经过活化后，再破碎和筛选得到的，其颗粒大小符合一定要求范围的活性炭，形状是不规则的。

活性炭按制造方法及所用活化剂的不同，可分为化学炭和物理炭。用化学品（如氯化锌、磷酸等）作活性剂制得的活性炭称为化学炭；用高温水蒸气、二氧化碳或空气等作为活化剂制得的活性炭称为物理炭。活性炭按用途可分为糖用炭、药用炭、味精炭、黄金炭及催化剂载体用炭等。表 14-2 示出了一般活性炭的物理性质。

14.2.1 颗粒炭

（1）维尼纶催化剂载体炭。这是用果壳（椰壳或杏核）做原料，经水蒸气活化制得的不定型颗粒炭，粒度约为 1.6～3.2mm，具有较大的比表面积，每克炭的总表面积为 1000m^2，并且具有较好的机械性能，含水分及灰分均较低。

表 14-2　一般活性炭的物理性质

真密度，g/mL	1.9～2.2	空隙率，%	
颗粒密度，g/mL	0.6～0.9	颗粒炭	33～43
堆密度，g/L	300～600（颗粒炭）	粉状炭	45～75
	200～400（粉状炭）	比表面积，m^2/g	500～1800
孔体积，mL/g	0.6～1.1	平均孔半径，nm	1～2

（2）回收及吸附用炭。用煤粉作原料，以煤焦油做调合剂，经成型、炭化及活化制得的圆柱形粒状炭，这种活性炭有时也专称成型炭。它能有效地吸附各种有机气体和空气中的毒物及臭味，如对苯、二甲苯、汽油、氯气及二硫化碳等都有较好的吸附能力。

（3）脱硫炭。原料及制造方法均与回收吸附用炭相同，外观为圆柱形粒状炭，对硫有较高的吸附能力（450～550g/L），可用于净化煤气中的硫化氢。

（4）净化水用炭。用无烟煤做原料，经破碎后直接炭化和水蒸气活化制得，外观为不定型颗粒炭，粒度为 2～4mm，在液相中对低浓度和高浓度的有机物质均具有高的吸附能力，如对酚的吸附量为 150mg/g。它具有发达的孔结构，过渡孔较丰富，因此对乳化油等较大分子有机物的吸附能力优于一般粒状炭。其机械性能也较好，与一般活性炭一样，能经受多次高温再生，而且由于制造工艺简单，原料易得，所以成本较低，是有效而廉价的吸附剂。

14.2.2 粉状炭

外观为粉末状，粒度一般在 74μm 以下，粉状炭可分为用于糖类、油脂、酒类、药品等脱色用的脱色炭以及用于医药方面的药用炭。

由于现代国防和现代工业的发展及环境保护的需要，对活性炭的制造方法、结构性质都作了很多研究。制造活性炭的最好原料是椰子壳炭和木炭，但由于这些原料资源有限，价格较高，所以近年来除已大量采用煤和石油沥青外，又多趋向利用农林副产物，煤和石油的加工残渣、纸浆废液以及许多含碳的工业废料制造低廉的或具有特殊性能的活性炭。

除了上面所说的几种类型活性炭以外，一些活性炭的新品种正在发展。例如纤维型活性炭，它是将经过药剂处理的有机合成纤维织成的布或层压成的纤维板放在一个网状的输送带上，连续送入热处理炉的下部。在炉内经过气体置换、炭化、活化和冷却等过程，最后制成活性炭纤维布或活性炭纤维板。这种活性炭纤维制品具有一定的拉伸强度，可用作各种形式的过滤材料。又如将合成纤维或木素纤维经过药剂处理、干燥，再经过在惰性气流中用水蒸气活化等过程制成的活性炭纤维。此外，为避免天然原料所含杂质残留于炭材料中，产生催化不希望的副反应，便于控制其孔结构及形态，目前多以合成树脂做原料制成多孔炭材料。

从活性炭结构的改变来看，使活性炭的表面基团上结合氮，称为氮化活性炭。这种活性炭由于改善了原有的吸附性质，使活性炭具备新的离子交换性能，已被广泛应用于二氧化硫和氮氧化物（NO_x）的分离以及在溶液中对重金属离子的分离。

一种能使氧和氮分离吸附的活性炭，又称炭分子筛也已成功地用于合成氨工业。这种由石油焦炭制成的炭分子筛，是由重石油烃类在裂化罐内加热至 600℃，使热裂去尽 600℃ 以前的碳氢挥发物，将约占 5% 的焦炭残留物再在 600~900℃ 的氮气流中热裂 1~60min。再去掉一部分碳氢挥发物，这时残留的焦炭的孔径缩小到 0.3nm，这种孔径的炭分子筛能选择吸附氧，而不吸附氮。

经过同位素放射线光渗过的活性炭，对水处理和空气净化回收二氧化硫等特别有效。活性炭在含氟化合物的烟雾中，经过高能 X 射线、α 射线、β 射线、加速电子束、中子束或者用这些混合射线来处理，对二氧化硫的吸附率可提高到 89g/kg 活性炭，硫化碳的回收率可达 98%~100%。

将活性炭粉与同位素矿粉混合，用树脂或橡胶作为黏结剂，使其黏附在一种多孔材料上，经 100~200℃ 干燥制得的产品，对于水处理及空气净化很有效。

上面只是少数活性炭新品种的例子。实际上，无论在化学工业或是医疗方面，新的活性炭品种在不断出现，这里不再详述。

14.3 活性炭的制备方法及制炭理论

14.3.1 活性炭的制法

活性炭的制法很多，其制造方法是 20 世纪早期开发出来的，至今仍在使用，其间在制造方面有革新性的发明是用强碱活化法制造高比表面积的活性炭，但因制造成本较高，未能大规模生产。目前工业上用于制取炭质催化剂载体的方法主要有以下几种。

1. 气体活化法

气体活化法是将含碳原料炭化后，用气体活化剂（水蒸气、CO_2 等）在高温下进行活化作用制取活性炭的一种方法。由于该法活化时不用无机化学药品，故又称物理法。

气体活化法的工艺过程如图 14-1 所示。它主要包括前处理工序（包括炭化、煅烧等干馏工序）、活化工序及后处理工序（包括粉碎、洗净、精制和干燥等）。影响活性炭质量的关键是炭化及活化这两个工序。下面对这两个工序加以简要说明。

（1）炭化。木材、果核、煤和半焦等都可用作制活性炭的原料。但用于制备活性炭的原料除含有碳以外，还含有氧、氢、硫等。所谓炭化就是把有机物原料加热以减少非碳成分，制出适合于后一步活化反应的碳质材料。炭化温度通常在 1000℃ 以下，它可分成以下三个

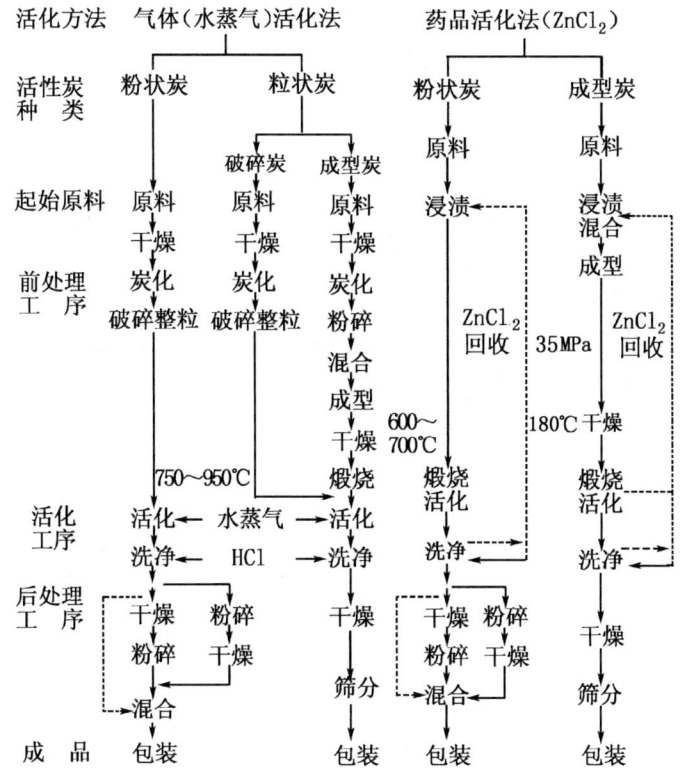

图 14-1 各种活性炭制造法工艺过程

阶段：

第一阶段，在 400℃ 以下，发生脱水、脱酸等一次分解反应，而—O—结合还残存。

第二阶段，在 400~700℃ 温度范围内，—O—结合被破坏，氧以 H_2O、CO、CO_2 等形式析出，而芳香族核间的结合开始形成，挥发组分大大减少，而到 700℃ 几乎降为零。

第三阶段，脱氢反应。芳香族核间大量产生直接结合，随着芳香族核的融合能够见到发达的二维平面结构，同时由于芳香族核结合上"—CH_2—"形成三维立体结构。经过这样的过程，不论原料的长链分子或是芳香族分子最终大都成为缩合芳环平面状分子的交叉联结结构。

由于在炭化进程中的差异，所用的硬质原料可分为软质炭及硬质炭两种。所谓软质炭系在炭化时，于 350~500℃ 会发生熔融，而硬质炭则不发生熔融。如沥青炭、聚氯乙烯树脂等属于软质炭，这种炭在炭化时升温速度要小。褐煤、椰壳、纤维素和酚醛树脂等属于硬质炭。

常用的炭化炉有两种类型，一种类型是堆积法、蜂巢炉等间歇操作设备，它们的结构简单、成本较低、容易制造，一般还广为采用；另一种类型有外热式卧式螺旋移动床炉、内流式流动床、流动输送床、回转搅拌多段炉等大型连续装置，由于操作条件能精确控制，所得炭的质量均匀，但设备比较复杂，制造成本较高。

(2) 活化。活化过程是气体活化剂在高温下和原料炭作用，使炭的孔隙结构逐渐发达起来的过程。这是使炭具有活性的关键过程。活化过程一般产生以下三种作用。

①清除焦油等非组织碳，使原来堵塞着的孔隙开放、畅通。这是在活化条件下，高温和气体活化剂共同作用的结果，一般当质量减少率在10%以内时，主要发生这一作用。

②某些部位有选择性地活化，并生成新的孔隙。气体活化剂和原料炭的活化反应，不是在原料炭颗粒表面上均匀地进行的，而仅仅在反应能力强的活性部位上才能够发生。处于活性部位上的碳原子的化合价由于没有达到饱和状态，它和气体活性剂反应结果，生成气态物从母体上剥离下来，导致母体上又生成新的活性部位，继而又和气体活化剂反应。这种活化反应不断进行的结果就生成新的孔隙。

③原有的孔隙在活化过程中不断逐渐扩大。活化反应既发生在原料炭颗粒的外表面，也在孔隙内表面上进行，在孔隙内表面不断进行活化反应结果，使孔隙逐渐变大，有时还会发生相邻孔隙之间的孔壁消失，形成更大的孔隙。

使用的活化剂虽然有水蒸气、二氧化碳、氧和烟道气等多种氧化性气体，但目前还以高温水蒸气使用最多。在活化时，炭在高温条件下与水蒸气主要发生以下反应：

$$C + H_2O \xrightarrow{\text{高温}} CO + H_2 \quad \text{吸热} \quad (14-1)$$

$$C + 2H_2O \xrightarrow{\text{高温}} CO_2 + 2H_2 \quad \text{吸热} \quad (14-2)$$

$$C + CO_2 \xrightarrow{\text{高温}} 2CO \quad \text{吸热} \quad (14-3)$$

$$2CO + O_2 \xrightarrow{\text{高温}} 2CO_2 \quad \text{放热} \quad (14-4)$$

$$C + O_2 \xrightarrow{\text{高温}} O_2 \quad \text{放热} \quad (14-5)$$

$$2C + O_2 \xrightarrow{\text{高温}} 2CO \quad \text{放热} \quad (14-6)$$

通常反应温度为800～1000℃，至于最合适的活化温度和时间，应根据原料的品种及数量而定。

活化过程一般存在两个阶段，第一阶段为质量减少率在10%以内，未参加构造的碳被选择地消耗掉，从而使结晶体间被闭锁的微孔开放；第二阶段，结晶体的碳被消耗掉一些，原有的细孔扩大，相邻微孔间壁完全烧失而形成较大一些的细孔。活化度也可用质量减少率来衡量，当质量减少率小于50%时，通常得到以微孔为主体的活性炭；质量减少率超过75%时，大多得到以粗孔为主体的活性炭，介于50%～75%的为混合型孔结构的活性炭。

实际上，也不是所有的木炭都能制得合乎规格的活性炭，原料炭的品种至关重要。例如，质地坚硬的某些木炭，常适合于制造气体吸附剂、催化剂及催化剂载体用的定型与不定型颗粒炭，而脱色型的活性炭则多采用松木炭为原料。

虽然活性首先决定于原料的比表面积、微孔结构以及所含无机物的种类和多少，但炭经过含氧气体活化后所得的活性也与所用的活化剂种类有关，而且原料的煤化程度越高，活性越差。

原料炭性质不同，活化难易程度也不同。木质炭的孔隙结构比煤质炭发达，活化剂容易扩散到颗粒内部进行活化反应。所以，木质炭比煤质炭容易活化。木质炭的灰分含量低，通常小于2%。主要成分是K、Na、Ca等碱或碱土金属化合物；而煤质炭的灰分含量较高，一般大于 10%，灰分的组成以 Si、Al 等金属化合物为主。此外，活化前如果用酸、水洗涤的方法降低原料炭中的灰分含量，有利于制造微孔发达的活性炭；向原料中添加某些化学药品，可以促进随后的活化作用。

由于活化过程中，活化温度及活化时间都会对制得活性炭的孔结构及比表面积大小产生影响，所以应根据活化剂种类及原料炭性质而加以正确选择。表 14-3 示出了以果壳炭为原料生产的维尼纶催化剂载体的质量指标。

表 14-3 维尼纶催化剂载体活性炭质量指标

项 目	指 标	
	椰壳活性炭	杏核活性炭
粒度，%		
>0.7mm	≤0.5	≤0.5
0.589～0.351mm	≥82	≥82
<0.295mm	≤3	≤3
平均粒径，mm	0.44～0.49	0.44～0.49
强度（球磨法），%	≥70	≥70
充填密度，g/cm^3	0.40～0.47	0.37～0.43
最小流动化速度，cm/s	9～12.5	9～12.5
着火点，℃	≥450	≥450
乙酸吸附量，mg/g	≥500	≥500
乙酸锌吸附量，g/100mL	≥7	≥6
干燥减量，%	≤3	≤3
pH 值	5～7.5	5～7.5

活化工序所采用的活化炉可根据原料、活性炭种类、用途和生产规模等来选择。常用的活化炉有外热式固定床间歇操作活化炉、底部燃烧式二段流动活化炉、搅动流动床流化炉、附设燃烧炉内流式流动活化炉以及移动床和流动移动床活化炉等。

2. 药品活化法

药品活化法也称为化学法，它是将化学药品加到原料里，同时进行炭的活化。通常采用未经炭化的低煤化度的原料，如木材、泥煤、果核和麦秆等作为原料。活化剂有氯化锌、磷酸、硫化钾、硫酸、氯化钙或其他混合液，但工业上主要用氯化锌、磷酸及硫化钾等三种。而且根据其特性，几乎都用来生产粉状活性炭。

添加氯化锌后，由于氯化锌吸水性很强，可以使原料中的氢和氧主要以水蒸气的形式放出来，而不是以碳氢化合物或含氧有机物的形式放出来。这样既可形成多孔性构造发达的活性炭，又能避免活性炭表面上覆盖一层焦油状有机物而降低活性炭的质量。另外，这种方法还可以降低炭化及活化温度（约 600～700℃）。

药品活化法的工艺过程如图 14-1 所示。在木屑、泥煤、果核等原料中加入 0.5～4 倍的浓氯化锌溶液进行浸透后，将其送入回转炉里与空气接触，于 600～700℃进行炭化、活化，$ZnCl_2$ 进行回收，活化后的产品除去酸、氯化物后经湿式粉碎、干燥即得到粉状活性炭产品。

通常将浸渍原料在捏和机里捏和，使木屑组织破坏并呈暗褐色黏稠物。浸渍比［氯化锌（以无水计）与干原料之比］是衡量活化度的一个尺度。浸渍比较小时微孔数增加，浸渍比较大时，较大直径的细孔数增加，但细孔以至总细孔容积却减少。

药品活化法与气体活化法相比，碳的收率较高，原料碳的固定率对粉状炭为80%，对粒状炭为60%～70%。其成品在溶剂回收、液相吸附、特别是用于着色溶液的脱色性能较好。

用氯化锌法生产活性炭时，可以通过改变锌与木屑比例和采用不同的工艺过程，调节活性炭的孔径分布及孔结构，从而生产多种不同用途的产品。表14-4示出了用水蒸气作活化剂的气体活化法制得的活性炭，与以氯化锌为活化剂的药品活化法制得的活性炭的性能差别。氯化锌法活性炭常用于液相吸附，特别是对糖液的吸附效果特别好。

药品活化法的主要缺点是各工序产生的酸性气体，特别是氯化氢气体会腐蚀设备及污染环境；同时，药品活化剂回收不完全，高价的氯化锌不易全部回收；生产比较复杂，产品成本较高。由于这些原因，目前活性炭的制造还是以采用气体活化法的为多。

表14-4　水蒸气法与氯化锌法制得的活性炭在物化性质上的差别

项　目	水蒸气法活性炭	氯化锌法活性炭
结构	在氧化性溶液中分解慢	在氧化性溶液中分解快
比表面积，m²/g	700～1600	700～1800
孔径分布	介孔较少	介孔较多
孔隙主体	以微孔为主	有较多的介孔
微孔，%	60～90	32～63
过渡孔，%	7～5	51～20
大孔，%	30～16	17
吸附特性	对碘吸附力大，液相吸附速度慢	对碘吸附力小，液相吸附速度快
过滤性	不易成细粉	容易成细粉

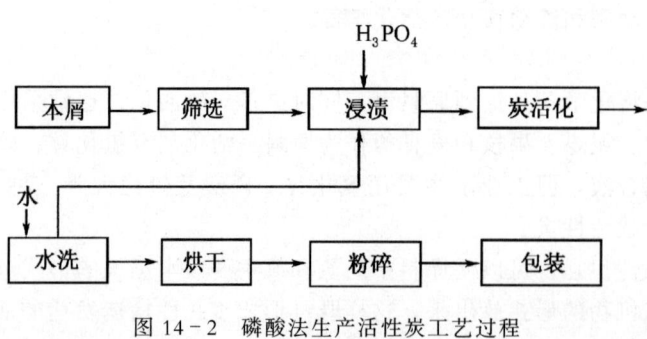

图14-2　磷酸法生产活性炭工艺过程

针对采用氯化锌作活化剂的药品活化法的这些缺点，采用磷酸作活化剂的药品活化法能避免上述缺点，它与普通的$ZnCl_2$活化法及水蒸气活化法相比，具有活性炭制造成本低、设备腐蚀小、活性炭中有害杂质少、脱色力强、品质均匀等优点。国外一些国家生产活性炭是以磷酸法为主，我国还处于发展阶段。下面介绍磷酸法生产活性炭的工艺过程（图14-2）[113-115]。

先将晒干的木屑筛选至4～20目，放入浸渍池，然后用配制好的磷酸液浸渍36～48h，捞起后放入炭化炉进行炭活化，一次性的活化温度为450～550℃，时间1～2h。活化好的炭经水洗涤回收磷酸并洗至pH为5～6。滤掉水后经200℃左右烘干，再经粉碎至一定粒度后即制成产品。

活性炭的质量好坏与磷酸浓度关系较大。当磷酸浓度为20%时，活性炭的吸着力为50%左右；而当浓度为40%时，吸着力增至150%。一般采用磷酸浓度为25%~35%。木屑量与浸渍液量以1:3~5为适宜。

磷酸在炭活化炉中随温度升高而发生下述变化：

$$O_2 + 2H_3PO_4 \underset{\triangle}{\overset{150\sim 200℃}{\rightleftharpoons}} H_4P_2O_7 + H_2O \quad (14-7)$$

$$H_4P_2O_7 \underset{\triangle}{\overset{300℃}{\rightleftharpoons}} 2HPO_3 + H_2O \quad (14-8)$$

磷酸在变成焦磷酸过程中，失去水分而逐渐变稠，最后沾在表层和底层炭的表面，使炭结块，这种炭的吸着力最好。而处于中间层的炭由于表面所沾结的焦磷酸量少，呈疏松状态，吸着力比表层和底层的稍差。此外，在浸渍液中添加1%左右的硫酸时，既可调节浸渍液的pH值，而且还可提高炭的活化效果。

3. 高比表面积活性炭的制备

由于对活性炭品种上的特殊要求，可采用上面所说的药品活化法与气体活化法并用的方法来制造催化剂载体炭及其他微粒化炭所要求的高表面积活性炭。例如，将低煤化度的原料先用浓度为1000g/L的氯化锌溶液浸渍，在450~750℃煅烧，制成颗粒状，得到的产品假密度为320~370g/L，用水洗去氯化锌，然后再用1%的氢氧化钾溶液洗涤。而后再在流化状态下用水蒸气在800~1000℃下活化15~20min，就可制得高活性载体，松密度为220~320g/L，比表面积可高达2200~3600m²/g。

又如，日本关西热化学株式会社开发的高比表面积活性炭是以石油焦为原料，对炭材按质量比加1~5倍的氢氧化钾溶液（含水约15%），充分混合后先在300~500℃低温脱水，再经600~800℃高温活化。活化后经水洗除去碱性组分后干燥而制得。其制备过程如图14-3所示。

```
石油焦 ┐    低温脱水        高温活化
      ├→ (300~500℃) → (600~800℃) → 水洗 → 干燥 → 制品
KOH   ┘
```

图14-3 高比表面积法生产活性炭工艺过程

用这种方法制得的活性炭商品名为MAXSORB，其物性如表14-5所示。粉状品活性炭的比表面积为2800~3200m²/g。

表14-5 MAXSORB活性炭的一般物性[114]

项目 \ 形状	粉状炭	颗粒炭
比表面积，m²/g	2800~3200	1800~2200
孔体积，mL/g	1.5~2.0	1.0~1.3
溴吸附量，mg/g	2400~3200	1800~2200
亚甲基蓝吸附量，mg/g	400~600	250~400
密度，g/mL	0.25~0.35	0.25~0.40
粒度	10~50μm	φ1.5mm，φ4.0mm

14.3.2 制炭理论与非碳组分对活性炭的影响

自发表第一个制造活性炭的专利到现在,活性炭的生产史已有近百年,但目前仍有许多问题不能从理论上完全解释清楚。首先是炭的结构问题,过去一般认为焦炭、木炭和活性炭都是无定形炭,但 XRD 法研究表明,很多所谓无定形物质都具有微结晶的特征,无定形炭也具有结晶的平面,碳原子按正六边形格子排列,每个碳原子占一角并与另外三个碳原子共价结合,微晶的大小受炭化温度及原料组成与结构影响。活性炭中 C—C 之间的距离为 $0.139 \sim 0.141 nm$,苯为 $0.139 nm$,石墨为 $0.142 nm$。所以有人认为活性炭的结构是由一种芳环和正六边形环组成的具有 $5 \sim 15$ 层的微结晶,与石墨相似(图 5-18),其平均平面宽度为 $2.0 \sim 2.5 nm$,但每层之间的空间与石墨不同,石墨为 $0.335 nm$,而活性炭则在 $0.35 \sim 0.37 nm$ 之间变化。而有人则认为活性炭是一种复杂的导电性有机物,由正六边形、芳环,更多的则是由杂环的骨架互相连接而成,就好像酚醛树脂那样。

微结晶的形成可能有不同的途径。在热分解过程中,最初的有机物可以被烧掉而重新组成热稳定的正六边形芳核结构,也可能先生成适当的核,以后正六边形格子逐渐增长,烃类物质可以黏结微结晶以形成葡萄串样的二次结构,而二次结构中微晶的大小、形态排列方式,将影响到炭的性质和吸附性能[116-118]。

也有些人认为,炭化是聚合过程,包括脱氢脱水而形成双键,一些双键进一步加热而形成芳烃,少量芳烃被包围在大量杂环结构之中,在 700℃炭化时结晶平面层生长加快,因此微结晶的大小决定于炭化温度。一般炭化温度在 $400 \sim 700℃$ 范围内,但也需根据原料特点及产品用途而定。

活性炭的活化过程是一个造孔过程。造孔是通过将微晶之间碳素等物质通过化学反应而去掉(或称烧掉)而实现的。随着活化过程加深,炭的得率逐渐下降,而炭的活性和比表面积则逐渐增加。水蒸气活化需要较高的温度,制得的炭微孔较为发达。药品活化则可以在较低的温度下进行,形成的微孔孔径较大。药品活化可能存在两种不同的方式,一种方式是烧掉和去除剩余的烃类物质和微晶的边缘以形成大孔($>10 nm$),这时大孔就是微结晶之间的间隙;另一种方式是烧掉微结晶内各平面层之间的连结物质以形成小孔($0.5 \sim 1.0 nm$)。

在制备上述高比表面积活性炭(MAXSORB)时,对其活化机理的了解也不甚透彻,而从活化过程发生的反应推断为:

$$2KOH \longrightarrow K_2O + H_2O \tag{14-9}$$

$$C + H_2O \longrightarrow H_2 + CO \tag{14-10}$$

$$CO + H_2O \longrightarrow H_2 + CO_2 \tag{14-11}$$

$$K_2O + CO_2 \longrightarrow K_2CO_3 \tag{14-12}$$

$$K_2O + H_2 \longrightarrow 2K + H_2O \tag{14-13}$$

$$K_2O + C \longrightarrow 2K + CO \tag{14-14}$$

式(14-9)的脱水反应在 500℃ 下发生,式(14-10)、式(14-11)的水煤气及变换反应可能是因钾的氧化物存在下被催化。由于产生的 CO_2 基本上按式(14-12)反应生成了碳酸钾,结果产生的气体富含氢,并含有少量 CO、CO_2、甲烷及焦油状物质。

当 800℃ 进行活化时,金属钾(沸点 762℃)析出,这是经式(14-13)及式(14-14)的反应,钾的化合物被 H_2 或 C 还原。因此在 800℃ 的温度下,金属 K 蒸气大量地挤进碳层，从而起着活化作用。

氯化锌法制活性炭，其氯化锌起浸胀脱水作用，一般在加热过程发生，加热温度在 150~200℃之间，也就是在浸渍原料炭化的前期。这一期间浸渍料经浸胀脱水作用成为黏结性的塑化料。制造粒状炭就是利用这一特性，用机械加工制取成型颗粒状活性炭。在活化造孔阶段，其活化温度和活化时间二者对浸渍原料所起的作用也很大，其中氯化锌的理化性质尤为重要。氯化锌加热温度与氯化锌蒸气压的关系是 482℃时蒸气压 0.133kPa，500℃时蒸气压 1.33kPa，610℃时蒸气压 13.3kPa，639℃时蒸气压 53.2kPa，730℃时蒸气压 101kPa。为了防止氯化锌逸出造成危害和增加耗量，加热温度采用 500~600℃，这时氯化锌气化小，又能制造适用孔径的活性炭。

用氯化锌法制造活性炭时，在 540℃会产生大量气体，在 600~650℃温度下进行活化往往只能得到大孔结构的活性炭。因此，如果想要得到微孔结构，就需要提高炭化温度，但当活化温度超过 650℃时焦油气会溶解在炭中，出不来就堵塞了孔隙，因此反而降低了活性炭的质量，所以氯化锌法通常只能得到大孔结构的活性炭。

无机盐和非碳组分的存在会影响活性炭的性质，这一点是公认的，而且它们的作用在炭化与活化两个阶段也是有差别的，但其作用机理还待作进一步研究。

灰分对载体炭的品质是一项重要指标，但文献的看法不一致。以合成乙酸乙烯酯的催化剂载体为例，朝鲜规定一级品含灰分不超过 10%，法国标准不超过 6%，日本则定为 2% 以下，Monsanto（孟山都）公司的专利，用水蒸气处理沥青炭，虽然灰分高达 23%，可是在合成乙酸乙烯酯时，乙酸的转化率仍然很高[116]。因此不能只从灰分的多少来衡量炭的质量，而需要看灰分的组成与结构，其他像 Fe、S 等成分对载体炭的质量也有影响。

14.4　炭分子筛的制法

炭分子筛又称分子筛炭，是 20 世纪 60 年代发展起来的新型吸附剂和非极性多孔性材料，它具有接近分子的超微孔，其孔径分布均匀，可将大小不同的分子按孔径大小进行选择分离，能够筛分分子，故得名。与具有同样分子筛效应的沸石分子筛比较，炭分子筛的耐热性、耐化学腐蚀性及表面疏水性更为优良。

活性炭虽也是非极性多孔材料，但其孔径一般为 1~3nm，且孔径分布范围较宽，不能显示出 1nm 以下分子筛的作用。炭分子筛的制备原料与活性炭相近，也有像活性炭一样的疏水性，但具 1nm 以下的发达微孔、孔径大小一致、分布狭窄，能显示出分子筛筛分分子的作用。

用于制造炭分子筛的原料很多，如木材、锯屑、椰壳、煤、石油残渣、石油沥青和偏二氯乙烯等都可用来制取炭分子筛。但制备时必须严格控制其孔径大小，不然就起不到筛分作用。

目前制备炭分子筛有下述几种方法。

(1) 热分解法。这是以木材、果壳、煤或合成树脂等为原料，在惰性气体中于适宜的热分解条件下进行炭化，制得具有分子筛作用的炭分子筛。

(2) 气体活化法。此法是将含细孔结构的炭化物，用 H_2O、CO_2 或空气等气体在较缓和条件下缓慢地活化，在低烧失率情况下制得炭分子筛。其中活化程度的控制十分重要，活化不充分，其分子筛效果就较差，吸附容量也较低。活化过分，吸附容量增加，但分子筛作用劣化。

（3）热收缩法。此法是将含细孔结构的炭素材料（活性炭、焦炭等），在惰性气体中于1200～1800℃下高温煅烧，使炭素材料发生孔收缩而制成炭分子筛。例如，将聚偏二氯乙烯炭化物用 CO_2 气体活化后，在 1700℃下煅烧可得到对苯和环己烷有分子筛作用的产品。

（4）覆盖法。这是以多孔炭素材料为原料，浸以树脂或焦油之类的高分子物质后再经加热处理，使热分解炭覆盖于孔壁上，以减少孔的直径。如活性炭浸渍各种黏合剂和调节孔径用的糠醇后热处理，可制成孔径为 0.4～0.6nm 的炭分子筛。

（5）蒸发吸附法。此法是以多孔炭素材料为原料，在 400～900℃下与含苯、甲苯、乙烯等碳氢化合物的惰性气体接触数分钟至数十分钟，使碳氢化合物的热分解炭蒸发附着于孔壁上，可使孔径缩小制得炭分子筛。这种方法可以减少孔隙直径而尽量不减少其孔隙容积。

除了上述方法外，还可采用以上两种方法相结合的制备法。以下为炭分子筛制备示例。

14.4.1 原料选择

制备炭分子筛的原料有煤、黏结剂、氮气及碳氢化合物等。

烟煤本身有较好的黏结性、良好的微孔结构与疏水性和一定程度的非极性吸附性能，是制取炭分子的适合原料。但应选用固定碳含量高且挥发分适中的烟煤，灰分则越低越好。黏结性差的煤不易找到合适的黏合剂而保证成型物的机械强度。

用作烟煤黏结剂的有羧甲基纤维素、焦油、沥青及其衍生物等，可根据产品用途进行选用。

氮气是一种惰性气体，除氮以外制取孔径在 1nm 以下的炭分子筛还可使用氩、氦、二氧化碳等惰性气体介质。为保证炭分子筛质量，氮气纯度应在 99%以上。

碳氢化合物可以用苯、甲苯或焦油等，主要用来在炭化后对炭分子筛进行均孔处理。

14.4.2 制备方法

1. 混料

先将烟煤研磨至约 $70\mu m$ 细度，按一定比例与煤焦油混合均匀，适时成型成一定尺寸的圆柱体（如 $\phi 3\times 5mm$）。为增加炭分子筛的抗压强度还可在混料时加入少量沥青。如果要更进一步提高强度还可在第一次挤压成型后，再将成型物粉碎，进行第二次挤压成型。

2. 预热

将成型好的圆柱体放入加热炉中在 200℃下预加热 15～30min。加热速度应控制在不发生裂纹，使颗粒内部构造趋于致密。

3. 炭化

将圆柱体放入转炉中于 600～900℃下进行炭化。为防止氧化，在炭化时要通入氮气保护。炭化结束后继续通入氮气，直至 300℃以下时停止供氮。炭化是对干燥炭成型物进行加热干馏的过程。在此过程中，烟煤中的挥发分大部分被脱除，成型过程中加入的黏结剂也随之分解除去。由于挥发分逸出，在圆柱体内部产生初级孔隙，为活化阶段形成较大的孔体积提供了条件。此外，由于隔绝氧气加热，烟煤中的沥青质析出，使炭化后的颗粒具有更高的机械强度。炭化质量主要与炭化终温、升温速度、通氮量和终温恒温时间四个因素有关。

4. 均孔及活化

将炭化后的圆柱体放入苯、煤焦油及特定的碳氢化合物溶液中浸渍，边浸渍边搅拌，浸渍 30min 后取出甩干。然后放入转炉中在 700～950℃下通入氮气进行高温活化处理。

炭分子筛的均孔有气相均孔、液相均孔及固相均孔等方法。这里采用的是液相均孔法。

将圆柱体用苯溶剂浸渍后,苯的液层最少厚度为 33×10^{-9}nm,它首先浸透到氧氮分离的超微孔中,因此可以在不减少超微孔容量的条件下,堵塞或分开煤焦油及其他碳化物所形成的不必要的孔隙,从而调整炭分子筛的孔径。

活化是形成炭分子筛结构的关键步骤,烟煤在惰性气体中进行高温处理时,其微孔体系变化包括两个步骤,即开启封闭孔和扩大可纳入气体分子的孔径。在一定条件下,较大的空腔可收缩成缝隙,并使该缝隙的宽度约等于气体分子的动力学直径,从而可以夹住或纳入一定大小的气体分子。产品的活化质量与活化终温、恒温时间、通氮量及升温速度等因素有关。

炭分子筛主要是作为变压吸附法的气体分离、精制用吸附剂,可从空气制造高纯氮。也被用于异构和正构丁烷的分离,从天然气除去 CO_2 等。尤可用于普通分子筛不能分离的、环己烷等烃类与苯的分离。这是由于炭分子筛具有狭缝型的孔,可将平面分子的苯和非平面分子的环己烷分离。此外还可用作择形催化剂及载体。

14.5 活性炭的微晶结构

关于活性炭的微晶结构研究很多,一些研究者对研究结果的看法也不完全一致。图 14-4 是活性炭的 X 射线衍射图形示例。可以看出,这相当于石墨晶体的 (002) (004) (100) (110) 面的衍射角进行标绘的衍射线。活性炭的微晶结构有点像石墨晶粒不规则聚集的结果,每个碳原子与相邻的三个碳原子结合起来形成一个层状分子。

石墨的晶体结构可参见图 5-18。活性炭的结构并没有像石墨那样完全规则地排列。有些研究者根据 X 射线的分析提出两种活性炭的结构模型,一种结构模型认为活性炭是由基本微晶构成,其二维平面结构与石墨相似。例如,它们是由成六角形排列的碳原子的平行层片所组成,但是结构和石墨有所不同,平行的片状体对于他们的共同垂直轴并不是完全定向的,一层对另一层的角位移是紊乱的,各层是不规则地互相重叠的,层数大约为 5~15 层。这种排列称作乱层

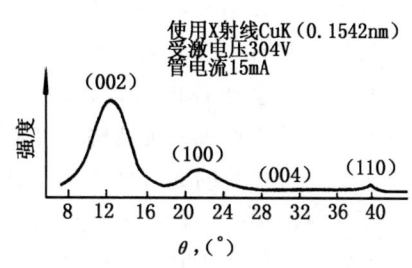

图 14-4 活性炭的 X 射线衍射图

结构(图 14-5),基本微晶的相对方位是完全紊乱的。它们的大小主要取决于炭化温度,而基本微晶大约由三个平行的石墨层的片状体组成,其直径约为一个碳的六角体的宽度的 9 倍左右。

另一种结构模型认为,活性炭是碳六边形呈不规则地交叉连结而构成的空间格子,其石墨层平面呈整层歪扭状态。这种结构可能由于含有杂质原子,首先是含氧原子而变得稳定。在用含氧较高的原料所制得的炭中容易发现这种结构。

对聚偏二氯乙烯在 1000℃下热解制得的炭进行 X 射线研究表明,炭中有 65% 的碳成石墨的层状排列,石墨层的平均直径为 1.6nm。其余的碳是非常紊乱的,55% 的石墨层成对地组合成平行的片状体,片状体的间距为 0.37nm。

根据对煤、焦炭、蔗糖、聚偏二氯乙烯、聚氯乙烯等不同碳素物料制得的活性炭进行 X 射线分析研究表明,可将除金刚石以外的所有碳素物料分成两类:石墨型的和非石墨型的。

所谓石墨型结构又称易石墨化结构。其基本微晶排列得比较有规则,在石墨化处理时,

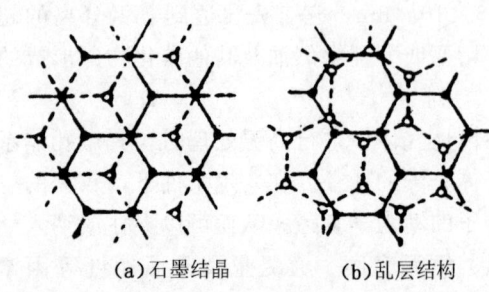

图 14-5 石墨结构和微晶质碳的乱层结构之对比
(a) 石墨结晶　(b) 乱层结构

温度升至高温时,其结构可以转化为石墨。因此,这类炭可以作为人造石墨的原料,如某些炭黑有这种结构;氯化锌法活性炭结构中也有部分结构为这一类型。

非石墨型结构又称难石墨化结构。其基本微晶的排列杂乱无章,相互之间形成很多空隙,在石墨化处理时,即使温度升高到 2000℃ 以上也不能转化为石墨,绝大多数活性炭、木炭为这种结构。图 14-6 示出了石墨型结构与非石墨型结构的结晶模型。

一般碳素材料在高于 1000℃ 的高温下产生石墨化时,首先是消耗非有机碳,而在 1000~2000℃ 的温度范围内则是用来增加基本微晶中的石墨层的宽度。聚偏二氯乙烯在 1000℃ 炭化后,含有约 35% 的非有机碳,它的石墨层的直径接近于 1.6nm,在加热到 2000℃ 以后,非有机碳低于 10%,层的直径增加到 2.2nm。在这个温度范围内,基本微晶的高度,即平行的石墨层的数目变化很小。当所有的非有机碳都已消耗,使石墨层的直径增长时,进一

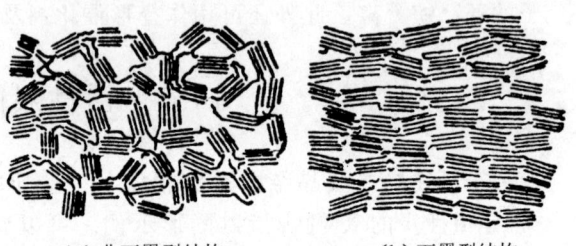

(a) 非石墨型结构　(b) 石墨型结构

图 14-6 石墨型结构与非石墨型结构的结晶模型

步升高温度,会使各层的直径以及平行的层的数目,即微晶的高度增大。但即使在高于 3000℃ 下也并不形成三维结构。可是聚氯乙烯的情况却相反,它即使在低得多的温度下被制成炭,其平行层片的数目增加得很快。这两种现象意味着聚偏二氯乙烯是一种非石墨型材料,而聚氯乙烯是一种石墨型材料,后者也就形成一种石墨型结构。

X 射线小角度散射的分析也表明,这两种碳素材料的结构是不同的。聚偏二氯乙烯在最初炭化时,在邻近的定向紊乱的基本微晶之间发生强烈的交联,结果形成一种硬的、固定的材料。产生的这种炭是硬的,显示出很发达的微孔结构,甚至在很高的温度下也保持这种结构。最大的石墨层的直径不超过 7nm,一个基本微晶中平行的层片的数目最多是 12。而聚氯乙烯是石墨型材料,其基本微晶从炭化开始就是易变动的,它们之间的交联是较弱的。用这种材料制得的炭比较软,它的孔隙结构不发达,包含有较大数量的平行的石墨层的微晶趋向于定向成彼此平行。这是因为当非有机碳已被消耗时,微晶的成长可能继续在整个的层上增长,或者甚至在几组的层上增长,而不是增加个别的原子或一小组原子。因此,微晶接近于平行的相互定向,能促使微晶的大小随着温度的升高而增长,这也是石墨化作用的有利因素。

初始原料中,当有氧存在或氢不足时,会增加形成微晶之间有强烈交联的非石墨型结构的可能性。聚偏二氯乙烯的化学计量式可以写成 $(C_2H_2Cl_2)_n$,所含的氢在炭化时只足以放出气态的氯化氢,炭化时能得到孔隙很多的炭。而聚氯乙烯的化学计量式为 $(C_2H_3Cl)_n$,其所含氢要比氯多,在热解时就形成相当数量的焦油。这样,在温度达到 450℃ 时,炭化产品保持黏稠的性质,而形成一种紧密的、很容易石墨化的结构。此外,在对许多天然及合成

物料进行的研究表明,热解时过量的氧会妨碍一个基本微晶中平行的石墨层数目的增长。

另外一些研究则表明,活性炭的微晶增长与热处理的温度有关,图14-7表示活性炭微晶的层状分子与煅烧温度的关系。

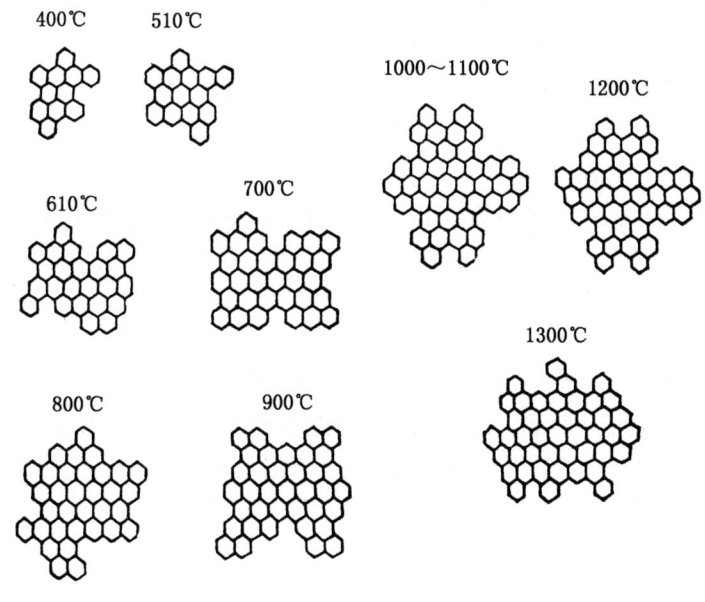

图14-7 微晶晶面大小与煅烧温度的关系

14.6 活性炭的细孔结构

活性炭具有发达的细孔结构,它的孔径范围可以是 $11 \sim 10^4$ nm,由于这些细孔提供巨大的表面积而使得活性炭具有特殊的吸附及催化性能。

虽然目前对活性炭的亚微结构(比显微结构更细的结构)还不完全明白,但是可大致认为,在活化过程中,基本微晶之间的空间清除了各种含碳化合物和非有机碳,也从基本微晶的石墨层除去部分碳,而形成大量孔隙。此外,大量形状不规则的粒子互相连接成的网状结构也是形成孔隙的一个原因。

活性炭细孔的存在可以由下面的事实所证实:

(1) 活性炭具有很强的吸附蒸气及液体的能力。例如,100g 活性炭可以吸附 $60 \sim 70$ g 的四氯化碳;

(2) 通常,活性炭粒子的孔体积和用氦置换法所测定的实际孔体积相差很大;

(3) 脱附的活性炭粒子,在加压下可以压入汞;

(4) 吸附时的等温吸附线与脱附时的等温吸附线不一致,这是活性炭内存在微细毛细管的有力证据。通常,凝聚性蒸气从活性炭上脱附时,可以显示出这种滞后现象;

(5) 由于活性炭存在巨大的比表面积,显然它必然存在很大的内表面,这种内表面往往是由微细的毛细管群所贡献。

对活性炭的孔隙结构研究表明,有些孔隙为口小、孔腔大,类似一个入口的墨水瓶;有的是两口呈串球形、孔径较大;也有的呈毛细孔状的孔隙,两端都是开口或有一端封闭;也有一些孔隙,在两个平面之间或多或少呈规则形状的裂口,如V形等其他形状。这些微孔的形状往往与初始原料及活化方法有关。

以前,将活性炭的细孔结构按大小分成两类,一类是微孔结构,是活性炭活性的主要源地,吸附时主要利用这类结构所提供的表面积,微孔结构主要是在制备活性炭的活化过程中形成的;另一类是相对来讲比较大的毛细管,称为大孔结构,这类孔对活性炭的比表面积并不产生多大影响,只是起着上述细孔的通道口的作用而已。大孔主要是在制造活性炭时的粉碎及聚结等过程中产生的。但目前对活性炭细孔结构的分类倾向于将它分为三类:微孔、过渡孔(也称中孔或介孔)及大孔。

微孔是这样一些小孔,它在吸附等温线上相当于滞后回线开始时的相对压力下系完全被充满,即意味着在这些细孔中不发生毛细凝聚,微孔的有效半径约低于 $1.8 \sim 2$ nm,其大小数量级相当于分子。对于不同的活性炭,微孔体积大约为 $0.15 \sim 0.90$ mL/g,但它们的比表面积可能占总比表面积的95%。

过渡孔是那些能发生毛细凝聚而使液化的被吸附物形成弯液面的孔隙。这种现象通常使得在等温吸附线上产生滞后回线。过渡孔的大小是在有效半径从约 2nm 到 $50 \sim 100$ nm 的范围。过渡孔的体积通常为 $0.02 \sim 0.10$ mL/g,它们的比表面积一般不超过活性炭总表面积的5%。但是,采用特殊的方法也可以制出过渡孔非常发达的活性炭,这时过渡孔的体积可达 0.5mL/g、表面积达 $200 m^2/g$ 或更高。

一般说来,活性炭的结构中通常都包含有微孔、过渡孔及大孔,而且孔径分布往往随初始原料及制造方法而有所不同,图 14-8 示出了几种活性炭的孔径分布曲线的例子。

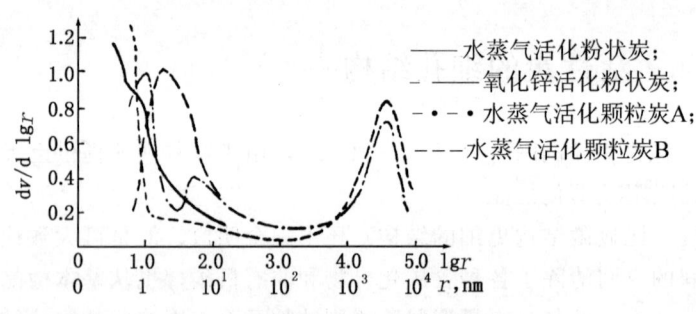

图 14-8 几种活性炭的孔径分布曲线

活性炭的这三类孔中每一类都有其特殊的功能。对吸附来说,最重要的是微孔。由于它们有很大的比表面积及孔体积,也就相当大的程度上决定其有特种的吸附能力。过渡孔的功用是作为被吸附物质到微孔的通道,而它在足够高的压力下的吸附作用是按毛细凝聚的机理将蒸汽吸附在过渡孔中。大孔的表面积不大,所以它对吸附能力影响不大,大孔的重要性主要是它能使被吸附物的分子迅速地进入位于活性炭粒子更深的内层细孔。因为活性炭的细孔结构主要是按下面的方式排列:大孔直接向粒子的外表面开口,过渡孔从大孔分支,而微孔又从过渡孔分支。另一方面,大孔的存在也会在某种程度上降低活性炭的密度,而较大的孔作为催化剂的沉积地方也可能是重要的。

活性炭的细孔结构也可以根据毛细管凝聚理论及 Kelvin 方程来计算。描述孔半径 r 的 Kelvin 方程如式(4-17)所示。当活性炭吸附水蒸气时,因 σ、$\bar{V}$、$\cos\phi$、R 及 T 一定,所以式(4-17)可以简化成:

$$D = 2r = -\frac{1}{B \cdot \ln(p/p_0)} \tag{14-15}$$

或写成:

$$\frac{1}{D} = \frac{1}{2r} = -B \cdot \ln(p/p_0) \qquad (14-16)$$

式中　D——活性炭的细孔直径；

　　　B——常数。

从上式可以看出，活性炭的细孔直径与相对压力$\left(\dfrac{p}{p_0}\right)$的自然对数有关。当$\dfrac{p}{p_0}$的比例增加时，即当$\left(\dfrac{p}{p_0}\right)$超过0.99时，$\ln\left(\dfrac{p}{p_0}\right)$及$\left(\dfrac{1}{D}\right)$就接近于零。因此，$D$就接近于$\infty$，这样就使测定细孔直径的精确度下降。所以用Kelvin方程来计算细孔直径时，对于大于200nm以上的孔的计算，就难以保证其精确度。

因此，对于活性炭的大孔可以用压汞法来测定。测定的孔径可以适用到10^4nm的范围。实际上，在这样的孔径下，汞在常压下就可进到活性炭的孔道中。

14.7　活性炭的表面化学结构

通常，活性炭中总含有两类物质，一种是化学结合的元素，首先是氧和氢，它们是从初始原料中带入的，在不完全炭化或活化时就和表面以化学键相结合，因而残留在活性炭的结构中；另一种是灰分，它不是产品的有机部分。

灰分的含量及组成因活性炭的种类变化很大，表14-6示出了一些原料炭的工业分析结果。当然，不同的原料，其分析结果会有所差异。这些原料炭中，除灰分以外，还含有不少其他成分，例如，以椰子壳制备的活性炭除含有灰分外，还含有大约1/1000的钾、铝、硅、钠和铁的氧化物，少量的镁、钙、硼、铜、银和锡以及微量的锂、铷、锶和铅等。随着最初的原料炭化和活化程度的加深，在这个处理过程中，碳素被除去，因而灰分的相对含量增大了。

表14-6　一些原料炭的工业分析结果

项目 原料	水分,%	灰分,%	挥发分,%	固定碳,%
椰壳炭	—	2.0	15.0	83.0
棕榈核炭	—	4.0	16.0	80.0
木屑炭	15.8	1.7	19.8	62.7
橡胶木炭	—	5.0	13.0	82.0
石油焦	1.0	2.2	6.5	90.3
石油沥青	4.3	0.2	61.3	34.2

从溶液中吸附电解质和非电解质时，会发现少量的灰分对活性炭的吸附特性产生影响。而在水蒸气活化时，灰分可能存在催化效果，铁和其他组分在碳素物料同二氧化碳的反应中有强烈的催化作用。

活性炭的吸附能力受表面性质及吸附质性质的影响。它的吸附机理与溶液中类似的组分可以互相溶解这一情况有些相类似，也即极性表面可以有效地吸附带极性的吸附质。

极性化合物以阳离子及阴离子的形式存在，它们易受电场的影响。大多数无机化合物是属于这一类性质的化合物，而某些分子具有非对称结构的有机化合物也属于极性化合物。

纯炭的表面应该是非极性的，但在实际上炭中总存在若干 C—O 络合物，所以使表面往往带有某种极性。例如，以植物为原料制得的木质炭对不饱和有机化合物及染料等极性物质的吸附，可以判断出这种极性表面的存在。此外，活性炭所含的灰分会影响对气体的吸附，也可以从极性物质如二氧化硫、水蒸气及乙酸等观察到吸着和灰分存在的关系。吸着的增加可以用这种事实来解释，即灰分使活性炭的基本结构产生缺陷，在这个缺陷上氧被化学吸着并由此导致增加对极性物质的吸着。

到目前为止，活性炭表面的极性还没有比较满意的方法能定量地加以测定。而且在实际上炭中总存在若干 C—O 络合物，所以使表面往往带有某种极性。因为目前还没有满意的方法可以定量地测定这种表面极性，而且实际情况也似乎与上面所说的有些矛盾。因为事实上，活性炭对无机电解质并不是优良的吸附剂。因为 1g 活性炭具有很高的比表面积，它与带极性的硅胶相比，可以吸附更多的芳烃化合物及不饱和脂肪族化合物。可是硅胶的吸附情况有明显的选择性，也即它吸附不饱和化合物的能力要比吸附饱和化合物的能力强得多。这种现象在活性炭上却没有，所以，这似乎意味着它应该存在 C═C（双键）极性。

在活性炭表面上，除了存在 C—O 络合物以外，也存在 H、N、S 及卤素等络合物，只是含量比 C—O 络合物要少而已。而 C—O 表面氧化物的存在不但对于表面硫化物、表面氮化物等的形成产生影响，而且对于活性炭上进行的氧化反应、卤代反应，活性炭的吸附性能以及电学性质都会发生影响。

活性炭中存在的氢和氧是以化学键和碳原子相结合，这和灰分不同，是形成活性炭化学结构的有机部分。所以也有人认为，氧和氢的原子是活性炭具有良好的吸着性质的重要成分，这种物料的表面被认为是在一些点上被含氧化合物所改变的碳氢化合物表面。

人们对活性炭中的氧要比对氢引起更大的注意，这是因为初始原料中的氧对活性炭的基本微晶的排列和大小有显著影响。用氧含量较高的原料制得的活性炭，平行的石墨层之间的距离要明显地减小。但对活性炭中的氧引起更大兴趣的主要原因在于氧和其他物质产生表面结合的重要性。因为这种氧对于活性炭对水蒸气和其他极性的或容易极化的气体和蒸气的吸附力、对于它们贮存期间引起的老化、对于它们的耐温性质以及对于它们对电解质溶液和一定程度的对非电解质的吸附性质等都会产生重大影响。

活性炭上产生的表面氧化物的种类及数量不但受活性炭的表面积、孔径分布及灰分含量的影响，而且也与制备时的温度有关。根据一些研究者用稀水溶液进行酸、碱吸附研究表明，活性炭的表面氧化物可能存在两种主要类型。这两种表面氧化物在许多性质上，在他们和酸及碱的反应性上和当它们加热到高温时形成气态的碳的氧化物的性质上都是各不相同的。在 300～800℃（主要在 400～500℃）范围内，主要生成酸性表面氧化物，它具有离子交换能力，在 1000℃下会发生分解。在 800～1000℃的范围内，则生成也具有离子交换性的碱性表面氧化物，其中也存在一个过渡阶段，形成混合性氧化物，如图 14-9 所示[12]。采用红外光谱法、极谱法、核磁共振等分析测试方法也能测得活性炭表面氧化物的存在。此外，从一些物理、化学分析测试表明，活性炭中还存在羧基［图 14-10（a）］、酚羟基［图 14-10（b）］及醌型羰基［图 14-10（c）］；同时还发现有酯［图 14-10（d）］、荧光素型内酯［图 14-10（e）］、羧酸酐［图 14-10（f）］及环状过氧化物［图 14-10（g）］等：

有些研究者也提出用固体表面多相性理论来解释活性炭的表面化学结构。认为在活性炭中的氧、氢和其他杂质原子相结合时，这些原子的化学价没有被周围碳原子的交互作用所完全饱和，因此它们的反应性是较大的。类似地，晶格缺陷位置上的碳原子，例如，在扭歪的或不完整的碳的六角体中的碳原子，有更大的反应性，因而趋向于和氧、氢及其他元素结合以降低它们的势能。这些能量较大的碳原子也会产生其他的影响：如它们和邻近的基本微晶互相结合以使它们的剩余的价饱和；它们和炭化过程中的热分解产物相结合；当遇到高温时，在由于扩散而杂质集中的地方它们能形成中心；它们可能为吸附水、氨和其他极性物质的分子提供位置等。

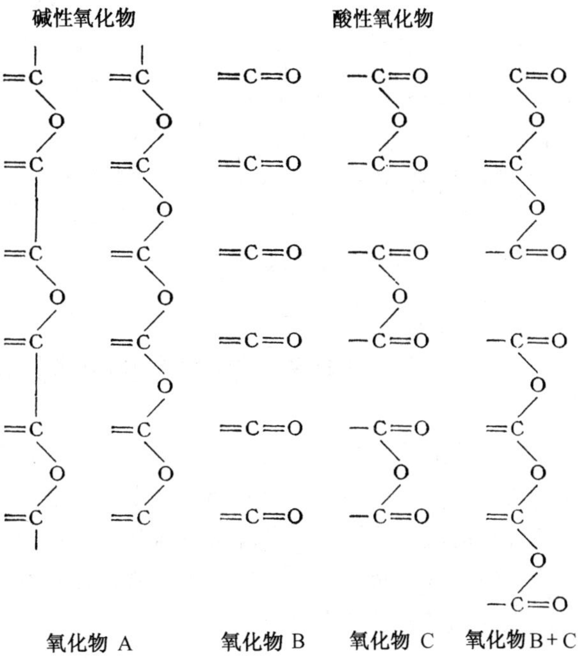

在不同条件下制得的活性炭还可

图 14-9 活性炭的表面氧化物

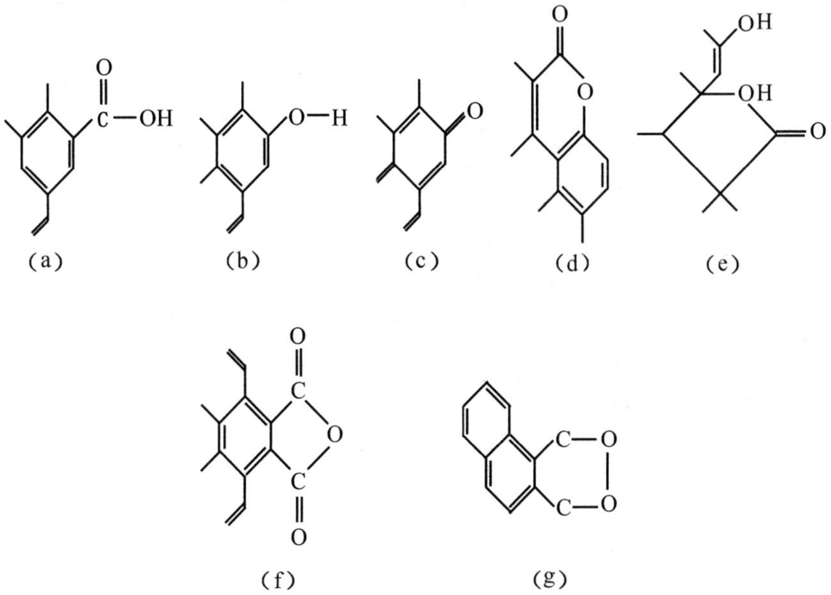

图 14-10 活性炭中存在的结构及氧化物

能存在少量的含氮、含氯和含硫基团。例如，通过含氮有机原料制得或经含氮化合物处理过的多孔炭材料中存在着少量氮原子，它们以类吡啶的形式存在。例如，由聚丙烯腈纤维制得的活性炭的表面原子结构如图 14-11 所示：

含氮基团对烃类脱氯化氢、过氧化氢的分解以及对苯二酚氧化成对苯二酯等反应都具有

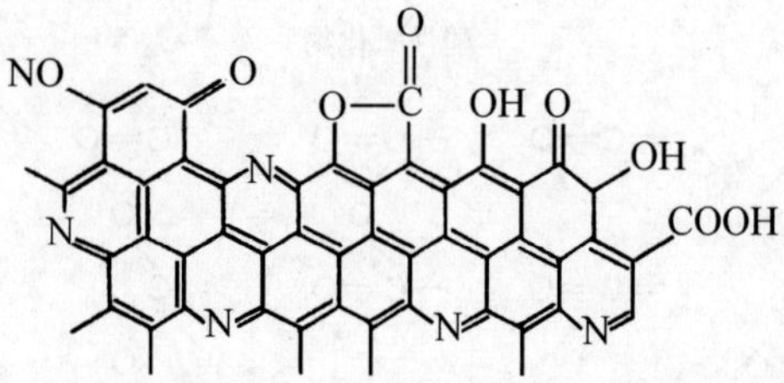

明显的催化活性。

活性炭中存在的上述各种基团，使其表面呈微弱的酸性、碱性、氧化性、还原性、亲水性及疏水性等多种性质。这些完全对立的性能不同程度地影响着载体与活性组分的结合能力，进而影响所制得催化剂的活性及选择性。

图 14-11 活性炭的表面原子结构

14.8 活性炭的吸附性质及吸附机理

如上所述，活性炭的吸附特性主要来源于它具有的很大的比表面积及发达的细孔结构，活性炭之所以用作很多催化剂的载体，也基于这种特性。

活性炭的吸附特性往往表现出下面几个方面的特点：(1) 容易吸附临界温度及沸点较高的物质；(2) 容易吸附分子链较长的物质；(3) 有利于低温下进行吸附；(4) 相对来说，蒸气压较大的物质容易被吸附。

表 14-7 示出了各种气体在活性炭上的吸附量与相对分子质量、沸点及临界温度的关系。

表 14-7 活性炭气体吸附量与分子量、沸点及临界温度的关系

物　　质	活性炭的吸附量，mL/g (15℃)	沸　点 ℃	临界温度 ℃	相对分子质量
$COCl_2$	440	8	183	99
SO_2	380	-10	157.2	64
CH_3Cl	277	-24	143	50.5
NH_3	181	-33	132	17
H_2S	99	-62	100	34
HCl	72	-85	52	36.5
N_2O	54	-90	35.4	44
C_2H_2	49	-84	36	26
CO_2	48	-78.5	30.9	44
CH_4	16	-161.4	-82.5	16
CO	9	-190	-140	28
O_2	8	-183	-118.8	32
N_2	8	-195.9	-146	28
H_2	5	-252.9	-239.9	2

活性炭对溶剂中的溶质分子的吸附性能对于以活性炭作载体的催化剂的制备具有很重要的意义。在这种情况下，不仅在需要吸附的溶质分子和活性炭表面之间存在着作用力，而且不需要吸附的其他溶质分子和活性炭表面之间也存在着作用力。也就是说，需要吸附的溶质

分子和不需要吸附的溶质分子之间产生竞争吸附,这种吸附现象显然要比气相吸附复杂得多。

对于用活性炭进行水溶液中有机酸的吸附研究表明,对于 0.01～0.25mol/L 浓度的溶液,它服从 Freundlich 等温吸附式,即

$$V = kC^{1/n} \tag{14-17}$$

式中　V——单位吸附剂的吸附量,mol/g;

　　　C——平衡溶液浓度,mol/L;

　　　k、$1/n$——常数,可由表 14-8 决定。

但应注意,上面这种考虑方法对于溶解度较小的溶质来讲,已满足实用上的要求,而对于溶解度较大的情况,例如可以自由混合的两种液体,这样的考虑就显得简单一些,处理起来就要复杂得多。

虽然活性炭已广泛用作吸附剂,其使用也由来已久,但关于活性炭的吸附机理到现在为止也没有完全统一的看法。但是至少这一点是共同的,即活性炭的吸附过程是在活性炭所具有的极大的表面上进行的。所以表面张力及表面能对这种吸附具有很大影响。如前所述,固体吸附气体或蒸气分子的吸附能力除与吸附质的压力有关外,主要与固体表面自由力场的大小有关,而自由力场又与固体的比表面积、孔结构及表面化学性质有关。而且,活性炭表面配合物的存在,使得活性炭表面存在各种有机官能团形式的氧化物及碳氢化合物,它们的存在对于活性炭与吸附质分子发生化学作用有关。

表 14-8　有机酸的吸附性

名　称	k	$1/n$	名　称	k	$1/n$
甲　酸	2.47	0.435	丙二酸	3.88	0.410
乙　酸	2.46	0.351	丁二酸	2.83	0.303
丙　酸	2.46	0.236	戊二酸	1.96	0.201
正丁酸	2.46	0.177	己二酸	1.79	0.163
正戊酸	2.84	0.182	酒石酸	0.94	0.275
己　酸	3.03	0.175	马来酸	1.90	0.203
异丁酸	2.36	0.273	富马酸	2.81	0.248
异戊酸	2.51	0.227	甲基反丁烯酸	1.80	0.133
乙二醇	1.54	0.390	柠康酸	1.69	0.167
乳　酸	1.66	0.335	衣康酸	1.54	0.148
甘油酸	1.29	0.267	甲基丁二酸	1.30	0.172
乙醛酸	3.89	0.455	柠檬酸	0.73	0.203
丙酮酸	2.44	0.273	一溴代丁二酸	1.82	0.195
乙酰丙酸	1.83	0.183	二溴代丁二酸	2.58	0.320
草　酸	3.62	0.551	苹果酸	1.28	0.252

活性炭吸附其他物质的能力,也类似具有分子筛分这种效能,因为从立体效应来考虑,任何分子都不能通过比分子临界直径更小的孔,所以活性炭的细孔分布中,凡是孔径小于分

子临界直径的孔，一样不能使吸附质的分子通过。所以，活性炭也具有能根据吸附质的特性及分子大小，筛分那些比细孔径大的吸附质分子。

图 14-12 示出了溶剂中两种吸附质分子在吸附剂表面上，进行互相竞争吸附的机理。因为，无论是细孔或吸附质分子都可能具有不规则形状，加上分子运动效应，就使大分子不能进入细孔中，而只有小于细孔孔径的分子才能自由进入细孔中。而且，越是小的分子往往更富于移动性，运动也激烈，所以它比大分子优先扩散，也就以更快的速度进入细孔中。在实际操作中也可以发现，活性炭的吸附具有这种选择性。

现在也已能制备出具有分子筛性质的特殊活性炭，即只能吸附较大量的小于一定尺寸的分子的活性炭。例如用聚偏二氯乙烯或亚乙烯基氯和氯乙烯的共聚物（通称萨冉树脂）经热分解就可制得这种活性炭。用这种方法制得的活性炭，在将气体混合物按它们的分子大小分离出各种组分时，显示出非常显著的分子筛效果，其分离效率几乎可与分子筛相当。这种活性炭的大部分的吸附选择性明显地是由于或者是因孔隙较窄，超过一定大小的分子不能被他们吸附，或者是孔隙虽然足够大，但是因孔呈墨水瓶状使得进口较窄，也不能使超过一定大小的分子被吸进去。

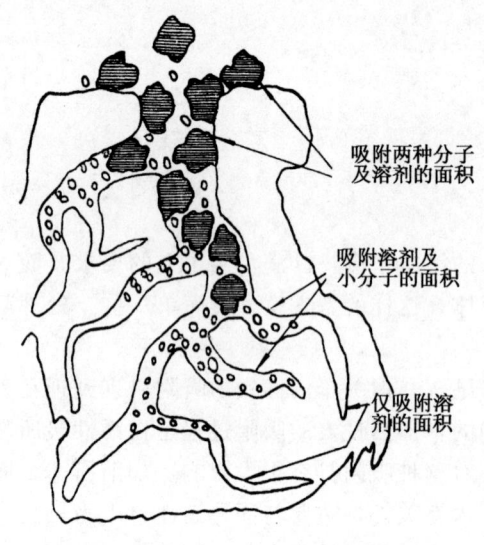

图 14-12 活性炭筛分分子的机理

14.9　活性炭作催化剂载体的应用

活性炭用作高效吸附剂是大家所熟知的，在控制空气污染时，它可以从非常稀薄的气流中除去一些有害杂质。活性炭用作催化剂及催化剂载体也是由来已久的。在用作载体时，其作用大致可分为以下几点[119-121]。

14.9.1　提供活性组分分散场地

催化剂的活性除与活性组分的化学组成有关外，活性组分的分散及在载体中的局部分布也很重要。昂贵的金属分散在更大的载体表面上可增加其作用，同时也改善其力学性质。在某些情况下，高分散的活性相能通过其在载体表面上的沉积而更趋稳定，也给反应物提供更多的吸附点，高度分散的活性组分其抗烧结失活的能力也会提高。例如未分散的费—托合成催化剂与活性组分均匀分散的催化剂相比，更容易失去活性。

活性炭具有很高的比表面积，一般活性炭可达 1000～2000m^2/g，而上述 MAXSORB 的比表面积可超出 3000m^2/g。从而为活性组分的高度分散提供场所。

14.9.2　提供合适的孔结构

如前所述，载体的孔大小及其分布会直接影响多相催化反应物的扩散速度、颗粒内温度梯度、反应选择性以及催化剂的积炭及中毒特征等。在活性炭制备时，通过原料选择、活化介质、活化温度等条件调整可在一定程度上控制制品的比表面积、孔结构和孔径分布。特别是可通过采用特种原料、适当的炭化活化条件、高温热处理使孔收缩或通过浸渍及气相沉积炭使孔结构均匀变小等方法制造的炭分子筛或多孔炭材料，可作为择形催化剂载体发挥作用。例如，在合成聚合物时，通过交联剂或致孔剂的选择可合成具有较大孔结构和比表面积的共聚物。这类前体中所具有的较大孔隙经炭化活化后可保留在最终的多孔炭制品中。平均孔大小在 30nm 的各向同性硬质炭可由磺化苯乙烯—二乙烯基苯形成的网状结构共聚物在氮气中炭化至 1200℃的方法来制取。

14.9.3 具有酸碱催化作用

活性炭由于含有较多的微晶，故在表面处于棱面边缘的碳原子较多，具有较高的反应性，易与其他元素反应形成表面化学结构的化学物种，通常主要是与氧形成各种含氧基团。此外微晶中还含有大量不饱和价，具有类似晶体缺陷的催化活性。尤其当表面含有羧基、酚羟基等酸性基团时更能呈现出固体酸碱催化作用。

14.9.4 与活性组分协同作用

活性炭上负载微量过渡金属，特别是第Ⅷ族金属时，与单独用金属相比其可逆吸附的氢量会增加数十倍。这一现象就是前述的溢流现象，是在金属表面活化解离的氢从金属表面溢出而移至炭表面上的一种现象。这时，活性炭的自由基表面官能团等作为受氢体而起作用；反之，在炭上吸附的从烃类脱离出的氢原子可移至负载的活性金属上，成为氢分子脱离的逆溢流现象。这被看做是金属催化剂和活性炭之间的协同作用。烷烃脱氢时，活性炭负载过渡金属后其活性大大增加，也可作为利用逆溢流现象的例子。可利用其脱氢活性来供给脱硫反应的氢源。如载 MoS_2 的活性炭只要有少量氢共存，噻吩的脱硫量就会与供氢的十氢化萘的脱氢量一致，供给的氢差不多全能回收。又如，载 Pd 的活性炭添加 Cu 后可成为空气直接氧化乙烯或乙醛的良好催化剂。活性炭使 Pd（0）氧化成 Pd（Ⅱ），可能与 Pd－Cu 系催化剂中的 Cu（Ⅱ）有类似作用，也是载体协同作用的例子。

14.9.5 择形催化作用

如上所述，用特殊原料及加工方法制取的多孔材料炭或炭分子筛具有择形催化作用。当这些炭材料的孔径分布均匀且微孔孔径在 0.3～1.2nm 的狭窄范围，被吸附分子大小与其相接近时，就能起到分子筛的作用。例如，将 1%Pt 载在这类炭材料上，用 1－丁烯与 3－甲基－1－丁烯进行竞争加氢时，由于支链烯烃不能与载体孔隙内的 Pt 接触，故 3－甲基－1－丁烯基本上不转化而 1－丁烯可进行加氢。如将 Pt 载在一般活性炭上则两者均能加氢。将这种择形载体制成的催化剂用于费—托合成时，可直接合成链长符合汽油要求的烃类化合物。

14.9.6 用作均相催化剂的负载化载体

近年来，均相催化剂的负载化研究受到广泛关注，其中杂多酸作为一种兼具酸性和氧化—还原性的多功能催化剂引起人们极大重视，而杂多酸的有效负载化将为其应用开辟广阔前景。活性炭由于具有高的比表面积、化学稳定性、高度发达的孔结构以及众多的表面含氧基团，因此对杂多酸有很强的亲和力。因此，对活性炭进行稍为改性后，将杂多酸负载在活性炭上，可以实现均相反应的多相化。

研究表明，活性炭对杂多酸的吸附及负载化作用的本质并非微孔作用，主要是由活性炭表面含氧基团的作用所致。而且表面酸性基团不利于杂多酸的吸附，这是因为酸性含氧基团电离形成的负电荷对杂多酸阴离子具有库仑排斥作用；活性炭表面的碱性 C═O 结构有利于杂多酸的吸附。这是由于 C═O 能够结合氢离子，从而形成对杂多酸阴离子的库仑吸引力。

14.10 活性炭性能的高功能化

早期的活性炭多是从果壳、果核、木材、煤、焦油及沥青等经炭化和活化后制成。多用于脱色、除臭、精制及催化等工业领域，产品形状多数为粉状，其次为颗粒状，也即所谓第一代和第二代产品。这些传统产品主要存在以下两个缺点。

（1）机械强度较差，即使是颗粒状产品，在使用过程中由于反复装卸及再生时，颗粒易被外力磨损或破损而变成粉状，从而增加流体阻力，降低吸附效率。

（2）孔径分布不均匀，传统的活性炭的孔隙结构是一种分布很宽的分散体系，即同时存在微孔、过渡孔（中孔）及大孔，其中以中孔居多，其次是大孔，微孔甚少。微孔的有效孔半径小于 2nm，具有吸附能力或起着分子筛作用的微孔体积一般只有 0.2～0.9mL/g。而大孔与中孔一般起着粗、细吸附通道作用。这种孔隙结构使人们对活性炭吸附机制的认识主要局限于物理吸附方面，认为活性炭是一种典型的非极性吸附剂，吸附作用首先在势能最高的细微孔中进行，进而扩大到势能较低的粗微孔中进行。待粗、细微孔的容积被充满后，吸附作用才逐渐转移到过渡孔部位，继而在大孔的表面上发生，最后构成连续的单分子或多分子层，直至过渡孔容积全部被充满，整个吸附过程也就结束。

随着科技的进步及发展，需要对活性炭的吸附机制及氧化还原等功能进行更深入的探讨，同时满足一些新领域的特殊要求，促使活性炭品种的更新换代及性能的高功能化。有关这方面的进展简述如下。

14.10.1 多孔炭材料

这是指具有丰富孔隙结构的炭材料，可由合成树脂、聚合物溶液及炭黑为原料制得。例如将平均粒径为 8～200nm 的炭黑混合分散于热固性黏结剂（如聚糠醇）中，然后挤条或压片，再在惰性气体中炭化，通过球形炭黑粒子堆积形成主要是 2～20nm 的中孔和大于 20nm 的大孔。孔大小与所用炭黑的平均粒径有关。如果用两种或三种不同平均粒径的炭黑来制造，还制得孔大小按双峰或三峰分布的多孔炭材料。这种多孔炭材料特别适于在有大分子参与的催化反应中作载体，例如用在石油和煤的衍生物的催化加氢处理中。此外，将沥青或聚合物溶液与能和它们均匀相溶的稀土类金属配合物或含有机金属化合物的聚合物形成复合体，再经不熔化、炭化和活化也可制得中孔率达 90% 的多孔炭载体。

由于多孔炭材料对某些化学反应具有明显的催化活性，同时它们与金属活性组分具有弱的相互作用，加之其成本低，比表面积和孔大小及其分布均可控制，所以无论是作为催化剂或催化剂载体都显示出潜在的应用前景。

14.10.2 活性炭纤维

活性炭纤维又称纤维状活性炭。最早的活性炭纤维是将粉状活性炭直接黏附在某些纤维上，但在使用过程中，黏附的活性炭粉容易脱落，而且吸附效率还不如传统的粉状活性炭。以后采用天然的或化学纤维直接炭化、活化制得真正的纤维状产品，被认为是第三代活性炭。

制造活性炭纤维的原料有天然纤维（如棉花、木棉和麻等）、矿物纤维（如沥青炭纤维）及合成纤维（如聚丙烯腈、尼龙等）。一般用合成纤维制取活性炭纤维的得率较高，但制造工艺比较复杂、成本较高，而以矿物纤维为原料的制取工艺较为简单，得率也较高，而且产品性能也不错。

活性炭纤维一般不具大孔和中孔，其微孔有效半径小于2nm，而且孔径分布狭窄、大小尺寸均匀。在制取过程中还可根据使用要求，调节比表面积及细孔结构，最大比表面积可达$2500m^2/g$。还可采用不同加工处理方法制取具有特殊性能的活性炭纤维。例如，将含氮聚丙烯腈纤维或浸渍含氮耐熔溶剂的粘胶纤维，在氮气氛中高温活化处理后所得到的活性炭纤维具有较强的耐热、耐化学及耐辐射性能，特别对二氧化硫、硫化氢、丁硫醇等硫化物具有较强的吸附能力，其吸附量比传统的颗粒活性炭要高十几至数十倍。

活性炭纤维不仅是良好的吸附剂，也是很好的催化剂载体。有关这方面的用途将在第二十二章中介绍。

14.10.3 超细活性炭

这是以合成树脂为原料制得的均质活性炭，粒径小于$20\mu m$，比表面积可高达$2500m^2/g$。它对高浓度的有机溶剂进行吸附后，解吸速度很快。主要用作黑色液体充填剂、吸附剂，也用作催化剂载体。

14.10.4 蜂窝状活性炭

这是由高纯活性炭材料加入黏合剂经成型制得。具有外表面积大、开孔率高、机械强度大、透气压力损失小、吸附及解吸速度快等特点，具有良好的耐水、耐震及耐化学腐蚀性。主要用于复印机和静电收集或空气净化器的臭氧分解、臭氧杀菌氧化装置，干洗器排放臭氧的处理以及用作催化剂载体等。

14.10.5 片状活性炭

这是先将有透气孔的材料（如聚氨酯泡沫片）用胶结材料浸渍，再将吸附性能优良的活性炭黏附在其上面，经成型及干燥后制成高功能异型活性炭制品。它质轻、易加工，具有良好的透气性和形状稳定性，而且与被吸附物接触面大、吸附速率高。主要用于水处理装置、防毒面具、家用及医用脱臭剂以及高级包装材料等。

14.10.6 微球活性炭

指直径为数十微米至几毫米，具有外表均匀球形的活性炭，这类活性炭表面光滑、形状规整、比表面积大、力学强度高、耐磨损、耐腐蚀，具有优良的物理力学性能及吸附性能，近年来广泛用于环境保护、能源、催化剂载体、生物医学及电子等领域，用作催化剂载体时，既可用于固定床，也可用于流化床。用于固定床时，填充均匀、流体阻力小；用于流化床时，流化状态好、磨耗低。

按制备微球活性炭的原料不同，可分为煤基、高分子基及沥青基微球活性炭。其中以煤基沥青、石油系渣油及沥青为原料较为多见。但要求沥青软化点为150～250℃。软化点过低，沥青中所含低沸点组分较多，成球后易引起球体破裂；软化点过高，由于难熔融，黏结性较差，难以成球。此外还要求高碳含量（85%～87%），低杂质及低杂原子（小于1%）。因此，常需对石油系渣油及沥青进行加氢、氧化、催化改性、热致或溶致改性等方法，除去杂质和杂原子，提高其软化点。

以各向同性沥青为原料制备的普通型微球活性炭的制备工艺流程如图14-13所示：

在制备工艺中，根据成球方法不同，又可分为以下四种方法。

（1）介质分散法。将粉碎成细粒的沥青与添加剂（如萘、二苯醚、联苯等），在高于沥青软化点的温度下高速搅拌混合，使物料均匀混合，然后将此混合物滴入与沥青不互溶的分散介质中，经分散散热而冷却成球。经用适宜的溶剂提取后，形成不熔化沥青球，再经炭化及活化处理，制得微球活性炭。

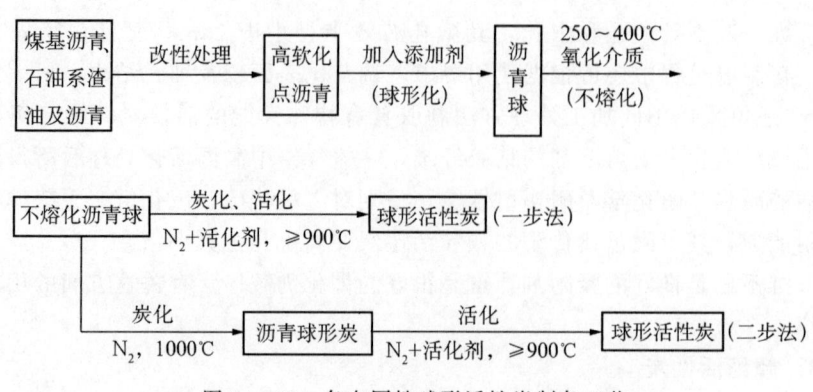

图 14-13　各向同性球形活性炭制备工艺

(2) 喷雾法。将溶化沥青在一定压力下经喷嘴喷入惰性气氛介质（如氮气）中，雾化成不同大小的液滴，液滴在介质中借助表面张力的作用，使之成为具有不同粒度分布的微球，然后进行炭化、活化处理，制成沥青微球活性炭。

(3) 反相乳液法。将沥青细碎后，加入一定量浓硫酸，加热（40℃）搅拌混合，再滴入适量浓硝酸进行酸煮。反应结束后加水稀释，再加入氢氧化钠进行碱化，搅匀后静止分离，对滤液用盐酸中和，制得水溶性沥青。然后以这种水溶性沥青混合液作为分散相，与此混合液不混溶的油性溶剂作为连续相。再将混合液倒入 80℃ 的油性溶剂中，高速搅拌，经离心分离、烘干，得到球形沥青。再经预氧化、炭化和活化处理，就可制得沥青球形活性炭。

(4) 压条成球法。在沥青中加入含量为 5%～50% 的添加剂（如萘、甲基萘、二苯醚、菲和联苯等），经均匀混合后加热熔融喷挤成长条状物料，再将细条切成长径比为 1∶5 的短条料。然后将短条放入水温保持在混合物软化点之上的热水中，使短条料熔融，也利用其表面张力使之形成球形颗粒，然后除去其中的添加剂，再经不溶化、炭化、活化处理制得沥青球形活性炭，用这种方法获得的制品，其颗粒直径比上述几种方法要大一些。

14.10.7　中间相沥青基活性炭[169]

所谓中间相是纯有机化合物、高分子化合物或沥青、重质油之类的混合物在经液相炭化的过程中出现的缩合多环芳烃分子堆叠取向的中间体，或指这种状态。它是在研究煤的炭化过程时发现的，故有时也将中间相称为碳质中间相。含中间相的沥青用偏光显微镜评价时是呈现光学各向异性的结构，故也称为各向异性沥青，相对的，不具有中间相成分的则称为各向同性沥青。中间相沥青可由沥青经热致改性、溶致改性、加氢等方法制得。

中间相沥青因具有层状结构，通过高温处理容易石墨化，是重要的炭材料之一。如将石油沥青及石油精制渣油、煤焦油沥青在 350～500℃ 下加热处理，在低相对分子质量成分挥发的同时，碳—碳键被切断，生成光学各向异性的沥青液晶，将这一液晶合并成连续相的中间相沥青，经熔融纺丝后，可得到芳香环沿纤维轴方向择优取向的沥青纤维。经空气氧化不熔化、惰性气体中炭化即可制得中间相沥青基炭纤维。它比聚丙烯腈基炭纤维具有更高模量、高导热率、低热膨胀率，是优良的宇航用增强材料。

而中间相沥青基球形活性炭具有良好的球形度、比表面积大、耐磨损、强度好、有优良的吸附、脱附性能，是优良的储能材料及吸附剂。由于它在固定床装填中具有良好的流体力学性能，床层压降低，特别适用作催化剂载体。制备中间相沥青基微球活性炭的方法有热缩聚法、悬浮法及乳液法等方法。

(1) 热缩聚法。将石油渣油或煤基沥青经精制后，在氮气保护下加热升温至 350～

450℃，经恒温一定时间，使原料发生一系列热缩聚反应形成含中间相单质微球沥青。然后加入喹啉或四氢呋喃溶剂，经搅拌热溶、离心分离或热过滤得到单质沥青微球。最后，经氧化不熔化、炭化和活化处理而制得中间基沥青基微球。

（2）悬浮法。将含有95％以上可溶性中间相的沥青细碎后，溶于有机溶剂中，再加入适量表面活性剂、水或其他溶剂制成悬浮液，在一定温度下强烈搅拌，使中间相沥青成球。然后加热除去有机溶剂，经冷却、过滤得到中间相沥青微球。再在低于300℃的空气中氧化，生成中间相氧化微球，经炭化、活化后制得中间相沥青基活性炭微球。

（3）乳液法。将含有95％以上中间相的沥青经粉碎倒入高温硅油中，经加热搅拌形成乳液，中间相沥青颗粒在高于其软化点温度下呈液态，与硅油形成低黏度液态分散胶体，由于表面张力作用而成球形，经冷却后得到中间相小球的悬浮液，通过离心分离、过滤等方法从硅油中分离出中间相沥青微球，随后，进行氧化、炭化和活化处理而可制得中间相沥青基活性炭微球。

在上述制备方法中，氧化处理是使沥青发生氧化、脱氢、交联及环化等反应，释出CO、CO_2、H_2O 及小分子烃类化合物，形成耐热型的氧桥结构，以使在炭化过程中保持球形结构，所用氧化介质有氧气、空气、二氧化氮、二氧化硫及臭氧等。但以使用空气最多，它具有成本低、污染少的好处。

炭化是指氧化后的沥青球在氮气或氩气的惰性气氛中加热升温，便氧化沥青球进一步发生交联、环化、芳构化及缩聚等反应，释出 O、H、N 等碳原子，形成主要由碳元素组成的乱层类石墨结构的球形炭，并进一步提高其球形度和强度。

活化是使球形炭形成丰富多孔结构、高比表面积及含氧官能团的关键工艺过程。活化方法也可分为气体活化法及化学药品活化法。前者以水蒸气、CO_2、烟道气等氧化性介质为活化剂，后者采用碱金属和碱土金属的氢氧化物［如 KOH、NaOH、Ca（OH）$_2$］及强酸（如硫酸、磷酸、硝酸）和氯化物（如 $ZnCl_2$、$CaCl_2$）等为活化剂。

14.10.8 其他成型产品

除上述产品外，还有在活性炭成型技术上借助于精细陶瓷的成型技术，制成适合于各种应用领域所需形状的成型体产品。目前已市售的有圆筒状及圆盘状等产品。

圆筒状产品的内径一般为 $\phi 25\sim 50mm$，高度 $100\sim 300mm$，厚度 $10\sim 25mm$，比表面积可达 $600m^2/g$，孔体积 $0.5\sim 0.6mL/g$。它主要用作吸附过滤器，适用于天然气、焦炉气及水煤气等气体中的无机硫和有机硫的脱除。

圆盘状产品一般直径为 $\phi 6\sim 10mm$、厚 $0.4\sim 1.0mm$，主要用作电极。

第 15 章 硅 胶

15.1 概 述

硅胶是一种多孔性物质，也是重要的无机化工产品。硅胶主要用作吸附剂、干燥剂、填充剂和色谱用载体等。随着石油及石油化工的发展，硅胶已越来越多地用作催化剂及催化剂载体。

硅胶作为一种重要的脱水剂、工业吸附剂及催化剂载体，以其独特的结构表现出以下特点。

(1) 具有很高的对水选择吸附性；

(2) 在控制条件下，可用于对混合组分中一定组分的选择性吸附；

(3) 能快速地吸附，在循环工作条件下可容易而迅速地解吸，且再生技术简单，容易实施；

(4) 吸附机理是纯物理的，在吸附和解吸时不会产生腐蚀、有害气体和液体等；

(5) 具有耐酸性、较高的耐热性（可在 500～600℃下长期反应）和较高的耐磨强度（特别适合于流化床反应）。

(6) 具有较低的表面酸性，可大大降低某些反应物的结焦，也很少与催化剂的焦化形态物质发生作用；

(7) 比表面积较大并具有可控性，特别适用作催化剂载体。

硅胶的基本结构单元是四个氧原子围绕着一个硅原子排列的四面体，如图 15-1 所示：

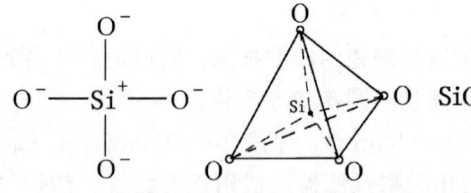

图 15-1 硅胶的基本结构单元

而每个氧原子又与相邻的两个 Si 原子共享，所以从结构上看，SiO_2 只是所有氧原子与指定的四面体及相邻的各个四面体共享的三维空间网中的一个最小单位，在六重配位中，Si^{4+} 阳离子半径为 0.041nm，O^{2-} 阴离子半径为 0.14nm。如果四面体的每个"角"都没有共享，那么每个"角"，即氧原子就形成呈 -1 价的基团。这种结构使 SiO_2 的结合键带有离子型的模式，但实际上 Si—O 键还具有明显的共价，其键距为 0.162nm。根据上述结构模型，由于部分离子特性引起的 SiO_4^{4-} 四面体结构中 Si 原子的保留电荷会被 π 键所削弱，而从共价键的观点看，Si 原子是以四个等价而带有可参与 $p\pi-d\pi$ 键合的 sp^3 杂轨道和氧原子形成共价键。因此，从这种四面体出发，可以有许多种联结方式进而形成不同的结构模型。如果条件合适，就生成不同的晶体，如 α-石英、方石英及鳞石英等。而人工合成的 SiO_2，一般都是无定形的，即是由水合态硅酸脱水凝聚，胶粒互相交联而形成固体的凝胶物。实际上这些胶粒是不透性的粗圆的细粒子，其大小约 10nm 左右，通过搭桥或充填的形式互相联结，形成雷同的孔隙系统。这种结构网络用比表面积、孔体积、孔径及孔分布等数值加以表征，其大小取决于基本结构粒子的大小及联结方式。

无定形硅胶的结构特征受制备条件影响。成胶时的 pH 为酸性时，SiO_2 的胶束很小，凝聚时这些胶束的三维交联引起的堆垛结构就形成极微小的孔隙，无数这些细孔形成了高的比表面积。在 pH 值较大时成胶，并在较高温度下水洗和老化时，则发生 SiO_2 胶束转移，有的合并而增大，有的消失，结果是平均孔径和孔体积增大，而比表面积降低。一般通过调节制备条件可方便地制成表 15-1 所示的三种密度大小的硅胶。

硅胶的另一重要特性是具有表面 OH 基，这是硅凝胶脱水时水不可能脱尽而产生的。这种表面 OH 基与不少基团都能起作用，如 NH_3、SO_2、Cl 等，由此也可观察其吸附特性。在真空下将硅胶加热到 200~500℃ 时，表面 OH 基能脱去一半左右，而要进一步脱 OH 基则很慢，要全部脱去表面 OH，温度需高于 1000℃。

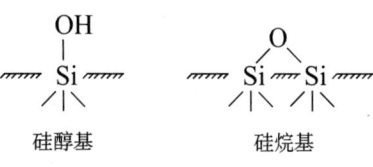

图 15-2　硅胶表面的硅醇基和硅烷基

硅胶中所含的"结合水"是以 OH 基与 SiO_2 基质结合而存在的，表面上可能存在两种类型的基团：硅醇基和硅烷基，如图 15-2 所示：

表 15-1　不同密度的硅胶

类型 性质	常规密度	中密度	低密度
表观密度，g/mL	0.67~0.75	0.35~0.40	0.12~0.17
颗粒密度，g/mL	1.1~1.2	0.65~0.75	—
真密度，g/mL	2.2	2.2	2.2
比表面积，m^2/g	750~800	300~500	100~200
孔体积，mL/g	0.37~0.40	0.90~1.1	1.4~2.0
平均孔径，nm	2.2~2.6	12~16	18~22

15.2　硅溶胶

硅胶是合成的 SiO_2，有别于天然的 SiO_2 如石英、硅石等。合成 SiO_2 又分为水合二氧化硅（又称白炭黑）和胶体二氧化硅——硅胶。以存在的基本形态分，胶体二氧化硅通常分为两类：一类是硅酸溶胶，又称硅溶胶，是一种可均匀分散于水中的硅胶；另一类是硅酸凝胶，又称氧化硅胶，习惯上简称硅胶。

硅溶胶的分子式可用 $SiO_2 \cdot xH_2O$ 表示，是硅酸的多分子聚合物形成的胶体溶液。硅酸聚合物形成的微粒粒径通常为 7~20nm，通过特殊工艺加工可制得更大粒径的硅溶胶。硅酸聚合物微粒可以分散在水中，也可以分散在有机溶剂中，目前工业上应用的硅溶胶大部分是指硅酸水溶胶。

硅溶胶由于具有较大的比表面积和存在硅羟基，因而具有很大的反应活性。硅溶胶的用途很广，除常用作黏合剂、浸渍材料、吸附剂原料等以外，也常用来制备催化剂载体。表 15-2 给出了用作催化剂载体的商品硅溶胶的性质。

硅溶胶的制法很多，有离子交换法、酸中和可溶性硅酸盐法、电渗析法、四氯硅烷水解法、硅粉溶解法及硅凝胶胶溶法等。其中以离子交换法在工业上最为常用。它是将稀释的硅酸钠溶液通过离子交换树脂进行交换后，再经浓缩而制成一定浓度的硅溶胶。

表 15-2　国产催化剂载体用硅溶胶的性能指标

项目	指标
外观	蓝白色半透明液体
相对密度	1.28～1.29
pH 值	9～9.5
SiO_2 含量,%	39.5～41
黏度, Pa·s	10^{-2}
粒径, nm	18～22
钠离子（Na^+）含量,%	0.1
氯离子（Cl^-）含量,%	0.02
硫酸根（SO_4^{2-}）含量,%	0.02
SiO_2/NH_3	265±20

商品硅溶胶通常具有以下性质：

（1）稳定性。硅溶胶是一种半永久性稳定的溶胶，稳定期一般在一年以上。由于胶粒表面具有电性相同的电位，通常使用的碱性硅溶胶胶体粒子的动电位是负的，所以彼此因静电斥力而有排斥作用，使之具有足够的稳定性。硅溶胶在低于 0℃ 的低温下会发生冻结，且有些硅溶胶品种在室温时不能恢复原状。所以，硅溶胶的稳定性受 pH 值、粒子大小及电解质等条件影响。

（2）微粒子性。用电子显微镜能够直接观测到硅溶胶胶粒的大小和形状，其胶粒在 1～100nm 范围内。工业上用得最多的是粒径在 10～20nm，呈球形，无色透明。粒子是非晶质，干燥时在 100℃ 也不结晶。由于粒子很细，因此有很大的比表面积，达到 100～400m^2/g。

（3）低黏度。硅溶胶具有较低的黏度，一般小于 10mPa·s，水能浸透的地方都能浸透，因此与其他物质混合时，其渗透性及分散性都很好。

（4）凝胶性。当硅溶胶水分蒸发后，胶体粒子会牢固地附着在物体凹部，粒子间形成硅氧烷结合，生成凝胶，因此是一种性能很好的黏合剂。硅溶胶干燥后形成硅胶，可通过 SiOH 基吸附水，从而提高润湿性和防止带电。

（5）耐高温。硅溶胶能耐高温，一般能在 1500～1600℃ 之间使用。

由于硅溶胶具有均匀微粒和较大的比表面积，同时易与催化剂活性组分混合，因此用硅溶胶制造催化剂能得到较恒定的比表面积和孔结构，从而具有较高的催化活性。例如，SiO_2 浓度 40% 的硅溶胶已成功地用于生产丙烯腈催化剂的载体。

15.3　硅胶的主要种类

硅胶品种较多，图 15-3 示出了硅胶的主要分类。

$$\text{硅胶}\begin{cases} \text{按合成工艺分}\begin{cases}\text{水合二氧化硅(即白炭黑)}\\ \text{胶体二氧化硅(即硅胶)}\end{cases}\\ \text{按存在形态分}\begin{cases}\text{硅凝胶(习惯称硅胶)}\\ \text{硅溶胶(可均匀分散于水中)}\end{cases}\\ \text{按用途分}\begin{cases}\text{过程干燥硅胶}\\ \text{吸附剂硅胶}\\ \text{催化剂及催化剂载体硅胶}\\ \text{分析用硅胶}\\ \text{包装用硅胶干燥剂}\\ \text{特种专用硅胶}\end{cases}\\ \text{按粒度分}\begin{cases}\text{粉状硅胶(粒度为}n\text{微米至数十微米的细粉、超微细硅胶)}\\ \text{颗粒状硅胶(粒度为0.5~0.8mm的球形或不规则粒形硅胶)}\\ \text{微球形硅胶(粒度为100~1000}\mu m\text{)}\end{cases}\end{cases}$$

图 15-3 硅胶分类

下面为硅胶主要品种分析。

15.3.1 微粉硅胶

这类硅胶多为不规则形状,大小在几微米至几十微米,主要用于食品添加剂、药物添加剂及化妆品。这类产品采用的生产方法是将成胶后的凝胶在洗涤、干燥后再进行各种表面处理及微细化处理,以解决微粒子在介质中的分散问题。作为实例,表15-3给出了世界最大硅胶制造商美国Grace(格雷斯)公司生产的SYLOID®FP牌号微粉硅胶的性能指标。

表 15-3 Grace 公司生产的 SYLOID®FP 牌号微粉硅胶的性能指标

代号 项目	63FP	72FP	74FP	244FP	266FP
平均粒度,μm	9	4	8	4	2
比表面积,m^2/g	675	340	320	310	320
吸油值,g/100g	60	220	200	280	280
堆密度,g/L	465	176	256	112	80
pH值(5%水溶液)	4.3	6.5	6.5	7.0	7.0
灼烧失重(950℃),%	6.5	6.0	6.0	8.5	8.5
平均孔径,mm	2.00×10^{-6}	1.50×10^{-5}	1.5×10^{-5}	2.00×10^{-5}	2.00×10^{-5}
平均孔体积,mL/g	0.4	1.1	1.1	1.5	1.5

15.3.2 颗粒状硅胶

这类硅胶也为不规则形状,大小为0.5~8mm。表15-4给出了Grace公司生产的几种颗粒硅胶的性能指标。这类硅胶主要用于石油炼制及用作高效干燥剂。例如用于气相脱水、天然气干燥、氮干燥、再循环氢干燥、烷基化进料干燥等。

表 15-4 Grace 公司生产的颗粒状硅胶的性能指标

项目	代号	03	40	41	407	12—28
粒度，mm		2.36	1.4~3.3	2~6.7	0.8~2.4	1.4~14
堆密度，g/L		720	720	720	750	705
比表面积，m^2/g		720~760	720~760	720~760	720~760	720~760
孔体积，mL/g		0.43	0.43	0.43	—	—
灼烧损失（950℃），%		6.0	5.5	5.5	5.75	5.75
吸附量 %	RH[①] = 10%	7.7	7.2	7.7	7.5	7.0
	RH = 20%	14.7	13.7	14.7	14.5	13.0
	RH = 40%	27.4	26.5	26.0	26.4	25.01
	RH = 60%	33.0	32.5	32.0	31.9	—
	RH = 80%	35.3	35.3	35.0	35.0	—
	RH = 100%	37.0	37.0	37.0		

①RH——相对湿度。

15.3.3 耐水硅胶

这类产品是由粗孔或细孔块胶，经球磨成为硅胶粉，在滚球机中加入硅溶胶成型，成型后的硅胶球再经抛光，使球体紧密，烘干后得成品。其特点是遇水不炸裂，可用于各种工业气体的干燥，也可用于饱和烃类液体脱水及催化剂载体，表 15-5 为 Grace 公司生产的耐水硅胶的性能指标。

表 15-5 Grace 公司生产的 G59 耐水硅胶

项目		指标
粒度，mm		2.36~6.7
堆密度，g/L		400
比表面积，m^2/g		340
孔体积，mL/g		1.15
灼烧损失（950℃），%		3.5
吸附量，%	RH = 10%	—
	RH = 20%	2.0
	RH = 40%	3.0
	RH = 60%	5.0
	RH = 80%	8.0
	RH = 100%	93.5

15.3.4 球形硅胶

球形硅胶是一种外观呈球形或椭圆形、有光泽的一类硅胶。由于它具有粒子强度大且不易粉化、化学性质稳定、吸湿能力强等特点，成为目前工业上应用最广泛的一类硅胶。球形硅胶主要用于气体干燥、气体吸附、空气湿度调节、石油产品精制及碳氢化合物脱除等领域，也是十分重要的催化剂载体。

球形硅胶按孔结构分，可分为细孔球形硅胶和粗孔球形硅胶。细孔球形硅胶平均孔径为2～3nm，粗孔球形硅胶平均孔径为8～10nm。

国外硅胶催化剂载体已系列化。表15-6示出了Grace公司生产的硅胶载体品种。

表15-6 Grace公司生产的硅胶载体

项目 代号	SiO$_2$含量 %	粒度	比表面积 m^2/g	孔体积 mL/g	堆密度 g/L
G-02	主要成分	>4.7mm颗粒	525	0.30	700
G-03	99.3	0～0.13mm占95%	750	0.43	700
G-56	99.5	0～149μm，平均103μm	300	0.38	380
G-57	99.5	0～105μm占96%	300	1.00	400
G-59	99.5	2.36～6.7mm颗粒	340	1.15	400
G-81	99.6	0～297μm占95%	600	0.60	630
G-951	99.5	0～149μm占97%，平均58μm	600	1.0	430
G-952	99.5	0～149μm占95%，平均70μm	300	1.65	350
ID-Gel	99.5	>0.2mm颗粒	350	1.04	450
RD-Gel	99.7	2.36μm至小于74μm	800	0.45	750
MS-Gel	主要成分	—	600	1.00	450
MS-ID-Gel	主要成分	—	350	1.80	400

目前，国内生产催化剂载体用硅胶的厂家主要有青岛海洋化工有限公司、大连金光化工厂及南京无机化工厂等，其品种及主要性能如表15-7所示。

表15-7 国内生产的硅胶载体主要性能

项目 类别	SiO$_2$含量 %	粒度	比表面积 m^2/g	孔体积 mL/g	堆密度 g/L	平均孔径 nm
粗孔块状硅胶	>98	0.25～5.6mm以上颗粒	300～400	>0.32	400～500	0.8～1.0
细孔块状硅胶	>99	0.25～5.6mm以上颗粒	>600	0.35～0.45	>670	2～3
粗孔微球硅胶	>99	125～850μm微球	300～400	0.8～1.1	400～500	—
FNG-1型硅胶	>99	2～8mm球形	>500	>0.35	600～700	
FNG-2型硅胶	>98	2～8mm球形	300～500	>0.70	400～500	

中国硅胶用作催化剂载体最多的是粗孔微球硅胶，用于流化床，其粒度分布为40～120目（125～400μm）。工业发达国家大多使用细粒子流化床，粒度20～120μm，平均粒度60～70μm，其流化质量高，浓稀相段已无明显分界，气泡少，消除了腾涌现象，催化剂能充分发挥作用。

除上述各类硅胶外,常用的硅胶品种还有色谱吸附或选择分离用硅胶、蓝色指示型或变色硅胶、包装用硅胶以及块状硅胶等。

15.4 硅胶作催化剂载体的应用

硅胶用作催化剂载体相当普遍,如氧化反应中的乙烯气相氧化制乙酸乙烯酯;加氢反应有乙炔加氢制乙烷及乙烯;脱氢反应有环己烷脱氢、醇脱氢、乙苯脱氢制苯乙烯;水合反应有乙烯水合制乙醇及乙醛;聚合反应有乙烯聚合制聚乙烯等。此外,硅胶还可用于固定化酶的载体,也可直接用作催化剂,如用于生产三聚氰胺用的催化剂。作为参考,表15-8示出了使用硅胶作催化剂载体的催化反应示例。

表 15-8 以硅胶作催化剂载体的催化反应示例

反应种类	反 应 名 称	活 性 组 分	载 体
氧化反应	乙烯气相氧化制乙酸乙烯酯	Pd, Pd(OAc)$_2$	SiO$_2$
	邻二甲苯气相氧化	V$_2$O$_5$, V$_2$O$_5$-K$_2$SO$_4$	SiO$_2$
	萘气相氧化	V$_2$O$_5$	SiO$_2$
		V$_2$O$_5$-K$_2$S$_2$O$_7$-Ag$_2$O	SiO$_2$
	二氧化硫催化氧化	Pt, V	SiO$_2$
	乙烯氧化制乙醛	MoO$_3$-H$_3$PO$_4$	SiO$_2$
	正丁烯氧化制马来酸酐	V$_2$O$_5$-P$_2$O$_5$	SiO$_2$
	丙烯氨氧化制丙烯腈	钼酸铋-V$_2$O$_5$	SiO$_2$
	丙烯氧化制丙烯醛	Cu$_2$O-SeO	SiO$_2$
	丙烷氨氧化制丙烯腈	氧化锑-氧化钨	SiO$_2$
	丁烯氧化制乙酸	V-Sr-O, V-Sb-O, V-Ti-O, V-Al-O	SiO$_2$
	乙烯氧化制环氧乙烷	Ag-Au	SiO$_2$
	苯氧化制顺丁烯二酸酐	P、Mo、W、Ag 等	SiO$_2$
	CH$_2$=CHCHO →^{O} CH$_2$=CHCO$_2$H	Mo、W、Sb、Mn 等	SiO$_2$
	芳族化合物 →^{O} 芳族腈	P、Mo、Sn、Cr、Sb 等	SiO$_2$
	萘氧化制邻苯二甲酸酐	P、Ti、Zr、Fe、K$_2$SO$_4$ 等	SiO$_2$

续表

反应种类	反应名称	活性组分	载体
加氢反应	烯烃加氢	Fe、Co、Ni、Pt	SiO_2
	乙炔加氢制乙烷	Ni－NaF	SiO_2
	乙炔加氢制乙烯	Pd	SiO_2
	乙炔加氢制甲烷	Pt，Cu	SiO_2
	苯加氢	Cu－NaF	SiO_2
	烷基苯加氢	Pt	SiO_2
	丙炔加氢	Pd－Zn	SiO_2
	辛烯醛加氢制辛醇	Ni、Cu、Mn、P_2O_5 等	SiO_2
	$\bigcirc$—COOH + $3H_2$ → $\bigcirc$—COOH	Pd、Ru、Rh、Pt 等	SiO_2
	$CH_3CH=CHCHO + H_2 \longrightarrow CH_3CH=CHCH_2OH$	Cu－Mg－Cd	SiO_2
脱氢反应	环己烷脱氢	Ni－Sn	SiO_2
	醇脱氢制醛或酮类	Cu、ZnO、Cr	SiO_2
	乙苯脱氢制苯乙烯	Cr_2O_3－K_2O	SiO_2
	丁烯氧化脱氢制丁二烯	Pt	SiO_2
		SnO_2－MoO_3	SiO_2
脱水反应	甲酸脱水	P_2O_5	SiO_2
	乙醛 + 甲醛 $\xrightarrow{-H_2O}$ 丙烯醛	水玻璃—硅胶	SiO_2
水合反应	$C_2H_4 + H_2O \longrightarrow C_2H_5OH$ $C_3H_6 + H_2O \longrightarrow iso-C_3H_7OH$ $n-C_4H_8 + H_2O \longrightarrow sec-C_4H_9OH$	Ca、Zn、Mn 的氯化物 磷酸、卤化氢、金属硫酸盐、过渡金属磷酸盐等	SiO_2
	$C_2H_4 + H_2O \longrightarrow CH_3CHO$	Pd	SiO_2
氯化反应	$CH \equiv CH + HCl \longrightarrow CH_2=CHCl$	$HgCl_2$	SiO_2
	$C_2H_4 + HCl + O_2 \longrightarrow C_2H_3Cl$	$CuCl_2$－NaCl－KCl	SiO_2
	$CHCl_2-CHCl_2 + \frac{1}{2}O_2 \longrightarrow CCl_2=CCl_2 + H_2O$	$CuCl_2$－$ZnCl_2$－$CaCl_2$	SiO_2
	$CH_2=CH_2 + 2HCl + \frac{1}{2}O_2 \longrightarrow C_2H_4Cl_2$	$CuCl_2$ $CuCl_2$－KCl	SiO_2
	$C_2H_4 + \frac{1}{2}O_2 \longrightarrow CH_2Cl-CH_3Cl + H_2O$	$CuCl_2$	SiO_2
聚合反应	乙烯聚合制聚乙烯	双(三苯基甲硅烷基铬)	SiO_2
	烯烃聚合	$TiCl_3$、$TiCl_4$	SiO_2

续表

反应种类	反应名称	活性组分	载体
烃类水蒸气转化	$C_nH_m + nH_2O \rightleftharpoons nCO + (\frac{m}{2} + n)H_2$ $C_nH_m + 2nH_2O \rightleftharpoons nCO_2 + (\frac{m}{2} + 2n)H_2$ $C_nH_m + nCO_2 \rightleftharpoons 2nCO + \frac{m}{2}H_2$	Ni、Co	SiO_2
Reppe反应	$CH \equiv CH + \underset{R'}{\overset{R}{C}} = O \longrightarrow \underset{R' \ OH}{\overset{R}{C}} - C \equiv CH$ $CH \equiv CH + R_2NH \longrightarrow R_2N \cdot CH = CH_2$	Cu-乙炔化合物	SiO_2
歧化反应	丁烯歧化制丙烯及 2,2-戊烯	Ru 氧化物 $M(CO)_6$、$M = Cr, W, Mo$	SiO_2 SiO_2

下面以具体例子说明硅胶载体的应用。

1. 乙烯气相氧化制乙酸乙烯酸

乙酸乙烯酯又名醋酸乙烯,用于制造聚乙酸乙烯酯、聚乙烯醇及胶黏剂等,生产乙酸乙烯酯的主要方法有乙炔法及乙烯法。工业上更多地采用乙烯法,是以乙烯、乙酸(气态)及氧气为原料,在催化剂作用下生成乙酸乙烯酯。由上海石油化工研究院研制的 CT-Z 催化剂为负载型贵金属催化剂,以 Pa-Au 为催化剂主活性组分,以乙酸钾为助催化剂,以硅胶为催化剂载体。硅胶载体的技术指标为:外观为白色不透明圆球,粒径为 4.5~5.8mm,堆密度为 0.43~0.47g/mL,孔体积为 0.80~0.95mL/g,比表面积为 160~190m^2/g,遇水抗裂量(反复浸水 3 次)小于 1%。CT-Z 催化剂用于列管式固定床反应器上气相合成乙酸乙烯酯时,在 140~180℃,反应压力 0.6~0.8MPa,空速 1800~2000h^{-1} 的反应条件下,乙酸乙烯酯选择性≥92.5%(以乙烯计),乙酸乙烯酯时空产率≥7200kg/(m^3·d),催化剂使用寿命大于 2 年。

2. 丙烯氨氧化制丙烯腈

丙烯腈用于生产腈纶纤维、工程塑料、合成橡胶、丙烯酰胺、丁二腈等。生产丙烯腈的方法有乙炔法、丙烯氨氧化法、丙烷氨氧化法等,其中丙烯氨氧化制丙烯腈是主要的生产方法。丙烯氨氧化的催化剂是一种复杂的组合体,主要包括:形成催化剂活性组分的二元氧化物(如 Mo、Bi 氧化物)、少量助剂(如 P、Fe、Ce、K 等的氧化物)及载体。目前使用的催化剂均具有复杂的多元组成,但所采用载体几乎一律采用硅胶。国内使用的 MB-82、MB-86 及 DB-83 三种催化剂可用于以丙烯、氨为原料,以空气或氧气为氧化剂合成丙烯腈的流化床反应器,如 MB-86 催化剂的技术指标为:棕红色微球,堆密度 0.88~1.02g/mL,孔体积 0.2~0.3mL/g,比表面积 20~40m^2/g,磨损率≤4%。粒度分布为:d(粒径)>90μm,<25%;d<44μm,30%~50%。催化剂主体成分占 50%左右,转体(SiO_2)约占 50%。催化剂的粒度分布是催化剂在流化床反应器中影响流化质量的关键因素。在适当的浆料固含量及进风温度

下，采用高速离心干燥塔进行喷雾成型，可制得具有上述粒度分布的丙烯腈催化剂。使用 MB-86 催化剂，在 400～500℃、氨/烯比 1.15～1.25（摩尔比）、内线速度 0.54～0.65m/s 的反应条件下，丙烯转化率为 98.3%，丙烯腈单程收率＞80%。

3. 甲烷氧化反应

甲烷是天然气中的主要成分，由于它自身的高度稳定性决定了它长时间用作直接燃烧的燃料，如何充分利用天然气将其转化为化工原料，通过天然气的直接或间接转化生产液态燃料、烯烃、芳烃和含氧有机化合物是加快天然气开发利用的重要方向。

工业上利用甲烷的过程是将甲烷先转化成合成气，由合成气再生产甲醇或合成氨等产品。这种间接转化过程较复杂，在热力学上也不十分合理，且在热量利用上也不尽合理。如能控制甲烷氧化反应深度，直接合成出甲醇、甲醛等化工产品，不仅过程简单，经济上也更合理，表 15-9 示出了甲烷直接氧化制甲醇、甲醛的催化剂实例，所用载体都是硅胶。可以看出，单组分催化剂效果较好的是 V_2O_5/SiO_2。在 Cr_2O_3/SiO_2 催化剂中，加入 MoO_3 后可提高醇、醛的选择性。MoO_3-Cr_2O_3/SiO_2 及 Cr_2O_3、MoO_3/SiO_2 催化剂的活性不同，主要是由于两种氧化物的浸渍顺序不同引起的，MoO_3-Cr_2O_3/SiO_2 是载体 SiO_2 先浸渍 Cr_2O_2 后浸渍 MoO_3，而 Cr_2O_3-MoO_3/SiO_2 催化剂的浸渍顺序与前者正相反。表明 SiO_2 浸渍活性组分过程会影响催化剂的活性及产品选择性。

表 15-9 甲烷直接氧化制甲醇、甲醛催化剂

催化剂	甲烷转化率 %	产品选择性,%		醇、醛总选择性,%
		甲醇	甲醛	
CrO_3/SiO_2	7.21	21.33	3.22	24.55
V_2O_5/SiO_2	3.89	46.16	36.49	82.65
$Cr_2O_3 \cdot MoO_3/SiO_2$	3.43	17.59	51.73	69.32
$MoO_3 \cdot Cr_2O_3/SiO_2$	5.75	50.28	16.40	66.68
反应条件	原料气组成：$CH_4:O_2:N_2=15.4:1.0:9.81$ 反应温度 475℃，反应压力 5.0MPa，空速 6000h^{-1}			

4. 甲醇脱氢制甲醛

甲醛是重要的基本有机化工原料之一，目前工业上几乎所有的甲醛是由甲醇氧化脱氢法（银法）和甲醇单纯氧化法（铁钼法）生产。银法是在甲醇—空气的爆炸上限以外操作，在银催化剂存在下，甲醇在常压和 580～740℃下进行氧化和脱氢制得甲醛；铁钼法是在甲醇—空气爆炸下限以下操作，在铁钼催化剂存在下，在常压和 280～350℃以经氧化反应制得甲醛。这两种方法生产的产品中含水量在 50% 以上，由于甲醛水溶液的蒸气压较低，甲醛和水能形成恒沸物，使得分离和提纯无水甲醛十分困难，近来由于合成性能优良的工程塑料和乌洛托品等产品对无水甲醛的需求日益增多，由甲醇催化剂脱氢制备无水甲醛，免除甲醛水溶液的浓缩蒸发，大幅度降低能耗，成为很具工业应用前景的无水甲醛制备方法。

用于甲醇催化脱氢制无水甲醛的催化剂有金属、金属氧化物及碳酸盐等，表 15-10 示出了一些催化剂的试验结果。从表中可以看出，使用硅胶作载体的催化剂，比使用云母及氧化铝作载体的催化剂，具有更好的甲醇转化率及甲醛选择性。对于单铜催化剂，添加 P 可以提高甲醇转化率及甲醇选择性。ZnO 催化剂比单组分铜催化剂也有更好的甲醇脱氢活性。

表 15-10 甲醇脱氢制甲醛催化剂

催化剂 \ 项目	反应温度 ℃	甲醇转化率 %	甲醛选择性 %
Cu	711	18	87
Cu/SiO$_2$	737	37	86
Cu/云母	693	14	80
Cu-P/SiO$_2$	767	59	87
Cu/Al$_2$O$_3$	732	36	37
ZnO/SiO$_2$	783	57	87
ZnO-Ag/SiO$_2$	813	49	86
Li$^+$/SiO$_2$	863	35	77
Li$^+$/Al$_2$O$_3$	859	29	41

催化剂活性组分负载在硅胶上所采用的方法有浸渍法、离子交换法、使用二氧化硅水凝胶的捏和法，以及使用硅溶胶的共凝胶法等。至于活性组分层在硅胶颗粒上的分布方式，可以通过改变浸渍、干燥、添加竞争吸附剂等制备条件来获得。

15.5 硅胶的制备方法

在催化领域中，硅胶常以孔径大小来区分，即细孔硅胶、粗孔硅胶及介于二者之间的中孔硅胶。习惯上将平均孔径在 1.5～2nm 以下的硅胶称为细孔硅胶；平均孔径在 4～5nm 以上的硅胶称为粗孔硅胶；此外，将平均孔径在 10nm 以上的硅胶称为特粗孔硅胶，平均孔径在 0.8nm 以下的称为特细孔硅胶。

用作催化剂载体的硅胶通常都是微球形，根据使用要求，采用不同的处理方法，可以制得细孔和粗孔微球硅胶。

工业上制备硅胶的工艺过程大致如下：

(1) 粗孔微球硅胶的生产工艺过程见图 15-4。

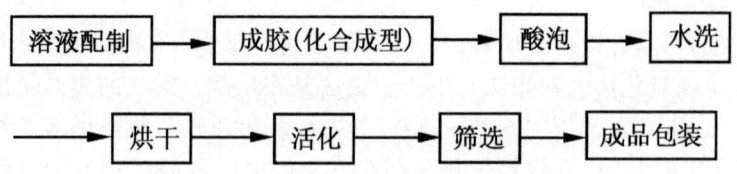

图 15-4 粗孔微球硅胶生产工艺过程

(2) 细孔微球硅胶的生产工艺过程见图 15-5。

硅胶的制备工艺条件一般还是较成熟的，它的宏观结构可以用一定的制备方法来控制。下面就硅胶制备过程中产生的物理和化学变化以及这些过程对硅胶结构的影响加以讨论。

15.5.1 硅胶制备过程中的物理和化学变化

工业上制备硅胶，通常是以水玻璃和硫酸为初始原料，水玻璃和硫酸反应生成硅酸。但生成的硅酸很不稳定，通过分子间缩合作用而形成多聚硅酸，以至硅溶胶。硅溶胶的形成是

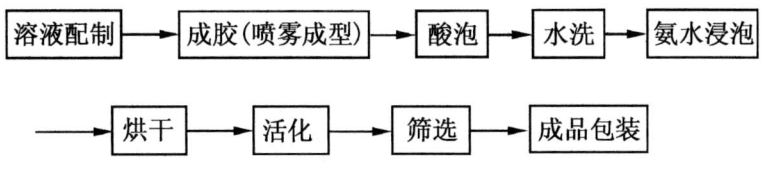

图 15-5 细孔

硅酸聚合为多聚硅酸的溶胶过程。硅溶胶经胶凝后便成为硅胶。

胶凝过程最初包含硅酸分子的缩合作用，形成二聚硅酸或多聚硅酸，而多聚硅酸和硅酸或多聚硅酸之间在碱性溶液中发生不同程度的聚合，并以 Si—O—Si 链为单位继续进行三度空间的连链和支链的键合，形成许多多孔而又连续的结构。这个过程又可写成：

$$Na_2SiO_4 + H_2SO_4 + H_2O \longrightarrow H_4SiO_4 + Na_2SO_4 \qquad (15-1)$$

$$Si(OH)_4 + 2OH^- \longrightarrow Si(OH)_6^{2-} \qquad (15-2)$$

$$2[Si(OH)_6]^{2-} \longrightarrow \underset{\text{二聚硅酸}}{\left(\begin{array}{c}HO\ OH\ H\ OH\ OH\\ Si\diagup^O\diagdown Si\\ HO\ OH\ H\ OH\ OH\end{array}\right)^{2-}} + 2OH^- \qquad (15-3)$$

$$[Si_2(OH)_{10}]^{2-} + [Si(OH)_6]^{2-} \longrightarrow$$

$$\underset{\text{三聚硅酸}}{\left(\begin{array}{c}HO\ OH\ H\ OH\ H\ OH\ OH\\ Si\diagup^O\diagdown Si\diagup^O\diagdown Si\\ HO\ OH\ H\ OH\ H\ OH\ OH\end{array}\right)^{2-}} + 2OH^- \qquad (15-4)$$

....

聚合链可以继续下去，成为多聚硅酸的胶球粒子，其中 SiOH 键如图 15-6 所示：SiOH 键可以失去水生成 Si—O—Si 键。例如，三聚体失水后生成环状三硅酸：

$$\left(\begin{array}{c}HO\ OH\ H\ OH\ H\ OH\ OH\\ Si\diagup^O\diagdown Si\diagup^O\diagdown Si\\ HO\ OH\ H\ OH\ H\ OH\ OH\end{array}\right)^{2-} \longrightarrow$$

$$\begin{array}{c}HO\quad O\quad OH\\ Si\diagup\quad\diagdown Si\\ HO\diagdown O\quad O\diagup OH\\ Si\\ HO\quad OH\end{array} + 3H_2O + 2OH^- \qquad (15-5)$$

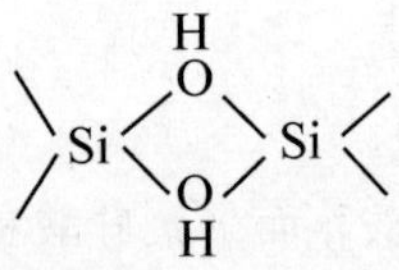

图 15-6　SiOH 键

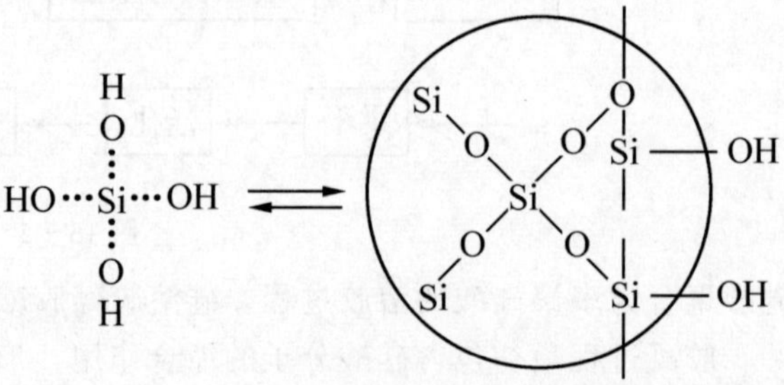

图 15-7　硅胶球粒子的形成过程

硅胶球粒子的形成，通常可用图 15-7 表示：

从图 15-7 可以看出，胶球粒子内部的硅原子处于氧四面体中，各个四面体是以氧为顶点连接成为连续的物质，内部没有空隙。球状粒子的表面被 OH 所覆盖，并且带有电荷。由于介质的酸度不同，粒子周围形成不同程度的溶剂化膜，且其稳定程度也不同。

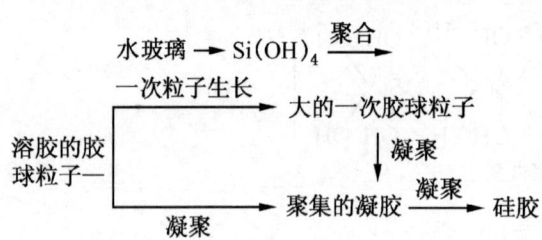

图 15-8　硅胶的形成过程

胶体粒子在稀溶液中可进一步长大，而在浓溶液中，如 SiO_2 含量超过 1‰时，形成的胶体粒子就互相连接在一起，即通过粒子之间失水生成的 Si—O—Si 键结合起来，形成许多像葡萄串状的带空洞而又连续的结构。这就是胶体粒子因胶凝作用所生成的凝胶。虽然，从化学反应的角度来看，这里的溶胶与凝胶都是通过以 Si—O—Si 键连接起来的，但溶胶是多聚硅酸聚合而成的圆滑的胶体粒子，而凝胶则是这些胶球粒子之间形成的网状结构。

根据上面讨论，可以将硅胶形成过程简单归纳如图 15-8 所示：

也就是说，硅酸的聚合存在两种不同的可能途径，这两种过程也可能同时存在，但随着制备条件不同，可能有一个过程占优势，从而使得到的产品在微观结构上会有很大不同。

15.5.2　制备条件对硅胶结构的影响

由溶胶聚合得到的凝胶是包藏有大量水的水凝胶。水凝胶干燥时因失水收缩成以球形粒子方式紧密堆积的干胶，这就是通常所称的硅胶。而当 SiO_2 与 H_2O 的摩尔比达到 1.5～3.0 时，就不再收缩，形成了最后的空间骨架结构。根据制备条件不同，胶球粒子的大小会从几纳米到几十纳米不等。硅胶结构中的孔就是由于胶球粒子堆积密度不同，因此在它们之间形成各种大小不同的孔隙所致。硅胶中孔的大小和形状系决定于胶球粒子的堆积方式，而其比表面积的大小则决定于胶球粒子的大小。

一般说来，硅胶的内表面积十分接近于所有胶球粒子的总表面积。所以，当制备硅胶的过程中采用较浓的溶液时，在形成溶胶时会很快的生成大量的较小的球形粒子核，这些核不能生成像稀溶液中那么大的胶球粒子。当在干燥过程中形成干胶时，大的胶球粒子结合成的结构，孔体积大、比表面积小；而小的胶球粒子结合成的密实结构，孔体积小，比表面积大。

硅酸凝胶化的速度与很多因素有关，其中最重要的是 pH 值。凝胶化速度最快是在 pH 值为 7~8 之间。而且凝聚速度也随凝聚时温度升高而加快。一般说来，凝聚速度快，生成的胶球粒子就小，因而影响硅胶的孔体积和比表面积。表 15-11 示出了不同 pH 值下所得到的硅胶结构。

如上所述，在硅胶形成过程中，溶胶阶段生成的胶球粒子通称为一次粒子，这种水溶胶放置一定时间后就会发生胶球粒子的生长变化。胶球骨架得到不断的调整、充实与收缩，这就是老化过程。老化过程不但使水凝胶骨架坚固，而且常伴有脱水收缩现象。其速度也决定于硅溶胶的 pH 值、浓度及老化温度。

凝胶老化时间不同，对硅胶的孔结构也会产生影响，这是因为老化过程中发生的胶球粒子堆积紧密，粒子之间的介质被挤出，都会使粒子之间的联结加强。所以，在凝胶中要加入无机酸和有机液体作为稳定剂，以保证在老化的第一阶段中使胶球粒子加强。这样，在老化的第一阶段可以使比表面积增加，孔体积也增大。在老化一定时间后，随着稳定效应减弱，胶球粒子增大，比表面积减小而孔体积增大。

表 15-11　水凝胶的 pH 值与硅胶结构的关系

试样号	水凝胶的 pH 值	洗涤后滤液的 pH 值	比表面积 m^2/g	孔体积 mL/g	孔径 nm	Na_2O 含量	洗涤液
A1	4.0	6.70	604	0.324	2.1	0.573	蒸馏水
A2	7.58	9.11	398	0.624	6.3	2.51	
A3	7.70	9.70	317	0.692	8.8	1.56	
A4	2.71	4.61	754	0.597	3.2	0.396	
B1	4.00	4.78	676	0.362	2.1	0.127	稀 NH_4Cl
B2	7.58	8.00	665	0.693	4.2	0.133	
B3	7.70	7.98	640	0.709	4.4	0.013	
B4	2.71	3.78	749	0.585	3.1	0.015	

一般来讲，老化时间越长，老化温度越高，所得硅胶的孔体积越大，平均孔径也较大，而堆密度则相应减少。图 15-9 示出了老化时间及老化温度对硅胶孔体积的影响[61]。图 15-10 示出了硅溶胶的 pH 值对硅胶孔体积及比表面积的影响。

此外，凝胶老化后还需经洗涤洗去由反应生成的盐类和剩余的酸或碱。同样，改变洗涤过程中的处理条件也可以影响胶球粒子的大小，改变粒子堆积方式，从而影响硅胶的孔结构及比表面积（表 15-11）。

水凝胶的干燥也是硅胶制备的重要环节，在脱水干燥过程中，由于凝胶毛细管收缩，干燥后体积减小。一般来说，干燥速率慢一些，可以减少毛细孔的强烈收缩和硅胶的碎裂程度。

在制备微球硅胶时，有时采用喷雾干燥成型，这时由凝胶调制的浆液的 pH 值对所得硅胶的孔结构及比表面积也有很大的影响。图 15-11 及 15-12 分别为浆液 pH 值对硅胶孔体积及比表面积的影响，并同时示出硅铝胶的情况，以作比较。

活化是硅胶制备的最后阶段。干燥后的硅胶中尚含有少量水分及其他杂质，经过高温焙烧后，这些杂质就以水蒸气、二氧化碳等气体方式逸出，部分的孔结构也在这时形成。焙烧

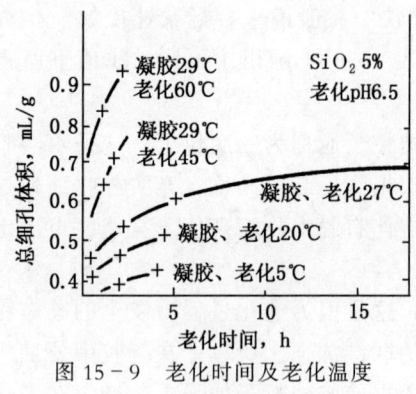

图 15-9 老化时间及老化温度对硅胶孔体积的影响

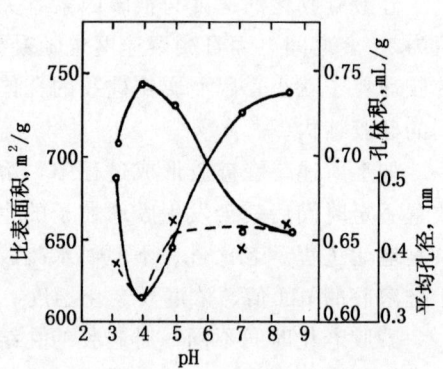

图 15-10 硅溶胶的 pH 值对硅胶孔体积及比表面积的影响

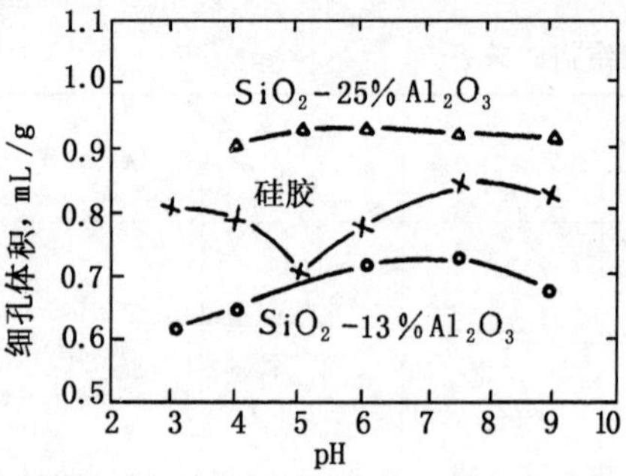

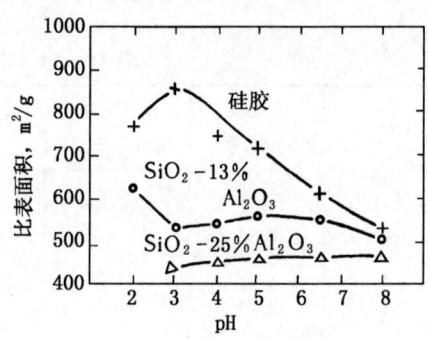

图 15-11 喷雾干燥成型时浆液 pH 值对硅胶孔体积的影响

图 15-12 喷雾干燥成型时浆液 pH 值对硅胶比表面积的影响

后硅胶的质量也相应减少。

活化温度对硅胶结构也会产生很大影响。例如，细孔硅胶于 300~500℃ 焙烧时，对硅胶的比表面积影响并不太大，而在 1000℃ 或更高温度下加热时就会使其失去所有的多孔性。

经验表明，为了制得孔体积大而比表面积小的硅胶，可以采取下述方法：

（1）在成胶、老化、洗涤时，将 pH 值从 5.5 提高到 8.0，同时升高温度和延长操作时间；

（2）在中性介质中成胶；

（3）干燥前用硫酸溶液处理水凝胶，或用氨水浸泡。

这是因为硅溶胶需要在碱性溶液中才发生聚合而形成胶球粒子。而当 pH 值在 5.5~8.0 之间时，胶粒的生长可以引起胶粒聚集的加速。所以，增加 pH 值或用氨水处理可以使硅胶孔体积增大。硫酸浓度的增加可以促使胶粒生长，其原因可能与硫酸的脱水性能有关。

15.5.3 特殊性能硅胶的制法

用作催化剂载体的硅胶，由于催化反应及工艺条件的不同，往往需要具有某种特殊性能。在上面讨论的硅胶制备方法的基础上，下面介绍一些具有特殊性能硅胶的制备示例[122,123]。

1. 球形硅胶制备方法

将碱金属硅酸盐（如水玻璃等）与酸混合，然后利用油中成型法，将其滴到诸如煤油之类的油中。溶液浓度及温度可以任意选择。根据水与油之间的表面张力不同就可制得球形硅胶。为了获得更好的效果，在惰性气体中进行油中成型更好。经老化的水凝胶再经水洗及34～127℃下干燥后就可得到所需产品，如需要，可再进行焙烧活化处理。

2. 高吸附性硅胶制备方法

将硅酸钠与硅石粉（1～20μm）混合后与硫酸反应制得水凝胶。如将pH调节到8～11，制得的硅胶小球强度较大。然后采用油中成型法将水凝胶滴到油浴中，就形成硅小球。硅小球再经水洗除盐后进行脱水处理。采用不同的脱水方法就可制得比表面积、平均孔径、球粒大小比例各不相同的硅胶。

脱水处理方法可以采用下述其中的一种方法：

（1）在空气流动下，在499℃脱水3h；

（2）在含饱和水分的湿空气（21℃）流动下，在499℃脱水3h；

（3）在含氨水（相当于28%氨含量）的空气中，于499℃下脱水3h；

（4）在含水分99%，氨1%的湿空气（21℃）流动下，于499℃脱水3h。

采用上述不同处理方法所得结果如表15-12所示。

表 15-12　不同处理方法所得硅胶的性质

序号	比表面积，m^2/g	含孔率，%	细孔直径，μm
a	658	49.8	2.8
b	719	53.4	1.8
c	292	67.3	12.6
d	381	68.1	10.1

3. 大孔体积中密度硅胶制备方法

将硅酸钠溶液（硅酸钠1300g及水3040g）与硫酸溶液（硫酸3200g及水8800g）分别以220mL/min、130mL/min的速度进行混合，制得温度为25℃、pH为1.5的水凝胶后静置90min使其发生老化，然后将水凝胶在80℃，用pH为10.5的氨水洗净，接着再在150℃进行干燥。

所得干胶在壬酸溶液中浸泡24h以后，再取出在150℃下干燥以除去壬酸溶液。采用不同壬酸浓度，就可制得如表15-13所示的具有不同性能的硅胶。

表 15-13　不同处理方法所得硅胶性能

试样	未处理	1%壬酸处理	2%壬酸处理
比表面积，m^2/g	306	312	311
孔体积，mL/g	0.96	1.17	1.26
表观密度，g/mL	0.34	—	0.31

4. 微球硅胶制备方法

在含8.5%二氧化硅的硅酸钠溶液中，通入二氧化碳40～60s使其发生硅酸化。接着将硅胶在82℃下进行1.5h老化。这时的pH值为10.6。然后再加入3%的硫酸，使pH降到4.9。以后又加入23%的氨水又使pH值升到7.8。这样得到的凝胶再在82℃下老化3h后，用稀硫酸及水洗涤。经洗涤后的凝胶再在205℃的温度下用喷雾干燥方法进行干燥。这样制得的硅胶比表面积为150m²/g，孔体积为1.32mL/g。

采用同样的方法，通过变更二氧化硅浓度、硫酸浓度可以制得比表面积为308m²/g，孔体积为1.92mL/g的微球硅胶。

15.5.4 多孔硅胶的扩孔处理

用普通方法制备的细孔硅胶，一般比表面积较大，而平均孔径较小，如果使用这种硅胶作催化剂载体时，当反应产物是不稳定的中间化合物时，则由于扩散步骤受到阻碍，产物会深度氧化而使所需产物的收率降低。反之，当在较小的比表面积和较大孔径硅胶负载的催化剂上进行这类反应时，选择性就会显著提高。例如，丁烯氧化脱氢制丁二烯的反应是在大孔径小比表面积的硅胶负载的催化剂上进行，深度氧化物（CO、CO_2）的收率几乎比用小孔径大比表面积硅胶负载的催化剂小两倍。又如在乙烯氧化制乙醛反应中，如以小孔径大比表面积的硅胶为载体，乙醛的时空收率和选择性都较低；而改用小比表面积大孔径的硅胶为载体，则乙醛的选择性大为增加。因此，制备小比表面积大孔径的硅胶对提供优良的催化剂载体具有重要意义。

降低硅胶比表面积的一般途径，是在上述制备和生产过程中，使硅胶骨架中的微粒长大。如前所述，这时可通过提高成胶、老化及洗涤时的pH值，升高这些步骤所需温度和延长操作时间在中性介质中成胶，干燥前用无机酸或氨液处理水凝胶等方法。但采用这些途径只能使硅胶的比表面积由800m²/g左右降至200m²/g左右。如果要得到比表面更小的硅胶，则可采用扩孔处理降低硅胶的比表面积。常用的扩孔方法有热液扩孔法及焙烧扩孔法两种，下面分别作简单介绍。

1. 热液扩孔法

这种扩孔方法的操作方法如下：将一定体积的市售工业硅胶放入高压釜中，加入1.5倍硅球体积的溶液，使总体积不超过釜容积的2/3。经搅拌均匀后合釜，加热至所需压力，保压一定时间，然后停止加热，自然冷却至100℃以下时放气开釜取出硅球。

经扩孔的硅球接着用热水洗至无盐，然后再用10%～15%的盐酸煮2h，以后再用去离子水洗至无Cl^-离子为止，最后再烘干。

热液扩孔可用水，也可用盐溶液或乙醇等有机溶剂。用水处理制备较小孔径的硅球比较方便，但制备大孔径的硅球要使用较高的压力和较长的时间，采用盐溶液则可降低压力缩短时间。表15-14及表15-15分别示出了在不同温度及压力条件下所作的实验结果。

从表15-14可以看出，使用不同的盐类对扩孔的影响也不同，碱性盐如Na_2CO_3、NaAc等要比酸性盐NH_4Cl等扩孔效果好。对同一种盐来说，其浓度影响并不大。但不论使用哪一种盐或不用盐只用水，也不管处理的压力和时间不同，都具有表15-14所示的孔体积与比表面积的规律性，也即比表面积减少时，孔体积虽也相应有些改变，但变化并不显著。

从表15-15可以看出，经过热液扩孔所得的硅胶，其比表面积可以由170℃（0.7MPa）处理后的135m²/g降至320℃（10MPa）处理后的26.5m²/g，而平均孔径由12.3nm升至50.8nm，但值得注意的是，在此压力范围内，硅胶的孔体积变化并不大。

表 15-14　不同的盐对硅胶扩孔的影响[①][②]

压力, MPa		3		4		6		10	
溶　液	浓度 %	比表面积 m^2/g	孔体积 mL/g	比表面积 m^2/g	孔体积 mL/g	比表面积 m^2/g	孔体积 mL/g	比表面积 m^2/g	孔体积 mL/g
水	0	180	0.92	151	0.93	88	0.97	—	—
Na_2SO_4	2	113	0.92	62	0.90				
Na_2CO_3	0.2	—	—	61	0.97			92	0.58
	0.4	79	0.92	28	0.77				
CH_3COONa	2.5	—	—	47	0.85			11	0.64
	5	107	0.92	46	0.80			90	0.61
NH_4Cl	1	—	—	105	0.91			95	0.90
	2	186	0.93	106	0.90				

① 原料为 0.15～0.18mm 硅球、比表面积 = $363m^2/g$，孔体积 = 0.93mL/g；
② 除 3MPa 的保压时间极短外，其他均为 1h。

表 15-15　硅胶扩孔后某些参量的变化

试样编号	温度 ℃	压力 MPa	孔体积 mL/g	比表面积 m^2/g	平均孔半径 nm
S_3-0	—	—	0.845	473	0.357
S_3-19	170	0.7	0.83	135	12.3
S_3-03	220	3	0.68	82.5	16.5
S_3-21	260	5	0.68	39.5	34.4
S_3-16	320	10	0.68	26.5	50.8

2. 焙烧扩孔法

这也是一种常用扩孔方法，这种扩孔方法设备简单，不需要高压釜。它包括加盐、干燥、焙烧、洗涤等步骤。下面简要介绍这些步骤：

（1）加盐方法。配制好一定浓度的盐溶液，称一定质量的干燥硅球，放入瓷盘中，并用下式计算加盐液体积 V：

$$V = WV_p \qquad (15-6)$$

式中　V——加盐液体积，mL；

W——称量的硅球，g；

V_p——原料硅球孔体积，mL/g。

将计算的盐液慢慢加入到瓷盘的硅球中，并不断搅拌。如果硅球干燥得好，当加入 V（mL）的盐溶液后，则刚好出现硅球之间的黏着现象，这表示硅球中原有的孔已被盐液所充满。然后再将瓷盘放到烘箱中在 120℃左右烘干。

（2）焙烧。将加盐硅球放到石英管或坩埚中，当管电炉（或马弗炉）温度升到所需温度后，再将石英管放入电炉中，保温一定时间（一般为 1h），然后取出冷却。

（3）洗涤干燥。其方法与热液法的洗涤干燥操作相同。

采用焙烧法扩孔时，使用盐的种类、特别是盐的熔点和微弱碱性会对扩孔效果产生很大影响。盐相同时，焙烧温度及盐含量的影响最为重要。表 15-16 示出了同一盐含量时，焙烧温度对产品孔体积及孔径的影响。图 15-13 给出了孔体积、比表面积和孔径随着焙烧温度变化的情况。从图中可以看出，在 700℃下焙烧 1h，孔体积不发生显著变化。而当温度高于 700℃时，孔体积很快变小，而孔径在 750℃以下就几乎随温度成直线增加。

表 15-16 焙烧温度对扩孔的影响①

焙烧温度	500②	560②	600	650	700	740	750
孔体积，mL/g	1.01	1.01	1.04	1.03	0.95	0.61	0.50
比表面积，m²/g	132	31.4	19.0	15.4	10.0	5.2	4.0
孔径，nm	30	130	220	260	380	480	500

①原料同热液扩孔法；
②在马弗炉中焙烧，余者在管电炉中焙烧，焙烧时间均为 1h，混合盐溶液为 30g 盐溶于 100mL 水。

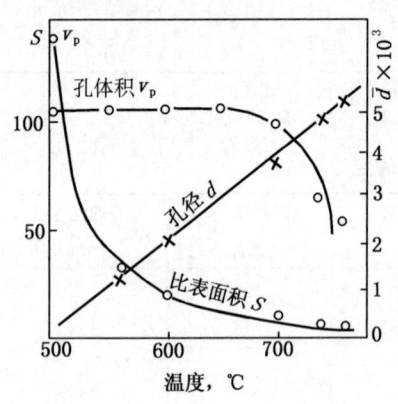

图 15-13 V_p, S, $\bar{d}$ 与焙烧温度的关系（含盐 30%）

为了寻求大孔径，而又获得可能大的孔体积，对不同含盐量对扩孔的影响进行了试验。表 15-17 是不同含盐量在 700℃下经不同时间焙烧的结果。从表 15-17 可以看出，含盐量高时，达到最大孔径时快，对应相同的孔径时孔体积也较大。在同一温度下焙烧时，含盐多的孔径也大。

从上面的结果可以看出，无论采用热液扩孔法或是焙烧扩孔法，孔径增大时，孔体积总是减少，但采用不同的条件时孔体积的减少不都是一样。这样就有可能制出大孔径高孔体积的硅球。

一般来说，要制得高孔体积和大孔径的硅胶，制备时控制凝胶的 pH 值是个关键，但在凝胶后选用合适的有机溶剂置换水凝胶中的水，脱除水分是获得高孔体积的有效方法。例如，用乙醇置换水凝胶中的水，然后再以乙醚置换乙醇，最后于高于 200℃下干燥，可制得孔体积>2mL/g、比表面积>500m²/g 的硅胶。

表 15-17 700℃焙烧时，不同含盐量对扩孔的影响

盐/胶（质量）	0.17			0.34			0.77		
时间，h	0.5	1	2	0.5	1	2	0.5	1	2
比表面积，m²/g	82	16	9.3	12	8.0	7.9	10	7.4	6.8
孔体积，mL/g	0.91	0.93	0.67	0.88	0.77	0.77	0.92	0.85	0.81
孔径，nm	44	240	280	300	400	400	360	460	480

15.6 二氧化硅气凝胶的制备

如前所述，气凝胶是把气体分散于固体中形成的干凝胶，是一种新型的轻质纳米尺度的多孔性非晶固态材料，其孔洞率可达 99.8%以上，典型孔洞尺寸 1~100nm，比表面积高达

$200\sim1000m^2/g$，密度变化范围可达 $3\sim500kg/m^3$。

早在20世纪30年代，美国就研制出具有完整网络结构的 SiO_2 气凝胶，并预言了 SiO_2 气凝胶在催化、绝缘及隔热等领域中的应用。由于其制备工艺复杂、生产周期太长，未能引起人们的重视。到了20世纪60年代，由于溶胶—凝胶法的发展，以正硅酸甲酯为原料利用溶胶—凝胶法制备 SiO_2 气凝胶，大大缩短了制备周期，使得 SiO_2 气凝胶材料的制备与应用得到发展。

SiO_2 气凝胶也是一种高比表面积、低密度的多孔性硅胶，习惯上将这类硅胶专称为 SiO_2 气凝胶。它是一种接近透明而略带光散射的多孔材料，孔隙率高达90%，组成与玻璃相同，是一种非晶态材料。与玻璃相比，SiO_2 气凝胶的强度很低，脆性更大，也耐高温及各种化学气氛的腐蚀。控制不同制备条件，可以制得不同密度的 SiO_2 气凝胶。由于 SiO_2 气凝胶具有很高的孔隙率及比表面积，比一般硅胶要大得多。所以，SiO_2 气凝胶非常适合于制备催化剂载体或催化剂。例如，利用金属（Fe、Ni、V、Cu等）与 SiO_2 气凝胶制备的催化剂，其催化活性与选择性要比干凝胶为载体制备的催化剂高得多，而且在高温条件下使用不易产生烧结。因此，利用 SiO_2 气凝胶的多孔、低密度、耐高温等性能制备的催化剂载体或催化剂，具有广阔的应用前景。

SiO_2 气凝胶可采用溶胶—凝胶法进行制备，通常它又可分为下述两种方法[124-127]。

15.6.1 无机盐法

这是用水玻璃为原料制备 SiO_2 气凝胶的方法，用水玻璃制备硅凝胶是比较成熟的工艺。按此法制备时，先在反应器中加入12%~16%的水玻璃，升温至50~60℃，在不断搅拌下加入无机酸（硫酸、盐酸等），控制pH值在2~6之间，经反应一定时间后即生成凝胶，其反应为：

$$Na_2O \cdot nSiO_2 + H_2O + H^+ \longrightarrow nSi(OH)_4 \qquad (15-7)$$

$$2Si(OH)_4 \longrightarrow (HO)_3Si-Si(OH)_3 + H_2O \qquad (15-8)$$

其中 $(HO)_3Si-Si(OH)_3$ 可进一步反应而交联成具有三维空间网络结构的水凝胶。再通过溶剂（如乙醇）反复洗涤进行交换，使水凝胶转换成醇凝胶，利用超临界干燥技术将醇凝胶中的溶剂除去，即可制得 SiO_2 气凝胶。采用这种制法时，由于水凝胶需用溶剂反复洗涤和交换，周期较长，因此凝胶容易产生裂纹甚至碎裂，这一倾向也就使无机盐法受到局限，一般用它来制备粉状的 SiO_2 气凝胶。

15.6.2 醇盐法

这是以正硅酸甲酯（或乙酯）为原料，乙醇和水为溶剂，酸（如盐酸）或碱（如氨水）作为催化剂制备 SiO_2 气凝胶的方法。这种方法由于周期短，且可制得密度很低而在宏观上又十分均匀的 SiO_2 气凝胶，可望获得更广泛的应用。

例如，称取一定量的正硅酸甲酯（或乙酯）溶于无水乙醇中，然后添加含有少量酸或碱的去离子水中，硅/醇/水之比一般为1:2:2~1:2:4，充分搅拌使其混合均匀，然后将混合液放入密闭容器中，置换恒温器在60~70℃下恒温0.5~1h，所需恒温时间通常与添加酸或碱的量有关。这时发生的反应如下：

$$Si(OC_2H_5)_4 + H_2O \longrightarrow Si(OC_2H_5)_3OH + C_2H_5OH \qquad (15-9)$$

$$Si(OC_2H_5)_3OH + 3H_2O \longrightarrow Si(OH)_4 + 3C_2H_5OH \tag{15-10}$$

$$2Si(OH)_4 \longrightarrow (HO)_3Si-Si(OH)_3 + H_2O \tag{15-11}$$

其中，$(HO)_3Si-Si(OH)_3$ 可进一步反应，交联成具有三维空间网络结构的醇凝胶。凝胶刚形成，由于网络结构不够坚固，不能立即进行临界干燥，必须放置一段时间进行老化，即让其网络表面的 —OH 功能团之间继续进行缩聚反应，形成新的硅氧键，老化使网络变得比较坚固。待醇凝胶的网络结构具有相当强度以后再放到容器中，通入高压液态干燥介质浸泡醇凝胶，以一定的速率升温至超临界状态进行干燥，最后得到 SiO_2 气凝胶。制备过程中酸碱度对水解过程的影响很大，在酸性条件下，硅酸单体发生慢缩聚反应，会形成低密度的网络状醇凝胶。在碱性条件下，硅酸单体迅速缩聚形成相对致密的凝胶。

利用溶胶—凝胶法制备的凝胶材料由于带有溶剂而需要干燥。在普通的干燥条件下，由于凝胶网络间溶剂的凹液面的表面张力会形成强烈的毛细管收缩作用，导致凝胶体积大幅度收缩并开裂，从而破坏凝胶纤细的网络结构。因此，制备 SiO_2 气凝胶必须使用超临界干燥工艺，使干燥过程中溶剂的表面张力不复存在，从而保持凝胶的网络结构。例如，采用液态 CO_2 为干燥介质进行超临界干燥时，先用液态 CO_2 置换凝胶中的溶剂。当溶剂完全被液态 CO_2 置换后进行升温，随着温度上升，密闭干燥器内的压强随之上升，最后达到超临界点 (31.0℃，7.39MPa)，使超临界干燥在室温附近完成，从而可制得高孔隙率、低密度、具有纳米尺度均匀网络结构的非晶态 SiO_2 气凝胶。

15.7 硅胶的表面结构及其与催化作用的关系[128,129]

15.7.1 硅胶的表面结构

如上所述，硅胶的骨架(SiO_2)是以 Si 原子为中心，O 原子为顶点的 Si-O 四面体在空间不太规则地堆积而成的无定形体。一旦 SiO_2 和水或湿空气接触，表面上的 Si 原子就会和水"反应"，以保持氧的四面体配位，满足表面 Si 原子的化合价，也就是说，表面产生了 OH 基。SiO_2 表面对水有相当强的亲和力，水分子可以不可逆地或可逆地吸附在表面上，所以 SiO_2 表面通常是由一层 OH 和吸附水覆盖着的。前者是键合到表面 Si 原子上的羟基，也就是化学吸附的水；后者是吸附在表面分子的水，也就是物理吸附的水。

升高温度和抽气可以除去硅胶表面的物理吸附水，但所需条件会随硅胶品种不同而异。此外，在硅胶结构内部还可能有"陷阱"水和"陷阱"羟基。这是因为一般的硅胶粒子在形成过程中都是由更小的粒子聚集而成，水粒子表面的水和 OH 就有可能被"锁"在大粒子内部。

一般认为，硅胶表面的吸附性质和化学性质主要是由表面羟基所决定的。吸附是通过这些羟基与吸附分子形成的氢键。红外光谱及核磁共振等方法的研究均证明硅胶表面上有羟基存在。硅胶红外光谱中 $3750cm^{-1}$ 的尖峰及 $3450cm^{-1}$ 的宽峰表明，SiO_2 表面存在着两种类型的羟基，前者是独立自由的羟基的 O—H 伸缩振动；后者是强氢键缔合的羟基和分子水。在硅胶热处理时，随着温度升高，表面基团和结构会产生一系列变化。约 170℃时缔合羟基开始缩合脱水，400℃时约少于一半的缔合羟基被除去，而在 750℃左右时 $3450cm^{-1}$ 峰基本消失。这时在 SiO_2 表面上存在的主要是未缔合的自由羟基，说明自由羟基的热稳定性很高。而至 1100℃ 时，自由羟基也完全消失而转变为 β-鳞石英结构。

硅胶表面羟基含量测定，通常有以下两种方法。一种方法是将硅胶经 120℃ 干燥先除去物理吸附水，再在 950℃ 下灼烧 2h，由失水量来计算羟基含量 N_{OH}：

$$N_{OH} = \frac{W_{OH} \times 10^{-2} \times N}{S \times 10^{18} \times M/2} = \frac{2 \times 10^3 \times W_{OH}}{3S} \quad (15-12)$$

式中　W_{OH}——SiO_2 灼烧后的失重百分数；

　　　N——阿伏伽德罗常数；

　　　M——水的相对分子质量；

　　　S——用氮吸附法测得的 SiO_2 比表面积，m^2/g。

另一种方法是采用石英弹簧秤测定硅胶对 BCl_3 的吸附量。假定 BCl_3 与硅小球表面分子按下述方式进行反应：

$$SiOH + BCl_3 \longrightarrow SiOBCl_2 + HCl$$

即一个 BCl_2 基取代一个 H 基，也相当于一个 OH 基，由此计算得硅胶表面的羟基数目，即

$$N_{OH}/单位表面积 = \frac{W_{BCl_3} \times N_A}{M_{BCl_3} \times S} \quad (15-13)$$

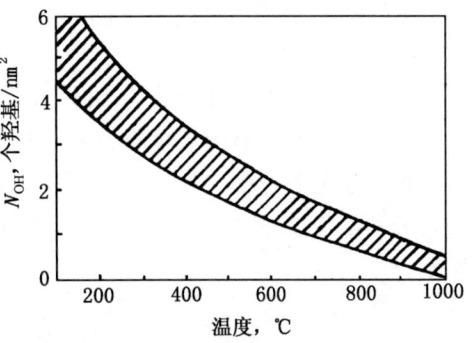

图 15-14　硅胶表面羟基浓度与热处理温度的关系

式中　W_{BCl_3}——BCl_3 的吸附量，g/g；

　　　M_{BCl_3}——BCl_3 的相对分子质量。

硅胶表面羟基含量 N_{OH} 随热处理温度升高而逐渐减少的关系如图 15-14 所示。在室温下，对热稳定的和完全羟基化的无定形 SiO_2 表面上的 N_{OH} 约为 4~5 个羟基/nm^2，随着热处理温度升高，N_{OH} 逐渐减少，至 1100℃ 时降为零，羟基浓度的减少主要是由于脱水所引起：

$$(15-14)$$

随着脱水过程进行，硅胶表面形成 $\underset{Si\ \ Si}{\diagup O \diagdown}$。它与内部的硅氧四面体不会是完全一样的，也就是说，表面上的 $\underset{Si\ \ Si}{\diagup O \diagdown}$ 的键长和键角会和正常的硅氧四面体有所不同。这种表面结构随着温度升高（不超过 950℃）而增加。

实验表明，硅胶在低于 700℃ 下热处理时其比表面积变化不大，其原因可能是在此温度下脱水后形成的 $\underset{Si\ \ Si}{\diagup O \diagdown}$ 的表面尺寸不变，无熔结现象所致。而在更高温度下热处理时，

由于自由羟基在高温下通过表面迁移而挨近，然后脱水，并引起 Si—O 键断裂，使硅胶熔结、孔结构坍塌，结果使比表面积及孔体积明显下降。

15.7.2 硅胶的表面性质与催化作用的关系

硅胶表面上的羟基含量和分布随制备条件不同而异，这也是造成硅胶表面能量不均匀的原因之一。硅胶在水溶液中能对过渡金属离子发生离子交换吸附。这表明硅胶表面的 Si—OH 中的质子 H^+ 具有交换能力，高分散的金属晶粒负载于硅胶上制成的催化剂就是根据这一性质来制备的。用 NaOH 和 HCl 溶液反复处理过的硅胶，经洗涤和干燥后所得到的钠型硅胶可与碱金属阳离子进行离子交换。一般认为硅胶既不显酸性也不显碱性，所以很少将硅胶直接用作催化剂，而一般常用作催化剂载体。改变硅胶表面酸性的方法很多，如用 NH_4F、NH_4HF_2 处理硅胶，或将硅胶用硼酸及磷酸等溶液浸渍，都可以增强硅胶的表面酸性。例如，以硅小球为载体制成的硼磷催化剂是一种典型的酸性催化剂，在用于由异丁烯甲醛合成异戊二烯反应时，催化剂中的钠离子含量对反应影响很大。Na_2O 含量在 0.124%～0.905%（质量分数）之间变化时，当 Na_2O 含量超过 0.197%（质量分数）后，异戊二烯收率明显降低，而催化剂的选择性则有所改善。这是由于钠离子过量时，使表面强酸中心受到抑制，从而减少了副反应发生、改善了催化剂的选择性。

硅胶孔结构及表面性质不同，活性组分在硅胶载体上的分布状态也是不同的。下面以 Pd 催化剂制备为例进行说明。

制备催化剂的活性组分为 $PdCl_2$，用盐酸溶液溶解后配制成浓度为 5% 的 $PdCl_2$ 溶液。

制备催化剂的硅胶载体有三种，这三种硅胶的孔结构性质如表 15-18 所示。

将上述配制好的 $PdCl_2$ 溶液，用 $NaHCO_3$ 调节成不同 pH 值的溶液后，用等体积浸渍法，分别浸渍 2 号硅胶，经 80～100℃ 干燥后观察球形剖面上 Pd 的分布情况，如表 15-19 所示。

表 15-18 三种硅胶载体的孔结构性质

序号	硅胶类型	比表面积 m^2/g	孔体积 mL/g	孔结构				微米级孔
				纳米级孔半径占总孔体积,%				μm 级孔半径占孔体积的%
				<3 nm	3～8 nm	8～12 nm	>12 nm	
1	球形粗孔硅胶1号	150～170	0.95	14～20	30～35	40～45	2.0	无
2	球形粗孔硅胶2号	290～380	0.80～1.0	30～35	40～50	约 1.0	约 2.0	0.4～0.6μm 占 30.9%；0.6～0.9μm 占 38.9%；0.9～1.73μm 占 30.2%
3	球形粗孔硅胶3号	160～190	0.80～1.0	12～18	40～50	13～20	4～9	0.4～0.6μm 占 31.1%；0.6～0.9μm 占 50.6%；0.9～1.2μm 占 13.2%；1.2～1.5μm 占 5.7%

浸渍操作可分为两种情况。一种方法是在不破坏硅胶孔结构的前提下，先用碱（$NaHCO_3$）浸渍硅胶球粒，干燥后，再浸 $PdCl_2$ 溶液。只要在硅胶球上能生成不溶或微溶于

水的金属氢氧化物，那么在浸 $PdCl_2$ 溶液时，当 Pd 离子接触到硅胶球粒外表上的碱以后，即在球粒外表生成 Pd 的氢氧化物沉淀。由于第一次浸渍碱的用量大于第二次浸渍 Pd 金属离子生成 Pd 的氢氧化物沉淀的理论量，故全部 Pd 离子在球粒外表生成沉淀。经还原，洗去阴离子后，可获得 Pd 具有"蛋壳"型分布。

表 15-19 不同 pH 值的浸渍液对活性组分分布的影响

$PdCl_2$ 溶液的 pH 值	硅胶颗粒剖面上 Pd 的分布情况	备 注
0.2	"蛋壳"型分布。外层为黑色，内层为白色	白色层为硅胶本身的颜色；黑色层为还原后金属 Pd 层的颜色（水合肼还原）
0.5	"蛋壳"型分布。外层为黑色，内层为白色	
1.0	"蛋白"型分布。外层为灰色，极薄；中层为黑色；内层为白色	
1.5	"蛋白"型分布，外层为灰色，极薄；中层为黑色；内层为白色	
5.2	"蛋白"型分布，外层为灰色，较厚；中层为黑色；内层为灰色	

第二种方法是浸有 Pd 金属离子的硅胶球粒，经干燥后用等体积碱液浸渍，则可利用硅胶毛细管在吸入水的时候，将均匀分布在球粒上的 Pd^{2+} 离子推到球粒中心。经过一段时间，球心的 Pd^{2+} 离子，由于反向的浓度梯度，再向球粒外表扩散迁移，从而使 Pd 组分具有"蛋白"型分布。当然，在二次浸碱液时，一次浸渍液的 pH 值、碱的用量及硅胶的孔结构都会对"蛋白"型分布情况产生影响。

当改用 3 号硅胶载体时，也采用第二种方法浸渍。先用 $PdCl_2$ 溶液浸渍硅胶小球（等体积浸渍），干燥后再浸碱液。当碱液与小球接触时，碱液开始迅速从球外表渗入，原先浸渍的金属盐类就被推向球粒中心，球粒外表立即恢复为硅胶原来的白色。此时在剖面上，可以看到浸渍盐类全部集中于球心，几分钟后，球中心的盐类逐渐向球外表扩散。当盐类扩散到接近球的外表时，在那里生成 Pd 的氢氧化物沉淀。随着时间延长，球心盐类不断向球面扩散，直至耗尽，也与 2 号硅胶小球一样，形成"蛋白"型分布。

用同样方法，先将 1 号硅胶小球用 $PdCl_2$ 溶液浸渍。然后用第二种浸渍方法浸渍碱液时，活性组分 Pd 只能获得均匀型分布，而不能获得"蛋白"型或"蛋壳"型分布。这是由于 1 号硅胶小球的孔结构中不存在微米级孔道，而 2 号及 3 号硅胶小球虽然比表面积差异很大，但两者都有微米级孔道。这两种孔结构的差别导致 1 号载体与 2 号、3 号载体在活性组分布上有相当大的不同。

第 16 章 硅 酸 铝

16.1 硅酸铝的结构

硅酸铝又称硅铝凝胶或硅铝胶，是由 SiO_2 和 Al_2O_3 相结合而成的复合硅铝氧的化合物，其中含有少量结构水。

合成硅酸铝是 Si、Al、O 三种元素为主互相化合而形成的大分子，三种元素的比例和结合连接方式是不固定的，但与制取时所用原料比例及工艺条件有关。总的规律是：Si 为四价，与四个 O 原子结合，它们在空间连接的方式是排列成小的正四面体单元（可参见图 7-9）。在四面体中心是 Si 原子，四个顶角位置上是 O 原子，O 是二价的，每个 O 又要和两个 Si 化合，这样就形成各个四面体之间通过共有一个顶点的 O 原子而结合成的大分子。在硅酸铝制备过程中，反应物原料中的 Al 取代一部分 Si 四面体中的 Si 而形成部分 Al 四面体，因此合成硅酸铝是由大部分 Si 四面体和少部分 Al 四面体互相连接而成，从而形成 7.6 节所述的硅酸盐化学结构。

如 7.6 节所述，硅酸铝表面存在着 B 酸及 L 酸两种酸中心，L 酸吸水后又转而转化成 B 酸中心。这种酸性使得硅酸铝成为一种很好的催化裂化催化剂。当原料油与催化剂在高温下接触而进行反应时，这种酸性能向原料油分子提供质子（H^+），成为不断进行裂化反应的条件。

合成硅酸铝是一种无定形固体，而不是晶体。从表面结构看，酸中心都位于 Al 的部位（参见 7.6 节），所以只有铝的部位才可能有活性中心，而 Si 则使 Al 在硅酸铝中能均匀地分散开来。所以，Al—O—Si 是活性结构，而 Si—O—Si 是非活性的结构。这种活性结构只有在固体表面上才能与原料油分子相接触而起催化反应。所以用作催化裂化催化剂的硅酸铝必须是一种具有较高比表面积的多孔结构物质，通过每个颗粒中微孔内表面上的大量酸性中心而显示其活性。一般来说，比表面积越大，酸性越高，催化活性也越好。

16.2 硅酸铝作催化剂载体的应用

由于无定形硅酸铝催化剂的热稳定性比分子筛要差。近来，在油品中的催化裂化装置中，分子筛已逐渐取代硅酸铝催化剂，但硅酸铝仍是分子筛催化剂的良好载体。硅酸铝用作分子筛载体具有以下作用。

（1）对分子筛具有稀释及分散作用，既可使分子筛活性更好，减少分子筛用量，降低催化剂生产成本，还可使催化剂失活时容易再生。

（2）在进行离子交换时，分子筛中的 Na 不可能完全被置换掉，而 Na 的存在会影响分子筛的稳定性，硅酸铝可以容纳分子筛中未除去的 Na，从而提高分子筛的稳定性。

（3）在裂化反应及再生操作中，硅酸盐作为吸热体起着热量贮存及传递的作用，从而提高分子筛催化剂的稳定性。

（4）可以提高分子筛催化剂的耐磨强度。

国内工业上用作分子筛催化剂载体的硅酸铝可分为低铝及高铝两种，如表 16-1 所示。

表 16-2 为国外公司的硅酸铝载体性能示例。

表 16-1 高、低铝硅酸铝的典型组成

组成,%	低铝硅酸铝	高铝硅酸铝
Al_2O_3	～13	～25
SiO_2	87	75
CaO	0.01	0.01
Fe_2O_3	0.05	0.05
Na_2O，K_2O	0.02	0.02
SO_4^{2-}（115℃）	0.4	0.4

表 16-2 国外硅酸铝载体的性能

公司	国家	型号	外形尺寸 mm	组成,% SiO_2	组成,% Al_2O_3	比表面积 m^2/g	孔体积 mL/g	堆密度 kg/L	吸水率 %
AKZO	美国	A-3P	ϕ3×3 片	13.5	86	450	0.50	0.64	—
		HA-3P	ϕ3×3 片	25	74	375	0.55	0.64	—
		HA1.5E	ϕ1.5×5.6 条	22.2	76.5	300	0.80	0.57	—
		85/15 3E	ϕ3 球	16.1	83	292	0.55	0.56	—
		C-2,3	67～125μm 粉	13	87	580～600	0.65～0.71	0.45～0.52	—
Carborandum	美国	AAMT-80	ϕ4.8～12.7 球	19	80	0.27	0.20	1.19～1.39	41
		AAMT-88	ϕ4.8～12.7 球	10	88	0.21	0.17	1.09～1.34	38
		AELT	ϕ4.8～12.7 球	22	72	0.19	0.10	1.38～1.54	26
		AMT	ϕ4.8～12.7 球	22	72	0.20	0.20	1.17～1.39	40
Davison	美国	970-13	ϕ4.8×4.8 片	13	87	100	0.28	0.75	—
		979	ϕ4.8×4.8 片	13	86	400	0.90	0.40	—
		980-13	ϕ4.8×4.8 片	13	87	375	0.40	0.73	—
		980-25	ϕ4.8×4.8 片	25	75	325	0.45	0.73	—
Mobil	美国	Sorbead R	4～8 目球	3	97	600	—	0.76	46
		Sorbead W	4～8 目球	11	89	250	—	0.80	41
Norton	美国	BA5218	球	12	86	—	—	1.06～1.19	36～42
		BC132	片	29	66	<1	—	0.96～1.03	39～43
		BC232	球	29	66	<1	—	0.86～0.99	42～48
		SA101	片、环	9	90	—	—	0.93～1.25	38～47
		SA103	片、环	12	87	—	—	1.01～1.33	36～42
UCI	美国	CS200	ϕ6.4 球	—	—	500～600	0.80	0.46～0.56	—
		CS390	ϕ8.4 球	—	—	2	0.20	0.77	—
东海化工	日本		ϕ1～50 球	50	48	340		0.75	56
东洋化成	日本	Sekado	ϕ6×8 片	51	45	300		0.80	57
大阪窑业	日本	SA-2-D	ϕ3 球			>200		0.62	
	日本	SA-2-V	ϕ3 空心球			>220		0.54	

分子筛催化剂一般只含 5%～15% 的分子筛,其余是载体,制备时是将分子筛按一定比例加到硅酸铝的凝胶中形成均匀混合物,经干燥、成型后制成催化剂。

硅酸铝除用作催化裂化催化剂载体外,也可用作其他催化剂的载体。

例如,用浸渍法使硅酸铝负载 Pt、Pd、Ni 等金属活性组分后,会呈现固体酸催化能力及金属的加氢与脱氢功能。将烃类通过这种催化剂时,烃类首先在金属活性组分上脱氢生成链烯烃,并在固体酸中心上发生异构化、聚合及环化等反应。

在 SiO_2-Al_2O_3 上负载 CrO_3 后,经 500℃ 空气活性处理,可制得聚乙烯用催化剂。虽然 SiO_2、Al_2O_3 负载 CrO_3 后可用作聚合催化剂,但聚合活性不如以 SiO_2-Al_2O_3 为载体时高。

在 SiO_2-Al_2O_3 上负载 NiS、WS_2 及 CoS 等硫化物时,可用作耐硫性加氢分解催化剂。催化剂兼有酸性功能及加氢功能。可用于催化重整反应,在 300～400℃ 的温度下,从石油制得富含异构链烷烃和环烷烃的汽油。

作为参考,表 16-3 示出了使用硅酸铝作载体的一些国外石油加工催化剂[69,70]。

表 16-3 使用硅酸铝载体的国外石油加工催化剂

型号	主要特点	用途（原料）	用途（产品）	载体	活性组分
(1) Akzo Nobel 公司					
Cobra	按辛烷值模式操作，产品价值最高	各种类型	最少干气，最大 LCO/HCO	Si/Al	分子筛、活性基质
Conquest	最大转化率，最高稳定性	各种类型，尤其是渣油和高含 N 进料	最大汽油 + LCO，最少干气，最大 LCO/HCO	Si/Al	分子筛、活性基质
Aztec	最大中间馏分油	各种类型	最大 LCO，最少干气，最大 LCO/HCO	Si/Al	分子筛、活性基质
Centurion	用于渣油	渣油	最大耐 Ni 度，最大耐 V 度，最大耐 Ni+V	Si/Al	分子筛、活性基质
K-25	改进辛烷值	高辛烷值，高 LPG 烯烃	高辛烷值汽油	SiO_2/Al_2O_3	ZSM-5
技术方案（可用于 Akzo 公司任意的 FCC 催化剂）					
SCT	短接触时间方案（用于生产高值产品）	所有类型	所有类型	Si/Al	分子筛、活性基质
Resolve	汽油含硫最少方案	所有类型	所有类型	Si/Al	分子筛、活性基质
Insitu-pro	CO 助燃方案（采用独特 Pt 分散技术）	所有类型	所有类型	Si/Al	分子筛、活性基质
(2) Catalytie Products					
MRZ-200, 230, 240	高液体产率	GO, 渣油	高汽油产率，高 LCO，极好的渣油改质性能	Si/Al	全稀土交换分子筛、氧化铝基质
MRZ-204, 206, 208	高辛烷值	GO, 渣油	最大辛烷值和烯烃，渣油改质	Si/Al	超稳分子筛、无稀土、氧化铝基质
MRZ-204S, 206S, 208S	高辛烷值汽油，气体和焦炭产率低	GO, 渣油	最大辛烷值，高水热稳定性和耐金属	Si/Al	超稳分子筛

续表

型号	主要特点	用途（原料）	用途（产品）	载体	活性组分
HYLIC – 30, 40, 50	高汽油和 LCO 产率	GO, 渣油	最大液体产率，高度渣油改质	Si/Al	超稳分子筛、中等稀土、中等基质活性
RCZ – 550S, 560S, 570S, 580S	高辛烷值汽油，气体和焦炭产率低	GO, 渣油	最大辛烷值，高 MON 焦炭和气体产率低	Si/Al	脱铝、超稳分子筛、低稀土、低氧化铝基质
ELZ – 2050S, 2060S, 2070S, 2080S	高辛烷值汽油，高 LCO 产率，气体和焦炭产率低	GO, 渣油	最大辛烷值，高 LCO 和 MON 汽油产率，高水热稳定性和金属容许度	Si/Al	脱铝、超稳分子筛、低稀土、氧化铝基质
ELZ – 2250S, 2260S, 2270S, 2280S	高辛烷值汽油，高 LCO 产率，气体和焦炭产率低	渣油	最大辛烷值，高 LCO 和 MON 汽油稳定性，高 V 容许度	Si/Al	脱铝、超稳分子筛、低稀土、捕钒氧化铝基质
Harmorex – 1240, 1250, 1260, 1270	高辛烷值汽油，低气体和焦炭产率	GO, 渣油	高汽油产率，低气体和焦炭产率，高 Ni/V 容许度	Si/Al	脱铝、超稳分子筛、V/Ni 捕集剂
Harmorex – 2440, 2450, 2460, 2470	高辛烷值汽油，低气体和焦炭产率	渣油	高汽油产率，低气体和焦炭产率，高 Ni/V 容许度，高渣油改质性能	Si/Al	脱铝、超稳分子筛、氧化铝基质
MRZ – 204S, 206S, 208S	最大的汽油和 LCO 产率	GO, 渣油	渣油高度裂化，低焦炭和气体产率，高金属容许度	Si/Al	超稳分子筛、低稀土、氧化铝基质
YMR – 1150, 2250, 2260, 2270	高辛烷值汽油，最大汽油和 LCO 产率	渣油	最大辛烷值，高度渣油裂化，低气体和焦炭产率，高金属	Si/Al	稀土 USY，金属捕集、氧化铝
YMR – 1250, 2250, 2260, 2270	高辛烷值汽油，高汽油产率，高金属容许度	渣油	高度渣油裂化，高金属容许度	Si/Al	稀土 USY，金属捕集、氧化铝
YGT – 2250, 2260, 2270	高转化率，高辛烷值，高度渣油裂化，高金属容许度	渣油	高度渣油裂化，高金属容许度	Si/Al	高稀土 USY，金属捕集、活性氧化铝

(3) Engelhard 公司

型号	主要特点	用途（原料）	用途（产品）	载体	活性组分
Dimension	低路易斯酸性基质，耐金属	高金含量金属	少产焦炭和气体，高辛烷值	SiO_2/Al_2O_3	USY/REUSY

续表

型号	主要特点	用途（原料）	用途（产品）	载体	活性组分
Dynasiv	高 REO（稀土金属氧化物）分子筛，活性基质	高含 V	高转化率和汽油产率，产渣油少	SiO_2/Al_2O_3	USY/REUSY
HEZ	高 REO 分子筛，活性基质	高含 V	高转化率和汽油产率，渣油最少	SiO_2/Al_2O_3	REY
Isoplus	低 REO 分子筛/很小的单晶胞尺寸（UCS）	所有进料	最大的辛烷值和烯烃产率	SiO_2/Al_2O_3	USY
Magnasiv	高 REO 分子筛，活性基质	高含 V	高转化率和汽油产率	SiO_2/Al_2O_3	REY
Nitrodyne	高活性，活性基质	高含 N	高转化率和汽油产率	SiO_2/Al_2O_3	REY
Octidyne	低 REO 分子筛，中等基质活性	所有进料	高辛烷值	SiO_2/Al_2O_3	USY/REUSY
Octisiv Plus	低 REO 分子筛，中等基质活性	高含 V	高辛烷值	SiO_2/Al_2O_3	USY/REUSY
Precision	分子筛 UCS 极小，控制分子筛活性	所有进料	高辛烷值	SiO_2/Al_2O_3	USY/REUSY
Prime	分子筛低 UCS，低路易斯酸性基质	所有进料	高辛烷值	SiO_2/Al_2O_3	USY/REUSY
Vektor	中等 REO 分子筛，中等基质活性	所有进料	高辛烷值/渣油少	SiO_2/Al_2O_3	REUSY
Ultradyne	高 REO 分子筛，低酸性基质	所有进料	高汽油产率，低焦炭和气体产率	SiO_2/Al_2O_3	REY
Z-1000	高活性基质，装置内滞留时间长，辛烷值添加剂	—	高辛烷值和 C_3/C_4 烯烃，渣油产率低，高辛烷值	SiO_2/Al_2O_3	ZSM-5
Reduxion	中等路易斯酸性基质	—	低渣油产率，高辛烷值	SiO_2/Al_2O_3	USY
Millenium	四功能基质，有金属容忍度和良好渣油改质性能	—	高辛烷值，渣油改质	SiO_2/Al_2O_3	USY
Ultrium	椭圆形成分，在高 Ni 和 V 环境下，焦炭和气体产率极低	—	用于焦炭和气体产率受限的装置，最大辛烷值	SiO_2/Al_2O_3	USY

续表

型号	主要特点	用途（原料）	用途（产品）	载体	活性组分
(4) Grace Davison 公司					
Residcat	结合进 RV 钒捕集剂，液体产率高，催化剂补充量少	渣油，尤其是高 V 进料	最大转化率，在高含金属时保持高活性	SiO_2/Al_2O_3	Z-14US/RV 或 Z-14G/RV
Spectra 400	高活性，低焦炭/气体产率，高度渣油改质，可变更 SAM-100 基质成分	GO，渣油，尤其是高 V 进料	SCT（短接触时间）装置，高度渣油改质，低焦炭/气体产率	SiO_2/Al_2O_3	改进的 Z-14US/WSAM-100
Spectra900	最大辛烷值，高度渣油改质，焦炭/气体产率少，装置内滞留时间长	GO，渣油	在中等含金属环境下，焦炭/气体产率低，高辛烷值	SiO_2/Al_2O_3	改进的 Z-14US
Ultima	最低焦炭/气体产率，最高渣油改质能力，使用可变更的活性 SAM-200 基质成分	GO，高含 Ni 渣油	最大汽油/柴油产率，低焦炭/气体产率，最大渣油改质能力	SiO_2/Al_2O_3	改进的 Z-14US，WSAM-200
XP	最大渣油改质能力，高产 LPG 烯烃，分子筛基质选择性，焦炭选择性/辛烷值高	GO，轻质渣油	最大的渣油改质性能，最大量产轻烯烃	SiO_2/Al_2O_3	Z-14G
Astra	高活性，优化辛烷值产率，双分子筛系统	GO，轻质渣油	高辛烷值	SiO_2/Al_2O_3	Z-14US/REHY 或 Z-14G/REHY
Gemini	含 XP 组分的平衡催化剂系统，大量提高炼厂灵活性	GO，轻质渣油	高辛烷值，可改变活性基质组分	SiO_2/Al_2O_3	Z-14US 或 Z-14G
Super Nova D	装置内滞留时间最长，高汽油产率，最大辛烷值，低焦炭产率，最大焦炭选择性，为低/中基质系统	GO，轻质渣油	高汽油产率，最大辛烷值	SiO_2/Al_2O_3	Z-14US 或 Z-14G
Octacat	最大焦炭选择性，为低/中基质系统	GO，CGO（焦化瓦斯油）轻质渣油	最大辛烷值，高汽油产率，低焦炭/气体产率，金属容许度好	SiO_2/Al_2O_3	Z-14US 或 Z-14G

续表

型号	主要特点	用途(原料)	用途(产品)	载体	活性组分
Orion	最大焦炭/气体选择性、优良的Ni容许度、可变更活性MMP基质	GO，尤其是高含Ni渣油	优异的焦炭/气体选择性、高金属容许度	SiO_2/Al_2O_3	Z-14US/MMP或Z-14G/MMP
Ramcat	优异的焦炭/渣选择性、高活性基质、较高的金属容许度、焦炭/气体产率低	重质渣油、GO	优异的焦炭选择性、渣油改质，最大的液体产率	SiO_2/Al_2O_3	Z-14US或Z-14G
IsomPlus	固体添加剂，用于提高辛烷值	GO、渣油	高辛烷值	专利	专利
Sabre	固体添加剂，用于选择性渣油改质	GO、渣油	高汽油+馏分油产率	专利	专利
CSR	固体添加剂，用于增产汽油、硫还原	GO、渣油	增产汽油	专利	专利
Additive O-HS	固体添加剂，用于增产汽油/LPG	GO、渣油	高汽油/LPG产率	专利	专利
OlefinsPlus	固体添加剂，优化活性、油选择性	GO、渣油	高汽油/LPG产率	专利	专利
Additive GSO	固体添加剂，提高辛烷值	GO、渣油	高辛烷值	专利	专利
(5) 墨西哥石油研究院					
IMP-FCC-05	汽油选择性催化剂	GO	高辛烷值汽油	无定形硅铝	REY分子筛
IMP-FCC-06	辛烷值催化剂	GO	高辛烷值汽油	无定形硅铝	REY分子筛
IMP-FCC-10	高辛烷值催化剂	GO	高辛烷值汽油+高含烯烃LPG	无定形硅铝	RE-USY分子筛
IMP-FCC-11	辛烷值催化剂	GO、渣油	高辛烷值汽油产率	无定形硅铝	RE-US4分子筛
IMP-FCC-12	辛烷值催化剂	GO、渣油	高辛烷值产率、低焦炭率、高金属容许度	无定形硅铝	USY-REUSY分子筛
IMP-FCC-51	辛烷值催化剂	GO、渣油	高辛烷值产率、高金属容许度	无定形硅铝	REUSY-USY分子筛

续表

型号	主要特点	用途（原料）	用途（产品）	载体	活性组分
(1) Cataleuna 公司					
\multicolumn{6}{c}{2. 加氢裂化催化剂}					
9514	高选择性，高压工况	未精制的 VGO	中间馏分油，加氢裂化烷烃	Al_2O_3/SiO_2	NiMo
9522	高活性和选择性，高压工况，与 9514 联用	未精制的 VGO	中间馏分油，加氢裂化烷烃	Al_2O_3/SiO_2	NiMo
(1) Chevron 研究与技术公司					
\multicolumn{6}{c}{3. 加氢处理/加氢/饱和催化剂}					
GC30, 36	高活性 HCR（加氢脱碳），用于润滑油	劣质润滑油料	润滑油基础油	SiO_2/Al_2O_3	专利
(1) BASF 公司					
\multicolumn{6}{c}{4. 烃类水蒸气转化催化剂}					
R1-10	甲烷化	工艺气，合成气	合成气用于制氨	Al_2O_3/SiO_2	Ni
(1) Akzo Nobel 公司					
\multicolumn{6}{c}{5. FCC 助燃剂}					
KOC-15	高比表面稳定性	CO 燃烧	添加剂	SiO_2/Al_2O_3	Pt
KOC-18	高比表面稳定性	CO 燃烧	添加剂	SiO_2/Al_2O_3	Pt
Fitrox A	低活性	CO 燃烧	添加剂	SiO_2/Al_2O_3	Pt
Fitrox C	中活性	CO 燃烧	添加剂	SiO_2/Al_2O_3	Pt
Fitrox H	高活性	CO 燃烧	添加剂	SiO_2/Al_2O_3	Pt
(2) Engelhard					
COCAT	低比表面载体	CO 完全或部分燃烧	添加剂	SiO_2/Al_2O_3	Pt
PROCAT	低比表面载体+装置内长滞留时间	CO 完全或部分燃烧	添加剂	SiO_2/Al_2O_3	Pt
(3) UOP 公司					
Unicat CI-3	活性金属	CO 燃烧	添加剂	Al_2O_3/SiO_2	Pt

16.3 硅酸铝载体的制备方法

硅酸铝载体通常可分为以下四种制法。

一是混合法。这是将纯净的 SiO_2 水凝胶和 Al_2O_3 水凝胶直接混捏后形成硅铝凝胶，然后再经洗涤、干燥、成型及焙烧后制成载体。这种方法制备简单，但均匀性较差。

二是浸渍法。这是用铝盐溶液浸渍硅酸水凝胶或 SiO_2 干凝胶粉后，经蒸发、烘干后制得硅铝干凝胶。

三是共沉淀法。这是将水玻璃和铝盐溶液直接反应，使 SiO_2 及 Al_2O_3 同时凝胶而制成硅酸铝水凝胶，然后再经洗涤、干燥、成型及焙烧制成载体。

四是分步沉淀法。这是先使水玻璃和硫酸反应生成 SiO_2 水凝胶，然后加入铝盐溶液及沉淀剂，使氢氧化铝沉淀在 SiO_2 水凝胶上，即制得硅酸铝水凝胶。再经洗涤、干燥、成型及焙烧制成载体。

由于用共沉淀法和分步沉淀法制得的硅酸盐，其孔结构及表面酸性可以通过制备条件进行调节，所以是制备硅酸铝载体的常用方法。下面简要介绍这两种制法。

16.3.1 共沉淀法制取硅酸铝载体

共沉淀法也称共胶法，是用水玻璃与酸化硫酸铝进行中和反应，使硅胶和铝胶同时反应生成硅铝溶胶，再经油柱成型，变成凝胶水球，然后经老化、活化、水洗、干燥及焙烧等过程制成硅酸铝载体。此法适用于硅酸铝小球的制备，其制备过程大致如图 16-1 所示。

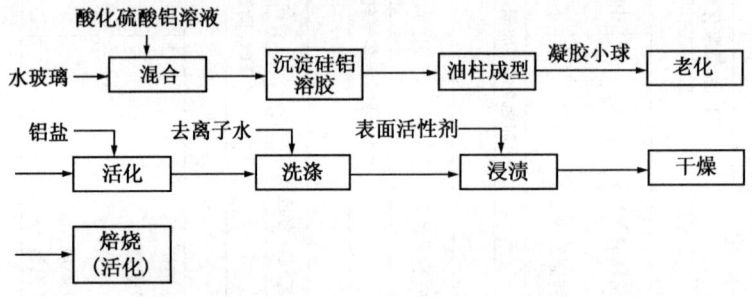

图 16-1 共胶法制硅酸铝工艺过程

制备过程对载体性质的影响因素如下。

1. 原料浓度及沉淀的 pH 值

原料浓度大时，沉淀时溶胶中的氧化物浓度也高，因而溶液的过饱和度大，从而产生不易长大的大量胶核，生成的凝胶粒子较小，因而有利于形成具有较大比表面积和较细孔结构的凝胶。

沉淀的 pH 值对凝胶孔结构的形成也有较大影响。当 pH 值高时，有利于凝胶粒子长大，形成的凝胶具有较大的孔隙及较小的颗粒密度；反之，当 pH 值低时，胶粒会吸附大量 H^+ 而形成较厚的水化膜，从而使凝胶粒子的成长速度减慢，获得颗粒密度较高而孔隙较小的凝胶。

2. 油柱成型

沉淀结束后将硅铝溶胶通过分布板流入油柱中，当溶胶 pH 值适宜时，液滴在油中沉降过程中发生胶凝而形成球形凝胶。胶凝时随着介质 pH 值的增加，生成凝胶的孔径变大，比表面积减少。

3. 凝胶老化

从溶胶变为凝胶的胶凝作用是一种不完全的絮凝。在油柱中胶凝了的凝胶虽已形成网状结构,但分子聚集得比较松散,包含了所有的液体介质。只有经老化过程后,凝胶的骨架收缩,并自动而缓慢地析出水分。一般来说,提高老化过程中介质的pH值,有利于形成大孔凝胶,而老化温度提高也有利于提高细孔半径。

4. 铝盐活化

老化后的凝胶经铝盐活化,既可以将Na^+离子交换出来,降低载体的钠含量,还可以提高凝胶中的Al含量,有利于提高硅酸铝的活性。

5. 洗涤

凝胶用去离子水洗涤主要是洗去凝胶中的SO_4^{2-}离子及其他杂质,洗涤过程也是凝胶老化过程的继续。所以选择洗涤温度及洗涤水的pH值时,不仅要考虑使杂质离子能很快除去,而且还要兼顾对凝胶孔结构的影响。例如,洗涤水pH值增高,或洗涤水中加入适量异戊醇,可以使硅酸铝凝胶的孔径增大。

6. 表面活性剂浸渍

凝胶洗涤后用表面活性剂浸渍可以防止凝胶干燥过程中小球发生龟裂,并提高小球的机械强度。

7. 热处理

凝胶经洗涤及用表面活性剂浸渍后需先经干燥脱去包含在凝胶骨架中的水,形成多孔结构的干凝胶。原来被水所占有的地方就形成干凝胶的孔穴。胶体粒子所占的网状骨架就形成干凝胶的壁。在脱水过程中随着骨架收缩,机械强度也随之增大。

经低温干燥脱水的硅铝凝胶还需进一步除去更多的吸附水,一般是在高于350℃对干凝胶进行焙烧活化,焙烧使硅酸铝的结构稳定,具有一定的孔结构及机械强度。但活化温度超过600℃时,会过多地除去凝胶中的水分,使表面酸性降低,从而减少硅酸铝的活性。

上述制备过程所制得的是硅酸铝小球。如果需制备微球硅酸铝载体,也可将水洗后的凝胶小球进行打浆破碎,再经喷雾成型及气流干燥制成微球型产品。

16.3.2 分步沉淀法制取硅酸铝载体

用分步沉淀法制备微球硅酸铝载体的工艺过程如图16-2所示。

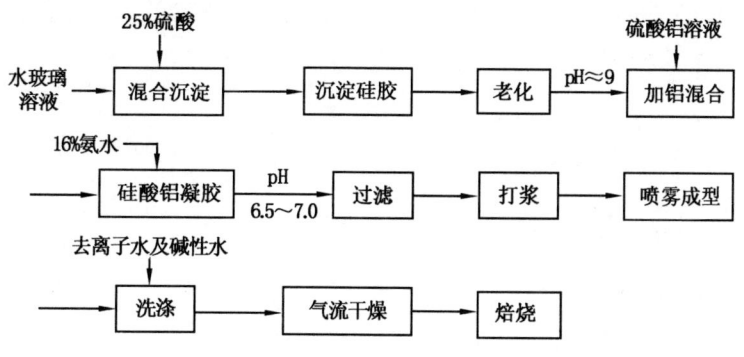

图16-2 分步沉淀法制硅酸铝工艺过程

制备时先在一定浓度的水玻璃溶液中加入浓度约25%的稀硫酸,在一定pH值及温度

下使沉淀生成 SiO_2 水凝胶，经老化后在 pH 值约为 9 下加入硫酸铝溶液，再加入浓度为 16％的氨水作沉淀剂，使产生的氢氧化铝沉淀在 SiO_2 水凝胶上，生成硅酸的凝胶。凝胶经过滤洗涤后，将滤饼打浆，浆液经喷雾干燥后制成微球形细粉，再经去离子水或碱性水洗涤、气流干燥及焙烧活化后制成硅酸铝载体。

制备过程中，原料浓度、成胶温度及 pH 值、老化、洗涤、喷雾成型温度及焙烧活化温度等条件都会对硅酸铝小球的孔结构及强度产生一定影响，其影响情况与共胶法有一定相似之处，这里不再详述。

第17章 硅 藻 土

17.1 概 述

硅藻土是海洋或湖泊中生长的硅藻类的残骸在水底沉积，经自然环境作用而逐渐形成的一种非金属矿物。它由半无定形的 SiO_2 所组成，并含有少量的 Fe_2O_3、CaO、MgO、Al_2O_3、K_2O、Na_2O、P_2O_5 及有机杂质，SiO_2 含量通常占 80% 以上。一般呈浅黄色或浅灰色，质软、多孔。熔点 1400~1650℃。除溶于氢氟酸外不溶于其他酸类，但易溶于碱。工业上常用作保温材料、过滤材料、填充材料、研磨材料、水玻璃原料，也常用作催化剂载体。

硅藻土比表面积大、孔隙率高、表面被大量硅羟基所覆盖，通常其颗粒表面带有负电荷，因此在水溶液中可用于吸附金属离子、有机化合物、高分子聚合物，还能吸附蛋白质。它可以吸附本身质量 2.5 倍的水。

在显微镜下可以观察到天然硅藻土的特殊多孔质构造，这种微孔结构是构成硅藻土具备有特征的物理化学性质的原因。由于天然硅藻土具有多孔性结构以及耐热耐酸等特性，所以它是催化剂常用的一种载体，由于它的机械强度较差，所以主要用作固定床催化剂的载体。表 17-1 示出了以硅藻土作催化剂载体的催化反应示例。

表 17-1 以硅藻土作催化剂载体的催化反应示例

反应种类	反 应 名 称	活 性 组 分	载体
氧化反应	苯氧化 $C_6H_6 + ^3/_2 O_2 \longrightarrow C_6H_4O_2$（苯酐） $C_6H_6 + ^9/_2 O_2 \longrightarrow C_4H_2O_3$（马来酸酐）	V_2O_5、MoO_3、WO_3	硅藻土
	正丁烯氧化制马来酸酐	V_2O_5-P_2O_5	硅藻土
	萘气相氧化 $C_{10}H_8 + ^3/_2 O_2 \longrightarrow C_{10}H_6O_2 + H_2O$ $C_{10}H_8 + ^9/_2 O_2 \longrightarrow C_8H_4O_3 + 2CO_2 + 2H_2O$ $C_{10}H_8 + 9O_2 \longrightarrow C_4H_2O_3 + 6CO_2 + 3H_2O$	V_2O_5、V_2O_5-K_2SO_4	硅藻土
	邻二甲苯气相氧化 $C_8H_{10} + O_2 \longrightarrow C_8H_8O + H_2O$ $C_8H_{10} + 2O_2 \longrightarrow C_8H_6O_2$ $C_8H_{10} + 3O_2 \longrightarrow C_8H_4O_3 + 3H_2O$	V_2O_5、V_2O_5-MoO_3、 V_2O_5-Co_2O_3、V_2O_5-CeO、 MoO_3、MoO_3-P_2O_5	硅藻土
	$SO_2 \xrightarrow{O_2} SO_3$	碱金属硫酸盐	硅藻土
	$CH_3CH=CHCH_3 \xrightarrow{O_2}$ (HC=CH, CO CO)	P、Co、Zn、Fe、碱金属	硅藻土
	丙烯氨氧化制丙烯腈	Sn-Mo-Bi-Fe-Co-In-W	硅藻土

续表

反应种类	反应名称	活性组分	载体
加氢反应	$C_6H_6 + 3H_2 \longrightarrow C_6H_{12}$	Ni、Co	硅藻土
	$RC\equiv W \xrightarrow{H_2} RCH=NH \xrightarrow{H_2} RCH_2NH_2$	Ni	硅藻土
	脂肪类、油类及脂肪酸类加氢	Ni	硅藻土
	肉桂酸及肉桂酸酯加氢	Ni	硅藻土
	醛酮中的羰基加氢	Ni	硅藻土
	芳香烃高压加氢	Ni	硅藻土
	伯胺加氢	Ni	硅藻土
	豆油及乙醇共轭加氢	Ni	硅藻土
脱氢反应	$CH_3OH \longrightarrow HCHO + H_2$	ZnO、Cu	硅藻土
	异冰片脱氢	Cu、Zn、Mn 等	硅藻土
	乙醇脱氢制乙醛	Cu-Mg	硅藻土
水合反应	烯烃水合	H_3PO_4	硅藻土
	$C_2H_4 + H_2O \longrightarrow C_2H_5OH$		
	$C_3H_6 + H_2O \longrightarrow iso-C_3H_7OH$		
还原反应	高级醇还原	Ni	硅藻土
	芳香族硝基化合物氢气还原	硝酸镍	硅藻土
合成反应	氯乙烯合成	$HgCl$、KCl	硅藻土
	费休（Fischer）合成法制醛、醇、酮	Co	硅藻土
	合成汽油	Co-Th	硅藻土
	乙酸乙烯酯合成	Pd	硅藻土
	甲烷合成	Ni+10%Th	硅藻土
其他反应	水蒸气转化	Ni、Co	硅藻土
	丙烯聚合	H_3PO_4	硅藻土
	芳香烃烷基化	H_3PO_4	硅藻土
	脱硫反应	Ni	硅藻土

  硅藻土起载体作用的主要成分为二氧化硅，很多文献都报道，硅的氧化物对促进催化剂的活性有着很好的作用。以二氧化硫催化氧化的钒催化剂为例，目前，成功的工业钒催化剂都是以硅的氧化物为载体。催化剂的活性组分是 V_2O_5，助催化剂是碱金属硫酸盐，载体是精制硅藻土。实验表明，二氧化硅对活性组分 V_2O_5 起着稳定作用，并随助催化剂中 K_2O 或 Na_2O 含量的增加而加强。而且催化剂的活性还与硅藻土载体的分散度及孔结构有关。从后面的讨论将会知道，硅藻土用酸（硫酸或盐酸）处理后，氧化物杂质含量降低，二氧化硅含量将会增高，而且比表面积、孔体积也均增大。这表明使用精制硅藻土的载体效果要比天然硅藻土更好。

  用作其他催化剂载体时的实践也表明，硅藻土的物化性质对催化剂的活性有重大影响，而硅藻土的孔结构和比表面积却随产地而异。我国硅藻土矿源分布广，蕴藏量大，以吉林省最多，占全国储量的 54.8%。下面主要讨论我国部分地区所产硅藻土的物理化学性质，以作为选择硅藻土供催化剂载体用时参考。

17.2 硅藻土的种类[130,131]

硅藻土一般是由统称为硅藻的单细胞藻类死亡以后的硅酸盐遗体形成。本质是含水的非晶质二氧化硅。硅藻土在淡水和咸水中均可生存，其种类多达 1500 种以上。它们的硅壳构造也是多种多样的，一般可分为中心目硅藻和羽纹目硅藻。中心目硅藻外形为圆盘形。瓣面上的花纹分布状况是中心向四周作辐射状排列，呈圆筛形、蛛网状。常见的中心目硅藻有圆筛藻、小环藻、冠盘藻、蛛网藻、直链藻等；羽纹目硅藻，细胞呈长圆形，两侧稍许平行，两端宽圆。在瓣面的中央，从上到下有一条明显的沟，称作沟缝，排列着许多横切走向且相互平行的细条线，称作肋纹，每条肋纹的构造十分复杂。常见的羽纹目硅藻有桅杆藻、舟形藻、月形藻、桥穹藻、异端藻等。表 17-2 示出了我国部分地区硅藻土中含有各类属硅藻土的百分数。

表 17-2　各地硅藻土中含有各类属硅藻土的百分数

目	属	山东省临朐县	吉林省长白县	吉林省海龙县	吉林省抚松县	浙江省嵊县	四川省米易县新民村	四川省米易县回汉村
中心目硅藻	圆筛藻	—	—	2	—	1	20	10
	小环藻	—	—	—	73	—	60	79
	冠盘藻	—	96	—	—	—	—	—
	蛛网藻	—	—	—	—	4	—	—
	直链藻	100	2	96	1	95	16	10
羽纹目硅藻	桅杆藻	—	—	—	4	—	—	—
	舟形藻	—	—	—	1.5	—	—	—
	月形藻	—	—	—	3	—	—	1
	桥穹藻	—	—	2	4	—	4	—
	异端藻	—	—	—	1.5	—	—	—
	针杆藻	—	—	—	1	—	—	—
	棒杆藻	—	—	—	1.5	—	—	—
	羽纹藻	—	—	—	3	—	—	—
	网眼藻	—	—	—	3	—	—	—
	双菱藻	—	—	—	2	—	—	—
	波纹藻	—	—	—	1.5	—	—	—

表 17-2 所示硅藻土硅藻分类表中的各属所占百分数，是一个概略的统计，可以看出不同产地的硅藻土有的属种单调，有的属种复杂。

天然硅藻土经用电子显微镜观察表明，它们都是由具有多孔性的硅壳和杂质所组成。其硅壳的构造显示出各种形态，硅壳上面的孔洞多呈规则的排列，除有规则的粗孔外，还具有大量微孔。

17.3 硅藻土的化学组成

天然硅藻土的主要成分是 SiO_2。通常以含 SiO_2 量超过 70% 的白色天然硅藻土为优质。单体硅藻无色透明。硅藻的颜色往往取决于黏土矿物及有机质等，含杂质多时，常被铁的氧化物或有机质污染而呈灰白、黄、绿以至黑色。来自不同矿源硅藻土的化学组成各不相同，表 17-3 给出了我国部分地区硅藻土的化学组成。

我国天然硅藻土里 SiO_2 含量以吉林省长白县和抚松县的为最高，山东省、湖北省、吉林省海龙县及桦甸县的次之，四川省、浙江省的为最低。倍半氧化物 Fe_2O_3、Al_2O_3 的含量以吉林省长白县和抚松县最低，浙江省、四川省为最高，山东省、湖北省、吉林省海龙县居中。

表 17-3 中所示精土是指将天然硅藻土（简称原土）先经 90℃ 热水除去泥沙杂质，再在高于 90℃ 的温度及不断搅拌的情况下，用 $(38±2)\%$ 硫酸按酸：土比为 1:1 的用量处理 12h，以使硅藻土中的 Fe_2O_3、Al_2O_3、MgO 等杂质与酸作用生成可溶性硫酸盐，然后过滤，再用 65℃ 的水洗去可溶性硫酸盐及游离酸后，于 100℃ 下干燥 20h，便制成精制硅藻土，简称精土。

酸处理后的精制硅藻土的化学组成发生了改变，SiO_2 含量增高，倍半氧化物含量降低。

表 17-3 硅藻土的化学组成

单位：%

样品	山东临朐县		吉林长白县		吉林海龙县		吉林桦甸	吉林抚松
外观	白色片状		白、灰白色块状		灰、灰褐色块状			白色块状
	原土	精土	原土	精土	原土	精土	原土	原土
SiO_2	74.56	86.53	92.75	93.56	75.91	88.47	73.07	90.30
Fe_2O_3	3.94	0.10	0.50	0.17	3.13	0.34	5.15	0.62
Al_2O_3	9.04	2.08	2.57	1.38	11.06	3.23	11.40	3.27
CaO	1.37	—	0.24	0.13	0.70	—	0.85	0.27
MgO	0.83	—	0.19	0.17	1.0	—	1.0	0.29
烧失重（800℃）	5.66	—	2.89	3.3	6.92	6.45	5.75	3.69

样品	浙江嵊县		四川米易县新民村		四川米易县回汉村		湖北随州
外观	灰白色、片状		灰白色		灰白色		灰色片状
	原土	精土	原土	精土	原土	精土	原土
SiO_2	64.8	86.86	67.68	85.58	70.80	78.90	74.70
Fe_2O_3	2.91	0.23	1.94	0.002	2.35	0.06	2.74
Al_2O_3	16.40	4.22	17.06	3.96	13.45	11.21	5.40
CaO	—	0.33	—	0.41	—	—	—
MgO	—	0.16	—	0.17	—	—	—
烧失重（800℃）	—	3.1	5.23	—	5.98	4.55	—

17.4 硅藻土的孔结构

硅藻土是由各种不同微细构造的硅壳及杂质所组成,所以多孔而易碎,但骨架微粒的硬度较大。硅藻土的密度很小,仅为 0.4～0.9g/mL,能浮于水面,熔点为 1400～1600℃。各地硅藻土的孔结构、比表面积及孔分布都有所不同。表 17-4 示出了我国部分地区硅藻土的孔结构,图 17-1 示出了孔径大小的分布情况。

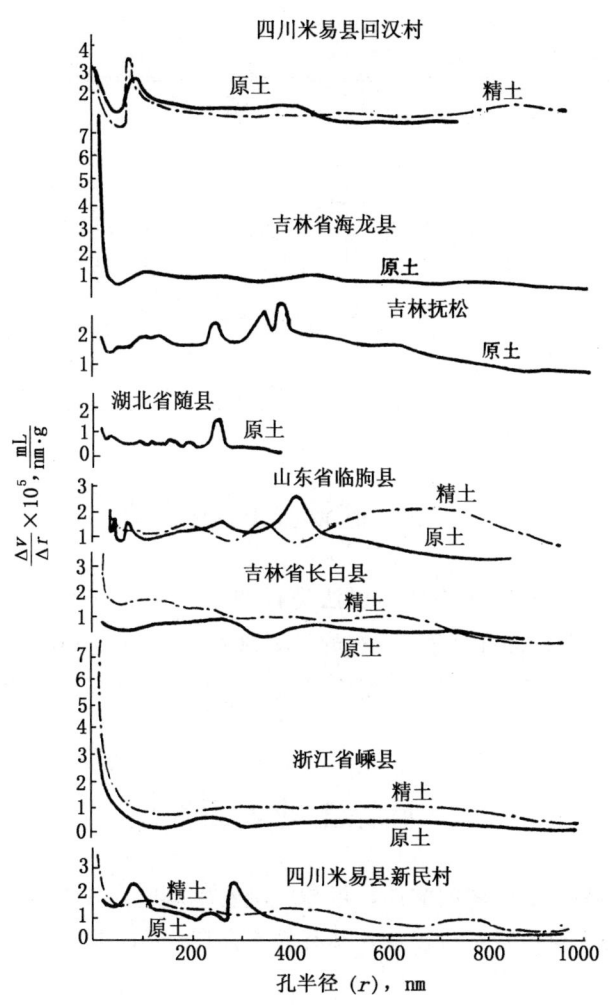

图 17-1　硅藻土孔径大小分布图

从表 17-4 可以看出,山东产的硅藻土的比表面积、孔体积及主要孔半径为最大。用酸处理后的精土,其比表面积、孔体积、主要孔半径均获得增大,而堆密度却减少。这表明,通过酸处理不仅可以把天然硅藻土中的杂质 Fe_2O_3、Al_2O_3 等大部分溶解掉,同时也能溶去孔中的杂质,从而改善硅藻土的孔结构。

— 347 —

表 17-4 硅藻土的孔结构

项 目	山东省临朐县		吉林省长白县		吉林省海龙县		吉林省桦甸县	吉林省抚松县
	原土	精土	原土	精土	原土	精土	原土	原土
堆密度，g/mL	0.43	0.29	0.32	—	0.34	0.23	0.54	—
孔体积，mL/g	0.87	1.40	0.45	1.00	0.98	—	—	—
比表面积，m²/g	64.9	65.1	19.1	21.8	46.0	—	58.0	21.7
主要孔半径，nm	50～500	50～800	100～800	50～700	50～500	—	—	50～700

项 目	浙江省嵊县		四川省米易县新民村		四川省米易县回汉村		湖北随州
	原土	精土	原土	精土	原土	精土	原土
堆密度，g/mL	0.57	0.45	0.64	0.50	—	0.52	—
孔体积，mL/g	6.60	1.35	0.60	0.97	0.63	0.76	0.66
比表面积，m²/g	46.4	57.2	33.0	43.4	371	57.5	32.2
主要孔半径，nm	50～800	50～800	50～400	50～550	50～400	50～500	<300

17.5 硅藻土的相组成

天然硅藻土的相组成采用 X 射线衍射法进行测定，其结果如图 17-2 所示。它们都是以大量无定形 SiO_2 存在，带有少量 α-石英、蒙皂石 $[AlSi_2O_6(OH)_2]$ 等杂质，其中 α-石英含量以山东土较少，浙江土较多。蒙皂石含量以山东土最多，浙江土次之，吉林省长白县的硅藻土最少。

17.6 硅藻土的表面性质[130]

硅藻土作为固体酸，显微弱的酸性，可与弱碱发生反应。其表面吸附性质与其表面结构有关。硅藻土表面为大量硅羟基所覆盖，并有氢键存在，OH 基团也分布在硅藻土细孔内表面，其结构如图 17-3 所示。

这些 OH 基团是使硅藻土具有表面活性、吸附性以及酸性的本质原因。

硅藻土表面羟基在水溶液中部分离解为 $\equiv Si-O^-$ 和 H^+，其表面离解的 H^+ 越多，粒子的表面酸强度也就越高。所以，硅藻土表面酸强度与其内孔表面每平方米的羟基数目有关，而后者又与孔直径和比表面积有关。孔直径越小，每平方米羟基基团数目越多，那么电离出 H^+ 也越多，酸强度也越强。

硅藻土经焙烧处理后，随着比表面积及孔结构发生变化，硅藻土表面每平方米的羟基数也发生变化，酸强度也会随之改变。一般来说，在 400℃ 焙烧时，硅藻土微孔中有机质经燃烧除去，微孔内表面每平方米的羟基数目也增多，因此易离解出更多的 H^+。在 600℃ 以上焙烧时，中孔平均直径增大，比表面积相应减少，其内孔表面每平方米羟基数降低，因此电

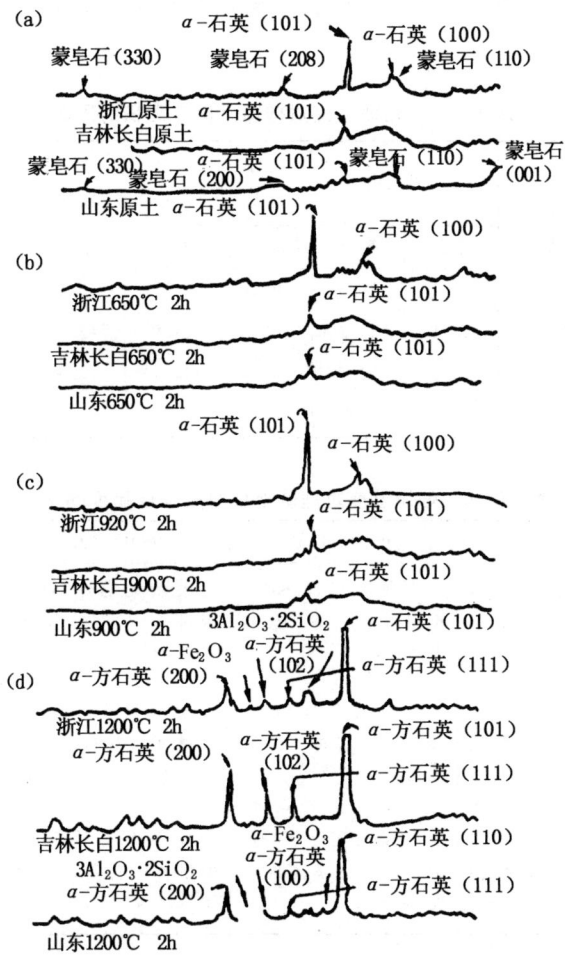

图 17-2 硅藻土的 X 射线衍射图

离出 H^+ 也越少,表面酸强度也会随之降低。焙烧至 950℃以上时,有相当一部分细孔发生熔化,平均孔直径增大,表面每平方米的羟基数减少,产生的 H^+ 也减少,而焙烧至 1150℃时,硅藻土会全部裂成碎片,颗粒之间发生熔结,表面羟基数大幅度降低,产生 H^+ 相应更困难,表面酸强度更显减小。

硅藻土经酸洗后,除去了内孔表面可溶性金属氧化物而使表面酸强度也发生变化。在水溶液中,吸附于硅藻土表面的金属离子与硅羟基形成共价键,促进 H^+ 的离解。硅藻土经酸洗后,除去了部分金属离子,使硅羟基较未酸洗前难离解出 H^+,因此表面酸强度降低。

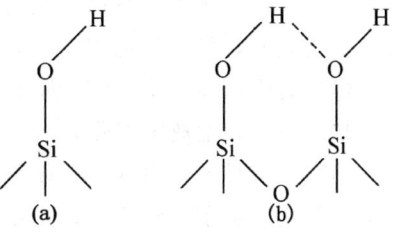

图 17-3 OH 基团结构

17.7 硅藻土的热稳定性

为了考察硅藻土的热稳定性,将天然硅藻土和酸处理后的精土分别经 650℃、900℃、

1200℃2h焙烧处理，然后观察硅藻土的比表面积和相组成的变化。其结果如表17-5及表17-6所示。

表17-5　焙烧温度对硅藻土比表面积的影响　　　　　　单位：m²/g

条件	山东临朐		吉林长白		吉林海龙	吉林抚松	浙江嵊县	四川米易回汉村	四川米易新民村	湖北随州
	原土	精土	原土	精土	原土	原土	原土	原土	原土	原土
未经焙烧	64.9	65.1	19.1	21.8	46.0	21.7	46.4	37.1	33.0	32.2
650℃ 2h	64.3	74.4	20.1	23.3	40.2	21.9	43.2	32.5	27.7	—
900℃ 2h	16.4	73.1	15.3	23.5	36.3	21.1	17.5	27.5	20.8	28.6
1200℃ 2h	3.2	11.1	4.9	8.5	8.6	6.1	1.2	1.5	6.1	

表17-6　焙烧温度对硅藻土相组成及结晶度的影响

样品	原土	650℃, 2h	900℃, 2h	1200℃, 2h
山东省临朐县	大量无定形 SiO_2，少量 α-石英，结晶度2.7%	大量无定形 SiO_2，少量 α-石英，结晶度2.6%	大量无定形 SiO_2，少量 α-石英，结晶度2.6%	大量 α-方英石，少量 α-石英，α-Fe_2O_3，少量 $3Al_2O_3 \cdot 2SiO_2$
吉林省长白县	大量无定形 SiO_2，少量 α-石英，结晶度2.8%	大量无定形 SiO_2，少量 α-石英，结晶度2.7%	大量无定形 SiO_2，少量 α-石英，结晶度3.4%	大量 α-方英石，少量 α-石英
浙江省嵊县	大量无定形 SiO_2，少量 α-石英，结晶度16.5%	大量无定形 SiO_2，少量 α-石英，结晶度20.5%	大量无定形 SiO_2，少量 α-石英，结晶度22.0%	大量 α-方英石，少量 α-石英，α-Fe_2O_3，少量 $3Al_2O_3 \cdot 2SiO_2$

17.7.1　比表面积的变化

从表17-5可以看出，硅藻土在不同温度下焙烧后，比表面积会发生很大变化。从比表面积看，天然硅藻土的热稳定性能以吉林省抚松县、长白县和湖北随州的为优，山东、浙江较差。这表明，倍半氧化物 Fe_2O_3、Al_2O_3 含量低的土热稳定性好，反之，热稳定性就差。而先经酸处理再经低于900℃温度下焙烧处理后，可以进一步提高硅藻土的比表面积。

17.7.2　相组成的变化

山东、吉林省长白县、浙江等三地区的硅藻土经650℃、900℃焙烧2h后，相分析结果与原土相比，山东土较稳定，变化不大，而浙江土在650℃、吉林省长白县土在900℃焙烧处理后，结晶型的 α-石英发生变化，如表17-6及图17-2(b)、图17-2(c)所示。这表明山东硅藻土无定形 SiO_2 相的热稳定程度优于吉林省长白县土，吉林省长白县土又优于浙江土。当焙烧温度达到1200℃，三种土才转变为 α-方英石，此时吉林省长白县土杂质较少，山东土和浙江土除 α-石英外，还含有少量富铝线柱石（$3Al_2O_3 \cdot 2SiO_2$）及 α-Fe_2O_3，如图17-2(d)所示。

17.7.3　硅藻壳片的变化

通过电子显微镜观察表明，天然硅藻土经900℃焙烧2h后，硅壳上有规则排列的孔结构仍然保持完好，但在温度高于1200℃时焙烧2h后，山东、吉林省长白县、浙江三地区硅藻土的排列孔就严重破坏，吉林省海龙县土遭部分破坏，而吉林省抚松县土则基本保持完好。

综合上面的讨论，我们可以将硅藻土的物化性质简要地归结成以下两个方面：

(1) 我国部分地区几种天然硅藻土都是以中心目硅藻为主，其中有些地区的硅藻土还夹有少量羽纹目硅藻。它们都是由大量无定形 SiO_2 及少量杂质所组成，一般比表面积为 19～65 m^2/g；孔体积为 0.45～0.98 mL/g；主要孔半径在 50～80 nm 之间。其中山东省临朐县、浙江省嵊县和吉林省海龙县硅藻土属种单纯，中心目直链藻占 95% 以上，比表面积、孔体积和主要孔半径都较大，这可能与直链藻的孔洞丰富有关。从孔结构的角度来看，采用这类硅藻土作载体，可能有利于提高催化剂的内表面利用率。

(2) 实验表明，经酸处理后的精制硅藻土，由于在相当大的程度上清除了孔内外的酸溶性杂质，因而能获得下面几种效果：即增高 SiO_2 含量，降低倍半氧化物含量，增大比表面积、孔体积及主要孔半径，减少堆密度；提高比表面积的热稳定性，酸处理后再经 900℃ 以下焙烧处理，还可进一步增大比表面积。这些结果表明，通过预处理可使硅藻土的性质向着有利于作催化剂载体的方向转化。

17.8 以硅藻土作载体的催化剂制备方法

如上所述，硅藻土主要成分是 SiO_2，具有适宜的孔结构，也是常用的催化剂载体，尤其对于钒催化剂，硅藻土更具有独特的作用。下面就以二氧化硫催化氧化的钒催化剂为例，说明以硅藻土作载体的钒催化剂制备方法。

二氧化硫催化氧化制硫酸是最早使用固体催化剂的一个反应。工业上使用最多的催化剂是以 V_2O_5 作活性组分，以碱金属的硫酸盐作助催化剂，而以硅藻土、硅胶、分子筛等硅质材料作载体，其中尤以硅藻土作催化剂载体较多。实践也表明，当活性组分选定以后，催化剂的制备方法及载体的选择是很重要的，载体的物理化学性质往往对催化剂的活性产生很大影响。

钒催化剂的制备，可以采用浸渍法，也可采用机械混合法。图 17-4 给出的是采用机械混合法制备的工艺过程。下面简单讨论这种催化剂制备原理。

如上所述，硅藻土的主要成分虽是 SiO_2，但它还含有很多其他杂质成分。这些杂质成分会对催化

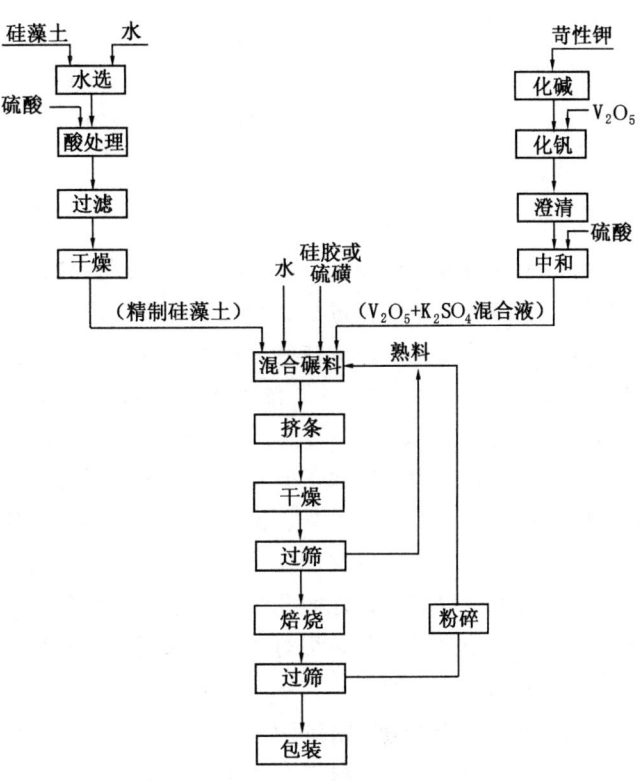

图 17-4 钒催化剂制备工艺过程

剂的活性产生有害影响,所以使用前需先经过水洗与酸处理等净化过程,酸洗用酸常用硫酸,它通过下面的化学反应而使杂质与硫酸作用生成可溶性盐易于洗涤除去:

$$Fe_2O_3 + 3H_2SO_4 \longrightarrow Fe_2(SO_4)_3 + 3H_2O \tag{17-1}$$

$$Al_2O_3 + 3H_2SO_4 \longrightarrow Al_2(SO_4)_3 + 3H_2O \tag{17-2}$$

$$MgO + H_2SO_4 \longrightarrow MgSO_4 + H_2O \tag{17-3}$$

$$CaO + H_2SO_4 \longrightarrow CaSO_4 + H_2O \tag{17-4}$$

原料 V_2O_5 也须进行净化处理,它通过与苛性钾作用而使 $Fe(OH)_3$ 杂质以沉淀形式得以分离,其主要反应如下:

$$V_2O_5 + 2KOH \longrightarrow 2KVO_3 + H_2O \tag{17-5}$$

$$V_2O_5 + 6KOH \longrightarrow 2K_3VO_4 + 3H_2O \tag{17-6}$$

$$Fe^{3+} + 3OH^- \longrightarrow Fe(OH)_3 \downarrow \tag{17-7}$$

上面得到的钒盐与一定浓度的浓硫酸经下述中和反应制得 V_2O_5 与 K_2SO_4 的混合物:

$$2KVO_3 + H_2SO_4 \longrightarrow K_2SO_4 + V_2O_5 + H_2O \tag{17-8}$$

$$2K_3VO_4 + 3H_2SO_4 \longrightarrow 3K_2SO_4 + V_2O_5 + 3H_2O \tag{17-9}$$

$$2KOH + H_2SO_4 \longrightarrow K_2SO_4 + H_2O \tag{17-10}$$

将经上述过程制得的 K_2SO_4 和 V_2O_5 的混合物以及精制硅藻土一起送至碾轮混合机中混合后,经挤条、干燥、过筛、焙烧活化等工序,即可制得钒催化剂成品。

这样制得的催化剂,载体的分散度、孔隙率以及活性组分的表面浓度对催化剂活性都有很大影响。一般认为, V_2O_5 - 硅藻土催化剂的较高活性是由于反应条件下生成的 V_2O_5 - SiO_2 黏土熔融物所致。

制备钒催化剂的关键除了原料精制以外,混合时的碾压时间及焙烧条件也是很重要的因素。碾压除了关系到活性组分、助催化剂是否能均匀地分散到载体上,同时还会影响催化剂强度。焙烧活化不但可以增加催化剂强度,而且能同时除去造孔剂硫黄及硅藻土精制后残留的微量有机物,以获得良好的孔结构,使活性组分及助催化剂共熔并在载体上重新分配。所以选择合适的焙烧温度及焙烧时间对催化剂活性有很大影响。表17-7示出了焙烧条件对催化剂活性及机械强度的影响。

总的说来,用作催化剂载体的是精制硅藻土,颜色要求白色。载体性能好坏主要取决于硅藻土孔结构状态。一般以直链藻的孔结构为最好。其中以山东临朐生产的精制硅藻土质量为上乘。

表 17-7 焙烧条件对催化活性及机械强度的影响

焙烧条件		机械强度（未破碎率）%	热处理前催化活性 转化率 %	热处理后活性下降率,%	
温度,℃	时间 h			5h 后	40h 后
不焙烧	—	64.9	88.2	25.0	55.0
450	1	70.1	88.0	19.4	43.0
450	2	72.2	87.6	19.2	42.6
500	1	83.7	87.2	16.4	35.3
500	2	84.2	87.4	16.3	35.0
500	1	89.9	86.8	16.7	35.2

第18章 离子交换树脂

18.1 概　　述

离子交换树脂通常指人工合成的离子交换材料。它带有活性功能基，能通过所带的可交换离子与介质（有机溶剂、水、气体等）中的其他离子进行交换。它包括吸附树脂、离子交换膜、离子交换纤维、液体离子交换树脂、螯合树脂和冠醚树脂等。近年来，离子交换技术发展很快，已和蒸馏、吸附、过滤等典型化工生产技术一样，广泛用于石油化工各部门。利用离子交换树脂的选择性进行交换、吸附、配合，

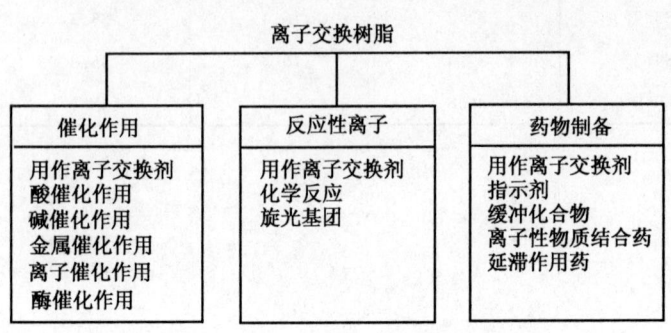

图18-1　离子交换树脂作载体的应用

可以达到浓缩、分离、提纯、净化及脱色等效果。在水处理、原子能科学技术、化学及生物药剂提纯制备、医药卫生、分析化学及环境保护等领域中采用离子交换技术可增加新品种，提高产品质量、简化工艺、降低成本等。

离子交换树脂也是最早工业化的反应性高分子及最早的高分子试剂和催化剂。由于离子交换树脂是不溶解的化合物，大部分品种都具有一个有机基体，由于交联的原因，这种基体在化学上是不活泼的，溶胀度也很少，所以特别适宜作各种用途的载体物质，如图18-1所示。

18.2　离子交换树脂的组成

离子交换树脂不溶于酸、碱溶液及各种有机溶剂，结构上属于既不溶解，又不熔融的多孔性固体高分子物质。离子交换树脂的单元结构由三部分组成：交联的具有三维空间立体结构的网状骨架、连接在骨架上的许多较为活泼的功能基以及功能基团所带的相反电荷的可交换离子。图18-2为阳离子交换树脂的结构示意图。功能基在固定的网络骨架上不能自由移动，但功能基上可以离解的离子却能自由移动，使用或再生时，在不同外界条件下，可与周围的同电荷其他离子相互交换，所以称作可交换离子。通过人为控制树脂上的这种可交换离子，创造适宜条件，如改变浓度差、利用亲合力差别等，使它与相接近的同电荷离子进行反复交换，以达到分离提纯、净化、浓缩等不同使用目的。

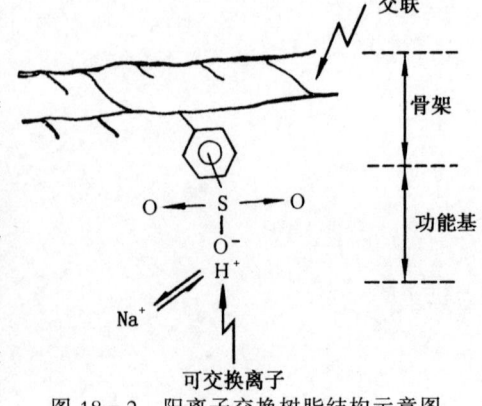

图18-2　阳离子交换树脂结构示意图

18.3 离子交换树脂的分类

离子交换树脂品种繁多，一般是根据离子交换树脂上所带的交换功能基的特性进行分类。常见的阳离子交换树脂及阴离子交换树脂，它们分别带有酸性及碱性功能基。其他具有氧化还原、螯合、光活性、生物活性、阴阳两性和闪烁等功能基的树脂，则按功能基特征命名。图18-3示出了离子交换树脂的一般分类。可以看出，在同一种离子交换树脂中，有时带有数种不同酸碱的功能基，所以又有单一功能基和多种功能基两种。

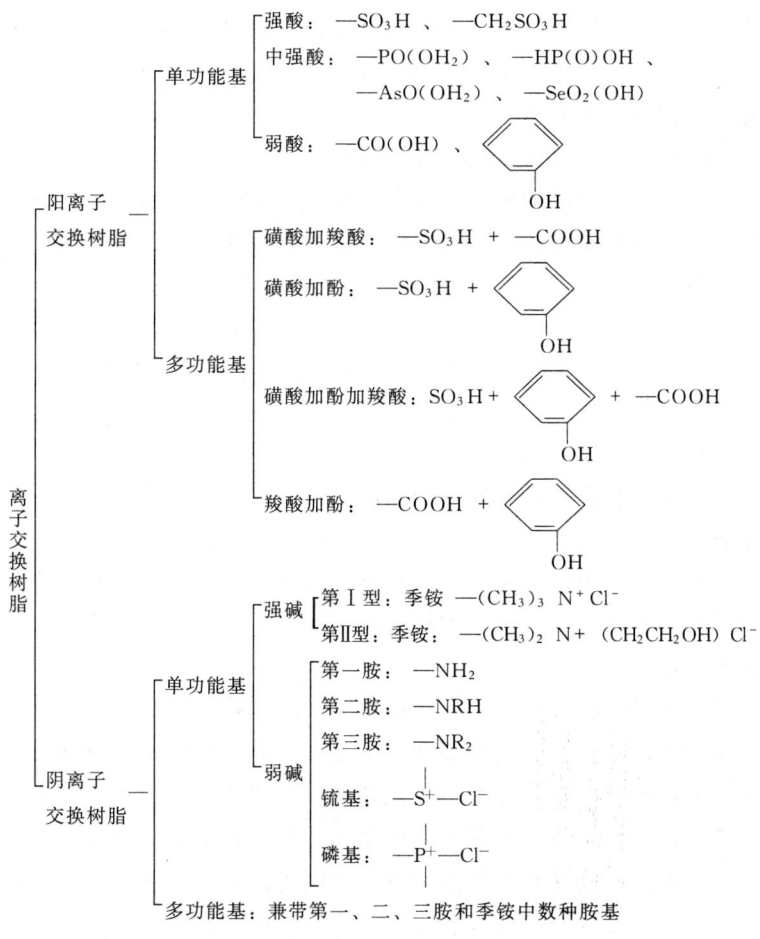

图18-3 离子交换树脂的分类

离子交换树脂的形态分凝胶型和大孔型两种。凡具有物理结构的称大孔型树脂，在全名前常加"大孔"两字。

目前，离子交换树脂多数由人工合成，其制备方法主要可分为加成共聚和缩合共聚两种。

18.4 离子交换树脂的合成方法[132-134]

离子交换树脂是带有功能基的交联高聚物，因此可依据高分子聚合原理进行合成。除其中一部分单体已带有功能基，或在聚合过程中同时引入功能基外，多数都需经过进一步的功能基反应，最后制成树脂。在聚合物的形成过程中，如果不添加致孔剂，得到的产品属凝胶型树脂；如果添加致孔剂，所得产品为大孔型树脂。目前，树脂的合成方法基本上可分为加成共聚和缩合共聚两种聚合方法。由于生产工艺路线区别，所得产品的性质差别也很大。而在离子交换树脂的新品种合成研究中，主要方向是提高树脂的物理及化学稳定性，增大树脂的交换量及交换速度，提高树脂的再生效率和速度，增强树脂的抗污染能力及耐温性等。质量好的树脂可以交换、再生、循环反复使用至数千次，以后才逐渐老化降解、破裂损坏。

18.4.1 骨架(聚合物)的制备

骨架(聚合物)的制备常用加聚及逐步共聚两种聚合方法。

（1）加成聚合。以带有双键的单体和带有两个以上双键的单体作为交联剂，在引发剂存在下，在含有分散剂的水介质中，经搅拌、加热进行悬浮共聚合后即可得到聚合物。其中常用的引发剂是占单体质量 $0.5\%\sim1.0\%$ 的过氧化苯甲酰或(和)偶氮二异丁腈；分散剂一般是 $0.1\%\sim0.5\%$ 的聚乙烯醇(1788)或(和) $0.5\%\sim1.0\%$ 的照相级明胶、氯化钠水溶液。水相与单体的比例为 $2\sim4:1$，磷酸镁、碳酸镁和磷酸钙等也都可以用作分散剂。

如果用甲基丙烯酸酯类与二乙烯基苯作交联剂，经共聚可直接得到弱酸性阳树脂，如国产的弱酸101，美国的 Amberlite IRC50 等。

（2）逐步共聚。逐步共聚有时也称缩聚反应。这种反应是由两个或两个以上带有功能基的单体，通过功能基之间相互作用而发生。反应时析出水或卤化氢等低分子物，也或不析出低分子物而生成低聚物。如苯酚是具有三个功能基的单体，它与带羰基的甲醛反应时，缩去一分子水，可得到类似酚醛树脂的一系列聚合物。

18.4.2 功能基反应

制备树脂常采用产率较高、效果较好的有机化学功能基反应，选用好的溶剂以强化反应条件。尽管在反应速度及产率上，高分子的功能基反应要比低分子反应略差，但它仍是合成树脂的主要手段，是各种阴、阳、螯合、氧化还原、光活性等树脂发展的基础。

（1）交联苯乙烯类。以二乙烯基苯交联的聚苯乙烯为骨架的共聚物，结构稳定，可以利用其所带苯环的反应活性，通过对苯环的磺化反应制备阳树脂；通过膦化制膦酸阳树脂；通过氯甲基化后，再与各种胺反应，可以制得各种阴树脂；将氯甲基交联的聚苯乙烯与胺基羧酸及硫脲进行反应，都可以制得螯合树脂。氯甲基化树脂，还可以与酚类及水杨酸等进行傅氏反应，制得氧化还原树脂及带多种功能基树脂；氯甲基化树脂经过氧化后，还可以制得羧酸树脂。就目前来说，交联的聚苯乙烯骨架结构是大多数离子交换树脂的母体。图18-4示出了强酸及弱酸阳树脂、强碱及弱碱阳树脂的制备过程。

（2）交联聚丙烯酸类。丙烯酸或甲基丙烯酸及其甲酯类可以与二乙烯基苯或甲基丙烯酸乙二醇脂、三甲基丙烯酸三羟基甲基丙烷酯等交联剂进行悬浮共聚合反应，得到性能良好的骨架结构的树脂，再通过水解、胺解等功能基反应，制得弱酸阳树脂、各种阴树脂及螯合树脂。图18-5示出了几种丙烯酸系树脂的制备流程。

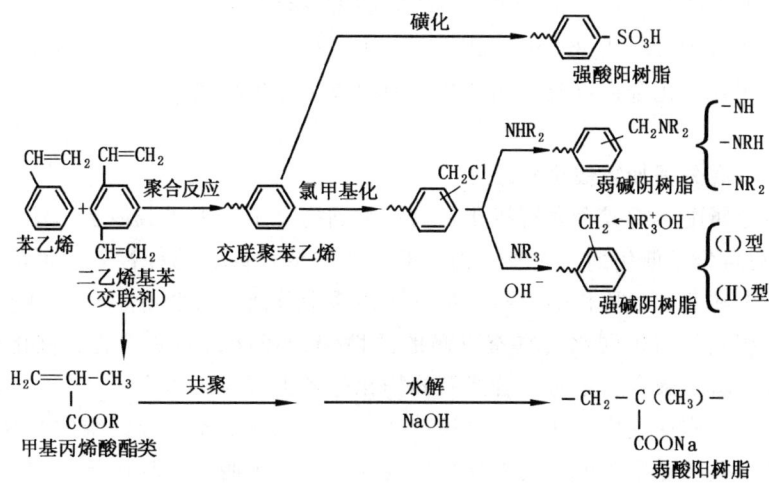

图 18-4 离子交换树脂的制备

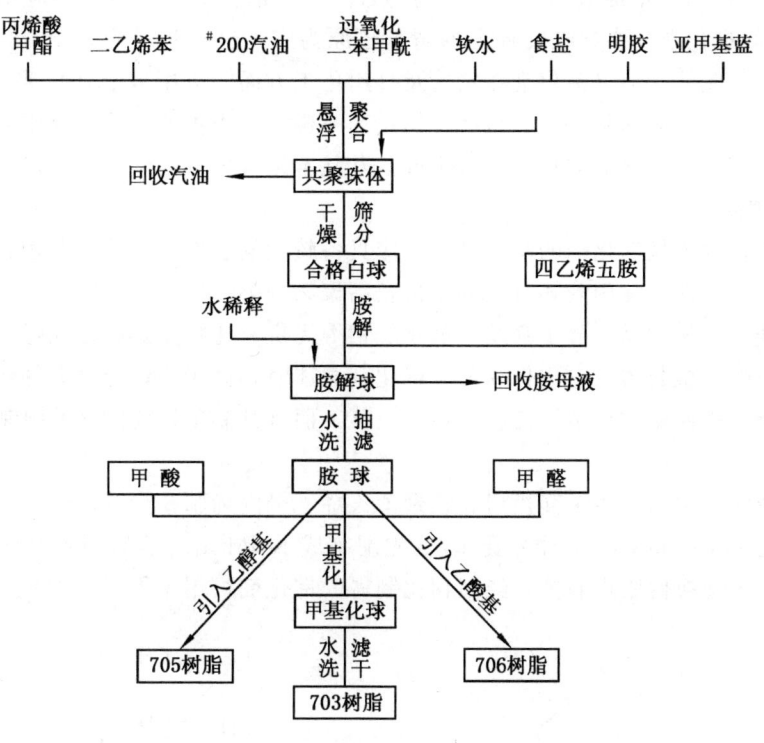

图 18-5 丙烯酸树脂制备流程

18.5 离子交换树脂作催化剂载体的应用

随着石油化工及精细化工的发展，采用离子交换树脂代替一般无机酸、碱作为非均相体系酸、碱催化剂的使用范围日益增加。离子交换树脂催化在水合、烷基化、酯化、水解和缩合等反应中已有成功的工业化应用范例。一般来说，离子交换树脂催化剂的使用和发展主要受两个重要因素的制约：一是离子交换树脂的催化活性；二是离子交换树脂的耐热稳定性。由于离子交换树脂可以通过吸附、共价键、离子键、配位键、交联及包埋等形式与过渡金属配合物、金属有机化合物以及酶相结合，因此离子交换树脂特别适用于作高分子催化剂及酶的载体。

18.5.1 高分子加氢催化剂载体

将过渡金属配合物或金属有机化合物锚联到高分子或无机载体上，使均相催化剂"多相化"，便得到高分子催化剂。它兼有均相催化剂的活性高、选择性好、反应条件温和、配位基调节方式多和非均相催化剂的易于从反应体系中分离、回收等优点。由于特殊的高分子效应，它可比相应的均相催化剂具有更高的活性和选择性。因此，这类催化剂已广泛用于加氢、醛化、分解、聚合、不对称合成及异构化等各类反应中。

催化加氢反应在现代工业生产中被广泛应用。尼龙 6 是合成纤维的主要品种之一，它所用的单体己内酰胺是用苯或苯酚催化加氢为环己醇，再脱氢为环己酮，制成环己酮肟，催化加氢是其中的关键步骤。甲苯二胺是生产聚氨酯泡沫塑料中间体甲苯二异氰酸酯的原料，它是经 Pd 催化二硝基甲苯加氢制备的。在药物合成中，催化氢化也有重要应用。例如，在制备维生素 B_6 的过程中，要把吡啶环上的腈基还原为胺，这一步反应是用 Pd/C 催化剂通过氢化来实现的。此外，加氢催化剂在农药及日用化工方面的应用也十分广泛。

高分子加氢催化剂和其他负载型络合催化剂一样，是由不溶于反应介质的高聚物和与之相连的伸向溶液并溶剂化的催化部分所构成，其基本结构可分为载体、连接单元、配位基团和活性中心四部分。

（1）载体。载体是催化剂的基本骨架，应具备较大的表面积、孔径和较高的机械强度以及热、光化学稳定性。常用载体可分为无机及高聚物两类。

二氧化硅、二氧化钛、分子筛及三氧化二铝等无机氧化物是热稳定性好、机械强度高及有很大表面积的无机载体。它用作高分子催化剂载体时，由于活性金属大都依靠物理或化学吸附与载体结合，使用过程中活性金属容易失落，而且其制备还受配体的限制，一般选择性较差。

高聚物载体常用的有离子交换树脂、聚苯乙烯、聚丙烯腈及聚苯乙烯—马来酸酐共聚物等。例如，把 $PdCl_2$ 和 KCl 以摩尔比 1∶2 先配制成 K_2PdCl_4，然后用苯乙烯与二乙烯基苯交联制得的离子交换树脂作载体，经固相化制得的催化剂可用于 1-己烯的氢化：

$$\text{树脂} + K_2PdCl_4 \longrightarrow \text{树脂} \cdots PdCl_4 + 2KCl \tag{18-1}$$

目前，使用高聚物载体的主要缺点是热稳定性及机械强度较差。

（2）连接单元。连接单元是连接配位基团与载体的"纽带"，一般为多亚甲基，也有采用醚链和酯链来连接。链长不同，往往引起高分子络合催化的活性发生变化，随着链节的增长，侧链容易弯曲，形成多配位。对催化剂的活性中心来说，配位越不饱和，催化活性越高。

（3）配位基团。配位基团主要用来络合金属离子，以形成活性中心。配位基一般为含 N、O、P、As、S 元素的有机基团或不饱和 π 键。其特点是富含电子或具有空轨道。常用的配位基团有胺基（伯、仲、叔胺）、季铵盐、二苯膦基、三苯膦基和腈基等。在连接单元上也可引入双配位或多配位基团，这样可以降低反应过程中的金属流失，但并不一定能提高催化剂的活性。

（4）活性中心。活性中心是组成高分子催化剂的重要因素。活性中心常用 Pd、Pt、Ru 等配合物。不同价态的金属具有不同的催化活性和选择性。铂在催化过程中有通过配位体解络的阶段，为避免金属流失，必须保证金属的配位数大于 2，而钯无此现象。此外，配位环境对催化剂的活性影响较大，配位原子与金属的摩尔比与催化剂的活性关联较多。

根据高分子加氢催化剂的基本结构，催化加氢的可能机理是：加氢催化剂的活性中心吸附不饱和化合物和氢，使其活化，尤其是使氢分子中牢固的 σ 键松弛，断裂开形成氢原子而被吸附，然后彼此化合、解吸，如图 18-6 所示。

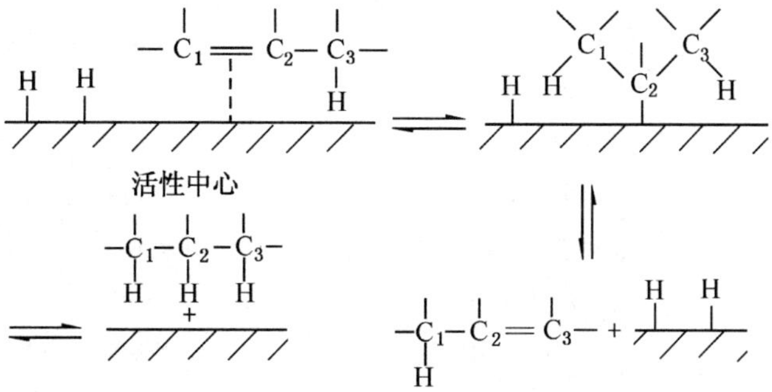

图 18-6　催化加氢机理

可以看出，氢原子转移到被吸附的不饱和分子上的过程是分步骤进行的，由此可以解释氢—氘交换、催化氢化及烯烃异构化等反应的立体化学。

18.5.2　用离子交换树脂作载体的加氢反应

催化加氢反应既是有机催化中最基本的一个反应，又是催化科学中研究最深入及最广泛的一种反应。特别在石油炼制中，催化加氢裂化、加氢精制、裂解汽油的选择加氢等，都是十分重要的催化加氢反应。作为参考，表 18-1 示出了使用离子交换树脂作载体的部分加氢反应。

表 18-1　用离子交换树脂作载体的加氢反应[133]

活性金属或金属配合物	载体用离子交换树脂	催化加氢底物
Ru	阴离子交换树脂	烯烃
Rh	Amberlite CG400	戊烯
Rh	Duolite CC3 Lewatit CP3050	烯烃

续表

活性金属或金属配合物	载体用离子交换树脂	催化加氢底物
Rh（I）	Amberlite XAD-4	不饱和有机化合物
Rh（I）	阴离子交换树脂	烯烃
$RhCl_3$	Amberlite IRC84	烯烃、炔烃
$RhCl_3$	Chelax 100	烯烃
$RhCl_3$	Chelax100，Dowex A-1	烯烃
$NaH_3[Rh(acac)(O_2)(H_2O)Ph(OH)]$	Wofatit ES	环己烯
Pd	Amberlyst 15 Lewatit ATP 202	丁二烯
Pd	Amberlyst 15，21	萜烯
Pd	Amberlyst A-27	烯烃
Pd	阴离子交换树脂	烯丙醇
Pd	阴离子交换树脂	环己烯
Pd	阳离子交换树脂	不饱和有机化合物
Pd	Diaion CR-10	烯烃
Pd	Diaion CR-10	聚烯烃
Pd	离子交换树脂	脂肪酸
Pd	离子交换树脂	烯烃
$Pd(NO_3)_2$	Anberlite 200	1-辛烯
$PdCl_4^{2-}$	Amberlite IRA-400	脂肪酸
Pt	阳离子交换树脂	己烯、二羟甲基氨基甲酸乙酯
$PtCl_6^{2-}$	Amberlyst A27	肉桂醛
$[Pt_3(CO)_6]_5^{2-}$	Amberlite CWX	烯烃
$FeCl_3$	Amberlyst A-27	肉桂醛

18.6 酶的树脂法固定化

酶是一类生物催化剂，存在于所有活细胞中，它能催化构成细胞代谢的所有反应，生物体内形形色色的化学反应均是在酶催化下进行的。同一般催化剂相比，酶具有催化效率高、专一性强、反应条件温和及活性可以调节控制等特点。虽然酶在生物体内能够催化许多化学反应，但用作工业催化剂仍存在缺陷。因为酶是由蛋白质组成的，其高级结构对所处的环境十分敏感，一般情况下对热、强酸、强碱及有机溶剂等均不够稳定，在反应中容易失活。大多数酶是水溶性的，在酶化反应之后，要想在不使酶发生变性的情况下回收酶是困难的。因此存在产品污染、难于重复使用、产品成本高等问题。为了克服这些缺点，出现了固定化酶技术，即把酶固定在特殊的载体上，使它和整体的相分隔开来，但酶固定化后还能与底物进行离子交换，已固定化的酶像化学反应所用的固体催化剂那样，既能发挥它的催化特性，又能回收，并能多次反复使用，使整个生产工艺可连续化、自动化。

18.6.1 酶的固定化法

酶的固定化法可分为载体结合法、交联法和包埋法三种，如图 18-7 所示。

1. 载体结合法

将水不溶性的载体与酶结合形成固定化酶的方法称为载体结合法，它可分为物理吸附法、离子结合法及共价键结合法三种。

(1) 物理吸附法。它是采用不溶性载体如活性炭、多孔玻璃、高岭土、氧化铝、硅胶等将酶蛋白吸附而固定化的一种方法。此法操作简便，实验条件温和，但酶与载体结合不牢固，易从载体上脱落。因此，只适用于活力很高的酶，如淀粉酶、胃蛋白酶及溶菌酶等。

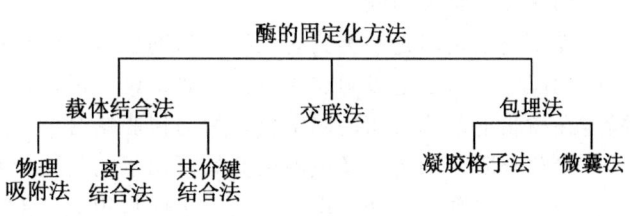

图 18-7 酶的固定化方法

(2) 离子结合法。酶蛋白具有两性、多电解质的特性，在适宜的 pH 值和离子强度条件下，酶的带电基团和含有离子交换基团的载体相互吸引而形成配合物。作为离子交换基团载体有：具有各种离子交换基团的纤维素、弱酸或弱碱性离子交换树脂、葡聚糖衍生物等。此法操作简便，处理条件缓和，可制得活性高的固定化酶。其缺点是载体与酶的结合不十分牢固，尤其当其底物具有高离子强度或当 pH 值有所变动时，酶可能会从载体上脱落下来。

(3) 共价键结合法。此法是将水不溶性载体与酶蛋白以共价键形式结合成固定化酶的方法。根据共价键不同又分为重氮法、肽键法及烷基化法。

重氮法是将具有氨基功能基的载体与亚硝酸作用形成重氮化合物，然后再与酶以重氮键结合。酶蛋白中的游离氨基、组氨酸的咪唑基、酪氨酸的酚基都能进行重氮结合。常用的载体有氨基苯甲醚纤维素、氨基苯甲基甲氧纤维素、含氨基的离子交换树脂、聚氨基苯乙烯等。

肽键法是通过肽键将不溶性载体与酶结合起来，此法又可分为叠氮法和卤化氰法。前者将酶与羧甲基纤维素叠氮化物以肽键结合。后者是将多糖类物质用卤化氰活化，以形成亚氨碳酸盐，然后再与酶蛋白中的氨基进行共价结合而制成固定化酶。

烷基化法是将酶蛋白的氨基、酚基或巯基和具有反应基团（如卤素）的水不溶性载体进行烷基化作用。例如，胰蛋白酶、核糖核酸酶可用纤维素与溴乙酰溴相反应后所得的溴乙酰纤维素进行固定化制得固定化酶。

2. 交联法

交联法的原理和共价键结合法相似，是基于化学键的形成。此法不用水溶性载体，而是用双功能或多功能试剂使酶分子间形成分子内交联。常用的多功能试剂有戊二醛、顺酐与乙烯的共聚物等。这种方法的交联反应是在相当强烈情况下进行的，因此酶的活性中心的构象受到反应的影响，固定化酶的活性不太高。

3. 包埋法

这是将酶包埋于聚丙烯酰胺等凝胶的细微囊中，或包埋于具有半透性的尼龙聚脲等聚合物膜内而成固定化酶的方法。微胶囊是一种带有聚合物壁壳的微型容囊。用以包封和保持囊内的物质微粒。囊壁是由无缝的、坚固和有渗透性的薄膜所构成。微囊的尺寸一般在 5～200μm 范围内，其形状可呈球形、粒形及肾形等。微囊储存的微细物质在适宜条件下可释放出来。制造微胶囊的方法有界面聚合法、乳化法及界面沉淀法等。采用包埋法时，由于酶本身未参加反应，因而酶本身的特性几乎不发生变化，所以绝大多数酶都有可能采用此法进行固定化。利用半透性聚合物制成的微型胶囊，其尺寸很小，微囊的膜对与底物作用后的产物是可渗透的，但对酶本身则因其体积较小而渗透不过去，所以此法的应用受到限制，特别是对那些较大的底物分子，很难发生酶催化反应。

18.6.2 载酶树脂

离子交换树脂是一类具有三维空间网状骨架结构的亲水性功能高分子。连接在树脂骨架上的功能基，可通过吸附、共价键、离子键、配位键、交联及微胶囊等形式或其他手段将酶固定在树脂上，构成酶的固定化。酶与树脂结合后，其活性基本上不变。

大部分阴、阳树脂及吸附树脂均可用于酶的固定化，但对孔的结构性能要求严格，一般以低交联、多孔性为佳。由于酶的分子体积很大，对于树脂的功能基密度的要求并不很高，除少数专门为固定化酶设计的树脂外，大多数大孔树脂均可采用。表 18-2 示出了部分载酶树脂。

表 18-2 载酶树脂

	阳树脂	酶
阳树脂	Dowex 50 W、MWA	核糖核酸酶
	Amberlite IR-120B-120I、XE-97、CG50、CG50I、IRC-50	多种酶
	Diaion WK10	淀粉酶
	Ostion KM	淀粉葡萄苷酶
	KMT-15	胰核糖核酸酶
		β-半乳糖苷酶
	KB-2-4	多种酶
阴树脂	Amberlite IRA-983	葡萄糖异构酶等
	Amberlite IRA-938	葡萄糖淀粉酶、异构酶
	Amberlite IRA-93	葡萄糖淀粉酶
	Amberlite IRA-904	多种酶
	Amberlite IRA-900	多种酶
	Amberlite IR-45	葡萄糖淀粉酶
	Amberlite IR-4B	多种酶
	Dowex MWA-1	半乳糖苷酶
	Duolite A-7、A-4-6、A101D、A161、A561、ES-562、ES-563	多种酶

各种树脂经过功能基改性后，则能更好地与酶结合。例如：

(1) 酰胺化：

$$\begin{matrix}-SO_3H \\ -CO_2H\end{matrix} \xrightarrow{SO_2Cl_2} \begin{matrix}-SO_2Cl \\ -COCl\end{matrix} \xrightarrow{\text{胺化}} \begin{matrix}-SO_2NH_2 \\ -CONH_2\end{matrix} \xrightarrow{\text{酶}} \text{固定化酶} \qquad (18-2)$$

(2) 重氮化：

$$\begin{matrix}-NH_2\\-NHR\\-NR_2\end{matrix} \longrightarrow N_2^+Cl^- \xrightarrow{酶} 固定化酶 \qquad (18-3)$$

(3) 三嗪改性：

$$(18-4)$$

(4) 氨基改性为螯合基团：

$$-NH_2 + CH_2O + PCl \longrightarrow -NH-CH_2-\overset{\displaystyle O}{\underset{\displaystyle OH}{P}}-OH \qquad (18-5)$$

$$-NH_2 + ClCH_2CO_2H \longrightarrow -NH-CH_2CO_2H \qquad (18-6)$$

第19章 纳米载体材料

19.1 概 述

现有的材料大体上可分为晶态和非晶态两类,晶态材料由许多晶粒组成,在晶粒内部原子严格按点阵规则排列,而晶粒表面处原子的排列则没有一定规律。所以它的基本特征是长程有序、短程无序。非晶态材料不形成晶粒,只是在个别小区域内有可能出现有规则的排列,故其基本特征是长程无序、短程有序。

纳米材料是指由极细晶粒组成、特征维度尺寸在纳米量级(1~100nm)的固体材料。而从广义上说,纳米材料是指在三维空间中至少有一维处于纳米尺度范围或由它们作为基本单元构成的材料。如按维数分类,纳米材料的基本单元可分为:(1)零维,指空间三维尺度均在纳米尺度,如纳米尺寸颗粒、原子团簇等;(2)一维,指在空间有两维处于纳米尺度,如纳米棒、纳米管、纳米丝等;(3)二维,指在三维空间中有一维在纳米尺度,如超薄膜、超晶格等。

纳米结构体系是纳米材料领域派生的一个分支。所谓纳米结构是以纳米尺度的物质单元为基础按一定规律构筑的体系,它也包括一维、二维及三维体系。这些物质单元包括纳米微粒、原子团簇、纳米管、纳米棒及具纳米尺寸的孔道。纳米结构组装体系又可分为纳米结构自组装体系及人工纳米结构组装体系。

纳米结构自组装体系是指通过弱的非共价键(如氢键、范德华键)或弱的离子键,将以纳米尺度的物质单元作一个基元按一定规律构筑成一个纳米结构或纳米结构的花样。

人工纳米结构组装体系则是通过物理或化学方法人工地将纳米尺度的物质单元构筑或组装成一维、二维及三维的纳米结构。

构成纳米结构的基本单元又可分为以下几种形式。

(1)原子团簇。原子团簇是指几个至几百个原子的聚集体,它不同于有特定大小和形状的分子、分子间以弱的结合力结合的松散分子团簇或周期性很强的晶体,原子团簇是以化学键紧密结合的聚集体。它又可分为一元、二元及多元原子团簇、原子簇和原子簇化合物。

(2)纳米粒子。纳米粒子或称纳米微粒是指颗粒尺寸为纳米量级的超细微粒,它的尺度在1~100nm之间,有时也称作超微粒子,是用肉眼和一般显微镜观察不到的微小粒子,与引起人体疾病的病毒大小尺寸相当或略小些。是本章所介绍的纳米结构的主要基本单元。

(3)人造原子。人造原子有时称为量子点,是指由一定数量的实际原子组成的聚集体,其尺寸小于100nm。人造原子与真正原子有许多相似之处,也有许多不同之处。目前主要用于研究电子的输运特性,为设计量子效应原理性器件及纳米结构器件奠定理论基础。

19.2 纳米材料在催化领域中的应用

纳米材料科学是凝聚态物理、胶体化学、配位化学、化学反应动力学、表面及界面等多种学科交叉汇合而出现的新学科生长点,人们把这种材料誉为21世纪最有前途的新材料。

目前有关一维纳米材料（如纳米管、纳米丝和纳米棒）等的制备研究报道已很多，其应用也十分活跃。

纳米材料在催化领域的应用是未来催化学科的重要课题。纳米微粒由于尺寸小、比表面积大、表面的电子态和键态与颗粒内部不同以及表面原子配位不足等导致表面的活性增加，这就使它具备了作为催化剂的基本条件。目前，Pt、Pd、Ag、Ni、Co 等金属纳米粒子催化剂已成功地用于有机化合物的加氢及脱氢反应中。如在环戊二烯加氢反应中，采用纳米微粒制成的催化剂，其加氢反应速率可比普通催化剂高 10～15 倍；纳米级的 Fe、Ni 与 γ-Fe_2O_3 混合烧结体可以替代贵金属用作汽车尾气净化催化剂；纳米级 Ag 粉是乙烯氧化的优良催化剂；负载 Pt 的 TiO_2 纳米粒子可用作乙酸分解成 CH_4 及 CO_2 的光催化剂等。尽管纳米级的催化剂还主要处于实验室阶段，而在 21 世纪很可能发展成为催化反应的重要角色。

介孔固体和介孔复合材料也是纳米材料领域引人关注的研究对象。如前所述，多孔固体颗粒中孔径为 2～50nm 的孔称为介孔。根据孔的分布情况，介孔固体可分为有序及无序两种。前者的孔在空间呈规则分布，如分子筛属于有序介孔固体材料；后者的孔呈无规则分布，孔道形状复杂，孔的形状常用圆柱形或墨水瓶状来近似，如 SiO_2、Al_2O_3、TiO_2 等属于无序介孔固体材料。

19.2.1 介孔固体材料

传统的分子筛属于微孔固体，孔径一般小于 2nm。由于孔尺寸太小，较大的分子难以参与其中的选择过程，因而在催化领域中的应用受到一定限制，不能应用于大分子的催化反应。于是人们努力设法合成出具有更大孔径的介孔分子筛。但是，许多合成有序介孔材料的努力均不十分理想，直至前面已介绍过的 MCM-41 分子筛的合成成功才使有序的多孔结构从微孔领域扩展到介孔领域。

MCM-41 介孔分子筛呈所谓的多层次有序结构，它可以在纳米量级、微米量级及宏观尺度等多个尺度层次上具有特定的有序结构。在纳米量级上，MCM-41 呈有序的"蜂巢状"结构，其孔径可在 1.5～30nm 范围内调节，介孔的纵横比可以很大。这种结构使得 MCM-41 具有很高的比表面积。介孔分子筛由于具有可调的有序介孔孔道、极高的比表面积及良好的热稳定性，是新一代的最佳候选材料。它为石油化工中重油组分的大分子选择催化反应提供了有利的场所，在重油加氢、润滑油加氢、烯烃聚合、烷基化等催化反应及石油化工的分离过程中都有广阔的应用前景。例如，将 Ru_3Ru_{10} 原子团簇载入 MCM-41 分子筛，用于己烯加氢制己烷时，可获得接近 100% 的转化率及选择性。

介孔固体材料由于具有均匀的孔结构及巨大的比表面积，是优良的分子选择性吸附剂及催化剂载体。

19.2.2 介孔复合材料

介孔复合材料是将纳米尺度的金属或非金属超微粒子载入介孔固体的孔内复合而成的固体材料。也是介孔固体和纳米粒子的组装体系，其中的粒子高度分散且彼此互不接触。因此，这类材料兼有介孔固体和纳米粒子的特性。根据所使用的介孔固体不同，介孔复合材料也可分为有序介孔复合材料及无序介孔复合材料。

分子筛之类有序介孔固体中的孔在一维、二维或三维空间呈规则分布，纳米粒子载入这些介孔固体中就构成有序介孔复合材料。纳米粒子在这些材料的孔隙中也呈规则排列，从而构成一种超晶格结构，并呈现出各种量子效应、非线性光学效应等特殊性质。

无序介孔复合材料是将纳米粒子载入无序介孔固体中所构成的体系，粒子在三维空间呈统计均匀分布。如 Ag 纳米粒子载入 SiO_2 介孔固体中呈高度弥散，并呈现出光学开关效应及记忆效应。

目前，纳米材料的研究内涵已不断扩大，除了在实验室探索用各种手段制备各种材料的纳米粒子粉体、合成块体外，还包括横向尺寸小于 100nm 的固体；粗糙度小于 100nm 的表面；纳米粒子与多孔介质的组装体系；纳米粒子与常规材料的复合等。

19.3 纳米材料的结构特征

纳米粒子具有高的比表面积，表面原子数、表面能及表面张力则随粒径的下降而急剧增加。而纳米晶体中大量晶界则处于热力学亚稳态，在适当的条件下将向较稳定的亚稳态或稳态转化，并且在同一纳米晶粒内还存在着各种缺陷（如孪晶界、层错及位错等）。这种特殊结构导致了纳米粒子具有如下几方面的效应。

19.3.1 小尺寸效应

当纳米粒子的尺寸与传导电子的德布罗意（de Broglie）波长相当或更小时，周期性的边界条件将被破坏，导致磁性、光吸收、热阻、熔点及催化性能等与普通粒子相比都有很大变化。这就是纳米粒子的小尺寸效应或称体积效应。例如，光吸收显著增加并产生吸收峰的等离子共振频移；超导相向正常相的转变等。这种效应为纳米材料的应用开拓了广阔的新领域。如纳米微粒的熔点可远低于块状金属，2nm 的金粒子熔点为 600℃，随着粒径增大，熔点升高，块状金为 1337℃。这种特性为粉末冶金提供了新工艺，并可制备出具有清洁表面的纳米晶金属材料。

19.3.2 表面效应

表面效应是指纳米粒子表面原子数与总原子数之比随粒径变小而急剧增大后所引起的性质上的变化。表 19-1 示出了纳米粒子尺寸与表面原子数的关系。随着纳米粒子尺寸的减小，表面原子百分数迅速增加。例如，当粒径为 20nm 时，表面原子数为完整晶粒原子总数的 10%；而粒径减小到 1nm 时，其表面原子所占百分数增大到 99%。此时组成该纳米粒子的所有约 30 个原子几乎都集中在其表面。因为表面原子所处环境与内部原子不同，它周围缺少相邻的原子，有许多悬空键，具有不饱和性，易与其他原子相结合而稳定下来。所以，纳米粒子减小的结果，导致其表面积、表面能都迅速增大，致使它表现出很高的化学活性。

表 19-1 纳米粒子尺寸与表面原子数的关系

粒径，nm	包含的原子总数，个	表面原子所占比例，%
20	2.5×10^5	10
10	3.0×10^4	20
5	4.0×10^3	40
2	2.5×10^2	80
1	30	99

19.3.3 量子尺寸效应

粒子尺寸下降到一定值时，金属费米能级附近的电子能级由准连续能级变为离散能级的现象称为量子尺寸效应。例如，半导体纳米粒子的电子态由宏观晶态材料的连续能带随着尺寸的减小过渡到具有离散结构的能级，表现在吸收光谱上就从没有结构的宽吸收过渡到具有结构的吸收特性，并且其电子—空穴对的有效质量越小，电子和空穴能态受到的影响就越明显，吸收阈值就越向更高光子能量偏移，量子尺寸效应就越明显。

纳米材料中处于分立的量子化能级中的电子的波动性带来了纳米材料的一系列特殊性质，如高度光学非线性，特异的催化和光催化性质、强氧化性和还原性等。

19.3.4　宏观量子隧道效应

微观粒子具有贯穿势垒的能力称为隧道效应。近年来，人们发现一些宏观量，如微颗粒的磁化强度、量子相干器件中的磁通量以及电荷等也具有隧道效应，它们可以穿越宏观系统的势阱而产生变化，故称为宏观的量子隧道效应。采用扫描隧道显微镜技术及量子相干磁强计已可测定并证实在低温下确实存在磁的宏观量子隧道效应。用此概念也可定性解释超细镍微粒在低温下继续保持超顺磁性这一现象。

19.3.5　介电限域效应

随着纳米粒子粒径的不断减小和比表面积不断增加，其表面状态的改变将会引起微粒性质的显著变化。例如，当在半导体纳米材料表面修饰一层某种介电常数较小的介质时，相对于裸露于半导体纳米材料周围的其他介质而言，被包覆的纳米材料中电荷载体的电力线更易穿过这层包覆膜，从而导致它比裸露纳米材料的光学性质发生了较大的变化，这就是介电限域效应。当纳米材料与介质的介电常数值相差较大时，便产生明显的介电限域效应。反映在光学性质上就是吸收光谱表现出明显的红移现象。纳米材料与介质的介电常数相差越大，吸收光谱红移也就越大。近年来，在 Al_2O_3、Fe_2O_3 等纳米材料中均观察到红外振动吸收。

19.4　纳米材料的理化性质

19.4.1　光学性质

块状金属具有各自的特征颜色，但当金属晶粒尺寸减小到纳米量级时，所有金属便都呈黑色，且粒径越小，颜色越深，即纳米晶粒的吸光能力越强，纳米晶粒的吸光过程还受其能级分离的量子尺寸效应和晶粒及其表面上电荷分布所影响。由于纳米材料的传导电子往往凝聚成很窄的能带，因而造成窄的吸收带。半导体硅是一种间接带隙半导体材料，通常情况下发光效率很弱，但当硅晶粒尺寸减小到 5nm 及以下时，其能带结构发生了变化，带边向高能带迁移，观察到了很强的可见光发射。在研究金红石结构的 Raman 光谱时，发现粒子的粒径小于激发浅的波长时，Raman 光谱会出现新的谱带。

19.4.2　催化性质

如上所述，由于表面效应的影响，纳米粒子的比表面积大，表面活性中心数多，催化效率高。早在 20 世纪 50 年代，人们已系统研究了金属纳米晶粒的催化性能，发现其在适当的条件下可以催化断裂 H—H、C—H、C—C 和 C—O 键。现已发现，当金属颗粒粒径减小至纳米尺寸时，会出现既不同于一般金属络合物又不同于常规金属催化剂的性能。

纳米材料吸收光能后，原有的束缚态电子—空穴对变为激发态电子、空穴并向纳米晶体表面扩散。电子、空穴到达表面的数量多，则光催化效率高，反应活性高，反应速度快。例如，在利用太阳能光解制氢这一具有挑战性的领域中，与常规块状材料相比，纳米半导体光催化剂显示出更高的光催化活性及量子效率。

19.4.3 化学反应性

纳米材料的粒径小，表面原子所占比例很大，吸附力强，表面反应活性高。如刚制备的金属纳米晶粒在空气中能发生剧烈的氧化反应甚至会发光燃烧。例如，TiN 纳米晶粒的平均粒径为 45nm 时，在空气中加热即燃烧成为白色的 TiO_2 纳米晶粒。暴露在大气中的无机纳米材料会吸附气体，形成吸附层。

19.4.4 其他性质

纳米材料的奇异理化特性还表现为：（1）硬度高，可塑性强。晶粒尺寸为 6nm 的纳米铁的断裂应力比常规铁提高近 12 倍，硬度提高了 2~3 个数量级；普通陶瓷是脆性材料，而室温下纳米 TiO_2 陶瓷却变成了韧性材料，可以任意弯曲。（2）高比热容和热膨胀。纳米铅的比热容比多晶态铅增加 25%~50%；纳米铜的热膨胀系数比普通铜成倍增大。（3）高导电率和扩散性。由于纳米材料的量子隧道效应使其中的电子运输出现反常，因而可使某些合金的电阻率下降 100 倍以上。（4）高磁化率和高矫顽力。纳米复合多层膜吸波效率比传统多晶材料提高十几个数量级；此外，纳米材料在熔点、相变温度、蒸气压、烧结和超导等许多方面也显示出与宏观晶体材料不同的特殊性能。

19.5　纳米材料的制备方法

纳米材料的概念自从 20 世纪 80 年代初形成以来，世界各国先后对这类材料给予极大的关注。目前，对这种材料的研究主要包括制备、微观结构、宏观物性和应用等四个方面。其中超微粉的制备技术是关键，因为制备工艺和过程的研究与控制对超微粉的微观结构和宏观性能具有重要影响。制备超微粉的途径大致有两种：一种是粉碎法，即通过机械作用将粗颗粒物质逐步粉碎而得；另一种是造粉法，即利用原子、离子或分子通过成核和长大两个阶段合成而得。如以粉料状态来分则可归纳为固相法、液相法和气相法三大类。随着纳米科学的发展，纳米材料定义的内涵和外延在不断扩大，在上述制法的基础上还会衍生许多新的制备技术。

19.5.1 纳米粒子的制备

1. 固相法

固相法是一种传统的粉化工艺，用于粗颗粒微细化。这种方法由于具有成本低、产量高以及制备工艺简单易行等优点，加上近年来高能球磨和气流粉碎等分级联合方法的出现，因而在一些对粉体的纯度和粒度要求不太高的场合仍然适用，但它存在着能耗大、效率低、所得粉末不够细、杂质易于混入、粒子易于氧化或产生变形等问题。固相法又可分为下面几种方法。

（1）机械粉碎法[135]。这种方法属于物理法，是用各种超微粉碎机将原料直接粉碎研磨成超微粉。所用超微粉碎机有球磨机、高能球磨机、行星磨、塔式粉碎机及气流磨等，适用于制备脆性材料的超微粉。球磨机是应用广泛的超微细磨设备，但利用其制作纳米材料难度大。近年来发展起来的高能球磨法是一种制备超微细粉的新方法。例如，将 $74\mu m$ 的 Ni 粉和试剂级 Nb 粉以原子比 60:40 的配比放入球磨机缸内，在氩气保护下球磨 11h 后，再加入质量为 Ni 粉与 Nb 粉总量的 50% 的硅胶，继续研磨 1h，可制得粒径约为 10nm 的负载型非晶态 $Ni/Nb/SiO_2$ 纳米粉体。加入 SiO_2，是由于 SiO_2 为非金属氧化物，它与金属材质的缸壁和钢球的亲和力很小，无黏连现象，同时又可作为载体把金属粒子均匀地分散开，使球磨过程得以充分发挥，加快了 Ni 原子与 Nb 原子之间的接触机会，达到均匀分布，制成弥散分布的超微粉。

(2) 固相反应法[136]。此法是将金属盐或金属氧化物按一定比例充分混合，研磨后进行灼烧，通过发生固相反应直接制得或经再次粉碎制得。如 $BaTiO_3$ 的制备就是将 TiO_2 和 $BaCO_3$ 等摩尔混合后在 800~1200℃下灼烧，发生固相反应：

$$TiO_2 + BaCO_3 \longrightarrow BaTiO_3 + CO_2 \uparrow \qquad (19-1)$$

所得 $BaTiO_3$ 再经粉碎即可制得纳米粉体。

固相反应法也可以利用金属化合物的热分解来制取超微粉，即：

$$A(固) \longrightarrow B(固) + C(气) \qquad (19-2)$$

这种制法虽然简单，但生成的粉末容易结团，经常需要二次粉碎，成本较高。

(3) 非晶晶化法[137]。此法是先制备非晶态合金，然后再经退火处理，使非晶材料晶化。由于非晶态合金在热力学上是不稳定的，在受热或辐射条件下会出现晶化现象，控制适当的条件，可以得到纳米晶材料。这种方法也是目前较为常用的方法，尤其是用于制造薄膜材料及磁性材料，如 Fe-Si-B 体系磁性材料的制备，采用非晶晶化法可以制备出化学成分准确的纳米材料，并且工艺比较简单，容易控制。

2. 液相法

液相法是目前实验室和工业上广泛采用的制备超微粉的方法。其过程为选择一种或多种合适的可溶性金属盐类，按所制备的材料的成分计量配制成溶液，使各元素呈分子或离子态；再选择一种合适的沉淀剂或用蒸发、水解、升华等操作，将金属离子均匀沉淀或结晶出来；最后将沉淀或结晶物脱水或者加热分解得超微粉，与其他方法相比，此法具有设备简单、原料易得、产品纯度高、均匀性好、化学组成控制准确等特点，主要用于氧化物系超微粉的制备。

(1) 沉淀法。沉淀法是在原料溶液中添加适当的沉淀剂，使得原料液中的阳离子形成各种形式的沉淀物，然后再经过滤、洗涤、干燥，有时还需加热分解等工艺过程制得。沉淀法还可分为直接沉淀法、共沉淀法、均匀沉淀法及水解沉淀法等。直接沉淀法是使溶液中某一种金属阳离子发生化学反应而形成沉淀。其优点是容易制取高纯度的氧化物超微粉。共沉淀法是含两种或两种以上金属元素的复合氧化物。这种多元体系的溶液经过沉淀反应后，可得到含各种成分的均一的沉淀，它是制备含两种以上金属元素的复合氧化物超微粉的重要方法。在沉淀法中，为避免直接添加沉淀剂产生的局部浓度不均匀，可在溶液中加入某种物质，使之通过溶液中的化学反应，缓慢地生成沉淀剂，从而控制粒子的生长速度，获得凝聚少、纯度高的超微粉，这就是均匀沉淀法。如果只是通过调节溶液的pH值而使盐类水解产生沉淀，则称为水解沉淀法。

在用沉淀法制备超微粒子时，在整个制备过程中，包括沉淀反应、晶粒生长到湿粉体的洗涤、干燥、灼烧等每一个环节，都可能导致颗粒长大或团聚体的形成。因此，要想得到粒度分布均匀的粒子体系，需注意成核过程与生长过程分离，促进成核，控制生长，同时还应抑制粒子的团聚。

(2) 溶剂蒸发法。此法是将溶剂制成小滴后进行快速蒸发使组分偏析最小。制得的纳米粉末一般可通过喷雾干燥法、喷雾热解法或冷冻法以加处理。

喷雾干燥法是用喷雾器将金属盐溶液喷入高温介质中，溶剂迅速蒸发从而析出金属盐的超微粉。喷雾热分解法则是把溶液喷入高温的气氛中，溶剂的蒸发和金属盐的热分解同时进行，从而直接制得金属氧化物超微粉。冷冻干燥法是将金属盐溶液喷雾到低温有机溶剂中，使其迅速冷冻，然后在低温减压条件下升华，最后脱水并加热分解即可制得氧化物超微粉。例如，用喷雾热解法制备 ZnO 超微粒子时，可将二水合乙酸锌水溶液经雾化器雾化为气溶胶微液滴，液滴在反应器中经蒸发干燥形成由大量一次粒子相互黏连构成的微米级 $Zn(CH_3COO)_2$ 粒子，相互黏连的一次粒子在热分解过程的巨大应力作用下分裂为单个 20～30nm ZnO 产物粒子，生成的粒子形态与分解程度密切相关，而分解程度则受反应温度、溶液浓度及雾化压力等因素影响。

（3）溶胶—凝胶法。它是利用金属醇盐的水解和聚合反应制备金属氧化物或金属氢氧化物的均匀溶胶，再浓缩成透明凝胶，凝胶经干燥、热处理后可制得氧化物超微粉。控制溶胶凝胶化的主要工艺参数是溶液的 pH 值、溶液浓度、反应温度和时间等。

由于溶胶凝胶法较其他方法具有可在低温下制备纯度高、粒径分布均匀、化学活性大的单组分或多组分分子级混合物以及可制备传统方法不能或难以制得的产物等优点，因此，广泛用于制取氧化铝、二氧化钛、氧化锆等纳米粉体。

（4）金属醇盐水解法。金属醇盐 ROM（烷氧基化合物），一般溶于乙醇，遇水很易分解，产物为水合氧化物或氢氧化物。金属醇盐在不同 pH 值的水解剂中水解可获得不同粒径的纳米粉体。大多数元素都能生成烷氧基化合物，具有挥发性，易于提纯，所以能制备高纯、超微细粉体。

（5）水热合成法。水热合成法是在特制的密闭反应容器（高压釜）里，采用水溶液作为反应介质，通过对反应容器加热，创造一个高温、高压反应环境，使得通常难溶或不溶的物质溶解并且重结晶，此方法制备粉体常采用固体粉末或新配制的凝胶作为前驱物，前驱物微粒自身在水热介质中溶解，以离子或离子团的形式进入溶液，进而成核、结晶而形成晶粒。例如，以在 $Cr(NO_3)_3$ 水溶液里加入氨水制得的 $Cr(OH)_3$ 和 La_2O_3 为前驱物，再在体系里加入一定量的金属铬（金属铬与水反应，生成 Cr_2O_3 和 H_2，从而在体系中创造一个还原气氛），在一定的水热反应条件下（温度 400℃ 以上，压力 100MPa）就可生成结晶良好的 $LaCrO_3$ 晶粒，经分离和热处理即可制得纳米粉体。

由于水热反应在高温高压下进行，因此对高压釜进行良好的密封是进行水热合成反应的先决条件。

（6）微乳液法。它是将金属盐和一定的沉淀剂形成微乳状液，在较小的微区内控制胶粒成核和生长，热处理后得到纳米粉体。这种方法的粒子单分散性好，但粒径较大，粒径的控制也较困难。

3. 气相法

气相法是直接利用气体或通过各种方式将物质变成气体，使之在气体状态下发生物理或化学反应，最后在冷却过程中凝聚长大形成超微粉的方法。这种方法在超微粉制备技术中占有重要地位，它可制取纯度高、颗粒分散性好、粒径分布窄及粒径小的超微粉，而且通过控制工艺条件，可以制备出液相法难以制得的金属、碳化物、氮化物和硼化物等非氧化物超细粉。本法又可分为蒸发凝聚法及化学气相反应法两种。

（1）蒸发凝聚法。将金属、合金或化合物在真空条件下或在惰性气体（如 He、Ar、Xe 等）中加热蒸发气化，然后在气体介质中冷凝而形成超微粉。通过蒸发温度、气体种类和压力控制颗粒的大小，一般可以制备 5～100nm 的超微粒子。其中蒸发源可用电阻加热、高频感应加热，对高熔点物质则可采用等离子体、激光和电子束加热等方法。

电阻加热法是将蒸发原料置于电阻加热器上加热蒸发，该法设备简单，但一次生成量较少，一般在实验室采用。

高频感应加热法是以高频感应线圈作加热源，使耐火坩埚内的物质在低压惰性气体中蒸发，蒸发后的金属原子与惰性气体原子相碰撞，冷却凝聚成超微粉。此法优点是超微粉粒径均匀、纯度较高，但制备高熔点物质的超微粉较困难，且产量不高。

等离子体法是在惰性气氛或反应性气氛下通过直流放电使气体电离产生高温等离子体，从而使原料熔化和蒸发，蒸气遇到周围的气体就会被冷却或发生反应形成超微粉。在惰性气氛下，由于等离子体温度高，采用此法几乎可以制得任何金属的超微粉，而且制备工艺及设备都比较成熟。

激光加热法是利用高能激光束在惰性气体中直接照射金属或金属氧化物，让这些物质蒸发、冷凝后直接制得这些物质的超微粉。也或在 N_2、NH_3、CH_4 等反应性气氛中，将激光束照射到金属上，金属被加热蒸发后与气体发生反应，以制得氮化物、碳化物等。用此法制取的超微粉纯度高、粒径小，其缺点是消耗能量大，成本高。

电子束加热法不需要坩埚就可使原料熔融和蒸发，从而防止了由于坩埚反应而引起的杂质的混入。此法适用于制取高熔点及活性大的金属超微粉。

（2）化学气相反应法。也称化学气相沉积法，是用挥发性金属化合物的蒸气通过化学反应合成超微粒的方法。此法可分为单一化合物热分解或两种以上化合物之间的化学反应，从气相中析出超微粉这两种类型。

按加热方法，又可分为电炉法、化学火焰法、激光法及等离子体法等。此法的优点是设备简单、产品纯度高、粒径分布窄，能连续稳定生产，可用来制备金属及其氧化物、氮化物、碳化物的超微粉体。

19.5.2 纳米材料的制备

纳米复合材料是当今纳米材料研究的热点，它又可分为O-O复合（纳米微粒与纳米微粒复合）、O-2复（复合纳米薄膜）及O-3复合（纳米微粒与常规块体复合）。而O-3复合则是纳米复合材料研究的主流，是把纳米微粒分散到常规的三维固体中。其分散方式之一是把纳米微粒组装到纳米孔中，前述纳米介孔材料就是这种组装体系的母体。纳米介孔固体材料也可以采用分子自组装技术进行合成。所谓分子自组装，就是分子在均衡条件下通过非共价键作用，分子自发地缔结成稳定的、结构上确定的聚集体。在一定条件下通过分子的自组装，自发产生复杂有序且具有特定功能的聚集体组织的过程称为分子自组织。分子自组装和分子自组织在生物体系中是普遍存在的，是形成结构复杂的生命体的基础。分子自组装技术不仅可用于有机纳米材料的合成，而且可用于复杂形态无机纳米材料的制备；不仅可合成出纳米多孔材料，还可制备纳米棒、纳米管、纳米网及纳米丝等[138,139]。

例如，通过在自组装的季铵盐型阳离子表面活性剂液晶分子模板存在下，二氧化硅的水热反应可制备出直径为 1.5~10nm 的介孔分子筛[56]，孔的大小可以通过改变表面活性剂烷基链长来加以控制。又如，将正硅酸四乙酯与氯代十六烷基三甲铵的酸性水溶液混合，然后让其在新离解的云母表面上于80℃成核生长，可得到取向生长连续的介孔 SiO_2 薄膜。

此外，还可用分子夹层或空腔作膜板来制备纳米材料。例如，以陶土或层状硅酸盐的微裂纹、生物或结晶物的分子夹层与晶道以及环糊精的内腔等作为反应微区制备纳米线、管及膜材料。

19.5.3 纳米粉体的干燥方法

如前所述,纳米材料由于具有特异的光、电、磁、热、声、力、化学和生物学性能,已用于许多高科技领域,如用作精细陶瓷材料,传感材料、磁性材料、光电材料及防护材料等。纳米粒子表面积大、表面活性中心多,为制作催化剂提供了必要的条件。如利用纳米镍粉作为火箭固体燃料反应催化剂,燃烧效率可提高 100 倍。又如,用溶胶凝胶法将平均粒度为 3~13nm 的镍超细粉末均匀分散到 SiO_2 多孔基体中,所得催化剂对一些有机物的氢反应或分解反应具有催化作用,其催化效率与镍的颗粒度有关。一般粒径为 30nm 的镍可使加氢和脱氢反应速度提高 15 倍[140]。

此外,用溶胶—凝胶法得到的气凝胶材料具有非常大的比表面积,是催化剂的理想载体。如以 Al_2O_3 纳米材料为载体的 Pb 催化剂对 NO 气在 270℃下还原反应的催化效率,比以传统陶瓷为载体的 Pb 催化剂的催化效率高得多。

如上所述,纳米粒子的制备可分为固相法、液相法及气相法三类,而液相法中,特别是沉淀法、溶胶—凝胶法由于其反应条件温和、易控制、制得的粉体组成均匀、纯度高,是制备金属氧化物载体(如 Al_2O_3、SiO_2、TiO_2、ZnO 和 ZrO_2 等)的常用方法。如用沉淀法制备纳米粉的过程中,干燥是一关键步骤。由于粒子越小,表面能就越大,在颗粒与液体的界面张力及液体表面张力作用下,随着胶体中液体的挥发,极易产生凝胶孔的塌陷及颗粒的聚集和长大。所以沉淀的干燥是湿化学方法制粉的一个重要操作步骤。

用溶胶—凝胶法制取纳米粉体的一般过程是:先选取一种易水解盐(如醇盐、乙酸盐等)配制成一定浓度的溶液,然后控制水解条件使其形成溶胶,再通过移出溶胶中的溶剂或促进某种反应等手段使溶胶向凝胶转变。溶胶到凝胶在颗粒大小和结构上没有严格的区别,但在状态上,由于凝胶中网络体的形成,使该颗粒体系失去流动性。凝胶中含有大量的液体,如 $Al_2O_3 \cdot xH_2O$ 在甲苯中形成的凝胶,其液体含量达 85%~90%。凝胶中微粒与微粒之间的联接是靠范德华力和氢键作用力来实现。在超微粒子的表面能、凝胶中液体表面张力及颗粒与液体间界面张力的作用下,随着凝胶中液体的蒸发,凝胶的体积产生收缩。这种收缩在开始时,其体积的缩小等于蒸发出的液体的体积,此时凝胶孔中仍注满了液体,没有液—气界面存在,也就没有毛细作用存在。随着液体的不断蒸发,大量的弯月液面在凝胶孔中形成,毛细收缩作用将颗粒压向一起,如图 19-1 所示。此时,一定数量的微粒之间的键将由于结构的非弹性而断裂,同时产生一些新键,形成新聚集的二次粒子,从而降低其表面能,进入较稳定的状态。凝胶中液体的表面张力越大,毛细作用就越强,干燥时颗粒之间的聚集就越严重。纳米粒子的聚集和长大,降低了颗粒的表面能而导致了粉体及其制成材料的各项性能的劣化。传统的干燥方法是将胶体置于烘箱中,一定温度下脱水。这种方法比较经济、简便,但容易引入杂质,且干燥不均匀,聚集较严重。下面所述几种方法,虽然工艺比较复杂,成本较高,但能有效地防止颗粒聚集。

1. 冷冻干燥法

冷冻干燥法又称升华干燥法,是将含水物料冷冻到冰点以下,使水转变为冰,然后在真空下将冰转变为蒸汽而除去的干燥方法。物料可先在冷冻装置内冷冻,再进行干燥;也可直接在干燥室内经迅速抽成真空而冷冻。升华生成的水蒸气借冷凝器除去。升华过程中所需的汽化热量,一般用热辐射供给。

冷冻干燥法充分利用了水的特性及表面能与温度的关系。物料内的水冷冻成冰时,其体积膨胀变大。水在相变过程中的膨胀力使得原先相互靠近的胶体颗粒被胀开,同时冰的生成使胶粒在其中的位置被固定,而限制了胶粒的布朗运动及相互接触,从而防止了纳米粒子在干燥过程中的聚集。

采用冷冻干燥法时,溶剂的选择十分重要,一般要求溶剂的熔点接近室温且具有较高的蒸气压。水是广为采用的溶剂,除水以外,也可选用有机溶剂,如叔丁醇等。

2. 超临界干燥法

超临界干燥是利用物质在临界温度和压力下,气—液之间没有界面存在,从没有界面张力这一性质来消除凝胶干燥过程中因表面张力引起的毛细孔塌陷、凝胶网破坏进而产生的颗粒聚集。

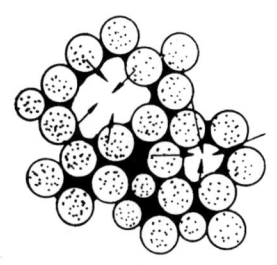

图 19-1 凝胶颗粒干燥过程中毛细力作用示意图

由于水的临界温度高达374℃,临界压力达22MPa,在超临界状态下水凝胶容易溶解,所以水凝胶不适合用超临界干燥。利用无机盐(如水玻璃)制备的水凝胶,需要用甲醇或乙醇置换出凝胶中的水,经反复处理后得到醇凝胶。再将醇凝胶放入高压容器中,注入定量的甲醇或乙醇,以一定的速率升温至临界点以上(甲醇的临界点为240℃、7.9MPa,乙醇为240℃、6.3MPa)。达到超临界状态后,在凝胶内的液相(醇溶剂)逐渐变成超临界流体,维持超临界状态一段时间,恒温缓慢地释放干燥介质,这时超临界流体不会变成液体,凝胶内不存在气液界面,避免了使凝胶收缩开裂的表面张力。

CO_2 也是一种很好的临界干燥介质,它可使超临界干燥在室温附近完成(CO_2的临界点为31℃、7.3MPa),这样就可避免甲醇或乙醇对空气的污染,大大提高了超临界干燥过程的安全性,降低了成本。而且低温干燥可使制得的气凝胶基本上保持醇溶胶的微观结构。

例如,前述气凝胶是一种新型的轻质纳米多孔性非晶固态材料,其孔洞率可高达99.8%,比表面积高达 $200\sim1000m^2/g$,密度变化范围可达 $3\sim500kg/m^3$,典型孔洞尺寸达 $1\sim100nm$ 是优异的催化剂及催化剂载体。

以正硅酸四乙酯为原料,乙醇和水为溶剂,盐酸或氨水作为催化剂,在65℃下反应生成的凝胶,经老化数日得到的凝胶态物质连同溶剂一起称为醇凝胶。将所得醇凝胶放入临界干燥器的干燥缸内,使醇凝胶浸没于缸内的乙醇中,然后使超临界干燥器内的温度降至 $4\sim6℃$,通入液态二氧化碳,进行溶剂置换,以除去醇凝胶内的水和醇等。当醇凝胶中的溶剂全部置换成液态二氧化碳后,将超临界干燥器内的温度升至 $32\sim35℃$,压力增到 $7.5\sim8.0MPa$,达到 CO_2 的超临界条件,然后缓慢放 CO_2 气体,当温度、压力降至室内条件时,即制得 SiO_2 气凝胶。

3. 共沸蒸馏法

当两种或两种以上液体形成具有恒沸点混合物时即为共沸混合物。当这两种液体混合物蒸馏时,各成分以相同的成分比逐渐被蒸出,其沸点不因蒸馏的进行而改变,即具有恒沸点。共沸蒸馏法是将沉淀中的水分以共沸物的形式脱除以防止颗粒的聚集。正丁醇与水在93℃时形成的共沸物中,水的含量可达44.5%。例如,在制备纳米级氧化锆时,将制出的氢氧化锆胶体与正丁醇混合,然后进行共沸蒸馏;胶体中的水与正丁醇形成恒沸物被蒸出,留下非常稳定的氢氧化锆—正丁醇溶胶体系。此时颗粒表面的 OH 基被 $-OC_4H_9$ 基团所取代,使微粒间相互接近和形成化学键的可能性几乎被消除,焙烧后可得到粒径为100nm左右的粉体。

第20章 二氧化钛

20.1 概 述

二氧化钛(TiO_2)俗名钛白或钛白粉,为多晶型化合物,有板钛型、锐钛型及金红石型三种晶型。板钛型极不稳定,后两者同属正方晶系。锐钛型在常温下是稳定的,既存在于自然界的矿石中,又可用人工方法制得,在高温下可转化为金红石型。金红石型是最稳定的结晶形态,在自然界中存在不多,多为人工制造。

二氧化钛也是化学性质极其稳定的两性氧化物,它可以成为碱性的氧化物而生成一类衍生物;又可以成为酸性的氧化物而生成另一类衍生物。

二氧化钛的水合物称作钛酸,钛酸分为正钛酸和偏钛酸。当钛的化合物在室温水解时,即会生成$Ti(OH)_4$沉淀。正钛酸不溶于水,但易于变成胶体溶液而能溶于冷的稀矿酸和强的有机酸中,碱不易与正钛酸作用。而正钛酸胶体溶液经煮沸或长时间冷置,逐渐变为稳定的偏钛酸。在高温下,二氧化钛可被氢、碳、金属钠等还原为低价钛化合物,与二硫化碳作用生成二硫化钛。

二氧化钛具有优良的物理、化学、光学和颜料性能,因而用途广泛,大量用于涂料、塑料、造纸、合成纤维、印刷油墨、橡胶及食品等行业。

20.2 二氧化钛用作催化剂载体的前景

二氧化钛作为重要的白色颜料,已有90多年历史。近年来,二氧化钛作为一种新型催化剂载体更受到人们的重视。由于二氧化钛具有独特的性能,与金属产生所谓"强相互作用",使催化剂的吸附及催化性能发生改变,活性和选择性也产生较大变化。

二氧化钛用作催化剂载体,在国外始于20世纪70年代末,而在国内多数尚属实验室阶段。表20-1为美国生产的两种二氧化钛商品牌号及其物理化学性质。

甲烷化是在催化剂作用下,使CO与CO_2与H_2作用转化成无害的CH_4和H_2O。自甲烷化催化剂问世以来,人们对镍催化剂的助剂及载体进行了大量研究。目前市场上销售的甲烷化催化剂,所用载体主要为Al_2O_3及SiO_2,也有采用MgO作载体。而采用TiO_2替代γ-Al_2O_3后,不但催化活性明显提高,而且低温活性也明显改善。如表20-2所示,采用$Al_2O_3/TiO_2=20/80$为载体的催化剂,在250℃及300℃的甲烷活性(以CO_2转化率计)均达到100%。

钴钼加氢转化催化剂也是化肥工业常用的一种催化剂,它是以γ-Al_2O_3为载体,采用浸渍法负载Co、Mo活性组分。采用TiO_2替代Al_2O_3作载体时,在活性组分Co、Mo用量减少约1/3的情况下,催化剂初活性却提高近一倍(表20-3)。

在其他一些催化反应中,采用TiO_2作载体的催化剂常表现出更优异的性能。例如,在NO_x选择催化还原反应中,V_2O_5/TiO_2催化剂在相当宽的温度范围内具有很高的活性和选择性,并有良好的抗硫中毒能力。TiO_2用于克劳斯反应可经受苛刻的水热处理而保持高活性。又如异丁烷氧化脱氢反应中，在 KF/TiO_2 催化剂的制备过程中，由于 O^{2-} 与 F^- 在晶格中的相互渗透导致产生阴离子缺陷，且形成的氟氧化物都会对催化剂的氧化脱氢活性产生影响。

表 20-1　TiO_2 载体的物理化学性质[①]

性质＼牌号	P-25	Cab-O-Ti
TiO_2 含量，%	>97	99.8
比表面积，m^2/g	50±5	50～70
平均粒度，μm	0.03	0.03
晶型	锐钛型占80%，金红石型占20%	锐钛型占85%，金红石型占15%
Al_2O_3 含量，%	<0.3	<0.3
SiO_2 含量，%	<0.2	<0.2
Na_2O 含量，%	<0.05	<0.05
重金属含量/($\mu g/g$)	<5	<5

① 产品采用 $TiCl_4$ 火焰水解法制取。

表 20-2　不同载体在甲烷化反应时的活性比较

项目＼载体组成	Al_2O_3 100 TiO_2 0	Al_2O_3 40 TiO_2 60	Al_2O_3 30 TiO_2 70	Al_2O_3 20 TiO_2 80
催化剂中 Ni 含量，%	7.02	6.74	6.35	6.24
250℃时的甲烷活性（CO_2 转化率），%	13.6	92.5	96	～100
300℃时的甲烷活性（CO_2 转化率），%	44	～100	100	100

表 20-3　不同载体的钴钼加氢催化剂的初活性比较

序号	载体类型	活性组分含量		噻吩转化率，%		
		Co，%	MoO_3，%	250℃	300℃	350℃
1	$\gamma-Al_2O_3$	2.08	10.97	14.8	25.4	45.5
2	$\gamma-Al_2O_3$	2.08	10.20	17.1	23.1	35.8
3	$\gamma-Al_2O_3$	1.51	8.41	16.9	23.0	39.5
4	$\gamma-Al_2O_3$	3.43	13.35	17.6	27.2	43.7
5	TiO_2	1.52	8.83	36.0	61.0	92.9
6	TiO_2	1.04	6.44	30.1	53.9	91.3
7	TiO_2	0.88	5.39	20.4	44.2	87.2

此外，TiO_2还可用来制作复合载体，例如，使$TiCl_4$吸附在$\gamma-Al_2O_3$表面上，经水解、干燥和焙烧制得的$TiO_2/\gamma-Al_2O_3$复合载体，用作钼系加氢脱硫或脱氮催化剂的载体时，可以明显改善催化剂的性能。

20.3　二氧化钛载体的表面酸性

很早就已发现，固体酸可用作烯烃异构化、烃类裂化、芳烃烷基化及醇类脱水等许多重要反应的催化剂，而像金属氧化物、硫酸盐等类看似中性的固体物质会呈现显著的酸性。二氧化钛也不例外，不仅在其表面有较强的L酸中心，而且采用不同制备方法或引入不同添加剂还可调变TiO_2载体的表面酸性[141-143]。

例如，下面两种用不同起始原料（四氯化钛及硫酸氧钛）制得的TiO_2：

$$TiCl_4 \xrightarrow[\text{中和}]{NH_3} Ti(OH)_4 \xrightarrow[\text{焙烧}]{400\sim 600℃} TiO_2(A) \qquad (20-1)$$

$$TiOSO_4 \xrightarrow[\text{水解}]{H_2O} Ti(OH)_4 \xrightarrow[\text{焙烧}]{400\sim 600℃} TiO_2(B) \qquad (20-2)$$

所得$TiO_2(A)$及$TiO_2(B)$的比表面积均为$100m^2/g$左右，晶型都属锐钛型。用碱性气体吸附法测定其表面酸性。

图20-1是$TiO_2(A)$及$TiO_2(B)$的NH_3-TPD（程序升温脱附）谱图。两种产品上NH_3的脱附峰温度范围都较宽。在300～800℃，表明TiO_2表面不同位置上吸附NH_3强弱程度差别较大。$TiO_2(A)$主要吸附峰在405℃，600℃附近有一肩峰，说明$TiO_2(A)$表面存在着两种NH_3吸附态，对应于低温吸附峰是不太强的吸附态，高温脱附的肩峰为强吸附态。$TiO_2(A)$表面主要是前者，即以较弱的酸中心为主。$TiO_2(B)$的NH_3-TPD曲线明显呈现两个峰，第一峰为370℃，第二峰在550～750℃范围。与$TiO_2(A)$相比，$TiO_2(B)$表面弱酸中心的酸性相对更弱，强酸中心的酸性更强。

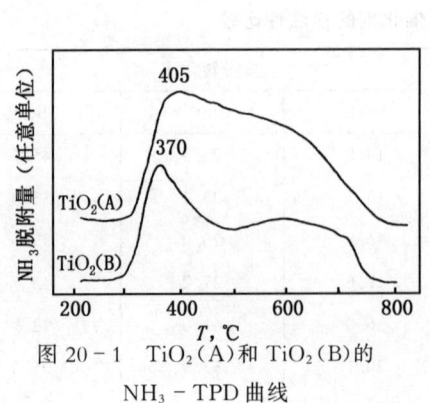

图20-1　$TiO_2(A)$和$TiO_2(B)$的
NH_3-TPD曲线

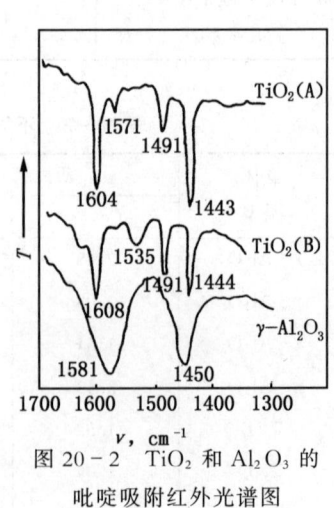

图20-2　TiO_2和Al_2O_3的
吡啶吸附红外光谱图

图20-2是TiO_2和$\gamma-Al_2O_3$的吡啶吸附红外光谱图。图中，$\gamma-Al_2O_3$的吸收谱带在

1450cm^{-1}和1581cm^{-1}处，归属于L酸中心，TiO$_2$（A）吡啶吸收谱带为1443cm^{-1}、1491cm^{-1}、1571cm^{-1}和1604cm^{-1}。这些谱带仍归属于L酸中心，而TiO$_2$（B）除了具有与TiO$_2$（A）相同的L酸中心谱带外，还出现了1535cm^{-1}谱带，该谱带归属于B酸中心，表明TiO$_2$（B）上同时有L酸和B酸两类中心，但B酸中心弱得多。上述结果表明，采用不同原料和制备工艺得到的TiO$_2$载体，酸性存在明显差别。

此外，还发现在用NH$_3$中和TiCl$_4$溶液方法制备TiO$_2$过程中，中和终点的pH值对表面酸性有较大影响。这样就可通过选择适宜的pH值，使TiO$_2$表面有最大的酸中心密度和相对弱的酸中心强度。在制备过程中加入少量某些添加剂，如K$_2$O、ZnO、CaO、MgO及Al$_2$O$_3$等，可以不同程度地调变TiO$_2$载体的表面酸性。

20.4　超细TiO$_2$的合成

综上所述，TiO$_2$是一种很有发展前景的载体，尽管国内外开发这类新型载体的起步较晚，但它的优越性越来越受人们重视。我国是一个钛资源十分丰富的国家，开发与应用TiO$_2$系列产品更具现实意义。

TiO$_2$用作催化剂载体，要求较高的比表面积，稳定的活性锐钛型结构和适宜的表面态特性。目前的商品TiO$_2$，由于比表面积很小，一般为10m^2/g，所以不适合用作催化剂载体，大多用作涂料，而超细TiO$_2$粉末不仅具有优异的光学性能及导热性能，可广泛用于制取优质涂料，而且还具有较大的比表面积及表面活性，是优良的吸附剂、催化剂及载体。

超细TiO$_2$的制备可分为固相法、液相法及气相法三类。固相法是将粗粒子经粉碎得到微粉体的方法。虽然目前粉碎技术已有很大进展，但由于粉碎过程很容易混入杂质，因此，有效地制造1μm以下的微粒子是困难的。

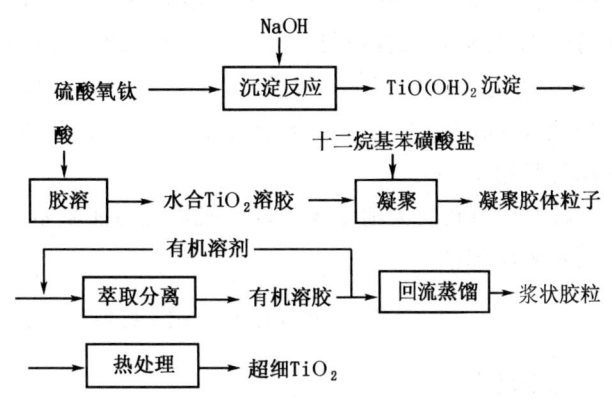

图20-3　沉淀法制备超细TiO$_2$工艺简图

20.4.1　液相法

液相法合成超细TiO$_2$的常用方法有沉淀法及溶胶—凝胶法。

1. *沉淀法*

沉淀法制取超细TiO$_2$的工艺流程如图20-3所示。

以硫酸氧钛为原料，氢氧化钠为沉淀剂时的沉淀反应为：

$$TiO_2 + OH^- \longrightarrow TiO(OH)^+ \tag{20-3}$$

$$TiO(OH)^+ + OH^- \longrightarrow TiO(OH)_2 \downarrow \tag{20-4}$$

沉淀物的胶溶反应为：

$$TiO(OH)_2 \xrightarrow{H^+} TiO(OH)^+ \cdot H_2O \text{（溶胶）} \quad (20-5)$$

胶料的热处理反应为：

$$TiO(OH)_2 \xrightarrow{\triangle} TiO_2 + H_2O \quad (20-6)$$

2. 溶胶—凝胶法

溶胶—凝胶法根据所用前驱物是无机化合物或有机化合物，其反应机理也有所不同。

（1）以无机物为前驱体。以无机盐为前驱体，可以通过水解制得溶胶：

$$Ti^{4+} + 4H_2O \longrightarrow Ti(OH)_4 + 4H^+ \text{（溶胶）} \quad (20-7)$$

$$TiO(OH)_4 \xrightarrow{\triangle} TiO_2 + 2H_2O \quad (20-8)$$

例如，将适量的 $TiCl_4$ 和去离子水反应，待反应完成后取一半立即加入 $NH_3 \cdot H_2O$，中和到 pH = 6.0（试样 A），另一半在放置 24h 后再中和至 pH = 6.0（试样 B），得到白色的 TiO_2 胶体。对胶体进行减压过滤，用适量的去离子水洗涤滤饼，洗去所含 Cl^- 离子，再加入适量 NH_4NO_3 混合均匀。经 300℃热处理，可得到超细 TiO_2。经 X 射线衍射分析表明，试样 A 为锐钛矿型 TiO_2，试样 B 为金红石和锐钛矿的混合晶型 TiO_2。用 BET 法测定试样 A 的比表面积为 $139m^2/g$，孔体积为 $0.18mL/g$。粒子的粒径分布范围在 10～20nm 之间，平均粒径约 15nm。

（2）以有机物为前驱体。以有机醇盐为前驱体制取时，发生下述主要反应。

水解反应：

$$Ti(OR)_x + xH_2O \longrightarrow Ti(OH)_x + xROH \quad (20-9)$$

缩聚反应：

$$Ti(OH)_x \longrightarrow TiO_y(固) + (x-y)H_2O \quad (20-10)$$

溶剂化反应：

$$Ti(OR)_4 + xR'OH \longrightarrow Ti(OR)_{(4-x)}(OR')_x + xROH \quad (20-11)$$

其中 R' 与 R 差别越大，转化率越高。

假设溶液由开始反应到变混浊的时间是粒子成核的诱导时间，TiO_2 颗粒是通过均相成核和生长而形成。这时可用图 20-4 描述 TiO_2 颗粒的成核及生长过程。图 20-5 为合成超细 TiO_2 的工艺过程简图。

例如，用钛酸丁酯作前驱物时，由于其黏度较大，为了防止局部沉淀而形成硬的团聚体，先用无水乙醇（也可用正丙醇、正丁醇等）作溶剂将钛酸丁酯稀释，制备成钛酸丁酯/乙醇溶液。然后将此溶液缓慢地滴入去离子水中进行水解反应。为了抑制反应过速，水解在酸性介质（盐酸浓度介于 0.21～0.71mol/L）中进行，同时强力搅拌以防止不均匀沉淀及凝胶的形成。生成的溶胶转化为稳定的凝胶后，再经干燥及热处理即可制得 TiO_2 粉末。

反应过程中形成的 TiO_2 粒子大小，主要取决于溶液中 $TiO_2 \cdot xH_2O$ 的过饱和度。其中以 $TiO_2 \cdot xH_2O$ 为构晶单元的最小粒子尺寸 d_k 与其过饱和度的关系可用 Kelvin 式表示：

$$d_k = 4V_m E_s/(vRT\ln S)(cm) \quad (20-12)$$

式中　V_m——晶体的摩尔体积，cm^3/mol；
　　　E_s——晶体与溶液间的界面能，J/cm^2；
　　　v——参数，由分子构成的晶体，$v=1$；
　　　R——气体常数，$R=8.314 J/(mol \cdot K)$；
　　　T——绝对温度，K；
　　　S——过饱和比，$S=C/C^{sat}$，C、C^{sat} 分别为溶质（即构晶组分）的浓度和饱和浓度。

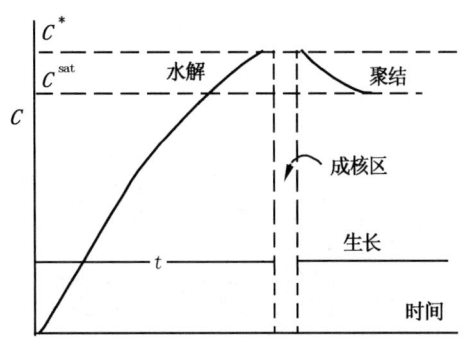

图 20-4　TiO_2 颗粒成核、生长过程图
C，C^{sat}—水解速率限制组分浓度及其饱和浓度；
C^*—临界过饱和度

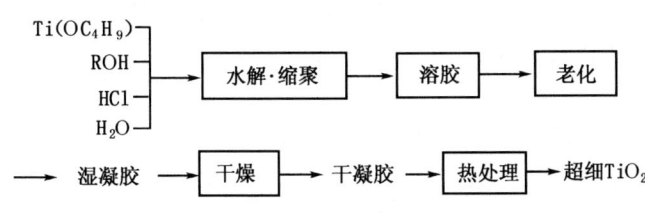

图 20-5　溶胶—凝胶法制备超细 TiO_2 工艺简图

从上式可知，要使晶体粒径达到可能的最小粒径，必须使溶液中的 $TiO_2 \cdot xH_2O$ 有足够大的过饱和比；要使晶体粒径均一，必须使反应器内构晶粒子的过饱和比各处相等。

20.4.2　气相法

气相法也称化学气相淀积法，即利用气态物质在一固体表面进行化学反应，生成固态沉积物的过程，是近年来发展起来的制备无机材料的新技术。用此法制备的 TiO_2 超细粒子粒度细、化学活性高、粒子呈球形、单分散性好，凝聚粒子少。这种方法又可分为气相合成法、气相氧化法及气相热解法。

1. 气相氧化法

此法是以 N_2 为载气，以四氯化钛为原料的氧化反应如下：

$$TiCl_4 + O_2 \xrightarrow{1000 \sim 1200°C} TiO_2(固) + 2Cl_2(气) \quad (20-13)$$

它可采用图 20-6 中两种工艺方式来实现气相氧化反应：

2. 气相合成法

这是气相沉淀中使用最广的一种方法。它是将金属醇盐水解反应移至气相反应中进行，$Ti(OR)_4$ 经喷雾和惰性气体冷却形成亚微米级的液滴，然后同水蒸气反应，在较低温度下合成纯度高且分散性能好的 TiO_2 超细粒子。其反应原理如下：

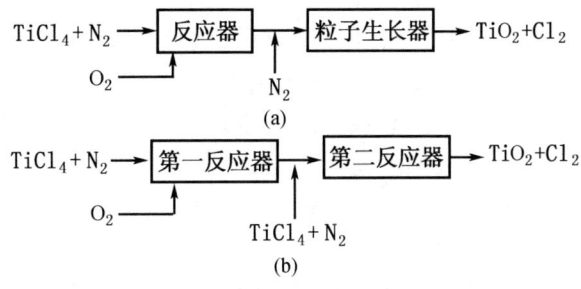

图 20-6　气相氧化法工艺过程

$$nTi(OR)_4 + 2nH_2O \longrightarrow nTiO_2 + 4nROH \quad (20-14)$$

其工艺过程如图 20-7 所示。

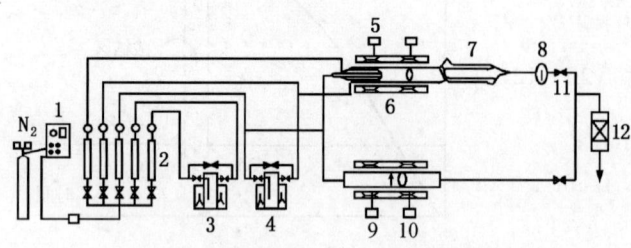

图 20-7 气相合成 TiO_2 超细颗粒流程图
1—纯化器；2—转子流量计；3—$Ti(OR)_4$ 汽化器；
4—H_2O 汽化器；5—温控系统；6—加热器；7—热泳动过滤器；
8—膜过滤器；9—主反应器；10—参照反应器；
11—截止阀；12—尾气转化器

高纯 N_2 经纯化器纯化后分成四路进入反应器。一路进入 $Ti(OR)_4$ 汽化器，携带 $Ti(OR)_4$ 蒸气分别从中心喷嘴进入反应器或参照反应器中；一路通过水汽化器将水蒸气带入反应器中部；另两路分别进入反应器对饱和气流稀释。

这种进料方式将反应器分成两段，一段是混合段，热氮气流携带反应物经喷嘴喷出，在该段中间与冷热气混合，形成 $Ti(OR)_4$ 气溶胶颗粒；另一段是水解反应段，$Ti(OR)_4$ 液滴在该段中同水蒸气混合，发生水解反应，形成 TiO_2 超细粒子。

3. 气相热解法

化合物的热分解是最简单的沉积反应。通常是在简单的单温炉区，于真空或惰性气氛下加热至所需温度后，导入反应气体，使之发生热分解反应，最后在反应区沉积出超细粒子，例如，以 $Ti(OC_4H_9)_4$ 为原料时，其反应原理如下：

$$Ti(OC_4H_9)_4 \longrightarrow TiO_2 + 4C_4H_6 + H_2O \quad (20-15)$$

$$C_4H_8 + 6O_2 \longrightarrow 4CO_2 + 4H_2O \quad (20-16)$$

20.5 TiO_2-Al_2O_3 及 TiO_2-SiO_2 复合载体[144-146]

TiO_2 是属于典型的强金属—载体相互作用类型载体。TiO_2 的可还原性以及与被负载的活性组分之间较强的相互作用，使 TiO_2 基的催化体系往往表现出某些突出特性。但 TiO_2 本身相对较小的比表面积和活性锐钛矿在高温下的不稳定性，使得用作催化剂载体时有一定局限性。为了克服这一弱点，可将 TiO_2 负载在具有较大比表面积和具有高温热稳定的 Al_2O_3 或 SiO_2 上，制成 TiO_2-Al_2O_3 或 TiO_2-SiO_2 复合载体。这种用 TiO_2 改性的复合载体可明显改善催化剂的催化性能。

TiO_2-Al_2O_3 或 TiO_2-SiO_2 复合载体，可以通过沉淀法、浸渍法、嫁接法、混胶法、冲击加载法及吸附法等来制备。而 TiO_2 在 Al_2O_3 或 SiO_2 表面上的分散状态强烈地受制备方法影响。其中气相吸附法是实现 TiO_2 最佳分散状态的有效制法之一。

例如，将已经 550℃ 焙烧过的 γ-Al_2O_3，在使用时再在 N_2 气氛下于 500℃ 焙烧 2~3h，充分脱除吸附水后冷却至室温，然后引入用高纯 N_2 携带的 $TiCl_4$ 蒸气，使其吸附在 γ-Al_2O_3 上。经吸附一定时间后，再用 N_2 吹扫，使凝聚于 γ-Al_2O_3 孔中的过量 $TiCl_4$ 吹走，只形成单层吸附的 $TiCl_4$，然后在空中放置 40~50h，使 $TiCl_4$ 在室温下充分水解，最后移入马弗炉在 120℃烘干 2h,再升温至 550℃焙烧 2~4h,即可制得 TiO_4 呈单分散态的 TiO_2-Al_2O_3 复合载体。制备 TiO_2-SiO_2 复合载体也可用类似方法制得。

又如,用 TiO_2-SiO_2 复合载体浸渍 MoO_3 后制成 MoO_3/(TiO_2-SiO_2) 催化剂。将此催化剂与未经 TiO_2 调变的 MoO_3/SiO_2 催化剂进行加氢反应活性比较,其结果如图 20-8 所示。活性评价在固定床中压反应装置中进行,反应原料液为 69%(质量分数)环己烷,20%(质量分数)环己烯,10%(质量分数)苯,1%(质量分数)噻吩混合物,氢压 2.8MPa,液时空速 $5h^{-1}$,氢气与原料液体积比为 600,以噻吩、环己烯和苯的转化率作为催化剂的噻吩加氢脱硫(HDS)、环己烯加氢(HYD)及苯加氢(BHD)的活性指标。从图 20-8 中可以看出,用 TiO_2 调变后的 TiO_2-SiO_2 载体制成的催化剂,其 HDS、HYD 及 BHD 活性均高于未经调变的 MoO_3/SiO_2 催化剂。造成这种差别的原因是由于 TiO_2 对 MoO_3 在 SiO_2 的表面分散起促进作用,致使 MoO_3 在经 TiO_2 调变的复合载体 TiO_2-SiO_2 上的分散阈值较 SiO_2 表面上大,而且 TiO_2 的存在还有利于 MoO_3 的深度还原,还原态的活性组分 Mo 物种显示更高的催化活性。

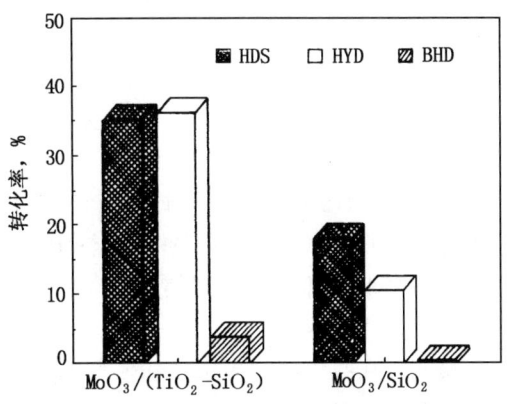

图 20-8 MoO_3/(TiO_2-SiO_2) 与 MoO_3/SiO_2 的 HDS、HYD、BHD 活性比较

第21章 膨 润 土

21.1 概 述

膨润土（Bentonite）一词原指产于美国朋通堡（Fort Benton）附近的一种黏土，这种黏土遇水吸收膨胀（能吸收约8倍体积的水，体积膨胀10～30倍）形成触变性凝胶状物质。后来在许多地方都发现了这类黏土，都称为膨润土，其颜色随杂质含量而变化，通常为灰白、浅绿、浅红褐色。

膨润土在我国有许多别名和俗称如：斑脱岩、膨土岩、斑脱土、搬土、浆土、皂土、观音土、石粉子等。由于它不是一种纯物质，因此没有固定的化学组成和化学式。已知它通常与众多矿物伴生，其中蒙皂石是膨润土的最重要的赋性组分，因此通常把高纯膨润土称作蒙皂石，纯蒙皂石称作高纯膨润土。实际上，膨润土属于蒙皂石族（Montmorillonite）黏土。

蒙皂石属单斜晶系，硬度1～2，相对密度2～3（因吸水而不同），晶体颗粒0.02～0.2μm，为层状结构的硅酸盐矿物。不含层间水和可交换性阳离子蒙皂石的理论组成见表21-1。

表 21-1 蒙皂石理论组成

成 分	比 例
SiO_2	66.71%
Al_2O_3	28.39%
H_2O	5.00%
Al_2O_3/SiO_2 = 0.4241	

其晶体的基本结构有两种：一种是Si-O四面体（用T表示），另一种是Al-(O、OH)八面体（用O表示）。正是由于T、O两种基本单元，构成TOT型层状结构（图21-1至图21-3）。即在z轴方上作周期的TOT、TOT…排列，而在TOT层间充满nH_2O+M^+，其中M表示可交换阳离子，可与其他无机和有机阳离子交换。

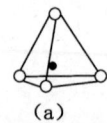 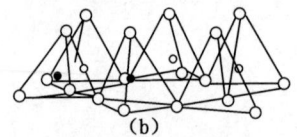   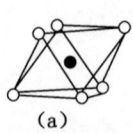 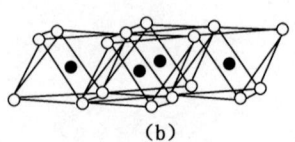

图 21-1　四面体构造示意图　　　　　图 21-2　八面体构造示意图
（a）单独的硅氧四面体；　　　　　　　（a）单独的八面体单位；
（b）硅氧四面体排成六角形网络的片状结构　（b）八面体单位的片状结构

○—氧；●—硅　　　　　　　　　　○，○—氢氧；●—铝镁等

蒙皂石由许多这样的单元构成，一方面由于相邻间只是硅氧层，外表没有氢键，这些单元靠范德华力来结合，这种结合力很易破坏，因而表现出易于解离和滑腻感。另一方面，每一层片是由上、下两层硅氧四面体，片间隔一层铝氧八面体所组成。如果硅氧四面体的四价硅被三价铝所代替，或铝氧八面体内的三价铝被二价的镁、铁等所代替，便产生过量的负电荷。这一负电荷是一永久负电荷，不受外界（pH值）的影响，所以，蒙皂石晶层间对阳离子的吸附作用，使层间可能有 K^+、Na^+、Ca^{2+}、Mg^{2+}、Al^{3+}、H^+、Li^+ 和 Cs^+ 等交换阳离子存在。所以，蒙皂石属于天然无机阳离子交换剂类，其最大阳离子交换量约为人工合成有机阳离子交换剂的 1/4。

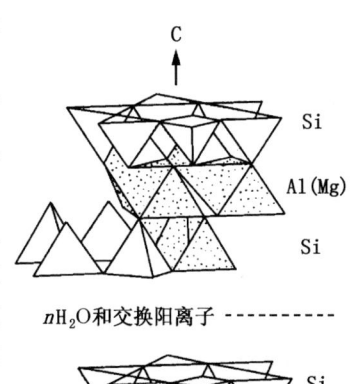

图 21-3 蒙皂石族晶体结构

21.2 钠基和钙基膨润土

基于膨润土的上述结构，区分膨润土质量特性最重要的特征是按膨润土中蒙皂石为主的可交换性阳离子的种类和数量，所划分出来的钙基、钠基和氢基等膨润土的化学属性。

天然氢基膨润土很少，大量的是钙基和钠基膨润土。一般可以用膨润土中主要可交换性阳离子容量及碱性系数 K 值的大小，来区分钙基和钠基膨润土[147-149]。

碱性系数 K 值的定义为：

$$K = \frac{E_{Na^+} + E_{K^+}}{E_{Ca^{2+}} + E_{Mg^{2+}}} \tag{21-1}$$

其中，E 代表标示阳离子的交换容量，单位是 mmol/100g 干膨润土。

当 $K>1$ 时，为钠基膨润土，即可交换阳离子以 Na^+ 为主；当 $K<1$ 时，为钙基膨润土，即可交换阳离子以 Ca^{2+} 为主。

表 21-2 给出了国产三种钙基膨润土及钠基膨润土的可交换性阳离子总量(CEC)、碱性系数 K 和主要化学成分。表 21-3 给出了钠基膨润土和钙基膨润土的性能差别。可以看出，钠基膨润土比钙基膨润土的性能优越，所以工业上也常用人工方法由钙基土制备钠基土。

表 21-2 国产膨润土的物化特性

膨润土产地	阳离子交换容量 mmol/100g					碱性系数 K	膨润土属型	化学组成，%（质量分数）							水悬浊液 pH	Al_2O_3/SiO_2 比值
	CEC	E_{Na^+}	E_{K^+}	$E_{Ca^{2+}}$	$E_{Mg^{2+}}$			蒙皂石	SiO_2	Al_2O_3	TiO_2	Fe_2O_3	MgO	CaO		
辽宁黑山	53.0	2.30	2.30	32.0	9.68	0.11	钙基	40.50	65.70	12.87	0.18	1.86	1.00	0.92	7.5	0.196
山东潍坊	56.07	1.62	0.51	47.93	2.64	0.042	钙基	54.13	66.89	12.49	0.17	2.36	1.81	1.30	8.0	0.187
内蒙兴和	68.3	2.90	1.30	32.40	22.2	0.077	钙基	51.01	71.04	13.85	0.14	1.66	1.73	0.80	7.3	0.194
浙江临安	53.74	40.66	1.53	21.4	2.64	1.75	钠基	38.92	67.86	13.40	0.14	1.64	1.12	1.76	10.2	0.197

表 21-3 钠基和钙基膨润土的性能差别

项目	钠基膨润土	钙基膨润土
干压强度，10^5Pa	大（6.5 左右）	小（5.0 左右）
湿压强度，10^5Pa	大（0.30 左右）	小（0.25 左右）
热湿抗强度，10^5Pa	大（18 左右）	小（12 左右）
水悬浊液 pH 值	8.5～10.6	6.4～8.5
吸水速度与吸水量	吸水速度慢但吸水量大	吸水速度快但吸水量小
在大量水中分散沉淀情况	分散量大不易沉淀	分散量小较快出现沉淀
吸水膨胀倍数	20～30 倍	<20 倍
胶质价，%	100	50
差热分析曲线特征	第一吸热峰为单峰	第一吸热峰为复峰
失重分析（室温至110℃烘干）	约 6%	约 9%
X 射线分析特征	$d(001)=1.25$nm，2θ 值为 7.1，峰形矮而弥散峰脚宽	$d(001)=1.56$nm，2θ 值为 5.66 峰形高而陡峭
电子显微镜图像特征	细鳞片状，轮廓不很清楚，呈连续雾状集合体	块状集合体，轮廓呈不规则，但较清楚
特征用处	制造有机膨润土原料	制造活性白土（漂土）原料

21.3 膨润土的特性及应用

天然膨润土不论什么属型都属无机膨润土。天然膨润土如经过无机化学处理或机械加工处理的产品，也属无机膨润土。凡是无机膨润土都在不同程度上具有以下特性。

1. 膨胀性

膨润土遇水后因吸水使蒙皂石晶层间距加大，而表现为自身体积的膨胀。如钠基膨润土吸水膨胀倍数可达 20～30 倍。

2. 吸附性

由于蒙皂石 TOT 型层状结构，使它具有很大的比表面积（～750m^2/g）和孔体积，从而对气体、水分以及溶液中某些色素、有机化合物等具有很强的吸附脱除性。

3. 阳离子交换性

蒙皂石层间吸附的金属阳离子，在一定条件下能与溶液中其他金属阳离子实现离子交换。每 100g 干高纯膨润土阳离子交换容量可达 74～140mmol。

4. 分散性

由蒙皂石结构式可以看出，蒙皂石晶胞带有许多金属阳离子和羟基亲水基，因此它表现出强烈的亲水性和分散性。如钠基膨润土可在大量水中分散而不易沉淀。

5. 黏结性

膨润土与水混合会带来很大的黏结性。这种性质来源于多方面。如膨润土亲水、颗粒细小、蒙皂石晶体表面电荷的多样性、颗粒的不规则性、羟基与水形成氢键、对微量有机物的吸附和多种聚附形式形成溶胶、聚集、絮凝、凝胶等产生的黏结性。

6. 悬浮性

膨润土水悬浮液具有优良的悬浮性，其原因是蒙皂石晶胞颗粒非常细小（0.2μm 以下），而且每个蒙皂石晶胞都有相同数目的负电荷，彼此同性相斥，在稀溶液里很难聚附成大颗粒，从而保持良好的悬浮性。

7. 触变性

膨润土水悬浊液在一定浓度范围内会产生优良的触变性。即在有外力搅动时悬浊液表现为流动性很好的溶胶液，当停止外加搅动时，就会自行排列成具有立体网状结构凝胶，并不发生沉降分层和有水离析出来。再施以外力搅动时，凝胶又能迅速被打破，恢复原有的流动性。

8. 稳定性

膨润土能耐受高温，具良好的热稳定性，加热到 140℃时逸出自由水和吸附水、300℃时逸出层间水、500℃时失去结晶水。膨润土还具有良好的化学稳定性，它基本上不溶于水，微溶于强酸强碱，常温下不被强氧化剂及强还原剂破坏，也不溶于有机溶剂。

膨润土由于具有这些特性，因此广泛用作铁矿球团黏合剂、铸造型砂黏合剂、石油钻井泥浆、洗涤剂添加剂、饲料添加剂、沥青乳化剂、印花糊料、油漆防沉剂、橡胶填料和废水处理剂等。特别是经处理的膨润土，由于具有较大的比表面积及较强的吸附性和离子交换性，它也是一种优良的催化剂载体。

21.4　有机膨润土

如果将膨润土加入某种电解溶液中，那么在膨润土的离子（M^+）和电解质的离子（B^+）间会发生交换：

$$\text{膨润土}\begin{cases}ONa_2\\OCa\\OMg\\\vdots\end{cases} + B^+ + Cl^- \rightleftharpoons \text{膨润土}\begin{cases}OB\\OB\\OB\\\vdots\end{cases} +$$

$$M^+(Na^+、Ca^{2+}、Mg^{2+}\cdots) + Cl^- \tag{21-2}$$

反应是平衡的。反应的程度取决于 B^+、M^+ 的性质、相对浓度、膨润土的性质等因素，膨润土阳离子的交换顺序为：

$$Li > Na > K > NH_4 > Mg > Ca > Sr > Ba > Al > H$$

由于膨润土层间的阳离子可以交换，当用离子交换法把大的有机或无机离子引入层间制成有大孔洞的材料时，把用大分子有机物引入层间的膨润土通常称为有机膨润土。

目前，各种用途的有机膨润土，是用不同结构的长碳链季铵盐离子与钠基膨润土的阳离子交换反应而制得。它是利用季铵盐离子与土中可交换离子相互作用，使大的有机离子进入土层间，覆盖粒子表面，形成稳定的有机产品。有机膨润土具有亲油性和膨润性，在有机介质中溶剂化并产生触变性和高分散性的胶凝效应。由于这些性质，有机膨润土可用作涂料防沉剂、增稠剂、抛光剂、防锈添加剂以及催化剂载体等。

制备有机膨润土时，要求季铵盐中至少有一个基团的碳原子数为 10~24，以保证所得有机膨润土的亲油性能。而对膨润土则要求纯度高，不含杂质，阳离子交换容量为75～100mmol/100g干膨润土，才能制备性能优良的有机膨润土。

(1) 有机膨润土的湿式制法。湿式制法的一般工艺见图21-4。

```
                    悬浮制浆              活化剂
                      ↓                    ↓
         原矿粉→10%～20%悬浮液→离心提纯→活化改型→
         季铵盐
              →有机交换→过滤脱水→干燥→粉碎→有机土产品
```

图21-4 有机膨润土的湿式制法

例如，以水为分散介质，先去除膨润土中杂质，制成悬浮液，含量为10%～20%。再进行高速剪力分散，使粒度达到黏土级。将此土浆液与季铵盐反应，适当加热，并控制反应时的pH值偏碱性。最后从浆液中分离出有机土，经洗涤后在温度≤50℃条件下干燥。

(2) 有机膨润土的干式制法。干式制法的操作简单，生产效率较高。制备时只要将膨润土富矿粉和适量的季铵盐（占矿粉的15%～55%）充分混合，在无水和高于季铵盐熔点的温度下反应5～30min，反应结束后，经研磨、过筛，即得到70μm的干态产品。

而对膨润土中蒙皂石含量低，阳离子交换能力为中低品级的矿石，属于钙基土，理化性能较差。为了改善其性能，必须先对它进行挤压钠化处理。其工艺流程见图12-5。

```
原矿→中碎(<5mm)→配料(加入碱液)→搅拌→活化(挤压钠化)→自然
     晾干(或烘干)→细碎(74μm)→人工钠土
```

图21-5 有机膨润土的干式制法

21.5 膨润土作催化剂载体的应用
——杂多酸在膨润土上的负载化

杂多酸催化剂因具有选择性酸催化和氧化还原催化特性，在水溶液中作为均相催化剂用于烯烃水合等工艺早已实现工业化，固体杂多酸对于含氧分子的转化十分有效，可用于低温下脱水、醚化和酯化等反应。而杂多酸的有效负载化将为其应用开辟更广阔的前景。

目前用作催化剂的杂多酸，主要是分子式为$X_nM_{12}O_{40}^{(8-n)-}$具有Keggin结构的一类杂多酸。这类杂多酸由12个配位离子（M）钨或钼和氧绕中心原子（X，通常为磷或硅）对称排布而成（图21-6），抗衡离子可以是质子、金属离子或它们的混合物。

杂多酸具有很强的质子酸酸性，当以固体或在非水溶液中使用时，大概比硫酸的酸性还要强100倍，加上这类化合物的挥发性及腐蚀性都很小，在某些反应中和一般矿物酸相比，又具有很高的选择性，所以在精细合成中常常替代硫酸作催化剂。含钼和钒的杂多酸又与钨系化合物不同，具有较强的氧化—还原性能，在工业上已用作生产甲基丙烯酸的催化剂，也是在甲醇氧化、丙酮氧化等反应上很有应用前景的一类氧化—还原型催化剂。

杂多酸负载化后，不仅能在液相氧化和酸催化反应中把催化剂从反应介质中很方便地分离出来，而且还为这类均相催化反应的多相化，甚至利用催化蒸馏新工艺等创造更好的条件，使生产工艺简化，应用更为广泛。由于负载后的杂多酸结构、酸性、氧化—还原性等都受到载体材料性质的影响，选择合适的载体有利于提高杂多酸催化剂的催化活性。

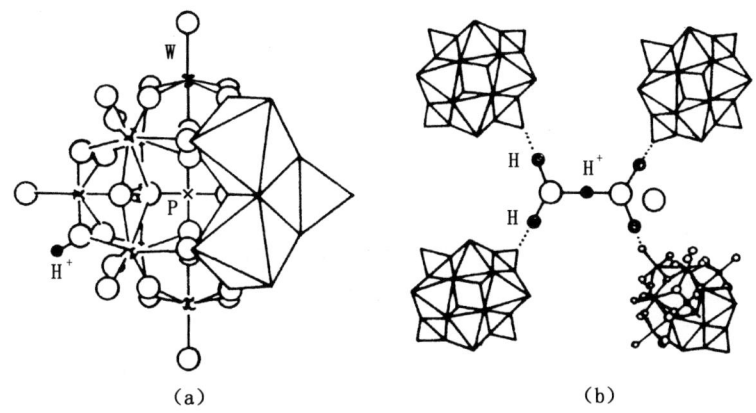

图 21-6 磷钨酸（$H_3PW_{12}O_{40}$）的结构示意图
(a) 具有 Keggin 结构的杂多阴离子：$PW_{12}O_{40}^{3-}$；
(b) 二级结构（部分）示例：$H_3PW_{12}O_{40} \cdot 6H_2O$
每个 $H_5O_2^+$ 桥连四个多阴离子

杂多酸负载化的常用载体有 SiO_2、Al_2O_3、活性炭及膨润土等。膨润土中的蒙皂石具有 TOT 型层状结构，层间是有孔道的铝硅酸盐，表面有大量—OH 结构。这些—OH 与 SiO_2 表面上的—OH 具有相似的性质，因而杂多酸在膨润土上的吸附作用与在 SiO_2 上的吸附作用相似。其吸附模型为：膨润土表面的—OH 首先结合杂多酸的 H^+ 形成—OH_2^+（质子化羟基），然后再通过静电引力结合杂多酸阴离子，如下式所示：

$$H_3PW_{12}O_{40} \Longleftrightarrow H^+ + H_2PW_{12}O_{40}^- \qquad (21-3)$$

$$H^+ + S-OH \Longleftrightarrow S-OH_2^+ \qquad (21-4)$$

$$S-OH_2^+ + H_2PW_{12}O_{40}^- \Longleftrightarrow S-OH_2^+ H_2PW_{12}O_{40}^- \qquad (21-5)$$

式中，S = Al。

表 21-4 给出了几种不同类型的膨润土负载杂多酸时的一些表面性质[150,151]。杂多酸负载催化剂的制法是将一定量的膨润土载体放入玻璃烧瓶中，再加入含给定量杂多酸的水溶液，加热回流一定时间后放置十几个小时，然后倾出液体并由母液测定出吸附的杂多酸量，取出所剩固体并于 120℃下烘干 20h 后即制得杂多酸催化剂。

从表 21-4 看出，在 4 种膨润土载体中，用较强硫酸处理过的 B(4) 的表面酸强度比其他 3 种载体的都大，而载体负载杂多酸后的酸强度范围保持不变。而表面酸量的顺序为 B(4)＞B(3)＞B(2)＞B(1)，负载杂多酸后，B(1)、B(2) 及 B(3) 的酸量均有较大增加，对杂多酸的负载量均随酸量的增加而增加。此外，负载杂多酸后比表面积都有明显减少，特别是 B(4) 尤为显著。

图 21-7 给出了用膨润土负载杂多酸催化剂进行乙酸和正丁醇酯化反应时的催化活性。从图中看出，催化剂活性随反应次数（指每次反应结束后，倾出反应液体产物，留在反应釜中的催化剂进行下次酯化反应的次数）增加而下降，而在一定反应次数后，反应活性基本保持不变。这是由于在前几次反应中，都有一定量的杂多酸从载体上脱落下来，而在一定反应

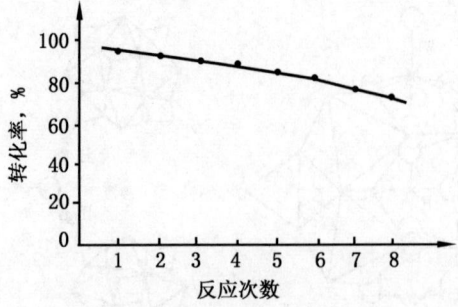

图 21-7 SiW_{12}/膨润土在酯化
反应中的催化活性

次数后,杂多酸不再从载体上脱落下来,催化活性也就基本保持不变。

表 21-4 膨润土负载杂多酸后的表面性质

项目 膨润土 类型	负载量 mg/g 土	比表面积 m^2/g	表面酸量 mmol/g	表面酸强度 (H_0)
B(1)	—	43.3	0.15	+1.5～-3.2
B(2)	—	77.6	0.30	+1.5～-3.2
B(3)	—	81.7	0.32	+1.5～-3.2
B(4)	—	37.5	0.92	-5.6～-8.2
B(1)/PW_{12}	497	21.1	0.76	+1.5～-3.2
B(2)/PW_{12}	453	24.5	0.71	+1.5～-3.2
B(3)/PW_{12}	498	37.6	0.77	+1.5～-3.2
B(4)/PW_{12}	—	9.9	0.93	-5.6～-8.2
B(1)/SiW_{12}	485	9.6	0.57	+1.5～-3.2
B(2)/SiW_{12}	482	12.6	0.84	+1.5～-3.2
B(3)/SiW_{12}	478	15.1	0.78	+1.5～-3.2
B(4)/SiW_{12}	500	8.0	0.91	-5.6～-8.2
B(1)/PMo_{12}	101	27.4	0.48	+1.5～-3.2
B(2)/PMo_{12}	120	23.9	0.52	+1.5～-3.2
B(3)/PMo_{12}	150	24.8	0.59	+1.5～-3.2
B(1)/$SiMo_{12}$	122	29.6	0.50	+1.5～-3.2
B(2)/$SiMo_{12}$	100	24.1	0.57	+1.5～-3.2
B(3)/$SiMo_{12}$	131	40.5	0.56	+1.5～-3.2

注:B(1)—膨润土原土(吉林省九台钠基膨润土);B(2)—经冰醋酸处理;
B(3)—经稀硫酸处理;B(4)—经 1mol/L 硫酸处理。
PW_{12}—磷钨酸;SiW_{12}—硅钨酸;PMo_{12}—磷钼酸;$SiMo_{12}$—硅钼酸

第 22 章 其他载体材料

22.1 海泡石

22.1.1 概述

海泡石属海泡石族（包括凹凸棒石、海泡石、坡缕缟石），是一种纤维形态的多孔性含水镁质硅酸盐，理论结构式为：

$$Si_{12}Mg_8O_{30}(OH)_4(OH_2)_4 \cdot 8H_2O$$

式中，OH_2 为结晶水，H_2O 为沸石水。

海泡石与硅藻土在化学成分和矿物的多孔结构上有相似之处，其主要成分是 SiO_2，另外含有少量杂质，如 MgO、CaO、Al_2O_3 等。从结构上看，海泡石是一种纤维结构形态的硅酸镁。这种纤维结构由于硅氧四面体层和镁的八面体层的特殊连接方式，决定了沿纤维延长方向存在着定向孔道，水和其他流体可以进入这些孔道。海泡石所具有的多孔性、强吸附性和热稳定性，在化工领域除用作物质提纯、脱色及废水处理的吸附剂外，近年来还发展成为重要的催化剂载体，它能负载多种元素化合物，用作烃油氢化、苯加氢及钒催化剂的载体。

22.1.2 海泡石的结构与特性

海泡石呈白至灰或浅黄色，相对密度约 2.2，理论组成：SiO_2 55.68%，MgO 24.85%，H_2O 19.7%，分子中含有 4 个结晶水，其余为沸石水。由于产地不同，海泡石原生纤维的长度相差甚远，如湖南产海泡石，电子显微镜分析表明，α-海泡石呈纤维状、毛发状或针状复合晶体结构。其纤维直径为 $0.1 \sim 0.6 \mu m$，长度为 $0.4 \sim 4.0 \mu m$。用光透式粒度分布仪测定海泡石的粒度分布如表 22-1 所示[152,153]。

表 22-1 海泡石的粒度分布

粒径，μm	含量，%
0~0.50	14.5
0.50~2.00	22.0
2.00~5.00	37.9
5.00~10.00	15.3
10.00~20.00	10.3
平均粒径约为 $3.07\mu m$	

测得的孔隙率 $\varepsilon = 8.66\%$，比表面积为 $343.9 m^2/g$。

海泡石的红外光谱分析结果如图 22-1 所示（KBr 法）。其中，$3000 \sim 3750 cm^{-1}$ 谱区，呈强吸收峰，由 OH 基伸展振动产生；$1600 \sim 1750 cm^{-1}$ 谱区，由水分子的 OH 基变形振动所致，呈较强而锐的谱峰；$900 \sim 1250 cm^{-1}$ 谱区，由硅氧键伸展振动结果，呈较强而宽的谱峰；400～600cm^{-1}谱峰强而宽，由硅氧键的弯曲变形振动结果。

22.1.3 海泡石的活化处理

天然海泡石含有杂质，其多孔性有限，且产地不同，海泡石原生纤维的长度也相差甚远。用作催化剂载体时，不仅对其多孔性有一定要求，而且对比表面积及细孔容积都有特殊要求。通常将海泡石经过活化处理后，可使比表面积增大，孔径得到调整，从而符合催化剂载体的要求。

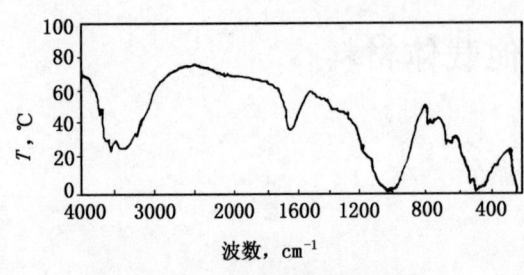

图 22-1 海泡石的红外光谱图

较为有效的活化处理方法是酸化法，即用盐酸、硝酸、硫酸、乙酸及磷酸等酸，以不同浓度对海泡石进行酸化处理。其一般处理过程如图 22-2 所示：

下面为湖南产海泡石用作苯气相催化加氢催化剂载体时的活化处理示例。

（1）水洗。在 2L 烧杯中加入海泡石粉末 400g，再加去离子水 1800mL，搅拌 8～12min 后，静置约 10min。用纱布滤去砂石，将滤浆分去水层，再经水洗，分离后于

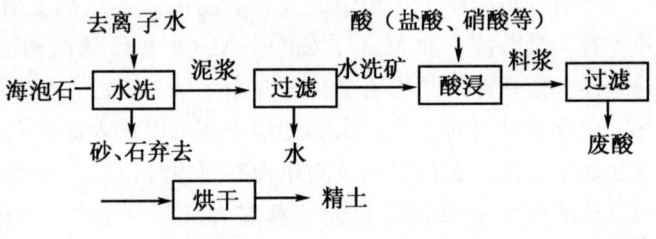

图 22-2 海泡石的活化处理

105～112℃下先烘干 3～5h，再经粉碎后，烘 1～2h。

（2）酸洗。分别用乙酸或硝酸处理。

乙酸洗：取水洗烘干样品 80g 于 2L 烧杯中，加入 4% 乙酸溶液 1600mL，搅拌 10～20min 后，静置 1～2 天。倾出上层液，用去离子水洗两次，抽滤后再用去离子水洗滤饼 2～3 次，至滤液 pH=6～7 为止。泥状物在 105～112℃下烘干 4h 即制得精土成品。

硝酸洗：将水洗烘干样品 100g 置于 2L 烧杯中，加入浓度为 1mol/L 的硝酸溶液 1000mL，搅拌 10～15min 后，放置 1～2 天，倾去上层液。与乙酸洗法相同，再用去离子水洗至滤液 pH=6～7 为止。泥状物在 105～112℃烘干 4h 后即制得精土成品。

表 22-2 为不同温度下苯气相催化加氢的转化率。由表 22-2 可知，海泡石型催化剂比氧化铝为载体的催化剂具有更高的催化活性（以苯的转化率表示），特别是以硝酸处理海泡

表 22-2 不同温度下苯的转化率（氢压 1MPa）　　单位：%

催化剂类型\温度	80℃	85℃	90℃	110℃	130℃	150℃	180℃	200℃	210℃	220℃	230℃	240℃
A	43.67	88.86	100	100	100	100	100	95.14	85.81	—	—	—
B	90.82	99.55	100	100	100	100	100	100	100	100	100	99.15
C	—	—	9.87	47.37	99.89	100	99.67	96.69	94.5	92.21	86.94	—

注：A—乙酸处理海泡石载体制得的海泡石型催化剂；
　　B—硝酸处理海泡石载体制得的海泡石型催化剂；
　　C—氧化铝为载体的催化剂。

石载体制得的海泡石型催化剂,具有更好的低温活性和高温活性。这是因为用酸处理的海泡石具有更大的比表面积(可达到340m²/g)。至于催化剂A与B造成的活性差别,是由于不同酸处理海泡石时,海泡石内含的MgO、Al_2O_3等除净程度不同,从而产生的助催化作用有所不同。

22.2 纤维材料

22.2.1 氧化铝纤维

1. 氧化铝纤维的性质

氧化铝是一种金属氧化物,它具有表面活性、熔点高、硬度大、绝缘性强等特点。一般是由水合氧化铝($Al_2O_3 \cdot nH_2O$)或铝盐[$NH_4Al(SO_4)_2 \cdot 12H_2O$]焙烧制得。在焙烧过程中,产生过渡态的晶体结构,如$\gamma-Al_2O_3$、$\beta-Al_2O_3$、$\theta-Al_2O_3$等,在1000~1200℃形成稳定的晶体结构,即$\alpha-Al_2O_3$。

将氧化铝制成纤维形态,就是氧化铝纤维,英国ICI公司是氧化铝纤维的最早生产者,1972年首先把氧化铝纤维用作油水分离的过滤材料。以后,日本、美国等国先后制成不同纤维长度及性质的氧化铝纤维。表22-3为日本住友化学公司生产的氧化铝纤维的一些性质。

表22-3 氧化铝纤维的性质

化学组成	Al_2O_3 85%,SiO_2 15%	韦氏硬度	1810~1930
晶体结构	尖晶石型或$\gamma-Al_2O_3$	最高使用温度	1250℃
密度	3.2g/cm³	热膨胀系数	8.8×10^{-6}/℃
横截面	圆型,直径9μm	比热容	25℃/400℃ 0.71~1.0 J/(g·K)
单纤维长度	连续	表观	白色透明
单纤维/纱	180	折射率(n_D^{25})	1.65
抗张强度	260kg/mm²		
抗张模数	25t/mm²		

由于氧化铝纤维的强度及弹性率高于一般玻璃纤维及炭纤维,所以早期研制的氧化铝纤维主要用作金属、塑料、橡胶及陶瓷的增强材料。由于其耐热性优越,也可替代石棉用作耐火绝热材料。此外,直径为0.1~10μm的氧化铝纤维由于它具有特定的表面电荷,使之显示出独特的过滤性质,成为捕集效率很高的捕油材料。

以后发现,氧化铝纤维也是耐高温的优良催化剂载体,特别适用于CO及烃的转化反应中。例如,在内燃机排烟的催化转化中,用氧化铝纤维作载体的铂催化剂,可将CO高效地转化成CO_2。将含94.8% Al_2O_3纤维的材料织成毡后负载铂制成的催化剂,安装于摩托车排气口处,在2000~3000r/min下,经使用200h后测定,排气中的CO含量仍只有0.1%。当用于无焰加热器中时,在燃料输入率为100L/h,200L/h及250L/h的情况下,排气中CO浓度可分别达到<2mg/L、35mg/L及40mg/L。

2. 氧化铝纤维的制法[154-156]

氧化铝纤维的制法可按原料、工艺以及产品结构等不同分成几种类型。

(1) 熔融法。玻璃纤维可将玻璃加热到 1300℃ 成为黏度为 0.5～1Pa·s 的熔融液后，再经白金纺丝孔抽丝而成。氧化铝熔点高达 2000℃，熔化后熔融液的黏度低，因此不能用这种方法抽丝。

熔融法制取氧化铝纤维时，可先将氧化铝放入钼坩埚中熔融，在此坩埚中插入钼制细管，由于毛细管力的作用，使熔融液上升到毛细管顶端，长出 α-Al_2O_3 晶种，以每分钟 150mm 的速度引伸时，可制得连续 α-Al_2O_3 单晶，含 Al_2O_3 为 100%。

(2) 溶液抽丝法。它是将铝化合物（盐类氧化物）与其他有机或无机化合物混合，制成纺丝液，抽丝后经焙烧、氧化即制得氧化铝纤维。

例如，向 $Al(OH)_x(CH_3COO)_y$ 等的铝盐水溶液中加入含（聚乙烯醇）-$(CH_2CH_2O)_n$-基的水溶性有机高分子化合物，再加入少量的硅化合物制得纺丝液。把该液由细孔中用高速气流吹出，得到棉花状纤维。随后在空气中于 1000℃ 以上温度下焙烧，铝盐和硅化合物分解成 Al_2O_3 及 SiO_2，有机化合物氧化成气态物质逸出，制得含 Al_2O_3 45%、SiO_2 5% 的氧化铝纤维。因它混有 SiO_2，在高于 1000℃ 下焙烧也不易转化成 α-Al_2O_3 纤维。

又如将含有 $HCOO^-$、CH_3COO^- 等离子的氧化铝溶胶与硅胶及硼酸混合，浓缩后制成黏性适宜的纺丝液，经纺丝喷咀挤出后，置于输送带上，在高于 1000℃ 温度下焙烧，然后将纤维束一端切断，再焙烧制得连续 γ-Al_2O_3 纤维。它含 Al_2O_3 75%，SiO_2 约 25%，以及少量 B_2O_3，为结晶性低的凝集体。

也有报道，将烷基铝和醇铝等加水聚合，可得到无机聚合体的聚醇铝化合物：

$$nAlR_3 + nH_2O \longrightarrow (\!\!-\!\!\underset{\underset{R}{|}}{Al}\!\!-\!\!O\!\!-\!\!)_n + 2nRH \tag{22-1}$$

把这种聚合体与硅化合物在有机溶剂中溶解制得黏稠纺丝液，用通常衣着用合成纤维相同的方法纺丝。然后在空气中 1000℃ 焙烧，当烧到 600℃ 时，侧链 R 等有机成分分解逸出，制得 γ-Al_2O_3 结构的微晶型连续纤维。

(3) 浸渍法。此法是将有特种性能的有机聚合物纤维织品或成型物用铝化合物浸渍，再经加热制得氧化铝纤维。

例如，将一定量人造丝轮胎帘子线在水中浸泡约 1～2h，使帘子线吸水，然后放入 $AlCl_3$ 溶液中浸泡 1～2h，把吸有 $AlCl_3$ 的帘子线先在空中加热到 400℃，维持 2h，制得氧化铝纱，再经 800℃ 加热 6h，除去所含的全部碳，即制成氧化铝纤维。

22.2.2 活性炭纤维

活性炭纤维是通过对耐燃炭化的纤维进行炭化和活化而制得的一类炭纤维。也是继粉状活性炭和粒状活性炭之后发展起来的第三代活性炭材料。制造活性炭纤维的耐燃炭化纤维原料可以是酚醛清漆和甲阶酚醛树脂、聚丙烯腈纤维、再生纤维素纤维、棉花、聚乙烯醇纤维、主要由木素组成的木素纤维、羊毛、经过熔烧去掉沥青渣子后制成的沥青、在高温分解聚氯乙烯时获得的煤焦油或沥青。活性炭纤维的形状可以是缕丝状、线状、经过编织的网状、毡状或层状等。表 22-4 示出了不同原料基生产活性炭纤维的主要优缺点。

表 22-4 不同原料基生产活性炭纤维的主要优缺点

原料基 项目	黏胶基	聚乙烯醇基	聚丙烯腈基	酚醛基	沥青基
化学式	$(C_6H_{10}O_5)_n$	$(C_2H_4O)_n$	$(C_3H_3N)_n$	$(C_{63}H_{55}O_{11})_n$	$(C_{124}H_{80}NO)_n$
理论碳收率,%	44.4	54.5	67.9	76.6	93.1
主要优缺点	产品比表面积<1600 m^2/g，原料价格低廉，但制品强度差、收率低、生产工艺较为复杂	产品比表面积<2500 m^2/g，原料价格低廉，制品强度较高、生产工艺复杂	产品比表面积<1500 m^2/g，结构中含有4%～8%的氮，生产工艺成熟，原料成本较高	产品比表面积可达到3000 m^2/g，原料价格低廉，生产工艺简单	产品比表面积为1800 m^2/g左右，原料价格低廉，收率高，但制品强度较低、杂质含量多
简要制法	分为裂解和活化两步：裂解温度250～350℃，在惰性气体或烃类燃烧气保护下处理10～60min；活化温度700～1000℃，活化剂为水蒸气或 CO_2	由聚乙烯醇炭纤维经不熔化、炭化、活化制得	由聚丙烯腈基炭纤维或预氧化丝用水蒸气或 CO_2 于700～1000℃下活化后制得	将线型酚醛树脂经融纺丝制成线型酚醛纤维，加入交联剂经固化形成交联酚醛纤维，再经炭化、活化制得活性炭纤维	采用沥青特殊调制技术，制成可纺沥青，经纺丝形成沥青纤维，再经不熔化、炭化、活化制成活性炭纤维

活性炭纤维是20世纪70年代发展起来的一种新型功能纤维材料，它具有比表面积大、微孔丰富、孔径少、孔径分布均匀，有一定量表面功能团等结构特征，从而对有机和无机蒸气、水溶液中的有机物、金属离子等具有优异的吸附性能，是优良的吸附剂。此外，活性炭纤维具有氧化还原功能，能将金属离子从高价态还原为低价态。因此，用它作催化剂载体，不仅可利用其高的比表面积和良好吸附作用使金属组分更好地分散在其表面上，提高催化剂活性组分的活性表面，而且还可发挥活性炭纤维的还原作用进一步提高催化活性。

近来，城市中汽车废气的污染已成为紧迫的问题，特别是因工业装置和汽车排出废气所造成的污染已成为社会问题。在这些废气中，含有许多有毒成分，如氮氧化合物（NO_x）、一氧化碳、二氧化硫等。

在目前众多的清除 NO_x 技术中，比较有效的方法是以 NH_3 为还原剂，在催化剂作用下使 NO_x 还原为 N_2 的催化还原法。

图22-3给出了以 SiO_2 和活性炭纤维为载体，活性组分铜负载量相同的催化剂 $Cu(NO_3)_2$-SiO_2、$Cu(NO_3)_2$-活性炭纤维以及纯活性炭纤维在不同温度下的催化活性。由图可见，纯活性炭纤维对NO的催化还原活性不高，而负载铜化合物的催化剂在150℃时就已显示出较高的活性，当温度为250℃时，NO的还原率可达80%。而以 SiO_2 为载体的铜催化剂，在200℃以下的催化活性很低，在300℃时的催化活性仅与活性炭纤维负载的铜催化剂在150℃时的活性相当。造成这种活性差异的原因是活性炭纤维呈纤维状，有利于催化活性组分的分散，而更重要的是活性炭纤维是一种活性载体，它能大大降低反应的活化能，提高催化组分的活性，从而使催化反应的温度大大降低。

活性炭纤维为载体的催化剂，可以是先制好活性炭纤维，然后浸渍金属活性组分制成催化剂，也可以将可熔纺和可炭化处理的树脂与金属活性成分混合，制成金属元素状或配合物状的催化成分，再把制出的混合物熔织成纤维。最后再将纤维进行炭化及活化处理。下面为这种制法示例。

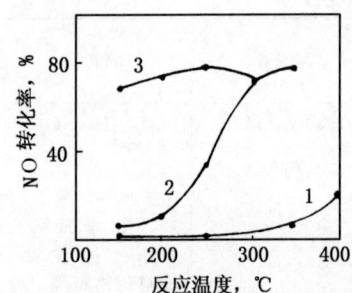

图 22-3 不同载体催化剂的
活性比较
1—30%Cu(NO$_3$)$_2$—活性炭纤维，
NO：1.48mL/min；
2—30%Cu(NO$_3$)$_2$—SiO$_2$，
NO：1.44mL/min；
3—活性炭纤维，NO：1.51mL/min

在 400g 含有 0.2g 氯化钯的甲醛溶液中加入 100g 聚丙烯腈，对溶液加以搅拌除去泡沫。将这样制成的纺丝黏液送至挤压式纺丝装置中，在 100℃的温度下通过导引送入纺丝格子中，并在 250℃的空气中循环后以每分钟 100m 的速度缠绕纤维。

取 10g 上述方法制成的含氯化钯聚丙烯腈纤维，送入电炉中于 200℃的空气下预先氧化 24h；再以 20℃/h 的速度升温至 900℃，保温 30min。然后以 30g/h 的速度通入水蒸气和氮气使之经过纤维，维持 45min 后，在电炉内进行冷却，这样就制成了含 0.56％钯的活性炭纤维催化剂。这种催化剂的比表面积可达到 1270m^2/g，是优良的一氧化碳催化氧化催化剂。用它可以将汽车废气中的一氧化碳高效地转换成二氧化碳。

22.2.3 玻璃纤维

玻璃纤维是由熔融玻璃拉成或吹成的纤维，直径几微米至几十微米，可制成长纤维和短纤维，分别称作玻璃丝或玻璃棉。它的强度很高，但性脆而较易折断，有优良的耐热性、耐腐蚀性及绝缘性能。玻璃纤维及其制品广泛用作绝缘材料、吸声材料及建筑材料。

用作绝缘材料及其他工程材料的玻璃原纤维一般经过高温处理，因此没有催化剂载体所必需的多孔性，不适于直接用作催化剂载体。如果将原纤维作适当预处理，就能够产生载体所必需的多孔性。

玻璃纤维的多孔性可以用酸腐蚀来产生，其比表面积可以随腐蚀程度增加从每克数平方米变化到 100～200m^2/g。例如，用浓度为 20％的盐酸腐蚀硼玻璃纤维，除去了氧化钙等成分后，留下的是氧化硅，其比表面积可达到 74.7m^2/g，孔体积为 0.12mL/g，平均孔半径为 3.2nm。使用这种玻璃纤维作载体的载铂催化剂，对脱除氧中微量氢有较好活性。

除用盐酸以外，硼玻璃及无碱玻璃也可用氢氟酸腐蚀，使玻璃纤维具有多孔性。同一种玻璃原纤维，采用不同的腐蚀酸及腐蚀工艺所制成的玻璃纤维载体，制成催化剂后会显示出不同催化活性。这是由孔结构及比表面积差别所引起的。

开发玻璃纤维载体的应用，主要要掌握微孔孔径的控制，尤其是小于 10nm 的微孔，最好是对 1nm 左右微孔孔径的控制。此外，玻璃纤维具有很大的表面，当经酸处理时，其表面为羟基饱和（图 22-4），这种羟基极不易除去，除非用 HCl、Cl$_2$ 等气体在 700℃以上与其作用，才能全部取代，或在碱溶液中用金属离子置换出 H$^+$。

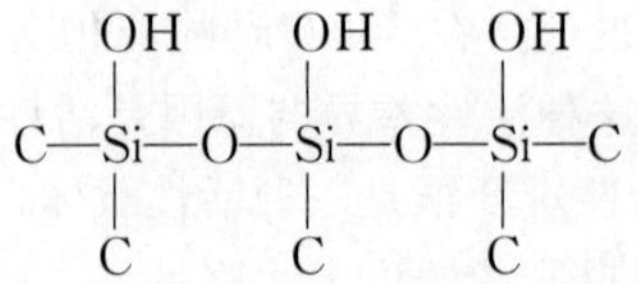

$$\begin{array}{ccc} OH & OH & OH \\ | & | & | \\ C—Si—O—Si—O—Si—C \\ | & | & | \\ C & C & C \end{array}$$

图 22-4 酸处理后的玻璃纤维结构示意图

$$\equiv Si-OH + NaOH \longrightarrow \equiv Si-ONa^+ + H_2O \qquad (22-2)$$

$$\equiv Si-OH + HCl \xrightarrow{700℃以上} \equiv Si-Cl + H_2O \qquad (22-3)$$

用红外吸收光谱可以测定出 OH^- 的存在，而且 OH^- 的存在也是可用作催化剂载体的重要条件之一。

22.3 精细陶瓷材料

精细陶瓷是一种不同于传统陶瓷制品的高功能材料。是具有机械、光、电、热、声、磁及超导等功能的一类材料。它可分为氧化物和非氧化物精细陶瓷两类。氧化物精细陶瓷的构成物质有 Al_2O_3、ZrO_2、Fe_2O_3、BeO 和 $BaTiO_3$ 等；非氧化物精细陶瓷的构成物质有 SiC、BN 和 Si_3N_4 等。

精细陶瓷的硬度好、强度高、耐高温、耐磨、耐腐蚀，还具有良好的电绝缘性，因此广泛用作集成电路基板材料，热电敏感元件、陶瓷阀门、泵件和切削刀具等。同时也广泛用作汽车排气净化、烟道气除 NO_x、催化燃烧等高温及苛刻条件下使用的催化剂载体。这些载体可以制成小球状、圆柱状、蜂窝状或其他挤压制品，表22-5给出了一些蜂窝状陶瓷载体的使用性能。

蜂窝状载体属整体式载体，使用时的传质、传热、压降都与颗粒状载体有所不同。其主要特征是无气体径向扩散，因而不存在径向传热，而且通过壁面的径向热传导也很低。对放热反应而言，由于整体式载体的绝热性质，会使温度及反应速度迅速提高。所以，用这种载体制成的催化剂，对汽车冷启动后迅速使尾气转化处理装置达到工作状态十分有利。

表 22-5 一些蜂窝状陶瓷载体的使用性能

陶瓷材料	分子式	使用极限温度 ℃	耐热冲击性
锂辉石	$Li_2O \cdot Al_2O_3 \cdot 4SiO_2$	1367	优
堇青石	$2MgO \cdot 2Al_2O_3 \cdot 5SiO_2$	1478	优
锆—莫来石		1756	良
氧化铝	Al_2O_3	1811	尚可
莫来石—氧化铝—钛酸盐		1923	良
氧化锆—尖晶石		1978	尚可
碳化硅	SiC	1922	良
氮化硅	Si_3N_4	1611	良
氧化锆	ZrO_2	2270	尚可～良
氧化铍	BeO	2180	优
莫来石	$3Al_2O_3 \cdot 2SiO_2$	1700	良

美国杜邦公司生产的 Torvex 蜂窝陶瓷载体为平行六角形通道，有三种规格：(1) 孔径各为 $\phi3.2mm$、$\phi4.8mm$、$\phi6.4mm$、$\phi9.5mm$ 及 $\phi19mm$ 的直形孔；(2) 孔与展开平面呈 $45°$角；③孔径各为 $\phi4.8mm$、$\phi6.4mm$ 及 $\phi9.5mm$ 的单孔互成 $90°$角，与蜂窝展开平面呈 $45°$角。这三种形式的蜂窝载体元件厚均为 $12.7\sim50.8mm$，长与宽均为 $300mm$，使用 α-

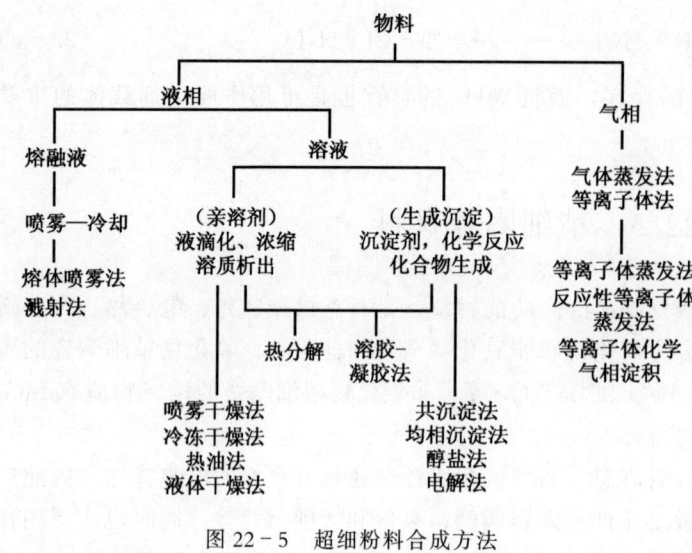

Al_2O_3制造的载体的耐热温度可达1500℃,而用富铝红柱石的耐热温度为1350℃。

目前,生产蜂窝状载体的国外公司很多,国内也有不少厂生产堇青石蜂窝陶瓷载体,主要用作汽车尾气处理用催化剂载体。

用作催化剂载体的陶瓷材料对粉体的要求是尽可能提高原料的纯度。因为只有在没有杂质干扰和隐蔽的情况下才能最好地发挥原料固有的特性。同时要求原料粒子具有良好的物理性能,包括粒度及其分布、粒子形态、表

图22-5 超细粉料合成方法

面活性、晶格构成及相组成等。

精细陶瓷的品种多而复杂,原料粉体常采用化学法来制备,但一般化学法制得的粉料粒径都在1μm以上。近年来,使用粉体粒径小于1μm的功能陶瓷超微粒子化技术的发展相当快,在诸如磁性材料、超低温材料及催化新材料等应用研究中起着十分重要作用。图22-5概括了制备这类陶瓷超细粉料的各种方法。

22.4 金属载体材料

金属可用作催化剂载体早已为人们所熟知,但因金属表面光滑、孔隙率小,因此负载量较低,难以在实际中应用。近来,随着冶金及表面处理技术的进展,人们又开始采用金属作载体,例如,Ni、Fe-Cr-Ni、不锈钢、Fe-Cr-Al、Fe-Cr-Al-Y耐热合金等经表面处理后都可用作催化剂载体。使用金属作催化剂载体具有以下优点。

(1) 导热效率高,能提高传质、传热效能,从而可节约能耗,特别适用于强放热或强吸热的体系。

(2) 可适应不同的反应,加工成各种外形且具有大的几何外表面的催化剂载体,其孔隙率最高可达90%以上,形状可制成O.U.C.S形或多角形、波纹形、网板、螺旋丝等。

(3) 金属骨架作载体的强度较高,而且可根据不同反应条件,选用不同的金属或合金作载体,适用于高温、中温及低温等强吸热或强放热的反应体系。

(4) 能增加表面反应层活性元素的浓度,非反应层可少载或不载活性组分,从而大大节约活性组分用量。

由于金属载体具有这些特点,用金属或合金作载体的催化剂已开始用于许多反应。例如,用于天然气和水蒸气转化的高温反应,废气排气净化的中温反应,异构化及脱氢的低温反应等。

目前,金属载体广泛应用的关键是对金属的表面处理,通过处理使金属具有大的几何外表面及孔率。用作载体的金属可采用以下的一些处理方法。

(1) 加温氧化。对于含易氧化元素的合金载体,例如含Al合金,当加热到一定温度

后，其中的铝就会氧化成氧化铝"须"牢固地黏附在金属表面，可使表面达到粗糙。

（2）电沉积、电解。采用电解、电沉积还原、阳极氧化或离子喷涂等均能使金属表面形成一层粗糙的氧化物层。

（3）酸、碱腐蚀。不锈钢、铝及镍等金属可选用盐酸、硝酸、甲酸或液碱等腐蚀性物质进行浸泡，使表面产生多孔性。

（4）使用多孔性材料。如使用烧结金属、金属泡沫等多孔性材料。

以往，活性金属主要用作催化剂的活性组分。而目前通过高温金属迁移、扩散和晶格耗损等技术，可以将活性金属及合金制成网状、片状、管状及蜂窝状等各种形状。用它们作催化剂载体，具有优良的传热性能及低压力降特性，特别适用于强放热或吸热的催化反应。例如，用一定方法活化的 Pt-Rh 网或镀 Pt 的 Ni-Cr 基合金，用于汽车尾气净化的催化反应时，不仅其活性及热稳定性均优于传统的 Pt/Al_2O_3 催化剂，而且反应的起始温度显著降低。

22.5 无机膜材料

无机膜材料具有很强的抗热性、化学稳定性及吸附选择性，是一种很有前途的高温催化剂或载体材料。

22.5.1 多孔氧化铝膜

多孔氧化铝膜是一种无机膜，与高分子膜相比，它具有耐高温、耐酸碱、耐细菌侵蚀和不易生物降解等优点，因而在膜反应器、高温气体分离及催化等领域具有十分广泛的应用前景。这就促进了制备负载多孔氧化铝膜技术的发展。其中溶胶—凝胶法因具有能在多孔陶瓷载体上制备厚度小于 $10\mu m$，孔径为 $2\sim6nm$ 的氧化铝膜，而被认为是制备负载多孔氧化铝膜较为有效的方法。图 22-6 示出了以烷基铝为原料用溶胶—凝胶法制备氧化铝膜的基本过程。

溶胶—凝胶法制备负载氧化铝膜的原理是多孔陶瓷载体浸入溶胶时，由于载体中孔的毛细管力的作用使溶胶内的分散介质以较快的速度渗入干燥载体的孔隙内，而分散相在孔中聚集浓缩形成凝胶膜，然后经小心干燥—焙烧而制得氧化铝膜。如果在溶胶中加入其他组分可使制备的负载膜有催化活性或对某种气体有选择渗透性。

一般来说，要制得无裂纹和具有针孔的负载氧化铝膜，必须同时考虑以下一些因素：

（1）溶胶的性质，如胶粒大小、浓度及酸度等。一些实验表明，同一溶胶制备的非负载膜

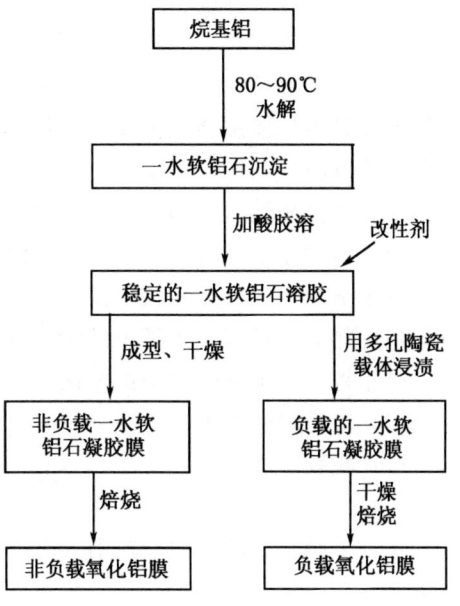

图 22-6 溶胶—凝胶法制氧化铝膜的基本过程[157,158]

（图 22-6）和多孔陶瓷载体负载的氧化铝膜的孔径和比表面积在实验误差范围内基本一致，而非负载氧化铝膜的表征比较简单和直观，因此根据溶胶性质与非负载氧化铝膜结构的关

系，可以作为选择制取负载氧化铝膜用的溶胶的性质。例如，表22-6示出了溶胶性质和氧化铝膜的结构特性。可以看出，加入聚乙烯醇及La$(NO_3)_3$同时对一水软铝石进行改性的溶胶，更适合于制取孔径为纳米级的氧化铝膜。

(2) 载体与溶胶的接触时间。有时为了制取负载均匀的氧化铝膜，需要用溶胶多次重复浸渍，特别是在溶胶中加入聚乙烯醇后，会使溶胶的黏度增加，使胶粒不易渗至载体的孔内，而在孔口聚集浓缩形成膜，影响制品质量。

表22-6 溶胶性质与氧化铝膜的结构特性

溶胶性质	非负载氧化铝膜	
	孔径，nm	比表面积，m^2/g
纯一水软铝石，pH = 4.0	2.7	234
纯一水软铝石，pH = 4.5	4.1	270
纯一水软铝石 + 聚乙烯醇 + La$(NO_3)_3$，pH = 3.0	2.5	302

(3) 载体的孔径大小与分布。一般认为，多孔陶瓷载体的孔径在$0.1 \sim 0.3 \mu m$之间比较合适，但这类载体的制备难度很大，价格很高，采用孔径略大的载体也能制取负载氧化铝膜，但需小心地多次重复浸渍—干燥—焙烧过程，才能制备出无裂纹的氧化铝膜。

(4) 干燥及焙烧条件等。

22.5.2 分子筛膜

分子筛作为催化剂和吸附剂已广泛用于石油化工领域。各种类型的分子筛其孔道结构特征不同，加之其硅铝比可调变性、阳离子可交换性、骨架原子可取代性等，使得分子筛的催化性能及吸附性能都会发生显著变化。然而，前述分子筛都是以颗粒状使用的，但如将分子筛制成连续膜层结构，用于催化反应时，使产物一经生成后就通过分子筛筛分作用得以分离出去，就可打破热力学限制、避免反应过度而生成副产物，提高反应转化率及选择性。此外，分子筛膜用于吸附分离时，则可使间隙的分离过程实现连续化。

分子筛的生成机理比较复杂，有关合成机理迄今为止尚有不同看法。但分子筛的合成本身却是成熟的，在第十三章中已作过较多介绍。对其制备过程的主要步骤可归结如下：

(1) 将一定组成的原料按配比进行混合；
(2) 铝源和硅源等主要成分在碱性条件下成胶，形成溶胶和凝胶；
(3) 凝胶老化；
(4) 水热晶化。

在分子筛合成的不同阶段引入多孔载体时就产生不同的分子筛膜合成方法。下面介绍一些制法[159-161]。

1. 浸渍法

或称涂敷法，它是在原料加料阶段就将底膜引入的一种方法。例如，将多孔玻璃先经正硅酸四乙酯的甲醇溶液处理后，再浸入NaOH和$NaAlO_2$的混合溶液中，最后于120℃下与水接触处理2h，就可制得分子筛膜。

2. 溶胶—凝胶法

这种方法的制备过程如图22-7所示。先用有机溶剂溶解金属醇盐（如三丙醇铝、三丁醇铝、四乙醇硅及四甲醇硅等），然后放入水中在高速搅拌下使其水解为溶胶。再使多孔载体与溶胶接触，因毛细作用，在多孔载体表面形成凝胶膜，继而再晶化。然后控制一定温度干燥后成膜，经焙烧后便形成多孔型分子筛膜。

3. 嵌入法

这是将老化后的凝胶粉加到含有聚合物的聚乙烯醇溶液中，然后以一定方式喷镀或浇铸到多孔载体上，经干燥后再在碱性气氛中晶化，在晶化的同时形成分子筛膜。例如，将 A 型分子筛加到聚乙烯醇溶液中，然后浇铸在多孔玻璃盘上，于 160~200℃下加热使其交联，可形成厚度为 70~80μm 的 A 型分子筛膜。

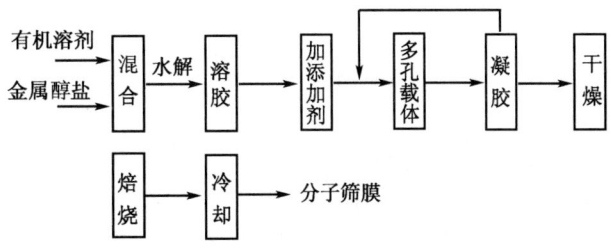

图 22-7　溶胶—凝胶法制备分子筛膜工艺过程

4. 原位合成法

也称原位晶化法，是一种在多孔载体（如玻璃、金属和陶瓷等）的孔口或接近孔口处合成分子筛膜的方法。例如，将摩尔组成为 $Na_2O：0.5Al_2O_3：2SiO_2：246H_2O$ 的凝胶与多孔陶瓷载体同时置于高压釜中，于 110℃下晶化 5h 后，经水洗、干燥、焙烧可制得厚度为 10nm 的分子筛膜。为了控制分子筛晶粒大小及膜的孔结构，制备时也可在凝胶中加入模板剂（如四丙基溴化铵），在高于 400℃下焙烧时即可将其烧去。

5. 水热晶化法

这是将无孔载体（如聚四氟乙烯、不锈钢等）放入有铝源、硅源、碱水及有机胺的溶胶反应釜中，在一定温度及自生压力下经水热晶化制成分子筛晶。它与原位合成法的主要区别是使用无孔载体。例如，采用原料摩尔组成为 $0.05Na_2O：0.01Al_2O_3：1SiO_2：0.1TPABr$（TPABr 为四丙基溴化铵）：（40~100）$H_2O$ 的凝胶，与无孔载体同时置于高压釜中，在一定条件下晶化后可制得分子筛膜。而且载体在晶化釜中的位置对成膜性质会产生一定影响，合成时在体系中加入晶种，或采用多次水急冷晶化方式等有利于膜的形成。

6. 蒸气相法

这是将铝源、硅源和无机碱形成的溶胶置于溶剂和有机胺的蒸气相中，多孔载体放在溶胶之上或浸于其中，于一定温度和自身压力下发生晶化而形成分子筛膜。

22.5.3　其他无机膜材料

除了 Al_2O_3 膜及分子筛膜以外，其他金属氧化物、多孔玻璃及陶瓷等都可制成膜材料[162-163]。

例如，将正硅酸四乙酯和水以摩尔比 1:4~12 的比例混合后，加入适量乙醇和少量硝酸进行水解，制成 pH 值为 4~5 的溶胶。溶胶中加入适量成膜助剂（N,N-二甲基甲酰胺）。然后加入多孔陶瓷载体与溶胶接触，待 3~10s 后取出，并反复操作多次，使在多孔载体表面形成凝胶膜，继而再经晶化、干燥、焙烧，得到 SiO_2 膜。用这种溶胶—凝胶法制得的 SiO_2 膜，孔径为 4~30nm。

作为参考，表 22-7 示出了国外一些商品无机多孔膜的膜材料。

表22-7 国外商品无机多孔膜

商品名	制造公司	膜材料	载体	膜孔径	膜元件形状
Anopore[R]	Alcan/Anotec	Al_2O_3	Al_2O_3	20nm	板
		Al_2O_3	Al_2O_3	0.1~0.2μm	
Carbosep[R]	Rhone	ZrO_2	C	~4nm	管
Ceraflo[R]	Norton	Al_2O_3	Al_2O_3	0.2~1.0μm	管
Ceratrex[R]	Osmonics	陶瓷	陶瓷	0.1μm	管
Dynaceram[R]	TDK	ZrO_2	Al_2O_3	~10nm	管
FITAMM	Ceram-Filtre	SiC	无	0.1~8μm	管
Hytrex[R]	Osmonics	陶瓷	堇青石	0.2~0.5μm	管
Membralox[R]	Alcoa/SCT	ZrO_2	Al_2O_3	20~100nm	管
		Al_2O_3	Al_2O_3	0.2~0.5μm	管
PRD-86	Du Pont	Al_2O_3富铝红柱石、堇青石	无	0.06~1μm	管
Strata·Pore[R]	Fairey	陶瓷	陶瓷	1~10μm	管、板
Ucarsep[R]	Gaston	ZrO_2	C	4nm	管

22.6 交联黏土及水滑石类阴离子黏土

天然黏土用作催化剂或催化剂载体已有很长历史，并且自从其构成了以分子筛为活性组分的工业催化剂基质以来就一直起着重要作用。天然黏土矿物是一种具有二维平面层状或层链状结构的硅铝酸盐，是由四面体和八面体组成的平面网状结构相间排列而成。以2:1型矿物为例，它具有三明治形式的结构，两层平行的四面体层中夹一八面体层。四面体层以SiO_2四面体为主；八面体层中的六配位Al^{3+}或Mg^{2+}也可分别被Fe^{3+}、Fe^{2+}或Li^+等离子同晶取代，使黏土矿物带有负电荷，黏土层间的金属阳离子平衡了这些负电荷，其中部分阳离子具有可交换性。利用这种交换性可制得具有特殊性能的催化材料。

22.6.1 交联黏土[164,165]

黏土的膨胀是一个可逆过程，层间平衡阳离子水合后，具有较大体积的水合离子使黏土的层间距增大，但经300~400℃的温和条件脱水后，层间水合离子失水后，层间距又收缩到原状。这些层间阳离子也可与溶液中其他离子进行交换，因此可利用这一特性，在层间引入各种阴离子或阳离子集团，这些大离子集团起着撑开和支撑黏土层的作用。经过缓慢脱水，可将聚合离子转化成稳定的氧化物柱子，柱子的大小和柱子之间的距离也就决定了交联黏土的孔结构，从而得到稳定的交联黏土。

天然存在的蒙皂石土类和混层型黏土均可用作交联黏土的原料。使用的交联剂可以是有机交联剂或无机交联剂。但有机交联剂制备的交联黏土的热稳定性较差，一般以使用无机交联剂（如聚合羟基金属离子）为多。

交联剂的制备方法主要有3种：一是聚合羟基金属离子法，这是最常用的方法，但只适用于Al、Zr、Cr、Fe等少数几种能形成聚合羟基离子的元素；二是凝胶分散法，此法能适用于多种元素，但制得的交联黏土层间距大小不够均匀；三是金属离子的配合物法，此法适用于能与 CO 或有机物形成配合物的金属元素如 Ru、Rn 等。交联黏土的孔结构与交联剂离子的大小有关，而其热稳定性、催化剂能与交联剂的化学性质有关。

干燥方法对产品的孔结构的影响很大，干燥方法不同，使已分层的无序堆积的黏土单层重新堆砌的方式不同，产品的孔结构特征也不同。交联黏土的常用干燥方法有喷雾干燥、空气干燥及冷冻干燥等。

交联黏土经 400℃ 焙烧后，B 酸和 L 酸中心同时存在，以 L 酸比例较高，在低于 500℃ 脱水后具有类似分子筛的性质。聚合羟基金属离子交联黏土具有均匀的微孔分布，孔径为 0.4～1.8nm，其热稳定性也与分子筛相似。用逐渐增大的有机分子作探针进行吸附可以获得交联黏土有关孔结构的信息，表明交联黏土具有二维分子筛性质，它能吸附 1,3,5-三甲苯（0.76nm），但不能吸附 1,2,3,5-四甲苯（0.8nm）或全氟三丁基胺（1.04nm）。

交联黏土所具有的这些性质使它成为一类新型催化材料。例如，交联黏土用作重质油催化裂解催化剂时，对 1-异丙基萘和十二氢三亚苯基烯等大分子的裂解，交联黏土显示比分子筛有更高的活性。这是由于这些大分子可以进到交联黏土的孔道内进行反应所致。在重质油催化加工、甲醇催化转化、乙醇酯化、丙烯低聚及 1，2，4-三甲苯和甲醇的烷基化等反应上，交联黏土也呈现出很好的催化性能。又如以交联黏土为载体负载 Pd 所制成的催化剂用于加氢裂化反应时，在 5.88MPa 氢压、306℃ 的反应条件下，精制柴油可全部转化为汽油。

22.6.2　水滑石类阴离子黏土[166,167]

水滑石是一种重要的层柱状材料，其分子式可以写成 $Mg_6Al_2(OH)_{16}CO_3 \cdot 4H_2O$，具有水镁石 $Mg(OH)_2$ 型的正八面体结构。正八面体中心为 Mg^{2+}，六个顶点为 OH^-，相邻的八面体通过共边形成层。层与层间对顶地叠在一起，层间通过氢键缔合。当 Mg^{2+} 被一半径相近的三价阳离子（Al^{3+}）取代时，导致羟基层上正电荷的积累，这些正电荷被位于层间的 CO_3^{2-} 中和。在层间其余空间，水以结晶水的形式存在。

类水滑石化合物的结构与水滑石相同，只是阴离子及阳离子种类数量不同，其结构特征由水镁石层的性质、水及阴离子的位置、类型和层间的堆积形式决定。位于层间的水和阴离子可任意的断开旧键，形成新键，使其在层间自由移动。它与蒙皂石类阳离子黏土有类似的层状结构，不同的是骨架为阳离子，层间为阴离子，阴离子可交换。

利用水滑石类黏土中阴离子的可交换性，可以合成出含 Cl^-、NO_3^-、CO_3^{2-}、SO_4^{2-} 型水滑石。例如，含碳酸根的水滑石，可将镁、铝的硝酸盐或硫酸盐、氯化物配成溶液，在室温下与碳酸氢钠溶液充分混合后，在 60～200℃ 下加热处理即成。此外，还可将对苯二甲酸等有机酸引入水滑石中，由这种对苯二甲酸柱水滑石出发可合成出以杂多酸为层柱的水滑石。

由于水滑石层是碱性的，而引入的杂多酸柱又带酸性，潜在存在酸碱协同的功能。所以，可能成为一种全新的催化剂或载体。

目前，水滑石类阴离子黏土主要用作碱催化与氧化还原反应催化剂以及催化剂载体。

水滑石的分解产物中存在碱中心，故可用作碱催化剂，主要应用于烯烃氧化物聚合及醇醛缩聚。由水滑石类阴离子黏土出发制得的氧化还原催化剂可用于水煤气转换、硝基苯还原、甲烷化、合成甲醇和高级醇以及氧化等反应。

水滑石类阴离子黏土也常用作催化剂载体。由它所制成用于烯烃聚合的 Ziegler 催化剂载体,与用 $(MgCO_3)_4 \cdot Mg(OH)_2 \cdot H_2O$ 制得的载体相比,催化剂具有更高的活性和更好的对相对分子质量选择性。

此外,水滑石还有一种特性,即它在焙烧成氧化物后,在一定条件下又可复原为水滑石的"记忆效应"。因此,出现了一种利用水滑石的记忆效应合成不同阴离子柱水滑石的新方法——复原法,即利用水滑石的这一特性,使其与其他阴离子重新组合成新的类水滑石化合物。

近年来,通过以具有水滑石结构的类水滑石化合物为前体制备复合氧化物的途径引起了人们的关注。这类化合物一般含有二价离子(如 Mg、Ni、Co、Cu 及 Zn 等)和三价离子(如 Al、Cr、Fe 等)。通过这种化合物可以制备出 $CuO-ZnO/Al_2O_3$、Ni/Al_2O_3、Co/Al_2O_3 及 $Mg(Al)O$ 等复合物。其中 $Mg(Al)O$ 是具有 MgO 晶体结构的高比表面的碱性氧化物,$Mg(Al)O$ 的这些特性使它成为有广阔应用前景的新型碱性催化材料。最近还发现以 $Mg(Al)O$ 为载体的 Pt 催化剂具有对正己烷、正庚烷高的重整反应活性及选择性。下面是 $Mg(Al)O$ 的简单制法。

在带搅拌的反应器中,以并流的方式分别加入预先配制好的 $NaOH$、Na_2CO_3 混合液和 $Mg(NO_3)_2$、$Al(NO_3)_3$ 混合液,控制两种混合液的滴加速度,在温度为 60～70℃、pH 值为 8.5～9.5 的反应条件下进行沉淀反应。沉淀结束后过滤,滤饼用热去离子水反复洗涤数次,最后将滤饼于 80℃ 下干燥 12h。干燥物在 500～600℃ 下焙烧 5h,分解产物即为 $Mg(Al)O$。制备时沉淀剂也可用 NH_4OH、$(NH_4)_2CO_3$ 代替 $NaOH$、Na_2CO_3。用上述方法制得的 $Mg(Al)O$ 的比表面积范围为 170～235 m^2/g。

根据 CO_2 吸附脱附法测定氧化物碱性的数据表明,MgO 是强碱性氧化物,Al_2O_3 是弱碱性氧化物,$Mg(Al)O$ 具有与 MgO 相接近的碱性,而且 Mg/Al 比较大,$Mg(Al)O$ 的碱性也越强。MgO 存在着三种吸附 CO_2 中心(图 22-8)。

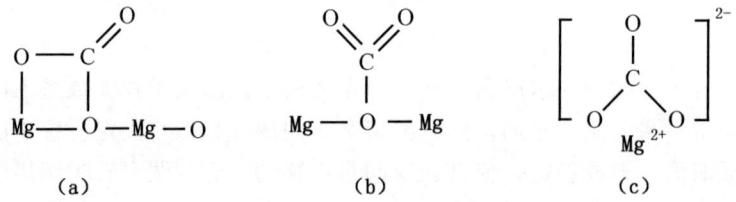

图 22-8 三种吸附 CO_2 的中心

碱中心强度循序为:(a) < (b) < (c)。这些中心与 MgO 表面 O^{2-} 周围的配位情况有关,位于角上的 O^{2-} 的配位不饱和程度最大,即碱性最强;在边上的 O^{2-} 碱性其次,在面上的 O^{2-} 的不饱和程度最小,即碱性最弱。$Mg(Al)O$ 具有 MgO 的晶体结构,所以其碱性分布情况和 MgO 相似。但因部分 Mg^{2+} 被 Al^{3+} 所取代,因此其碱性中心数相应减少。

NH_3 吸附脱附法是表征固体酸性的常用方法。从 NH_3 程序升温脱附图证实,$Mg(Al)O$ 的酸中心分布情况更接近于 $\gamma-Al_2O_3$,这表明 $Mg(Al)O$ 虽然从总的来说是碱性氧化物,但从表面性质来看,它兼有碱性和酸性。

根据 $Mg(Al)O$ 的等电点测定,不同制法的 $Mg(Al)O$ 的等电点为 9.2～13.5,与 MgO (12.0) 相接近,并远大于 7。这表明 $Mg(Al)O$ 在溶液中易吸附阴离子,所以当用 $Mg(Al)O$ 为载体制备负载型催化剂时,为使活性组分分散良好,其前体应以阴离子状态存在。

22.7 碳 化 硅

碳化物是一种耐高温材料,可用通式 Me_xC_y（Me 为金属,x、y 分别为数字）表示。它的种类很多,但大致可分为类金属碳化物和非金属碳化物两类。如按晶体结构来分,又可分为两类;一类具有较简单的结构,如 TiC、ZrC、WC、SiC 等。另一类具有复杂的结构,如 Fe_3C、Cr_3C_6 等。前者具有很高的熔点和硬度,而且较为稳定;后者熔点与硬度稍低,而且稳定性要差些。

碳化物具有良好的导热性及化学稳定性,是一类低比表面积的高温载体材料。特别是碳化硅,由于具有高热传导性、低膨胀系数,用于强放热高温反应时,是一种优良催化剂载体。

碳化硅是一种典型的共价键结合的化合物,自然界中几乎不存在。是在碳中加硅作为催化剂用于合成金刚石时,偶尔发现了碳化硅的存在。它主要有两种结晶形态,即六方晶系的 α-SiC 及立方晶系的 β-SiC。图 22-9 及图 22-10 分别示出了 α-SiC 及 β-SiC 的结构示意图。碳化硅晶格的基本结构单元是相互穿插的 SiC_4 及 CSi_4 四面体。由于四面体堆积次序的不同可形成不同的结构,至今已发现几百种变体。虽然这些变体的晶格常数各有所不同,但它体内的物质无明显变化。如 α-SiC 至今已确认有近 250 种变体,但各类变体的密度基本相同,即为 $3.217\ g/cm^3$。

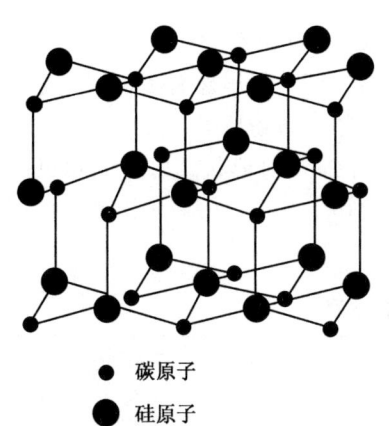

图 22-9 α-SiC 结构示意图

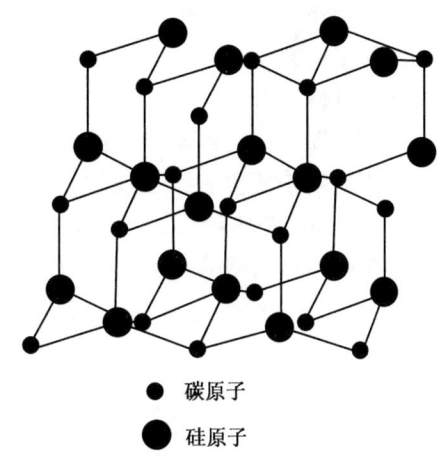

图 22-10 β-SiC 结构示意图

碳化硅纯品为无色透明晶体,一般因含有杂质而呈蓝黑色。2700℃ 左右升华,同时分解。2830℃ 及 $3.55\times10^6\ Pa$ 下熔化但不分解。硅化硅粉体的制备方法很多,典型的制法如下。

1. Acheson 法

这是较为古老的方法,它是石英砂及焦炭为原料,加入少量木屑和食盐,在 2000～2400℃ 的电弧炉中,经碳热还原过程,使 SiO_2 与 C 反应生成 SiC,反应式如下：

$$SiO_2 + 3C \longrightarrow SiC + 2CO \uparrow \quad (22-4)$$

2. 元素固相反应法

将元素硅与碳直接反应生成碳化硅：

$$Si（固）+ C \longrightarrow \beta - SiC \tag{22-5}$$

$$Si（气）+ C \longrightarrow \beta - SiC \tag{22-6}$$

或元素硅与甲烷直接发生气相反应：

$$Si（气）+ CH_4 \xrightarrow{电弧} SiC + 2H_2 \uparrow \tag{22-7}$$

3. 热解法

将金属有机化合物在真空、惰性气氛或激光下热解可制得碳化硅，如二氯甲基硅烷热解时：

$$CH_3SiHCl_2 \xrightarrow{1000\sim1500℃} SiC + 2HCl + H_2 \uparrow \tag{22-8}$$

除此以外，聚硅碳烷、聚碳硅氧烷、甲基硅烷、苯基三甲硅烷等也可作为硅源、碳源，经热解生成碳化硅粉体。

4. 激光合成法

它是以激光作为激发源，使硅和碳源反应生成碳化硅粉体。例如，以硅烷为硅源、甲烷为碳源，用激光合成法可制得纳米级碳化硅粉体。

国外生产碳化硅的公司有美国 Carborandum 公司、挪威 Norton 公司、日本东海高热公司及不二见研磨材公司等。国内生产碳化硅的工厂有葫芦岛锌厂、信阳豫南微粉厂、沈阳第一砂轮厂、郑州第二砂轮厂、贵阳第七砂轮厂、牡丹江特种超细微粉厂等。

碳化硅属于低比表面积载体，可制成球、圆柱、环、片等几何形状。比表面积范围是 $0.01\sim1m^2/g$，孔体积 $0.15\sim0.40mL/g$，平均孔直径 $10\sim90\mu m$。表 22-8 示出了一些国外商品碳化硅载体的型号及物化性能。

表 22-8　国外碳化硅载体的物化性能

公司	型号	成分,%			外形尺寸 mm	堆密度 kg/L	孔体积 mL/g	比表面积 m^2/g	平均孔径 μm
		SiC	Al_2O_3	SiO_2					
东海高热	TS102	98	0.4	0.5	$\phi 2\sim10$ 球	1.9~2.1	—	0.2~0.5	—
不二见研磨材	4C01	84	3	12	球、片	1.9		<1	—
Carborandum	CELT	58.58	11.2	26.89	$\phi 4.8\sim12.7$ 球	1.03~1.20	0.15	0.3	0.03~20
	CHO	77.87	5.48	14.87	$\phi 4.8\sim12.7$ 球	0.69~0.78	0.48	0.29	10~40
	CHT	79.67	4.21	14.41	$\phi 4.8\sim12.7$ 球	0.72~0.82	0.39	0.21	0.03~20
	CLC	79.67	4.21	14.41	$\phi 4.8\sim12.7$ 球	1.01~1.14	0.18	0.14	788
	CLT	59.01	11.13	26.55	$\phi 4.8\sim12.7$ 球	0.99~1.12	0.20	0.19	0.03~40
	CMC	77.78	4.38	14.52	$\phi 4.8\sim12.7$ 球	0.78~1.07	0.23	0.20	40~100
	CMM	77.63	4.37	14.49	$\phi 4.8\sim12.7$ 球	0.80~1.07	0.23	0.25	0.03~40
	CMO	76.94	5.65	15.51	$\phi 4.8\sim12.7$ 球	0.89~1.05	0.29	0.27	10~40

续表

公司	型号	成分,%			外形尺寸 mm	堆密度 kg/L	孔体积 mL/g	比表面积 m^2/g	平均孔径 μm
		SiC	Al_2O_3	SiO_2					
Norton	CMT	59.07	11.42	26.37	ϕ4.8~12.7球	0.86~1.03	0.23	0.31	0.03~40
	BC130	65.8	4.7	28.5	片	0.96~1.0	—	<1	—
	SC5230	65.8	4.7	28.4	球	0.91~1.01	—	0.01~0.3	—

22.8 金属磷酸盐

早就发现，金属磷酸盐不仅可用作固体酸性催化剂，也可用作碱性催化剂。而磷灰石、磷酸铝、磷酸铑等结晶型磷酸盐，由于具有离子交换性能、晶层间改性以及类似于沸石结构的特性而引起人们的注意。磷酸盐有含有 H^+ 或 OH^- 的酸式盐或碱式盐，以及缩合性盐多种类型。金属磷酸盐可用做多类反应的催化剂或催化剂载体。表 22-9、表 22-10 分别示出了用作催化剂及催化剂载体的催化反应实例。从表 22-9 可以看出，金属磷酸盐可用作醇类脱水、醇类脱氢、烯烃异构化、苯酚烷基化、丙烯氧化或氨氧化、乙烯水合、异丙苯水解等反应的催化剂。从表 22-10 可以看出，磷酸铝、磷酸锆、磷酸锌是用作一些催化反应的理想催化剂载体。

表 22-9 以磷酸盐或以磷酸盐为主催化剂的一些催化反应

序号	催化反应	催化剂
1	醇类脱水	各种正磷酸盐、碱土金属磷酸盐、$AlPO_4$、BPO_4、TiP_2O_7、$Ti(HPO_4)_2$、H_2O、结晶性或非结晶性 $Zr(HPO_4)_2$
2	醇类脱水脱氢	$Ca_3(DO_4)_2$、$Zn_3(DO_4)_2$、$Cd_3(PO_4)_2$、$Ca_{10-n}(PO_4)_{6-n}(HPO_4)_n(OH)_{2-n}$
3	甲醇脱水缩合制烯烃	$Al(H_2PO_4)_3$
4	醇类脱氢	$Ca_{10}(PO_4)_6(OH)_2$、$Cd_3(PO_4)_2$
5	醇酮间氢转移	$Ca_{10}(PO_4)_6(OH)_2$
6	丙醇脱水脱氢生成己二烯	$Ca_3(PO_4)_2$
7	丙烯氨氧化	$FePO_4$
8	烯烃异构化	$AlPO_4$、各种正磷酸盐、$Zr(HPO_4)_2\cdot^{11}H_2O$
9	苯酚、甲酚的烷基化	$AlPO_4$、BPO_4、$Ca_3(PO_4)_2$、$Zn_3(PO_4)_2$
10	甲苯烷基化制乙苯	K_3PO_4、$Ca_3(PO_4)_2$
11	碳四氧化制马来酸	VPO_5、$(VO_2)_3(PO_4)_2$、$\alpha\beta-VOPO_4$
12	乙苯氧化脱氢制苯乙烯	结晶型 $Zr(HPO_4)_2$
13	丙烯氧化、二聚制苯	$BiPO_4$、$FePO_4$ 等
14	乙烯水合	BPO_4
15	异丙苯水解制苯酚	$Ca_{10}(OH)_2(PO_4)_6$、$LaPO_4$
16	乙酸乙烯氧化制乙酸酯	$Ca_3(PO_4)_2$
17	双丙酮醇分解	碱金属—碱土金属的磷酸盐
18	醛酮类醇醛缩合反应	$LiPO_4$、$Ca_3(PO_4)_2$

表 22-10 以磷酸盐作催化剂载体的反应

催化反应	催化剂活性组分及载体	备注
2-乙基己烯液相加氢	Ni（20%）/$Al_2O_3 \cdot 8AlPO_4$	大孔载体
重油加氢裂解、酸性异构化	Pt 或 Pd/$AlPO_4$	大孔载体
环状单烯烃化合物液相加氢	Rh（0.25%～1%）/$AlPO_4$	大孔载体
氯苯水解	$Cu^{2+}-Ca_{10}(OH)_2(PO_4)_6$ 或 $ZrPO_4$	Cn^{2+} 负载量为 1%
丁烯脱氢制丁二烯	$Ca_8Ni(PO_4)_6$ 非晶体	热稳定性好，还原性差
异丙醇脱水脱氢	$Ca_8Ni(PO_4)_6$ 非晶体	$Ni^{2+} \rightleftharpoons Ni^{3+}$
酮缩合加氢制甲基异丁基甲酮	Pd（0.5%）/$Zr(HPO_4)_2$	
由异丙醇制甲基异丁基甲酮	Pd（0.5%）/$Zn_3(PO_4)_2$	副产丙酮
丙烯部分氧化	M^{2+} 交换的 $\alpha-Zr(HPO_4)_2$	
环己醇脱水、酯化	$Zr(O_3PRSO_3H)_2$	在 $Zr(HPO_4)_2$ 层状晶体中引入 -RSO_3H
烯烃、氧化乙烯高聚反应	$AlEt_3$-正磷酸盐	Ti、Zr、V、Fe 等磷酸盐
环己烷氧化脱氢	Co/$\alpha-Zr(HPO_4)_2$	

磷酸铝（$AlPO_4$）为白色或无色六晶系结晶，相对密度 2.56，熔点＞1500℃（分解），高温下不熔融而成胶体。584℃以下生成稳定的 $\alpha-AlPO_4$。不溶于水、溶于盐酸、硝酸及乙醇。含有微量 SO_4^- 的磷酸铝具有较强醇脱水能力。由于具有 0.3～1.0nm 的细孔结构，对水的亲合力强，可用作气体干燥剂及催化剂成分。而经特殊制备方法或控制沉淀生成时的 pH 值等手段，就可制得表 22-9 所示的大孔径 $AlPO_4$ 载体。这种大孔径金属磷酸盐是大分子催化反应及要求减少孔道阻力的液相催化反应的优良催化剂载体。

磷酸锆是一种路易斯酸，在 500℃焙烘时，可获得较高的酸度及比表面积，催化活性也较高。在表 22-9 所示的酮缩合加氢制甲基异丁基甲酮反应中，丙酮在磷酸锆的酸中心上脱水缩合，再在 Pd 上加氢而制得甲基异丁基甲酮。

22.9 稀土材料

稀土元素简称稀土，是元素周期表第三副族（ⅢB）中原子序数 21 的钪（Sc）39 的钇（Y）和镧系元素（57～71 号元素）共 17 个元素的总称。镧系元素有镧（La）、铈（Ce）、镨（Pr）、钕（Na）、钷（Pm）、钐（Sm）、铕（Eu）、钆（Gd）、铽（Tb）、镝（Dy）、钬（Ho）、铒（Er）、铥（Tm）、镱（Yb）、镥（Lu）。在 17 个稀土元素中，钪的化学性质与其他 16 个元素有较大的差别，所以一般常将不包括钪的其他 16 个元素称为稀土元素。此外，钷是一种放射性元素，自然界存在极少，所以，通常的稀土应用及研究中心也不包括钷，根据稀土元素的物化性质差别和稀土矿物的形成特点，常将稀土元素分为轻稀土和重稀土两组。轻稀土元素或称铈组稀土元素，包括镧、铈、镨、钕、钷、钐及铕 7 个元素；重稀土元素又称钇组稀土元素，包括钆、铽、镝、钬、铒、铥、镱、镥及钇 9 个元素。如按稀土硫酸复盐溶解度大小，则可将稀土元素分为：难溶性的铈组即轻稀土组（镧、铈、镨、钕、钷、钐）、微溶性的铽组即中稀土（铕、钆、铽、镝）、可溶性的钇组即重稀土（钇、钬、铒、铥、镱、镥）。由于相邻稀土盐的溶解度差别很小，分组界限不明显，所以又可以其非水溶液化学特性，即以其磷酸二异辛酯（P_{204}）中的特性来分组，即轻稀土为镧、铈、镨、钕、铈，中稀土为钐、铕、钆，重稀土为铽、镝、钬、铒、铥、镱、镥、钇。这样的分组可用 P_{204} 的溶剂萃取法来区分。上述几种分组方法列于表 22-11。

表 22-11 稀土元素的分组

镧	铈	镨	钕	钷	钐	铕	钆	铽	镝	钇	钬	铒	铥	镱	镥
轻稀土（铈组）								重稀土（钇组）							
铈组 (难溶于硫酸复盐溶液)							铽组 (微溶于硫酸复盐溶液)				钇组 (可溶于硫酸复盐溶液)				
轻稀土 (P_{204} 弱酸度萃取)						中稀土 (P_{204} 低酸度萃取)				重稀土 (P_{204} 中酸度萃取)					

稀土元素多以离子化合物呈配位多面体形式存在于矿物晶格中，其氧离子配位数一般为 6~12。由于结构相似性，稀土元素常共存于相同的矿物中，并有 3 种赋存状态：(1) 参与晶格，构成矿物的成分，即稀土矿物，如独居石、氟碳铈矿等；(2) 以类间同晶置换（Ca、Ba、Mn、Sr、Zr 等）的形式分散于造岩矿物中，如钛铀矿、磷灰石等；(3) 呈离子吸附状态存在于某些矿物颗粒和表面之间，如云母矿、黏土矿物等。自然界含稀土的矿物有 200 多种，有工业价值的大概为 50 多种，目前工业上实际应用的稀土矿物为 10 种左右，表 22-12 示出了一些重要稀土矿物的一般性质。稀土是我国的优势矿物资源，并且有储量大、分布广、矿种全及综合利用价值高等特点。

表 22-12 重要稀土矿物及其一般性质

矿物名称	化学式	稀土含量，%	晶型	颜色	相对密度	硬度
独居石	(Ce、La、Nd、Tn)PO_4	65.13	单斜	黄、黄棕、黄绿	4.9~5.5	5~5.5
氟碳铈矿	(Ce、La)(CO$_3$)F	74.77	六方	黄浅绿、赤褐	4.72~5.12	4~5.2
磷钇矿	(Y、Ce、Er)PO_4	61.40	正方	浅黄、褐黄	4.37~4.83	4~5
褐钇铌矿	YNb_2O_4	39.94	单斜	黑、黑褐、黄褐	4.5~5.76	5.5~6.5
氟钙钠钇石	$NaCaYF_6$	56.75	(粒状)	黄、玫瑰色	4.18~4.21	4.5
硅铍钇矿	Y Fe BeSi_2O_{10}	51.51	单斜	黑绿、褐绿	4~4.5	6.5~7
黑稀金矿	(Y、Ce、Ca、U、Tn) (Nb、Ta、Ti)$_2O_6$	20.82	(柱、板状)	浅绿、黄褐、黑	4.3~5.87	5.5~6.5
兴安矿	(YCe)$BeSiO_4$(OH)	54.57	(短柱状)	浅绿、白	5~5.5	4.42
钇萤石	(CaY)F_2	17.50	(粒状)	浅黄、绿	3.5	4.5

1. 稀土元素的一般物理性质

稀土元素的最外两层的电子组态基本相似，在化学反应中呈现出典型的金属性质，易失去 3 个电子而呈正三价，它们的金属性仅次于碱金属和碱土金属，比其他金属元素活泼。除了镨、钕呈炎黄色外，其余均匀银灰色有光泽的金属。但它易被氧化而呈暗灰色。表 22-13 示出了稀土金属的一般物理性质。可以看出，它们的熔点及沸点都较高。

2. 稀土元素的化学性质

稀土元素是典型的金属元素，它们的原子半径大，极易失去外层的 S 电子和 5d 或 4f 电子，所以在化学活性很强。在 17 种稀土元素中，按金属的活泼性次序排列，由钪⟶钇⟶镧递增，由镧⟶镥递减，即镧最为活泼。

稀土金属在空气中的稳定性是随原子序数的增加而趋于稳定。镧、铈在空气中很快被腐蚀。稀土金属和铝有些相似，能分解水而放出氢气。也能溶于稀盐酸、硫酸及硝酸，微溶于氢氟酸和磷酸，但难溶于浓硫酸，也不与碱发生作用。

表 22-13 稀土元素的一般物理性质

稀土元素	密度 g/mL	熔点 ℃	沸点 ℃	电阻率（25℃） $10^{-4}\Omega \cdot cm$	电负性	氧化还原电位[①] (RE⟶RE^{3+} + 3e), V
Sc	2.992	1539	2730	66	—	—
Y	4.472	1510	2930	53	1.22	-2.37
Ca	6.174	920	3470	57	1.10	-2.52
Ce	6.771	795	3470	75	1.12	-2.48
Pr	6.782	935	3130	68	1.13	-2.47
Na	7.004	1024	3030	64	1.14	-2.44
Pm	7.264	1042	(3000)	—	—	-2.42
Sm	7.537	1072	1900	92	1.17	-2.41
Eu	5.253	826	1440	81	—	-2.41
Gd	7.895	1312	3000	134	1.20	-2.40
Tb	8.234	1356	2800	116	—	-2.39
Dy	8.536	1407	2600	91	1.22	-2.35
Ho	8.803	1461	2600	94	1.23	-2.32
Er	9.051	1497	2900	86	1.24	-2.30
Tm	9.332	1545	1730	90	1.25	-2.28
Yb	6.977	824	1430	28	—	-2.27
Lu	9.842	652	3330	68	1.27	-2.25

① RE—稀土元素的简称。

稀土元素不仅能与氧、氮、氢等气体及许多非金属元素及其化合物，作用生成相应的稳定化合物，而且还可与铍、镁、铝及许多过渡金属（如 Fe、Co、Ni、Zn、Ag、Hg、Bi、Sn 等）作用生成金属间化合物。稀土金属还是强还原剂，它能将 Fe、Co、Ni、Cr、Ti、V、Zr、Si、N_b 等元素的氧化物还原成金属。

按软硬酸碱原理，稀土离子属于硬酸类，它们与属于硬碱类的配位原子（如 O、F、N 及 S 等）有较强的配位能力，配位原子的配位能的顺序是 O＞N＞S。氧是稀土配合物的特征配位原子，很多含氧的配体如羧酸、冠醚及含氧的磷类萃取剂等都可与稀土离子生成配合物。稀土元素与 d 过渡元素配位性能的根本区别在于多数稀土离子含有未充满的 4f 电子，由于 4f 电子的特性开使稀土离子的配位性质有别于 d 过渡元素。稀土离子的配位能力比 d 过渡金属离子的配位能力弱。

3. 稀土元素在催化领域中的应用

稀土元素 4f 电子受外层 $5S^25p^6$ 电子的屏蔽作用，而决定化学性质的外层电子结构又都相同。因此，稀土元素的催化活性变化不是太大（一般不超过 1~2 倍）。尤其是钇族重稀土之间几乎没有活性变化。而 d 过渡元素则不同，其活性差别有时甚至可达到几个数量级。由于稀土元素的催化活性均不如 d 过渡元素，所以单独用作催化剂活性组的情况较少。一般以用作助催化剂及催化剂载体居多，或用作多组分催化剂的次要成分。

（1）用于炼油及石油化工催化剂。

20 世纪 60 年代初，炼油工业开始使用稀土分子筛催化剂，用于催化裂化工艺。通过稀土交换能提高分子筛的活性，使汽油等轻质油的产率显著提高。至今，炼油工业仍是稀土消费的大户，特别是镧、铈使用得最多。稀土元素在分子筛催化材料中的主要特点是对分子筛的亲合力大，离子交换容易，并可提高分子筛骨架的热稳定性。

稀土元素具有固体酸的作用，用稀土交换 NaY 分子筛后，可提高 Y 分子筛的酸性，使其催化活性大大增加。可是一旦催化剂活性增大，焦炭产率也会增多，进而对汽油的选择性也会降低。其主要原因是过裂化和氢转移反应得到加强。由于氢转移反应的加强有利于降低汽油烯烃含量，因此降烯催化剂中稀土含量较高。此外，石油中所含的 Ni 可导致氢气产率增加，而 V 可破坏分子筛的骨架结构，使催化剂的活性下降。而稀土与 Ni、V 的亲和力很强，可迅速与其生成高熔点化合物，从而可大幅度提高催化剂使用寿命。

在石油化工及有机合成中，甲烷氧化偶联、甲烷选择氧化、甲醇选择性氧化、水煤气转化、氨合成、酯化、水解、烷烃类和醇类脱氢等反应可使用稀土氧化物、稀土复合氧化物、稀土氯化物、稀土硫酸盐等作催化剂或助催化剂。既可作为催化剂的主要成分，也可用作催化剂的次要成分，作为助催化剂，大都用于烃类高温水蒸气转化和重整的镍系、铂系催化剂中，通过提高活性金属在载体上的分散度来提高催化剂的活性及选择性，通过防止活性组分的烧结来提高催化剂的稳定性。表 22 - 14 示出了，稀土在一些石油化工及有机化工催化反应中应用实例及其主要作用。

表 22 - 14 使用稀土元素的催化反应示例

催化反应	应用实例	稀土的主要作用
煤气甲烷化	镍—稀土催化剂在 Ni - Al_2O_3 中加入 La_2O_3	有利于 Ni 的分散及稳定，提高催化剂的活性、选择性、耐热性及抗硫、抗积炭性能
甲烷氧化偶联	$LiCl/La_2O_3$ $LaAlO_3$；$La_{1-x}Pb_xAlO_3$；$BaCO_3 + La_2O_3$	提高乙烯、乙烷的选择性和收率
甲烷选择氧化	含稀土的磷酸盐、钼酸盐，如磷酸铁中加入 $La_3(PO_4)_4$	加入稀土的催化剂能将甲烷直接合成甲醛、甲醇
水蒸气转化	在 $Ni/\alpha - Al_2O_3$ 中加入 La_2O_3、CeO_2	提高催化剂的活性、耐热性及抗积炭性能
中温水煤气变换	Fe - Cr 系催化剂中加入适量 CeO_2	可减少有害元素 Cr 的用量稀土作为结构调变助剂，可提高催化剂活性及选择性，减少炭的沉积
烃类重整	Pt/Al_2O_3 催化剂中加入稀土 Ce	能促进 Pt 分散性，提高催化剂活性及稳定性降低裂解率
烃类氧化	Mo - Fe/Al_2O_3 催化剂加入 CeO_2、MoO_3/Al_2O_3 催化剂加入 CeO_2 等	提高催化剂的活性选择性及稳定性，减少结炭
氨氧化制硝酸	$La_{0.3}Ca_{0.7}MnO_3$、RECoO（RE = La、Ce、Pr）	提高催化剂活性、稳定性
甲醇氧化	MoO_3/SiO_2 催化剂加入 Ce	提高催化剂活性、选择性
SO_2 氧化制硫酸	V_2O_5/Al_2O_3 催化剂加入 Na_2O_3，$Ce(SO_4)_2$ 等	提高催化剂活性、选择性降低催化剂的起燃温度
氨合成	Fe - CeO_2 - Al - K - Ca 系催化剂	加入稀土氧化物可提高低温活性及还原性能，改善热稳定性及抗毒性能
甲醇合成	$CuO/ZnO/Al_2O_3$ 及 $CuO/ZnO/Cr_2O_3$ 催化剂中加入 La_2O_3	可提高催化剂活性
水解反应	磷酸盐催化剂中加入稀土	提高催化剂活性，也有直接用稀土化合物作水解催化剂
酯化反应	稀土氧化物、稀土混合物、稀土硫酸盐、稀土氯化物均可用作酯化反应催化剂	稀土固体超强酸对酯化反应有显著催化活性，如用于合成乳酸乙酯、邻苯二甲酸二辛酯等

(2) 用于燃油机动车尾气净化催化剂。

燃油机动车的气态排放物主要由 CO、NOx 及碳氢化合物组成，有些还含有 S、P、P_b 等有毒物质。为了控制燃油机动车尾气对大气的污染。对尾气净化分为机内净化和机外净化两大类。机内净化是通过对发动机、曲轴箱设计和燃油精制等方法来降低有害气体的生成，但这种方法只能减少有害物质生成，但不能从根本上消除有害气体。机外净化是通过安装催化净化器，使有害物质转化为无害物质，是目前广为采用而最有效的尾气净化方法。催化净化器的作用是借助催化剂表面发生的氧化和还原反应，将排气中的 CO 和碳氢化合物等氧化为 CO_2 和 H_2O，将 NOx 还原成 N_2。

催化净化器的核心部分是催化剂，它由活性金属、载体及助催化剂三部分组成。活性金属采用铂、钯、铑，它们在催化剂中主要起活性作用。如铂、钯的主要作用是转化 CO 及碳氢化合物，铑能在较低温度下选择性地还原氮氧化物为氮气，所用载体包括蜂窝状的堇青石、金属蜂窝体、氧化铝小球及金属网状骨架等。

稀土元素作为助催化剂广泛用于商业汽车催化剂中，它在催化剂中具有多种功能，概括起来有以下几种作用。

①储存氧及释放氧。

燃油车辆尾气催化转化过程，实际上是 CO、NOx 及碳氢化合物的氧化还原过程，氧气含量起着决定性作用。而尾气的成分随路会发生变化，其中氧气的变化幅度和速率会影响催化剂动态条件下的转化性能。稀土氧化物具有储氧功能，当尾气中富氧时，稀土氧化物将尾气中的氧气储存起来。当空燃比变化时，在缺氧状况下，稀土氧化物则释放出储存的氧。以 Ce 为例，它有两种氧化态，即 Ce^{4+} 和 Ce^{3+}，在尾气交替由富氧变为贫氧的转化过程中，Ce^{4+} 和 Ce^{3+} 交替产生，即在稀薄条件下 Ce 从尾气中吸附更多的氧，在从稀薄至贫氧的过程中，高价 Ce 被还原而释出氧；当尾气中没有足够的氧时，它又可释出所吸附的氧，以氧化 CO 和碳氢化合物生成 CO_2。当空燃比回到稀薄状态时，Ce 又通过吸附或与尾气中的过量氧反应，再次开始储存氧。这样，随着尾气中空燃比的变化，周而复始地发生储存和释放氧的过程。

②稳定载体涂层。

通常所用的催化剂载体表面有氧化铝涂层。稀土元素的另一个作用是稳定催化剂中氧化铝载体，使之避免因高温烧结而损失其比表面积。如 Al_2O_3 载体在 1100℃ 焙烧 12h 后，其比表面积可以 $250m^2/g$ 降至 $3m^2/g$，但如果加入 1% 的 La 后，在同样温度下焙烧，比表面积只降至 $63m^2/g$ 左右，这表明 Al_3O_3 中加入稀土后，可以抑制 Al_2O_3 的相变，起到稳定晶型结构和防止体积收缩的双重作用。

③提高催化剂抗中毒性能。

尾气中所含的 S、P、P_b 等毒物会因吸附在催化剂表面而致催化剂失活或中毒。催化剂中含有稀土时，它能与毒物反应生成稳定时，对 P、S、P_b 等毒物有转化作用。如 Ce_2O_3 能与硫化物反应生成稳定的 $Ce_2(SO_4)_3$，在还原气氛中，如富油燃烧时，硫化物又被释放出来，在 P_t、R_h 活性金属上转化成 H_2S 而与尾气一起排出。

④提高催化剂活性。

添加稀土的催化剂的活性高于无稀土催化剂的活性，具有较低的起燃温度。催化剂的起燃温度，通常指 CO 和碳氢化合物的转化率为 50% 时的温度，如在含 Pt 催化剂中加入 Ce 并经还原处理后，该特征温度可降低 50～100℃，其原因可能是由于 Pt 与 Ce 的相互作用加强所引起的。此外，Ce还可以促进水煤气转化反应：

$$CO + H_2O \longrightarrow CO_2 + H_2 \qquad (22-9)$$

上述反应在低温时有利于除去CO，反应产生的H_2还有利于NO的还原。Ce也能促进下述水蒸气重整反应：

$$C_mH_n + mH_2O \longrightarrow mCO + (m + \frac{n}{2})H_2 \qquad (22-10)$$

通过在还原条件下的这种氧化作用，可以减少碳氢化合物的排放。

(3) 用作催化剂载体。

与氧化铝相似，所有稀土元素也有两性的特点，因此既能以阳离子形式又能以阴离子形式存在，如铈能生成硝酸铈，也能与碱生成铈酸盐。当使用氧化铈作载体时，特别是所制取的催化剂用于高温催化反应时，催化剂活性组分与氧化铈之间可能发生固相反应时，上述两性特点就会出现。氧化镧是一种十分难熔的材料，虽然它也可能与活性组分发生固相反应，但反应活性低于氧化铈。因此它适合用作高温条件下不与活性组分发生反应的载体。

稀土元素有许多可用作优良催化剂载体的特点，如熔点高、热稳定性好、在固相反应中活性较高等。但用作催化剂载体的稀土以氧化物的形式居多，表22-15示出了一些稀土氧化物的主要性质。稀土氧化物不溶于水和碱溶液，溶于无机酸（H_3PO_4、HF除外）生成相应的盐。稀土氧化物在空气中能吸收CO_2而生成碱式碳酸盐，后者经800℃焙烧又可得到无碳酸盐的稀土氧化物。稀土氧化物可以和其他金属氧化物作用生成复合氧化物，如白钨矿类型的$REGeO_4$、$RETaO_4$，石榴石类型的$RE_3Al_5O_{12}$、$RE_3Ga_5O_{12}$，锆英石类型的$REPO_4$、$REVO_4$等。

表22-15 一些稀土氧化物的主要性质

稀土氧化物	颜色	晶系	熔点 ℃	沸点 ℃	实测磁矩 $A \cdot m^2$
La_2O_3	白色	六方	2256	3347	0.00
Ce_2O_3	白色	六方	2210	3457	2.56
Pr_2O_3	浅绿色	六方	2183	3487	3.55
Nd_2O_3	浅绿色	六方	2233	3487	3.66
Pm_2O_3	—	—	2320	—	(2.83)
Sm_2O_3	浅黄色	单斜	2269	3507	1.45
Eu_2O_3	白色	体心立方	2291	3510	-3.51
Gd_2O_3	白色	体心立方	2339	3627	7.90
Tb_2O_3	白色	体心立方	2303	—	9.63
Dy_2O_3	白色	体心立方	2228	3627	10.5
Ho_2O_3	白色	体心立方	2330	3627	10.5
Er_2O_3	粉红色	体心立方	2344	3647	9.5
Tm_2O_3	白色	体心立方	2341	3677	7.39
Yb_2O_3	白色	体心立方	2355	3747	4.34
Lu_2O_3	白色	体心立方	2427	3707	0.00
Y_2O_3	白色	—	2376	4437	0.00

镧系元素有一个其他多数载体所不具备的特点，即它具有热发光现象，尤以氧化铈更为突出，当温度达到或超过400℃时，会产生辐射作用。这意味着载体所消耗的能量可能会被反应物分子所吸收，这时反应可能起着促进作用，也可能起着负面作用。此外，镧系之素氧化物中的一个或多个氧原子易于被氢所脱除。这也意味着，在反应环境中，不稳定氧或氧空位对催化反应可能起着重要作用。这种现象对甲烷化反应、丙烯氨氧化制丙烯腈等反应是有利的，而对某些反应，氧的脱除可能会产生不利影响。所以，选用稀土元素作载体时，不仅需对所用稀土进行单独评价，而且还应考虑到它对所负载的活性组分所产生的作用。目前，国内使用稀土元素作载体的催化剂品种虽然还不太多，而其所表现出的独特性质，则是多种类型催化反应所用催化剂很值得注意的催化剂载体之一。

第 23 章 整体式催化剂载体

23.1 整体式催化剂

整体式催化剂载体又称规整式催化剂载体，一种主要用于制备整体式催化剂的一类载体材料。整体式催化剂又称规整式催化剂，是由许多狭窄的平行通道整齐排列的一体化催化剂（图 23-1）。早期开发的整体式催化剂所用载体的横截面呈蜂窝结构，故又称为蜂窝状催化剂。

整体式催化剂可分为以下两种类型：

（1）混合掺入型催化剂。它是将催化材料和成型助剂一起捏混后，以整体载体形状挤出后，再经干燥、焙烧制得成品，这种催化剂的孔道壁直接具有催化作用，活性组分与载体成分充分混合，其中一些活性组分会埋入闭孔中，从而会延长反应物进入活性位的扩散路径，减少活性组分接近反应的机会，催化剂的效率会远低于涂层型催化剂。而且制造方式更专业并需要专门的挤出机。这种催化剂主要适用于催化效率要求不高和需较大量或较大规模应用催化剂的场合。

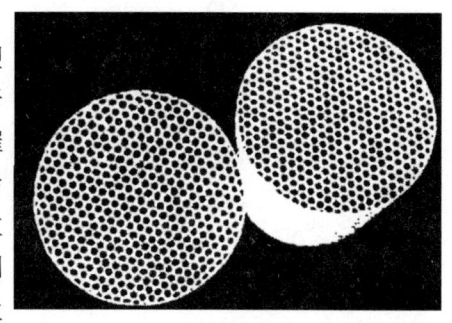

图 23-1 整体式催化剂

（2）涂层型催化剂。这类催化剂一般由载体、涂层和活性组分三部分组成。载体材料常用的是耐高温的陶瓷和金属合金。载体外形一般为柱状，其横截面通常加工成圆形、椭圆形或方形。载体由许多小的平行孔道组成，孔道截面可以是六角形、环形、方形、三角形或者成正弦曲线形。

一般情况下，整体式催化剂载体的表面积都很低，这是因为在载体制备时需高温焙烧而致载体材料烧结而降低其表面积。因此需在载体孔道表面涂覆一层高表面积的涂层，涂层还能使催化活性组分与载体有效牢固地结合起来，并能极大地发挥活性组分的作用。常用涂层材料为 $\gamma\text{-}Al_2O_3$，也可以使用 $\alpha\text{-}Al_2O_3$、TiO_2 等。

载体涂覆涂层后，还需嵌入如 Pt、Pd 等金属活性组分，嵌活性组分的方法有多种，如浸渍、沉淀、共沉淀、离子交换及原位晶体等方法。这些方法与传统催化剂载体上负载活性组分的方法相似。

涂层型催化剂主要用于环保和燃烧领域所涉及的气固相催化反应，其中大量应用于机动车尾气净化。一般所说的整体式催化剂主要是指涂层型催化剂。

装填整体式催化剂的反应器即为整体式反应器。由于整体式催化剂与传统球形或条状颗粒催化剂有很大区别，使得整体式反应器在多相催化反应体系中表现出特殊的性能，主要表现在以下方面。

（1）床层压降低。整体式催化剂由许多平行且直的孔道构成，大空隙度和直孔道结构，使流体流动的路径很少弯曲。因此，催化剂床层阻力小，压降低。与颗粒状催化剂比较，整体式催化剂床层压降可降低 2～3 个数量级。

（2）传质效率高。在整体式反应器上进行气—液—固三相反应时，在保持适当的气液流速时，催化剂孔道内会出现近似活塞流的流型。这时，液滴被不同的气泡分开（图23-2）。在气泡和孔道内壁之间有一层很薄的液膜，这层液膜提高了气液两相的接触面积，气体可以容易地通过液膜达到催化剂活性表面。在液滴内部存在液相循环流动（图23-3），环流加快了气体从气相边缘向催化剂壁面的传递。活塞流提高了气相的传质速率。颗粒状催化剂由于受传质限制其转化率不仅取决于颗粒大小，也取决于反应器高度，一般要求反应器的直径应为催化剂颗粒直径的10倍以上，反应器长径比应在3~5以上。因此，颗粒状催化剂不适用于水平式反应器。而整体式催化剂的外形与极限传质转化率无关。也即在流速相同时，瘦长形整体式催化剂的性能与粗短形整体式催化剂性能相同。这就使得整体体式催化剂可用于水平式反应器，这一特点尤适用于机动车尾气净化催化剂的安装。

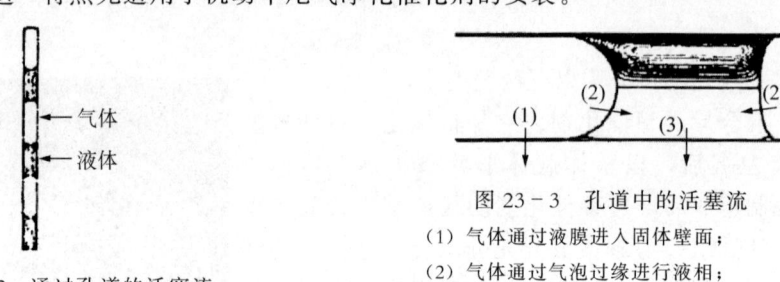

图23-2 通过孔道的活塞流

图23-3 孔道中的活塞流
(1) 气体通过液膜进入固体壁面；
(2) 气体通过气泡过缘进行液相；
(3) 液滴中的液体通过停滞膜进入固体壁

（3）传热效果不理想。整体式催化剂的各孔道是相对独立的，相邻孔道间无任何传质作用，因而不存在径向传热。而对热导率很低的陶瓷整体式载体，透过壁面的径向热传导则更低。整体式催化剂的这种温热性质，会使放热反应的温度和反应速度快速升高，这对汽车冷启动迅速使汽车尾气净化处理装置达到工作状态十分有利。而对吸热反应，整体式催化剂则比颗粒状催化剂更易出现反应骤停现象。

（4）催化剂分离及再生容易。整体式催化剂在反应过程中不产生催化剂与物料或催化剂与催化剂之间的相互碰撞，因而催化剂损失少，产生的细粉少，催化剂分离及再生方便。

（5）放大效应小。整体式催化剂孔道的规整排列阻止了任意不均匀分布特征（如颗粒催化剂的随意填充）的形成，有利于物料与催化剂的均匀充分接触。只要充分解决催化剂入口处流体分配不均的问题，那么实验室和工业用整体式反应器的差别就仅在于孔道数量的不同了。因此，整体式反应器的工业放大就相对简单了，为此，设计整体式反应器的关键问题之一是使流体在反应器横截面上达到均匀分布。由于单体整体式催化剂制造长度有限，为达到所需催化剂高度，常将整体式催化剂串联起来使用。这时，除要解决催化剂入口处流体的均匀分布，还应解决相邻催化剂之间流体的收集及再分布问题。

23.2 整体式催化剂载体的分类

整体式载体的外形截面直径从几厘米至几十厘米不等，其内部孔道截面直径一般为1~6mm，根据孔道构造不同，整体式载体有蜂窝型（孔道为直通的，在轴向呈相互平行）、交叉流动型（相邻孔道层相互成十字形交叉）及泡沫型（呈三维相互连通的海绵结构），其中又以呈蜂窝结构的载体研制最多，应用最广。

蜂窝载体按其外观形状可分为圆形、正方形、三角形及跑道形等，按其制造材质可分为陶瓷载体和金属载体两大类。

陶瓷蜂窝载体是由一类具有高强度、低膨胀、耐热震性好、耐磨损、吸附能力强等特性的多孔陶瓷为材料制得的，按其组成及性质可分为高表面积及低表面积陶瓷载体。高表面积陶瓷载体主要以 γ-Al_2O_3、Al_2O_3、SiO_2、TiO_2、MgAl 尖晶石等无机氧化物为原料制得，由于这类材料在较高温度下易发生晶形转变，相变或固相反应，因此制得载体的抗热震性、高温机械强度及化学稳定性等较差，但它具有压降小、几何表面积大、反应物或产物扩散路径短的优点，因此适用于化工、炼油等固定床反应工艺，而对机动车尾气排放控制的应用意义不大；低表面积陶瓷载体主要用于机动车尾气排放控制，它具有较高机械强度和抗热冲击性能，在较高温度下可长时间使用，也不发生晶形转变或固相反应。用于制造低表面积蜂窝陶瓷载体的材料有莫来石、尖晶石、锆英石、钛酸铝反受堇青石等。其中最常为常用的是堇青石。由于堇青石的热膨胀系数几乎为零，在温度急剧变化的反应条件下仍能保持结构和机械性能的相对稳定，因而广泛用于汽车尾气净化转器中。

金属材质的蜂窝载体最早用于摩托车的尾气净化。使用的材质有不锈钢或不锈钢合金等。与陶瓷蜂窝载体相比较，金属蜂窝载体具有更高的机械强度、更大的开孔率和更薄的壁、更低的压力降、更轻的质量和更高的热传导率、在相同孔密度下有更高的开孔率等优点，但金属载体熔点低、热膨胀系数大。因此，金属载体对活性组分的涂覆及后处理技术有更高的要求。作为参考，表 23-1 给出了两种载体主要参数的比较。可以看出，单位体积金属材质的载体有较高几何表面积，它在高流动及热冲击强的环境中应用是有利的。而陶瓷蜂窝载体更适用于高温腐蚀性环境。

表 23-1　陶瓷载体与金属载体参数比较

载体规格 项目	陶瓷孔密度，孔/in^2			金属孔密度，孔/in^2		
	200	300	400	400	500	600
孔截面积，mm^2	2.30	1.43	1.21	1.50	1.10	0.97
几何表面积，m^2/m^3	1890	2205	2790	3230	3580	3940
空隙率，%	70	60	76	89	86	83
壁厚，mm	0.28	0.30	0.15	0.05	0.05	0.05

23.3　蜂窝载体的孔道形状及结构表征

蜂窝载体的外形需根据反应器要求设计，可以是圆形、椭圆形、正方形及跑道形等。载体两端为开放型结构，内部孔道全都是从一端至一端直通的，孔道间相互在轴向上平行排列，且具有相同的几何孔形状（参见图 23-1）。已商品化的载体孔道横截面有多种几何形状——圆形、三角形、正方形、长方形、六边形、梯形及正弦波形等。其中应用最多的是正方形孔道、等边三角形孔道及圆形孔道。

由于蜂窝载体中孔道间的相同和均匀性，表征蜂窝载体基本结构的尺寸参数是：单元孔的孔间距 e、孔道壁厚 a、圆角半径 R。由这些基本结构参数可用以描述蜂窝载体的孔密度（单位横截面上孔的数目）、几何表面积、前端开口面积（即空隙率）、水力直径等参数。

1. 正方形孔道

正方形孔道基本结构的尺寸参数如图 23-4 所示。由此描述的几何特性有：

$$孔密度\ n = \frac{1}{e^2} \quad (23-1)$$

$$几何表面积\ A = 4n\left[(e-a) - (4-\pi)\frac{R}{2}\right] \quad (23-2)$$

$$空隙率\ \varepsilon = n\left[(e-a) - (4-\pi)R^2\right] \quad (23-3)$$

由空隙度及几何表面积即可推算出水力直径为 D_h（为水力半径 r_n 的 4 倍）：

$$D_h = 4\frac{\varepsilon}{A} \quad (23-4)$$

2. 等边三角形孔道

基本结构的尺寸参数如图 23-5 所示。由此描述的几何特性有：

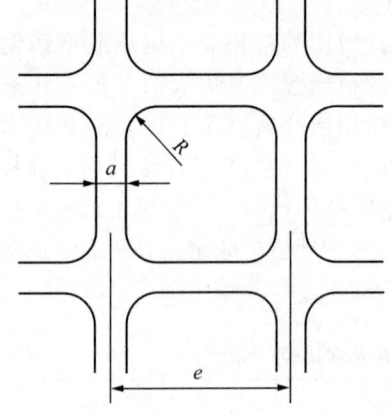
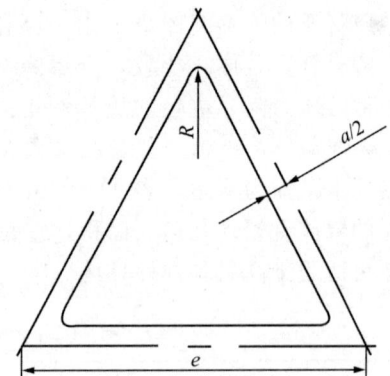

图 23-4　正方形孔道的基本结构尺寸参数　　图 23-5　等边三角形孔道的基本结构参数

$$孔密度\ n = \frac{4\sqrt{3}}{e^2} \quad (23-5)$$

$$几何表面积\ A = 3n\left[(e - \sqrt{3}a) + \left(\frac{2\pi}{3} - 2\sqrt{3}\right)R\right] \quad (23-6)$$

$$空隙率\ \varepsilon = \frac{1}{e^2}\left[(e - \sqrt{3}a)^2 - 4\left(3 - \frac{\pi}{\sqrt{3}}\right)R^2\right] \quad (23-3)$$

$$水力直径\ D_h = 4\frac{\varepsilon}{A} \quad (23-8)$$

目前，我国常用的陶瓷蜂窝载体规格，其孔密度 n 有 100 孔/in²、200 孔/in²、300 孔/in² 及 400 孔/in²；常用的金属蜂窝载体规格，其孔密度 n 有 400 孔/in²、500 孔/in² 及 600 孔/in²，最高的孔密度 n 可达 1200 孔/in²，壁厚 0.051mm。

以孔密度 n 为 400 孔/in²、300 孔/in² 的两种陶瓷蜂窝载体来比较正方形及等边三角形两种孔道的几何特性。两种载体的孔道壁厚 a 分别为 0.15mm 及 0.30mm。在圆形半径 R 忽略不计时，将上述参数代入描述正方形及等边三角形孔道几何特性的计算式时，其结果如表 23-2 所示。从表中看出，当孔密度 n 和孔道壁厚相同时，n 为 400 孔/in² 的正方形孔型比等边三角形孔型的几何表面积要小 10% 左右，空隙率大 3% 左右；n 为 300 孔/in² 的正方形孔型比三角形孔型的几何表面积要小 8% 左右，空隙率大 2% 左右。但是，三角形孔型的载体，每个连接点处应力集中较大，其强度会不如正方形孔。

表 23-2　两种蜂窝载体的几何特性比较

孔道形状	孔密度 n 孔/in²	孔间距 e mm	空隙率 ε %	几何表面积 A m²/m³
正方形	400	1.27	76	2790
	300	1.47	60	2205
等边三角形	400	1.93	74	3106
	300	2.23	58.8	2384

显然，蜂窝载体的几何特性参数是影响载体选择的重要因素之一。孔道的几何形状影响流动、传质、传热特征，最终影响空速、压降、抗热冲击性及机械强度等。因此，优化蜂窝载体的结构参数，可以提高催化转化率，有效控制排放。至于哪一种孔道几何形状具有最好性能还不能作简单的定放，还需结合特定的使用场合及催化反应过程进行认真考核。

23.4 堇青石陶瓷蜂窝载体

堇青石的化学式为 $2MgO \cdot 2Al_2O_3 \cdot 5SiO_2$ 或 $Mg_2Al_3(Si_5Al)O_{18}$，是至今发现最适于制造陶瓷蜂窝载体的材料，天然堇青石呈蓝色、淡蓝色、灰蓝色、深蓝色等各种颜色，相对密度 2.6～2.7，硬度 7～7.5，具有玻璃光泽，性脆。较难熔，稍溶于酸。多产于片麻岩内。由于天然堇青石比较分散，大矿床至今仍未发现，因此几乎没有用天然堇青石做原料来制造陶瓷蜂窝载体，但是具有堇青石理论组成的陶瓷却可以由滑石（$3MgO \cdot ASlO_2 \cdot H_2O$）、高岭土（$Al_2O_3 \cdot 2SiO_2 \cdot 2H_2O$）及氧化铝等为原料按一定配方制得。表 23-3 示出了国内一些单位开发的合成堇青石的化学组成及部分性能，表 23-4 示出了基础陶瓷堇青石的参考配方。

表 23-3　合成堇青石组成及其性能

项目 生产单位	化学组成，%（质量分数）							吸水率 %	荷重软化点 （开始） ℃	线膨胀系数 10^{-6}/℃
	SiO_2	Al_2O_3	Fe_2O_3	TiO_2	CaO	MgO	Na_2O+K_2O			
淄博硅酸盐所 BT-4	51.15	35.52	0.91	1.13	0.04	10.81	0.46	23.0	1410	2.6 (20～800℃)
淄博硅酸盐所 Cd	47.03	38.87	0.44	0.19	0.17	12.91	0.14	26.0	1420	2.52 (20～800℃)
湖南 2610	46.94	41.20				11.80				2.3 (20～1000℃)

堇青石是一种具有低膨胀系数、且有高度各向异性结晶相的材料，伴随高热膨胀各相异性，在挤出成型后，产品各向同性，制成整体式载体具有高几何表面积和接近 1200℃ 的使用温度，其主要特性有：(1) 熔融温度高达 1465℃，并具很高的耐火性；(2) 热膨胀系数低，可使制得的载体抗热冲击性强，可在大温度范围频繁变化下仍保持稳定；(3) 化学稳定性好，不与催化剂涂层或活性组分发生固相反应；(4) 有足够高的机械强度，能满足机动车苛刻使用条件。

随着汽车排气污染治理力度的加大及汽车尾气三元催化净化器的研制、生产及推广应用，堇青石陶瓷蜂窝载体开始批量生产并投放市场，1972年美国康宁（Corning）公司首先开发出商标为 Celcor 系列低膨胀系数的堇青石陶瓷蜂窝载体。1976年推出200孔/in^2、壁厚为0.305mm的载体。1976年推出300孔/in^2载体，几何表面积比200孔载体增大14%。1979年又推出400孔/in^2，壁厚为0.165mm的载体。1986年康宁公司在德国设厂生产蜂窝陶瓷。1999年又在中国上海浦东建设蜂窝陶瓷亚洲生产基地。其他，如日本碍子株式会社（NGK公司）、日本电装（Denso）公司所生产的蜂窝陶瓷产品也占据很高的世界市场份额。国外也已能生产900孔/in^2（140孔/cm^2）、壁厚为0.05mm的陶瓷蜂窝载体。

表 23-4 基础陶瓷堇青石配方示例

原材料	配方一	配方二
高岭土，%	21.74	40.2
滑石粉（生），%	39.21	19.7
滑石粉（煅烧），%	—	19.8
氢氧化铝，%	17.81	16.9
α-氧化铝，%	11.23	3.68
氧化硅，%	9.99	—

国内从事堇青石陶瓷蜂窝载体开发及生产的单位有上海申泰无机新材料公司、上海彭异耐火材料厂、宜兴非金属化工机械厂、唐山特种陶瓷有限公司、北京大华陶瓷厂、山东净土实业有限公司、山东工业陶瓷研究设计院、上海硅酸盐研究所等。1998年5月14日，国家建材局发布了代号为JC/T 686-1998的《蜂窝陶瓷》行业标准，规定了这一产品的分类、性能要求、试验方法、检验规则等事项。

目前市售的陶瓷整体式载体大多采用挤出成型的方法制造。采用堇青石或其他陶瓷材料挤出成整体式载体形状的工艺过程中，一般都采用以下步骤：(1) 将高岭上、滑石粉及氧化铝粉等原料按一定配比混合后制成具有一定粒度的极细粉末；(2) 加入增塑剂、黏结剂、润滑剂及水进行湿法"练泥"。这个过程主要使原料分散均匀、避免出现夹生现象，是挤出成型技术中最重要的工艺过程之一。通过"练泥"使整批材料获得适合挤出成型的条件；(3) 进行挤出成型，在此过程中使用某些专为此工艺而开发的模具。成型为500～1000mm的湿坯体，再根据要求切割成一定尺寸的小块；(4) 干燥。一般多采用微波干燥，也可采用远红外干燥。要确保充分地除去水分而又不破坏整体式载体本体；(5) 焙烧。在缓慢程序升温条件下，在1250～1550℃的高温下焙烧以完成固相反应，对于堇青石，在1400℃左右焙烧处理，可使混合物转变成相态稳定、具有低膨胀系数的烧结体。

从生产技术及设备来看，国外生产厂商大多采用塑性挤出成型、连续化微波干燥、自动切割及自动检测等工艺设备，并实现了堇青石的合成与载体焙烧一次完成的烧成工艺。生产设备的专业性及自动化水平很高，具有代表性的设备制造商有德国道尔斯特（Dorst）机械设备制造公司和勃朗（Braun）机械制造公司，可为客户提供实现连续化生产的塑性成型设备和专用模具。如生产的900孔/in^2、壁厚0.05mm的陶瓷蜂窝载体，这样一个和软饮料罐头大小相似的载体，能提供一个足球场大小的有效表面积。

国内生产堇青石陶瓷蜂窝载体的企业，大多采用如图23-6所示工艺过程。所采用的关键设备是挤出成型机。生产工艺主要特点是：(1) 采用低膨胀系数、耐热性及耐热冲击性良

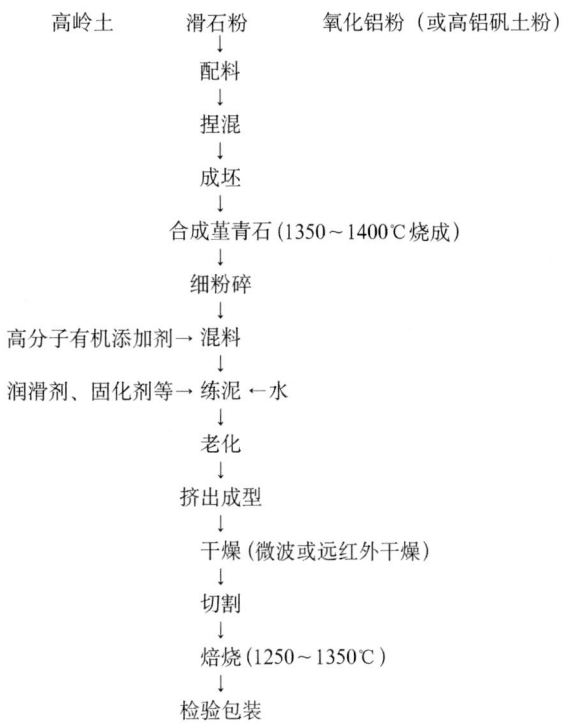

图 23－6 堇青石陶瓷蜂窝载体生产工艺过程

好的人工合成原料；(2) 采用低水分（17%～18%）、高塑性及高硬度的泥料；(3) 使用特殊模具进行挤出成型；(4) 采用微波或远红外干燥方式进行干燥；(5) 精确控制焙烧温度，以保证产品尺寸的一致性，避免变形。作为参考，表 23－5 示出了国内堇青石陶瓷蜂窝载体产品与康宁公司产品的性能对比。从表中看出，国内产品与康宁公司产品相比较，差距表现在：(1) 载体的孔密度低，因而比表面积相应较小；(2) 热膨胀系数偏高，热稳定性稍差，使用时易发生开裂、破损；(3) 对催化剂吸附性能较差，使用时易发生催化剂脱落。

表 23－5 国内陶瓷蜂窝载体与康宁公司产品性能比较

生产单位 项目	国内产品		康宁公司产品
	国内 A 厂	国内 B 厂	
热膨胀系数，$10^{-6}/℃$（室温～800℃）	<2.0	<1.8	<1.0
抗压强度，MPa			
A 向	>18	>15	>10
B 向	>3.5	>3	>1.4
孔密度，孔/in^2	200～400	200～400	400～900
壁厚，mm	0.20～0.26	0.18～0.24	0.05～0.16
软化温度，℃	>1420	1400	1420
吸水率，%	18～26	20～29	16～20
催化剂吸附性能	较好	一般	好

如前所述。陶瓷蜂窝载体本身的比表面积很低，因而常在其壁上涂覆一层多孔物质以负

载催化活性组分。这层物质要和载体有很好的黏合性，又能满足催化反应的要求，其热特性应与载体相似。通常选用氧化铝及其与其他氧化物（如氧化硅）的混合物，用量约为载体质量的 5%～10%，涂覆材料可以用胶体溶液、浆液、溶胶—凝胶等。不同涂覆材料使用不同的涂覆技术。如胶体涂覆技术常使用氧化铝—氧化硅溶液。涂覆后还需经干燥、焙烧处理，以负载活性组分。

参 考 文 献

[1] 白崎高保,藤堂尚之. 触媒调制. 东京:讲谈社,1974
[2] 山中龙雄. 表面反应场と小分子活化. 化学工业(日),1977,28 (11):88-93
[3] 古尾谷逸生. 非晶质固体中の构选解析. 表面(日),1977,5 (4):32-37
[4] 吉林大学物质结构催化研究室. 催化剂的助剂载体和中毒. 石油化工,1975,4 (6):711-719
[5] Jessop P G, Ikariya T R. Homogeneous catalysis in supercritical flhids. Science,1995,269:1065-1069
[6] B. E. 利奇. 工业应用催化(第一卷). 朱洪法,译. 北京:烃加工出版社,1990
[7] Chen Y, Zhang L F. Surface in teraction model of γ - alumina - supported metal oxides. Catal. Lett.,1992,(12):51-62
[8] Chase J D. Catalytic Conversion of Synthetic Gas and Alcohols to Chemicals. Ed. Herman Rechard,1984
[9] 单绍雄,封雷,孙鸣鸣,等. 甲苯完全氧化反应中含铬催化剂的 TPR 研究. 催化学报,1994,15 (2):134-137
[10] 上海科技情报所. 国外催化剂发展概况. 1978
[11] 化学工业年鉴. 东京:化学工业社,1994
[12] 尾畸萃,等. 元素别触媒便览. 东京:地人书馆,1967
[13] Linsen B G, et al. Physical and Chemical Aspects of Adsorbents and Catalysts. 1970
[14] ECN. 1988,51113337:4
[15] Thayer A M. Research pvogress in technology 50r superfine particles. Chem & Eng News,1987,66 (2):41-47
[16] Rotman D, et al. Mechanochemically effect of solid grinding, Chem. Week,1991,148 (26):34-39
[17] 日本粉体学会. 粉体工学便览. 东京:日刊工业新闻社,1986
[18] 马兴华,黄滔,尉俐. 颗粒图像的快速处理方法. 化工冶金,1991,12 (2):156-161
[19] 仙名保. 微粉碎に伴う固体材料の化学变化. 粉体工学会志(日),1985,(22):6-10
[20] 坂下摄. 粉体トラブル工学. 东京:工业调查会,1986
[21] 彭晓,盖国胜,郑龙熙. 粉体技术,1997 (特刊)
[22] 张云洪,张庆今,魏诗榴. Pb_2O 和 TiO_2 混合粉磨的机械力化学反应和化学变化. 硅酸盐学报,1989,17 (5):424-429
[23] 张立德. 超微粉体制备与应用技术. 北京:中国石化出版社,2001
[24] Sants Babara. A modelling of grinding processes. Particle Characterization,1993,5 (10):228-230
[25] Kasai E, Saito F J. Grinding of EP dust and its effect on solubility of metal compounds in water. Chem. Eng Japan,1994 (27):492-497

[26] B. E. 利奇. 工业应用催化（第二卷）. 朱洪法，译. 北京：中国石化出版社，1992
[27] 玉井康胜，富田彰. 固体化学. 东京：朝仓书店，1973
[28] Dietz V R. Bioliography of Solid Adsorbents 1943. National Bureau of Standards，1956
[29] 渡道信淳，渡辺昌，玉井康胜. 表面および"界面（日）. 東京：共立，1973
[30] 刘希尧，薛用芳，刘金香，等. 固体催化剂的研究方法. 石油化工，2000，29（1～12）：63－955
[31] 今中利信. 触媒反応. 東京：培风馆，1975
[32] Lercher J A, Grundling C, Eder－Mirth G. Infrared studies of the surface acidity of oxides and zeolites. Catal Today, 1996, (27)：353－376
[33] Knozinger H, Huber S. IR spectroscopy of small and weakly interacting molecular probes. J Chem Soc. Faraday Trans, 1998, 94 (15)：2047－2059
[34] Parrillo D J, Gorte R J. Characterization of stoichiometric adsorption complexes in H－ZSM－5. Catal. Lett., 1992 (16)：17－25
[35] 韩毓旺，沈俭一，陈懿. B－P－O系催化剂表面酸性的吸附量热研究. 物理化学学报，1997，13（10）：916－920
[36] Forni L. Comparison of the methods for the determination of surface acfivity of solid catalysts. Catal. Rev., 1973 (8)：65－115
[37] Kijenski J, Baiker A. Acidic sites on catalyst surface and their determination. Catal Today, 1989, 5 (1)：1－7
[38] 千载虎，李忆. 复合氧化物酸性研究的进展. 石油化工，1986，15（7）：446－449
[39] Tanabe K. Acidic properties of binary metal oxides. Bull. Chem. Soc. Japan, 1973, 46：2985－8
[40] 李德庆，米镇涛. 固体超强酸催化剂的发展与应用. 化工进展，1996，(4)：5－10
[41] 刘厚全. 固体超强酸催化剂的研究进展. 精细石油化工，1990，(2)：13－18
[42] 田部浩三. アルシナ固体ルイス超强酸の吸着と触媒特性. 化学技术志（日），1980，18（6）：73－79
[43] 肖晓明. 固体超强酸催化剂及其在有机合成中的应用. 石油化工，1994，23（5）：342－347
[44] 田部浩三，野依良治. 超强酸と超强盐基. 東京：讲谈社，1980
[45] 铃鸭刚夫. 微粒金属触媒の调制と反応性. 触媒（日）1990，32（4）：230－236
[46] 沈钟，王果庭. 胶体与表面化学. 北京：化学工业出版社，1997
[47] 熊国兴，赵宏宾，鲁孟成. 溶胶凝胶制备技术与新型催化材料. 石油化工，1994，23（10）：657－662
[48] 中尾幸道，等. 固体触媒表面の反応场. 表面（日），1979，30（4）：64－68
[49] Delmon. Prep. of Catal. (Ⅲ), Amsterdam, 1978
[50] Ferelonov V B. Prep. of Catal. (Ⅱ), Amsterdam, 1979
[51] Chen H C, et al. Concentration profiles in impregnated chromium and copper on alumina. J. Catal., 1976, 43：200－206
[52] 陈信华. 浸渍法制备活性组分不均匀分布催化剂的参数分析. 石油化工，1992，21（8）：557－562

[53] 伊滕贤．金属酸化物微粒子の烧结．触媒（日），1982，24（1）：8-13

[54] 孙春燕，陈伟，景振华．负载型金属茂催化剂研究进展．石油炼制与化工，1997，28（4）：54-60

[55] 徐君庭，封麟光．茂金属催化剂负载化研究进展．石油化工，1998，27（7）：533-538

[56] Kaminsky W, Kupler W, et al. Polymerization of propane and butene with a chiral zirconocene and methylaluminozxane as cocatalyst. Angew. Chem. Int. Ed. Engl, 1985, 24: 507-508

[57] 裴仪云．金属胶体催化剂及其应用．燕山油化，1993，(1)：55-59

[58] 赵斌．高分子支持的金属超微粒子催化剂．石油化工，1992，21（3）：192-196

[59] Toshima N, et al. Synthesis and characterization of mesporic materials. Chem. Lett., 1985, 1245-1248

[60] 卓仁禧，罗毅，陶国良．固定化酶技术及其进展．离子交换与吸附，1994，(5)：447-452

[61] Fujimura M, et al. Proparation and properties of soluble-insoluble immobilized proteases. Biotechnol. Bioeng., 1987 (29): 747-52

[62] Dong L C, Hoffmann A S. Thermally reversible hydrogels: III. Immobilization of enzymes for feedback reaction control. J. Controlled Release, 1986, 4（3）: 233-237

[63] 朱洪法．催化剂成型．北京：中国石化出版社，1992

[64] 坂下摄，等．实用粉粒体ブロゼ"スと技术（别册化学工业），1977，21（2）

[65] 朱洪法．催化剂设计．现代化工，1992，12（5）：48-54

[66] 日本粉体协会．造粒便览．オーム社，1975

[67] 天津大学催化教研室．催化剂制备技术．石油化工报导，1974，(1)：25-34

[68] 天津化工研究院情报室．商品催化剂中的氧化铝，1975

[69] 钱伯章．炼油催化技术的新进展．工业催化，1998，(3)：3-7

[70] Halber T R. Preparation of selective hydrodesulfurization catalyst. Oil &Gas J, 1995, 93（40）: 35-40

[71] Kirk-Othmer. Encyclopedia of Chemical Technology. 1963, 2, 41-57

[72] 天津化工研究院．关于统一氧化铝水合物和氧化铝名称的建议．石油化工，1976，5（4）：417-420

[73] 段启伟，戴隆秀，汪燮卿，等．由烷氧基铝制备催化剂载体氧化铝．石油炼制与化工，1994，25（3）：1-3

[74] 马兵，郑国梁，戴学刚．等离子体法制备特种超细氧化铝．化工进展，1996，(2)：28-31

[75] 金春华，方佑玲，赵文宽．透明超微粒子氧化铝的制备．广西化工，1996，25（1）：27-32

[76] Trimm D L, Stanislaus A. The control of pore size in alumina supports. Appl. Catal., 1986,（21）:215-238

[77] Bernard Béguin, Edouard Garbowski, et al. Stabilization of alumina hy addition of La, Appl. Catal., 1991, (75): 119-132

[78] Matijevic E, Wan Peter Hsu. Preparation and properties of moodispersed colloidal particles. J. Colloid and Interface Science, 1987, 118 (2): 506-523

[79] 商连弟,等. 八种晶型氧化铝的研制与鉴别. 化学世界, 1994, 35 (7): 346-350

[80] James J. Production of alumina monohydrate pigment: US, 3954957. 1976-05-04

[81] 抚顺石油三厂重整技术协作组. 石油加工用的氧化铝, 1975

[82] 多罗间公雄. 触媒物性论. 东京: 地人书馆, 1966

[83] 井口允生. 担体の细孔构造の精密设计. 触媒（日）, 1978, (20) 3: 144-149

[84] Chu Y F, et al. Design of pores in alumina, J. Catalysis, 1976, (41): 384-396

[85] Grasselli P K, et al. Effect of impregnation sequence on catalytic activity. App. Catal., 1990, (57): 149-154

[86] Beri J B, et al. A model 50r the surface of γ-alumina. J. Phys. Chem., 1965, 69 (1): 220-230

[87] Dewing J, Monks G T, Yong B. Competitive adsorption of pxridine and sterically hindered pyridines on alumina. J. Catal., 1976, (14): 226-235

[88] 三村政義ほか. 多孔 Pルシナの细孔构造の制御. P触媒（日）, 1970 (12): 133-138

[89] 上海试剂五厂. 分子筛制备与应用. 上海: 上海人民出版社, 1976

[90] 中科院大连物化所分子筛组. 沸石分子筛. 北京: 科学出版社, 1978

[91] 南京大学地质学系岩矿教研室. 结晶学与矿物学. 北京: 地质出版社, 1978

[92] 董梅, 巩雁军, 孙予军. 第三届全国催化剂制备科学技术研讨会论文, 1999

[93] Somorjai G A. Heterogeneous catalysis: future opportunities in a historical perspective. Catal. Today., 1993, 18 (2): 113-123

[94] Chien S H, Hon J C, Mon S S. Hydrothermal synthesis and characterization of the vanadium-containing zeolite beta. Zeolites, 1997, (18): 182-187

[95] Kresge C T, et al. Synthesis and catalytic activity MCM-41 zeolite. Nature, 1994, 359: 710-716

[96] Yanagisawa T, et al. The Preparation of alkyltyimetyhl-ammonium kanemite complexes. Bull Chem. Soc. Jpn., 1990, 63: 988-992

[97] Huo Q S, et al. Mesostructure design with grmini surfactants. Science, 1995, 268: 1324-1327

[98] 须沁华. SAPO 分子筛. 石油化工, 1988, 17 (3): 186-192

[99] 朱洪法. 石油化工催化剂基础知识. 北京: 中国石化出版社, 1995

[100] Lok B M, et al. The role of organic molecular in moleculav sieve synthesis. Zeolites, 1983, (3): 282-291

[101] 宋春敏, 王槐平, 袁安, 等. 第三届全国催化剂制备科学与技术研讨会论文, 1999

[102] 袁忠勇, 刘述全, 陈铁红, 等. 第八届全国催化会议论文, 1996

[103] Borade B R, Clearfield B R. Synthesis of aluminum rich MCM-41. Catal. Lett, 1955, 31: 267-272

[104] Chen N Y, Garwood W E. Industvial application of shape-selective catalysis. Catal. Rev. Sci. Eng, 1986, 28: 185-189

[105] 陈彧, 钟发春, 等. ZSM-5 的结构、形状选择性与改性. 石油化工, 1994, 23 (3):

197-201

[106] 梁娟. 分子筛的特性及应用前景. 石油化工, 1987, 16 (11): 801-809

[107] Rabo J A, Kasai P H. Caging and electrolytic phenomena in zeolites. Prog Solid State Chem, 1975, (9): 1-19

[108] 姚建龙, 徐松, 黄敏明. 固态离子交换法将 Mo 引入 SAPO-5 的研究. 化学物理学报, 1993 (6): 143-147

[109] 银董红, 尹笃林, 蒋汉瀛. 分子筛固态离子交换反应研究进展. 石油化工, 1997, 26 (5): 332-336

[110] 朱洪法. 催化剂载体的选择. 化学通报, 1986. (4): 25-29

[111] Elroy Merle Gladrow, et al. Petroleum process catalyst supported on a molecular sieve zeolite: US, 2971904. 1961-02-14

[112] Donald W. Breck, et al. Iron group metal catalyst: US, 3013990. 1961-12-19

[113] 持田勋. 炭素材の化学と工学. 东京: 朝倉書店, 1990

[114] 谷端律南. 高表面積の活性炭. 芳烃, 1992, 44 (7): 14-18

[115] 滕英才, 马集成. 活性炭再生技术. 广西化工, 1991, (1): 28-30

[116] W F Woff. A model of active carbom. J. Phys. Chem., 1959, (63): 653-659

[117] Willard H. Gehrke, et al. Vinyl acetate production: US, 2485044. 1949-10-18

[118] 石飞利文. 日本第十八回炭素材料会年会要旨集, 1992, 3 B 14

[119] Kaneko K, Nakahigashi Y, et al. Microporosity and nitric oxide, sulfur diozide, and ammonia adsorption characteristies of pitch-based activted carbon. Carbon, 1988, 26 (3): 327-332

[120] 张引枝, 郑经堂, 王茂章. 多孔炭材料在催化领域的应用. 石油化工, 1996, 25 (6): 438-447

[121] 朱洪法. 精细化工—产品、技术与配方. 北京: 中国石化出版社, 1998

[122] Charles Wankat. Manufacture of spherical gel particles: US, 2733220. 1956-01-31

[123] Brit. P., 1094768

[124] 蒲敏, 周根树, 郑茂盛, 等. 硅气凝胶功能材料的制备及应用. 化工进展, 1997, (6): 60-63

[125] 沈军, 王珏, 甘礼华, 等. 溶胶—凝胶法制备 SiO_2 气凝胶及其特性研究. 无机材料学报, 1995, 10 (1): 69-75

[126] Schaefer D W, Keefer K D. Structure of random porous materials: silica aerogel. Phys. Rev. Lett 1986, (56): 2191-2202

[127] Emmerling A, Fricke J. Small angle scattering and the structure of aerogels. J. of Non-Cryst. Solids, 1992, (145): 113-120

[128] William G, Fahrenholtz, Douglas M. Formation of microporous silica gels from a modified silicon alkoxide. I. bases-catalyzed gels. J. of Non-Cryst. Solids, 1992, (144): 45-52

[129] 高月英, 顾惕人. 无定形二氧化硅的表面结构. 石油化工, 1984, 13 (3): 205-212

[130] 南京化学工业公司研究院. 催化剂载体用的硅藻土物化性质考察. 石油化工, 1975, 4 (4): 366-371

[131] 杨宇翔,吴介达,黄忠良. 几种硅藻土的表面电化学性质的研究. 无机化学学报,1997, 13 (1): 11-15

[132] 钱庭宝. 离子交换树脂的制备. 精细化工, 1989, 6 (2): 44-47

[133] 陈纯福,孙君坦,李弘,等. 高分子负载金属催化剂在加氢反应中的应用. 离子交换与吸附, 1994, 10 (1): 70-77

[134] 妹尾学,阿部光雄,铃木乔. イオン交换. 东京: 讲谈社, 1991

[135] Burch R, Cruise N A, Gleeson D, et al. Extended X-ray absorption fine structur study of manganese-oxo species and related compounds. J. Mater. Chem., 1998, (8): 231-277

[136] Zhou W Z, Thomas J M, et al. Ordering of ruthenium cluster carbonyls in nesoporous silica. Science, 1998, 280: 705-708

[137] 李泉,曾广赋,席时权. 纳米粒子. 化学通报, 1995, (6): 29-34

[138] Yang H, Kuperman A, Coombs N, et al. Synthesis of oriented filme of mesoporous silica on mica. Nature 1996, (2): 379-383

[139] 张立德. 纳米材料. 北京: 化学工业出版社, 2000

[140] 张泰. 纳米材料的制备技术及进展. 辽宁化工, 1999, 28 (1): 3-8

[141] 刘敬利,蒋建明,魏昭彬,等. TiO_2 载体表面酸性的研究. 石油化工, 1993, 22 (11): 725-729

[142] Yutaka Ohya, Hisao Saiki, et al. Microstructure of TiO_2 and ZnO filme fabricated by the sd-gel method. J. Am. Ceram. Soc., 1996, 79 (4): 825-830

[143] Kumazawa H, Otsuki H, Sada E. Preparation of monosized spherical titania 5ina particles by hydrolysis of titanium tetraethoxide in ethanol. J. Mater. Lett., 1993, 12: 839-840

[144] Xie Y C, Tang Y Q. Spontaneous monlayer dispersion of oxieds and sales onto surfaces of supports: applications to heterogeneous catalysis. Adv. Catal., 1990, (37): 1-43

[145] 周振华,阎卫宏,张灌军,等. $MoO_3/(TiO_2-SiO_2)$ 催化剂的表面分散状态及催化性能的研究. 分子催化, 1996, 10 (3): 207-212

[146] Terwilliger D, Chiang Y M. Characterization of chemically- and physically-dericed nanophase titanium dioxide. Nonstructured Materials, 1993, (2): 37-45

[147] 杨有学. 我国膨润土及其无机产品. 无机盐工业, 1991 (3): 40-44

[148] Frecleric Lefebure. Chemistoy of crystalline aluminosilicates, J. Chem. Soc. Commun, 1992, (3): 756-761

[149] 李春华,孟凡燕. 膨润土类产品的制备与应用. 精细石油化工, 1996, (6): 66-69

[150] 吴越,叶兴凯,杨向光,等. 杂多酸的固载化——关于制备负载型酸催化剂的一般原理. 分子催化, 1996, 10 (4): 299-313

[151] Misono M. Heterogeneous catalysis by heteropoly compounds of nolybdenum and tungsten. Catal. Rev. Sci. Eng., 1987, (29): 269-321

[152] 曹声春,杨礼嫦,彭峰,等. Me-海泡石型催化剂用于苯加氢. 石油化工, 1992, 21 (9): 582-585

[153] Hernandez L G, et al. Preparation of amorphous silica by acid dissolution of sepiolite: kinetic and textural study. J. Colloid Interface Sci., 1986, (109): 150-160

[154] Eugene Wainer, et al. Fiber reinforced metals containing bond promoting components: US, 3282658. 1966-11-01

[155] Bernard H. Hamling, Warwick. Process for producing metal oxide fibers, textiles and shapes: US, 3385915. 1968-05-28

[156] Brit. P., 1450389

[157] 商连弟, 王宗兰, 揣效忠, 等. 八种晶型氧化铝的研制与鉴别. 化学世界, 1994, (7): 346-350

[158] Bhave R R. Inorganic Membranes Synthesis, Characteristics and Applications. New York. Van Nostrand Reinhold, 1991

[159] 冯芳霞, 窦涛, 萧墉壮, 等. 分子筛复合膜. 化工进展, 1996, (2): 23-27

[160] Jehn F T, Werhen O H. Synthesis and characterization of a pure zeolitic membrane. Zeolites, 1992, (12): 18-126

[161] Karge H G, Borbely G, Beyer H K. Solid-state ion exchange in zeolites: part 6. system La C12/NaY zeolite. Zeolites, 1994, (14): 512-530

[162] Hsieh H P. Inorganic Membrane in: AIChE Symp. Scr, 1988

[163] Andrzej Cybulski, Jacob A. Monoliths in heterogeneous catalysis. Catal. Rev. Sci. Eng., 1994, 36 (2): 179-270

[164] 郝玉芝, 陶龙骧, 郑禄彬. 交联黏土催化剂的结构、酸性和反应性能. 石油化工, 1992, 21 (5): 350-355

[165] Sterte J, Shabtai J. Crosslinked smectites. V. Synthesis and properties of hydroxy-silicoaluminum montmorillonites and fluorhectorites. Clays and Clay Minerals, 1987, 35 (6): 429-439

[166] 徐征, 叶兴凯, 吴越, 等. 前景广阔的催化材料——水滑石类阴离子黏土. 石油化工, 1995, 24 (1): 63-71

[167] 杨锡尧, 任韶玲, 何晖, 等. 新型催化剂载体材料——镁铝复合氧化物的制备及其物理化学性质. 分子催化, 1996, 10 (2): 88-94

[168] 朱洪法, 刘丽芝. 催化剂制备及应用技术. 北京: 中国石化出版社, 2011

[169] 朱洪法. 催化剂手册. 北京: 金盾出版社, 2008.

[170] 吐天旭, 刘京燕, 马雪妮, 等. 杂多酸的固载化及其酸催化研究进展. 工业催化, 2009, 17 (3): 7-11

[171] 蔡天锡. 固载化 $AlCl_3$ 催化剂的研制与应用. 石油化工, 2001, 30 (14): 315-318

[172] 张瑞珍. 杂原子磷铝分子筛及应用. 北京: 化学工业出版社, 2009

[173] 汪颖军, 李小辉, 刘成双, 等. SAPO-11 分子筛合成及其用于催化异构化反应的研究进展. 工业催化, 2010, 18 (3): 1-4

[174] 李振华, 张孔远, 刘静怡, 等. 成胶条件对硫酸铝法制备拟薄水铝石性能的影响. 工业催化, 2010, 18 (5): 26-29

[175] 梁大明. 中国煤质活性炭. 北京: 化学工业出版社, 2008

[176] 沈曾民, 张文辉, 张学军. 活性炭材料的制备与应用. 北京: 化学工业出版社, 2006

[177] 刘光华. 稀土材料与应用技术. 北京：化学工业出版社，2005
[178] 邵潜，龙军，贺振富. 规整结构催化剂及反应器. 北京：化学工业出版社，2005
[179] 赵阳，郑亚锋，辛蜂. 整体式催化剂性能及应用的研究进展. 化学反应工程与工艺，2004，20（4）：312-357
[180] 田立顺，刘中良，马重芳. 规整蜂窝载体几何特性研究. 山东陶瓷，2007，30（4）：19-21
[181] 周燕，徐晓红，陈虹. 堇青石质蜂窝陶瓷载体. 陶瓷研究，2002，17（1）：9-13
[182] 陈春波，李平，隋志军，等. 大比表面积高牢固堇青石蜂窝涂层的制备. 工业催化，2010，18（3）：40-45